# 3DEXPERIENCE
# 数字化设计与仿真


江苏长江智能制造研究院有限责任公司 组编
主 编 刘 新
参 编 朱 君 李仲树 李泽军
都腾飞 潘艳飞（按姓氏笔画排序）
主 审 王振林 刘 波（按姓氏笔画排序）



机 械 工 业 出 版 社

本书分为两篇，第 1 篇为基于 CATIA 模块的智能工厂数字化建模；第 2 篇为基于 DELMIA 模块的数字化工厂仿真。第 1 篇共 6 章，详细讲解了在 3DEXPERIENCE 平台上如何完成零件的特征设计、工程图的输出以及零件的参数化设计流程，包括第 1 章 3DEXPERIENCE 平台概述、第 2 章草图设计、第 3 章单实体特征设计、第 4 章多实体设计—— 布尔运算、第 5 章工程图设计和第 6 章参数化设计。第 2 篇共 7 章，详细讲解了数字化工厂布局的方法步骤、运动装置及工业机器人的运动定义过程、逻辑任务编写方法，包括第 7 章智能工厂布局、第 8 章机械装置定义、第 9 章运动机构仿真、第 10 章资源定义、第 11 章工业机器人仿真流程、第 12 章工业机器人仿真实例——滚筒上下料和第 13 章上下料机器人离线编程。

本书可供从事产品设计、智能工厂仿真的工程技术人员以及相关专业学生使用。

**图书在版编目（CIP）数据**

3DEXPERIENCE数字化设计与仿真/江苏长江智能制造研究院有限责任公司组编；刘新主编．—北京：机械工业出版社，2021.7（2024.3重印）

ISBN 978-7-111-68544-9

Ⅰ．①3… Ⅱ．①江… ②刘… Ⅲ．①数字技术—应用—机械设计—仿真设计 Ⅳ．①TH122

中国版本图书馆CIP数据核字（2021）第122512号

机械工业出版社（北京市百万庄大街22号 邮政编码100037）

策划编辑：周国萍 责任编辑：周国萍 刘本明

责任校对：王 欣 封面设计：马精明

责任印制：单爱军

北京虎彩文化传播有限公司印刷

2024年3月第1版第3次印刷

184mm×260mm・25.75印张・587千字

标准书号：ISBN 978-7-111-68544-9

定价：98.00元

电话服务

客服电话：010-88361066

010-88379833

010-68326294

网络服务

机 工 官 网：www.cmpbook.com

机 工 官 博：weibo.com/cmp1952

金 书 网：www.golden-book.com

机工教育服务网：www.cmpedu.com

# 序

创新在我国现代化建设全局中处于核心地位。推动高质量发展，构建新发展格局，一个关键是实现高水平科技的自立自强。“十四五”规划和2035年远景目标纲要明确要把科技自立自强作为国家发展的战略支撑，面向世界科技前沿、面向经济主战场、面向国家重大需求、面向人民生命健康，深入实施科教兴国战略、人才强国战略、创新驱动发展战略，完善国家创新体系，加快建设科技强国。

习近平总书记强调：“发展是第一要务，人才是第一资源，创新是第一动力。”这一重要论述，高度概括了推动高质量发展需要牢牢把握的三个关键。企业层面的高质量是指企业提供高端的产品和服务质量，包括一流的企业竞争力、品牌影响力、产品性能和创新能力。企业能否实现高质量发展的关键手段是创新，关键资源是人才；努力实现以科技创新催生新发展动能，以深化改革激发人才的活力。当前，全球信息通信技术正进入技术架构大迁徙时代，企业数字化转型正在经历从基于传统IT架构的信息化管理，迈向基于云架构的智能化运营。“十四五”期间，企业需要把关键核心技术创新突破作为发展主线，实现数字化制造、网络化制造、智能化制造。数字孪生是智能制造的源动力，该项技术充分利用模型、数据、智能，集成多学科技术，面向产品全生命周期，发挥连接物理世界和信息世界的桥梁和纽带作用。

智能工厂是智能制造的载体，也是智能制造的重要实践领域，并在社会上引起了广泛关注，它是将互联网、物联网、大数据、云计算等信息技术与制造业高度融合且全面渗透的新型工厂，着力于打通企业生产经营的全流程。在智能工厂实施过程中，设备供应商、建筑承建商、客户、工程师在协同交流方面总是遇到各种各样棘手的问题，而传统的处理方式无法打破规划与实施、设计与制造间的鸿沟。与传统方式不同，基于3DEXPERIENCE平台进行智能工厂的数字化设计与仿真，构建出一个虚拟的、数字化的工厂模型，用以对未来智能工厂的生产运作、车间制造自动化、人机设置、质量监控、排产计划、物流控制等活动进行仿真模拟分析，让工厂的各个设计环节在数字虚拟平台上进行运行验证，使得工厂在设计阶段不断优化、提前调试，在运维阶段不断完善管理，进而提高实际生产系统的成功率和可靠性，并缩短实际工厂建设、产品批量化生产的周期。

北京机械工业自动化研究所有限公司（简称“北自所”）致力于制造业领域自动化、信息化、集成化技术的创新、研究、开发和应用。为客户提供由开发、设计、制造、安装到服务的整体解决方案，是制造业企业集成化装备和系统解决方案的提供者。

本书由北自所控股公司江苏长江智能制造研究院有限责任公司（简称“长江智造院”）的工程师根据实际执行项目的经验和方法编著，兼顾基础训练与能力提高，具有很强的实操性。

北京机械工业自动化研究所有限公司董事长　王振林

于2021年4月6日

# 前　言

3DEXPERIENCE（简称 3DE）是法国达索（Dassault System）公司开发的一款高端的、综合性的 PLM 应用平台，它集成了 CATIA、ENOVIA、DELMIA 以及 SIMULIA 等诸多数字化设计仿真模块，其功能涵盖了产品从概念设计到最终报废的全生命周期管理过程。到目前为止，基于 3DEXPERIENCE 平台进行数字化设计与仿真操作详细讲解的书籍不多。为了给广大读者提供一本基础知识全面、实用性强的专业图书，编著者根据智能工厂生产线中工业机器人工作站的实际应用编著了此书，旨在让广大读者能快速上手应用 3DEXPERIENCE 的部分模块，通过各模块的灵活应用，分析模拟出智能工厂设计规划、生产调试、实施改进等活动过程，提前预知错误缺陷，及时改进优化、规避风险，为项目执行提供规范严谨的数据支撑。

本书共设置了两篇 13 章的内容来阐述数字化工厂设计与仿真的过程。其中，第 1 篇智能工厂数字化建模（第 1 ～ 6 章），详细讲解了基于 3DEXPERIENCE 的零件特征设计、工程图的输出以及零件的参数化设计流程；第 2 篇数字化工厂仿真（第 7 ～ 13 章），详细讲述了数字化工厂布局的方法步骤、运动装置及工业机器人的运动定义过程、逻辑任务编写方法，通过滚筒上下料实例巩固强化前述章节知识要点，并针对该实例详述了离线编程的方法。本书的知识点基础、全面、具体，其特色如下：

1. 内容基础全面，涵盖了设备的零件设计、工程图输出、工程连接、设备检查、工厂布局、资源定义、示教直至离线编程的全过程。

2. 讲解详细，逻辑严谨，让初学者能独立学习和运用 3DEXPERIENCE 的相关模块。

3. 数字化设计、工业机器人工作站仿真实例易懂，可操作性强，对软件的主要命令功能均用实例一步步拆分讲解，并设置综合性较强的案例帮助读者深化理解。

4. 图文并茂，本书是基于 3DEXPERIENCE 2020 版本编著的，书中均是采用最新的且真实的对话框、操作面板和命令按钮进行讲解，确保初学者能够准确地找到按钮，快速熟悉并操作相关模块。

本书由江苏长江智能制造研究院有限责任公司组编，刘新担任主编，参加编写的人员有都腾飞、李泽军、朱君、李仲树、潘艳飞。本书由王振林、刘波主审。在此，对所有的编著人员表示由衷的感谢，正是有了你们的支持和努力，本书才能如约和读者见面。同时，感谢达索公司、上海热翼智能科技有限公司的工程师给予的指导意见。

由于编著者水平有限，书中难免有不当或疏漏之处，敬请广大读者予以指正。

编著者

# 目　录

序
前言

第 1 篇　智能工厂数字化建模

第 1 章　3DEXPERIENCE 平台概述 ........ 002
1.1　初识 3DEXPERIENCE ........ 002
1.1.1　智能制造产业需求 ........ 002
1.1.2　3DEXPERIENCE 产品特点 ........ 003
1.1.3　3DEXPERIENCE 应用简介 ........ 005
1.2　3DEXPERIENCE 的安装 ........ 008
1.2.1　安装步骤 ........ 008
1.2.2　运行环境配置 ........ 011
1.3　进入 3DEXPERIENCE ........ 014
1.3.1　运行界面 ........ 014
1.3.2　首选项设置 ........ 016
1.3.3　文件管理 ........ 017
第 2 章　草图设计 ........ 021
2.1　初识 Part Design App ........ 021
2.2　创建草图 ........ 023
2.2.1　定位草图 ........ 023
2.2.2　创建几何图形 ........ 027
2.2.3　修饰几何图形 ........ 032
2.3　约束草图 ........ 039
2.3.1　几何约束 ........ 040
2.3.2　尺寸约束 ........ 042
2.4　分析草图 ........ 043
2.5　草图设计建议 ........ 045
第 3 章　单实体特征设计 ........ 047
3.1　基础特征 ........ 047
3.1.1　增加材料的特征 ........ 048
3.1.2　减少材料的特征 ........ 052
3.2　修饰特征 ........ 056
3.2.1　螺纹 ........ 056

3.2.2 倒圆角 ......059
3.2.3 倒角 ......065
3.2.4 拔模与拔模分析 ......066
3.2.5 抽壳 ......071
3.2.6 加强筋 ......073
3.3 特征编辑 ......073
3.3.1 阵列 ......073
3.3.2 镜像 ......078
3.4. 高级特征 ......078
3.5 基于曲面的实体设计 ......086
3.5.1 线框设计 ......087
3.5.2 曲面设计 ......094
3.5.3 曲面生成实体 ......100
3.6 特征设计的常见问题及解决方案 ......103
**第 4 章 多实体设计—— 布尔运算** ......106
4.1 布尔加法（Add） ......106
4.2 布尔减法（Remove） ......111
4.3 布尔相交（Intersect） ......114
4.4 联合修剪（Union Trim） ......121
**第 5 章 工程图设计** ......123
5.1 工程图创建概述 ......123
5.2 创建视图 ......124
5.2.1 基本视图创建 ......124
5.2.2 详细视图创建 ......128
5.3 尺寸标注和注释 ......133
**第 6 章 参数化设计** ......138
6.1 首选项 ......138
6.2 参数 ......139
6.2.1 创建参数 ......139
6.2.2 设置公差 ......139
6.2.3 更改步距 ......140
6.2.4 测量间距 ......141
6.2.5 添加多值 ......141
6.2.6 设置范围 ......142
6.2.7 URL 和注释 ......142
6.2.8 隐藏参数 ......143
6.2.9 显示参数 ......143
6.2.10 修改参数值 ......144

6.2.11 导入参数 ........ 145
6.3 公式 ........ 145
6.3.1 基本公式 ........ 145
6.3.2 抑制 / 激活公式 ........ 147
6.3.3 隐藏 / 显示 ........ 148
6.3.4 重新排序公式 ........ 148
6.3.5 发布参数 ........ 149
6.4 等效尺寸 ........ 151
6.5 设计表 ........ 152
6.5.1 从预先存在的文件创建设计表 ........ 152
6.5.2 使用现有参数创建设计表 ........ 153
6.6 规则 ........ 155
6.7 检查 ........ 159
6.8 反应 ........ 159
6.9 案例 ........ 160

**第 2 篇 数字化工厂仿真**

**第 7 章 智能工厂布局** ........ 166
7.1 创建目录 ........ 166
7.2 新建制造单元 ........ 175
7.3 管理资源足迹 ........ 176
7.3.1 创建足迹 ........ 176
7.3.2 导入 2D 布局 ........ 177
7.3.3 创建注释 ........ 177
7.4 从目录插入资源 ........ 178
7.5 Snap 和 Align 资源 ........ 183
7.5.1 Snap 资源 ........ 184
7.5.2 Align 资源 ........ 186
7.6 创建阵列 ........ 193

**第 8 章 机械装置定义** ........ 195
8.1 设备资源概述 ........ 195
8.2 运动副定义 ........ 195
8.2.1 运动学定义 ........ 195
8.2.2 工程连接定义 ........ 199
8.3 创建机械装置 ........ 205
8.3.1 机械装置展示 ........ 205
8.3.2 机械装置管理器 ........ 207
8.4 案例 ........ 208
8.4.1 机械臂 ........ 208

8.4.2 夹爪 ........ 215
8.4.3 机床 ........ 220
第 9 章 运动机构仿真 ........ 222
9.1 创建替代行为 ........ 222
9.1.1 创建产品仿真 ........ 222
9.1.2 创建场景 ........ 224
9.1.3 仿真播放和场景参数 ........ 226
9.1.4 修改和绘制激发 ........ 227
9.2 创建分析和修改行为 ........ 229
9.2.1 测量探测 ........ 229
9.2.2 干涉检查 ........ 230
9.2.3 截面检查 ........ 234
9.2.4 相机探测 ........ 238
9.2.5 生成包络体 ........ 238
9.2.6 查看场景结果 ........ 239
第 10 章 资源定义 ........ 241
10.1 创建资源 ........ 241
10.2 运动控制器和运动组 ........ 242
10.2.1 运动控制器 ........ 242
10.2.2 运动组 ........ 243
10.3 创建端口 ........ 244
10.3.1 端口介绍 ........ 244
10.3.2 端口创建 ........ 246
10.4 设置工具 ........ 247
10.4.1 工具介绍 ........ 247
10.4.2 添加工具 ........ 249
10.5 逆向运动 ........ 250
10.6 检查 ........ 251
10.7 主要参数设置 ........ 253
10.7.1 主位置 ........ 253
10.7.2 传送限制 ........ 255
10.7.3 速度和加速度限制 ........ 256
10.8 轮廓配置 ........ 256
10.8.1 新建工具轮廓 ........ 257
10.8.2 新建动作轮廓 ........ 259
10.8.3 新建精确度轮廓 ........ 260
10.8.4 新建对象轮廓 ........ 262
10.9 安全区域设置 ........ 263

10.9.1 TCP 安全区域 ......263
10.9.2 轴安全区域 ......264
10.9.3 工具体积 ......265
10.9.4 导入 / 导出区域 ......265
10.10 案例 ......266
10.10.1 装配 ......266
10.10.2 定义资源 ......267
10.10.3 创建运动控制器 ......268
10.10.4 创建运动组 ......269
10.10.5 创建端口 ......270
10.10.6 设置工具 ......273
10.10.7 创建逆向运动 ......274
10.10.8 推动机械装置 ......275
10.10.9 主要参数设置 ......276
10.10.10 新建轮廓配置 ......277
**第 11 章 工业机器人仿真流程** ......279
11.1 工业机器人仿真概述 ......279
11.1.1 工业机器人仿真技术发展背景 ......279
11.1.2 初探 Robot Simulation 模块 ......280
11.2 工业机器人仿真基本流程 ......284
11.2.1 创建制造单元 ......285
11.2.2 创建工业机器人资源和刀具端口 ......286
11.2.3 安装工具 ......289
11.2.4 设置控制设备 ......290
11.2.5 设置活动仿真对象 ......291
11.2.6 标记点和标记组 ......292
11.2.7 创建工业机器人任务 ......306
11.2.8 使用示教 ......308
11.2.9 建立、分配 IO ......312
11.2.10 仿真任务总成 ......315
11.2.11 可达性检测 ......316
11.2.12 碰撞检测 ......317
11.2.13 仿真验证 ......318
**第 12 章 工业机器人仿真实例——滚筒上下料** ......320
12.1 码垛机器人工作站工业机器人建立 ......320
12.1.1 案例场景 ......320
12.1.2 创建资源文件 ......320
12.2 码垛机器人资源定义 ......325

12.3 安装刀具和设置轮廓 ......326
12.4 标记与标记组定义 ......330
12.4.1 管理标记 ......330
12.4.2 操作标记 ......331
12.4.3 将标记组附加给工业机器人 ......332
12.4.4 复制并重命名标记组 ......333
12.5 示教传送带任务 Coneyor_1 ......334
12.6 示教工业机器人任务 Grab Drum_1 ......337
12.7 示教传送带任务 Coneyor_2 ......349
12.8 创建工业机器人任务 Grab Drum_2 ......352
12.9 工业机器人任务高级编程 ......370
12.9.1 定义 IO ......370
12.9.2 添加指派 ......371
12.9.3 添加等待 ......372
12.9.4 创建 IO 映射 ......374
12.9.5 创建码垛工作站仿真总成任务 ......375
12.10 仿真分析与输出 ......376
12.10.1 可达性检测 ......376
12.10.2 干涉检查 ......377
12.10.3 播放仿真 ......379
12.10.4 甘特图 ......380
12.10.5 仿真结果输出 ......382

**第 13 章 上下料机器人离线编程** ......383

13.1 标记点的导出 ......384
13.2 工业机器人程序的导出 ......386
13.3 工业机器人程序的导入 ......388
13.4 用工业机器人母语示教工业机器人 ......389
13.5 真实工业机器人仿真 ......391
13.6 校准 TCP ......394
13.6.1 工具中心点位置（TCP）标定 ......395
13.6.2 工具坐标系姿态（TCF）标定 ......395
13.6.3 TCP 仿真软件标定 ......396
13.6.4 六点法校准 ......398

# 第1篇
# 智能工厂数字化建模

# 第 1 章　3DEXPERIENCE 平台概述

## 1.1　初识 3DEXPERIENCE

达索系统在 2012 年提出 3DEXPERIENCE 战略，2014 年正式推出 3DEXPERIENCE 平台，将平台架构统一化，并将其旗下产品逐步统一到一个平台上，采用统一的风格、全平台通用的数据驱动模式，无限迭代的版本，功能超前强大。

3DEXPERIENCE 不能简单地定义为一个操作软件。它是一个协作环境，让企业能够通过价值网络，以社交方式探索各种可能，并提供完备的解决方案。这些解决方案是一组由软件、服务、流程组成的完整体系，可满足多个行业需求，从构思、设计、工程、制造到市场营销与售后服务，该平台帮助行业内所有上下游企业打通沟通与交流的壁垒，通过共享单一数据源，可以使具有各种角色的人们在平台上进行协作并解决行业问题，应对行业挑战。

借助 3DEXPERIENCE 平台，企业可以通过数据驱动模型建立数字化链接，在统一、完整的产品定义上开展工作，并共享数据，避免为每个职能单独创建数据库。这种对数字化产品定义的实时访问功能有助于加快企业的数字化转型和可持续的创新流程。

### 1.1.1　智能制造产业需求

在当今智能制造转型升级的大背景下，深刻把握企业发展过程的痛点，充分了解企业的需求，才能抓住机遇，不惧挑战。分析当今企业的发展现状，共有四个维度的需求。

1. **建模维度**

对于一个现代化企业来讲，3D 建模是一种基本的素养，根据客户的需求，通过计算机构建虚拟产品，表达设计师的思路。然后，通过模型进行仿真研究，评估公司产品的特性、产品的可制造性以及产品的可靠性。

2. **数据维度**

在企业生产作业过程中，每分每秒机器都在产生数据，对这些数据如何进行有效的采集与分析，从而减少生产过程中的浪费，改善生产计划，提高产量。能否有一款软件在设备未进行改造前就可以分析出车间的物料分配，流动状况，计划与生产如何分配，仓储如何布局，最终对全年的利润可以提高多少，相信每个企业的经营管理人员都会感兴趣。

3. **统一维度**

从一个现代化制造企业的有效运行出发，企业越庞大，管理越费力。对于企业内部的协调、产业链上下游的协调，制造工厂中出现的各种问题造成的停线停产，库存系统物料供应链的中断，设计产品的售后服务等，如果可以有一个统一的平台进行设计、仿真、生产、销售与售后服务，并且以数据模型为基本尺度贯穿始终，那么可以大大减少企业运转过程中的管理成本，提升各个部门间的沟通运转效率。

4. **可拓展维度**

在智能工厂的概念中，可拓展性还有另外一个概念叫作柔性，一方面是指生产能力的柔性反应能力，另一方面是指供应链的敏捷和精准的反应能力。系统的机器设备应该具有随产品变化而加工不同零件的能力，同时系统能够根据加工对象的变化确定相应的工艺流程。当产品完成更新后，系统不仅对老产品具有兼容和继承的能力，而且还具有快速调节生产新品的能力。相应的，作为一款软件平台，所谓的拓展是指提供多个开放的兼容接口可供客户进行定制化深度开发，同时应当兼容各种主流的软件。

### 1.1.2　3DEXPERIENCE 产品特点

针对智能制造产业变革的需求，3DEXPERIENCE 软件应运而生，可以说软件的特点是非常符合未来企业智能化工厂的改造需求的。

1. **基于模型的平台**（Model Base）

3DEXPERIENCE 是基于单一数据源（3D 模型）的系统架构。企业的产品是基于模型来定义的，基于同一个模型做仿真设计，同时根据仿真的结果驱动三维设计变更（仿真驱动设计）。然后，基于 3D 模型做系统工程设计，基于模型来做制造运营，以及基于模型的售后服务。这 5 项活动中贯穿始终的是企业级的 BOM 管理、企业级的变更管理、企业级的项目管理，服务于产品的整个生命周期，如图 1-1 所示。

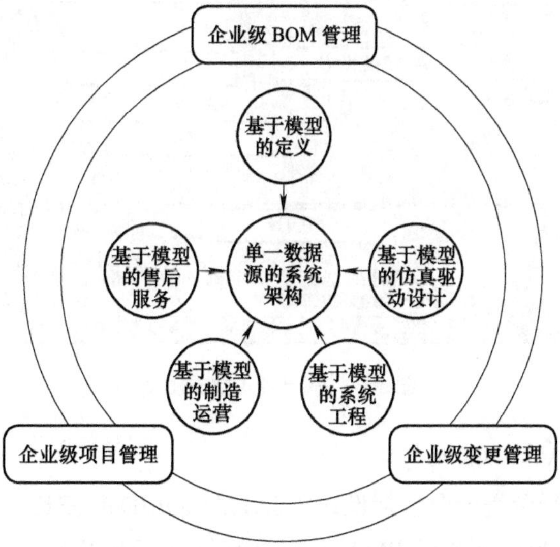


图 1-1　基于模型的平台

2. **基于数据驱动的平台**（Data Driven）

3DEXPERIENCE 是一个数据驱动的平台。从市场 / 客户的需求→功能分析→系统的逻辑架构→物理 3D 模型，都是由单一数据来驱动这整个设计活动，并且实现全生命周期的可追溯。从物理 3D 模型→系统集成→系统验证→系统确认→符合要求的产品的所有活动都基于数据来驱动产品的整个生命周期，如图 1-2 所示。

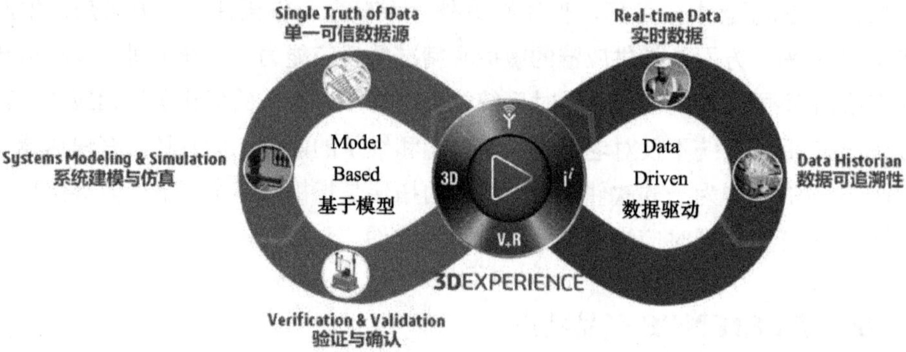


图 1-2 基于数据驱动的平台

在较早的 V5 版本，从设计到仿真到工艺，需要用不同软件，各个软件的文件格式不同，各个部门的流程交接异常烦琐。3DEXPERIENCE 基于数据的驱动，数据持续一致性，无须进行文件格式转换，流动的是数据而非文件，并且数据实时在线，从而达成极致效率，大大缩短开发周期，如图 1-3 所示。

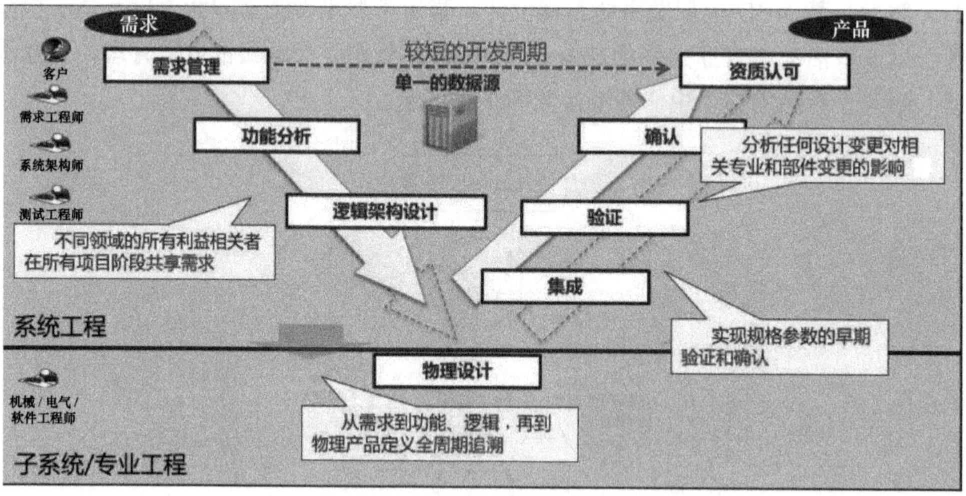


图 1-3 单一格式数据驱动

3. **一体化的平台**（All in one）

3DEXPERIENCE 平台是一个包括设计（CATIA\SOLIDWORKS）、仿真（DELMIA）、分析工具（SIMULIA）、协同环境（VPM）、产品数据管理（ENOVIA）、社区协作（3DSWYM）、大数据技术（EXALEAD）等多种应用的一体化平台，如图 1-4 所示。网页端和客户端提供超过 500 多个标准 App（应用程序），所有 App 之间的数据互联互通可全生命周期追溯，并且支持自定义扩展。

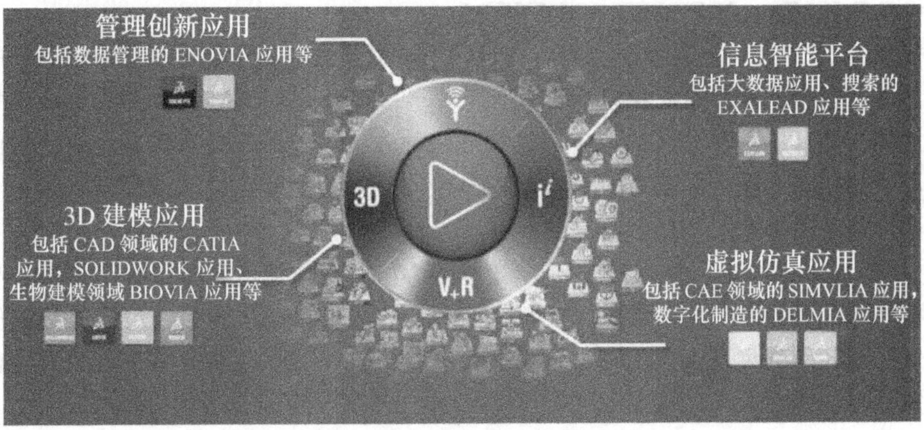


图 1-4　一体化的平台

4. **开放性平台**

3DEXPERIENCE 支持 The Code of PLM Openness（CPO）开发标准，所有客户都可以连接到平台，并使用传统的 CAD、CAE 模型连接器以及 EXALEAD 的新数据连接器，以各种格式利用其现有资产，同时可以进行复杂的 CAA 二次开发，在现有的软件运行框架下，对客户进行深度化定制与功能性拓展，最大限度地达到用户预期的功能要求。通过类型扩展、模板定制对业务模型进行相关功能的高度集成，完成批量化、自动化的操作；利用软件提供的 EKL 脚本语言，以低代码的开发方式，短期快速完成某一特定自动化需求的功能定制。

## 1.1.3　3DEXPERIENCE 应用简介

与企业智能制造发展需求相对应，3DEXPERIENCE 应用可以分为四个象限，来分别满足企业数字化的四类需求，如图 1-5 所示。

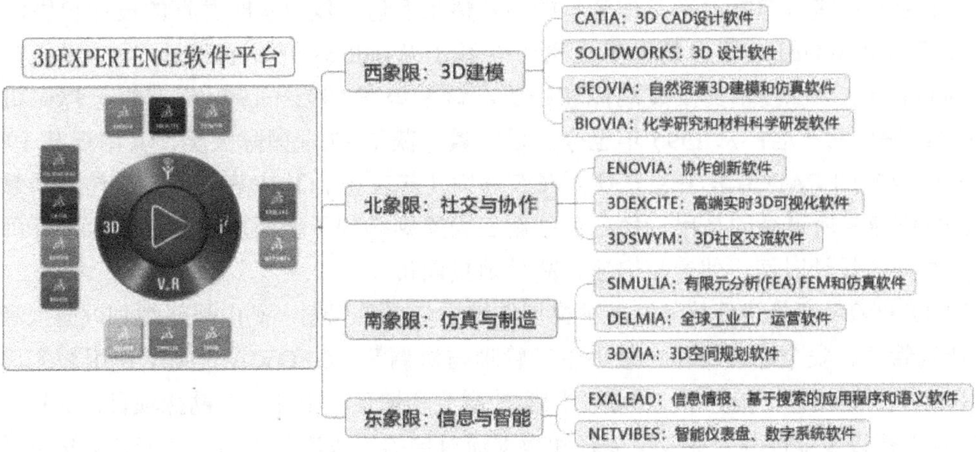


图 1-5　3DEXPERIENCE 软件组成

1. **北象限：社交与协作**

在社交与协作象限中，涵盖了一系列应用，帮助企业实现全流程的3D生命周期管理。此象限包含ENOVIA、3DEXCITE、3DSWYM。

1）ENOVIA软件可把人员、流程、内容和系统联系在一起，能够带给企业巨大的竞争优势。通过贯穿产品全生命周期统一和优化产品开发流程，ENOVIA可在企业内部和外部帮助企业轻松地开展项目并节约成本。这种适应性强、可升级的技术帮助企业以最低的成本应对不断变化的市场，并融入企业实践中。ENOVIA贯穿宽广的工业领域，满足业务流程需要，可管理简单或工程复杂性高的产品。

2）3DEXCITE软件、解决方案和CGI服务为所有媒体通道的故事分享提供了高端实时3D可视化。利用客户的源数据，3DEXCITE为向数码、交互营销和销售体验提供了自由的创作环境。从咨询到工作流程，最后到可视化资产，3DEXCITE将工程数据转化为强大的视觉体验。

3）3DSWYM软件提供了社交网络和社区功能，可以组织创建社交社区，以便在非结构化环境中进行协作，以及社交内容的共享。通过社区与Blog、iQuestions、Wiki和构想等实现社会协作，提供丰富的个人资料管理（技能、兴趣、经验等），支持企业用户在任何地方跨学科协作。

2. **西象限：3D建模**

在3D建模象限中，涵盖了一系列的功能模块，可以实现从分子建模到星球体量的建模工作。此象限包含CATIA、SOLIDWORKS、GEOVIA、BIOVIA等软件。

1）CATIA是Computer Aided Three-dimensional Interactive Application（计算机辅助三维交互应用）的缩写，是全球领先的工程和设计软件，可实现产品3D CAD设计。它适用于所有制造组织，包括从OEM到其供应链，甚至是小型独立制造商。CATIA不仅能够为所有产品建模，还能够在现实行为背景下建模。系统架构师、工程师和设计师都能定义、构思和塑造互联世界。CATIA在达索系统3DEXPERIENCE平台的技术支持下，能够实现基于单一事实来源的社交设计环境，并允许客户通过强大的3D仪表板进行访问，从而促进所有利益相关者（包括移动工作者）的商业情报互访，以及实时并行的设计和协作。

2）SOLIDWORKS软件是世界上第一个基于Windows开发的三维CAD系统。由于技术创新符合CAD技术的发展潮流和趋势，该系统在1995—1999年获得全球微机平台CAD系统评比第一名；从1995年至今，已经累计获得17项国际大奖，其中仅从1999年起，美国权威的CAD专业杂志*CADENCE*连续4年授予SOLIDWORKS最佳编辑软件。SOLIDWORKS所遵循的易用、稳定和创新三大原则得到了全面落实和证明，设计师使用它大大缩短了设计时间，使产品快速、高效地投向市场。

3）GEOVIA产品线目前分为多种类型的地质与采矿规划，矿山战略规划，露天和地下进度计划管理、安全远程协作、采矿生产管理与协调等。GEOVIA是全球使用最为广泛的地质和矿山规划软件，服务于120多个国家的露天和地下矿山开采及勘探项目，通过功能强大的3D图形以及能够与企业专用流程和数据流对接的工作流程自动化功能，实现高效率和精准度的双赢。GEOVIA能够充分满足资源行业中地质工程师、测量师和采矿工程师提出的各种要求，其强大的灵活性能够适用于各种产品、矿体以及采矿方法。

4）BIOVIA 产品组合关注整个研究、开发、质量保证 / 质量控制和制造过程中的科学多样性、实验流程和信息要求的集成。其功能包括科学数据管理，生物、化学和材料建模与仿真，开放的协作模式，企业实验室管理，企业质量管理，环境健康与安全，以及操作智能。BIOVIA 致力于从研究和产品构思到商品化和制造整个过程中，为所有行业中的科学驱动型企业强化并加速创新过程、提高生产率和合规性、降低成本和加速产品开发。BIOVIA 为制药、生物技术、消费品、航空航天、能源和化学工业提供用于化学、材料和生物科学研究的软件。BIOVIA 的解决方案创造了科学的管理环境，有助于科学驱动型公司创建并关联生物、化学和材料来创新产品，借此改善人们的生活方式。

### 3. 南象限：仿真与制造

在仿真与制造象限中，涵盖了一系列的功能模块，可以实现工艺分析、物流分析、有限元仿真等一系列功能。此象限包含 SIMULIA、DELMIA、3DVIA 等软件。

1）SIMULIA 提供了先进的模拟产品组合，可用于多物理、流程集成和优化。其应用工程解决方案按行业应用程序为用户以及设计师和工程师提供了角色，以便在他们的整个日常产品设计活动中充分利用仿真。仿真技术涵盖了结构、流体、塑料注塑、声学和结构化应用。在应用环境中提供了适当的功能，并为临时用户提供了引导式访问，从而通过仿真在产品团队内推动设计和功能创新。其多物理场仿真解决方案提供适用于结构、流体、多几何体和电磁学情景的强大仿真功能，包括直接连接到产品数据的复杂装配体。

2）DELMIA 提供的解决方案可将建模和仿真的虚拟世界运用于真实的运营之中，为价值网络中的各方相关人员提供完整的解决方案，包括供应商、制造商、物流和运输提供商，以及服务运营商和工作团队。借助 DELMIA 工业工程，客户可以通过虚拟方式验证价值网络、工厂布局、运输计划、流程计划、物流计划和员工计划，以快速应对竞争或把握新的市场机遇。DELMIA 规划和优化为制造、物流、运输和员工运营的复杂业务流程提供了基于现实的计划、调度和优化支持，并且涵盖所有规划范围。它围绕 100% 契合需求的模型而构建，其配置遵循了组织的所有独特规则和约束，例如产能、库存和物流约束、合同要求等。同时，它还具有足够的灵活性，能够快速适应日常运营的高峰低谷。这一切相辅相成，造就了针对关键绩效指标而优化的灵活计划，并且能够始终与业务实际情况保持同步。

3）3DVIA 为家装零售商和品牌制造商提供了基于云的多渠道空间规划解决方案，该方案可以吸引客户、生成高质量销售机会并缩短销售周期。通过 3DVIA Store，零售商可以测试店铺设计理念结果并将其优化为更好的店内客户体验和结果。3DVIA 可让个人客户以社交方式设计和规划家居项目，可从其他成千上万个项目中找到灵感，还可以使用专用的房间配置器快速建立自己的概念或者仅描绘想法。3DVIA 提供了丰富、迷人的三维体验，可帮助消费者在日常生活中做出重要的购买决定。

### 4. 东象限：信息与智能

在信息与智能象限中，涵盖了一系列的功能模块，可用于实时搜索、展示和管理数据，从而实现更快速、更智能的决策制定。此象限包含 EXALEAD、NETVIBES 等软件。

1）EXALEAD 解决方案将大量异构、多来源的数据转化为有意义、实时的信息情报，以帮助用户改善业务流程并获得竞争优势。编译、分析和揭露“产品生成”数据的价值，与客户信息和任何系统中发现的聚集数据相结合，可在产品支持和操作期间加以利用，以创建新服务并增强竞争优势和客户满意度。推动零件重用、制造或采购流程，并实施标准化：采购和标准化智能应用程序允许用户对类似的零件重新分组并分类在一起，对它们进行并排比较，并选择首选的零件进行重用。

2）NETVIBES 以见解为依据的决策过程可帮助企业关注、了解对其业务意义重大的所有信息，并据此采取行动。除企业数据以外，还聚合了来自社交网络的内容。在社交环境下分析业务指标，实现提示和操作自动化，以随时推动加快决策。

## 1.2 3DEXPERIENCE 的安装

### 1.2.1 安装步骤

3DEXPERIENCE 平台是一种基于数据层、逻辑层、展示层的共享技术架构平台。数据层包含数据库服务器、文件协作服务器、搜索索引服务器等。逻辑层包含 3Dpassport、3Ddashbord、3Dspace 等平台应用和服务组件。展示层则包含网页客户端（ENOVIA App、3Ddashboard 等）和桌面客户端（CATIA、DELMIA、SIMULIA 等）。桌面客户端和网页客户端通过 HTTP/HTTPS 网络协议与应用服务器（3Dpassport、3Ddashbord、3Dspace 等）交互。应用服务器与数据库、文件服务器及索引服务器的数据交互。

这里主要介绍桌面客户端如何进行安装。可以联系达索供应商或者在达索官网上下载到最新的 3DEXPERIENCE 安装包，下面以教育版 R2020x 为例讲解安装过程。打开安装包找到安装程序的路径 \V6R2020x.Academia_NativeApps.AllOS\8\Academia_NativeApps\1，单击“setup.exe”运行安装程序，如图 1-6 所示。

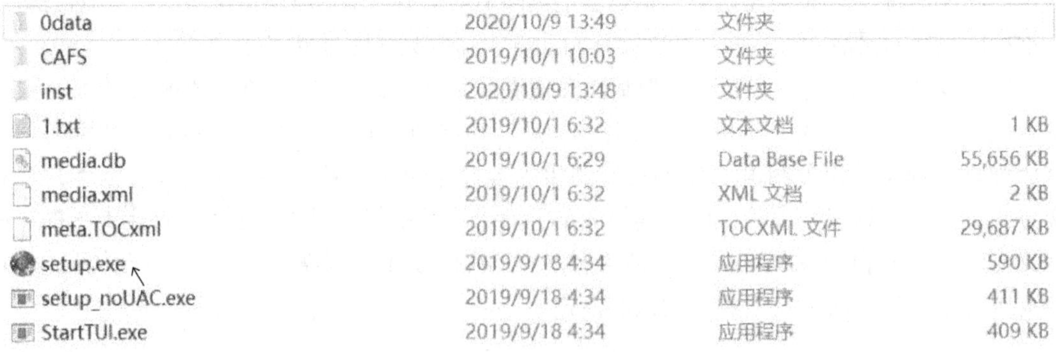

0data 2020/10/9 13:49 文件夹
CAFS 2019/10/1 10:03 文件夹
inst 2020/10/9 13:48 文件夹
1.txt 2019/10/1 6:32 文本文档 1 KB
media.db 2019/10/1 6:29 Data Base File 55,656 KB
media.xml 2019/10/1 6:32 XML 文档 2 KB
meta.TOCxml 2019/10/1 6:32 TOCXML 文件 29,687 KB
setup.exe 2019/9/18 4:34 应用程序 590 KB
setup_noUAC.exe 2019/9/18 4:34 应用程序 411 KB
StartTUI.exe 2019/9/18 4:34 应用程序 409 KB


图 1-6 3DEXPERIENCE 安装包

弹出 3DEXPERIENCE R2020x 的安装界面，单击“下一步”按钮，如图 1-7 所示。

图 1-7　安装界面

选择软件的安装目录，这里强烈建议保持软件的默认设置，以防止后续安装和使用过程中出现问题。保持默认安装路径 C:\Program Files\Dassault Systemes\B422，单击“下一步”按钮，如图 1-8 所示。

图 1-8　选择安装路径

选择 3DEXPERIENCE 的安装模块，建议保持默认设置全部勾选，单击“下一步”按钮，如图 1-9 所示。

图 1-9 选择安装模块

再次确认安装路径和安装模块是否正确，没有问题的话单击“安装”按钮，如图 1-10 所示。

图 1-10 安装软件

稍等片刻后软件显示安装完成，此时不勾选“我想启动 3DEXPERIENCE 应用程序”，暂不打开 3DEXPERIENCE，还需要进行环境配置，如图 1-11 所示。

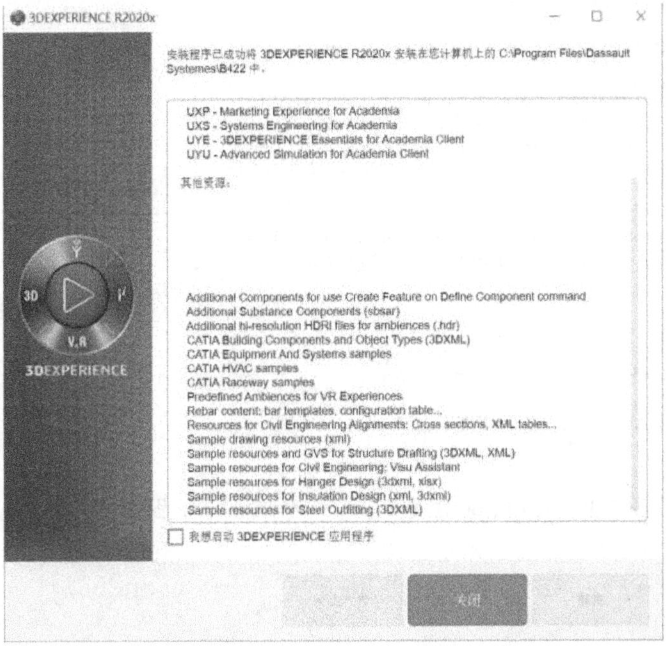


图 1-11　关闭软件

## 1.2.2　运行环境配置

3DEXPERIENCE 客户端安装完成后，还需配置 Host（没有扩展名的系统文件）和授权文件。

### 1. 添加 Host

如果是选择默认的安装位置，则在 C:\Windows\System32\drivers\etc 文件夹中找到 Host 文件，用记事本打开，在里面添加授权地址和域名，如图 1-12 所示。相关授权地址和域名配置请咨询达索代理商获取。

### 2. 添加授权服务器

如果选择默认的安装位置，则在 C:\ProgramData\DassaultSystemes\Licenses 文件夹下新建 DSLicSrv.txt 文件，然后双击，打开记事本文件，添加授权服务器的网络地址，如图 1-13 所示。

### 3. 将 Host 添加进软件

在桌面双击 3DEXPERIENCE 图标，打开平台，单击“”按钮，添加新平台，输入平台名称为 3de2020xEDU，平台类型为 3DEXPERIENCE，如图 1-14 所示。

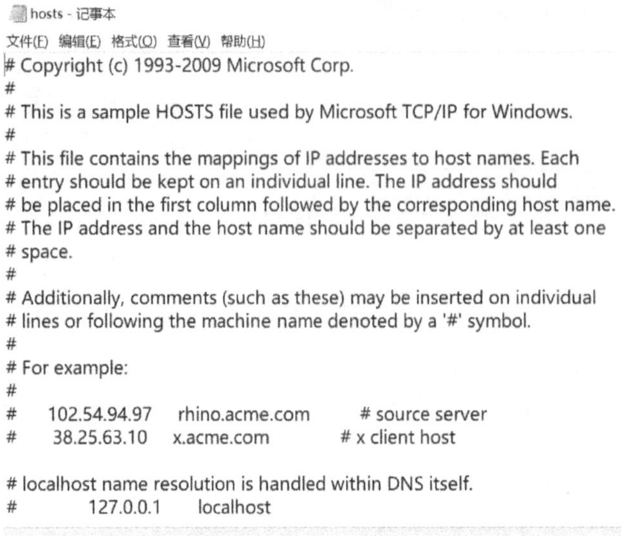
hosts - 记事本
文件(F) 编辑(E) 格式(O) 查看(V) 帮助(H)

```
# Copyright (c) 1993-2009 Microsoft Corp.
#
# This is a sample HOSTS file used by Microsoft TCP/IP for Windows.
#
# This file contains the mappings of IP addresses to host names. Each
# entry should be kept on an individual line. The IP address should
# be placed in the first column followed by the corresponding host name.
# The IP address and the host name should be separated by at least one
# space.
#
# Additionally, comments (such as these) may be inserted on individual
# lines or following the machine name denoted by a '#' symbol.
#
# For example:
#
#      102.54.94.97     rhino.acme.com          # source server
#       38.25.63.10     x.acme.com              # x client host

# localhost name resolution is handled within DNS itself.
#	127.0.0.1       localhost
```

图 1-12　添加 Host 配置

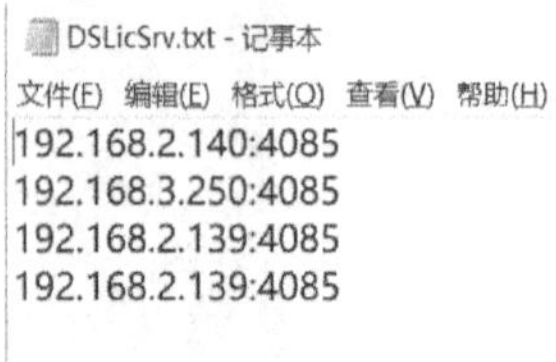
DSLicSrv.txt - 记事本
文件(F) 编辑(E) 格式(O) 查看(V) 帮助(H)

```
192.168.2.140:4085
192.168.3.250:4085
192.168.2.139:4085
192.168.2.139:4085
```

图 1-13　添加授权服务器网络地址

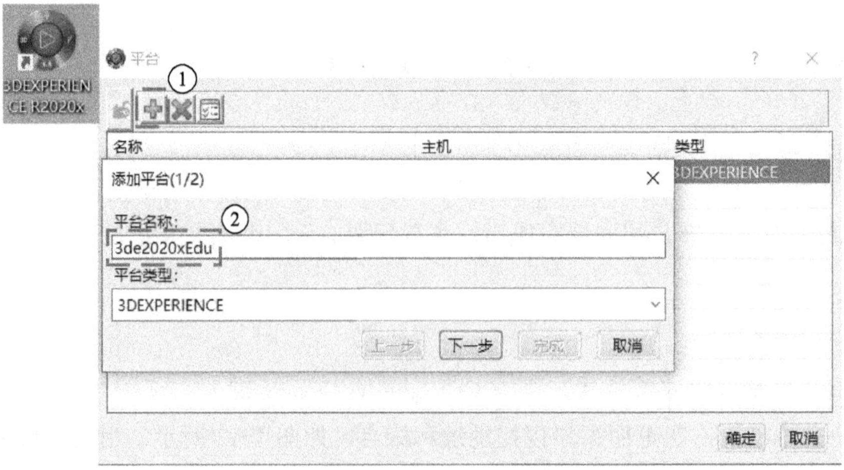


图 1-14　添加平台

单击“”按钮，编辑平台，输入相关平台连接特性，“协议”为“https”，“主机名”为“3de20xfcs.isiaevc.com”，“端口”号为“443”，“根 URI”为“3dspace”，如图 1-15 所示。不同设备的配置信息不同，详情可咨询当地达索代理商进行了解。

单击“确定”进入登录界面，若此前没有注册过 3DEXPERIENCE 账号，单击“创建您的 3DEXPERIENCE ID”，如图 1-16 所示。

填写相应的用户名、密码、邮箱等信息完成注册操作，如图 1-17 所示，在登录对话框输入用户名和密码后，就可以登录 3DEXPERIENCE。

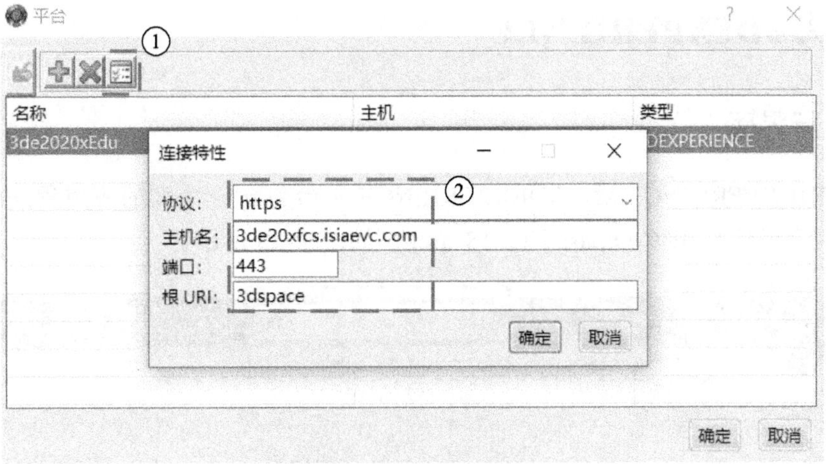


图 1-15　配置连接特性

图 1-16　登录界面

图 1-17　填写注册信息

# 1.3 进入 3DEXPERIENCE

## 1.3.1 运行界面

进入 3DEXPERIENCE 后，3DEXPERIENCE 平台包含一系列的应用程序组件，其中最关键的两个组件是 3DCompass 和 3DSearch，如图 1-18 所示。

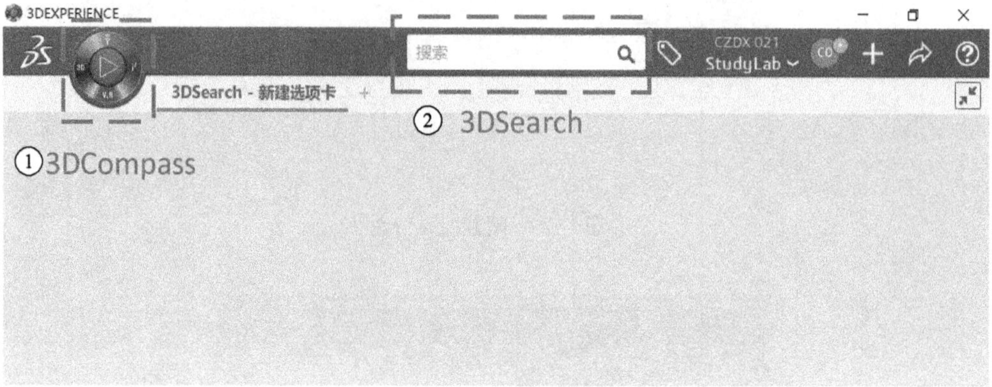


图 1-18 界面介绍

在 3DEXPERIENCE 中，所有的 App 都按照工程师的角色进行分配，罗盘管理用户访问 3DEXPERIENCE 平台应用的访问权限。当用户被赋予角色时，用户可以在界面上看到并访问相应的 App。罗盘的每个象限可以打开特定的一类应用：

西：3D 建模（CATIA, SOLIDWORKS, GEOVIA 等）。

南：仿真与制造（SIMULIA, DELMIA, 3DVIA）。

东：信息与智能（EXALEAD, NETVIBES）。

北：社交与协作（ENOVIA, 3DSWYM 等）。

可以勾选确定的角色，相应下面的 App 程序会发生变化，App 程序与选择的角色内容相互匹配，如图 1-19 所示。

3DEXPERIENCE 所有的数据文件都通过加密存储在云端的服务器上，因此区别于传统的文件夹存储模式。当需要寻找文件时，使用 3DSearch 模块。3DSearch 用于快速找到需要的数据和信息，类似于搜索框，如图 1-20 中的①所示。同时可通过在下拉菜单选择搜索范围或者使用标签来优化搜索。标签可以自动提取或者通过用户自定义生成，用于帮助筛选搜索结果，通过 6 个种类的标签（6W—H 标签）：Who、When、What、Where、Why、How 快速筛选，如图 1-20 中的②所示。

在右上角的操作栏有一些常用的命令，如图 1-21 所示。用于配置首选项和收藏常用的文件。用于新建文件。这里共有 3 种常见的文件类型：3D 零件、物理产品和工程图。一般 3D 零件用于单个零件设计，当需要装配时用物理产品类型，工程图是创建 2D 图纸时使用的。用于文件的共享与导出，其支持绝大多数的 3D 类型导出格式。

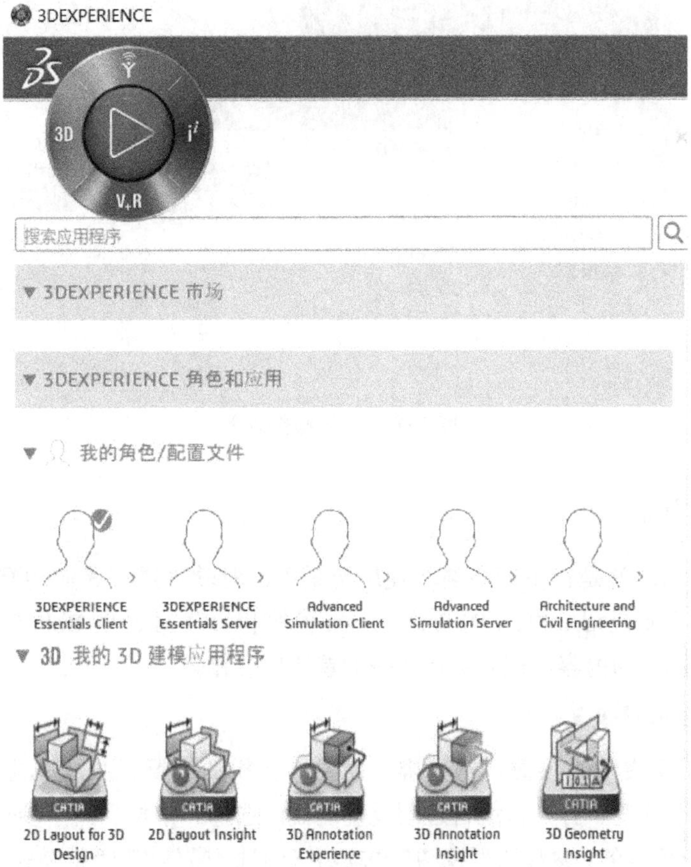


图 1-19　角色选择

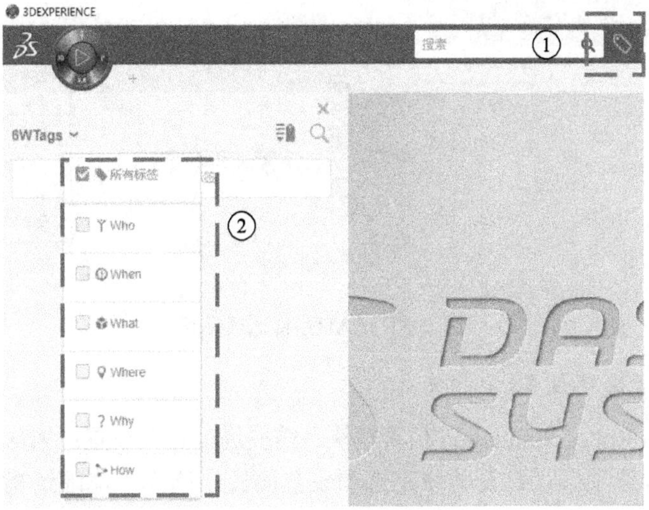


图 1-20　6W—H 标签搜索

图 1-21 常用操作命令

## 1.3.2 首选项设置

所谓的首选项，就是在不同模块的使用场景下，对软件进行相应的配置设置，方便使用者操作。本书主要介绍 CATIA 的 Part Design 模块和 DELMIA 的 Robot Simulation 模块，因此针对这两个模块的内容，需要进行相关的首选项设置。

1. CATIA 首选项设置

针对 CATIA 模块下的参数化等内容，需要进行相关设置：依次单击“”→“首选项”→“传统首选项”，打开传统首选项设置面板，选择“常规”→“参数和测量”；在右侧“知识工程”选项卡的“参数树型视图”选项组下勾选“带值”和“带公式”选项，如图 1-22 所示。

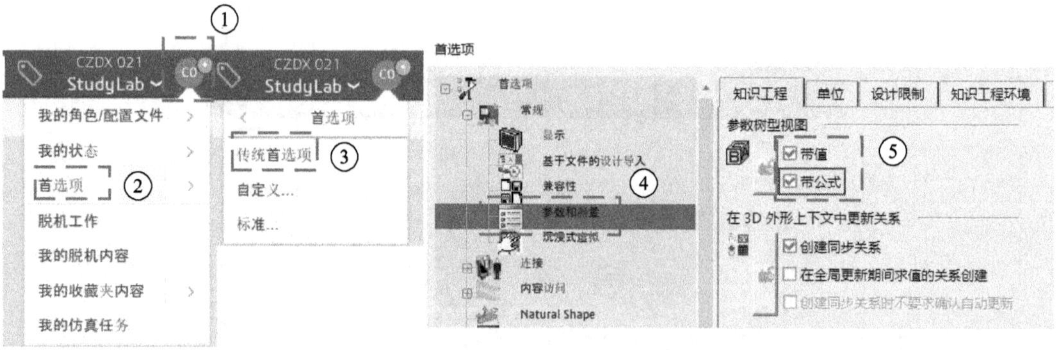


图 1-22 CATIA 首选项设置

2. DELMIA 首选项设置

针对 DELMIA Robot Simulation 仿真模块，需要进行相关设置：依次单击“”→“首选项”→“传统首选项”，打开传统首选项设置面板，选择“基础结构”→“DELMIA 基础结构”；在右侧“编译器”选项卡中，选择“C 编译器”选项组下的“Visual Studio 2013（12.0）”，如图 1-23 所示。

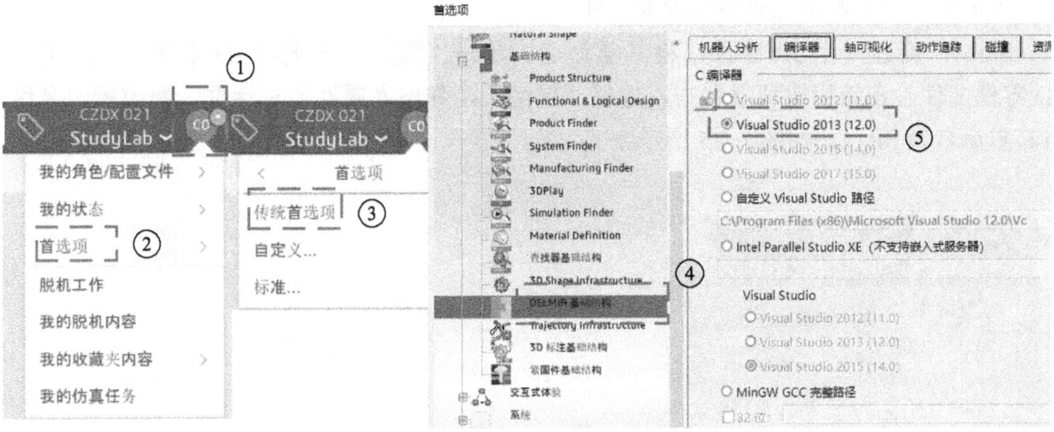


图 1-23　DELMIA 首选项设置

## 1.3.3　文件管理

3DEXPERIENCE 通过 3DSearch 来进行文件的搜索与查询，那么能否像传统的软件一样通过文件夹来对文件进行管理？在 3DEXPERIENCE 中有一个专门的 Bookmark 模块来对文件进行管理。

Bookmark 模块用于创建和管理文件夹。可以单击 3DCompass 的北象限找到 Bookmark 模块，也可以在搜索框中直接搜索 Bookmark 找到模块，如图 1-24 所示。新建文件时，应该按照项目新建，相同项目的文件放到同一个书签下，以方便今后的管理。

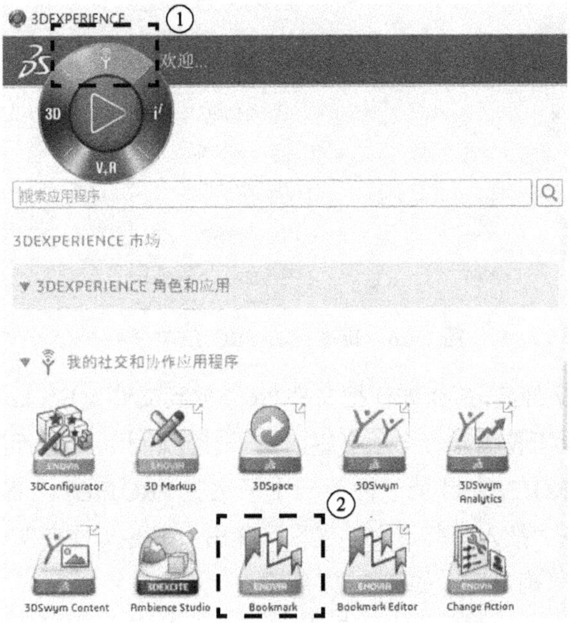


图 1-24　Bookmark 文件管理

下面以一个实例来说明如何管理文件夹。

Step1：新建一个 3D 零件，将其重命名。单击“+”，选择“3D 零件”，新建一个 3D 零件文件，在结构树顶层右击，选择“属性”，弹出“属性”对话框，修改标题名称，将其重命名为 PR_1，如图 1-25 所示。

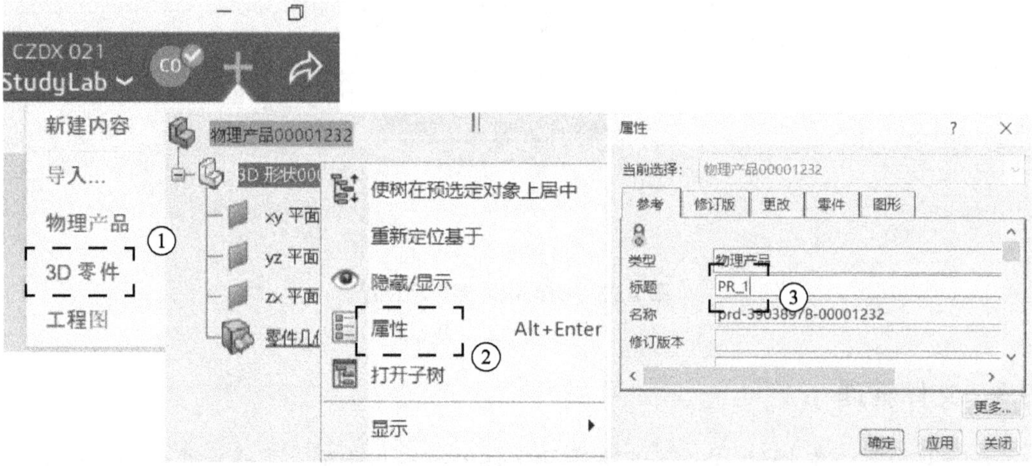


图 1-25 重命名 3D 零件

Step2：新建一个 Bookmark。单击“+”→“新建内容”，选择“书签”，如果没有发现书签按钮，可以在下面的搜索框中进行搜索找到新建书签，单击书签按钮创建一个新的书签，右击书签，选择“属性”，将书签名称修改为 3DE_PROJECT，如图 1-26 所示。

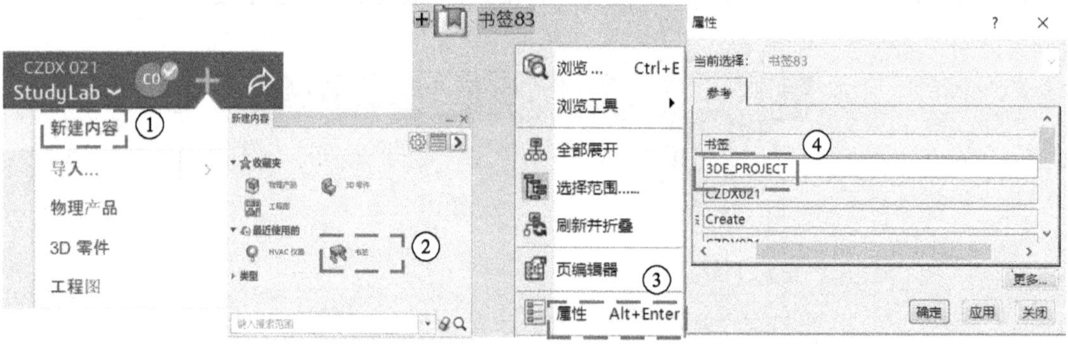


图 1-26 新建 3DE_PROJECT 书签

Bookmark 相当于文件夹，那么如何把文件 PR_1 放到文件夹 Bookmark 下进行统一管理？在 3DE_PROJECT 目录下再插入一个子书签，在子书签下才可以进行零部件的插入。

Step3：在 3DE_PROJECT 目录下插入一个子书签 PROJECT。右击“3DE_PROJECT”书签，单击“插入”→“插入新书签文件夹”，弹出“书签文件夹”对话框，将其“名称”改为 PROJECT，单击“确定”，如图 1-27 所示。

可以看到在 3DE_PROJECT 书签下插入了一个子书签 PROJECT，右击子书签“PROJECT”，单击“插入”→“插入现有对象”，选择 3D 零件“PR_1 A.1”，在结构树中可以看出 PR_1 A.1 文件被插入到 PROJECT 子书签下，如图 1-28 所示。

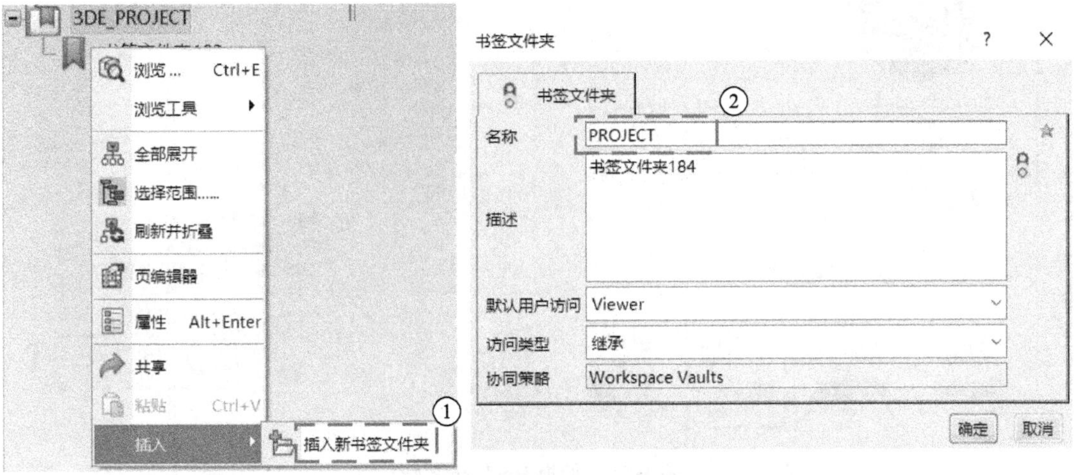


图 1-27 新建 PROJECT 子书签

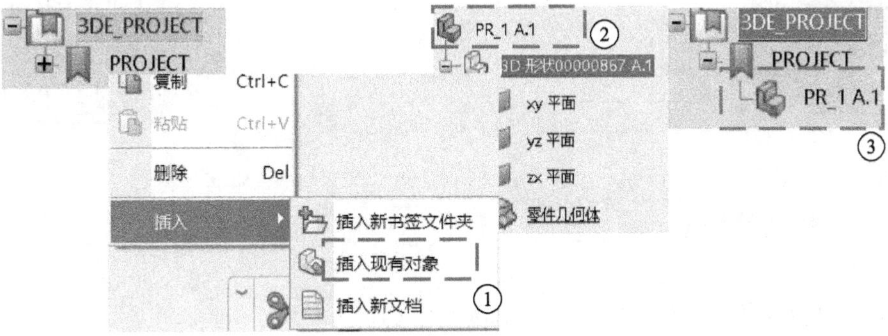


图 1-28 书签插入 PR_1 零件

同样，如果一个项目包含多个零部件，可以将同一种类的零部件放到同一个书签目录下，以方便管理。

前面介绍了如何通过建立 Bookmark 书签来对文件进行管理，那么对于不需要的数据，如何在 3DEXPERIENCE 进行删除？

这里，通过协作生命周期管理模块“Collaborative Lifecycle” App 可以对不使用的文件进行删除。这里要说明的是，打开的文件是无法进行删除的，可以在 Bookmark 列表下对文件进行删除。在 3DCompass 北象限打开 Bookmark 模块，展开所有结构树找到先前创建的 PR_1 A.1 文件，如图 1-29 所示。在 3DCompass 北象限打开“Collaborative Lifecycle” App，选中“PR_1 A.1”文件，选择“生命周期”→“删除”，弹出二次确认对话框，单击“确定”删除文件，如图 1-30 所示。

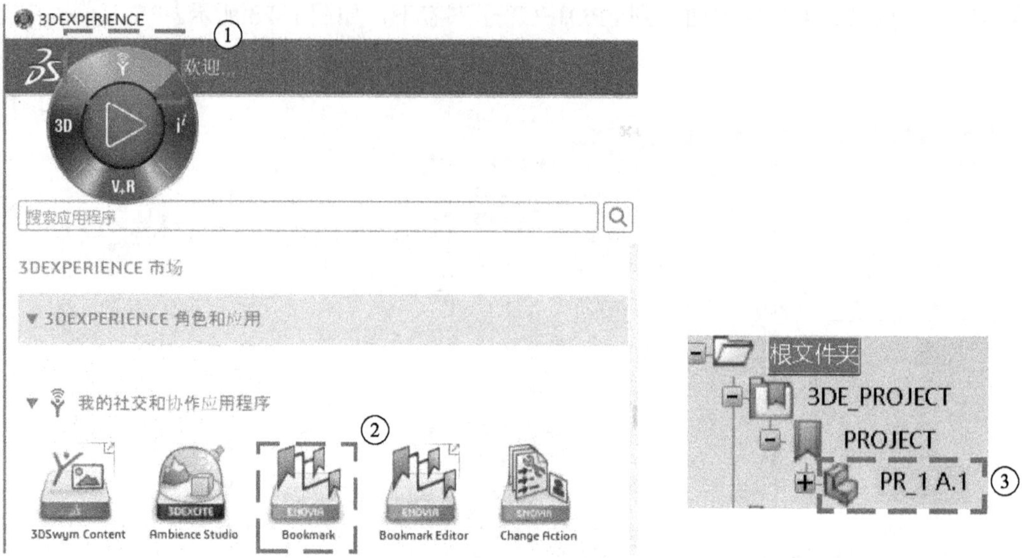


图 1-29 切换 Bookmark App

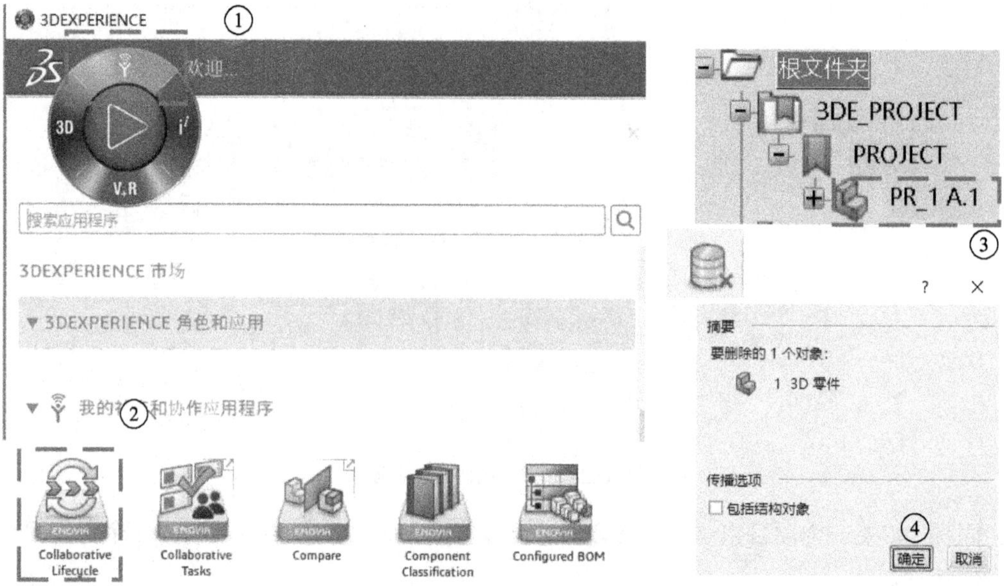


图 1-30 删除 PR_1 A.1 文件

# 第 2 章　草图设计

## 2.1　初识 Part Design App

PartDesign 是一个创建 3D 模型基础特征的功能模块。3DEXPERIENCE 向用户提供了两种 3D Part 文件创建方式，分别为：

**方式一：**罗盘新建。

用户进入 3DEXPERIENCE 后，单击罗盘西象限“3D”→单击“Part Design”图标，如图 2-1 所示。

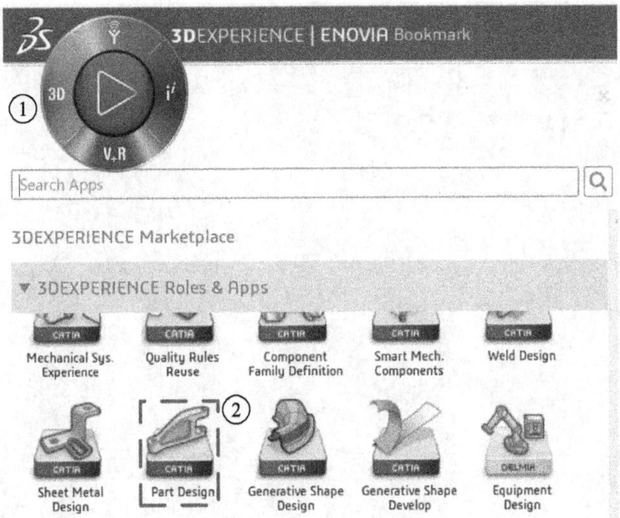


图 2-1　新建 Part 方式一

**方式二：**状态栏新建。

单击状态栏右侧“+”，选择“New Content”→单击“3D Part”按钮，如图 2-2 所示。

进入 PartDesign 模块后，其主界面上显示树结构、当前 App、详细工具条、模型窗口、状态栏、App 选项、方向罗盘、显示 / 隐藏切换符，如图 2-3 所示。

主界面左侧的结构树包含了 3DEXPERIENCE 对象的参数、几何图形集、特征、装配信息、资源信息、仿真信息等内容，显示了对象设计过程中完整的信息。在数字化建模过程中，它记录了创建实体特征的顺序以及模型上传递的拓扑关系，也直接显示了设计者的设计意图。

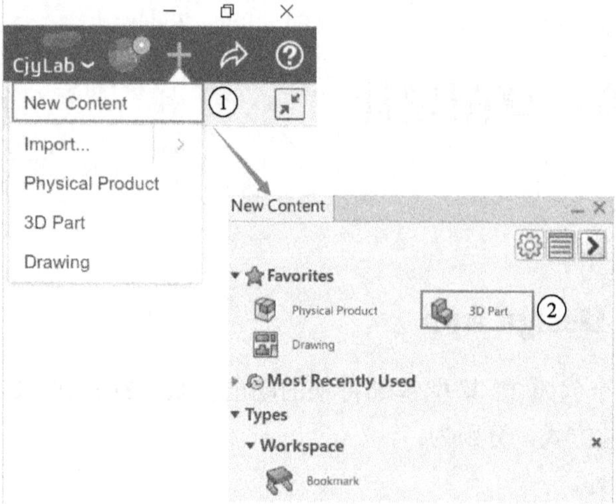


图 2-2　新建 Part 方式二

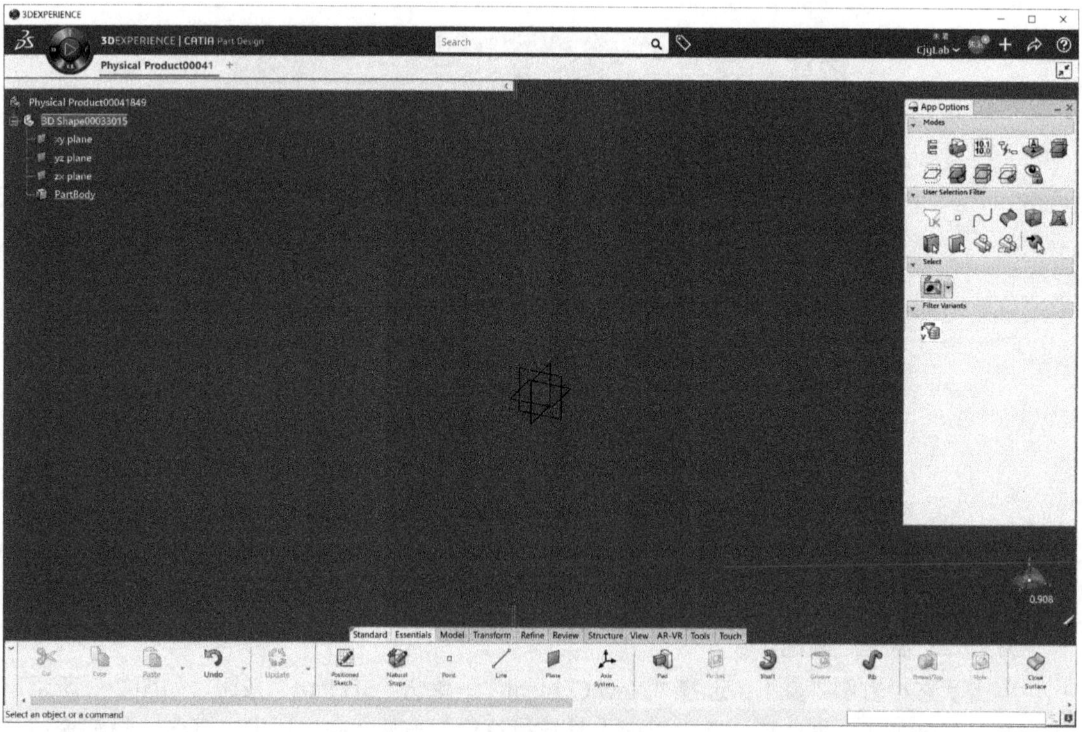


图 2-3　Part Design 主界面

通常，在结构树上可修改模型的属性，例如修改几何图形集、特征的名称，修改几何颜色、线型、粗细等。可抑制 / 激活某些特征信息，使得在修改其他特征时，该特征不受影响。还可以查看某一特征的父子级关系，来减少冗余无用的特征，简化结构树，如图 2-4 所示。

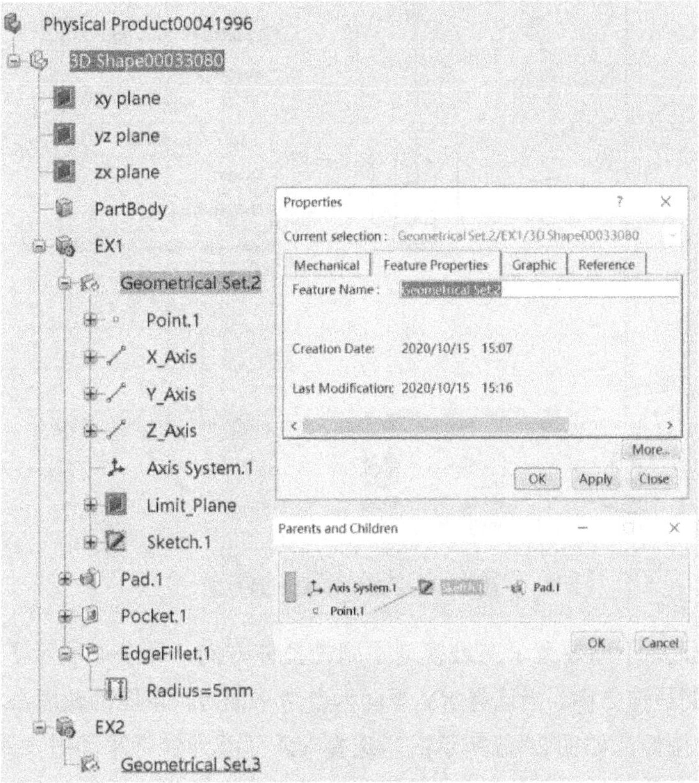


图 2-4 结构树信息

主界面的下方为工具栏，工具栏中包含了 Part Design 模块所包含的所有功能，用户根据建模的需求分析，单击相应功能按钮，依次选择，最终将所需的三维模型建立出来。

## 2.2 创建草图

### 2.2.1 定位草图

用 3DEXPERIENCE 创建一个新零件应先创建草图。草图分为非定位草图和定位草图。非定位草图，即选择一个参考平面就直接进入草图界面；定位草图，即先选定参考平面、定位点、H/V 方向，再进入草图平面，三个要素缺一不可。

定位草图虽然比非定位草图麻烦，但定位草图使 3D 模型上信息与信息间的联系更密切。通常，在使用 PowerCopy 进行产品特征模板设计、建立实体的倾斜特征时，采用定位草图的方式能够改变草图的视图方向，提高绘图效率。两种草图的创建方式分别如下：

**方式一：**依次单击“Essentials”→“Positioned Sketch…”（定位草图），选择对应的草图参考平面“yz plane”→单击“OK”，如图 2-5 所示，进入草图界面后，就可创建非定位草图。

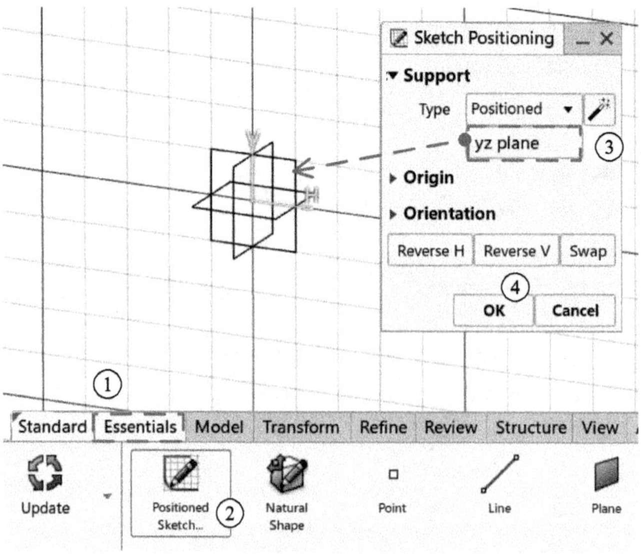


图 2-5 非定位草图创建方式

草图参考平面的不同导致了三维模型不同的拉伸方向。图 2-6 展示了 L 形铁块在轴测视角下，其不同的拉伸方向。当选择 XY 平面为参考平面时，草图的轮廓在 XY 平面上绘制，并沿着 Z 轴方向拉伸，如图 2-6a 所示；当选择 YZ 平面为参考平面时，草图的轮廓在 YZ 平面上绘制，并沿着 X 轴方向拉伸，如图 2-6b 所示；当选择 XZ 平面为参考平面时，草图的轮廓在 XZ 平面上绘制，并沿着 Y 轴方向拉伸，如图 2-6c 所示。

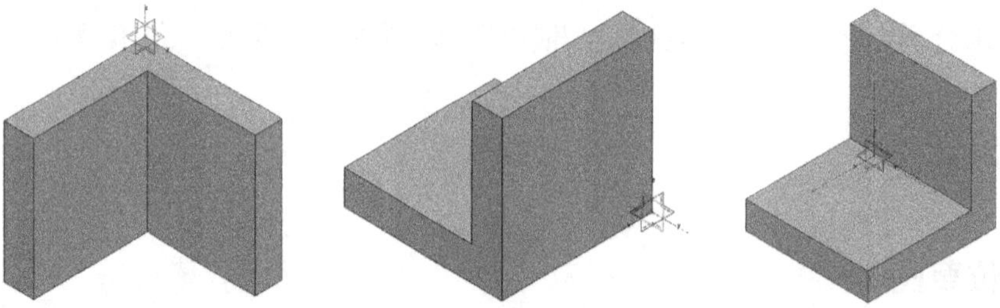

a）定位在 XY 平面　　b）定位在 YZ 平面　　c）定位在 XZ 平面

图 2-6 草图参考平面

**方式二：**单击“Positioned Sketch...”（定位草图）→选择对应的草图参考平面 YZ→选择“Point.1”为参考点→确定 H/V 的方向→单击“OK”，进入草图界面后就可创建定位草图，如图 2-7 所示。

3DEXPERIENCE 提供了多种定位草图参考点和草图方向的定义类型，如图 2-8 所示。表 2-1 列出了如何选用不同的类型选取参考点及草图原点的位置；表 2-2 列出了如何选用不同的类型选取草图绝对坐标系的方向，即草图的方向。

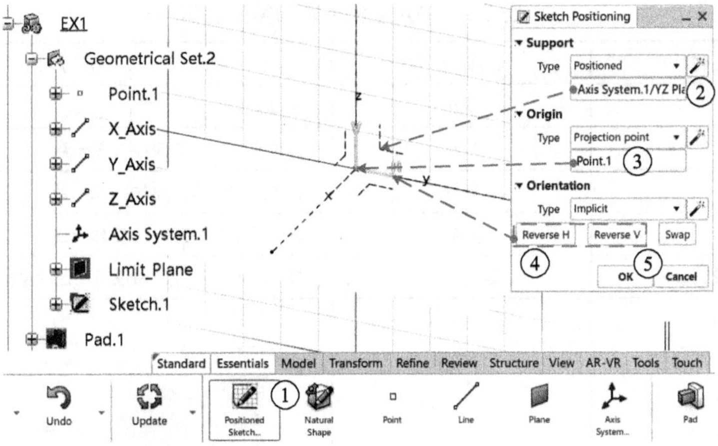


图 2-7　定位草图创建方式

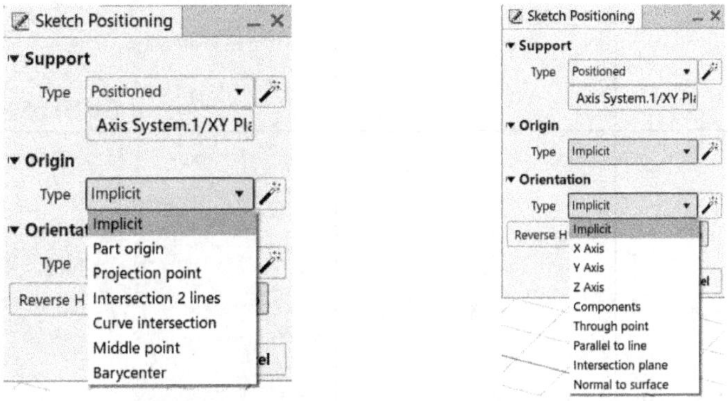


a）参考点类型　　　　b）草图方向类型

图 2-8　参考点和草图方向类型

### 1. 草图定位参考点

草图定位参考点类型说明见表 2-1。

表 2-1　参考点类型说明

| 类 型 名 称 | 选 择 元 素 | 草图原点位置 |
|---|---|---|
| Implicit（隐式） | 默认 | 系统默认（0，0，0） |
| Part origin（原点） | 点 | |
| Projection point（投影点） | 点 | 所选点在参考平面上的投影点 |
| Intersection 2 lines（直线交点） | 直线 $l_1$、直线 $l_2$ | 所选直线的交点 |
| Curve intersection（曲线交点） | 曲线 1、曲线 2 | 所选曲线的交点 |
| Middle point（中点） | 线 | 所选线段的中点 |
| Barycenter（质心） | 平面 | 所选面的质心在参考平面上的投影 |

### 2. 草图绝对坐标系方向

草图绝对坐标系方向类型说明见表 2-2。

表 2-2 绝对坐标系方向类型说明

<table>
<tr><th>类型名称</th><th>选择元素</th><th>HV 方向</th></tr>
<tr><td>Implicit（隐式）</td><td>默认</td><td>默认</td></tr>
<tr><td>X Axis</td><td>X 轴</td><td>H（或 V）的方向与 X 轴一致</td></tr>
<tr><td>Y Axis</td><td>Y 轴</td><td>H（或 V）的方向与 Y 轴一致</td></tr>
<tr><td>Z Axis</td><td>Z 轴</td><td>H（或 V）的方向与 Z 轴一致</td></tr>
<tr><td>Components（合成矢量）</td><td>设定坐标</td><td>H（或 V）的方向通过所设定的坐标</td></tr>
<tr><td>Through point（通过点）</td><td>点</td><td>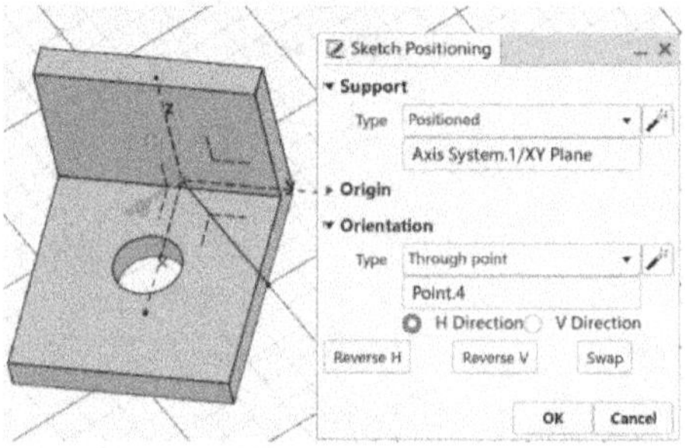

H 通过所选点 Point4</td></tr>
<tr><td>Parallel to line（平行于线）</td><td>任意线</td><td>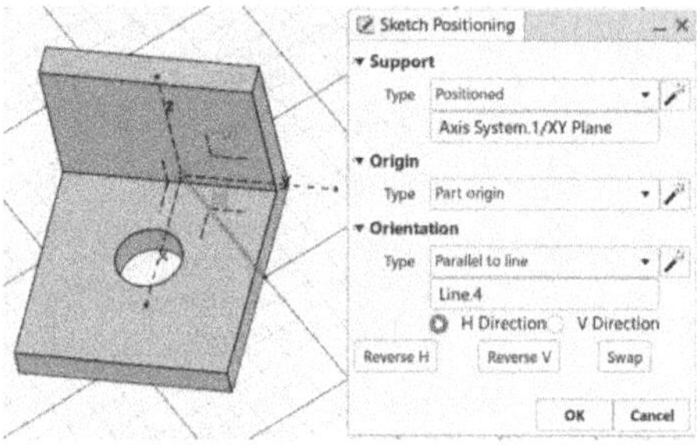

H 与 Line4 共线</td></tr>
<tr><td>Intersection plane（相交平面）</td><td>选择能与参考面相交的面</td><td>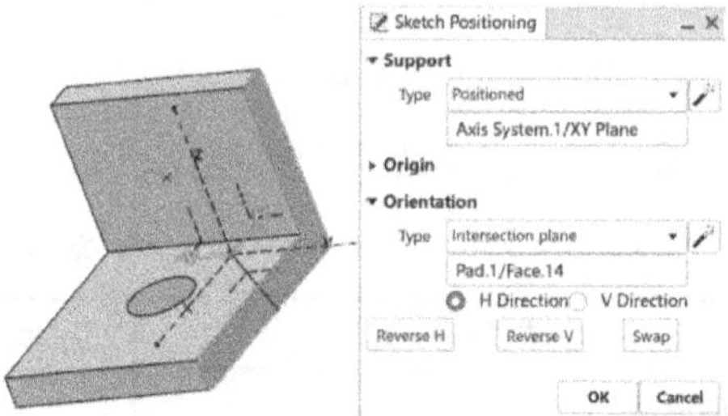

H 与相交平面平行</td></tr>
<tr><td>Normal to surface（垂直于面）</td><td>面</td><td>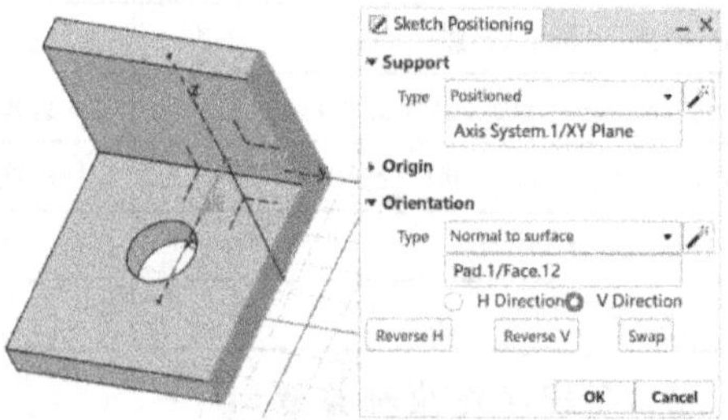

V 与所选平面垂直</td></tr>
</table>

为保证 3D 模型草图方向的一致性，一般默认 H 向右、V 向上，当 HV 的方向为非默认方向时，应对 HV 做相应调整。在 HV 方向选择对话框中，单击“Reverse H”，仅切换 H 的方向，V 方向不变；单击“Reverse V”，仅切换 V 的方向，H 方向不变；单击“Swap”，交换 H 和 V 的方向，如图 2-9 所示。

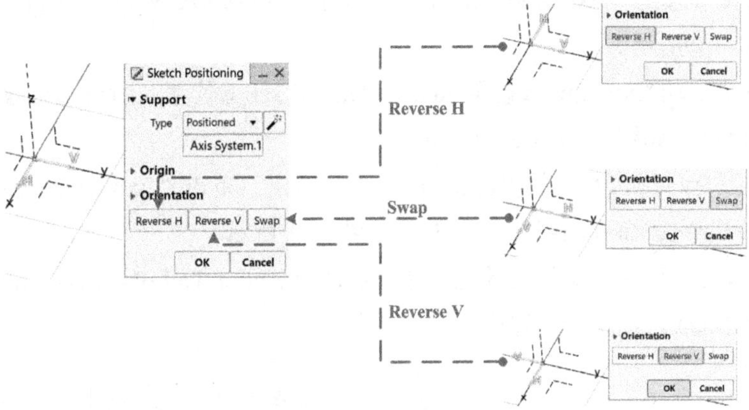


图 2-9　HV 方向调整

## 2.2.2　创建几何图形

草图平面创建完成后，就直接进入草图编辑器主界面，如图 2-10 所示。

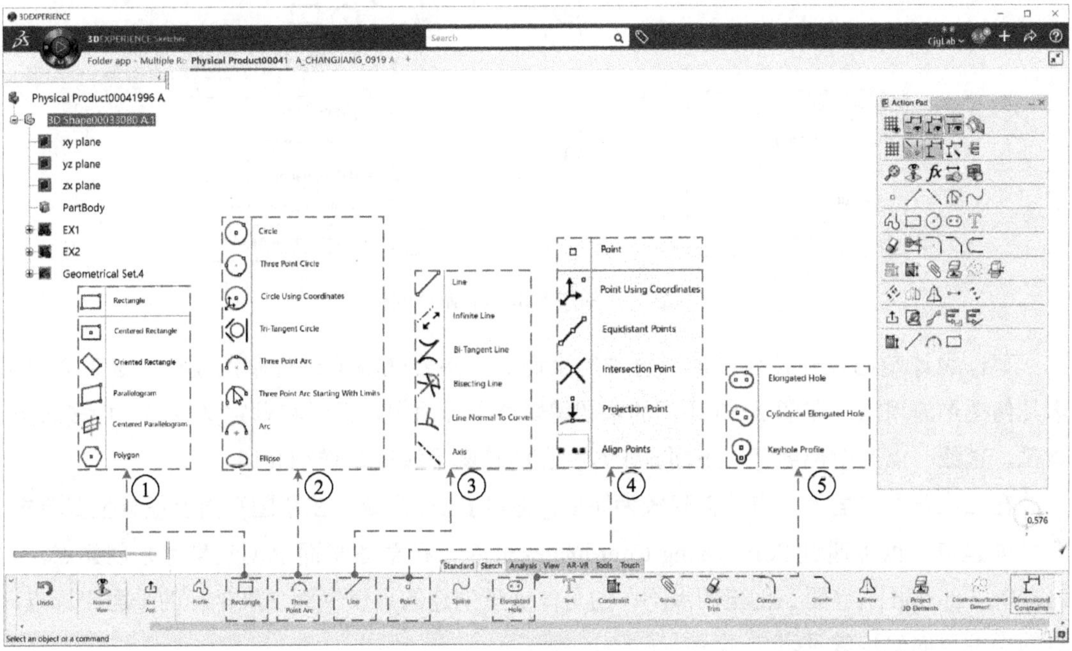


图 2-10　草图编辑器主界面

此主界面左侧上为模型结构树；主界面底部一排为创建几何图形的工具，例如自定义轮廓的定义工具、多边形的定义工具、圆弧的定义工具、腰形孔的定义工具、约束工具、图形编辑工具以及隐式特征的定义工具等；主界面右侧的“Action Pad”为用户提供了收藏常用命令的快捷显示窗口，让用户根据自身需要将常用命令添加到“Action Pad”中。例如将退出草图编辑器工具“Exit App”添加到 Action Pad 中，步骤如下：

Step1：将鼠标移至“Exit App”上右击，单击“Customize Mode”（自定义模式），如图 2-11 中的①、②所示。

Step2：左键拖动 Exit App 按钮至 Action Pad 上的任意位置（所选的位置会有红色光标预览），松开鼠标，如图 2-11 中的③所示。

Step3：将鼠标移回工具栏的“Exit App”上，右击，单击“Exit Customize Mode”（退出自定义模式）即完成命令的添加，如图 2-11 中的④所示。

按照上述步骤，可将工具栏上的任意命令添加至 Action Pad 中，来满足自身绘图习惯，方便绘图命令的选取，加快绘图速度。

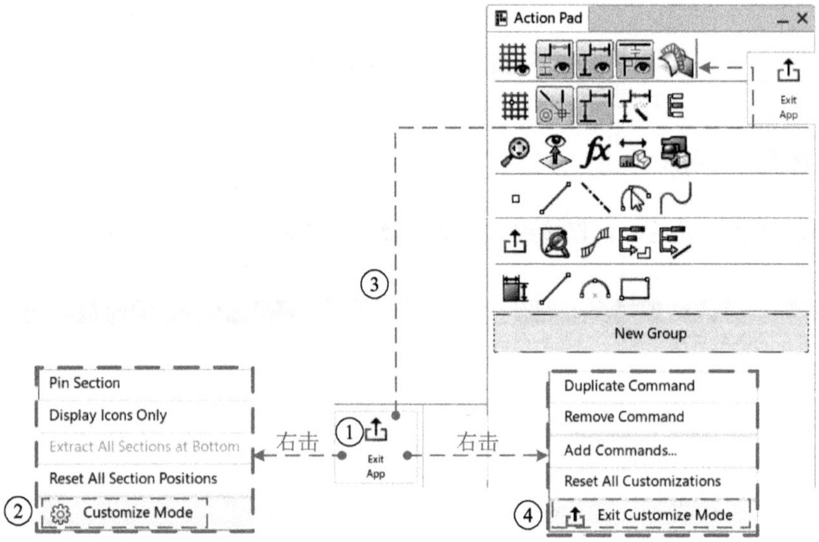


图 2-11 添加 Exit App 命令图标

草图设计是由各种几何图形组合并约束而成。想要熟练地进行草图设计，必须掌握基本几何图形的用法。在图 2-10 所示的草图编辑器主界面中，已经将预定义轮廓（如多边形、圆弧、直线、点）全部展开。下面就工具栏上的轮廓用法进行详细介绍。

在二维草图平面上，点的创建较为简单，通过 Point 命令，在草图平面上任意位置单击，即可创建点；也可通过 Point Using Coordinates 命令，在草图平面上创建坐标来创建点。与 Part Design App 主界面上创建的点不同的是，这里创建的点仅仅为二维坐标的平面坐标点。点的类型及创建步骤见表 2-3。

同理，与 Part Design App 状态下创建的空间线不同，在草图平面上创建的线为二维的线。线的类型及创建步骤见表 2-4。

表 2-3　点的类型及创建步骤

| 图　标 | 释　义 | 几 何 元 素 | 步 骤 说 明 |
|---|---|---|---|
| 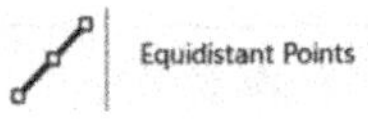 | 等分点 | 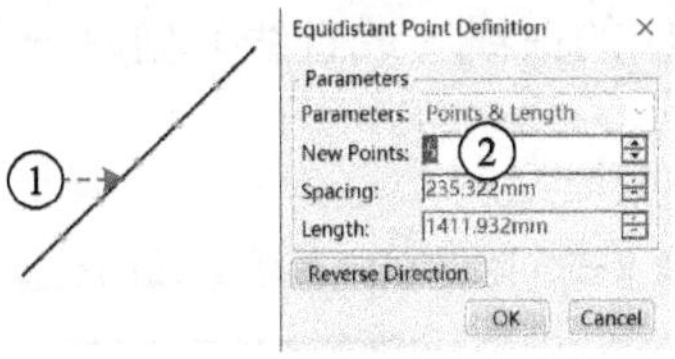 | 选择一条已有直线（或曲线），在弹出的对话框中输入点数，则在线上生成若干个等分点 |
| | | 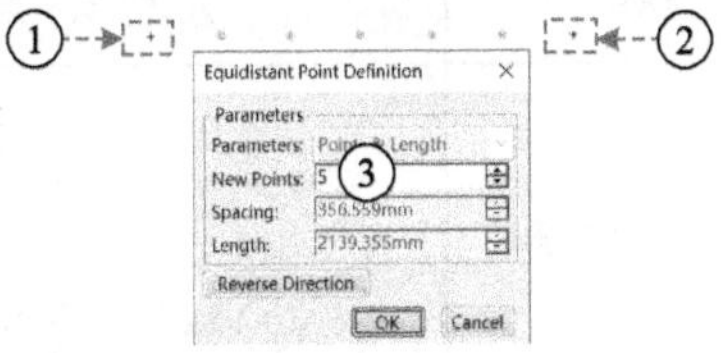 | 依次选择非重合的两点，在弹出的对话框中设置点数，则这些点均匀分布在两点之间 |
| 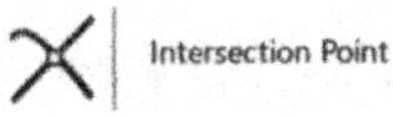 | 交点 | 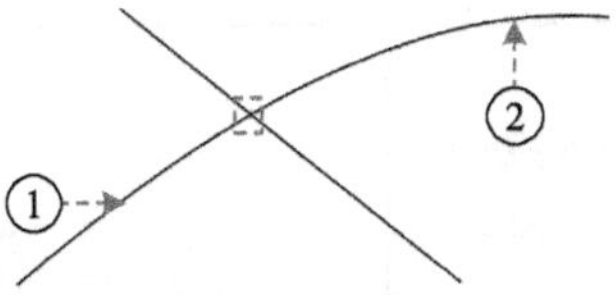 | 选择两条现有直线或弧，创建两者的交点 |
|  | 投影点 | 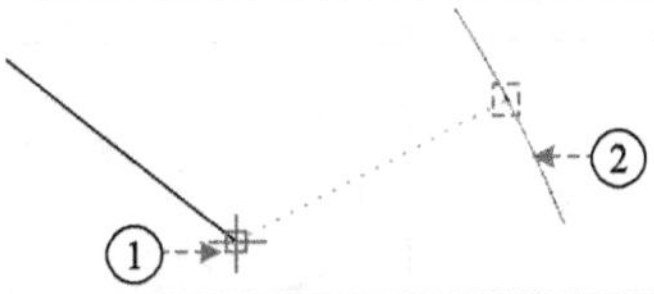 | 选择一个点，将该点投影到线上，形成新的点，即为新建的投影点 |

表 2-4　线的类型及创建步骤

| 图　标 | 释　义 | 几 何 元 素 | 步 骤 说 明 |
|---|---|---|---|
|  | 直线 | 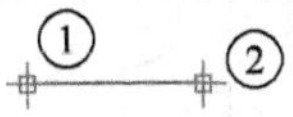 | 单击两点，定义直线端点 |
| 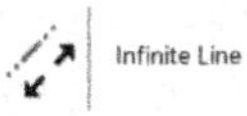 | 无限长线 | 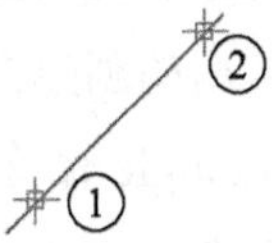 | 依次单击两点，分别定义无限长线的矢量线段的起点和终点 |
|  | 切线 | 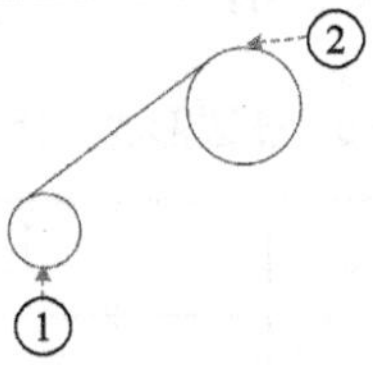 | 单击两条现有曲线 |
|  | 角平分线 | 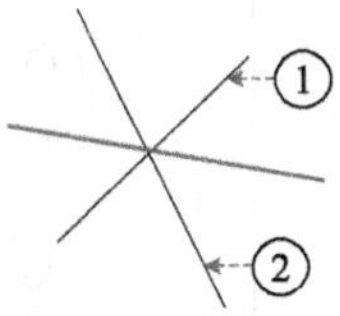 | 单击两条现有交线 |
| 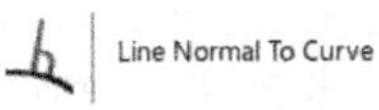 | 法线 | 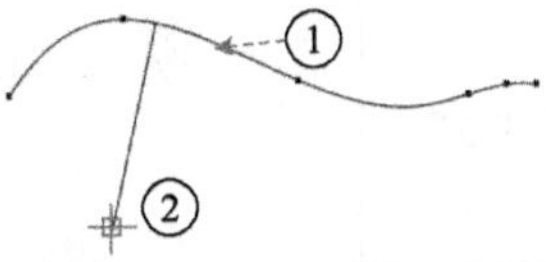 | 选择现有曲线，然后单击一点确定法线长度 |

根据圆的定义和性质，通常圆的创建方式有三种：一是通过 Circle 命令，选择圆心和半径创建圆；二是通过 Three Point Circle 命令，选择三个非共线的点创建圆；三是通过 Tri-Tangent Circle 命令，选择三条不共线的曲线（或直线）创建一个切圆。除圆以外，其他圆弧的类型及创建步骤见表 2-5。

**表 2-5 除圆以外其他圆弧的类型及创建步骤**

| 图 标 | 释 义 | 几 何 元 素 | 步 骤 说 明 |
| --- | --- | --- | --- |
| Three Point Arc | 三点圆弧 | 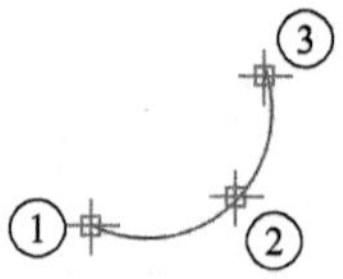 | 依次单击①、②、③点，确定一个圆弧 |
| Three Point Arc Starting With Limits | 起始受限的三点弧 | 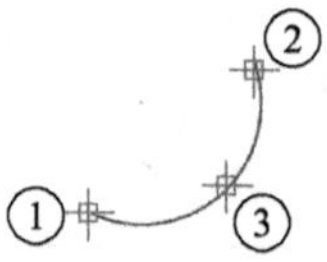 | 单击①、②点，限定圆弧起点和终点；单击③点，确定圆弧半径 |
| Arc | 弧 | 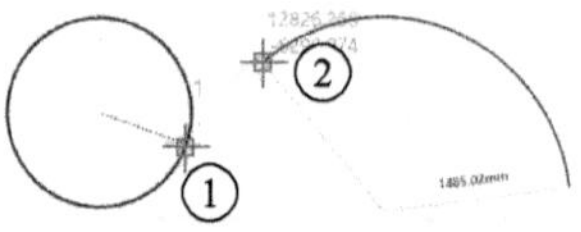 | 单击①点，确定圆弧半径及起始点；单击②点，确定圆弧周长及终点 |
| Ellipse | 椭圆 | 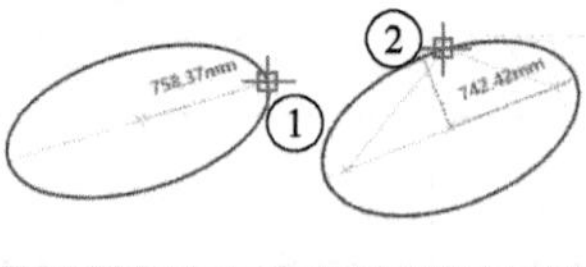 | 依次单击①、②点，确定椭圆的短半轴和长半轴 |

根据矩形的定义和性质，矩形最常用的创建方式有两种：一是通过 Rectangle 命令，以两对角点创建矩形；二是通过 Centered Rectangle 命令，选择一个中心点和一个对角点创建矩形。多边形的其他类型及创建步骤见表 2-6。

**表 2-6 多边形的其他类型及创建步骤**

| 图 标 | 释 义 | 几 何 元 素 | 步 骤 说 明 |
| --- | --- | --- | --- |
| Oriented Rectangle | 斜置矩形 | 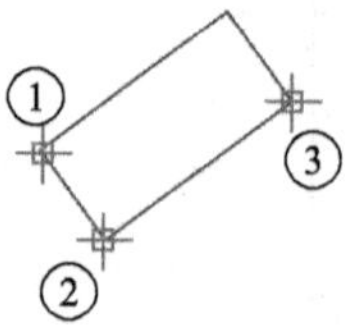 | 依次单击三点，定义矩形的位置、宽度和方向 |
| Parallelogram | 平行四边形 | 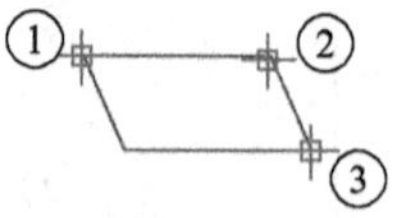 | 依次单击三点，定义平行四边形的位置、长度、宽度和方向 |

（续）

| 图　标 | 释　义 | 几何元素 | 步骤说明 |
|---|---|---|---|
|  | 中心对称<br>平行四边形 | 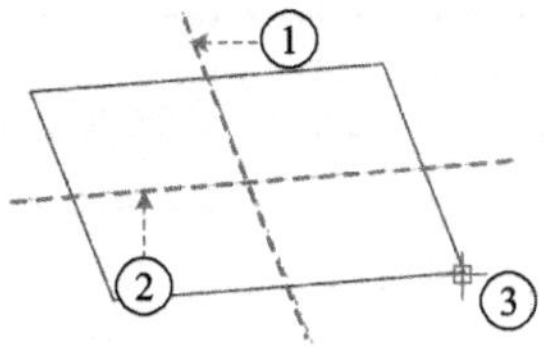 | 选定两条线，两线交点为平行四边形的中心；选定一点定义平行四边形的宽度和长度 |
|  | 正六边形 | 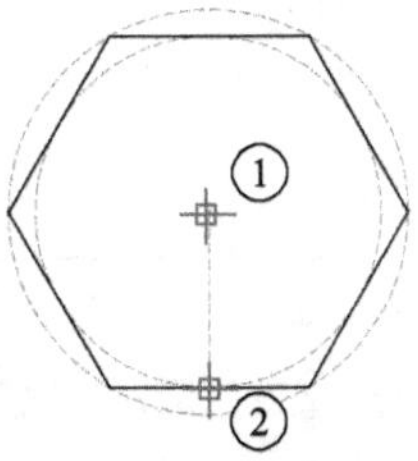 | 依次单击两点，分别确定正六边形的中心和内接圆半径，以定义一个正六边形 |

在草图编辑器中，除了上述的预定义轮廓供用户选择创建图形外，还有轮廓命令供用户快速绘图。轮廓集成了两点间直线、切弧和三点圆弧的功能，用户可在这三个命令之间快速切换，实现连续的画图，并能快速地设置直线、切弧、圆弧的参数值，减少后续几何图形的修饰更改。

在自定义轮廓面板上，①为直线；②为切弧；③为三点圆弧；④为起点（或终点）相对于草图原点（0，0）的 H 和 V 的坐标值；⑤为所选对象功能的参数值，如图 2-12 所示。

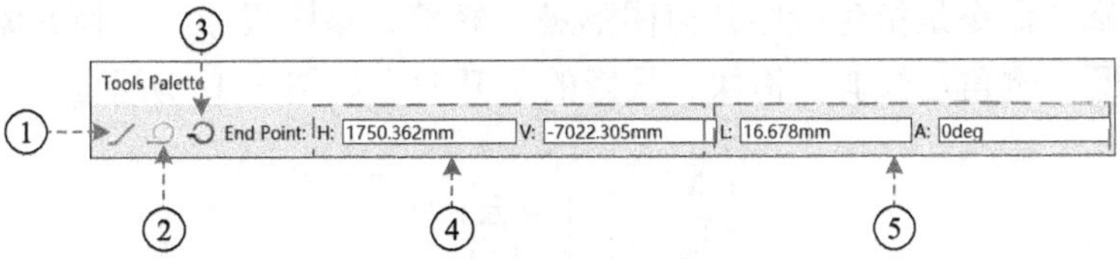


图 2-12　自定义轮廓面板

用自定义轮廓方法创建一个由 a、c、e、f 四条直线和 b、d 两个切弧构成的几何图形，其步骤如图 2-13 所示。

Step1：单击“Profile”按钮，如图 2-13 中①所示。

Step2：在草图界面的任意位置单击，出现轮廓工具面板，如图 2-13 中②所示。

Step3：按键盘上的 <Tab> 键三次，光标从 H、V、L 的空白处依次移动，当移动至 L 的值上时，输入参数值 300，按回车键。再次按 <Tab> 键，在 A 值上输入 0，按回车键，即创建直线 a，如图 2-13 中③所示。

Step4：在自定义轮廓面板选择切弧图标，如图 2-13 中④所示。

Step5：按 <Tab> 键三次，在 R 值上输入切弧的半径 20，按回车键；然后用鼠标向下拖动，在圆弧 1/4 的位置处单击确认，创建切弧 b，如图 2-13 中⑤所示。

Step6：按照 Step3 的方法，L 值输入 −150，A 值输入 90，创建直线 c。

Step7：按照 Step5 的方法，R 值输入 20，创建切弧 d。

Step8：按照 Step3 的方法，L 值输入 −300，A 值输入 0，创建直线 e。

Step9：单击起始点（图 2-13 中②的位置），自动生成直线 f，并结束轮廓创建。

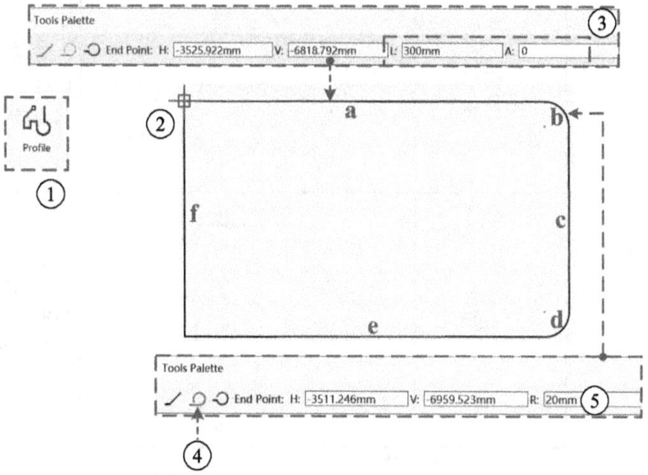


图 2-13 创建轮廓

需要说明的是，当创建一个封闭轮廓，轮廓的起始点和终点重合时，此次的轮廓创建自动结束。当创建一个非封闭轮廓时，需要双击或按 <Esc> 键来结束轮廓创建。

## 2.2.3 修饰几何图形

草图中的修饰命令是指对所绘几何图形进行修剪、参照投影、几何元素隔离、缩放、平移，以及倒圆、倒角。修剪、镜像、投影的展开命令如图 2-14 所示。

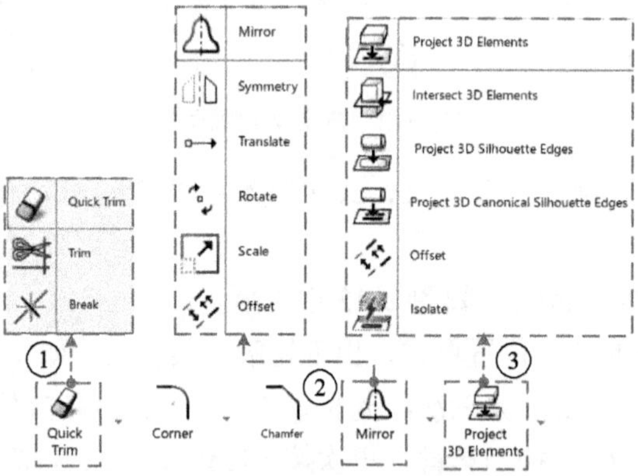


图 2-14 修饰几何特征命令

1. **修剪命令**

单击“Quick Trim”（快速修剪）后，在快速修剪的工具面板上将显示三个选择工具，它们的对比结果见表 2-7。

**注意**：表中所列的选择类型，是在自由选择功能关闭的情况下选择。

表 2-7　快速修剪类型对比

| 命　令 | 操　作 | 结　果 | 说　明 |
|---|---|---|---|
| 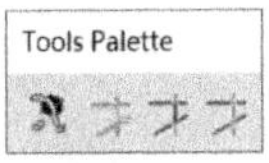 删除对象 | 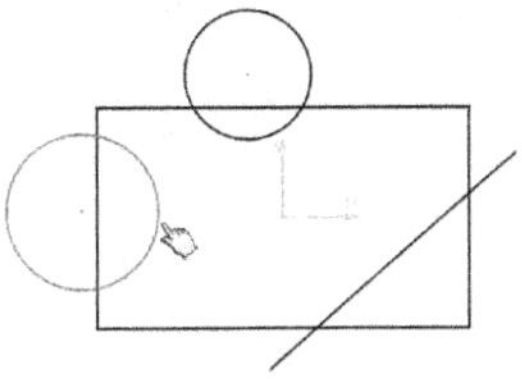 | 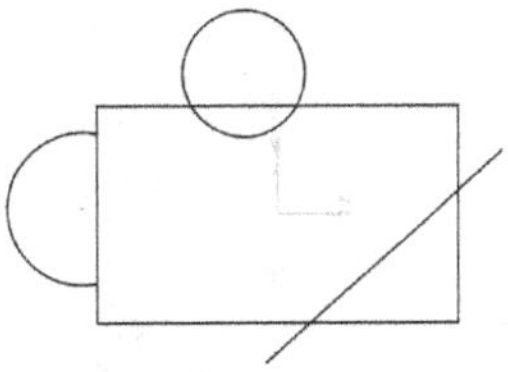 | 以直线为剪切线，选择对象（圆）的右半部分，切除右半部分 |
|  保留对象 | 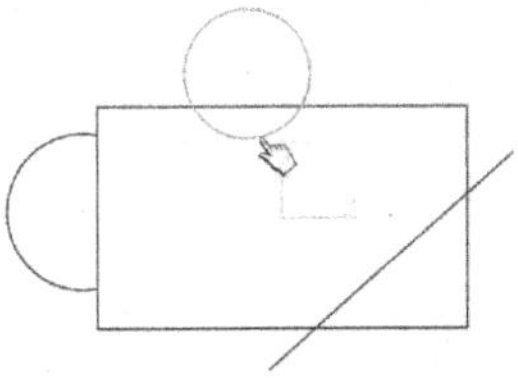 | 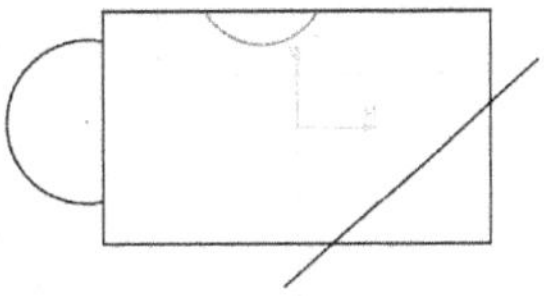 | 以直线为剪切线，选择对象（圆）的下半部分，保留下半部分，切除未被选择的上半部分 |
|  分割对象 | 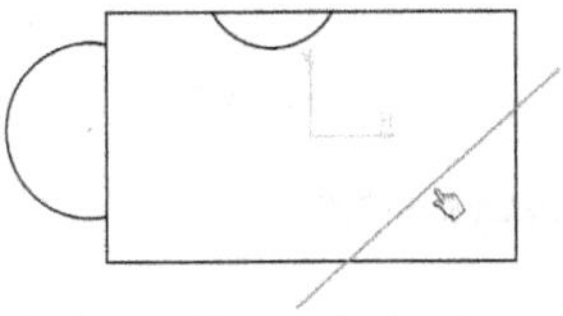 | 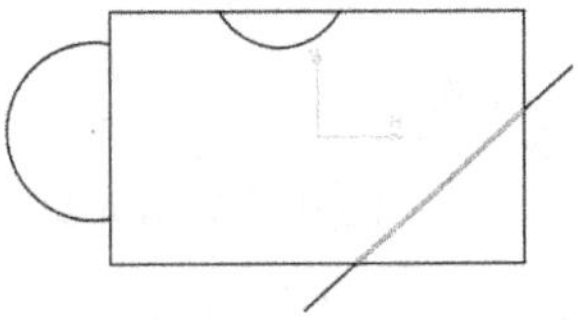 | 以与直线相交的两线为剪切线，将直线自动分割为三段 |

与分割对象类似，“Break”（打断）是一种选点进行对象分割的命令，即选择的第一元素——被打断的对象，选择的第二元素——对象上的某点，此点又称为打断点。

单击“Trim”（修剪）后，在快速修剪的工具面板上将显示两个选择工具，它们的对比结果见表 2-8。

表 2-8　修剪类型对比

| 命　令 | 操　作 | 说　明 |
|---|---|---|
|  所有元素延伸 | 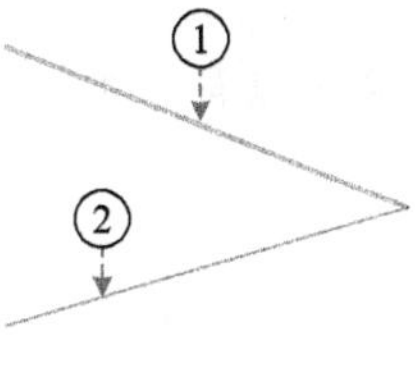 | 选择两条非连接且不平行的直线，将两直线延伸至连接点 |
|  第一个元素延伸 | 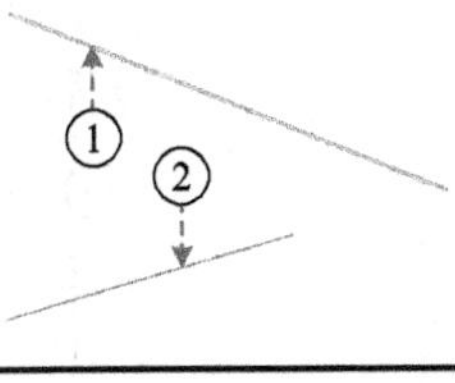 | 依次选择非连接的两个元素（直线），以第二个元素（直线②）为剪刀线，延伸第一个元素（直线①）至第二元素的延长线上 |

2. **转化特征命令**

（1）Mirror（镜像）与 Symmetry（对称）　镜像与对称的操作过程一样，均为：选定需要镜像 / 对称的对象→单击“Mirror” / “Symmetry”按钮→选择对称轴。两者不同的是，镜像的结果是根据对称轴，在对称轴另一侧复制原对象，原对象仍在原位置；而对称，则是根据对称轴，将对象绕对称轴旋转 180°，原对象已从原位置消失，如图 2-15 所示。

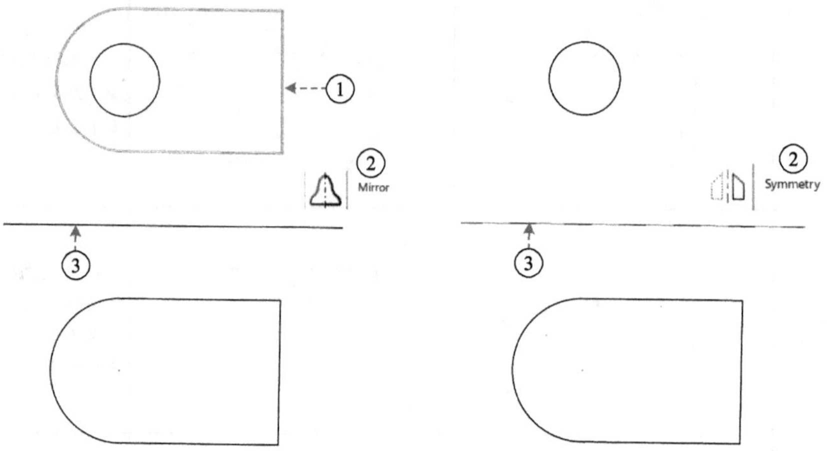


a）镜像　　b）对称

图 2-15　Mirror 与 Symmetry 的对比

（2）Translate（平移）与 Rotate（旋转）　当草图上的几何图形呈规律性分布时，可选用平移工具一次性完成多个形状的绘制。平移方法具体步骤如下：

Step1：选择对象→单击“Translate”按钮→单击平移的起点，如图 2-16a 中的①～③所示。

Step2：在“Translate”对话框中，设定平移的数量 3，平移的间距 15mm，单击“OK”确定，如图 2-16a 中的④所示。

Step3：移动鼠标，找到平移方向的引导线单击，确定平移的方向即完成平移，如图 2-16b 中的⑤ 所示。

图 2-16c 展示了平移的最终结果，新增的平移对象有 3 个，它们的间距即为设定的间距 15mm。

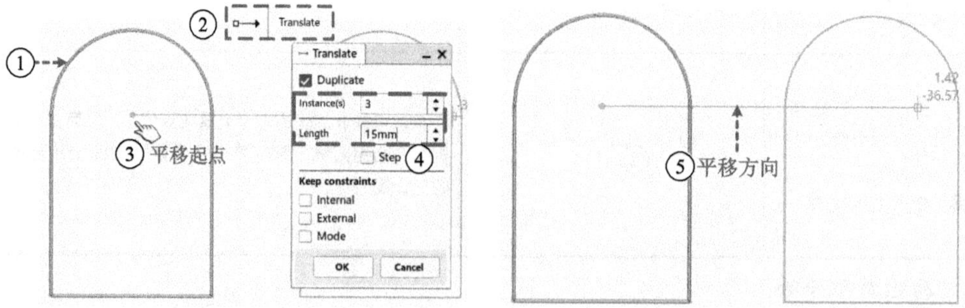


a）数量与间距设定　　b）平移方向设定

图 2-16　平移操作步骤

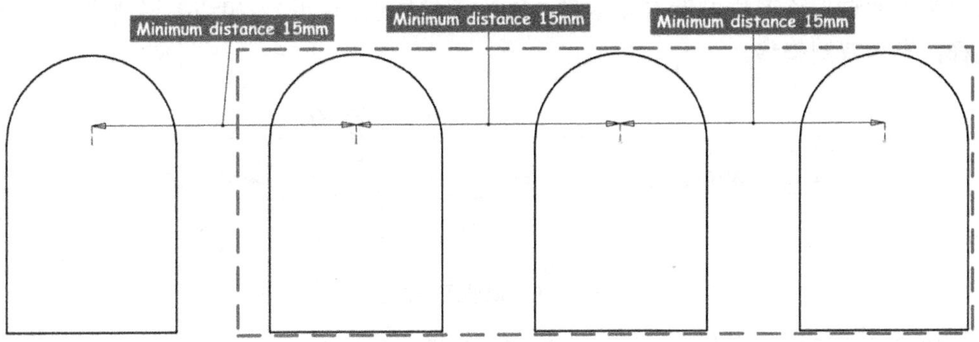


c）平移结果

图 2-16　平移操作步骤（续）

旋转即是以某点为中心，按照一定的角度在圆周上分布。具体操作步骤如下：

Step1：选择对象→单击“Rotate”按钮→单击旋转的中心点，如图 2-17a 中的①～③所示。

Step2：在“Rotate”对话框中，设定旋转的数量 9，旋转的角度为 36°，如图 2-17a 中的④所示，单击“OK”确定。

图 2-17 展示了旋转的最终结果，新增的旋转对象有 9 个，它们的角度为 36°。

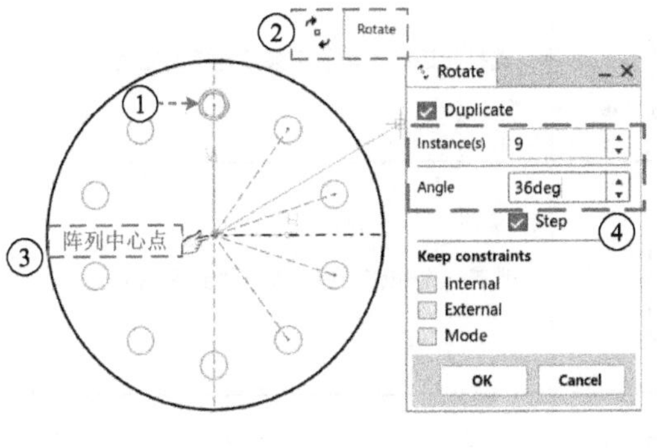


a）旋转设置

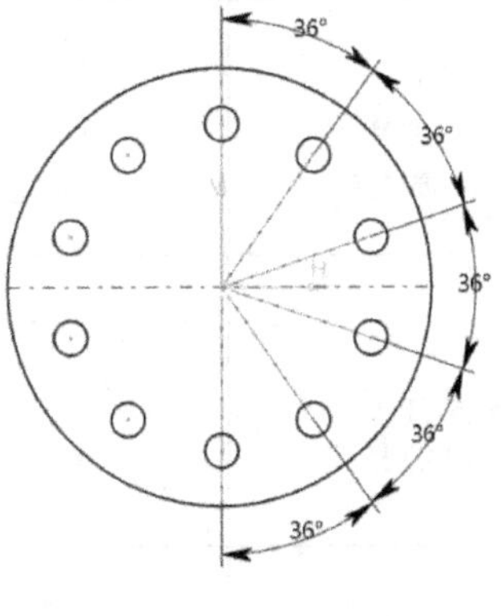


b）旋转结果

图 2-17　旋转操作步骤

（3）Scale（缩放）与 Offset（偏移）　将一个腰形孔放大，可以进行如下操作：选中要缩放的对象→单击“Scale”按钮→选中对象缩放的基准点→在“Scale”对话框中输入缩放的比例，如图 2-18 中的①～④所示。

**注意：**几何在缩放时是按照选定的基点为中心进行缩放的。当比例大于 1 时，则将对象放大；当比例小于 1 时，则将对象缩小。

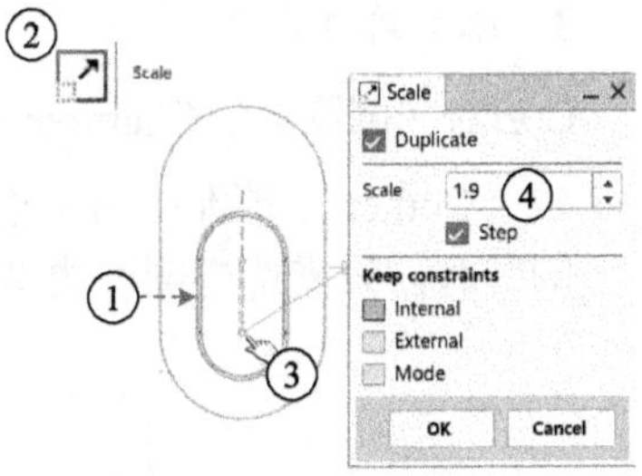


图 2-18　缩放操作步骤

选择几何对象（线、曲线等），单击“Offset”按钮，会出现偏移工具面板，如图 2-19 所示，其中①为偏移量；②为通过偏移产生的新对象数量；③为无扩展选择；④为相切扩展选择；⑤为点扩展选择；⑥为双侧偏移。

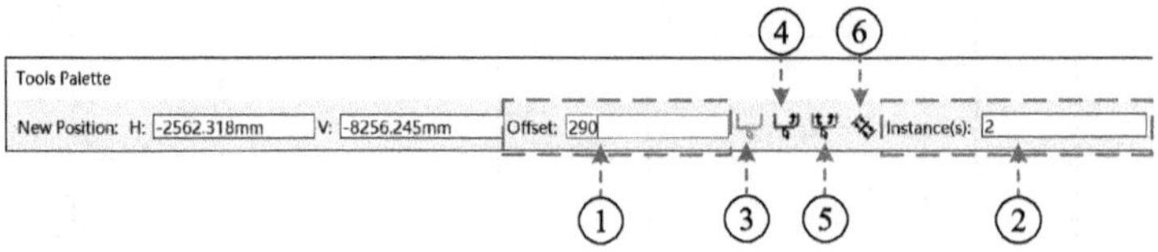


图 2-19 偏移工具面板

偏移工具面板中，⑥与③、④、⑤为复合选项，即③和⑥、④和⑥、⑤和⑥可以同时被选中，参数值的输入仍旧可以使用 <Tab> 键进行光标的移动。

几何偏移的类型有四种，其区别见表 2-9。

**表 2-9 偏移类型对比**

| 命令 | 操作 | 说明 |
|---|---|---|
| 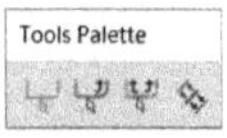 无扩展选择 | 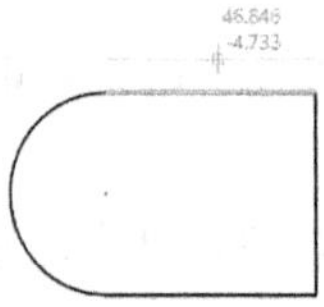 | 仅选择单边 |
| 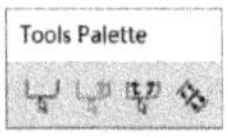 相切扩展选择 | 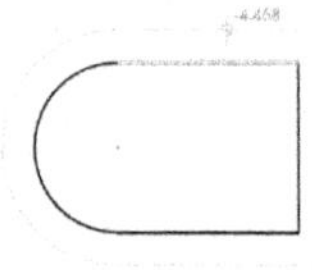 | 选择与该线相切的圆弧或连接的直线 |
| 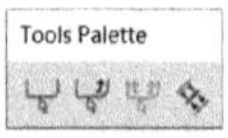 点扩展选择 | 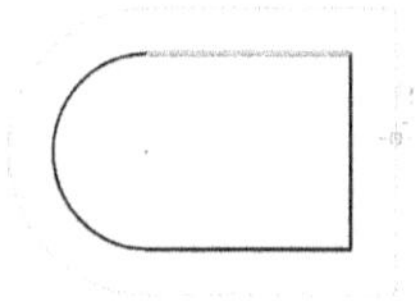 | 选择一个完整的链，即一个封闭图形 |
|  双侧偏移 | 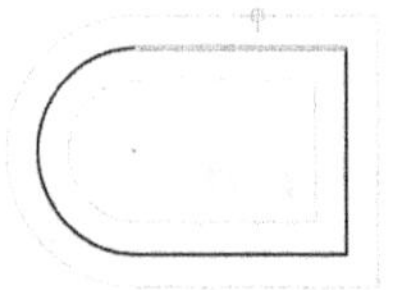 | 以所选择的线为轴线，沿两个方向偏移 |

### 3. 隐式特征命令

Corner（倒圆）、Chamfer（倒角）、Project（投影）都属于隐式特征命令。

（1）Corner（倒圆） 单击倒圆“ ”按钮，自动弹出倒圆类型工具面板，如图 2-20 所示。倒圆时，只需选定倒圆类型和半径值，再选定两条交线，即可做出两条交线的圆角。

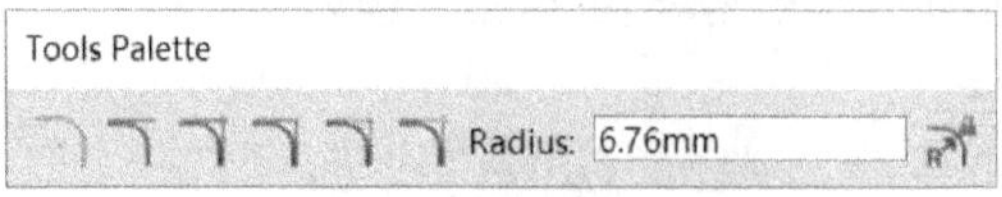


图 2-20 倒圆类型工具面板

倒圆类型工具面板上提供了六种类型供选择，考虑到第三种类型与第四种类型下圆角功能一致，第五种类型与第六种类型下圆角功能一致（从左往右依次排列）。这里，第四种、第六种类型省略，对比了常见的四种倒圆类型，见表 2-10。

表 2-10　倒圆类型对比

| 图　标 | 结　果 | 说　明 |
|---|---|---|
| 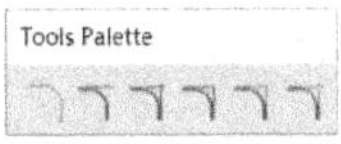Tools Palette | 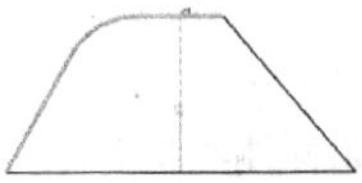 | 修剪所有边，不保留延长线 |
| 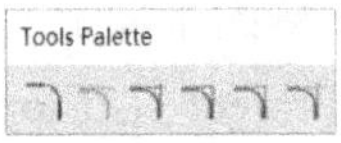Tools Palette | 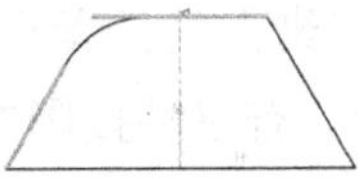 | 保留水平方向上的延长线 |
| 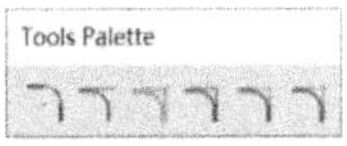Tools Palette | 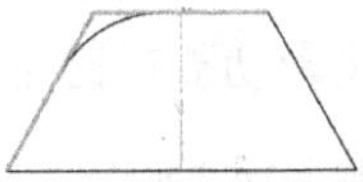 | 保留两条延长线 |
| 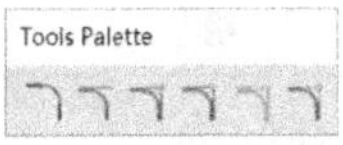Tools Palette | 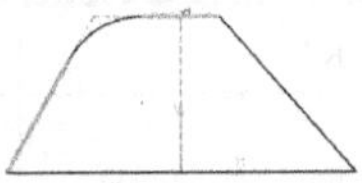 | 保留构造延长线 |

**注意：**在选择修剪所有边的功能时，会弹出自动创建约束的警告对话框，需要单击“Yes”确认修改，才能成功完成操作，如图 2-21 所示。

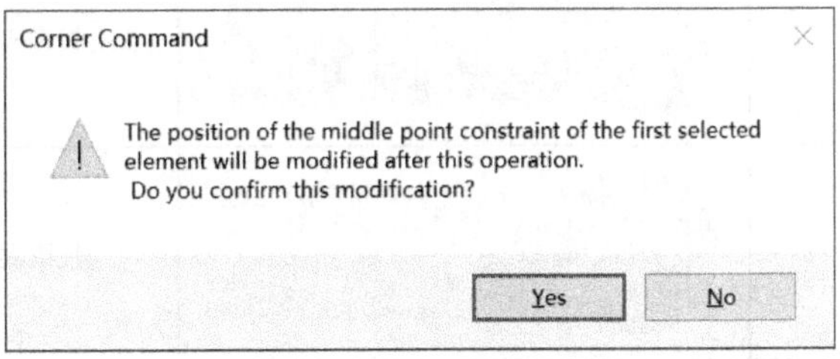


图 2-21　倒圆警告对话框

（2）Chamfer（倒角）　单击倒角“”按钮，自动弹出倒角类型工具面板，如图 2-22 所示。倒角时，需选定倒角类型、倒角标注形式、倒角长度以及角度，再选定两条交线，即可做出两条线的倒角。

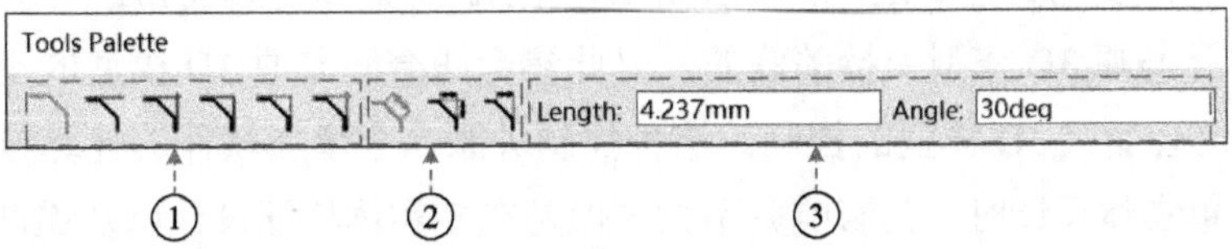


图 2-22　倒角类型工具面板

在倒角类型工具面板上，①为六类倒角类型，与圆角的六类类型一致；②为倒角的标注，三种方式的不同结果如图 2-23 所示；③为倒角长度、角度的参数设定值。

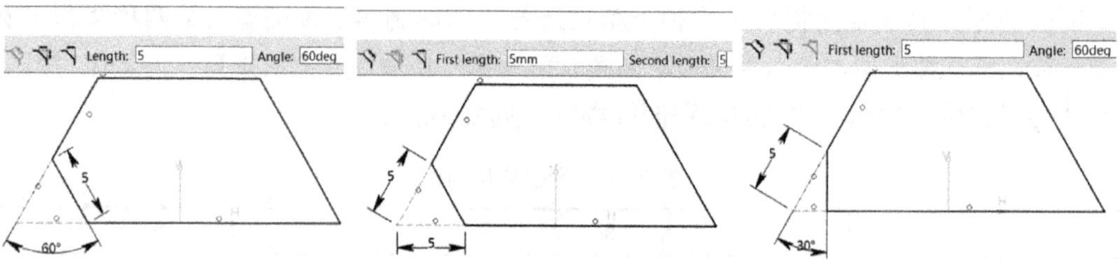


a） b） c）

图 2-23 倒角标注类型对比

（3）Project（投影） 投影功能主要是将三维上的元素垂直投影到所在草图平面上，作为草图的参考、定位元素。在投影的展开菜单上，有三种投影方式，分别为 Project 3D Elements（投影 3D 元素）、Intersect 3D Elements（与 3D 元素相交）、Project 3D Silhouette Edges（3D 轮廓边线投影）。下面对其进行具体说明，投影功能对比见表 2-11。

**表 2-11 投影功能对比**

| 命 令 | 结 果 | 说 明 |
| --- | --- | --- |
| Project 3D Elements | 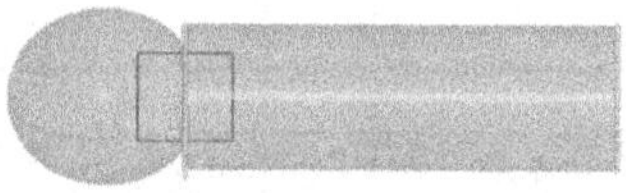 | 投影实体上线性轮廓 |
| Intersect 3D Elements | 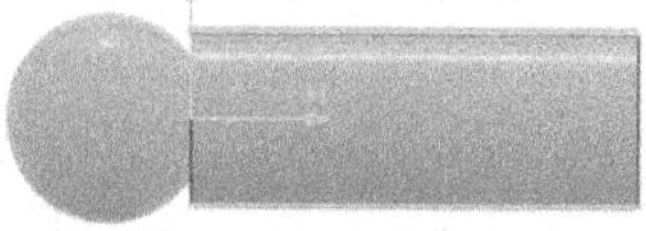 | 投影实体与面相交的轮廓 |
| Project 3D Silhouette Edges | 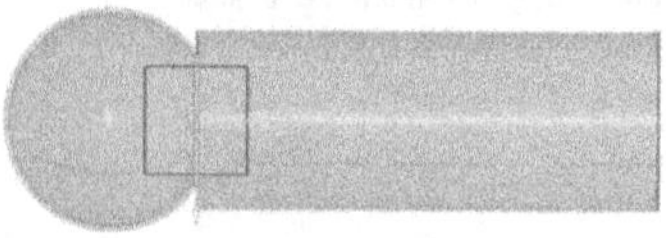 | 投影实体上曲面轮廓 |

**注意：**与 3D 元素相交的投影是指当前草图平面与几何元素交线的投影，实质上就是草图平面与 3D 几何元素的交线。

投影线的颜色系统默认为黄色，这种黄色的投影线不允许做任何的修改、拖移。如果要对投影线进行修改，需要选择投影线，单击“”按钮，将投影线变成构造线，则投影线由黄色的实线变为黄色的虚线，如图 2-24 所示。此后就可以将虚线作为参考，这时，所做的参考线是与原 3D 模型保持关联的，即此参考线会随着原 3D 模型的变化而变化，新建的 3D 模型也会受原 3D 模型的控制。这种控制关系，会增加软件的计算量，减慢模型的更新速度，在单实体设计时，其影响并不大，但是在多实体特征设计以及逆向设计时，若是仍旧保持这种控制关系，就会导致许多更新错误。最好的处理方法是用隔离功能将投影线与原 3D 模型解除关联关系，这时，原本黄色的构造线就变成了灰色的构造线，如图 2-24 所示。

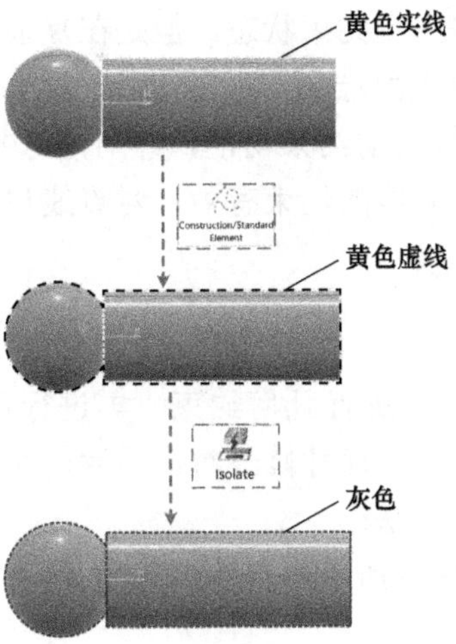


图 2-24　Construction（构造）与 Isolate（隔离）

## 2.3　约束草图

草图图形绘制结束后，为精确控制草图的对象并表明特征的设计意图时，需要对草图进行约束。草图约束分为几何约束和尺寸约束。几何约束是指草图元素相对于其他元素和现有三维几何的位置关系，如线与线之间的垂直、线与弧之间的相切、点与线的重合等；尺寸约束是指两个元素之间的距离、角度、径向长度，如线的长度、圆弧的半径、两线间的距离等。

在草图界面上，单击草图约束“”按钮后的倒三角符号，显示图 2-25 所示的几何约束和尺寸约束的弹框。在此弹框上有以下可选项：

1）Constraint 为约束，包含几何约束和尺寸约束。

2）Constrains Defined in Dialog Box 为几何约束，单击“Constrains Defined in Dialog Box”，弹出几何约束对话框。

3）Edit Multi-Constraint 为多尺寸编辑。在草图标注完成后，单击该选项可对所有尺寸进行统一修改。

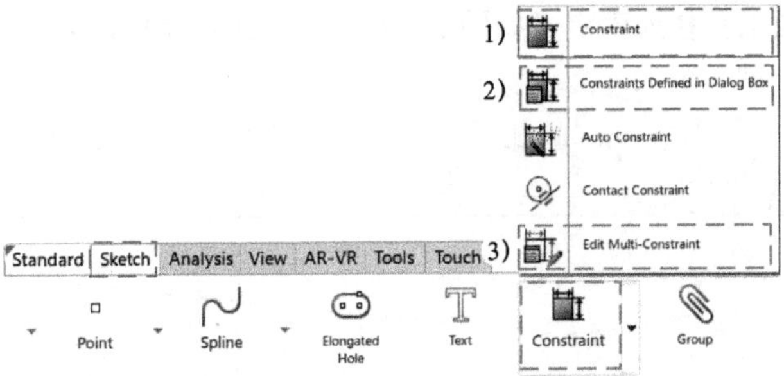


图 2-25　几何约束与尺寸约束功能

除上述的三种选项以外，还有其他两项功能。

1）Auto Constraint 为自动约束功能，即自动标注出图形的所有尺寸。此功能虽能一键生成所有尺寸，使得图形立即进入全约束状态。但是在复杂图形中，此功能产生的尺寸位置交错、重叠，为尺寸修改带来巨大困难。

2）Contact Constraint 为接触自动约束功能，即对所选择的对象自动进行几何约束。此功能仅针对圆弧与圆弧、圆弧与直线的约束有效，对直线与直线、直线与点的约束无效。

## 2.3.1 几何约束

在创建草图的约束时，一般先进行几何约束，再进行尺寸约束。另外，通过几何约束可以将草图的形状基本固定，防止在尺寸修改时，因为尺寸不协调而导致草图的变形。对几何图形进行几何约束有如下三种方法：

**方法一**：约束定义，如图 2-26 所示。具体步骤如下：

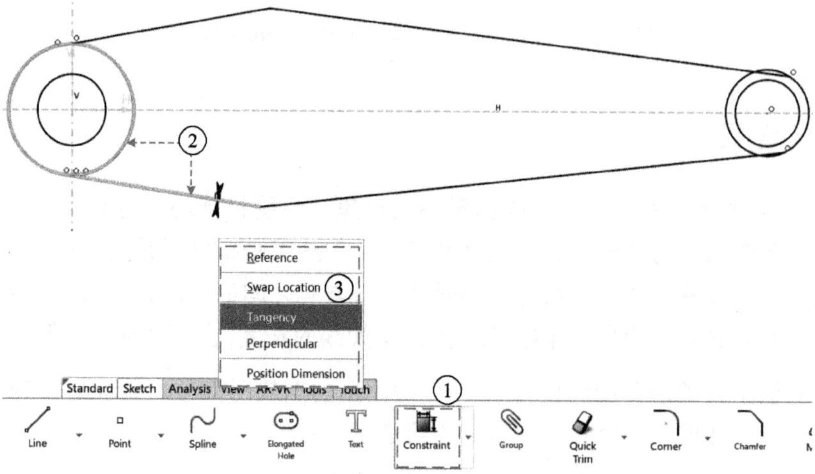


图 2-26 约束定义

Step1：单击“”按钮，如图 2-26 中①所示。

Step2：选择直线，按住 <Ctrl> 键选择圆弧，如图 2-26 中②所示。

Step3：右击，在快捷菜单中选择要约束的类型“Tangency”，如图 2-26 中③所示。

**方法二**：上下文工具栏约束定义如图 2-27 所示。具体步骤如下：

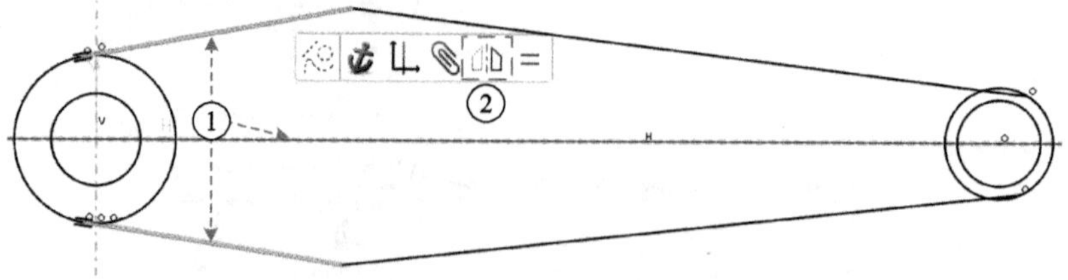

图 2-27 上下文工具栏约束定义

Step1：选择一条直线，按住 <Ctrl> 键选择连续第二条直线以及中心线，如图 2-27 中①所示。

Step2：在弹出的上下文工具栏中选择对称约束类型，如图 2-27 中②所示。

**方法三**：几何约束对话框定义如图 2-28 所示。具体步骤如下：

Step1：选择直线，按住 <Ctrl> 键选择圆弧，如图 2-28 ①所示。

Step2：单击“Constraint”旁的下拉箭头，单击“Constraints Defined in Dialog Box”，如图 2-28 中②所示。

Step3：在弹出的“Constraint Definition”（几何约束）对话框中勾选“Tangency”，如图 2-28 中③所示。

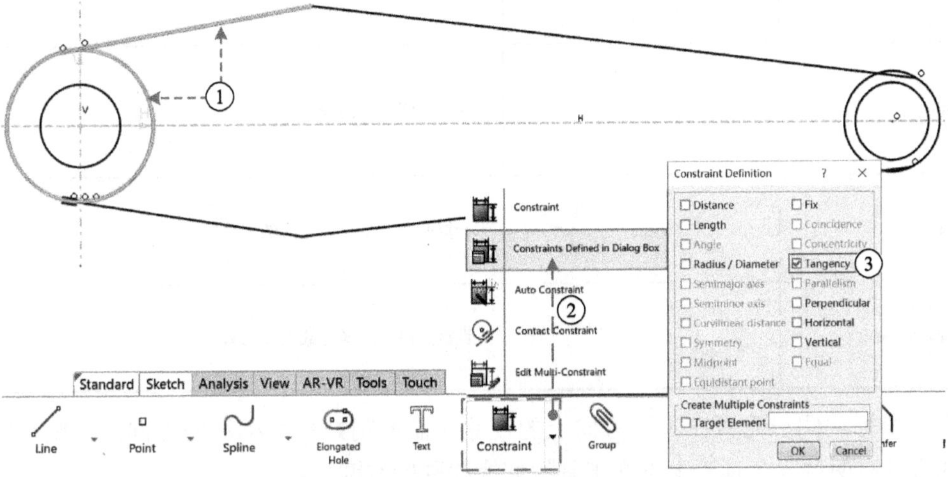


图 2-28 几何约束对话框定义

“Constraint Definition”对话框显示了元素与元素的所有约束类型，其图示与说明见表 2-12。

**表 2-12 几何约束类型图示与说明**

| 约束类型 | 图示 | 说明 |
|---|---|---|
| Fix（固定） |  | 使元素的方向锁定，两端可延伸 |
| Coincidence（相合） |  | 一个元素与另一个元素重合 |
| Tangency（相切） |  | 圆弧与线之间切线连续 |
| Parallelism（平行） |  | 两条直线平行 |
| Perpendicular（垂直） |  | 两条直线垂直 |
| Horizontal（水平） |  | 使直线水平（平行于草图 H 轴） |
| Vertical（竖直） |   | 使直线竖直（平行于草图 V 轴） |
| Symmetry（对称） |  | 使选定元素关于轴（直线）对称 |
| Equal（相等） |  | 使选定的两元素尺寸相等 |

## 2.3.2　尺寸约束

单击“Constraint”按钮，选择需要进行尺寸标注的元素。尺寸约束类型图示及说明见表 2-13。

表 2-13　尺寸约束类型图示及说明

| 约束类型 | 图　示 | 说　明 |
|---|---|---|
| Distance | 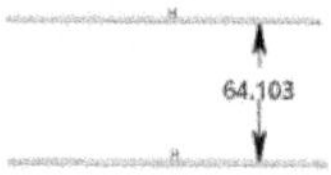 | 计算两个元素之间的距离 |
| Length | 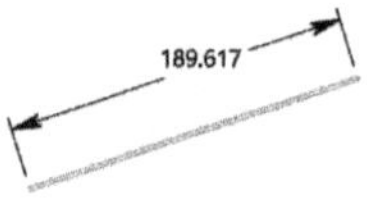 | 计算元素本身的长度 |
| Angle |  | 计算两条非平行线之间的夹角 |
| Radius/Diameter | 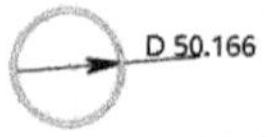 | 直接给出圆的半径或圆弧的直径 |

若需要标注同一元素在不同方向上的尺寸，需控制好尺寸标注的方向。控制尺寸标注方向的方法有两种，分别为上下文工具栏切换和鼠标右键切换。

**方法一**：上下文工具栏切换，如图 2-29 所示。具体步骤如下：

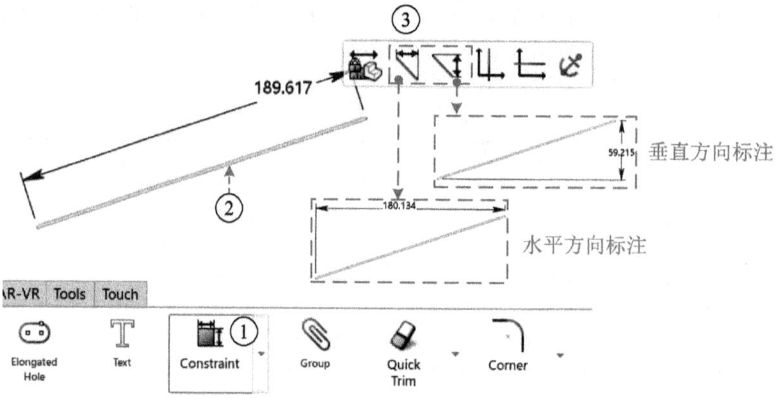


图 2-29　标注尺寸方向控制

单击“Constraint”按钮→选择直线→在弹出的工具栏中选择水平方向（或者垂直方向），如图 2-29 中①～③所示。

**方法二**：鼠标右键切换。具体步骤如下：

单击“Constraint”按钮→选择直线→右击后弹出图 2-30 所示的快捷菜单，在快捷菜单中选择方向（Horizontal Measure Direction 为水平测量方向，Vertical Measure Direction 为垂直测量方向）。

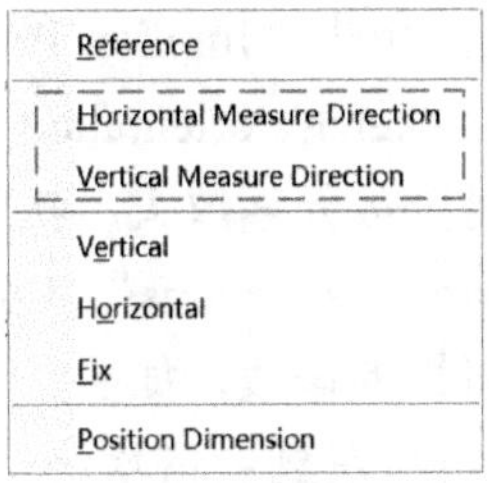


图 2-30　快捷菜单

## 2.4　分析草图

在草图约束后，草图上几何图形的颜色会发生变化，不同的颜色代表着不同的约束状态，具体如下所示：

绿色：草图被完全约束，几何图形已经固定，不修改尺寸值就不能移动该几何图形。

黑色：草图未充分约束，几何图形仍有部分自由度。

紫色：草图被过度约束。

红色：草图的约束不一致，使用当前的约束已经不能更新草图。

黄色：草图的元素存在投影线，参考了外部元素，与外部元素存在关联。

一个完整的草图，最终的状态应该为全约束状态，则草图上所有元素的颜色都会为绿色。但是，这并不表示草图就是封闭的、完全正确的。

在草图 App 中，单击“Analysis”→单击“Sketch Analysis”，可进入“Sketch Analysis”（草图分析器）对话框，如图 2-31 所示。“Sketch Analysis”对话框包含三个选项卡，分别为 Geometry（几何图形）、Use-edges（使用边线）和 Diagnostic（诊断）。Geometry 和 Use-edges 显示了几何轮廓的封闭性，即当所有几何元素的状态全都显示为“Closed”（闭合）时，意味着该草图已经处于封闭状态，可以退出草图，进行实体建模。若有其中任一元素的状态显示为“Opened”（开放），则意味着该草图并不封闭。此时，需要对草图进行修改。图 2-28 中的图形就处于开放状态。

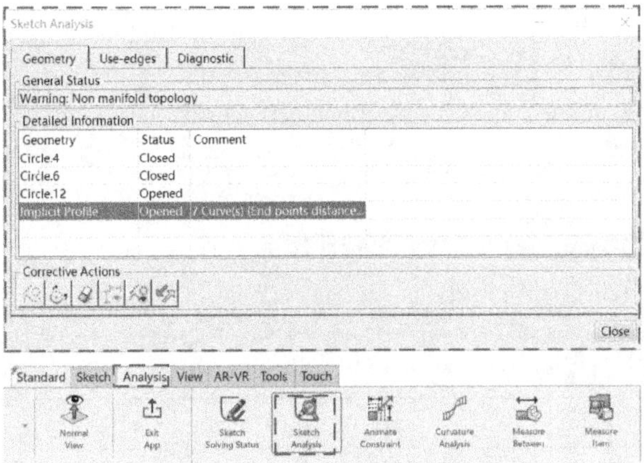


图 2-31　“Sketch Analysis”对话框

图 2-31 的隐式特征图形不封闭，单击“Implicit Profile”，几何图形上会将选中的元素高亮显示，并弹出“View of previous sketch's orientation”对话框。在此对话框中，红色箭头就是开放元素的位置，用鼠标中键将开放元素放大，就可找到元素不封闭的原因。根据图形开放的原因，可用选项卡中的“Corrective Actions”（更正操作）选项组进行修改，也可进入草图使用草图修饰工具进行有针对性的修改，如图 2-32 所示。

“Corrective Actions”选项组按钮从左到右依次为：①为将元素转化为构造元素；②为闭合开放的元素；③为擦除不需要的几何元素；④为隐藏所有约束；⑤为隐藏所有构造几何；⑥为切换方向。

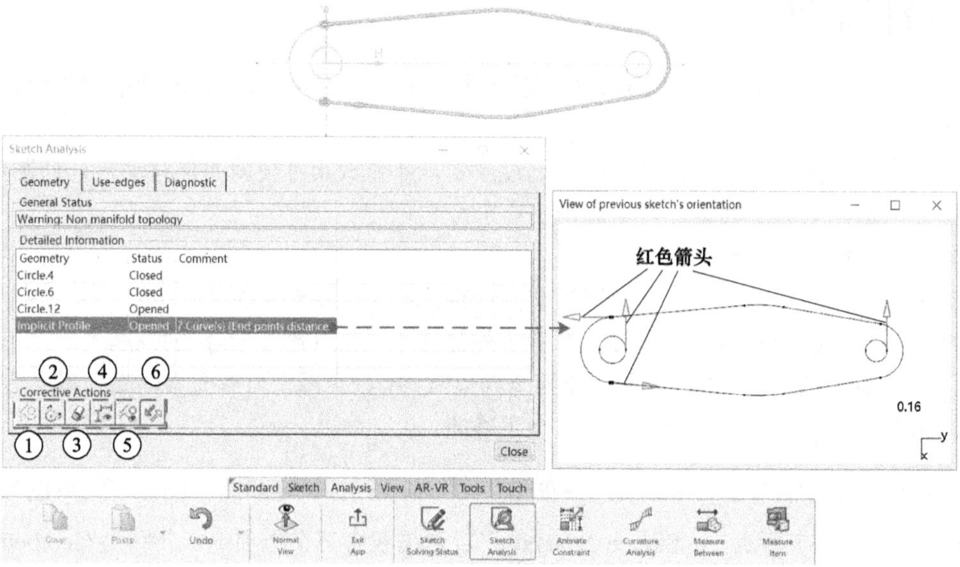


图 2-32 几何图形分析

将图 2-32 中的开放元素进行修改后，再次使用 Sketch Analysis 分析，草图的状态就由“Warning: Non manifold topology”变为“All check passed”，所有的元素都已变为“Closed”，如图 2-33 所示。此时，所绘几何就为一个完整且正确的草图。

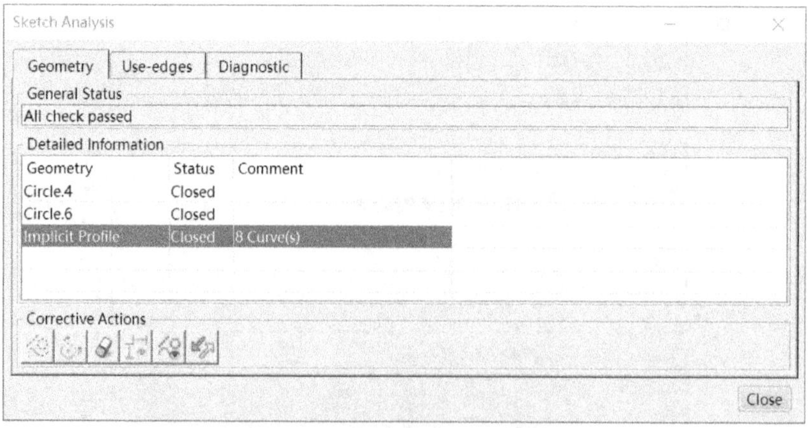


图 2-33 修改后的草图分析状态

在“Diagnostic”选项卡中显示了每个元素的约束状态，如图 2-34 所示，该图形已经被全部约束（Under-Constrained）。

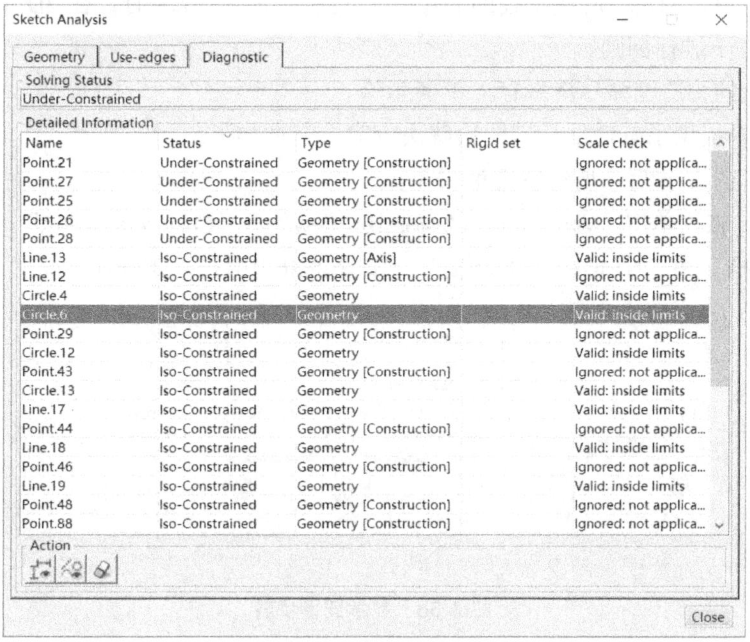


图 2-34　约束诊断

## 2.5　草图设计建议

草图设计是三维设计的基础，本章详细介绍了草图设计中涉及的草图创建、草图约束、草图分析的步骤、类型及方法。

在草图设计时，为提高绘图的方便性、可修改性和一致性，为读者提供了如下几点建议：

1）绘图时，在进入草图之前，在“首选项”中关闭“混合设计”。

2）系统的颜色不要随意更改。

3）绘图时，尽量使用已有的绘图命令，如矩形、圆、腰形孔等。

4）绘图时，尽量多地使用（轮廓）命令，不推荐通过其他命令组合绘图，如图 2-35 所示。

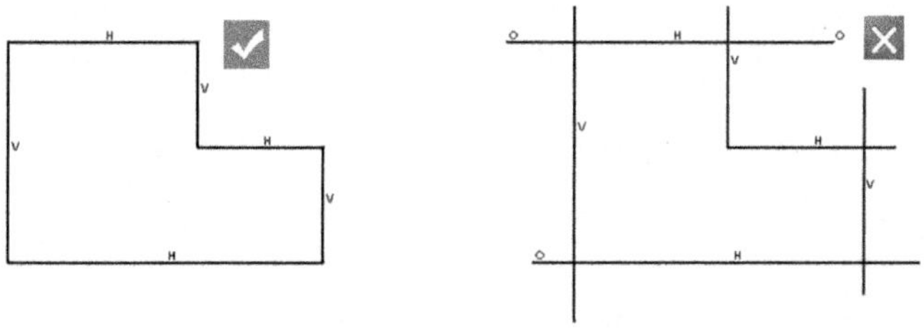

图 2-35　轮廓命令绘图与组合绘图

5）绘图时，尽量要使几何的形状、大小与结果接近，以便在尺寸约束时，几何形状不发生变形。

6）避免圆角、倒角、脱模特征的滥用。一般半径 R ≤ 5mm 时，在 2D 草图中忽略，仅在 3D 实体状态下进行倒圆。

7）草图上的构造圆弧尽量保存，不要删除。

本章为读者提供了软件常见问题的解决方案，具体如下：

1）退出草图 App 后，所绘图形消失不见。

解决方案：依次单击“View”→“Customize View”→“Customize View”，取消勾选“No wires”（无线框）和“No axes”（无轴），如图 2-36 中①～④所示。

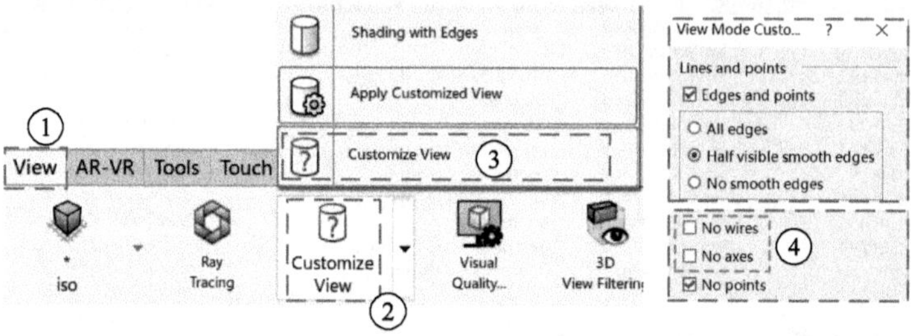


图 2-36　显示图形步骤

2）退出草图后，进行实体设计，出现图 2-37 所示的错误。

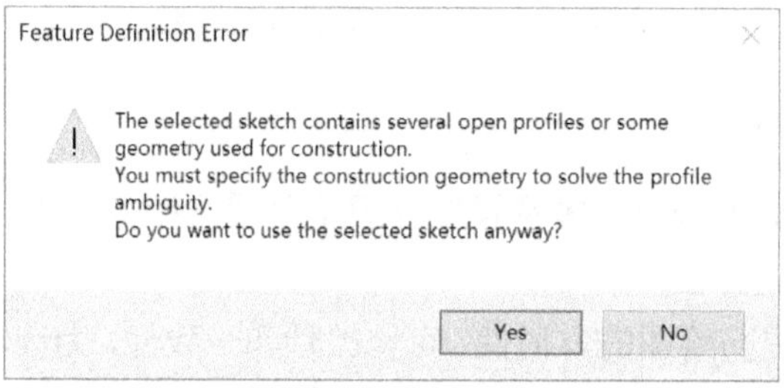


图 2-37　实体设计错误

解决方案：草图不封闭，返回草图，用 Sketch Analysis 查看草图是否有线与线在连接处交叉、线与曲线在连接处是否有闭合点、是否有两条线重叠在一起等。

# 第 3 章　单实体特征设计

退出草图，返回零件设计模块 Part Design App，此模块包含了许多的基础特征、修饰特征、高级特征以及基于曲面的特征。本章就对这些特征进行详细介绍，来帮助读者创建模型。

## 3.1　基础特征

在进行实体特征设计时，需要弄清楚模型的设计意图。设计意图表达了产品在加工中的工艺基准及加工顺序，如图 3-1 所示。那设计意图是如何影响实体特征的设计和建模方法的呢？

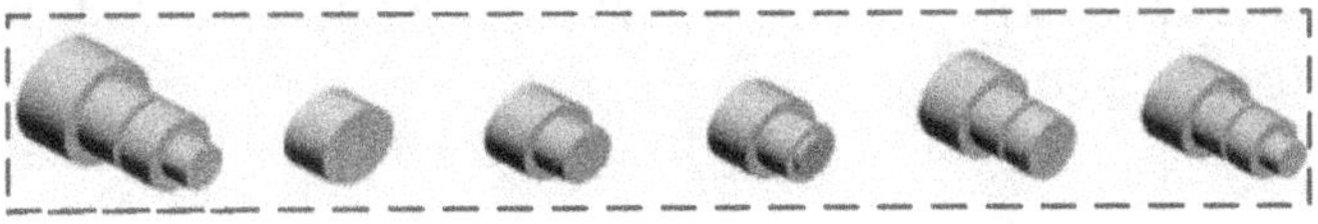

a）

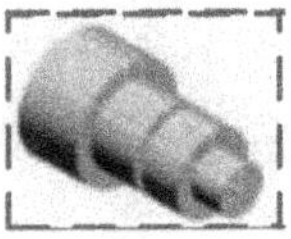

b）

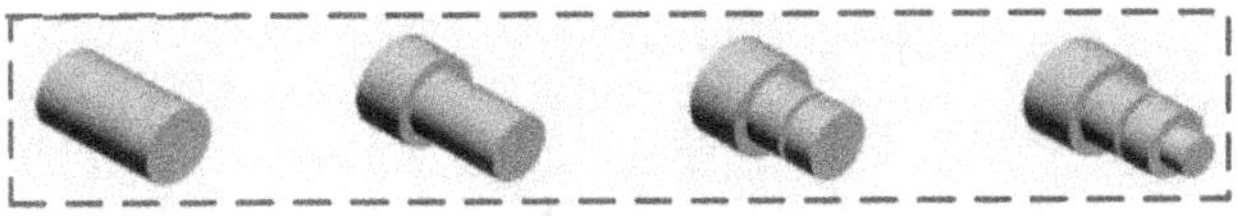

c）

图 3-1　设计意图

图 3-1a 采用分层法，在上一个部件上依次添加一个特征或一个部件，直到获得目标零件；图 3-1b 采用旋转法，将产品塑造成一个单一的旋转特征；图 3-1c 模拟产品的切削加工方法进行建模。可见，这三种不同的设计意图用到了不同的设计特征和设计步骤。

常见的基础特征有凸台（Pad）、凹槽（Pocket）、孔（Hole）、圆角（Fillet）、倒角（Chamfer），如图 3-2 中①～⑤所示。

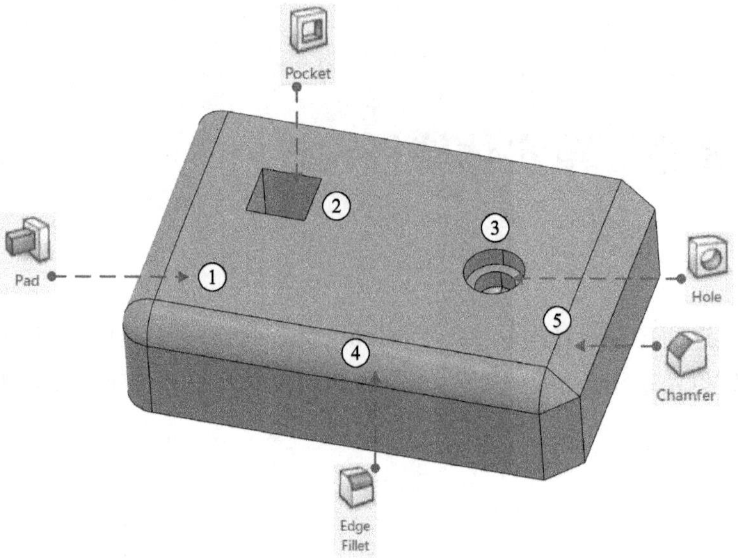


图 3-2 基础特征

### 3.1.1 增加材料的特征

增加材料的基本特征有三种，分别为 Pad（凸台）、Shaft（旋转）和 Stiffener（加强筋）。下面详细介绍凸台和旋转特征。

1. **凸台**

凸台特征又称为拉伸，其创建步骤如下：

Step1：选择“Pad”按钮，如图 3-3 中①所示，弹出“Pad.3”对话框。

Step2：选择要拉伸的轮廓，如图 3-3 中②所示。

Step3：设定拉伸的第一限制距离 20mm，第二限制距离 5mm，如图 3-3 中③所示。

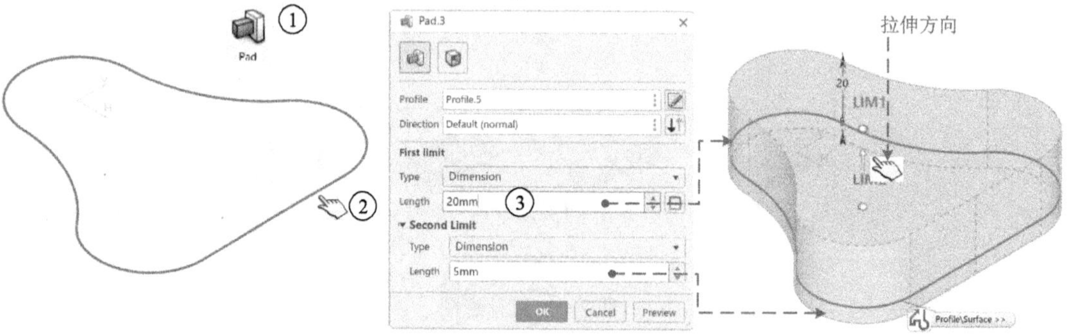


图 3-3 凸台特征

凸台特征的拉伸方向一般是“Default（normal）”（系统预设值），即沿着草图平面的法向拉伸。也可根据需求，按照某曲线的方向拉伸。

拉伸提供了两个方向的限制，First limit（第一限制）是以草图平面为水平面，沿着拉伸方向上的距离；Second Limit（第二限制）是以草图平面为水平面，与拉伸方向相反方向上的距离，如图 3-4 所示。

拉伸的限制类型有如下几种，应注意区分：

1）Dimension：通过输入尺寸值来确定拉伸的长度。

2）Up to next：拉伸至下一个面为止。

3）Up to last：拉伸至最后一个面为止。

4）Up to plane：拉伸至指定的平面，该平面可以是创建的参考平面，也可以是另一特征上的某个平面。

5）Up to surface：拉伸至指定的曲面；该曲面可以是创建 / 提取的曲面，也可以是另一个特征上的某个曲面。

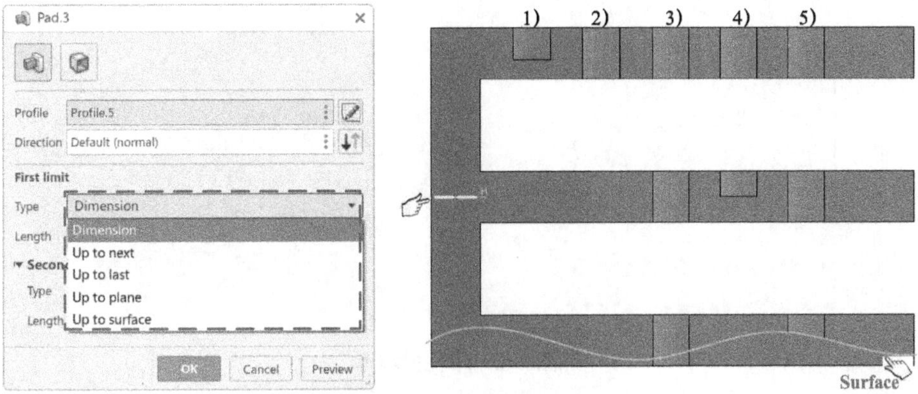


图 3-4　拉伸限制类型

通常，草图轮廓应为封闭的。当拉伸一个开放轮廓时，只能与增厚特征一起使用，其设置步骤如下：

Step1：单击“Pad”按钮，如图 3-5 中①所示，弹出“Pad.6”对话框。

Step2：单击增厚“”按钮，进入增厚特征参数的设置环境，如图 3-5 中②所示。

Step3：选择要增厚的开放轮廓，如图 3-5 中③所示。

Step4：设定拉伸的第一限制距离 30mm，第二限制距离 5mm，如图 3-5 中④所示。

Step5：设定“Thickness1”（厚度 1）为 8mm，“Thickness2”为（厚度 2）12mm，如图 3-5 中⑤所示。

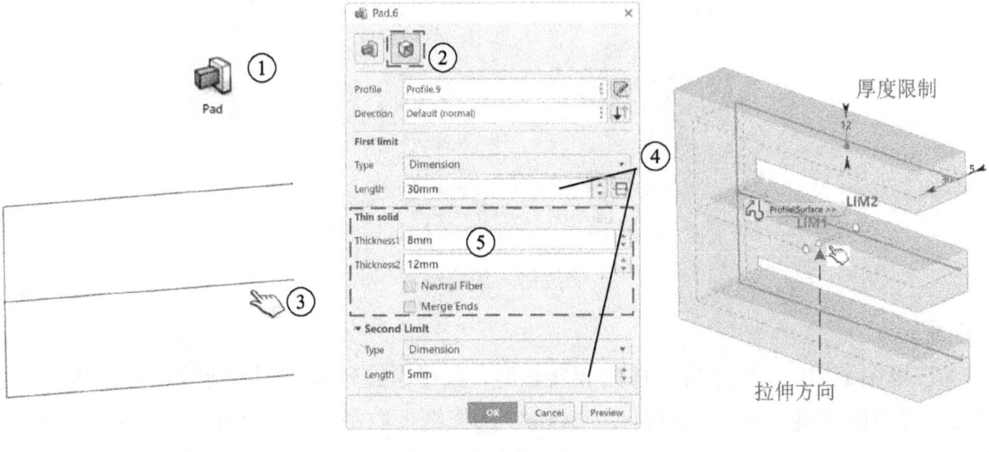


图 3-5　增厚特征

增厚时的厚度只能输入具体的参数值，且沿着草图平面的方向增厚。在图 3-5 的案例中，Thickness1 从草图轮廓为起点，向下增厚 8mm；Thickness2 从草图轮廓为起点，向上增厚 12mm。

当勾选“Neutral Fiber”（中性面）时，草图轮廓的延伸面变为中性面，以中性面向两侧各增厚相等的厚度，此时，Thickness1 变为总厚度（Thickness2 被自动抑制）。在图 3-6 的案例中，增厚特征沿着草图轮廓中性面内外各增厚 10mm，Thickness1 总厚度则设定为 20mm。

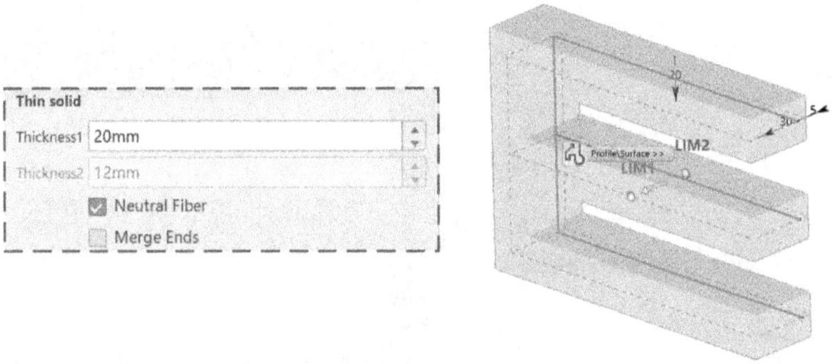


图 3-6　中性面增厚

2. **旋转**

旋转特征的操作步骤如下：

Step1：单击旋转“ ”按钮，如图 3-7 中①所示，弹出“Shaft.1”对话框。
Step2：选择要旋转的草图轮廓，如图 3-7 中②所示。
Step3：设定旋转的角度，系统默认的旋转角度为 360°，如图 3-7 中③所示。

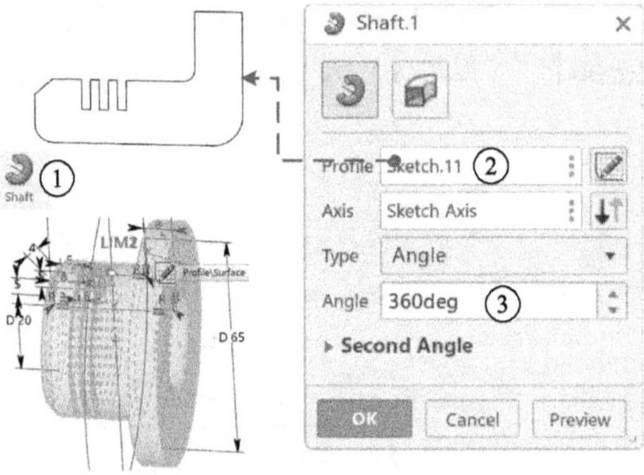


图 3-7　旋转特征

**注意：**

1）在草图上用 画出旋转体的旋转轴时，选择了旋转体草图，旋转轴会自动识别出来；若草图上没有画出旋转轴，则需要在“Axis”选择框上右击，单击“Insert Wireframe”→选择对应的旋转轴，如 Y 轴 /X 轴等。也可通过“Create Line”创建旋转轴，如图 3-8 所示。

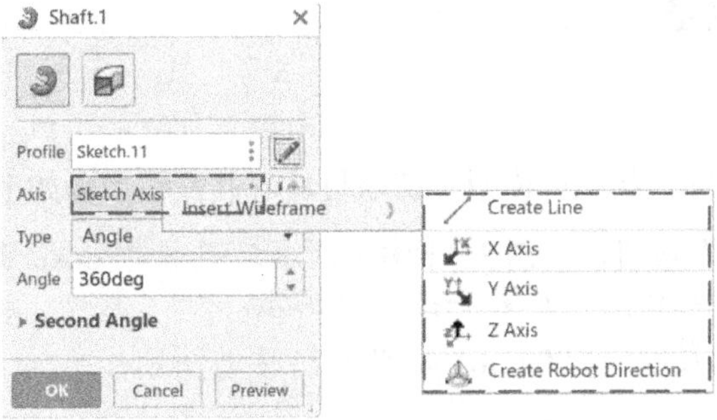


图 3-8　创建旋转轴

2）旋转的轮廓草图可以是开放的图形，但旋转草图必须以旋转轴封闭，否则不能进行旋转，如图 3-9 所示。

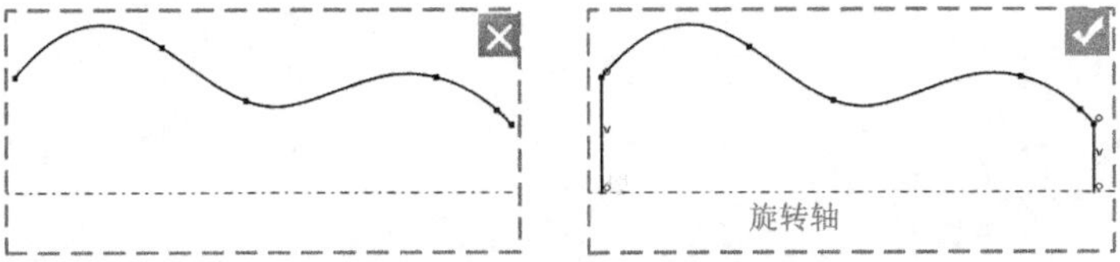


图 3-9　以旋转轴封闭的图形

与 Pad 的原理类似，若是一个完全开放的草图，只能与旋转增厚特征一起使用，最终成型一个旋转壳体，其操作步骤如下：

Step1：单击旋转“ Shaft ”按钮，如图 3-10 中①所示，弹出“Shaft.4”对话框。

Step2：单击增厚“ ”按钮，进入增厚特征参数的设置环境，如图 3-10 中②所示。

Step3：选择要增厚旋转的开放轮廓，如图 3-10 中③所示。

Step4：在“Axis”选择框上右击，单击“Insert Wireframe”→“Z Axis”，如图 3-10 中④所示。

Step5：设置“Angle”旋转角度为 240°，如图 3-10 中⑤所示。

Step6：设置旋转壳体的厚度“Thickness1”为 1mm，“Thickness2”为 0mm，如图 3-10 中⑥所示。

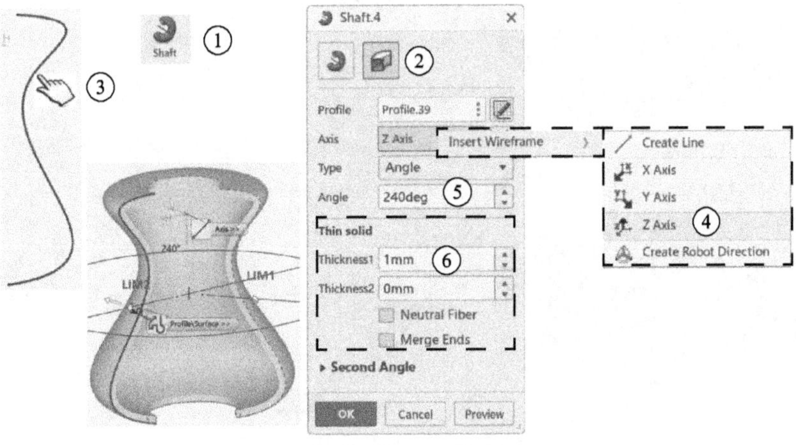


图 3-10　旋转壳体

## 3.1.2 减少材料的特征

### 1. 凹槽

凹槽是一种拉伸特征，从现有模型中切除材料。其操作步骤如下：

Step1：选择“ ”按钮，如图 3-11 中①所示，弹出“Pocket.8”对话框。

Step2：选择切除轮廓草图，如图 3-11 中②所示。

Step3：设定切除的长度为 100mm，如图 3-11 中③所示。

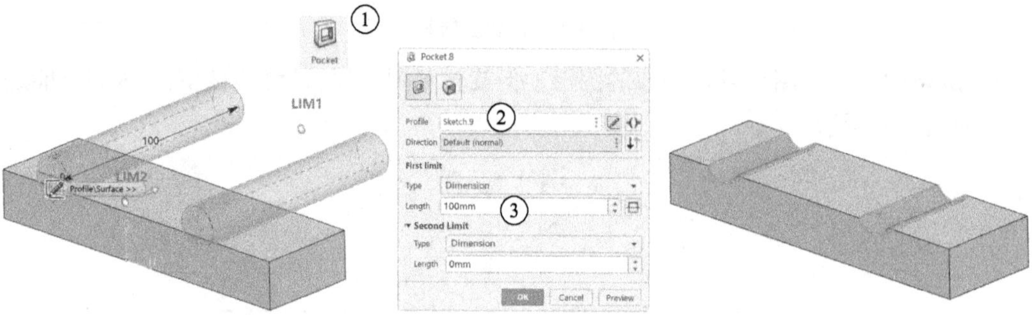


图 3-11 拉伸切除

此处的限制长度及其类型和 Pad 特征一致。

与 Pad 的增厚特征类似，当轮廓草图为开放时，可使用 Pocket 的“增厚”切除特征，操作步骤如下：

Step1：单击“ ”按钮，如图 3-12 中①所示，弹出“Pocket.9”对话框。

Step2：单击增厚“ ”按钮，进入增厚特征参数的设置环境，如图 3-12 中②所示。

Step3：选择要增厚的开放轮廓，如图 3-12 中③所示。

Step4：设定切除的第一限制距离 10mm，第二限制距离默认为 0mm，如图 3-12 中④所示。

Step5：设定“Thickness1”为 2mm，“Thickness2”为 4mm，如图 3-12 中⑤所示。

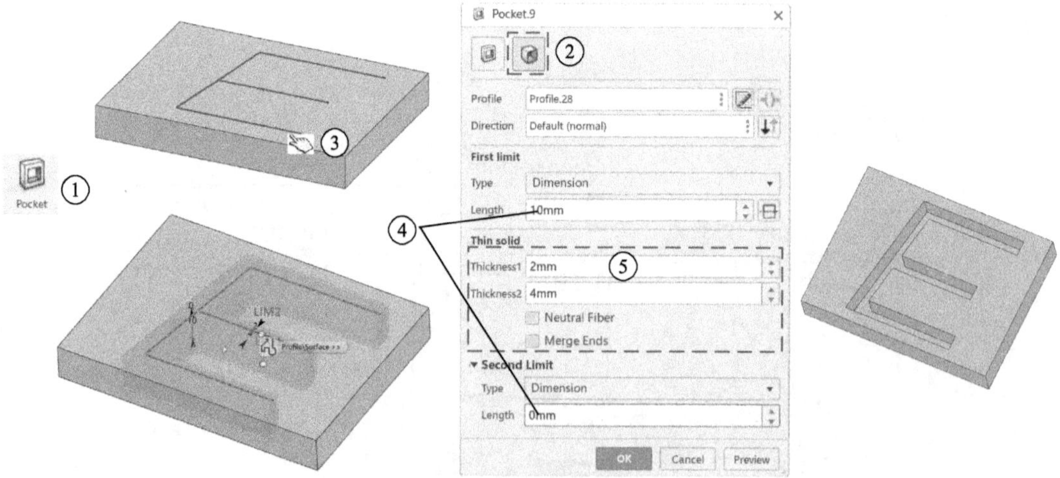


图 3-12 凹槽切除

用“增厚”切除时，厚度只能输入具体的参数值，且沿着草图平面的方向增厚。在图3-12的案例中，Thickness1从草图轮廓为起点，向上增厚切除材料2mm；Thickness2从草图轮廓为起点，向下增厚切除材料4mm。

当勾选“Neutral Fiber”时，草图轮廓的延伸面变为中性面，以中性面向两侧各增厚相等的厚度将材料切除，此时，Thickness1变为总厚度（Thickness2被自动抑制）。在图3-13的案例中，Thickness1总切除厚度设定为8mm，那么增厚特征沿着草图轮廓中性面向两侧各增厚4mm。

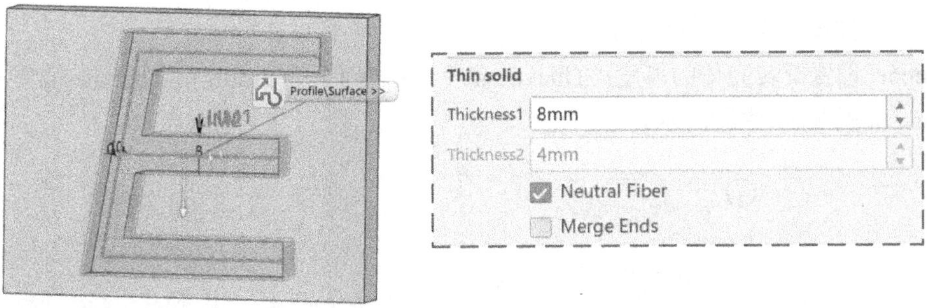


图3-13　中性面切除

2. 旋转槽

旋转槽（Groove）是一个基于草图的旋转特征，可以从现有特征中切除材料。其操作步骤如下：

Step1：单击旋转槽“Groove”按钮，如图3-14中①所示，弹出“Groove.1”对话框。

Step2：选择旋转槽的草图轮廓Profile.43，如图3-14中②所示。

Step3：在“Axis”选择框上右击，单击“Insert Wireframe”→“Z Axis”，如图3-14中③所示。

Step4：设置旋转的角度，此处默认为360°，如图3-14中④所示。

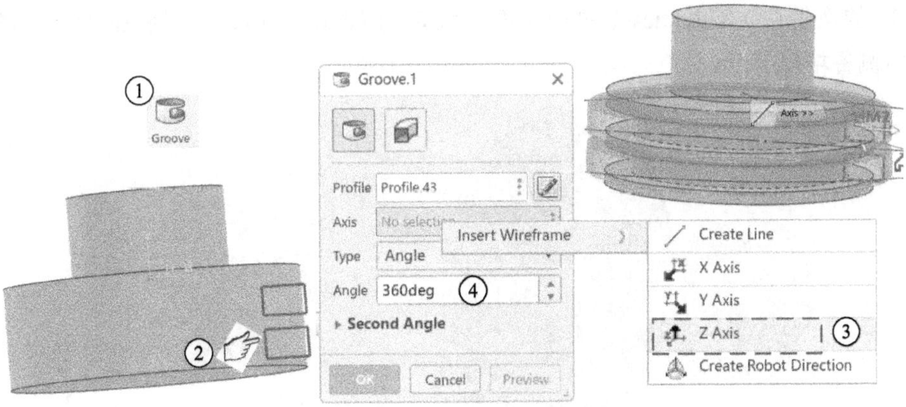


图3-14　旋转槽特征

与 Shaft 的增厚特征类似，当轮廓草图为开放时，可使用 Groove 的“增厚”切除特征，操作步骤如下：

Step1：单击“Groove”按钮，如图 3-15 ①所示，弹出“Groove.2”对话框。

Step2：单击增厚“ ”按钮，进入增厚特征参数的设置环境，如图 3-15 中②所示。

Step3：选择要增厚的开放轮廓，如图 3-15 中③所示。

Step4：在“Axis”选择框上右击，单击“Insert Wireframe”→“X Axis”，如图 3-15 中④所示。

Step5：设置“Angle”旋转角度为 360°，设置第二旋转角度为 –90°（实际旋转角度为 240°），如图 3-15 中⑤所示。

Step6：设置旋转壳体的厚度“Thickness1”（厚度 1）为 3mm，“Thickness2”（厚度 2）为 0mm，如图 3-15 中⑥所示。

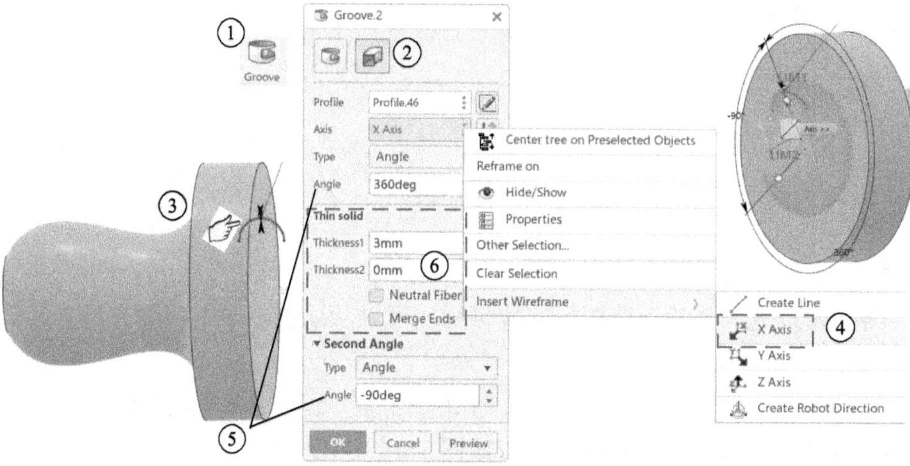


图 3-15　旋转槽特征

当勾选“Neutral Fiber”时，草图轮廓的延伸面变为中性面，以中性面沿厚度方向向两侧各增厚相等的厚度将材料切除，此时，Thickness1 变为总厚度（Thickness2 被自动抑制）。在图 3-16 的案例中，Thickness1 总切除厚度设定为 10mm，那么增厚特征沿着草图轮廓中性面向两侧各增厚 5mm。

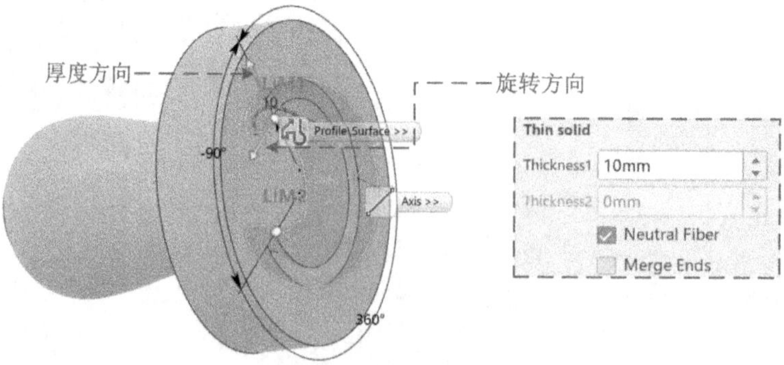


图 3-16　中性面旋转切除

### 3. 孔

孔是在现有特征上挖除圆形材料。孔的特征不需要轮廓草图，直接使用孔定义对话框选择孔的类型、直径、长度和位置等参数。

在软件中，有五种类型可供选择，分别为简单孔、锥形孔、沉头孔、埋头孔、埋头钻孔，如图 3-17 所示。

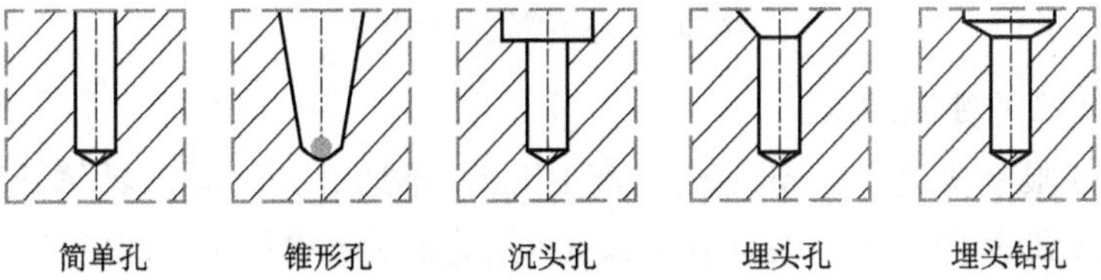


图 3-17　孔类型

创建孔的步骤：单击“Essentials”（或者“Model”）→单击“Hole”按钮→单击放置孔的平面，在弹出的“Hole.1”对话框中设定孔的参数，如图 3-18 中①～③所示。

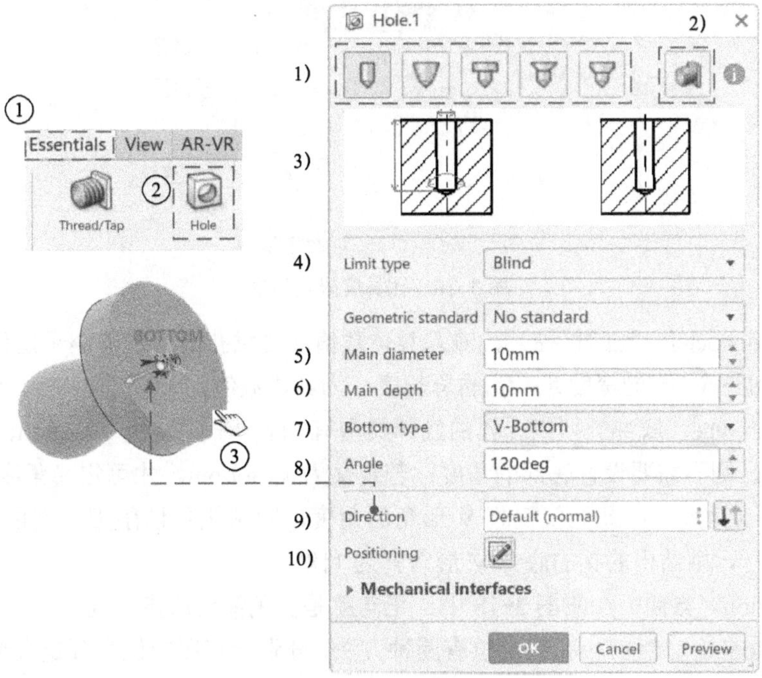


图 3-18　孔特征创建步骤

如图 3-18 所示，创建一个标准孔，需要在“Hole.1”对话框中定义如下参数：

1）孔的类型：选择第一个标准孔。

2）是否有内螺纹：当该孔为内螺纹孔时，单击螺纹按钮后，“”按钮高亮，此时孔定义对话框会自动增加螺纹直径、螺纹深度以及螺纹旋向等参数选项，如图 3-19 所示，其详细定义见 3.2 节。

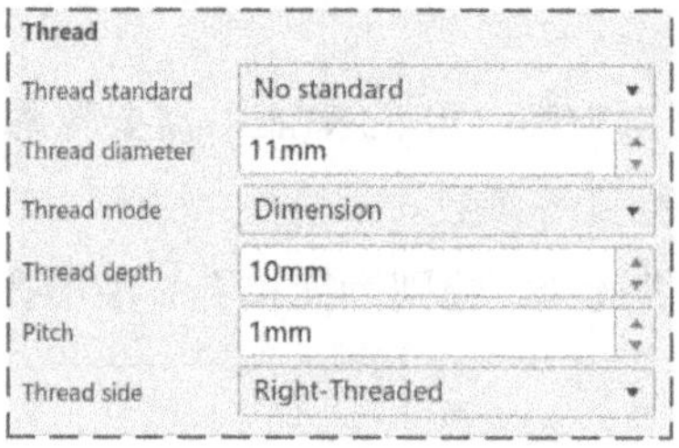


图 3-19 内螺纹参数定义

3）所选孔类型的简图图示。

4）孔长度的限制类型“Limit type”有 Blind（不通孔），即以具体长度值确定孔的长度；Up To Next（到达下一个面）；Up to Last（到达最后一个面），即完全穿透为一个通孔；Up To Plane（到达一平面），即孔至一个选定的平面；Up To Surface（到达一个曲面），即孔至一个选定的曲面，如图 3-20 所示。

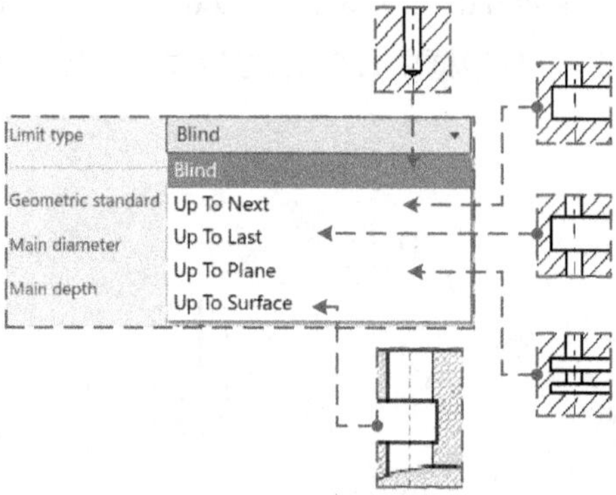


图 3-20 孔长度限制类型

5）Main diameter（孔的直径）：输入具体数值，注意孔的直径需小于定位面的直径。

6）Main depth（孔的深度）：孔的总长度，为具体数值。

7）Bottom type（底部类型）：孔的底部类型有 Flat（平底）和 V-Bottom（V 形）两种，若定义为 Flat，则不需要设置底部的角度；若定义为 V-Bottom，才可定义角度。

8）Angle（角度）：此处仅仅指 V 形角的角度，即钻头主切削刃之间的夹角，最常用的角度是 118°，则钻出的孔的底部 V 形角就为 118°。

9）Direction（方向）：在图 3-18 中，正向就是白色箭头所指方向。

10）Positioning（定位）：孔的定位有两种方法，分别为草图定位和预定义参考位置定位。

**注意**：内螺纹在特征上不显示，只在工程图中显示。

## 3.2 修饰特征

### 3.2.1 螺纹

螺纹分为内螺纹和外螺纹。内螺纹（Tap）螺纹不外露，通常处在旋转紧固件被旋转侧，例如螺母；外螺纹（Thread）螺纹外露，通常处在旋转紧固件旋转侧，例如螺栓。

1. **内螺纹**

内螺纹的创建步骤如下：

Step1：单击“Essentials”→螺纹“ ”按钮，如图 3-21 中①所示。

Step2：在弹出的“Thread.1”对话框中，选择内螺纹所在的圆柱表面 Face.1，如图 3-21 中②所示。

Step3：选择内螺纹的起始平面 Face.2，则内螺纹 按钮自动点亮，代表后续设置的参数均为内螺纹参数，如图 3-21 中③所示。

Step4：确定内螺纹的标准。这里，“Thread standard”设置为“No standard”（非标准），内孔直径为 20mm，螺纹直径为 22mm，如图 3-21 中④所示。

Step5：设置内螺纹的深度。这里，设置“Thread depth”为 10mm，如图 3-21 中⑤所示。

Step6：设置内螺纹节距“Pith”为 3mm，内螺纹旋向“Thread side”设置为“Right-Threaded”（右旋螺纹），如图 3-21 中⑥所示。

至此，内螺纹参数设定完成，在结构树上即显示创建的该内螺纹及其主参数，内螺纹创建完成后，在模型上一般不显示螺纹特征，如图 3-21 所示。

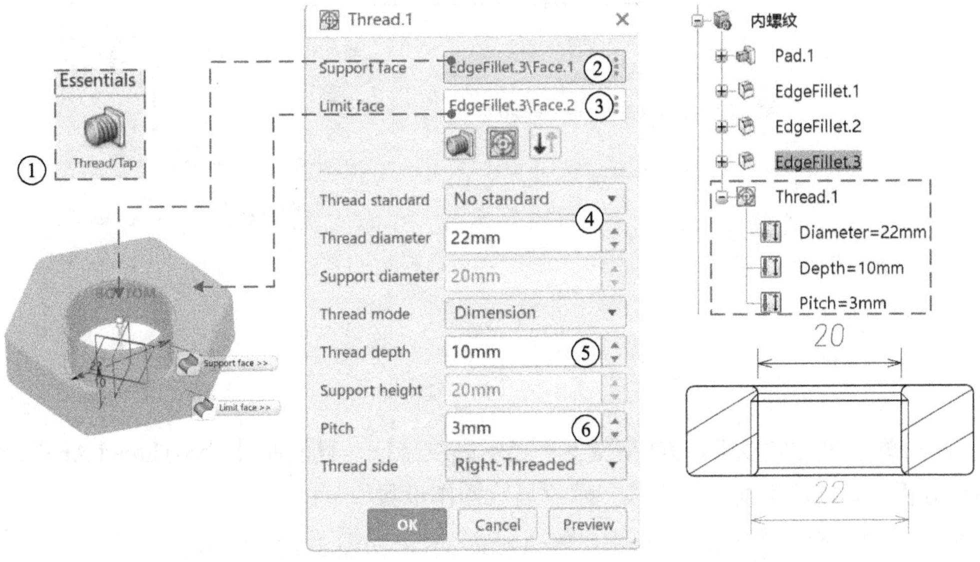


图 3-21　内螺纹特征

2. **外螺纹**

外螺纹的创建步骤如下：

Step1：单击“Essentials”→螺纹“ ”按钮，如图 3-22 中①所示。

Step2：在弹出的“Thread.2”对话框中，选择外螺纹所在的圆柱表面 Face.3，如图 3-22 中②所示。

Step3：选择外螺纹的起始平面 Face.4，则外螺纹按钮自动点亮，代表后续设置的参数均为外螺纹参数，如图 3-22 中③所示。

Step4：确定外螺纹的标准。这里，“Thread standard”设置为“Metric Thick Pit”（米制粗牙螺纹），选择“Thread description”（螺纹直径）为“M8”，如图 3-22 中④所示。因为选择了标准螺纹，所以软件根据螺纹国际标准，将 M8 螺纹的直径、节距锁定，无须设置。

Step5：设置外螺纹长度。这里，“Thread depth”设置为 20mm，螺纹旋向“Thread side”设置为“Right-Threaded”（右旋螺纹）。

至此，外螺纹的设置完成，在结构树上即显示创建的该外螺纹及其主参数，螺纹创建完成后，在模型上一般不显示螺纹特征，如图 3-22 所示。

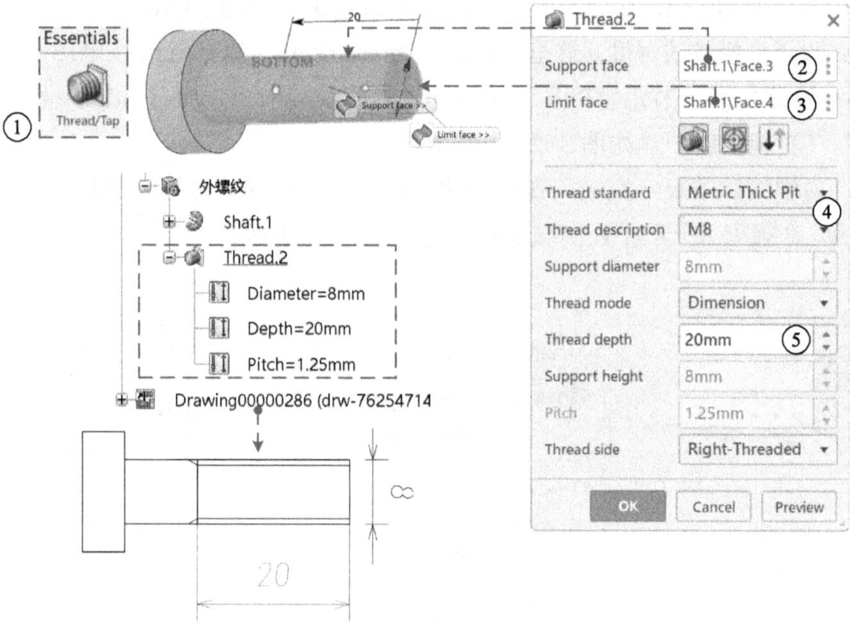


图 3-22 外螺纹特征

内 / 外螺纹创建完成后，3D 模型上不显示螺纹特征，只能通过 Tap-Thread Analysis（内外螺纹分析）功能将螺纹显示出来。螺纹显示操作步骤如下：

Step1：单击账户按钮，单击“Preferences”，如图 3-23 中①所示。

Step2：进入首选项设置界面，单击“All Preferences”→“3D Modeling”→展开“3D Modeling Core”→单击“Part Design”，进入 Part Design App 首选项的设置界面，勾选“Display symbolic representation”（显示螺纹特征），如图 3-23 中②所示，单击“Apply”，单击“OK”。

Step3：在工具栏上单击“View”，单击“Shading with Material”（材料模式），如图 3-23 中③所示。

Step4：在工具栏上单击“Review”，单击“Tap-Thread Analysis”，如图 3-23 中④所示。

Step5：在弹出的“Thread/Tap Analysis”（内外螺纹分析）对话框中，勾选“Show

symbolic representation”，如图 3-23 中⑤所示。

Step6：单击“Apply”，螺纹就可显示出来，如图 3-23 所示；单击“OK”（图 3-23 中⑥），关闭内外螺纹分析对话框。

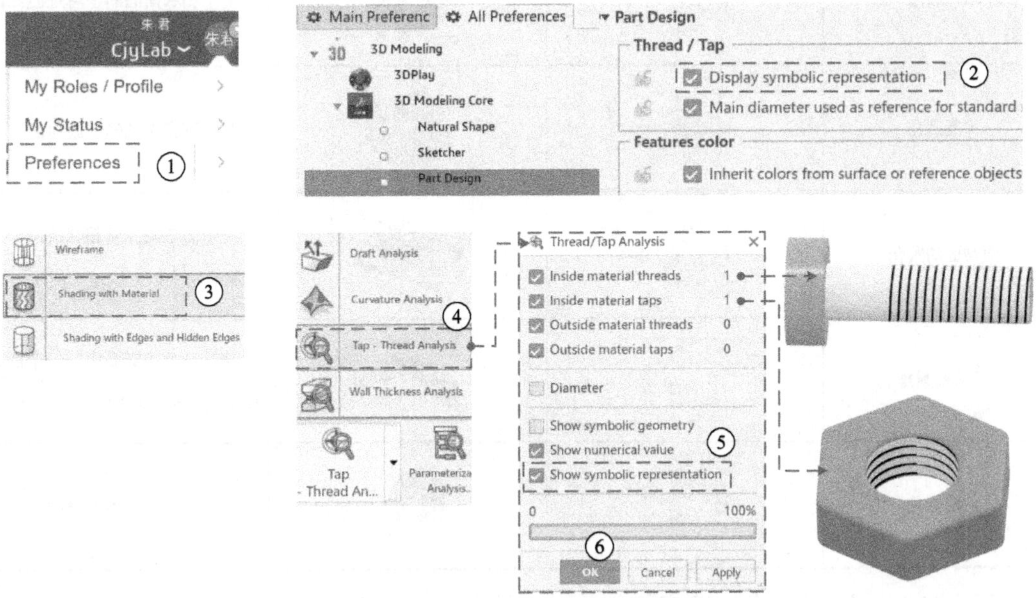


图 3-23　螺纹显示方法

**注意：**

1）螺纹所在的面必须为圆柱面或锥面。

2）螺纹的起始面必须为平面。

3）螺纹有 No standard（非标准螺纹）和标准螺纹两种类型。其中，标准螺纹包含 Metric Thin Pitch（米制细牙螺纹）和 Metric Thick Pitch（米制粗牙螺纹）两种，如图 3-24 所示。

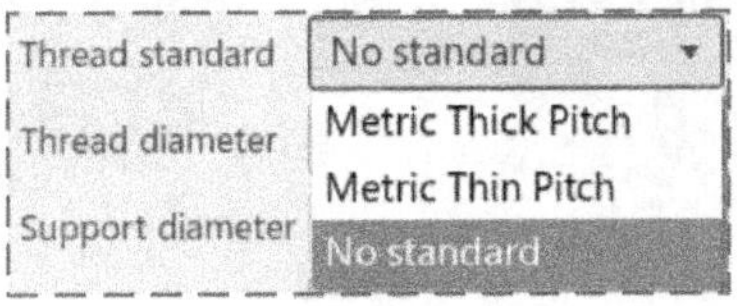


图 3-24　标准螺纹与非标准螺纹

### 3.2.2　倒圆角

倒圆角是指工件的棱角切削成圆弧面的加工。具有恒定或可变半径的曲面有内圆角和外圆角之分。

圆角类型见表 3-1。

表 3-1 圆角类型

| 类　型 | 按　钮 | 示　例 | 说　明 |
|---|---|---|---|
| 边线圆角 |  |  | 两个相邻面间的平滑过渡曲面 |
| 可变圆角 |  |  | 具有可变半径的过渡曲面 |
| 面与面的圆角 |  |  | 两个面之间没有相交或两个面之间有两个以上锐边时使用 |
| 三切线圆角 |  |  | 移除三个相交面中的一个面，使得另两个面相切 |
| 自动圆角 |  |  | 一步圆角化实体的边线 |

下面详细介绍边线圆角、可变圆角、面与面的圆角和三切线圆角。

1. **边线圆角**

常用的边线圆角选择对象有两种模式，一是依次单击单个边线；二是选择曲面，将与该曲面关联的所有边进行倒圆角，如图 3-25 所示。

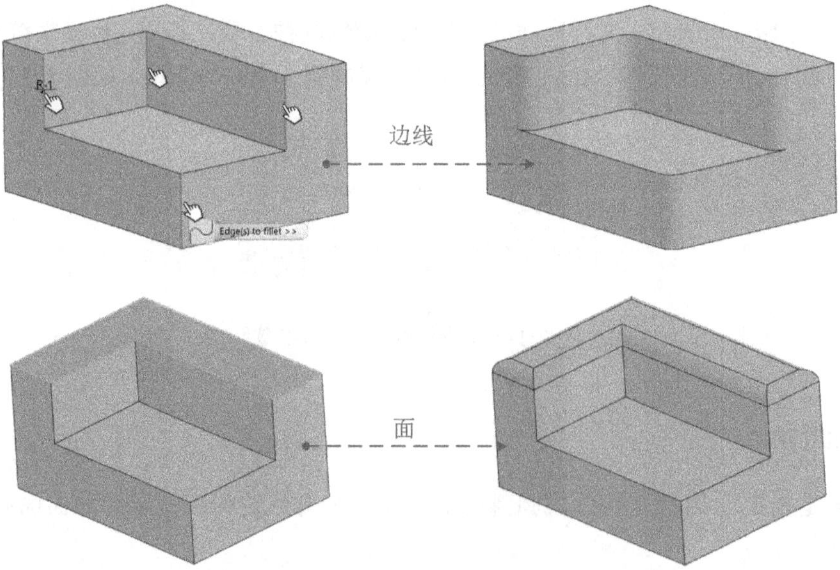


图 3-25 边线圆角选择模式

边线圆角定义步骤如下：

Step1：单击“Refine”→单击边线圆角“ ”按钮，如图 3-26 中①所示，弹出“EdgeFillet.5”对话框。

Step2：选择要倒圆角的边线 Edge.19 ～ Edge.22，单击选择圆角对象后的箭头 Object(s) to fillet | 4 elements ，可展开圆角对象列表，该列表中显示了所有对象，并可在此列表中删除所选对象，如图 3-26 中②所示。

Step3：设置圆角半径 R=1mm，如图 3-26 中③所示。

Step4：单击“Preview”（预览），如图 3-26 中④所示。

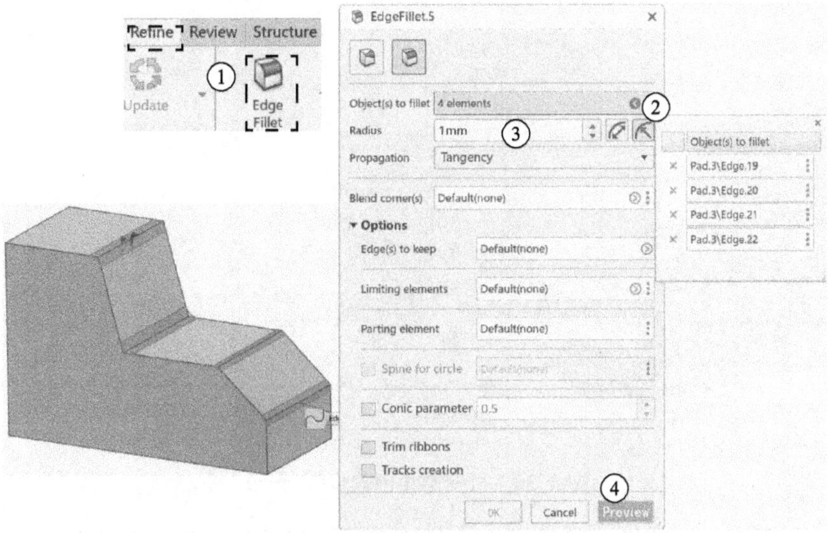


图 3-26　边线圆角特征

Step5：选择竖直的边线，如图 3-27 中⑤所示。

Step6：单击“Limiting elements”（圆角限制面），选择“Plane.1”作为倒圆的限制面，如图 3-27 中⑥所示，此时，限制面上会出现一个白色箭头，该箭头指向圆角保留的方向，如图 3-27 中间所示，单击“Preview”，单击“OK”，关闭倒圆角设置对话框。

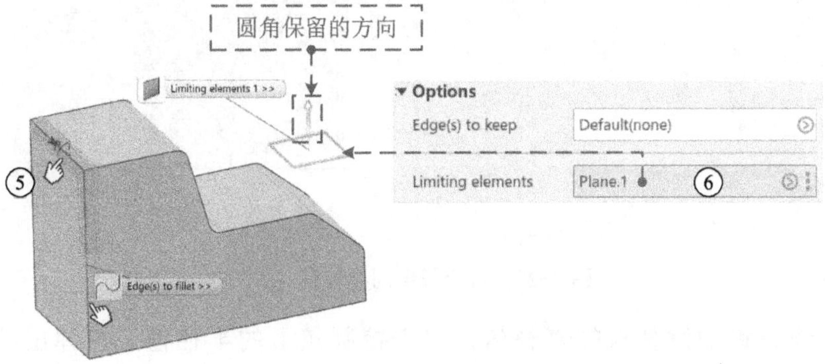


图 3-27　添加圆角限制面

## 2. 可变圆角

边线圆角还包含了可变圆角，其设置步骤如下：

Step1：单击边线圆角“ ”按钮，在“EdgeFillet.8”对话框中，单击可变圆角“ ”按钮，如图 3-28 中①所示。

Step2：选择对象，单击需要倒圆角的边线，红色的边线就是被选中的对象。这里“Variation law”（不同圆角间的过渡规则）选择“Cubic”（立方次），如图 3-28 中②所示。不同圆角间的过渡规则有两种，分别为 Cubic（以三次方的模式进行渐变连接）和 Linear（以线性的模式进行线性连接）。

Step3：选择边线后，会出现两个默认的控制点，单击“Control points”后的 按钮，展开显示控制点，单击“ × ”将默认的控制点删除，如图 3-28 中③所示。

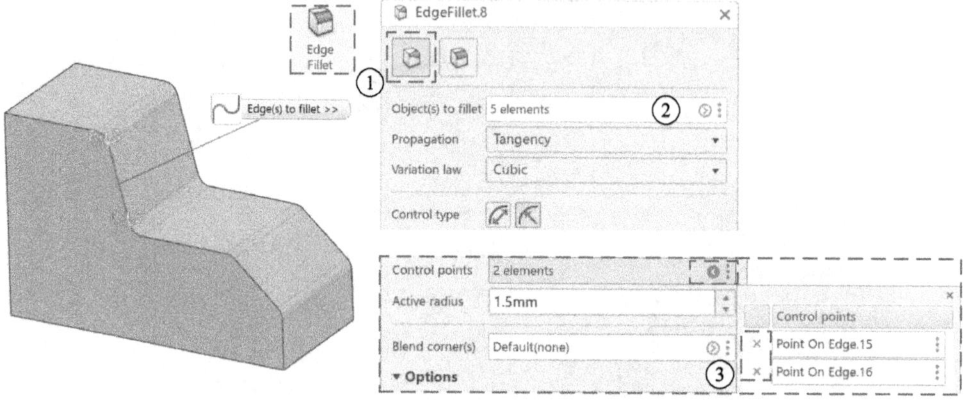


图 3-28 可变圆角创建步骤（一）

Step4：在所选边线的每一段线段上，依次单击，每单击一次，就产生一个控制点，并在“Control points”列表中显示，这里选择了五个控制点，如图 3-29 中④所示。

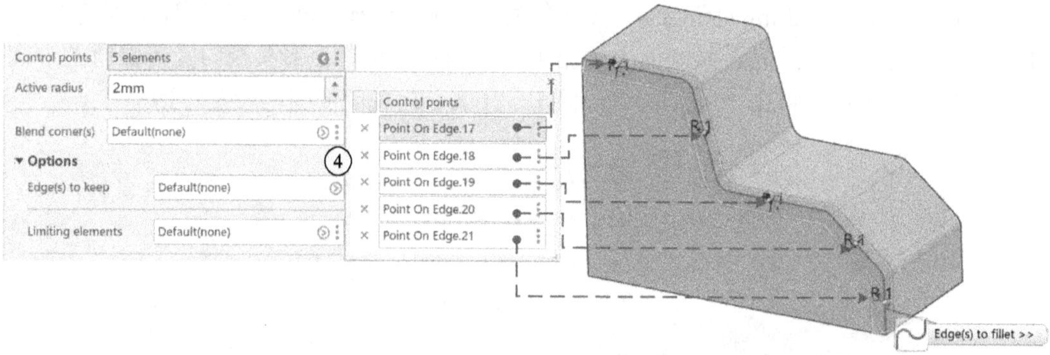


图 3-29 可变圆角创建步骤（二）

Step5：修改每个控制点的直径值。双击控制点上的半径值，在弹出的“Parameter Defini…”（参数定义）对话框中修改半径值，如图 3-30 中⑤所示。

Step6：将所有控制点的半径值修改好后，单击“Preview”，显示过渡圆角结果，如图 3-30 中⑥所示，单击“OK”，关闭对话框。

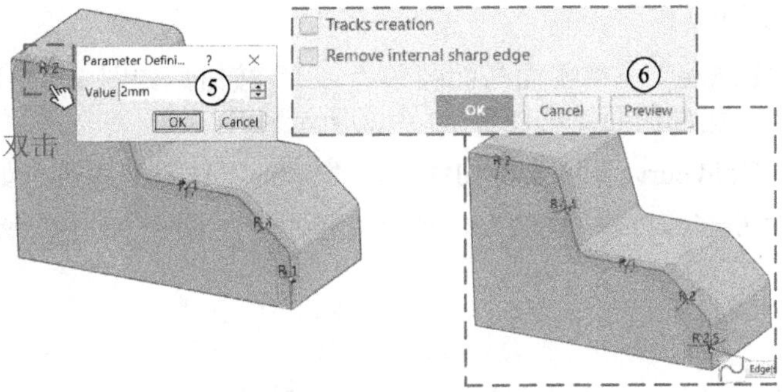


图 3-30　可变圆角创建步骤（三）

除 Step5 修改圆角半径值的方式外，也可在结构树上双击圆角半径，在弹出的“Edit Parameter”（参数编辑）对话框中修改圆角半径，如图 3-31 所示。

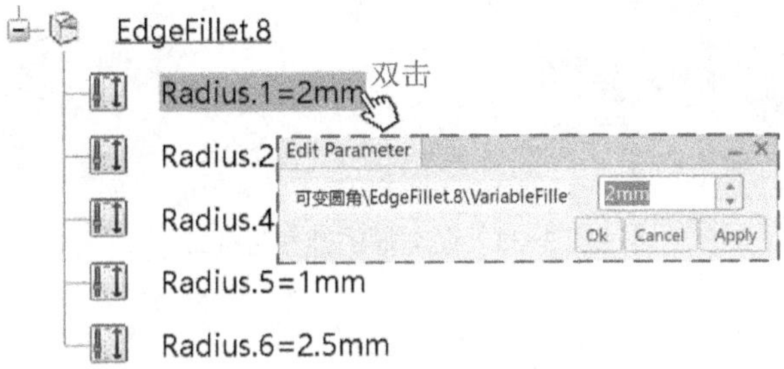


图 3-31　在结构树上修改圆角半径

3. **面与面的圆角**

当两个面未相交且面与面之间成锐角时，可以采用如下方法生成面与面之间的圆角，方法如下：

Step1：单击“Refine”→单击面与面圆角“ ”按钮，如图 3-32 中①所示。

Step2：选择两个面对象，如图 3-32 中②所示。

Step3：设置两个面之间的圆角半径 5mm，如图 3-32 中③所示。

Step4：单击“Preview”→“OK”，关闭对话框，如图 3-32 中④所示。最终结果如图 3-32 右图所示。

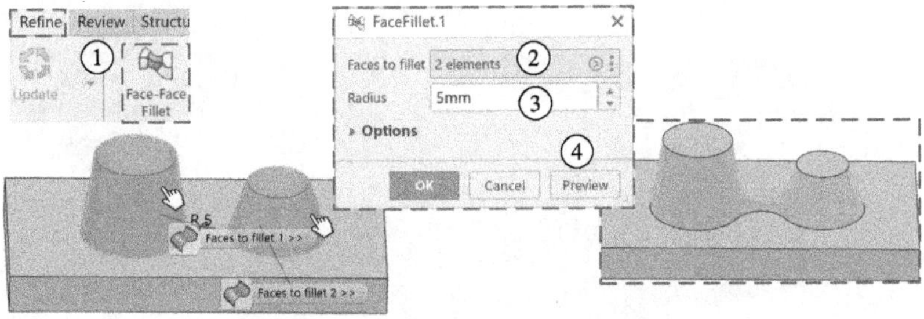


图 3-32　面与面的圆角特征一

当面与面相交，用两条控制曲线来限定面与面的圆角时，就可以代替原本具体数值定义的圆角，其方法如下：

Step1：单击“Refine”→单击面与面圆角“ ”按钮，如图 3-33 中①所示。

Step2：选择两个相邻的面，如图 3-33 中②所示。

Step3：选择“Hold curve”（支持曲线）、“Spine”（脊）参数，如图 3-33 中③所示。

Step4：单击“Preview”→“OK”，关闭对话框，如图 3-33 中④所示。最终结果如图 3-33 右图所示。

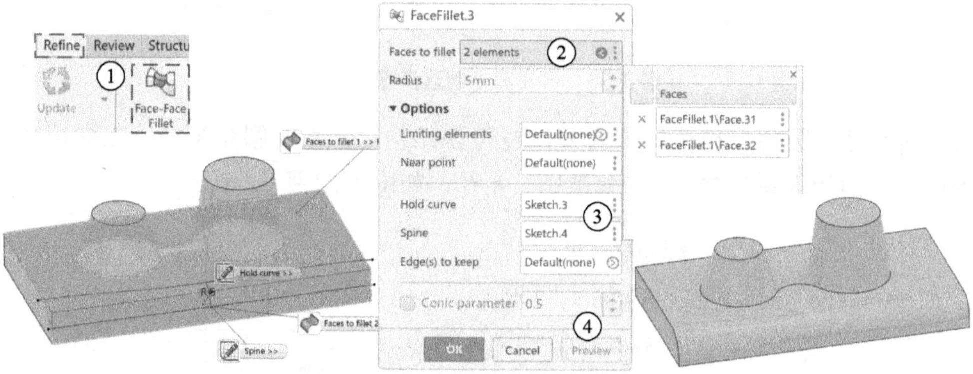


图 3-33　面与面的圆角特征二

## 4. 三切线圆角

三切线圆角常用于塑料件筋槽的场景，其具体的设置步骤如下：

Step1：单击“Refine”→面与面圆角“ ”按钮，如图 3-34 中①所示。

Step2：选择两个面对象（Face.24 和 Face.25，所选的面必须平行），如图 3-34 中②所示。

Step3：选择移除面，被选的移除面显示为深红色，如图 3-34 中③所示。

Step4：单击“Preview”→“OK”，关闭“TritangentFillet.2”对话框，如图 3-34 中④所示。

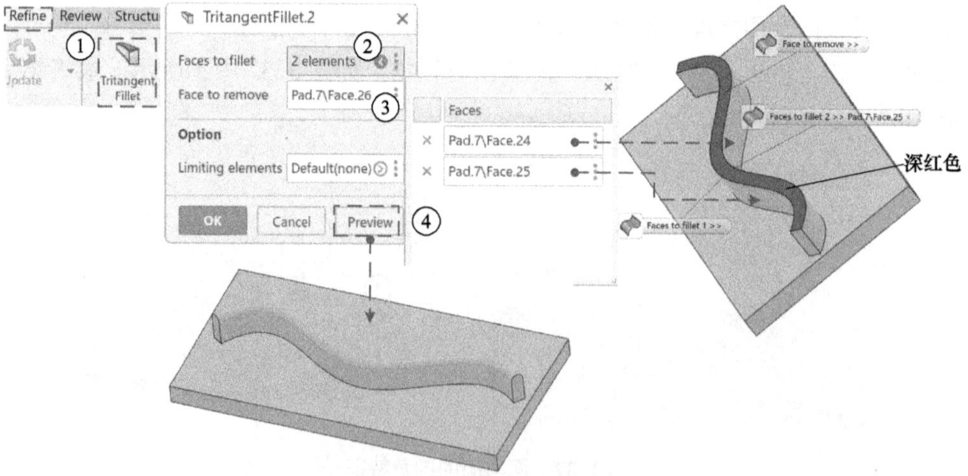


图 3-34　三切线圆角特征

### 3.2.3　倒角

与倒圆角类似，倒角的选择有相切和最小模式两种模式。相切模式是指与该边线相切的线全选，最小模式是指只选择一条线段，如图 3-35 所示。

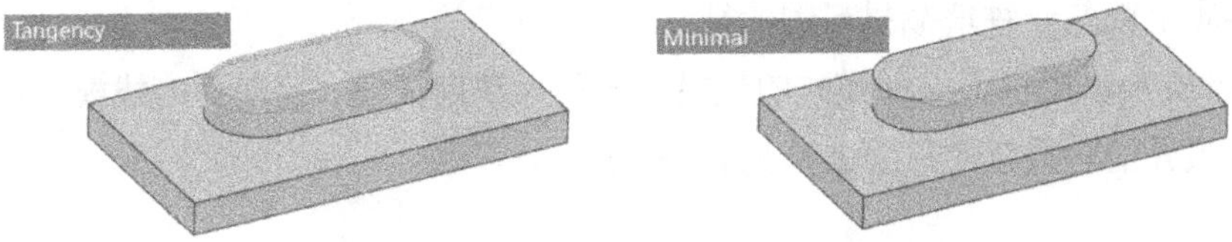


a）相切模式　　b）最小模式

图 3-35　选择模式

在机械设计中，倒角有多种标注形式，它决定了在建模时采用何种倒角方式。最常用的标注就是长度 × 角度、长度 × 长度。其设置步骤如下：

Step1：单击“Essentials”→单击倒角“”按钮，如图 3-36 中①所示。

Step2：选择边线 Edge.47，如图 3-36 中②所示。

Step3：选择 Length/Angle 的控制类型，定义倒角长度 15mm、角度 45°，如图 3-36 中③所示。

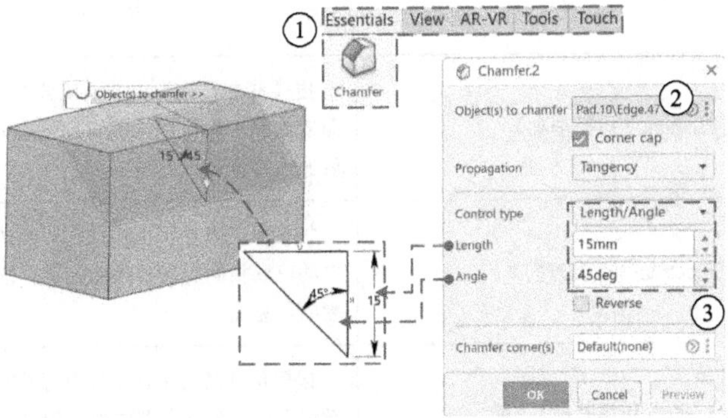


图 3-36　倒角 Length/Angle 特征 1

当选择 Length/Length 的控制类型时，定义倒角的两条直角边的长度，如图 3-37 所示。

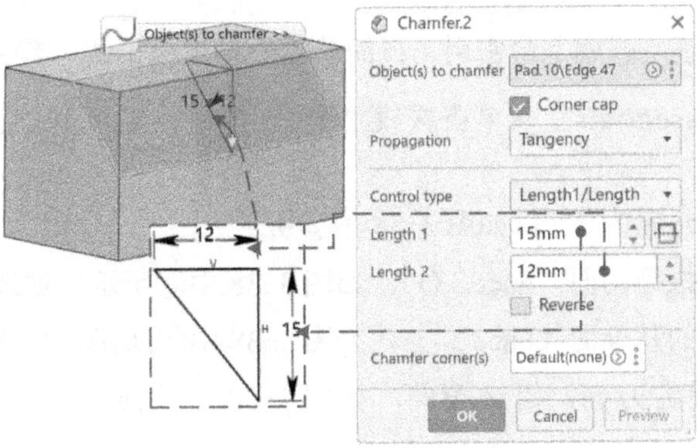


图 3-37　倒角 Length/Length 特征 2

### 3.2.4 拔模与拔模分析

拔模通常用于对注塑产品、模具或冲模的竖直面添加斜度，以便依靠拔模面将成型产品与模具或冲模分开。一般零件毛坯都设有上大下小的锥度，这被称为拔模斜度。从模型上来说，它实质上就是一种增减材料的特征。

PartDesign App 提供了三种模式的拔模，分别为基础拔模、可变角度拔模和反射线拔模。进行拔模必须弄清楚拔模的三要素，见表 3-2。

表 3-2 拔模三要素

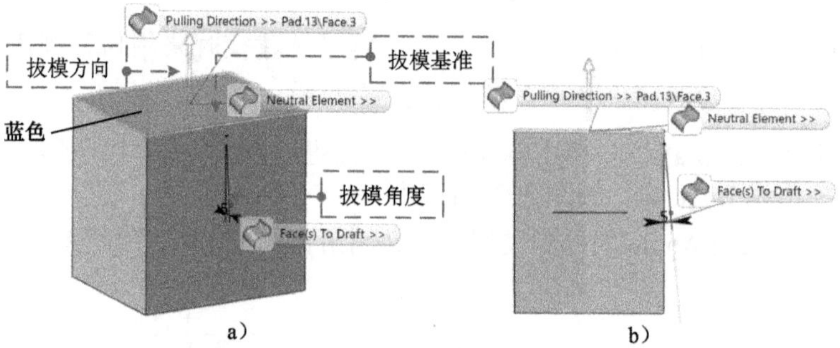

a） b）

| | |
|---|---|
| Neutral Element（拔模基准） | 拔模基准又称为中性面或分型面，通常选择对象为一个平面或曲面，也可以选择与拉伸方向相同的元素。对象被选中后显示为蓝色，见图 a |
| Pulling Direction（拔模方向） | 拔模方向是分型面的法向。当选择好基准后，拔模方向会自动获取相同的基准参考元素。该方向的箭头指向拔模的小端面，见图 a |
| Draft Angle（拔模角度） | 拔模角度是为了让工件更好地拔落（拔出）模具而人为地设定工件与模具分型面相交的侧面切向与拔模方向之间的夹角，每个拔模面均可以定义这个角度，见图 b |

1. *拔模*

（1）基础拔模　基础拔模是最常用、最简单的一种拔模形式，其具体步骤如下：

Step1：单击“Essentials”→单击拔模“”按钮→选择基础拔模特征，如图 3-38 中①所示。

Step2：设定拔模角度为 5°，如图 3-38 中②所示。

Step3：选择需要拔模的面（Face.33），如图 3-38 中③所示，被选中后该面显暗红色。

Step4：选择拔模的基准面（Face.34），如图 3-38 中④所示，被选中后该面显蓝色。

Step5：确定拔模的方向，沿 Z 正向，如图 3-38 中⑤所示。单击“Preview”，单击“OK”，关闭“Draft.1”对话框。

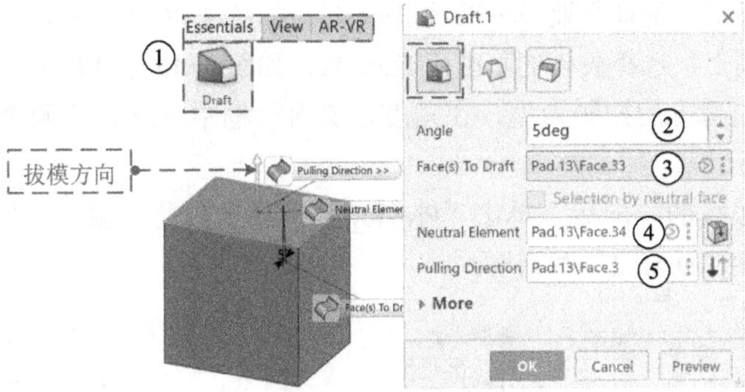


图 3-38　基础拔模特征

当只需对某个面的一部分进行拔模时，需要在拔模对话框的“More”→ Parting Options（分离选项）中选择正确的方式，如图 3-39 所示。一般拔模默认的模式是 Parting Element。需特别注意：沿着某个基准面的单侧或两侧进行分离拔模时，所选的基准面必须与拔模面相交，且该交线不能是拔模面的边线。

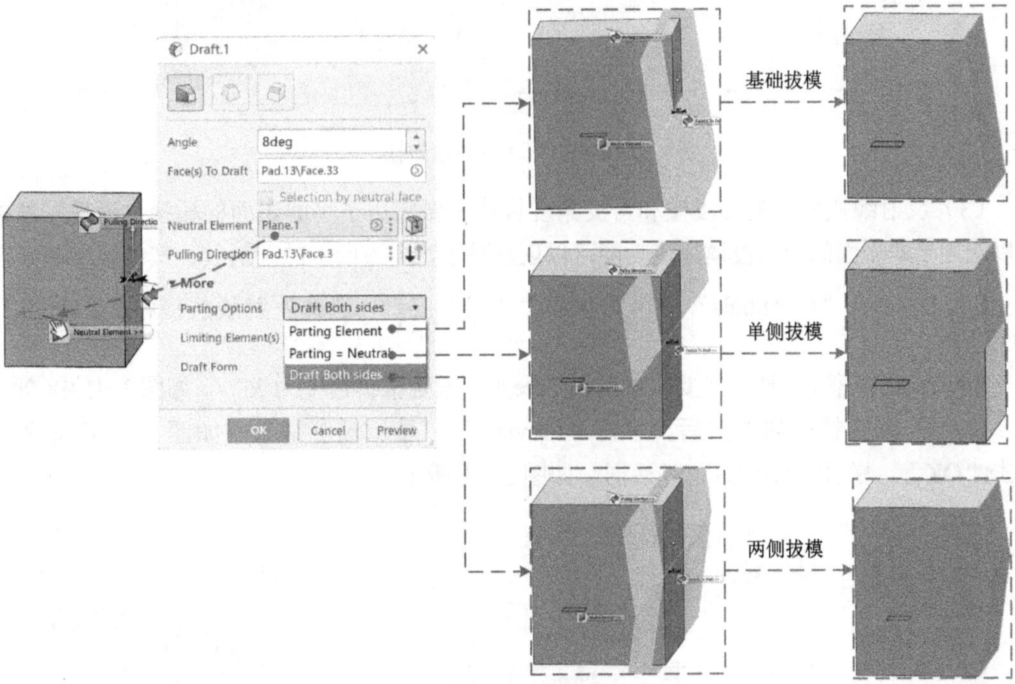


图 3-39　分离选项类型

（2）可变角度拔模　可变角度拔模用来创建在过渡边缘具有不同角度的拔模。该功能通过点确定具有不同拔模角度的过渡区域，角度的修改一般通过双击尺寸的方式，其具体设置步骤如下：

Step1：单击“Essentials”→单击拔模“”按钮→选择可变圆角特征，如图 3-40 中①所示。

Step2：在模型上，选择需要拔模的面 Face.41，如图 3-40 中②所示。

Step3：在模型上，选择拔模的基准面 Face.42，如图 3-40 中③所示。

Step4：双击模型上的控制角度，在角度定义对话框中分别设置两个角度为 8°、25°如图 3-40 中④所示。

Step5：确定拔模的方向后，单击“Preview”，显示预览结果，如图 3-40 中⑤所示。单击“OK”，关闭“Draft.2”对话框。

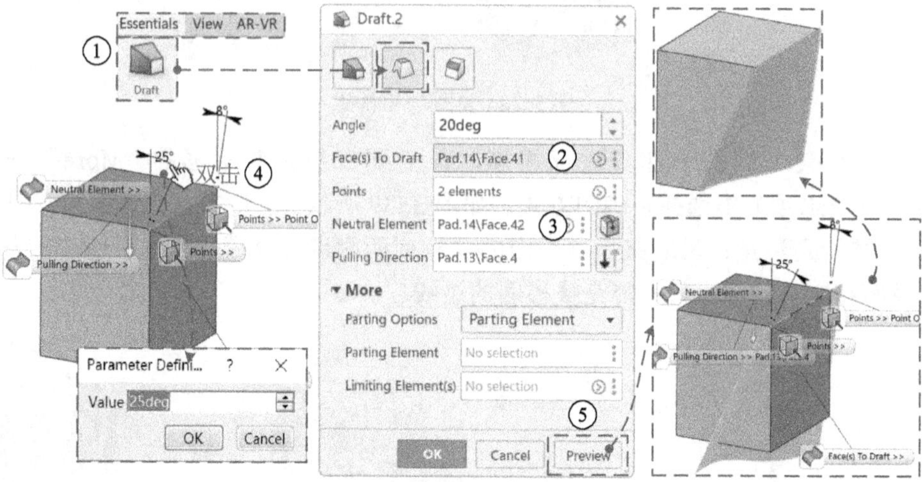


图 3-40 可变角度拔模

（3）反射线拔模 基础拔模和可变角度拔模主要应用于平面表面的拔模，而反射线拔模可以应用于非平面的表面拔模。该功能可以创建基于特定方向上的反射线，其设置步骤如下：

Step1：单击“Essentials”→单击拔模“”按钮→选择反射线拔模特征，如图 3-41 中①所示。

Step2：在模型上，选择需要拔模的面 Face.43，设定拔模角度为 25°，如图 3-41 中②所示。

Step3：确定拔模的方向后，单击“Preview”，显示预览结果，如图 3-41 中③所示。单击“OK”，关闭“Draft.3”对话框，如图 3-41 所示。

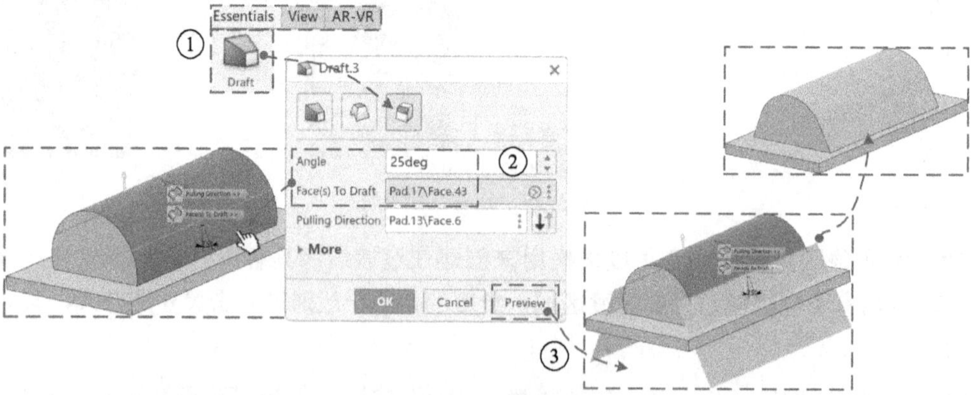


图 3-41 反射线拔模

在使用反射线拔模时，要特别注意拔模的方向。相对于反射线起始端，反射线的末端材料增加，属于大端面，那么起始端就属于小端面。拔模的箭头方向始终指向小端面，所以，若是拔模方向错误，软件不能进行运算，会出现图 3-42 所示的错误警告。

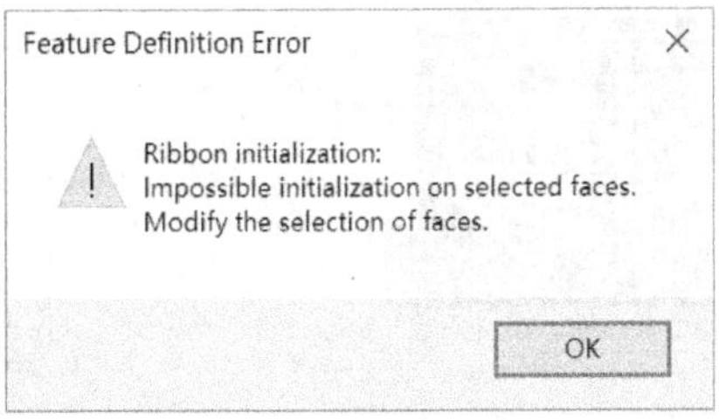


图 3-42　反射线拔模错误警告

2. **拔模分析**

拔模在工程中的主要应用就是注塑 / 铸造产品的拔模和模具的出模。3DEXPERIENCE 中提供的拔模分析功能在一定程度上可帮助工程师判断产品出模的可行性。拔模分析的具体步骤如下：

Step1：在工具栏单击“View”→选择“Shading with Material”（材料模式显示），如图 3-43 中①所示。

Step2：在工具栏单击“Review”→选择“Draft Analysis”（拔模分析），如图 3-43 中②所示。

Step3：在结构树上单击“PartBody”，选择被分析的零件，如图 3-43 中③所示。

**注意**：在 3D 模型上选择零件无效。

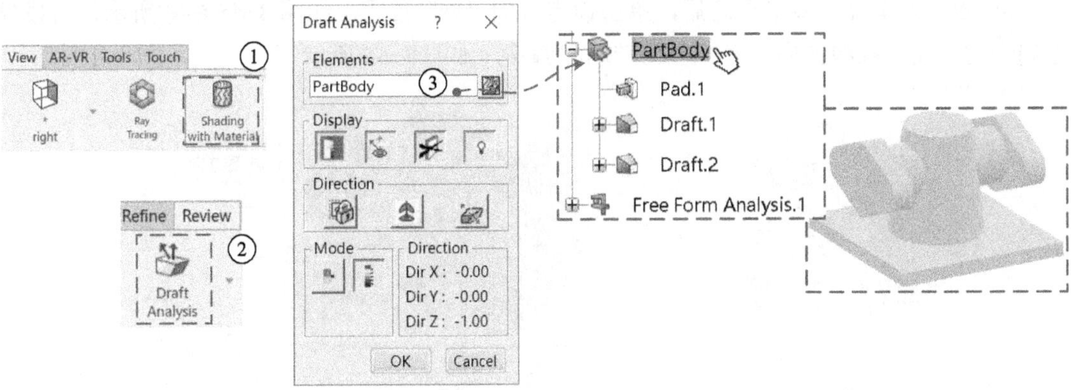


图 3-43　拔模分析步骤——选择对象

Step4：单击“Display”选项组中的颜色尺度“ ”按钮和拔模角度测量“ ”按钮，如图 3-44 中④所示。

Step5：单击“ ”，将拔模角度的颜色区块详细展开，可进行颜色所对应的角度设置，如图 3-44 中⑤所示。

Step6：双击每个颜色后的角度值，在“Edit”对话框中修改角度，按照图 3-44 中

⑥所示，将颜色对应的角度值依次设置为 5°、2°、1°、0° 和 –2°。用鼠标指向模型上任意位置，该面的拔模角度就会通过罗盘显示出来。

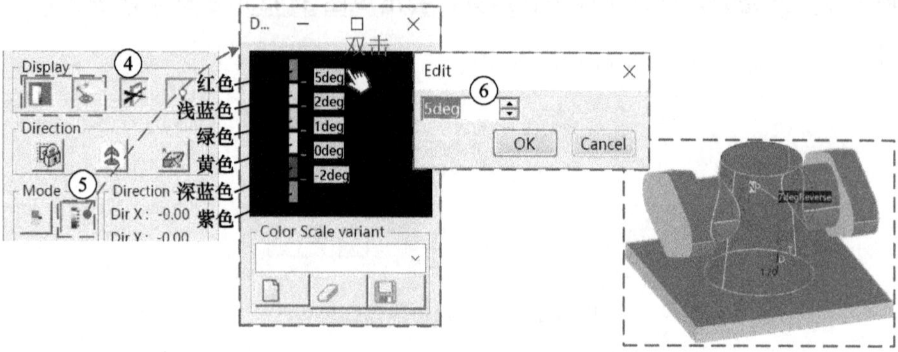


图 3-44　拔模分析步骤——设定拔模角度、颜色

一般 0° 为零件出模的分型面，大于 0° 表示能够出模，小于 0° 表示不能出模。在图 3-44 的颜色区块中，大于等于 5°的面显示为红色，2°～5°（不包含 5°）的面显示为浅蓝色，1°～0°（不包含 0°）的面显示为绿色，0° 的面显示为黄色，深蓝色和紫色则表示该面不能出模。

Step7：单击“Direction”选项组中的“[icon]”，如图 3-45 中⑦所示，在 3D 模型上出现一个白色罗盘，即为拔模方向的罗盘。

Step8：双击白色罗盘，在“Parameters for Robot Manipulation”对话框中调整罗盘的高度和 X、Y、Z 轴的旋转角度，单击“Apply”，如图 3-45 中⑧所示，则 3D 分析模型上的罗盘会随之转动，分析颜色也会随之变化。

Step9：拔模方向调整正确后，单击锁定方向“[icon]”按钮，如图 3-45 中⑨所示，将拔模方向锁定，使得拔模方向不发生任何转动和偏移，如图 3-45 所示。

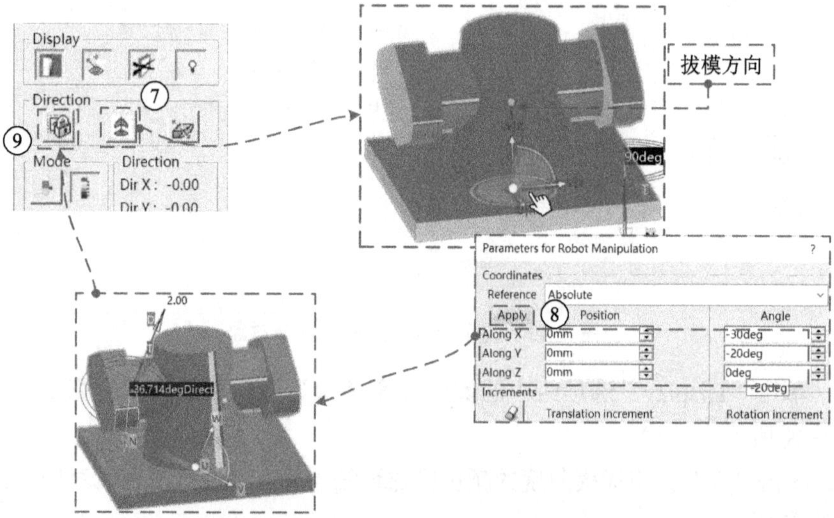


图 3-45　拔模分析步骤——调整拔模方向

Step10：单击反转拔模方向“ ”按钮，如图 3-46 中⑩所示，查看分型面另一侧的拔模情况，综合判断该零件是否能够从模具中出模。拔模分析创建完成后，单击“OK”，保留拔模分析结果，关闭对话框，如图 3-46 所示。

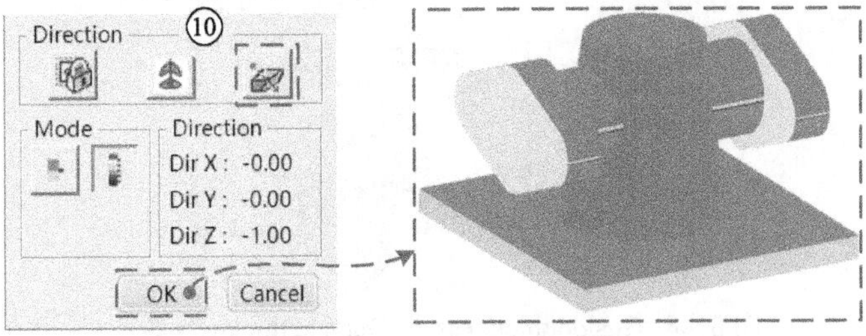


图 3-46　拔模分析步骤——拔模分析确认

## 3.2.5　抽壳

抽壳是将实体挖空的减材特征。抽壳可以从原有的实体中移除一个或多个面，并对剩余的面应用一定的厚度。其设置步骤如下：

Step1：单击“Essentials”→单击抽壳“ ”按钮，如图 3-47 中①所示，打开“Shell.1”对话框。

Step2：在 3D 模型上选择要移除的面，该面显示为紫色，如图 3-47 中②所示。

Step3：设置其他面的厚度为 3mm，如图 3-47 中③所示。单击“OK”，关闭“Shell.1”对话框，显示抽壳结果，如图 3-47 所示。

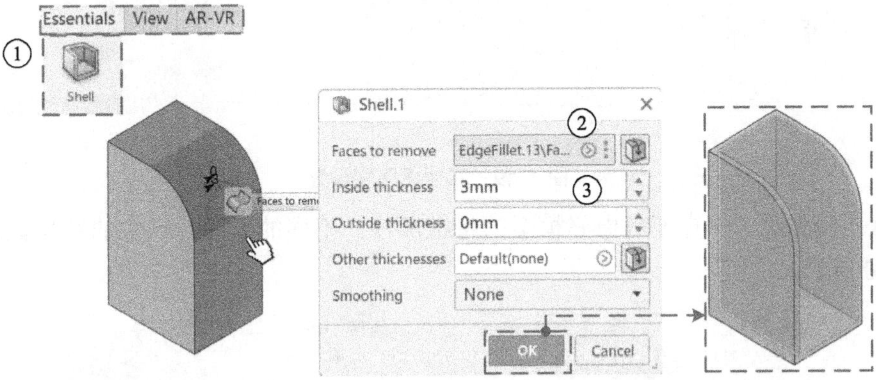


图 3-47　抽壳特征

在设置抽壳的厚度时，有两个厚度值 Inside thickness（内部厚度）和 Outside thickness（外部厚度）。如图 3-48 所示，Inside thickness 是指 3D 模型外框架尺寸不变（仍为 40mm），单边向内保留 3mm（内部尺寸 34mm）；Outside thickness 是指向外单边增加 3mm，3D 模型外框尺寸增大，内部尺寸保持不变（为 40mm）。

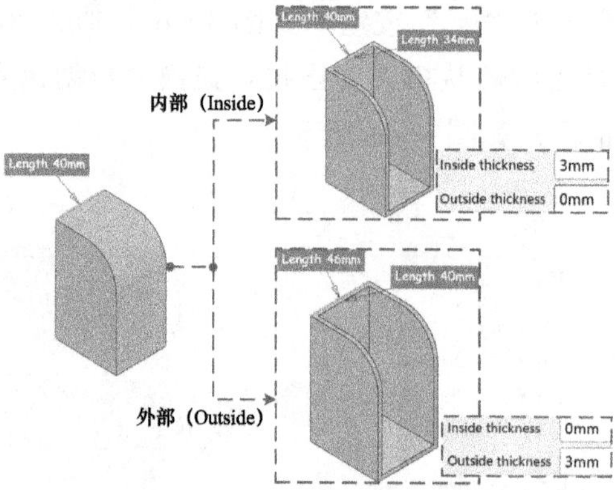


图 3-48 Inside thickness 与 Outside thickness 说明

若抽壳的每个面厚度均为一样，Other thickness 只需保持“Default”（默认值）即可。若保留的面的厚度不一样，需将每个面都选上，单独设定面的厚度值。其设置步骤如下：

Step1：单击“Other thickness”后的“ ”按钮，如图 3-49 中①所示。

Step2：依次单击保留的面，如图 3-49 中②所示。

Step3：在厚度定义对话框中，依次设置每个面的厚度，案例的模型两侧面为 3mm、后侧面为 5mm、底面为 8mm，如图 3-49 中③所示。单击“OK”，关闭“Shell.1”对话框。

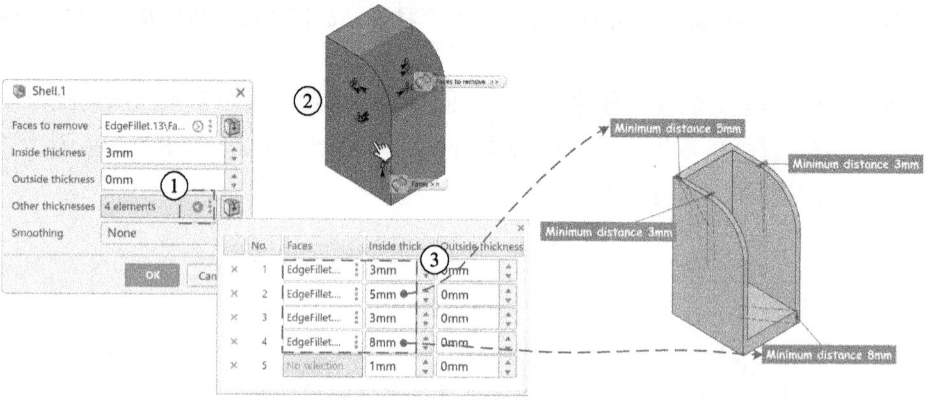


图 3-49 其他面厚度设置

**注意**：抽壳时，一定要考虑好模型的特征顺序，不同的顺序，产生的结果截然不同，如图 3-50 所示。

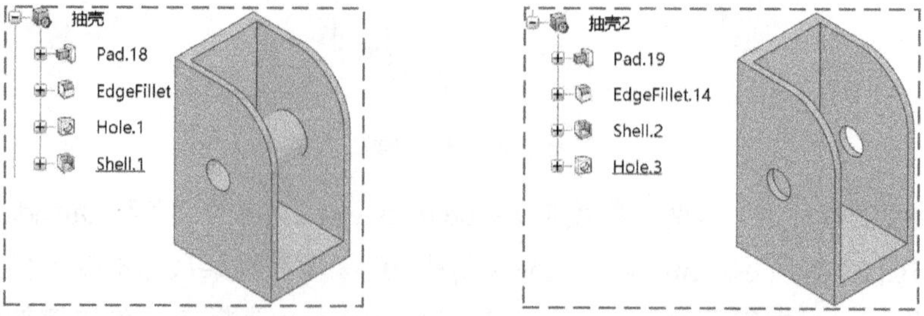


a）先打孔后抽壳　　b）先抽壳后打孔

图 3-50 抽壳顺序

### 3.2.6　加强筋

加强筋（Stiffener）是通过拉伸和加厚一个开放草图轮廓创建而成的。其创建步骤如下：

Step1：单击“Essentials”→单击加强筋“ ”按钮，如图 3-51 中①所示，打开“Stiffener.1”对话框。

Step2：选择加强筋的轮廓，如图 3-51 中②所示。

Step3：设定加强筋的厚度为 3mm，如图 3-51 中③所示。单击“Preview”，查看预览结果，单击“OK”，确认结果，关闭“Stiffener.1”对话框，如图 3-51 所示。

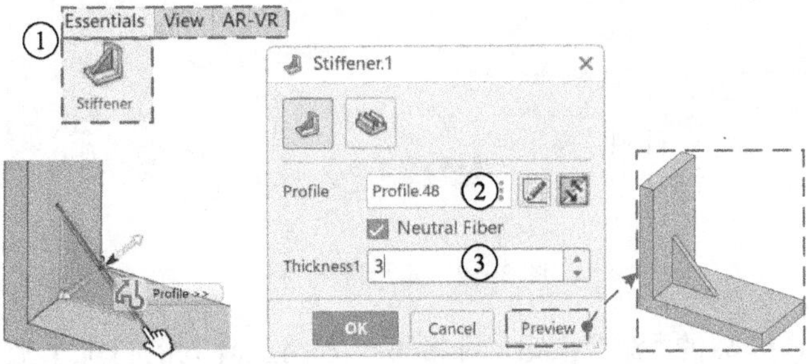


图 3-51　加强筋特征

## 3.3　特征编辑

### 3.3.1　阵列

1. **矩形阵列**

矩形阵列（Rectangular Pattern）是一种线性阵列，它将某个特征按一定的距离和数量在某个方向上排列。软件中可以同时进行两个方向上的阵列。其操作如下：

Step1：单击“Essentials”→单击矩形阵列“ ”按钮，如图 3-52 中①所示，打开“RectPattern.1”对话框。

Step2：在结构树上（或者 3D 模型上）选择要阵列的特征 Hole.1，如图 3-52 中②所示。

Step3：在“Reference element”（参考元素）空白处单击→选择“X-Axis”，将 X-Axis 作为阵列的参考方向，若发现特征沿 X-Axis 阵列方向不正确，可以单击“ ”按钮，将阵列方向反转，或重新选择参考元素，如图 3-52 中③所示。

Step4：设定孔的数量“Instance(s)”为 6，孔之间的间距“Spacing”为 13mm，如图 3-52 中④所示。

Step5：单击“Second Direction”，自动进入第二方向上的参数设置，如图 3-52 中⑤所示。

Step6：第二方向上的参考选择“Y-Axis”，设定阵列数量“Instance(s)”为 8、间距“Spacing”为 20mm，如图 3-52 中⑥所示。

Step7：单击“Preview”，如图 3-52 中⑦所示，单击“OK”，确认后关闭“RectPattern.1”对话框。

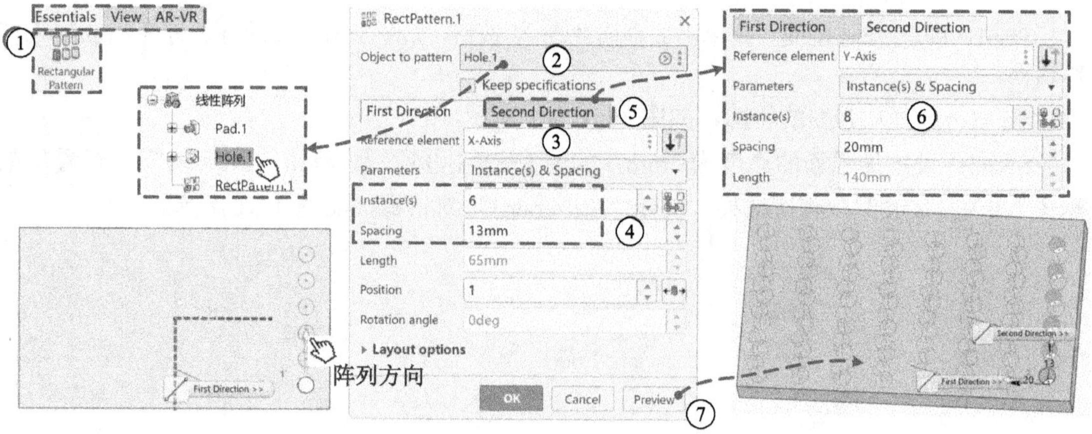


图 3-52 矩形阵列特征

单击“Instance(s)”后的“”按钮，可将第一方向上阵列的特征个数复制到第二方向上，当第一方向上的特征数量变化时，第二方向上的特征数量也会自动变化，如图 3-53 所示。

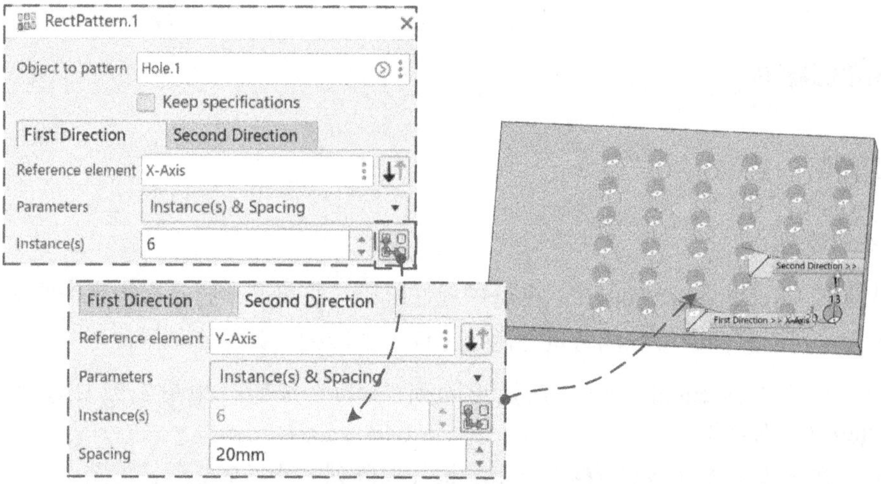


图 3-53 Instance(s) 控制

阵列的参数主要有 Instance(s)（数量）、Spacing（间距）和 Distance（总长度）3 个，它们之间的关系满足式（3-1）

$$Distance=Instance(s)\times Spacing \tag{3-1}$$

根据式（3-1），给出了四种线性阵列的参数设置方式，分别为 Instance(s)&Spacing（数量 & 间距）、Instance(s)&Length（数量 & 长度）和 Instance(s)&Unequal Spacing（数量 & 非等间距），如图 3-54 所示。

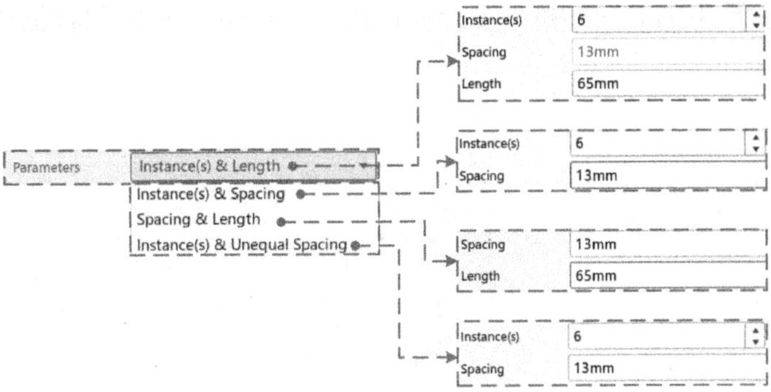


图 3-54　矩形阵列参数设置方式

2. **圆形阵列**

圆形阵列（Circular Pattern）又称为旋转阵列，是沿某个旋转轴 / 基准面按圆周分布的特征。圆形阵列也有两个方向的阵列，分别为 Axial Reference（轴向的圆形阵列）和 Crown Definition（径向的圆形阵列），其定义步骤如下：

Step1：单击“Essentials”→单击“ ”按钮，如图 3-55 中①所示，打开“CircPattern.1”对话框。

Step2：在结构树上（或者 3D 模型上）选择要阵列的特征 Hole.2，如图 3-55 中②所示。

Step3：在“Reference element”（参考元素）空白处单击，在 3D 模型上选择圆周面 Face.1（或选择 Z-Axis），将 Face.1 作为阵列的参考方向，如图 3-55 中③所示。

Step4：选择 Instance(s)&Total Angle 的参数设定方式，设定“Instance(s)”为 8、“Total angle”为 360°，如图 3-55 中④所示。单击“Preview”，完成在轴向的阵列。

Step5：单击“Crown Definition”，如图 3-55 中⑤所示，自动进入径向阵列的参数设置界面。

Step6：设定“Circle”（圈数）为 3、“Circle spacing”（圈间距）为 20mm、“Row”为 3，如图 3-55 中⑥所示，使得特征孔沿径向分布 3 圈，且 Hole.2 特征在第三圈上。

Step7：单击“Preview”，如图 3-55 中⑦所示，单击“OK”，确认后关闭“CircPattern.1”对话框，如图 3-55 所示。

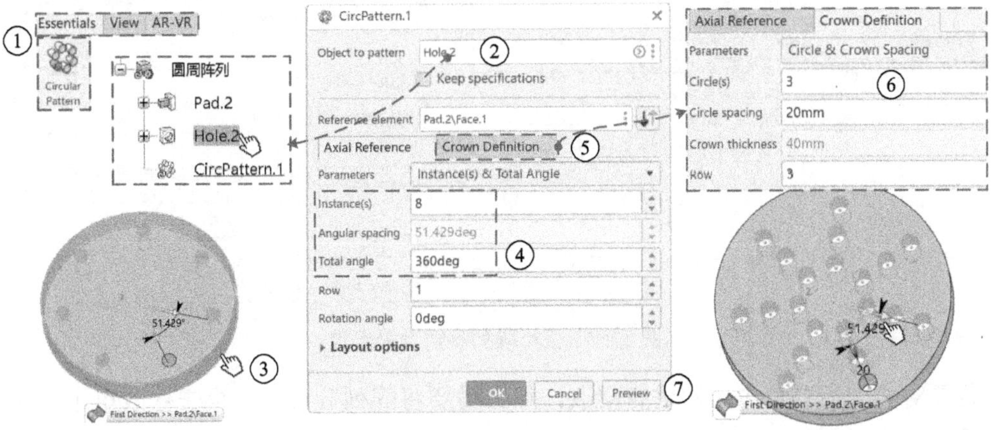


图 3-55　圆形阵列特征

**注意**：径向参数中的 Circle 是指沿径向的圈数，Row 是指阵列特征所在的圈数，如图 3-56 所示。

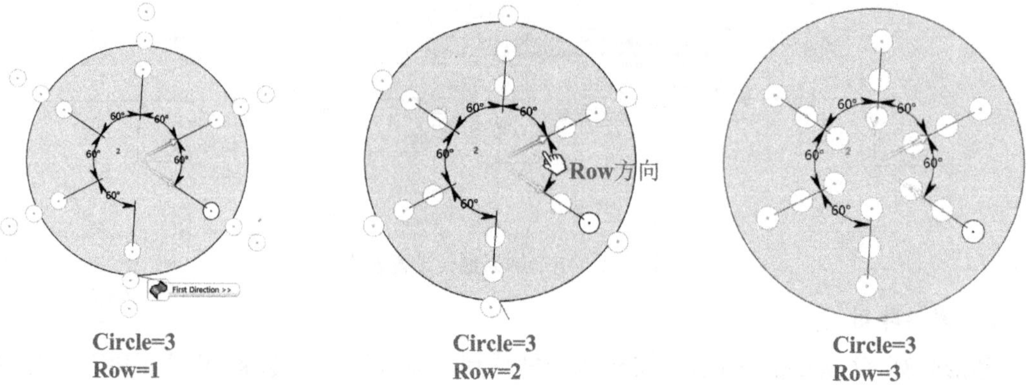


图 3-56　Circle 与 Row 的关系

圆形阵列的轴向参数主要有 Instance(s)（数量）、Angular Spacing（角间距）和 Total Angle（总角度）3 个，它们之间的关系满足式（3-2）。径向参数主要有 Circle 和 Crown Spacing。

$$\text{Total Angle}=\text{Instance(s)}\times\text{Angular Spacing} \tag{3-2}$$

根据式（3-2），3DEXPERIENCE 中给出了 5 种圆形阵列的参数设置方式，分别为 Instance(s) &Total Angle（数量 & 总角度）、Instance(s)&Angular Spacing（数量 & 角间距）、Angular Spacing &Total Angle（角间距 & 总角度）、Complete Crown（全角度）和 Instance(s)&Unequal Angular Spacing（数量 & 非等角间距），如图 3-57 所示。

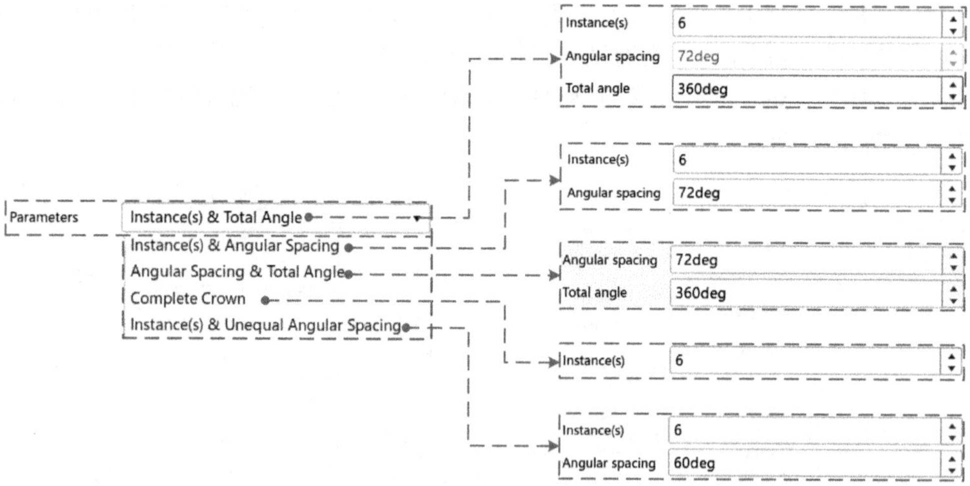


图 3-57　圆形阵列参数设置方式

若要对阵列后的单个实例进行修改，那么需要将阵列分解后，再去修改单个实例，操作步骤如下：

Step1：单击“CircPattern.1”阵列特征，在阵列上右击，如图 3-58 中①所示。

Step2：单击“CircPattern.1 object”，如图 3-58 中②所示。

Step3：单击“Explode...”，如图 3-58 中③所示。

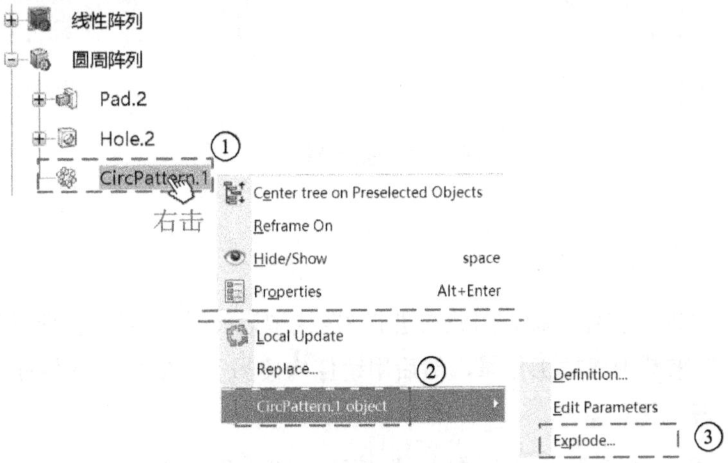


图 3-58　阵列特征分解

3. ***用户阵列***

用户阵列（User Pattern）使用现有点草图来定义实例的位置。创建步骤如下：

Step1：单击“Essentials”→单击“ ”按钮，如图 3-59 中①所示，打开“UserPattern.3”对话框。

Step2：在结构树上（或者 3D 模型上）选择要阵列的特征 Pad.4，如图 3-59 中②所示。

Step3：在“Position”空白处单击，在结构树上选择“ 阵列点 ”（或在 3D 模型上依次选择定位点），如图 3-59 中③所示。

Step4：单击“Preview”，显示预览结果，如图 3-59 中④所示。单击“OK”，确认预览结果后，关闭“User Pattern.3”对话框。

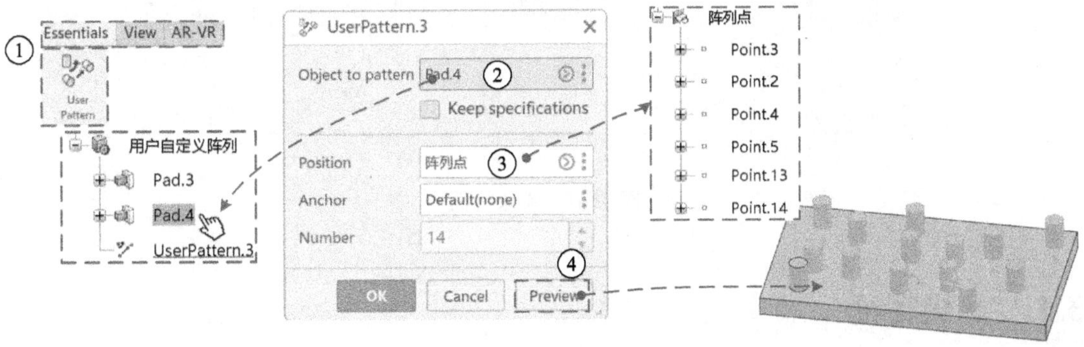


图 3-59　用户阵列特征

**注意**：勾选“Keep specifications”（保持特征），可使特征与曲面贴合阵列，如图 3-60 所示。

图 3-60 保持特征

### 3.3.2 镜像

镜像常用于对称性的实体建模，因此在进行 3D 模型设计时，要提前判断模型的对称性，通过构建模型的 1/2 来减少建模工作量，然后用镜像构建另一侧实体（或特征）。

镜像的创建步骤如下：

Step1：单击“Essentials”→单击“ Mirror ”按钮，如图 3-61 中①所示，打开“Mirror.1”对话框。

Step2：当“Mirroring element”变为浅蓝色时，在结构树上（或者 3D 模型上）选择对称面（zx plane），如图 3-61 中②所示。

Step3：选择要镜像的特征，若是将整个实体镜像，则默认为“Current Solid”，单击“Preview”，显示预览结果，如图 3-61 中③所示。单击“OK”，确认预览结果后，关闭“Mirror.1”对话框。

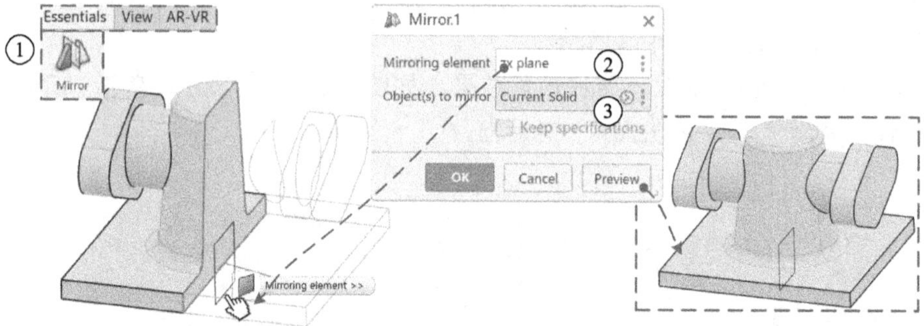


图 3-61 镜像特征

## 3.4. 高级特征

1. ***肋***

肋（Rib）可以创建筋，也可以开槽，如图 3-62 所示，它们的创建方法相同。这里将对筋的创建步骤进行详细阐述，开槽的步骤不做赘述。

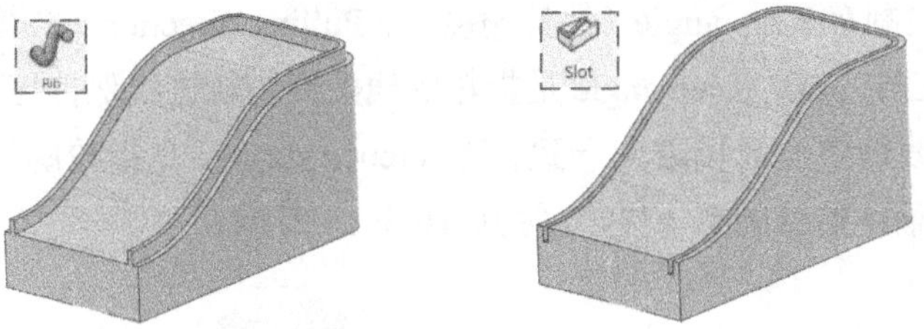


a）筋　　　b）槽

图 3-62　肋筋槽

Step1：单击“Model”→单击肋“ ”按钮，如图 3-63 中①所示，打开“Rib.1”对话框。

Step2：在“Profile”处选择肋轮廓、“Center curve”处选择“肋轨迹”，如图 3-63 中②所示。

Step3：肋类型选择“Keep angle”，如图 3-63 中③所示。

Step4：单击“Preview”，显示预览结果，如图 3-63 中④所示。单击“OK”，确认预览结果后，关闭“Rib.1”对话框。

Step5：单击“Refine”→单击三切线圆角“ ”按钮，如图 3-63 中⑤所示，打开“TritangentFillet.2”对话框。

Step6：选择两个平行面对象 Face.6 和 Face.7，选择移除面，如图 3-63 中⑥所示，被选的移除面显示为深红色。

Step7：单击“Preview”，显示预览结果，如图 3-63 中⑦所示。单击“OK”，确认预览结果后，关闭“TritangentFillet.2”对话框，如图 3-63 所示。

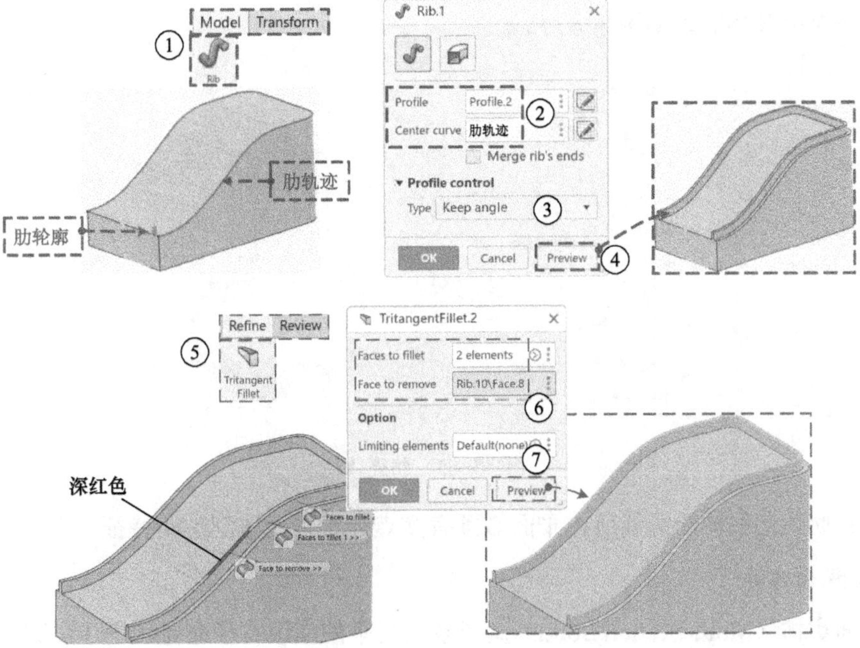


图 3-63　扫描筋特征

Rib 中的轨迹控制有 Keep angle（保持角度）、Pulling direction（拔模方向）和 Reference surface（参考面）三种方式。Keep angle 是指轮廓线始终与轨迹线保持恒定的角度值；Pulling direction 是指轮廓线始终与拔模方向一致；Reference surface 是指轮廓线与参考平面平行。选择不同的类型，最终的结果不一样，区别如图 3-64 所示。

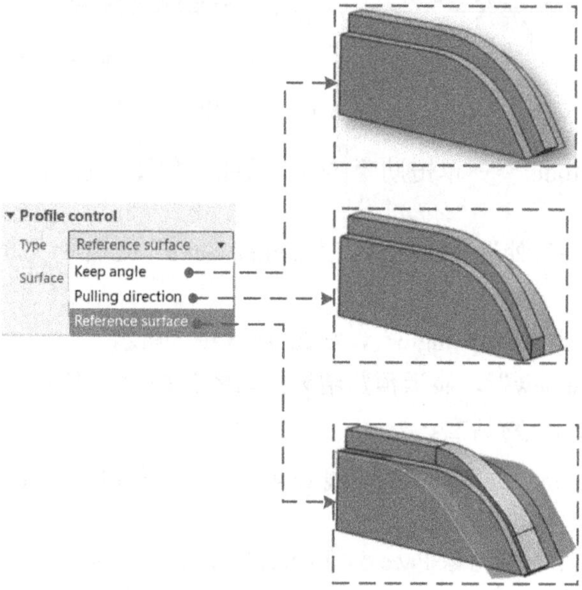


图 3-64　轨迹控制类型的区别

在“Rib.7”对话框中，单击“ ”按钮→选择肋轮廓和肋轨迹线→设置肋体的厚度，即可完成一个壳体的肋，如图 3-65 所示。

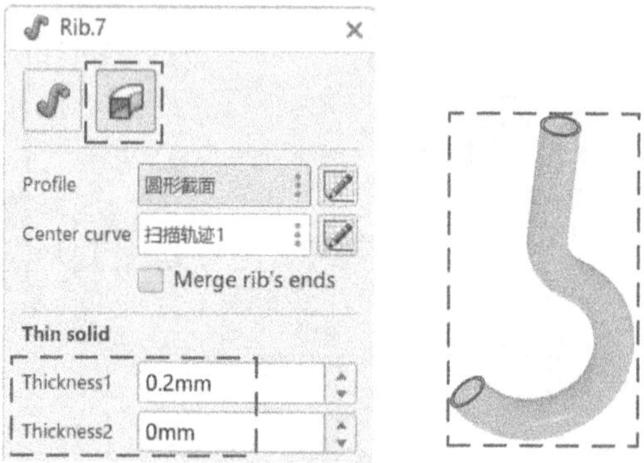


图 3-65　肋壳体

**注意：**肋轨迹线与轮廓线所在平面必须有交点，否则无法创建肋特征。

2. ***多截面实体***

多截面实体（Multi-Section Solid）是个较为复杂的高级特征命令，用于创建两个或多个不同草图平面间的连续特征。如图 3-66 所示，截面 1、截面 2 和截面 3 混合成了一个实体。

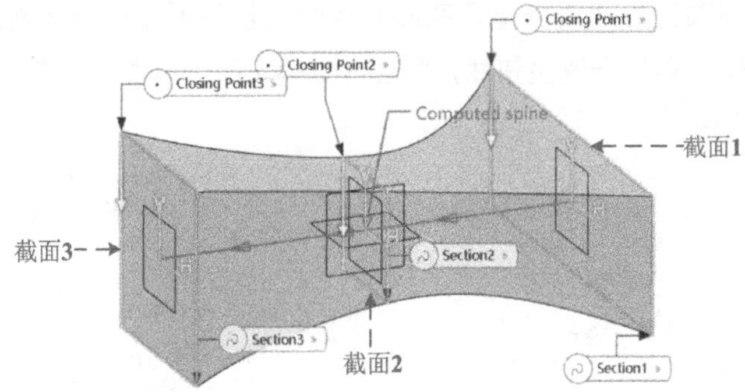


图 3-66　多截面实体特征

多界面实体的创建步骤如下：

Step1：单击“Model”→单击多截面实体“”按钮，如图 3-67 中①所示，打开“Multi-Sections Solid Definition”对话框。

Step2：依次选中草图轮廓 Sketch.5、Sketch.6、Sketch.4，如图 3-67 中②所示。

Step3：软件在三个截面上自动捕捉闭合点以及三个截面的闭合方向，确保闭合点一一对应且闭合方向一致，如图 3-67 中③所示。

Step4：单击“Preview”，显示预览结果，软件自动计算出多截面实体的脊线，如图 3-67 中④所示。单击“OK”，确认预览结果后，关闭“Multi-Section Solid”对话框。

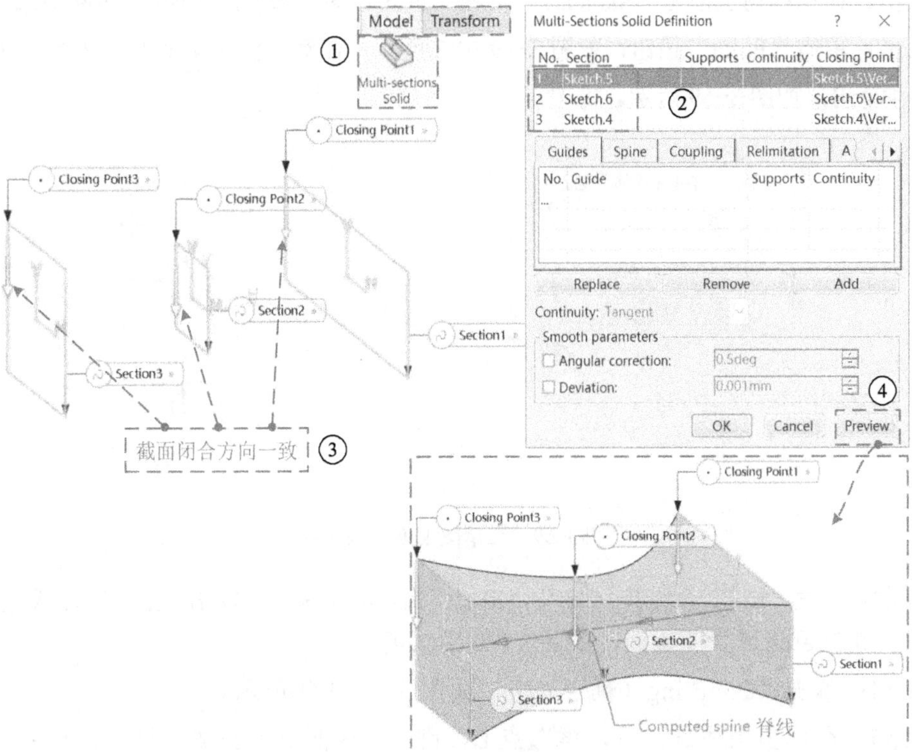


图 3-67　创建多截面实体特征

当遇到圆弧曲线与矩形曲线创建多截面实体时，软件不能自动捕捉到两个曲线的耦合点，会出现提示错误且实体会发生扭曲，如图 3-68 所示。这时，就需要手动调节闭合点、耦合点以及闭合方向等。

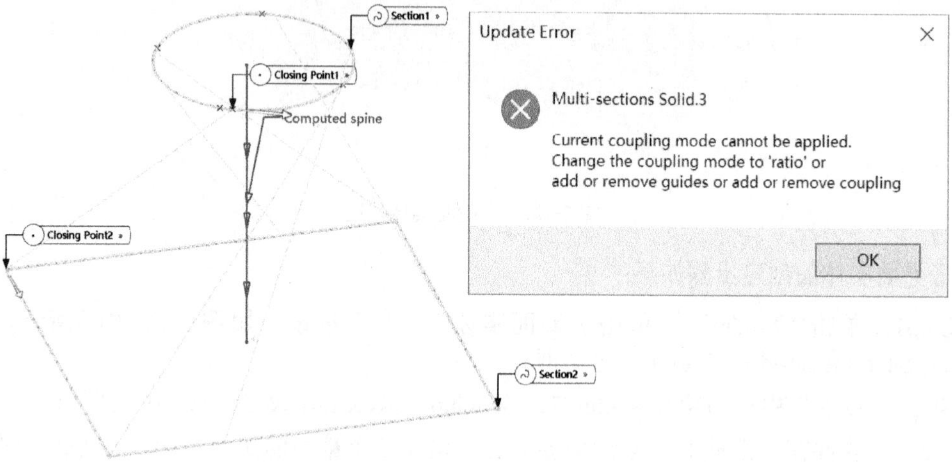


图 3-68　多截面实体创建失败

当选中草图轮廓后，手动调节耦合点，创建多段实体的方式如下：

Step1：在结构树上双击“Sketch.7”草图，进入草图编辑状态，如图 3-69 中①所示。

Step2：单击“Point”按钮，如图 3-69 中②所示，在圆上创建 4 个点，这些点分别对应矩形的 4 个角，如图 3-69 所示。

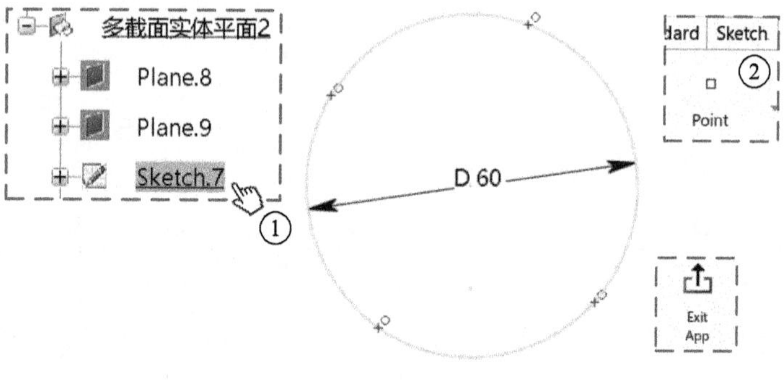


图 3-69　在草图上创建耦合点

Step3：单击“ ”按钮，打开“Multi-Sections Solid Definition”对话框，选择 Sketch.7 和 Sketch.8 草图截面，如图 3-70 中③所示。

Step4：单击“Coupling（耦合）”，如图 3-70 中④所示。

Step5：在模型上先选点 A，再选点 B，则 A、B 两点就完成了耦合，如图 3-70 中⑤所示。

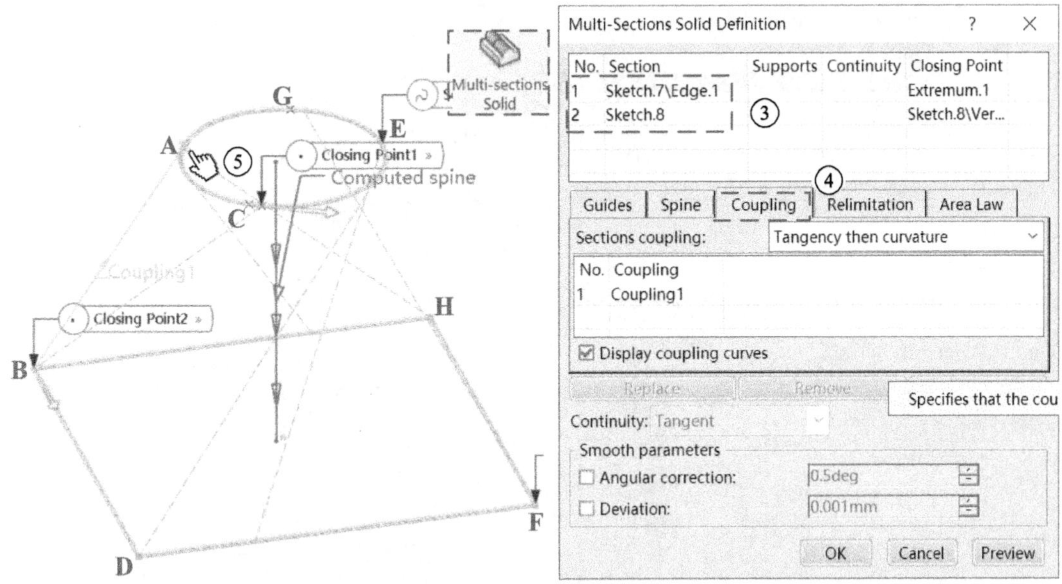


图 3-70 创建耦合点

重复 Step5，依次单击点 C、D、E、F、G 和 H，完成点 C 与 D、点 E 与 F、点 G 与 H 的耦合，从而形成图 3-71 所示的耦合结果。

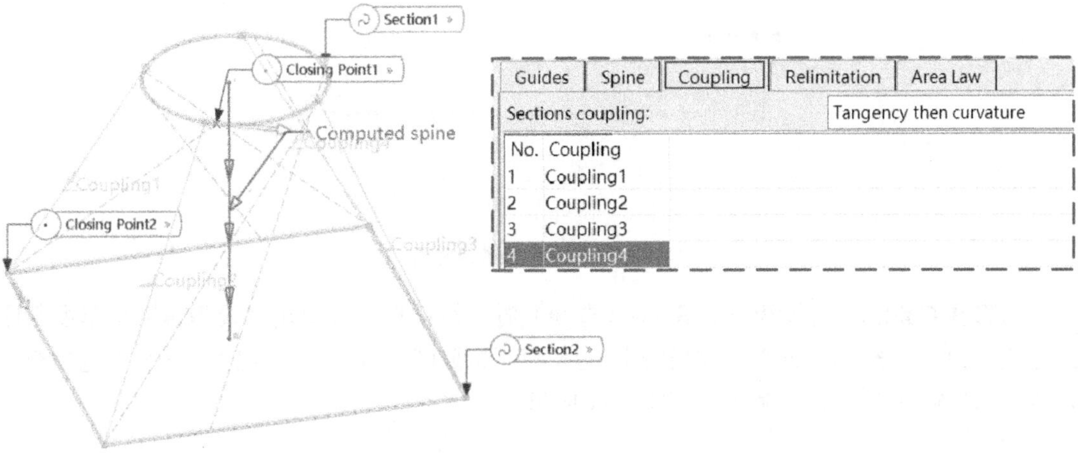


图 3-71 点与点的耦合结果

Step6：单击“Sketch.7”，在“ClosingPoint”处右击，单击“Replace Closing Point”，如图 3-72 中⑥所示。

Step7：在模型上选择点 A 作为圆形曲线的闭合点，确定两个曲面的闭合方向一致，如图 3-72 中⑦所示。单击“Preview”，如图 3-72 所示。单击“OK”，确定预览结果，关闭对话框，至此，耦合点调整结束。

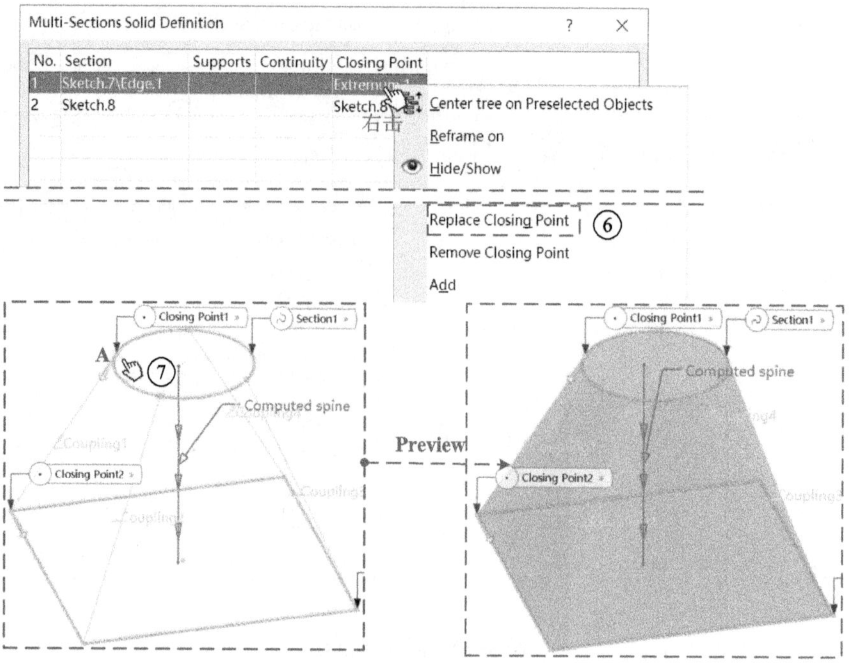


图 3-72　更改闭合点

**注意**：单击“Preview”后，图 3-73 所示的提示就为闭合点无法耦合的警告，这时需要修改闭合点；若未出现此提示，则可以直接确认模型结果。

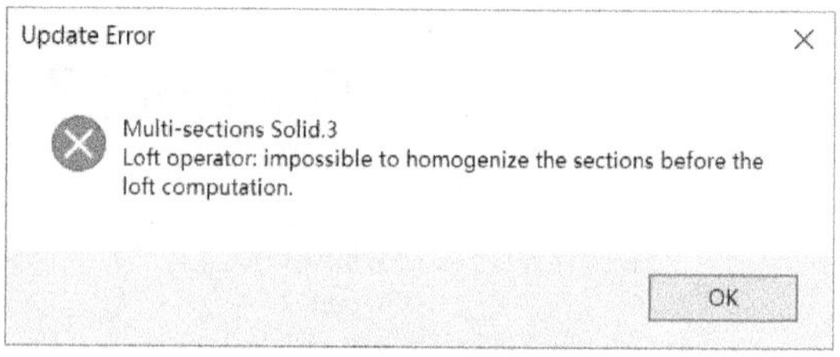


图 3-73　闭合点错误警告

未选择 Guides（引导线）和 Spine（脊线）时，软件自动计算出脊线为垂直于草图截面的直线方向，单击“Spine”，在模型上选择“引导线 1”，将“引导线 1”作为指定的脊，多段实体的特征将会发生改变，如图 3-74 所示。

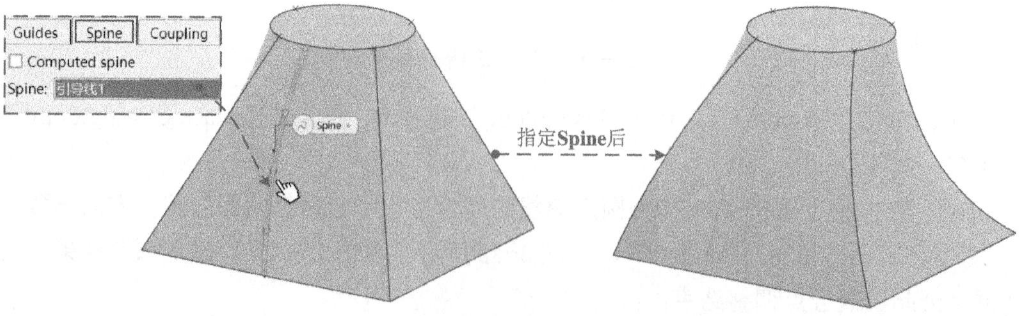


图 3-74　添加 Spine

手动添加 Guides 后，模型也会发生相应变化。在“Multi-Section Solid Definition”对话框中，单击“Guides”选项卡，在模型上选择“引导线 1”，在对话框中单击“引导线 1”，将“Add”按钮点亮，单击“Add”，在模型上选择“引导线 2”，即可手动添加两条引导线，多段实体的特征将会发生如图 3-75 所示的变化。

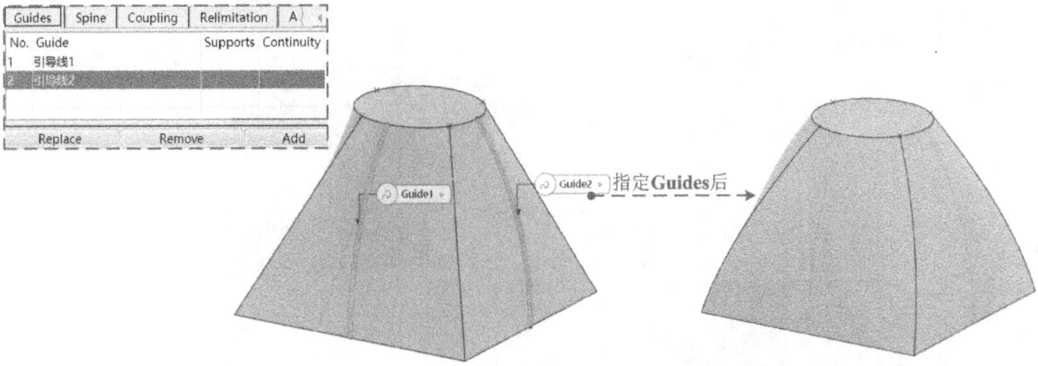


图 3-75　添加 Guides

**注意**：一个多截面实体特征只有一条 Spine，而 Guides 可以有多条。

### 3. 元素替换

元素替换（Replace）包括点替换、线替换、面替换和轴系替换，使用替换功能后，实体的位置、特征会发生改变，如图 3-76 所示。

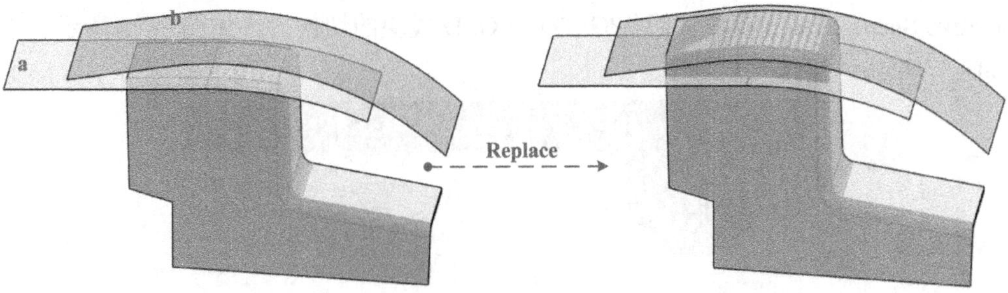


图 3-76　替换特征

点、线、面、轴系的替换步骤基本相同，这里将重点介绍面的替换步骤，点、线、轴系的替换过程这里不做赘述，具体操作步骤如下：

Step1：在结构树上右击“a_Plane”，在弹出的菜单栏中单击“Replace…”，如图 3-77 中①所示。

Step2：在弹出“Replace”对话框后，在结构树上单击“b_Plane”，如图 3-77 中②所示。

Step3：观察模型，模型的两个平面上出现两个方向箭头，此箭头即为面的方向箭头，确保两个面的方向一致，如图 3-77 中③所示。

Step4：在“Replace”对话框中单击“OK”，关闭对话框。单击更新“”按钮，将特征更新，如图 3-77 中④所示。

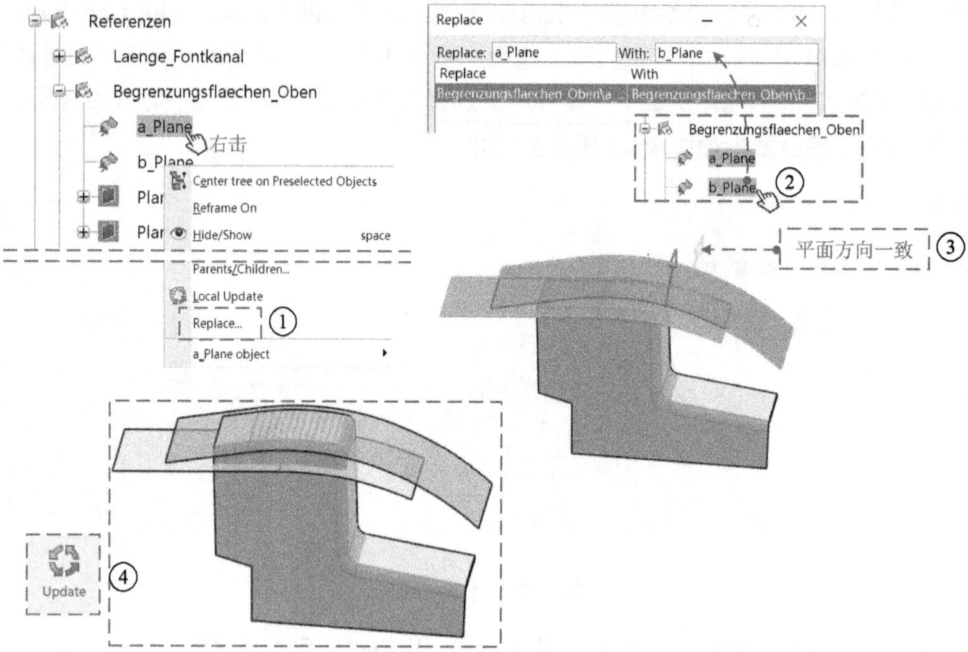


图 3-77 面替换特征

## 3.5 基于曲面的实体设计

基于曲面的实体设计除用于实体建模的 Part Design 模块外，还涉及曲面建模的 Generative Shape Design 模块（简称 GSD）。GSD 模块的切换方法如图 3-78 所示，单击罗盘上的“3D”→单击 GSD 按钮。

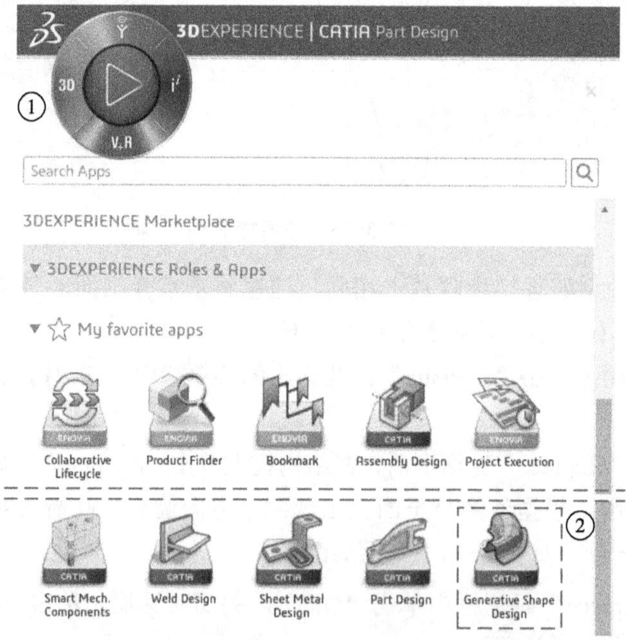


图 3-78 进入 Generative Shape Design App

### 3.5.1　线框设计

进入 GSD 模块界面后，创建点、线、面的方法与 PartDesign 模块的方法一致，这里不做赘述，详见 2.2 节。本节仅对 GSD 模块中特有的点、线、面类型进行详细阐述。

1. **极值点的创建**

选取曲线上极值点的步骤如下：

Step1：单击极值点“”按钮，如图 3-79 中①所示。

Step2：在“Extremum Definition”（极值点定义）对话框中，选择对象“Spline.1”，选择方向 Z Axis，选中“Max”，如图 3-79 中②、③所示。

Step3：单击“Preview”，在曲线上显示出在 Z 轴的极大值点，如图 3-79 中④所示。单击“OK”，确认结果，关闭对话框。

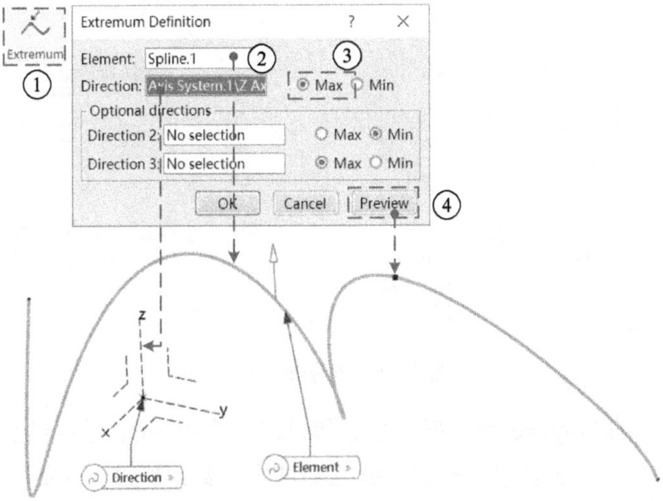


图 3-79　极值点创建

2. **空间线的创建**

（1）折线（Polyline）与样条曲线（Spline）的创建　Spline 和 Polyline 的创建方法一致，均为将所有的点依次选中连接，但是两者在点上的连接方式不一样，具体如图 3-80 所示。

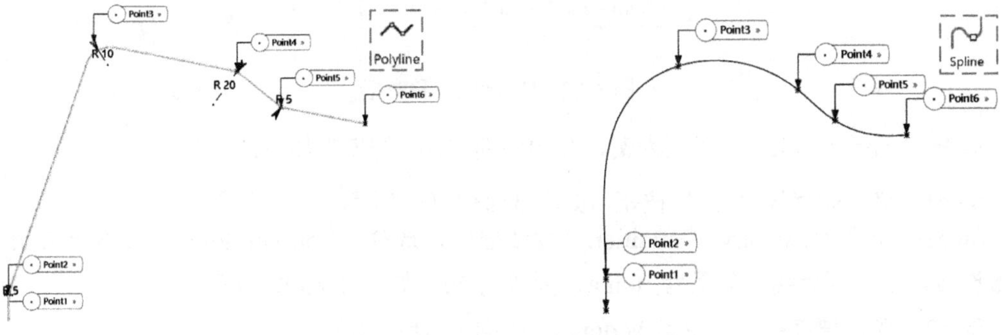


图 3-80　Polyline 与 Spline

以 Polyline 为例，其创建步骤如下：

Step1：单击折线“Polyline”按钮，如图 3-81 中①所示。

Step2：在“Polyline Definition”对话框中，依次单击所创建的 6 个空间点，如图 3-81 中②所示。

Step3：在“Polyline Definition”对话框中单击“Point.11”，将 Point.11 激活，设定 Point.11 处的过渡圆弧半径为 5mm。按此方法，依次设置“Point.10”“Point.9”和“Point.8”的半径，如图 3-81 中③所示。

Step4：单击“Preview”（图 3-81 中④），单击“OK”，确认结果，关闭对话框。

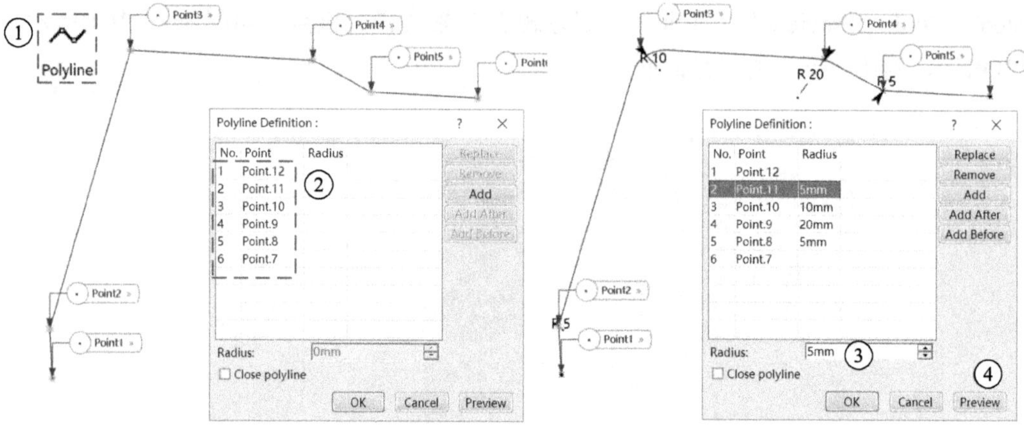


图 3-81 Polyline 创建

**注意**：在非闭合的 Polyline 上，第一个点和最后一个点不能设置半径值。

（2）螺旋线（Helix）的创建 螺旋线有三个基本参数：Pitch（节距）、Height（总高）和 Revolution（圈数），它们之间的函数关系为 Height=Pitch×Revolution；因此，软件提供了三种定义 Helix 的方式：Pitch and Revolution、Height and Pitch 和 Height and Revolution，如图 3-82 所示。

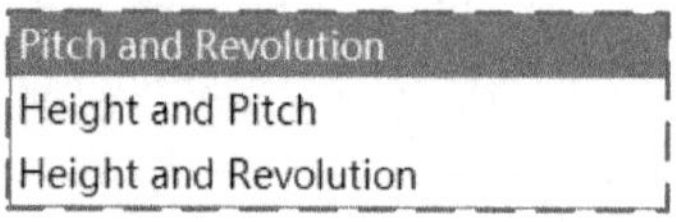


图 3-82 Helix 的三种类型

以 Pitch and Revolution 类型为例，介绍创建 Helix 的步骤如下：

Step1：单击螺旋线“Helix”按钮，如图 3-83 中①所示。

Step2：在“Helix Curve Definition”对话框中，选择“Constant Pitch”（恒定节距）创建螺旋线，设定螺旋线的节距为 10mm、圈数为 20，如图 3-83 中②所示。

Step3：选择螺旋线的起始点 Vertex.2，如图 3-83 中③所示。

Step4：单击“Profile.2”作为螺旋线的旋转轴，如图 3-83 中④所示。

Step5：单击“Profile.1”作为螺旋线的轨迹线，如图 3-83 中⑤所示。

Step6：单击“Preview”，显示预览结果，如图 3-83 中⑥所示。

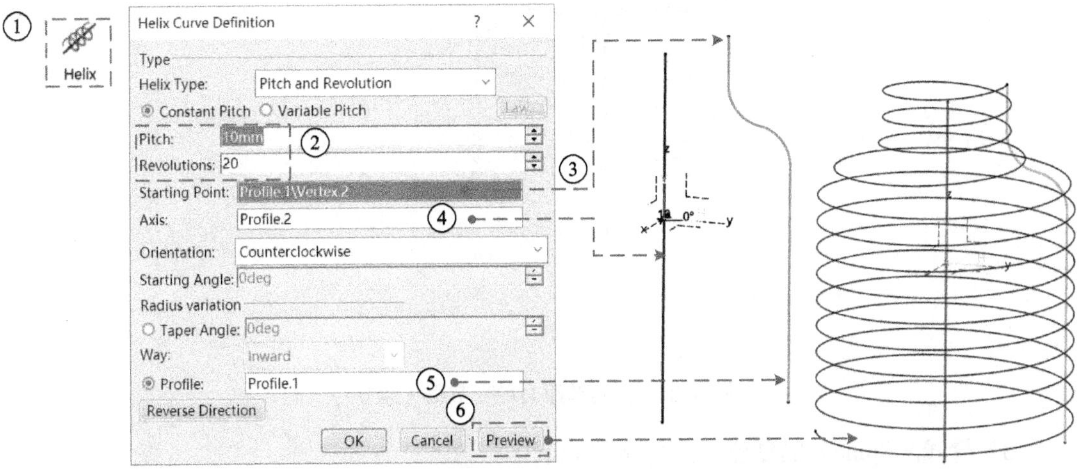


图 3-83　Helix 创建

**注意**：当选择“Pitch and Revolution”类型时，可激活可变节距，即螺旋线的节距会随着 Start Value 和 End Value 变化，如图 3-84a 所示；当 Start Value 大于 End Value 时，节距从 10mm 到 1mm 逐渐减小，如图 3-84b 所示；当 Start Value 小于 End Value 时，节距从 1mm 到 10mm 逐渐增大，如图 3-84c 所示。

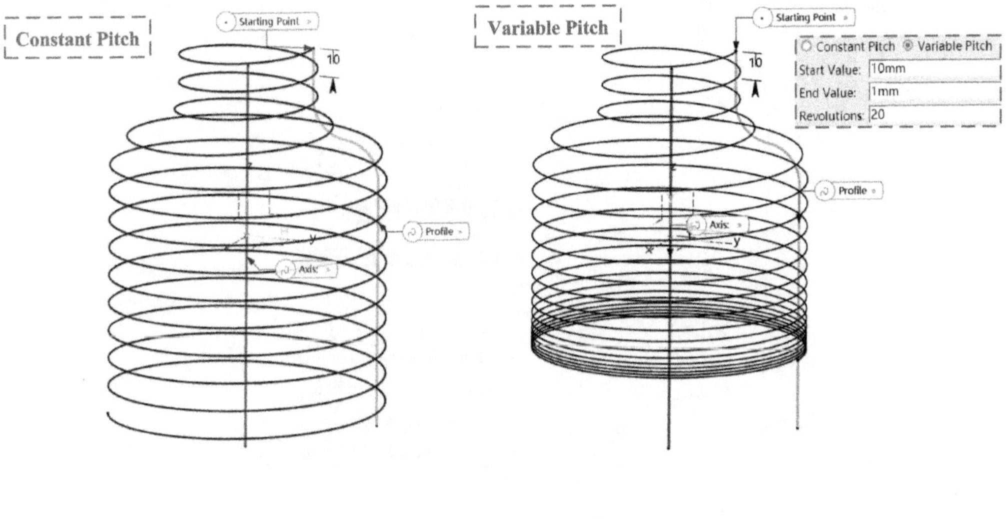


a)　　b)

图 3-84　恒定节距与可变节距

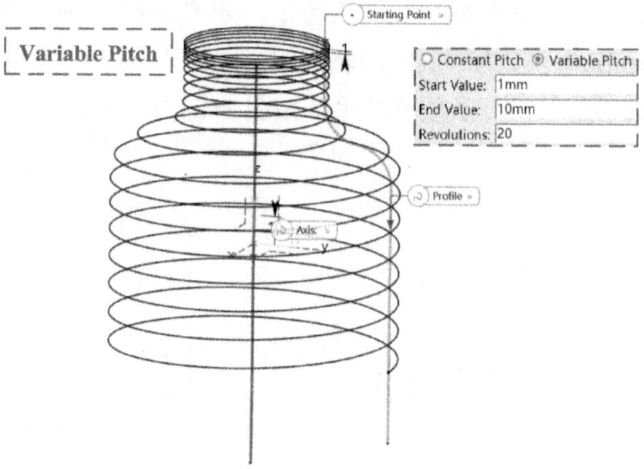


c）

图 3-84 恒定节距与可变节距（续）

（3）脊线（Spine）的创建 具体步骤如下：

Step1：单击脊线“”按钮，如图 3-85 中①所示。

Step2：在“Spine Curve Definit…”对话框中，依次单击空间中所创建的六个面，如图 3-85 中②所示。

Step3：单击“Preview”，如图 3-85 中③所示，即出现六个面串联的脊线，如图 3-85 所示。

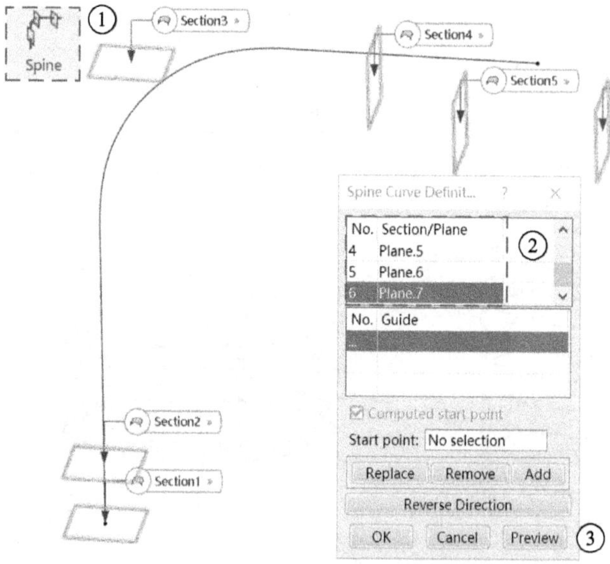


图 3-85 Spine 创建

（4）投影线（Projection）的创建 创建投影线有三个元素，分别为 Projected（投影对象）、Support（所投影的面）和 Direction（投影方向）。通过这三个元素的选取就可在一个曲面上创建出一条曲线的投影曲线。具体步骤如下：

Step1：单击投影曲线“ ”按钮，如图 3-86 中①所示。

Step2：在“Project”对话框中，单击沿线投影“ ”按钮，如图 3-86 中②所示。

Step3：选择投影对象“Profile.6”，选择投影的面“Support”，选择投影方向“Direction”，如图 3-86 中③所示。

Step4：单击“Preview”，如图 3-86 中④所示。显示投影结果，即曲线“Profile.6”沿“Direction”方向投影到“Support”曲面上的曲线。

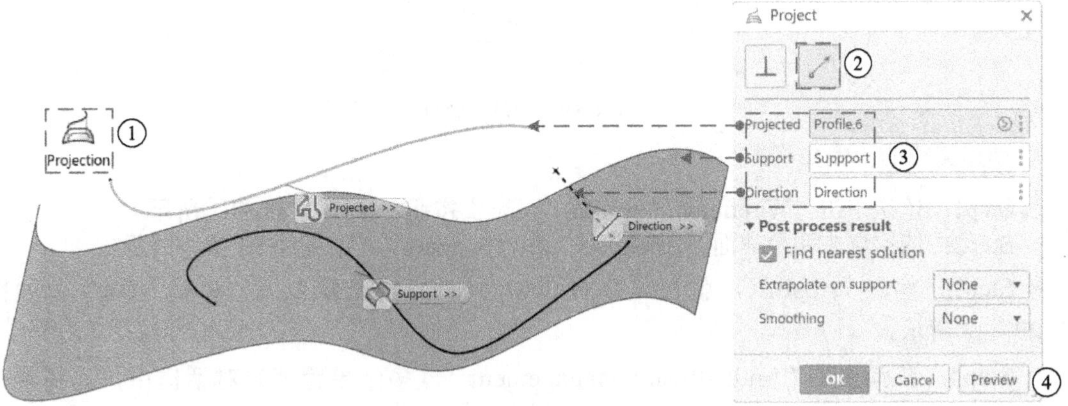


图 3-86　曲线投影曲面步骤

从图 3-86 中可发现，软件按投影方向分类，将投影分为 Normal Projection（垂直投影）和 Projection along a direction（沿线投影），两者投影的结果不同，如图 3-87 所示。

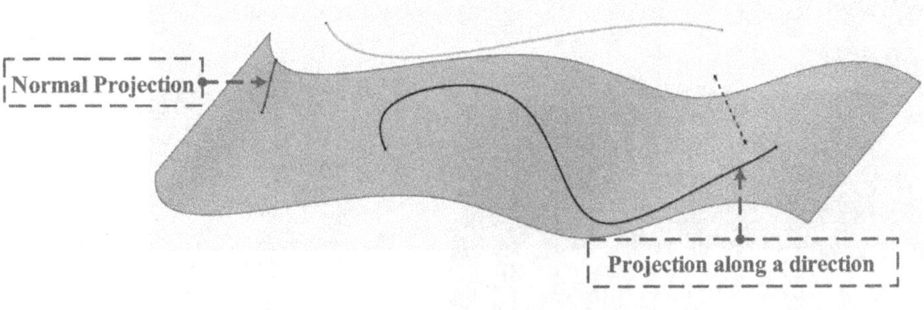


图 3-87　垂直投影和沿线投影

（5）交线（Interaction）的创建　面与面的交线不一定是连续的一条交线，可以是多段不连续的交线。对于多段不连续的交线，需对这些交线进行多结果管理。多结果管理的三种模式如图 3-88 所示。

模式一：Keep only one sub-element using a Near/Far（保留距离参考元素较近（远）的交线）。

模式二：Keep only one sub-element using an Extract（保留提取元素上的交线）。

模式三：Keep all the sub-elements（保留所有交线）。

模式一与模式二保留的交线有且仅有一条，只有第三种模式才能保留多条交线。若不对多交线进行多结果管理定义，那么软件默认保留所有交线。

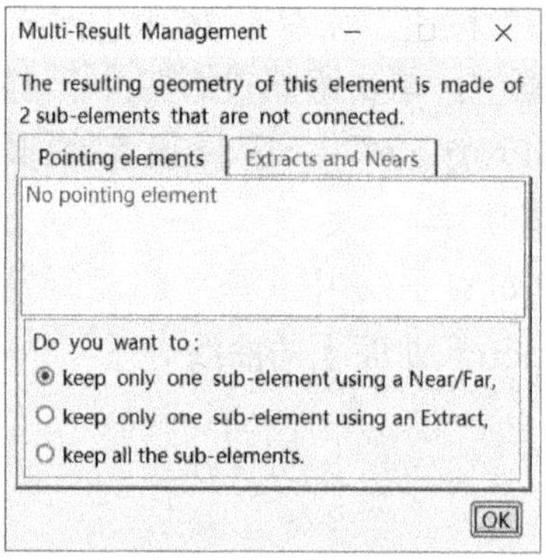


图 3-88　多结果管理

创建交线的步骤如下：

Step1：依次单击“Wireframe”→交线“ ”按钮，如图 3-89 中①所示。

Step2：依次选中两个曲面“Extrude.5”和“Support”，如图 3-89 中②所示。

Step3：单击“Apply”，就可出现图 3-89 上的两条交线 a、b，单击“OK”，如图 3-89 中③所示。

Step4：在弹出的“Multi-Result Management”（多结果管理）对话框中，选择模式一“Keep only one sub-element a Near/Far”，如图 3-89 中④所示，单击“OK”。

Step5：在弹出的“Near/Far Definition”（远 / 近定义）对话框中，单击“Near”，即保留近处的元素，在图形上选择 Edge.1，如图 3-89 中⑤所示。

Step6：单击“Preview”后，曲线 b 消除，曲线 a 保留下来，单击“OK”，确认该结果，如图 3-89 中⑥所示。

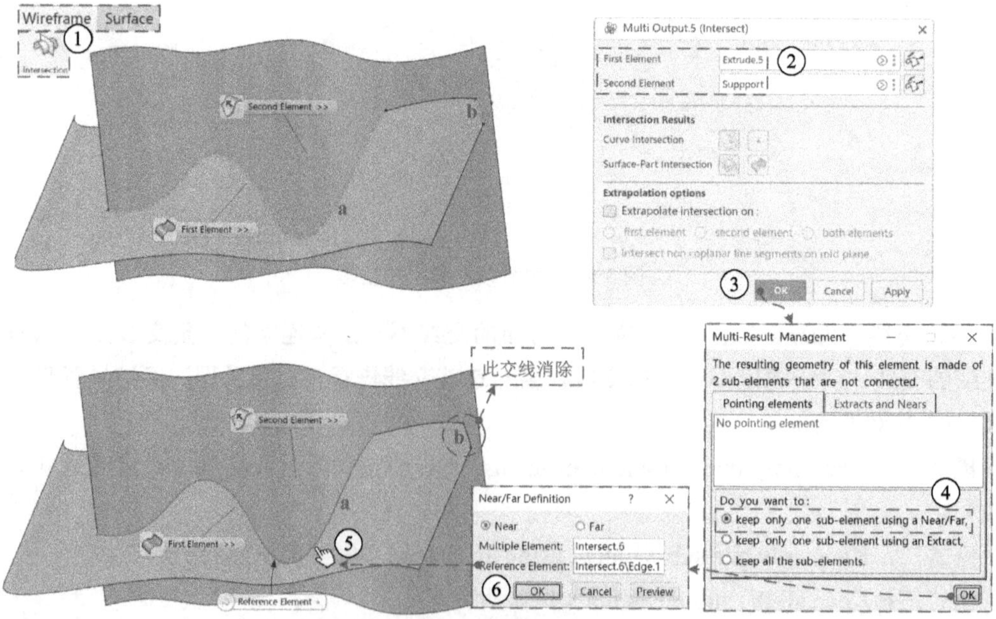


图 3-89　交线创建

（6）平移曲线（Parallel Curve）的创建 具体步骤如下：

Step1：依次单击“Wireframe”→平移曲线“ ”按钮，如图 3-90 中①所示。

Step2：选择要平移的曲线“Curve.2”和平移线所在的曲面“Surface.3”，如图 3-90 中②所示。

Step3：设置曲线平移的距离 50mm，如图 3-90 中③所示。

Step4：单击延伸“ ”按钮，将平移曲线延伸到曲面 Surface.3 的边线上，如图 3-90 中④所示。

Step5：单击“Preview”，如图 3-90 中⑤所示，显示预览结果。单击“OK”，确认结果，关闭“Parallel.1”对话框。

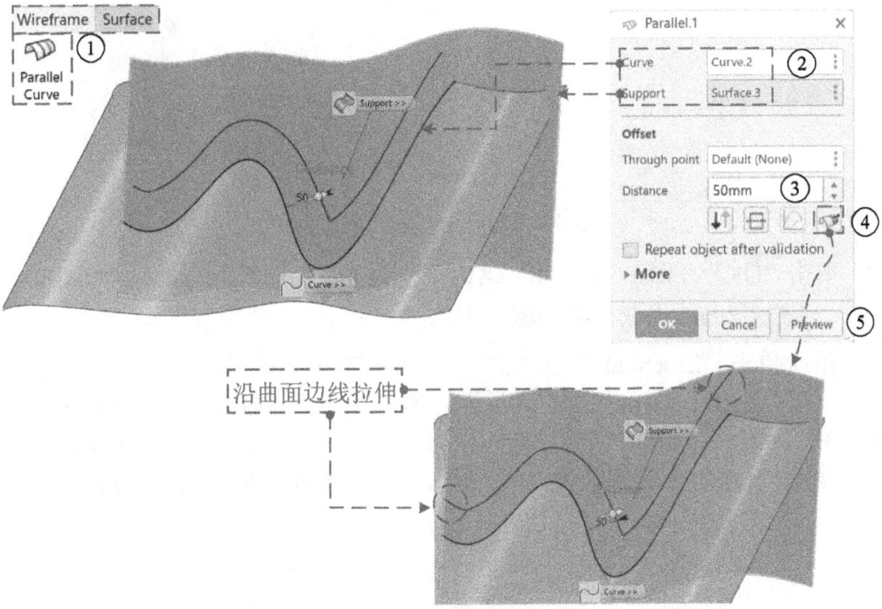


图 3-90 平移曲线创建

3. **线的提取**

提取线的方法有两种：一是通过 Boundary 提取面上的线，二是通过 Extract 提取。两者的不同在于，Boundary 只能提取线，而 Extract 既能提取线也能提取面。

**方法一：**通过 Boundary 提取，其步骤如下：

Step1：依次单击“Essentials”→“ ”，如图 3-91 中①所示。

Step2：选择“surface.5”，直接将曲面 surface.5 的边界选中，如图 3-91 中②所示。

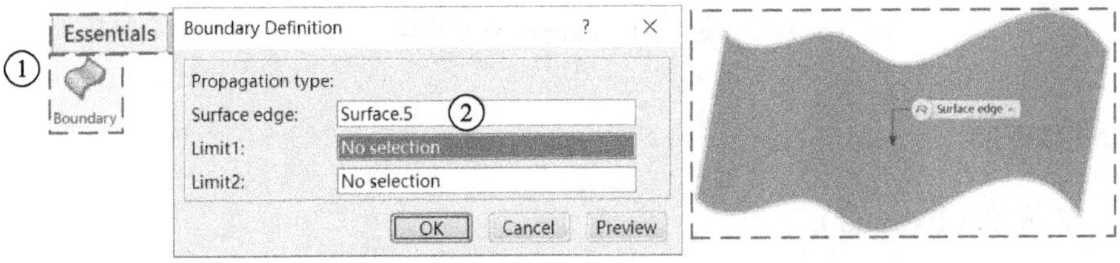


图 3-91 Boundary 提取步骤（一）

Step3：在边界图形上选择“Vertex.3”和“Vertex.4”作为两个限制点，如图 3-92 中③所示；单击白色箭头，切换方向，白色箭头指向边界保留的一端，如图 3-92 所示。

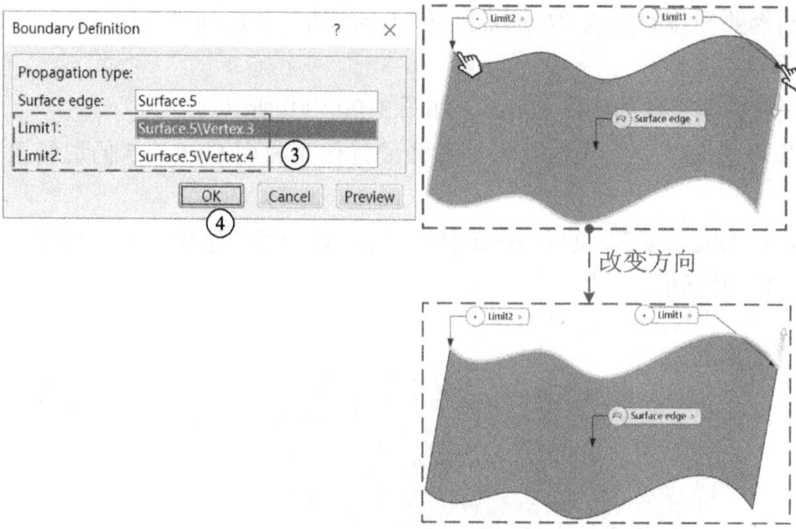


图 3-92 Boundary 提取步骤（二）

Step4：单击“OK”（图 3-92 中④）确认保留边界，关闭“Boundary Definition”对话框。

**方法二**：通过 Extract 提取，其步骤如下：

Step1：依次单击“Essentials”→“ ”，如图 3-93 中①所示。

Step2：打开“Extract Definition”对话框，单击“ ”，打开“Element(s)t…”对话框，在 surface.5 图形上选择“Edge.4”“Edge.6”和“Edge.7”，如图 3-93 中②所示。

Step3：单击“OK”，如图 3-93 中③所示，确认提取结果，关闭“Extract Definition”对话框。

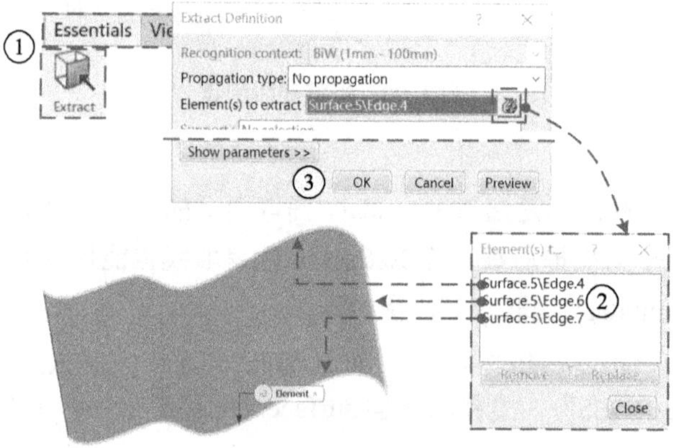


图 3-93 Extract 提取步骤

## 3.5.2 曲面设计

1. **曲面拉伸**（Extrude）

GSD 模块拉伸的曲面都是没有厚度的，仅仅需要一条轨迹（Profile）和方向（Direction）

即可拉伸出一个曲面。选择不同的拉伸方向，生成的曲面也不同，如图 3-94 所示。

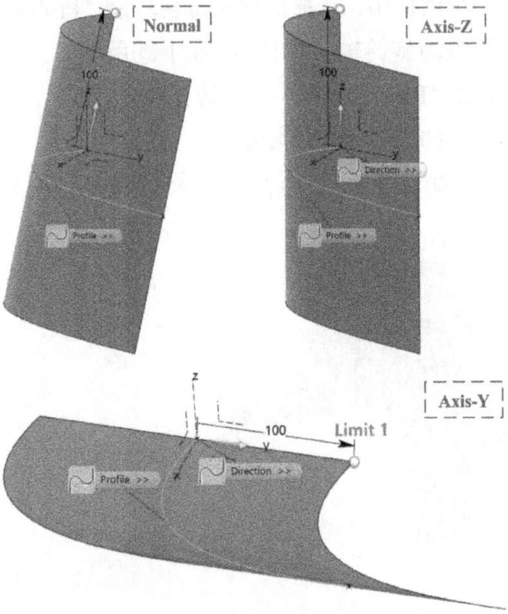


图 3-94 沿指定方向拉伸曲面

曲面拉伸的具体步骤如下：

Step1：单击曲面拉伸“Extrude”按钮，如图 3-95 中①所示。

Step2：在“Extrude.1”对话框中，选择曲面的拉伸轮廓“Profile.3”，如图 3-95 中②所示。

Step3：确定曲面的拉伸方向，单击“Direction_1”，如图 3-95 中③所示。

Step4：设置拉伸面的长度为 200mm，单击“Length”后的对称拉伸按钮，使该曲面在两侧拉伸各 200mm，如图 3-95 中④所示。

Step5：单击“Preview”，如图 3-95 中⑤所示，显示预览结果。

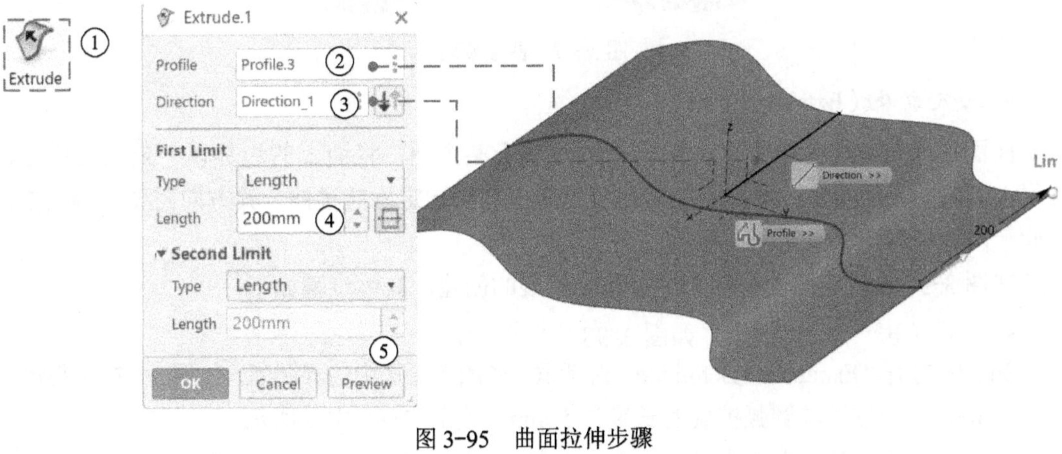


图 3-95 曲面拉伸步骤

2. ***曲面旋转***（Revolute）

曲面旋转的具体步骤如下：

Step1：依次单击 surface →曲面旋转“Revolve”按钮，如图 3-96 中①所示。

Step2：在“Revolute.1”对话框中，选择曲面的旋转轮廓“Profile.5”，如图 3-96 中②所示。

Step3：单击“Z Axis”作为旋转轴，如图 3-96 中③所示。

Step4：设置逆时针方向“First Limit”的旋转角度为 90°，设置顺时针方向“Second Limit”的旋转角度为 180°，如图 3-96 中④所示。

Step5：单击“Apply”，如图 3-96 中⑤所示，显示绕 Z 轴旋转的结果。

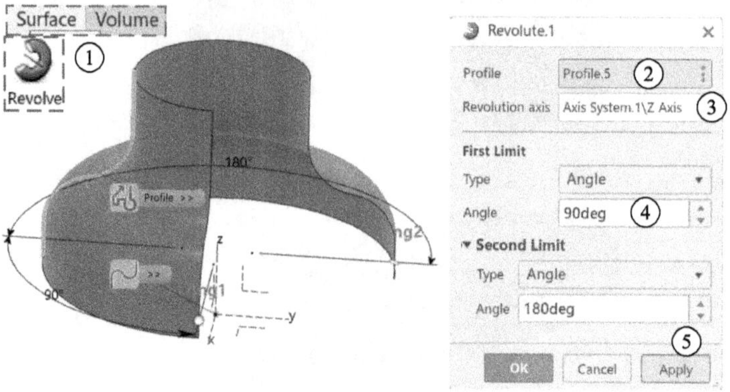


图 3-96　曲面旋转步骤

**注意**：在设置旋转角度时，角度值必须大于 0°，且选择的旋转轴不一样，产生的结果也不一样，结果如图 3-97 所示。

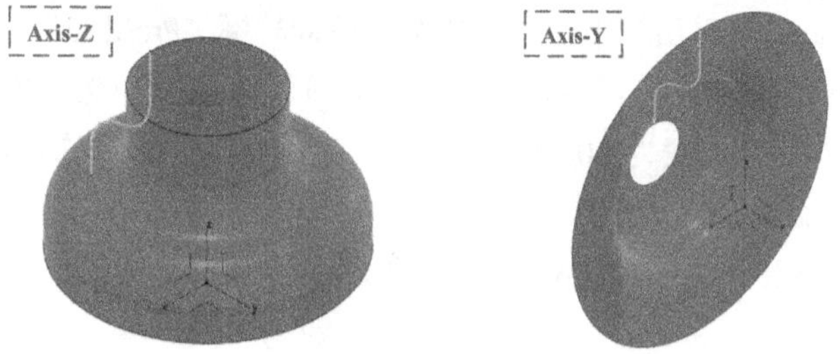


图 3-97　曲面旋转

3. **曲面扩展**（Extrapolate）

曲面扩展与曲面拉伸不同，曲面扩展是基于某个面，将面上的边界以一定的曲率延伸扩展，其方向无须指定；而曲面拉伸是可以基于线按指定方向拉伸，其方向需要明确指定。因此，两者拉伸的方向完全不同。

在图 3-96 旋转曲面的基础上进行曲面扩展的创建，具体步骤如下：

Step1：单击“Extrapolate”按钮，如图 3-98 中①所示。

Step2：打开“Extrapolate Definition”对话框，在图形上选中边界圆弧，如图 3-98 中②所示。

Step3：设定该边界圆弧扩展的长度为 50mm，如图 3-98 中③所示。

Step4：边界的延伸模式为“None”，如图 3-98 中④所示。

Step5：单击“Preview”，如图 3-98 中⑤所示，确认扩展结果。单击“OK”，关闭“Extrapolate Definition”对话框。

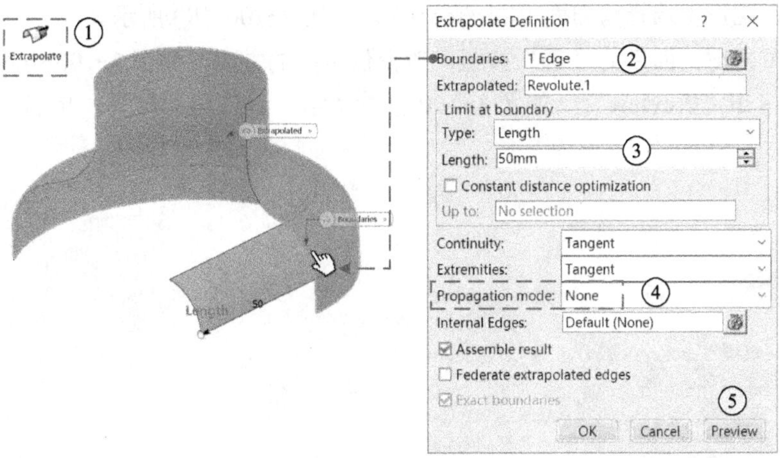


图 3-98　曲面扩展步骤

Extrapolate 扩展有 None（不连续），Tangency continuity（相切连续）及 Point continuity（点连续）三种模式。三种模式的不同如图 3-99 所示。

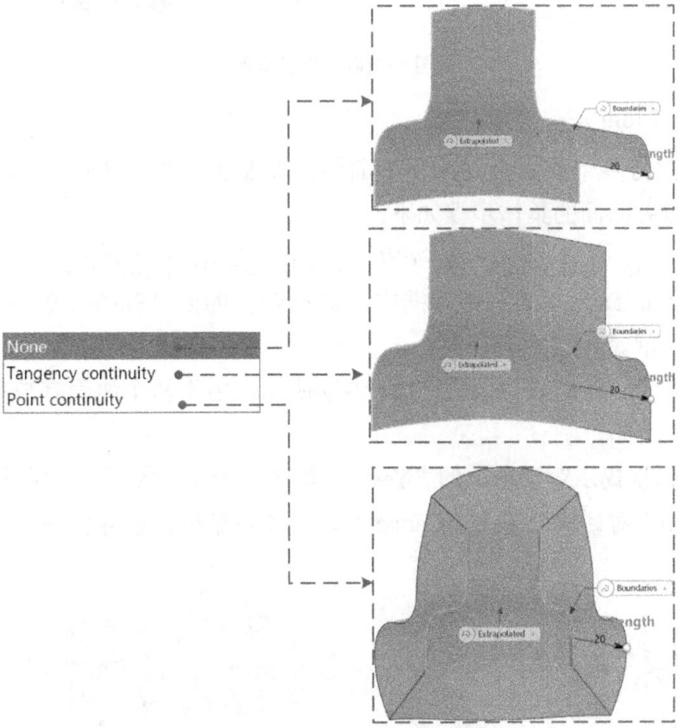


图 3-99　Extrapolate 扩展模式

4. **曲面修剪**（Split）

在图 3-89 相交曲面的基础上进行曲面修剪，其具体步骤如下：

Step1：依次单击“Essentials”→“Split”，如图 3-100 中①所示。

Step2：在“Multi Output.5（Split）”对话框中，选择被剪切的元素“Surface.9”，如图 3-100 中②所示。

Step3：在图形上选择剪刀面“Surface.6”，如图 3-100 中③所示。

Step4：单击剪刀面后的“ ”按钮，改变保留面的方向，如图 3-100 中④所示。

Step5：单击“Preview”，如图 3-100 中⑤所示，确认剪切结果。单击“OK”，关闭对话框。

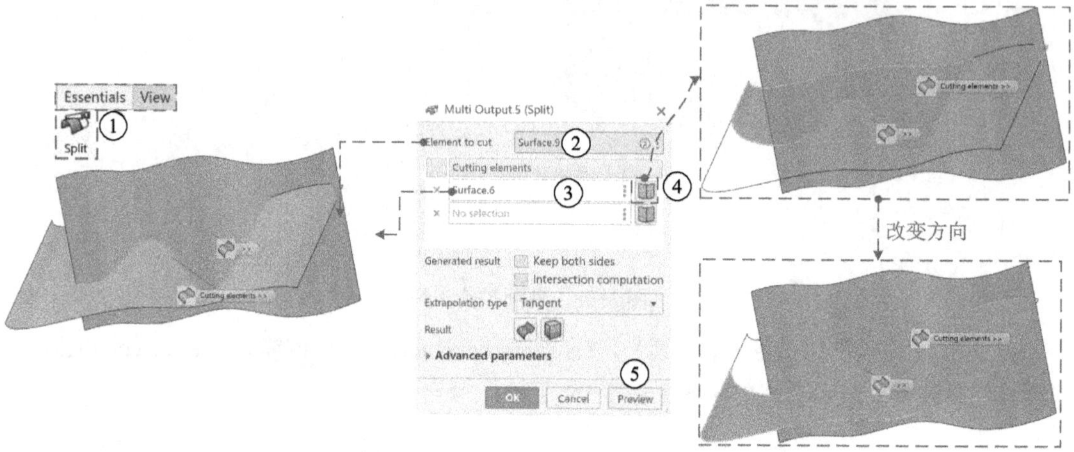


图 3-100 曲面修剪

5. **曲面合并**（Join）

曲面合并是指将多个曲面合并为一个曲面。在图 3-100 的基础上，将剪切后的曲面合并为一个曲面，合并曲面的具体步骤如下：

Step1：依次单击“Essentials”→“ ”，如图 3-101 中①所示。

Step2：在“Join Definition”对话框中，选择合并的面“Surface.9”和“Surface.10”，如图 3-101 中②所示。

Step3：单击“Preview”，如图 3-101 中③所示。由于两个曲面有缺口，不连续，所以出现错误提示。

Step4：单击错误提示对话框上的“Yes”，如图 3-101 中④所示，关闭错误提示对话框。在“Join Definition”对话框上单击“Cancel”，关闭对话框，放弃合并操作。

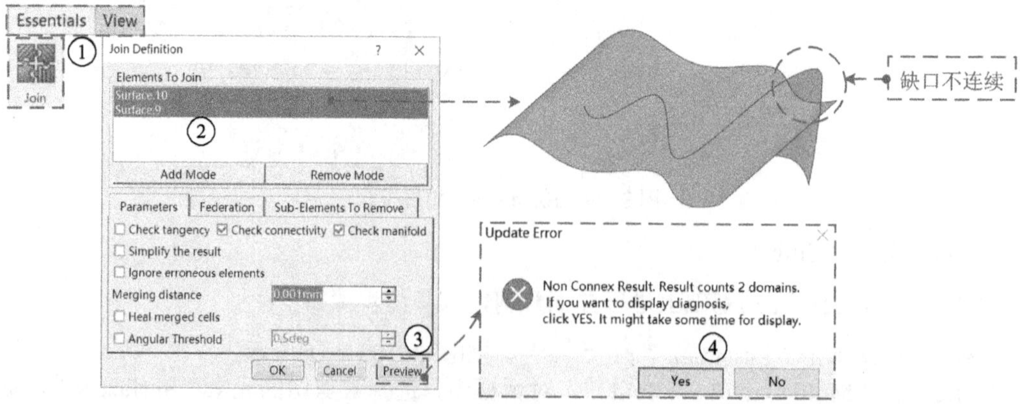


图 3-101 曲面合并步骤（一）

Step5：依次单击“Essentials”→“”，如图 3-102 中⑤所示。

Step6：在图形上选择需要延伸的边界，设定延伸值为 100mm，如图 3-102 中⑥所示。单击“OK”，形成一个新的曲面“Extrapol.2”。

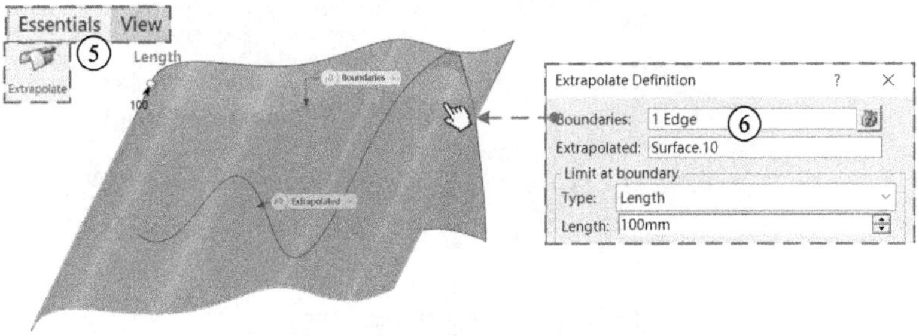


图 3-102　曲面合并步骤（二）

Step7：依次单击“”按钮，如图 3-103 中⑦所示。

Step8：在图形上选择被剪切曲面“Surface.9”，单击剪刀曲面“Extrapol.2”，如图 3-103 中⑧所示。单击“OK”，形成新的曲面“Split.5”，关闭“Multi Output.8（Split）”对话框。

Step9：单击“Essentials”→“”，如图 3-103 中⑨所示。

Step10：在图形上选择被剪切曲面“Extrapol.2”，单击剪刀曲面“Split.5”，如图 3-103 中⑩所示。单击“OK”，形成新的曲面“Split.6”，关闭“Multi Output.8（Split）”对话框。

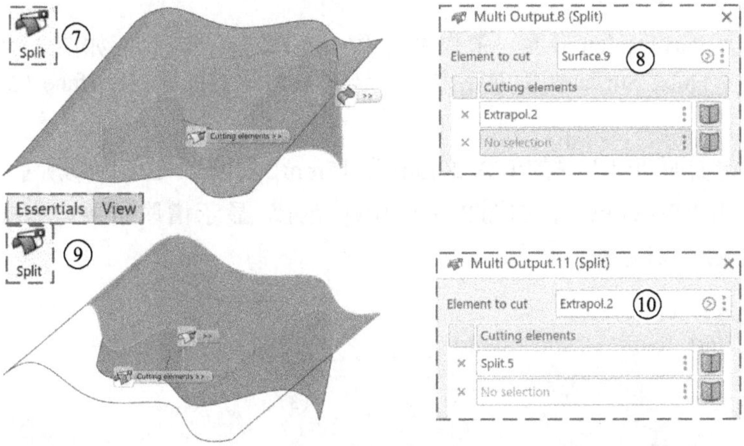


图 3-103　曲面合并步骤（三）

通过上述的延展和剪切操作，将缺口消除，使两个面连续，当两个面连续后，才可进行曲面合并操作，其具体步骤如下：

Step11：单击“Essentials”→“”，如图 3-104 中⑪所示。

Step12：在“Join Definition”对话框中，选择合并的面“Split.5”和“Split.6”，如图 3-104 中⑫所示。

Step13：单击“Preview”，如图 3-104 中⑬所示，确认合并结果。单击“OK”，关闭对话框，则两个面就可被合并成一个面。

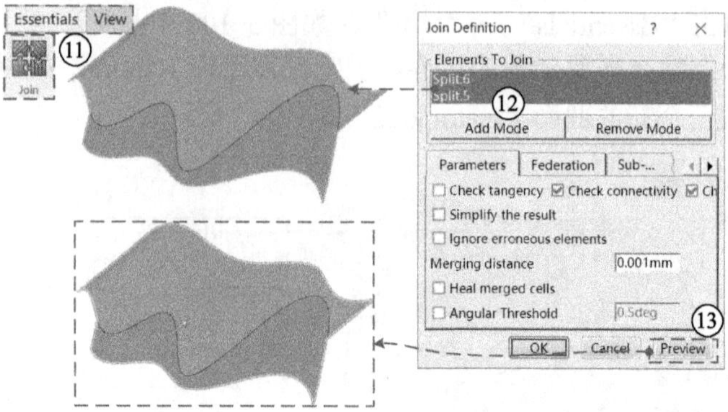


图 3-104　曲面合并步骤（四）

### 3.5.3　曲面生成实体

通过曲面生成实体的过程涉及两个模块的切换，曲面设计是在 Generative Shape Design App 中完成，而实体的设计则是在 Part Design App 中完成。因此，当基于一个曲面生成实体时，需要将 Generative Shape Design App 切换成 Part Design App，两个模块的切换方法这里不做赘述。

1. ***曲面增厚***（Thick Surface）

曲面增厚具体步骤如下：

Step1：进入 Part Design 界面，依次单击“Model”→“”，如图 3-105 中①所示。

Step2：在“Thick Surface.2”对话框中，选择被增厚的曲面“Surface.12”，如图 3-105 中②所示。

Step3：设定曲面两侧增厚的值为 20mm 和 15mm，如图 3-105 中③所示。

Step4：单击“Preview”，如图 3-105 中④所示，显示增厚结果。单击“OK”，关闭“ThickSurface.2”对话框。

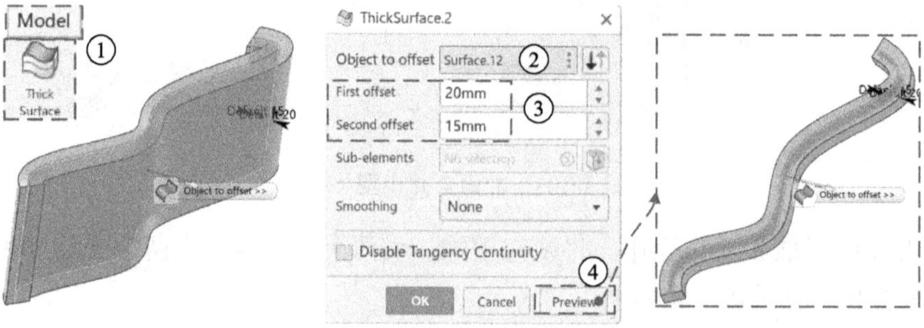


图 3-105　曲面增厚

2. ***曲面分割实体***（Split）

曲面分割实体具体步骤如下：

Step1：进入 Part Design 界面，单击“Transform”→“[Split]”，如图 3-106 中①所示。

Step2：在“Split.1”对话框中，选择切割剪刀面“Surface.10”，曲面上的白色箭头指向保留实体端，如图 3-106 中②所示。

Step3：单击“OK”，关闭“Split.1”对话框，如图 3-106 中③所示，显示分割结果。

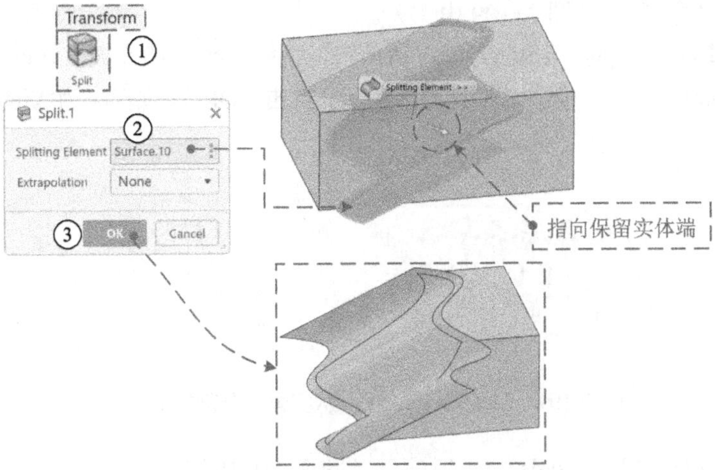


图 3-106　曲面分割实体

**注意**：用曲面进行实体分割时，该曲面必须能横穿整个实体，否则无法进行实体分割，如图 3-107 所示。

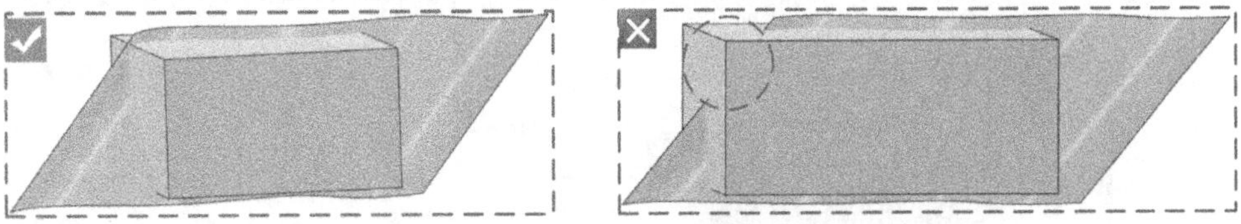

图 3-107　实体分割错误

此处要注意，Part Design 模块与 GSD 模块的实体分割不同，在 GSD 模块下分割实体，产生的结果为曲面，在树结构上仍被放在几何图形集中；而在 Part Design 模块下的分割实体，结果仍旧为实体，在结构树上结果被放在实体下，如图 3-108 所示。

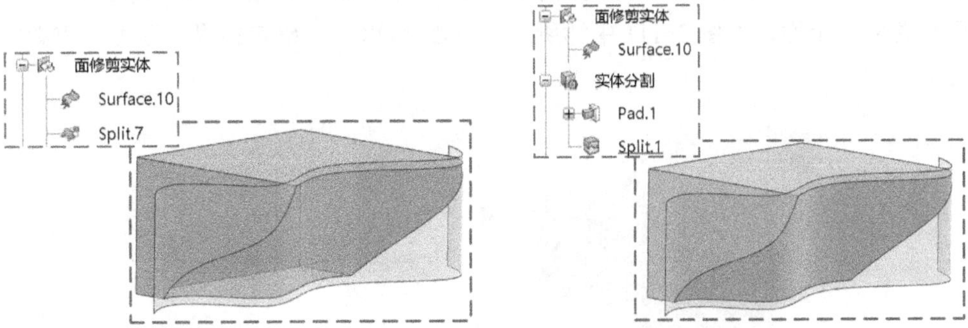


图 3-108　实体分割区分

3. **封闭曲面生成实体**（Close Surface）

利用封闭曲面生成实体，最关键的是该曲面只能是单个且连续的、闭合的面。此处以图 3-108 左侧的案例为例，帮助读者理解该功能使用的条件，具体步骤如下：

Step1：进行模块切换，单击 GSD 模块“”按钮，进入曲面设计模块，依次单击“Essentials”→“”，（图 3-109 中①）。

Step2：在“Multi Output.3（Split）”对话框中，在结构树上选择被剪切的对象“Pad.1”，选择剪刀曲面“Surface.10”，如图 3-109 中②所示。单击“OK”，则可产生新的曲面“Split.7”。

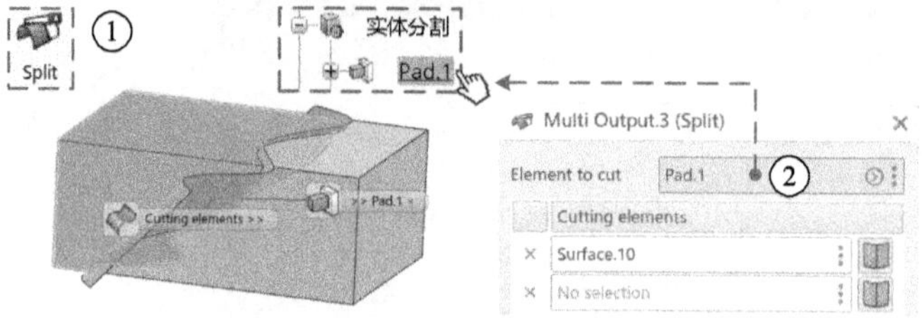


图 3-109 Close Surface——从实体上分割提取曲面

Step3：依次单击“Essentials”→“”（图 3-110 中③）。

Step4：在“Multi Output.4（Split）”对话框中，选择被剪切的曲面“Surface.10”，如图 3-110 中④所示。

Step5：单击剪刀曲面“Split.7”，若保留的部分与预保留的部分不符，单击“”按钮，改变保留面的方向，如图 3-110 中⑤所示。单击“OK”，形成新的曲面 Split.9，关闭对话框。

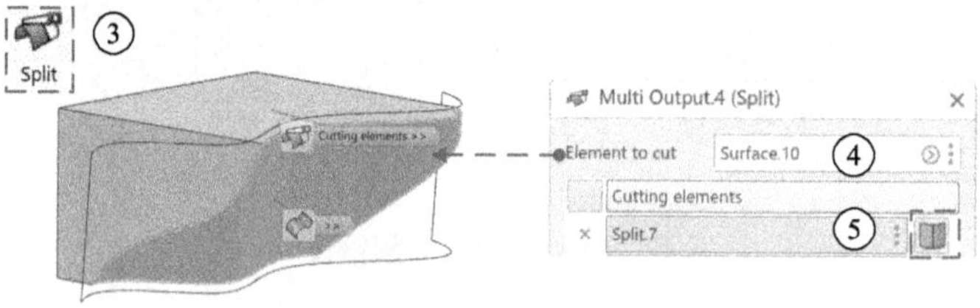


图 3-110 Close Surface——曲面多余部分分割

Step6：依次单击“Essentials”→“”（图 3-111 中⑥）。

Step7：在“Join Definition”对话框中，选择合并的面“Split.7”和“Split.9”，使两个剪切面合并成一个面，如图 3-111 中⑦所示。单击“OK”，确定结果，则可形成新的曲面 Join.2。

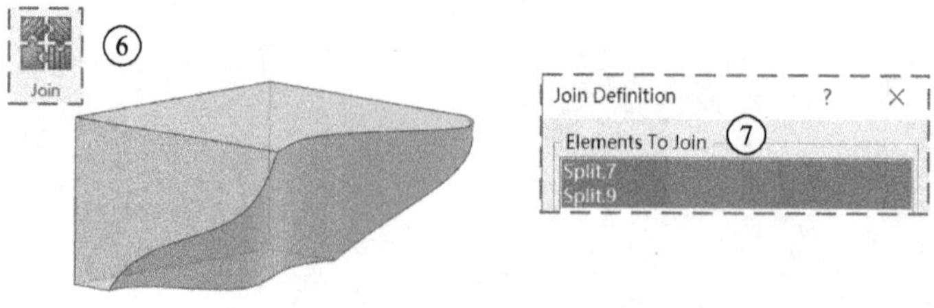


图 3-111 Close Surface——曲面合并

Step8：进行模块切换，单击 Part Design 模块“ ”按钮，进入零件设计模块，依次单击“Model”→“ ”（图 3-112 中⑧）。

Step9：在“CloseSurface.2”对话框中，选择曲面“Join.2”，如图 3-112 中⑨所示。单击“OK”，关闭对话框，则实体填充成功。

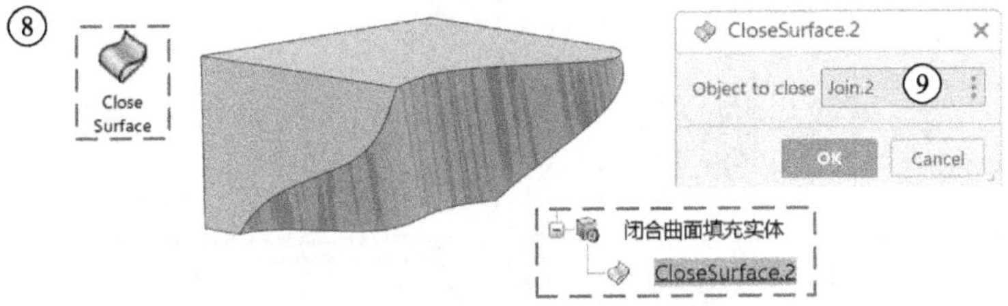


图 3-112　Close Surface——单个闭合曲面填充实体

## 3.6　特征设计的常见问题及解决方案

本章详细介绍了单实体特征设计时涉及的一些命令，其中包含拉伸、旋转、切除等基础特征命令，螺纹、倒角、倒圆角等修饰特征命令，阵列、镜像等可以进行特征编辑的命令，以及扫掠、多实体、特征替换等高级特征命令。结合曲面设计，本章还讲述了线框和曲面创建的步骤，并介绍了由曲面生成实体的三种类型与方法。

这里为读者提供几种问题的解决方案。

### 1. 凸台拉伸的提示错误

在拉伸凸台时，会出现图 3-113 所示的错误提示。该提示提醒读者拉伸所用的轮廓为一个开放轮廓，不能使用“ ”进行拉伸，只能选择“ ”进行拉伸。

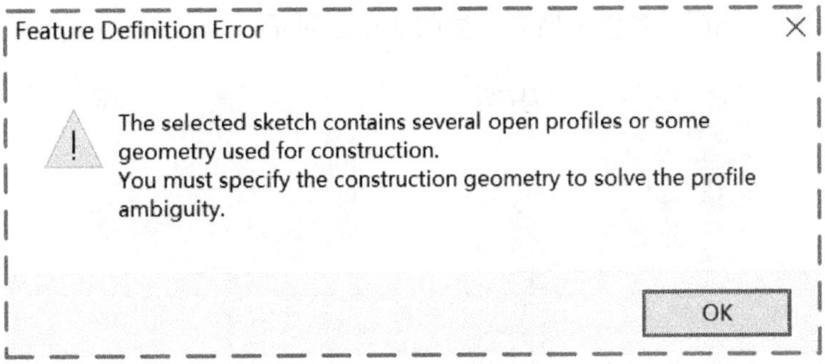


图 3-113　凸台错误提示

### 2. 旋转限制

对于旋转特征，不是每个草图都能用来创建旋转体。图 3-114 所示草图不能创建旋转体，一是旋转轴切割了闭合轮廓（图 3-114a）；二是旋转轮廓开放（图 3-114b）。

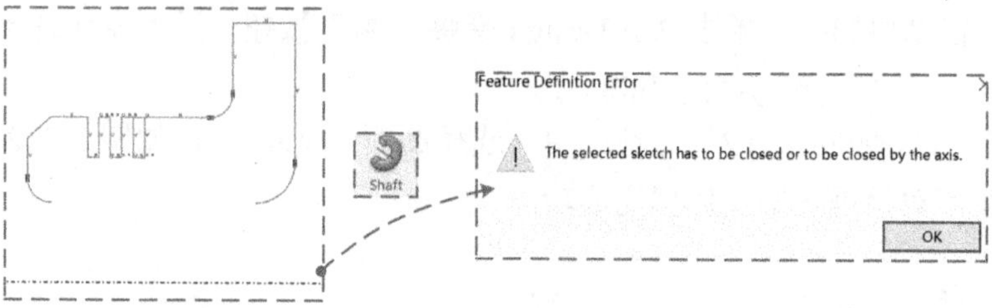


a）

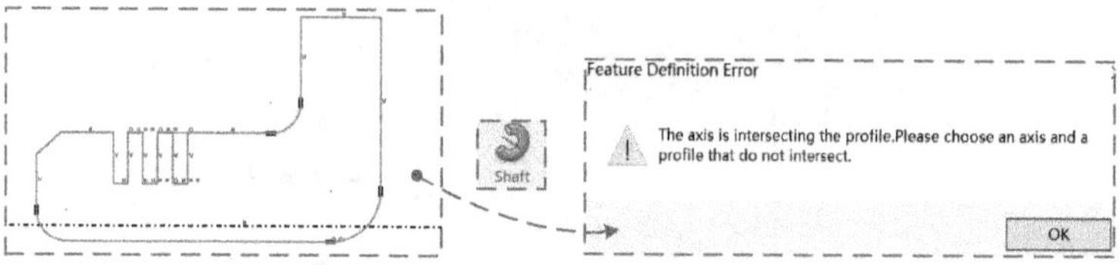


b）

图 3-114　旋转限制

3. 螺纹创建

螺纹必须创建在一个圆柱表面上，当选错螺纹支持面时，会出现图 3-115 所示的错误提示。

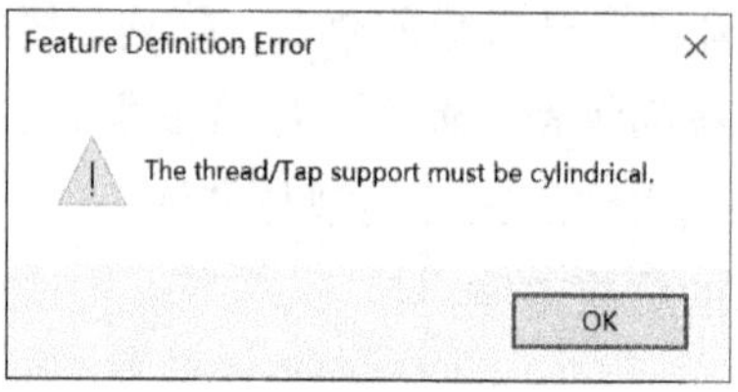


图 3-115　螺纹创建错误提示

4. 修饰特征的顺序

在 3.2 章介绍了倒圆 / 倒角、拔模和抽壳三个修饰特征，在建模设计时，它们的创建顺序一般如下：拔模→倒圆 / 倒角→抽壳，如图 3-116 所示。

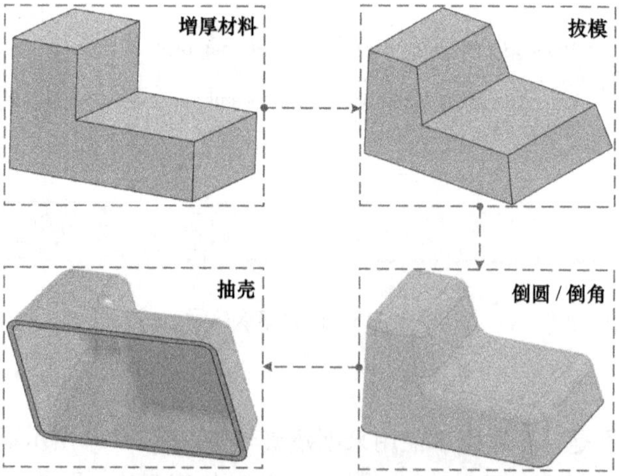


图 3-116　修饰特征的顺序

5. **实体增厚限制**

创建实体增厚特征时，由于曲面拐弯圆弧的限制，使得曲面不能以任意值增厚。曲面增厚的本质是曲面的偏移，其原理类似于线的偏移。如图 3-117 所示，当向圆弧内侧偏移时，圆弧会逐渐变小，直至圆弧消失成两条直线相交。

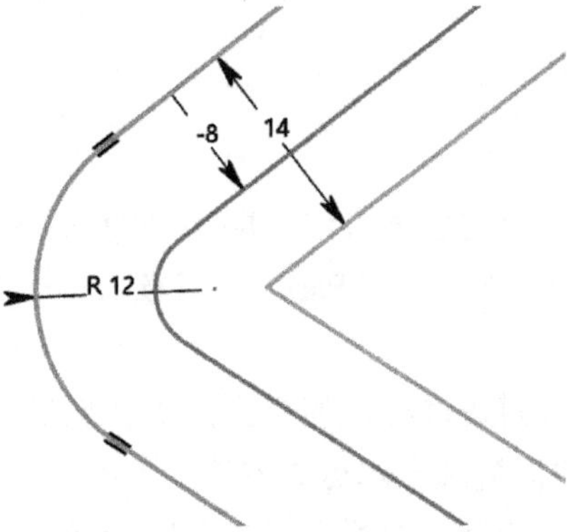


图 3-117　圆弧偏移

显然，当曲面上的拐弯圆弧消失时，则曲面就不存在了，那么曲面增厚命令就无法使用，随之会报出图 3-118 所示的错误。解决该错误的方法是将增厚厚度控制在圆弧存在的范围内。

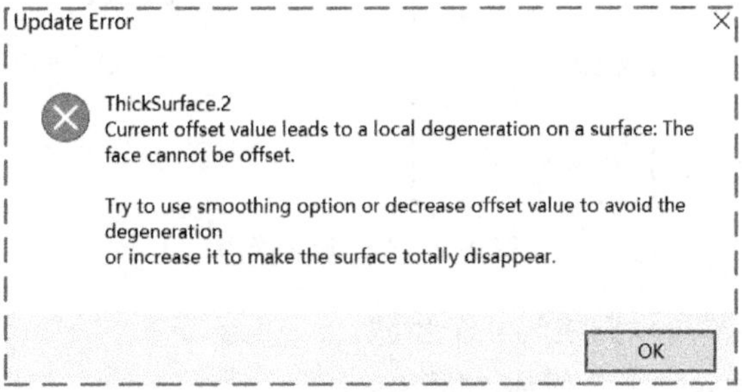


图 3-118　增厚报错提示

# 第 4 章　多实体设计——布尔运算

多实体设计是一种复杂模型的管理方法，即不同的几何特征创建在不同的几何体中，最后通过布尔运算的组合形成一个零件（Part），其核心——布尔运算的类型及方法将会在本章逐一介绍。

布尔运算可以简化模型的创建过程，使模型的更新更快捷，并使模型成为一个统一的整体。其难点在于模型特征的拆解及布尔运算方法的考虑。

布尔运算的类型如图 4-1 所示，分别为 Assemble（布尔装配）、Add（布尔加法）、Remove（布尔减法）、Intersect（布尔相交）、Union Trim（联合修剪）、Remove Lump（移除块）。

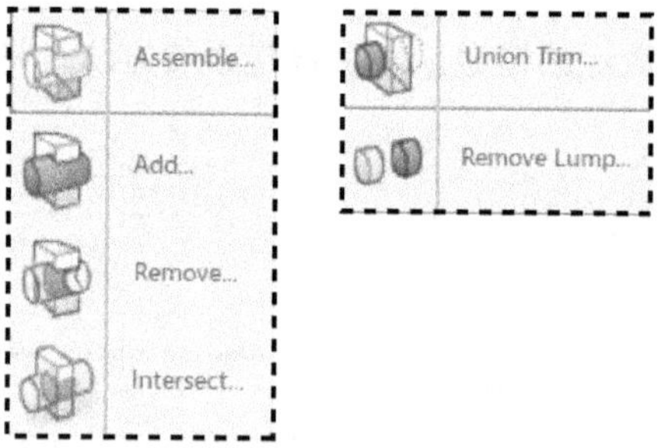


图 4-1　布尔运算类型

每个零件的布尔运算可以归纳为 4 个步骤：

Step1：每个特征插入一个几何体，即 Body。

Step2：对每个 Body 命名。

Step3：创建 Body 的特征。

Step4：将多个 Body 结合为一个 Part。

如图 4-2 所示，在进行布尔运算的树结构上，可以将所有的点、线、面以及草图等几何线框放于几何图形集（Geometrical Set）中，该零件上有外圆柱、内圆柱、切割条、定位孔 4 个特征，这 4 个特征分别放在 Body.2、Body.3、Body.4 和 Body.5 里，最后布尔加到 PartBody 里，形成一个零件。

## 4.1　布尔加法（Add）

下面就以图 4-2 所示的零件为例详细介绍多实体布尔加法运算的过程。

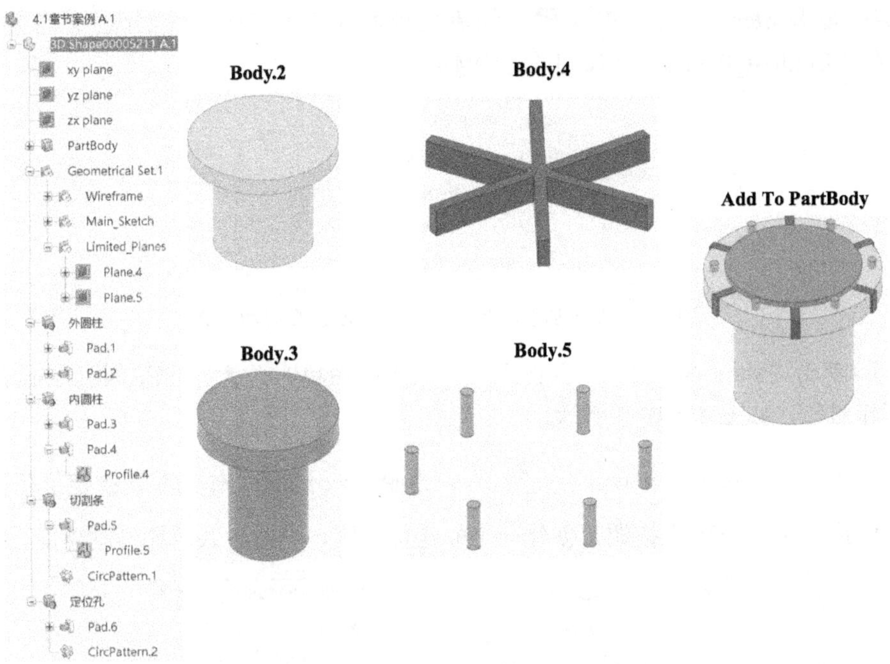


图 4-2　布尔运算树结构

创建布尔加法运算的具体步骤如下：

Step1：创建一个 Part 文件，单击“3D Shape00005211 A.1”→在弹出的浮框上单击“ ”按钮，创建几何图形集“Geometrical Set.1”，如图 4-3 中①所示。

Step2：在创建的“Geometrical Set.1”上单击→在弹出的浮框上再次单击“ ”按钮，创建几何图形集“Geometrical Set.6”，如图 4-3 中②所示。

Step3：在创建的“Geometrical Set.6”上右击→单击“Properties”（属性）→在“Properties”对话框中单击“Feature Properties”→将该几何图形集的名字改为“Wireframe”，如图 4-3 中③所示。

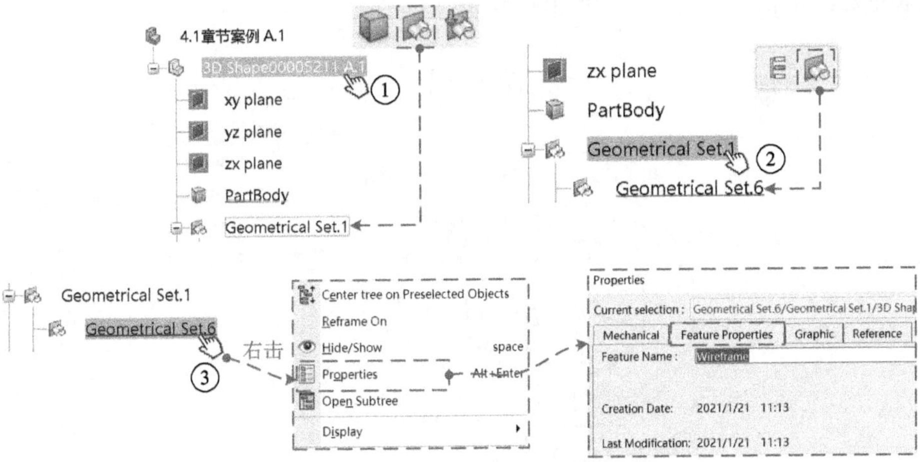


图 4-3　布尔加法流程（一）——创建几何图形集

Step4：重复 Step2、Step3 的步骤，创建另外两个几何图形集，分别命名为“Main_Sketch”和“Limited_Planes”，如图 4-4 中④所示。

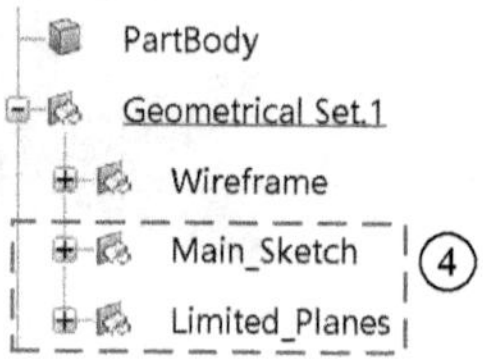


图 4-4 布尔加法流程（二）——创建几何图形集

Step5：单击“Main_Sketch”几何图形集→在浮框中单击“ ”按钮，将“Main_Sketch”定义为工作对象，如图 4-5 中⑤所示。

Step6：单击“Model”→单击“ ”，选择“zx plane”作为草图的定位平面，如图 4-5 中⑥所示。单击“OK”按钮，创建一个非定位草图，同时进入草图绘制界面。

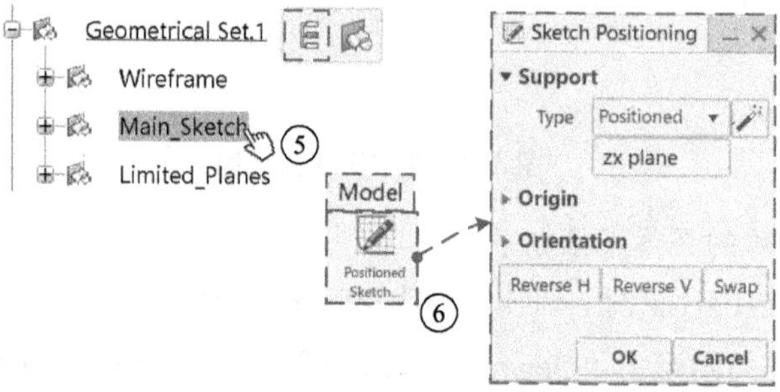


图 4-5 布尔加法流程（三）——创建草图

Step7：进入草图编辑界面后，使用几何图形绘制命令和草图约束命令（图 4-6 中⑦）绘制出图 4-6 所示的图形。

Step8：单击轮廓输出“ ”按钮，将每个封闭图形依次输出，如图 4-6 中⑧所示。草图轮廓创建结束后，单击“ ”退出草图。

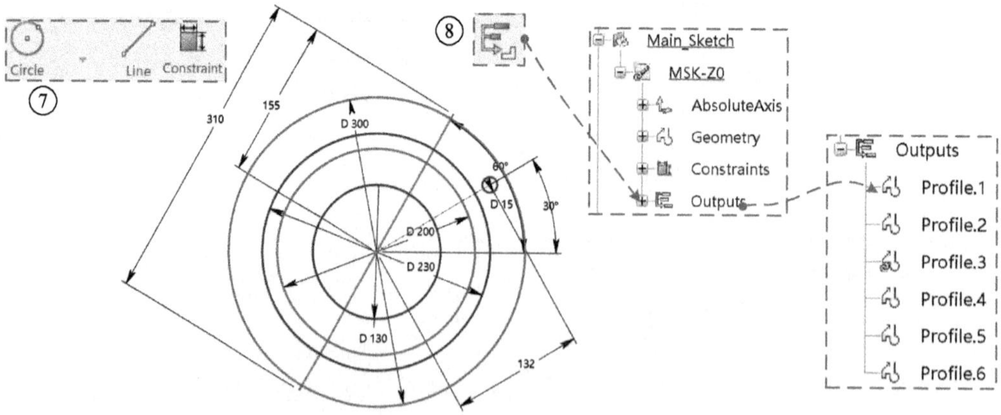


图 4-6 布尔加法流程（四）——绘制草图

Step9：单击“3D Shape00005211 A.1”→在弹出的浮框上单击“ ”按钮，创建 Body.10，如图 4-7 中⑨所示。

Step10：重复 Step9，创建出 Body.11、Body.12 和 Body.13，如图 4-7 中⑩所示。

Step11：在创建的 Body 上右击→单击“Properties”（图 4-7 中⑪）→在属性定义对话框中将 Body 的名称依次改为“外圆柱”“内圆柱”“切割条”和“定位孔”，如图 4-7 所示。

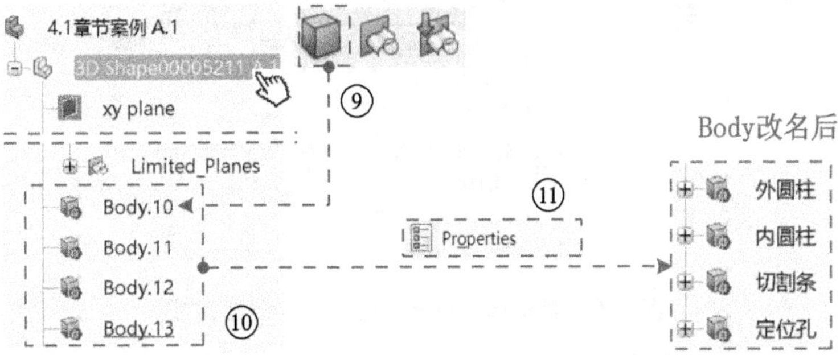


图 4-7　布尔加法流程（五）——创建 Body 及 Body 改名

Step12：单击“外圆柱”→在浮框中单击 按钮，将“外圆柱”定义为工作对象，如图 4-8 中⑫所示。

Step13：单击“ Pad ”按钮，打开“Pad.1”对话框，对 Profile.1 进行拉伸，其长度设置为 35mm，单击“OK”，关闭“Pad.1”对话框，如图 4-8 中⑬所示。同理，对 Profile.2 进行拉伸，长度设置为 235mm。

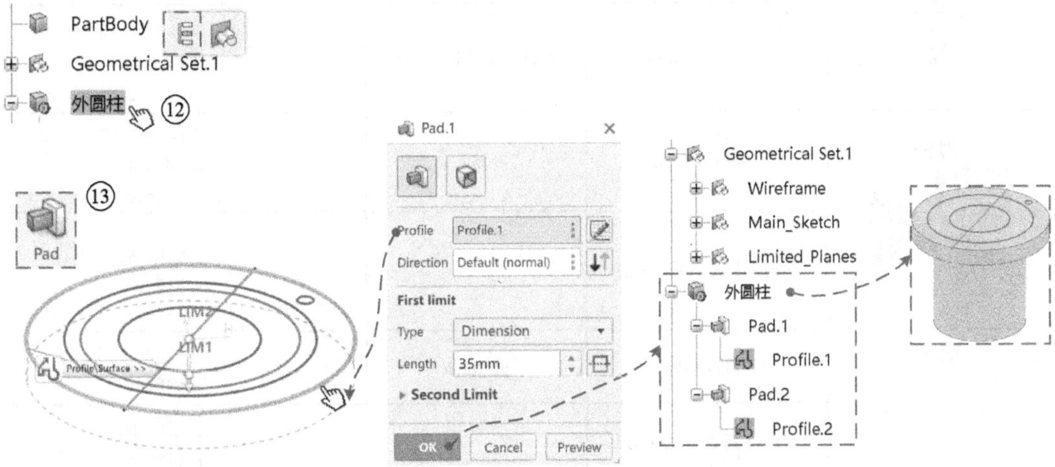


图 4-8　布尔加法流程（六）——创建特征

Step14：重复 Step12 和 Step13，依次创建出“外圆柱”“内圆柱”“切割条”和“定位孔”对应的特征，如图 4-9 中⑭所示；每个特征对应的尺寸见表 4-1。

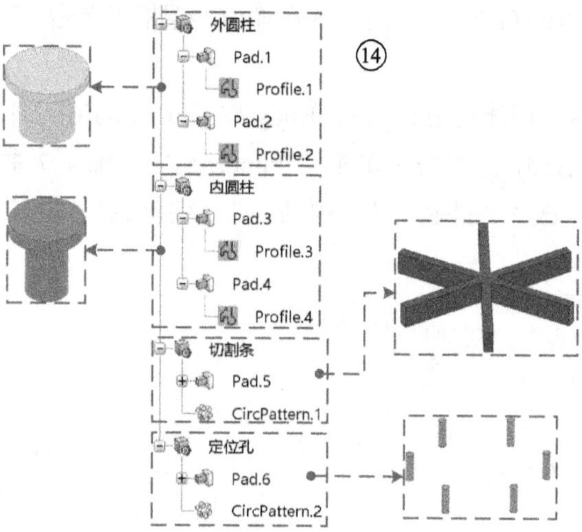


图 4-9 布尔加法流程（七）——创建特征

**表 4-1 特征尺寸表**

| Body | 特 征 | 轮 廓 | 尺 寸 |
|---|---|---|---|
| 外圆柱  | 凸台拉伸 Pad.1 | Profile.1( Φ 300mm) | H=35mm |
| | 凸台拉伸 Pad.2 | Profile.2( Φ 200mm) | H=235mm |
| 内圆柱  | 凸台拉伸 Pad.3 | Profile.3( Φ 230mm) | $H_1$=30mm<br>$H_2$=10mm |
| | 凸台拉伸 Pad.4 | Profile.4( Φ 130mm) | H=230mm |
| 切割条 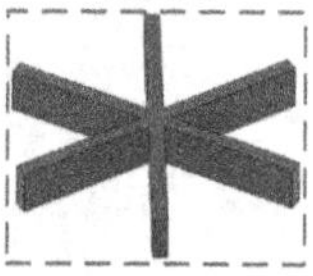 | 壳体拉伸 Pad.5 | Profile.5 | $H_1$=1mm<br>$H_2$=35mm<br>Thickness=15mm |
| | 旋转阵列 CircPattern.1 | | 角度间距 =60°<br>阵列数 =3 |
| 定位孔 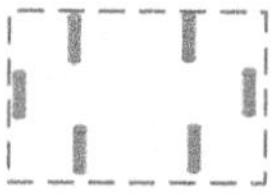 | 凸台拉伸 Pad.6 | Profile.6 | $H_1$=15mm<br>$H_2$=40mm |
| | 旋转阵列 CircPattern.2 | | 角度间距 =60°<br>阵列数 =6 |

Step15：将上述 4 个特征创建完成后，单击“PartBody”→在浮框中单击“E”按钮，将“PartBody”定义为工作对象，如图 4-10 中⑮所示。

Step16：在“外圆柱”上单击，按住〈Shift〉键，再单击“定位孔”，将 4 个 Body 同时选中，如图 4-10 中⑯所示。

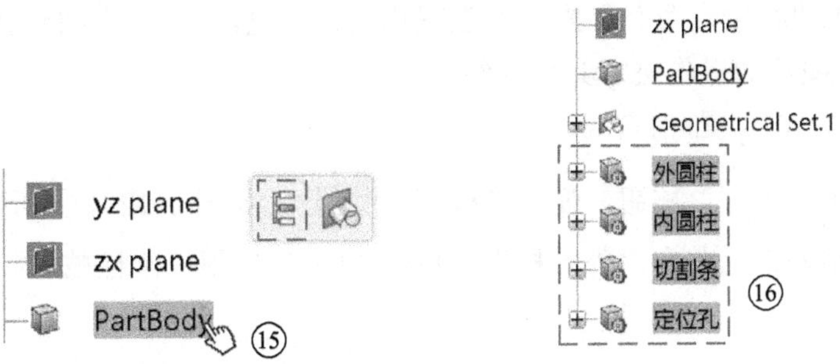


图 4-10　布尔加法流程（八）——选中特征

Step17：单击“ ”按钮，在“Add”对话框中单击“ ”，确认要进行布尔操作的对象，如图 4-11 中⑰所示。

Step18：单击“OK”，关闭对话框，同时 4 个 Body 均被挂到 PartBody 下，合并为一个整体，如图 4-11 中⑱所示。

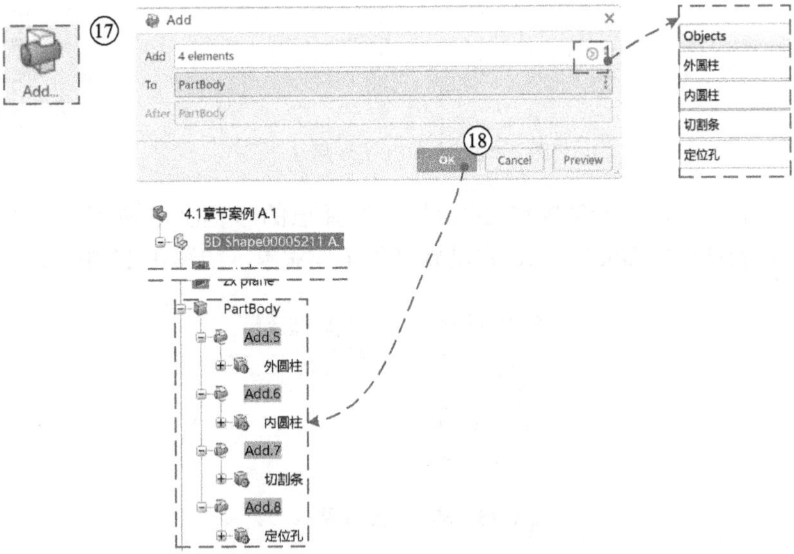


图 4-11　布尔加法流程（九）——合并特征

以上为布尔运算的从草图设计到布尔加法运算的全过程，在此过程中，需要格外注意以下两点：

1）多实体设计时，一定要对 Body 定义工作对象，否则创建的特征都会被创建在 PartBody 下，这与布尔运算的思想不符。

2）Body 下的特征经过布尔运算挂到 PartBody 里；相反地，PartBody 下的特征不能放到 Body 中。

## 4.2　布尔减法（Remove）

创建布尔减法时，第 1 步至第 15 步的步骤与方法和布尔加法相同，都是创建零件的特征，在第 16 步的时候，命令和操作发生变化。在这里，前 15 步的步骤不赘述，仅从第 16 步开始对布尔减法的操作进行具体介绍。

Step1~Step15：略，见 4.1 节。

Step16：单击“Add...”按钮，弹出“Add”对话框，如图 4-12 中①所示。

Step17：在结构树上单击“外圆柱”，单击“OK”，则外圆柱被加到 PartBody 中，如图 4-12 中②所示。

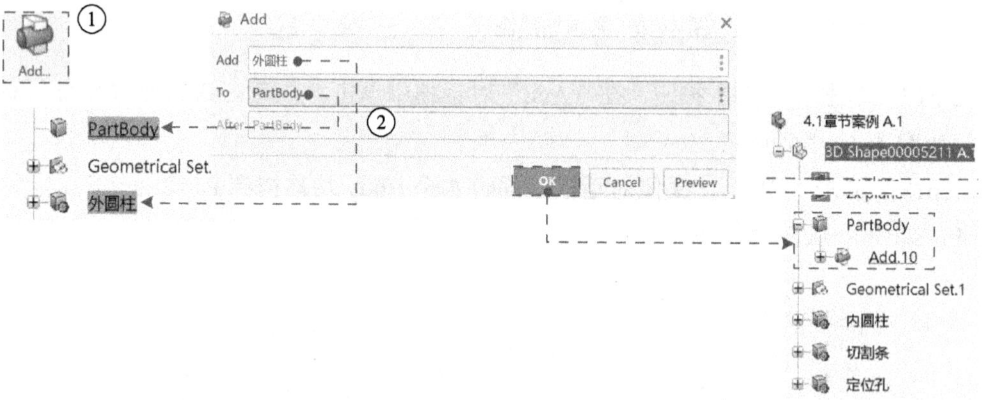


图 4-12 布尔减法步骤（一）

Step18：单击“3D Shape00005211 A.1”→在弹出的浮框上单击“ ”按钮，创建实体“Body.7”，新创建的 Body.7 上已自动定义了工作对象，如图 4-13 中③所示。

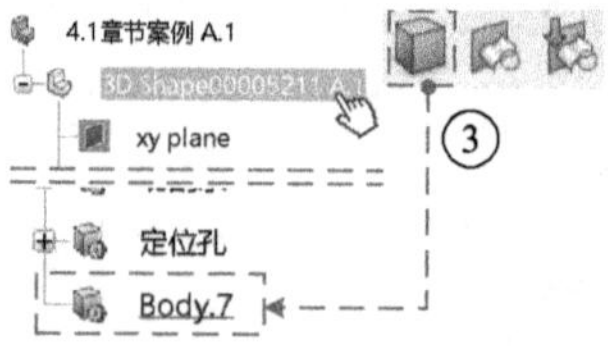


图 4-13 布尔减法步骤（二）

Step19：单击“Add...”按钮，弹出“Add”对话框，在结构树上单击“内圆柱”，单击“OK”，则外圆柱被加到 Body.7 中，如图 4-14 中④所示。

Step20：单击“Remove...”按钮，弹出“Remove”对话框，如图 4-14 中⑤所示，在结构树上单击“切割条”，单击“OK”，关闭对话框，则切割条在内圆柱上去除了两者相交的部分，如图 4-14 右的模型所示。

Step21：将 PartBody 定义为工作对象，单击“Remove...”按钮，如图 4-15 中⑥所示，弹出“Remove”对话框，在结构树上单击“Body.7”，单击“OK”，关闭对话框。运算后，Body.7 在外圆柱上去除了两者相交的部分，但是却显示出了 Body.7 上缺失的部分，如图 4-15 右所示。

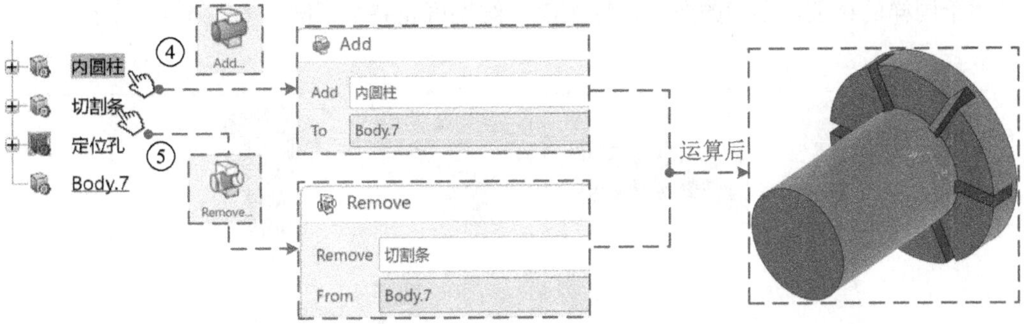


图 4-14　布尔减法步骤（三）

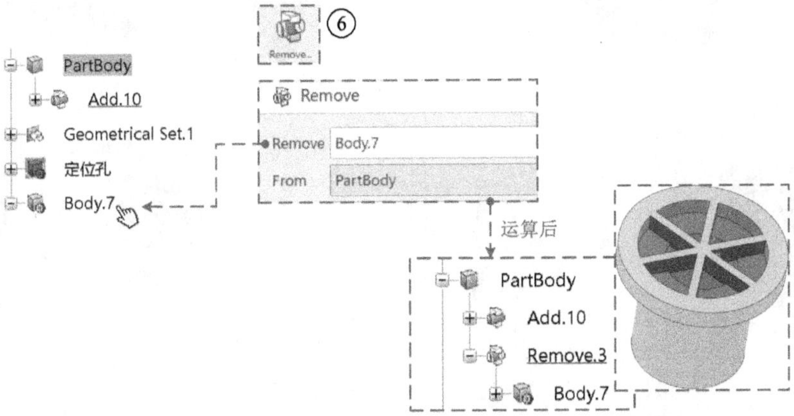


图 4-15　布尔减法步骤（四）

Step22：单击“”按钮，如图 4-16 中⑦所示，弹出“Remove”对话框，在结构树上单击“定位孔”，单击“OK”，关闭对话框，运算的结果如图 4-16 所示。

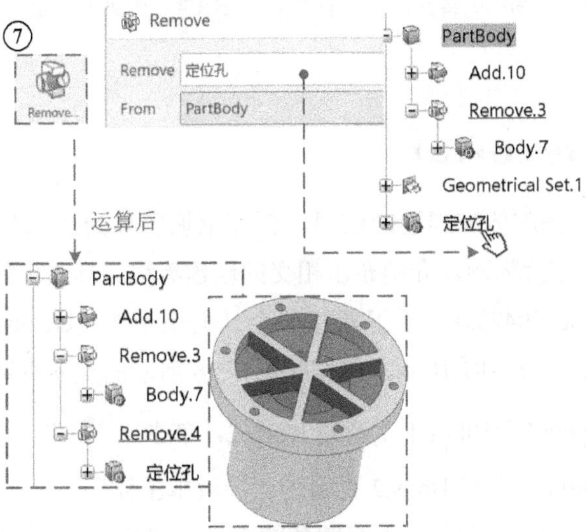


图 4-16　布尔减法步骤（五）

对于同样的特征，不同的逻辑运算顺序，结果可能完全不同，如图 4-17 所示。

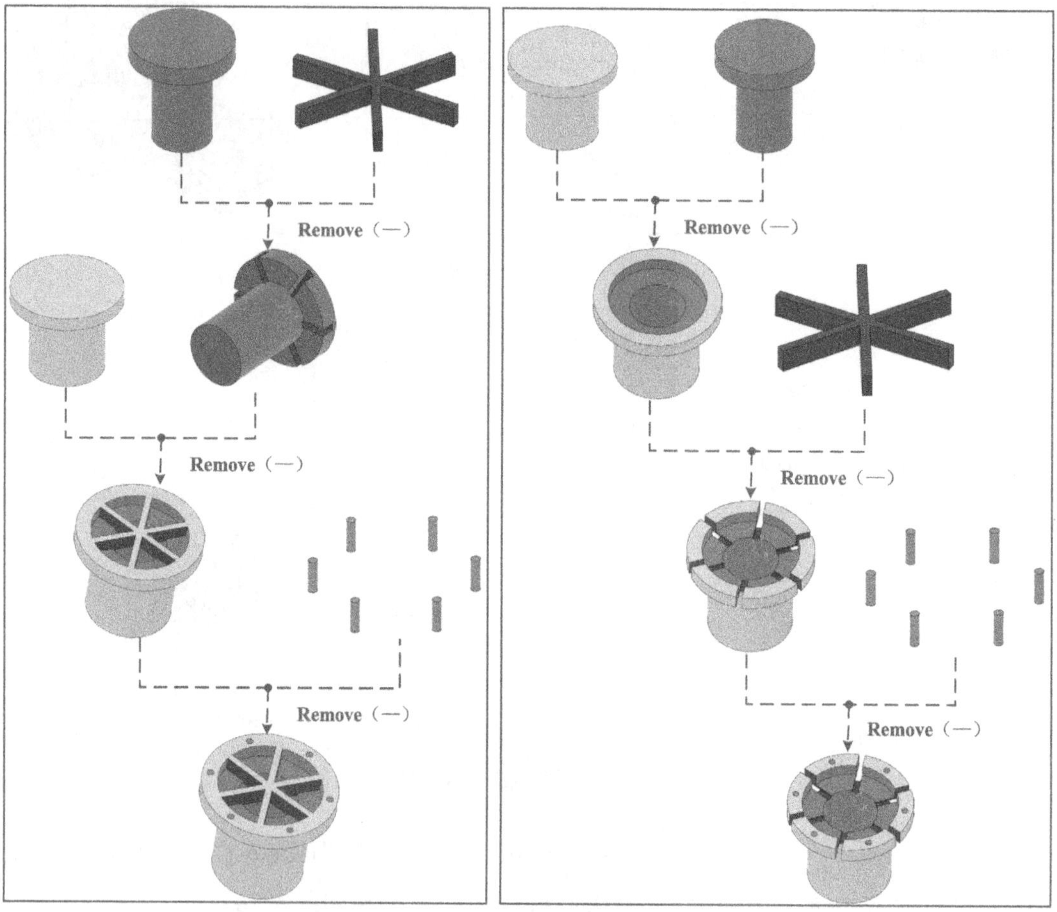


图 4-17　同样的特征，不同的逻辑运算顺序，结果可能完全不同

## 4.3　布尔相交（Intersect）

布尔相交常用于某些腔体加强筋的创建，例如空调腔体的加强筋、导流罩的翅片等。下面以导流罩主体上的翅片为例，介绍布尔相交的创建流程。具体步骤如下：

Step1：在 3D Shape00042308 A.1 下新建一个几何图形集“Geometrical Set.1”→在 YZ 平面上创建草图，如图 4-18 中①所示，并按照图 4-18 所示的尺寸将草图图形绘制出来。

Step2：在 3D Shape00042308 A.1 下新建 Body.2，单击“
”，如图 4-18 中②所示，将草图图形双向拉伸 5mm，并将 Body.2 更名为“导流罩主体”。

Step3：对导流罩主体进行圆角、可变圆角的定义，圆角的定义步骤见 3.2.2 节，定义后结果如图 4-19 所示。

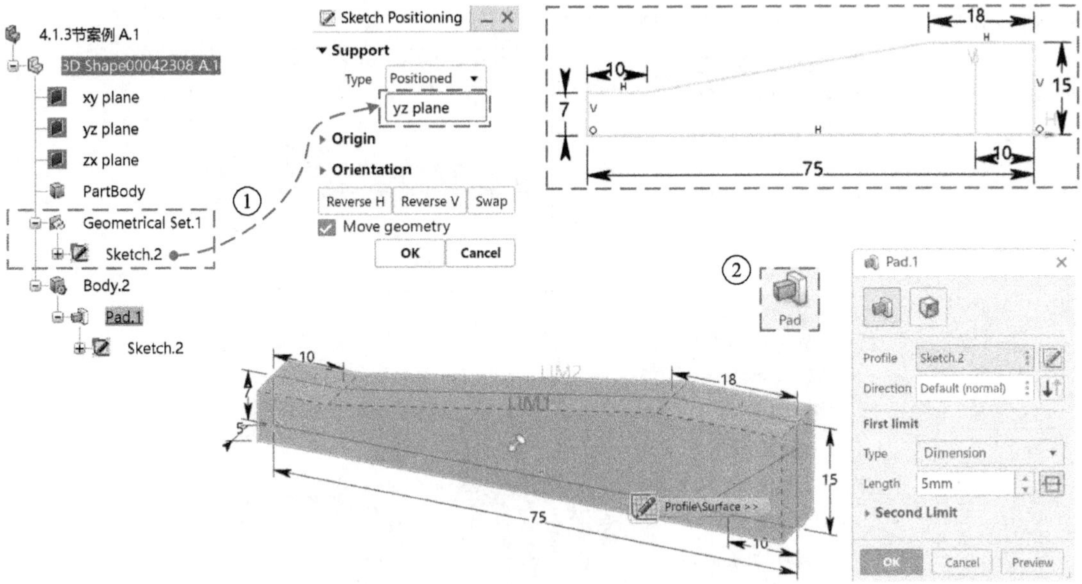


图 4-18　布尔相交步骤（一）

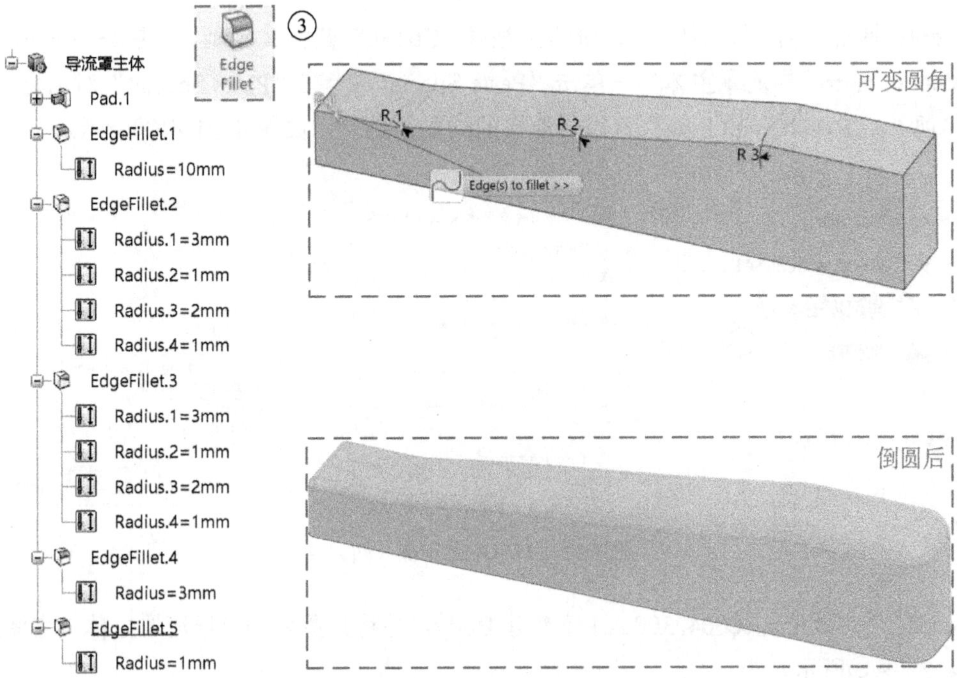


图 4-19　布尔相交步骤（二）

Step4：将“Geometrical Set.1”定义为工作对象，在 YZ 平面上创建加强筋的草图“Sketch.3”，如图 4-20 中④所示。在草图绘制时，使用偏移阵列出加强筋。

Step5：新建一个 Body，并更名为“加强筋”，通过壳体模式双向拉伸出加强筋，总长为 100mm，厚度为 1mm，如图 4-20 中⑤所示。

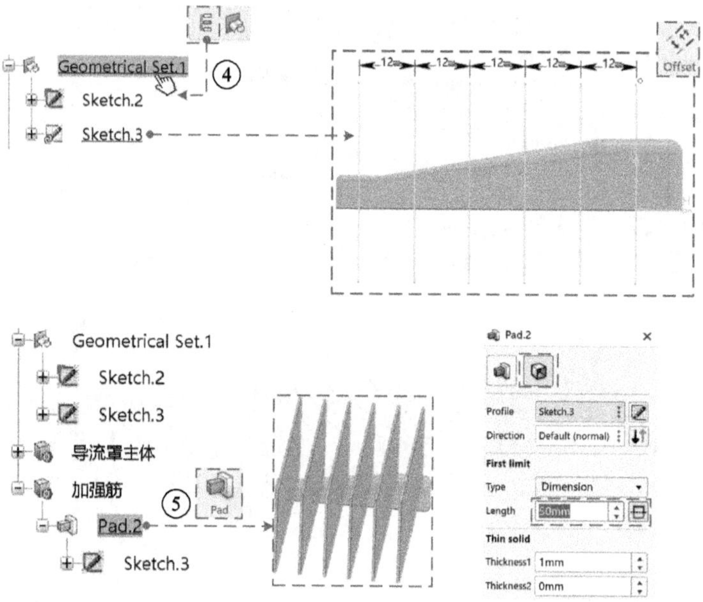


图 4-20　布尔相交步骤（三）

Step6：单击“导流罩主体”→在键盘上按住<Ctrl+C>键将其复制，如图 4-21 中⑥所示。

Step7：右击“导流罩主体”→单击“Paste Special”，在“Paste Special”对话框中，选择第二项“As Result With Link”（以带连接的结果粘贴），如图 4-21 中⑦所示。

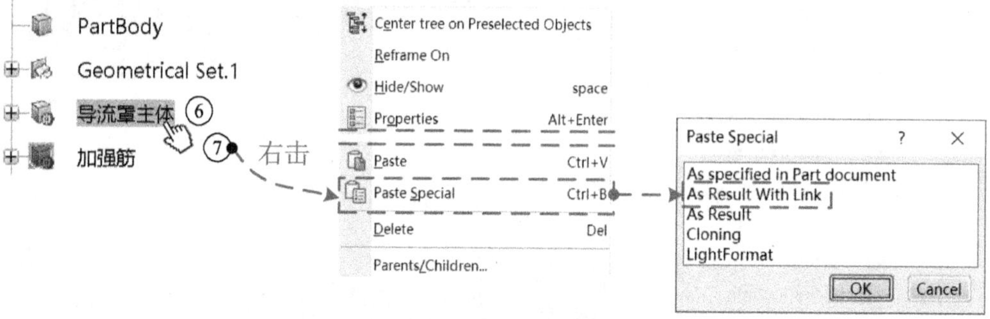


图 4-21　布尔相交步骤（四）

Step8：在 3D Shape00042308 A.1 下新建 Body，并将其更名为“导流罩主体（增厚）”，如图 4-22 中⑧所示。

Step9：单击 Step7 粘贴的“导流罩主体”→单击“”按钮，将粘贴的导流罩主体加到“导流罩主体（增厚）”中，如图 4-22 中⑨所示。结构树如图 4-22 所示。

**注意**：至此步骤结束，将由草图创建的“导流罩主体”隐藏，否则会影响下一步的操作。

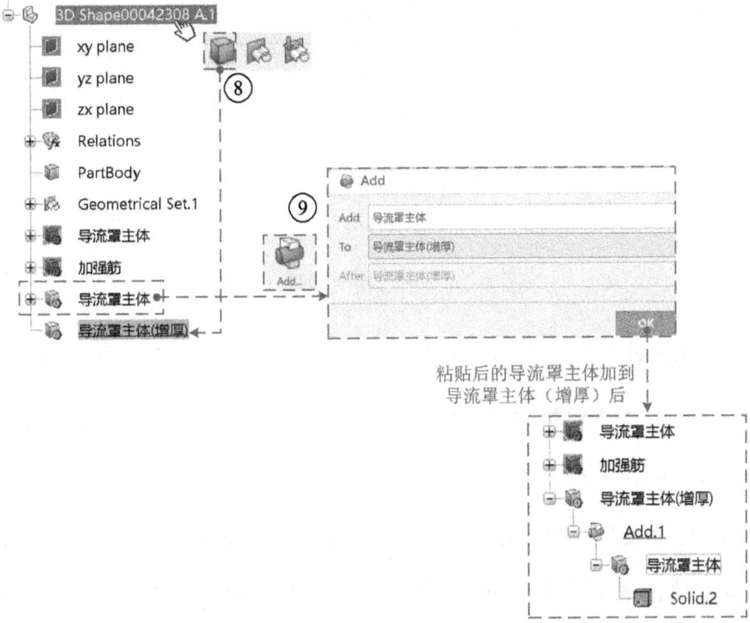


图 4-22　布尔相交步骤（五）

Step10：单击“Refine”→单击增厚“”按钮，如图 4-23 中⑩所示，打开“Tickness.1”对话框，在模型上单击需要增厚的面，设定厚度为 1mm，单击“OK”，关闭对话框，如图 4-23 所示。

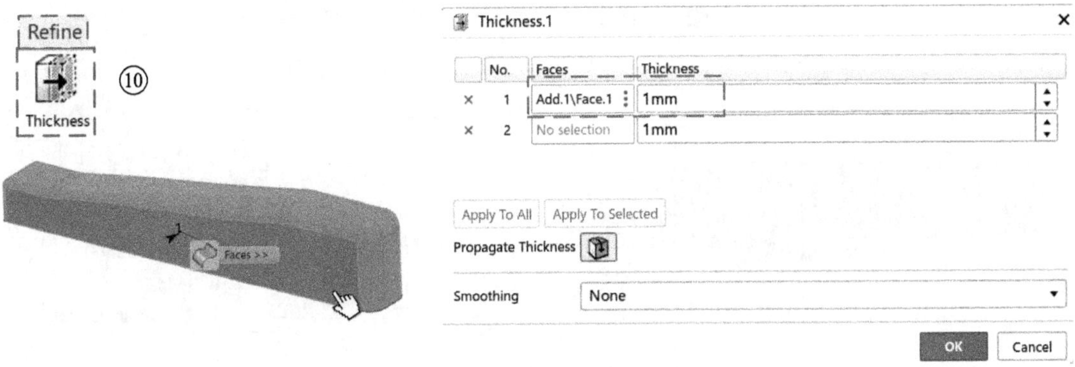


图 4-23　布尔相交步骤（六）

**注意**：由于导流罩在 Step3 时完成了边线倒圆，即导流罩的侧面和顶面都已经连成一个整体，因此在模型上单击任何一个侧面，其他的面都会一起被选择。若这些面与面相接处未进行倒圆，那么需要依次选择增厚的五个面。

Step11：在 3D Shape00042308 A.1 下新建两个 Body，并将其分别更名为“翅片”“导流罩主体（增厚 +）”，如图 4-24 中⑪所示。

Step12：重复 Step6、Step7 的方法，将“导流罩主体（增厚）”以带连接的结果粘贴出来，结构树如图 4-24 中⑫所示。

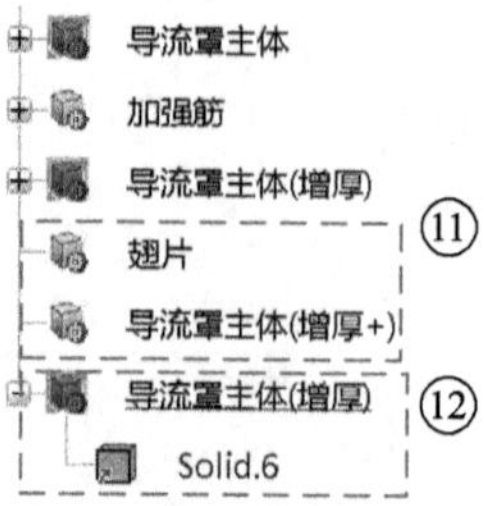


图 4-24 布尔相交步骤（七）

Step13：将“导流罩主体（增厚 +）”定义为工作对象，单击“导流罩主体（增厚）”→单击“”按钮，将“导流罩主体（增厚）”加到“导流罩主体（增厚 +）”中，如图 4-25 中⑬所示。结构树如图 4-25 所示。

Step14：单击“Refine”→单击增厚“”按钮，如图 4-25 中⑭所示，打开“Tickness.2”对话框，在模型上单击需要增厚的面，设定厚度为 1.3mm，单击“OK”，关闭对话框，如图 4-25 所示。

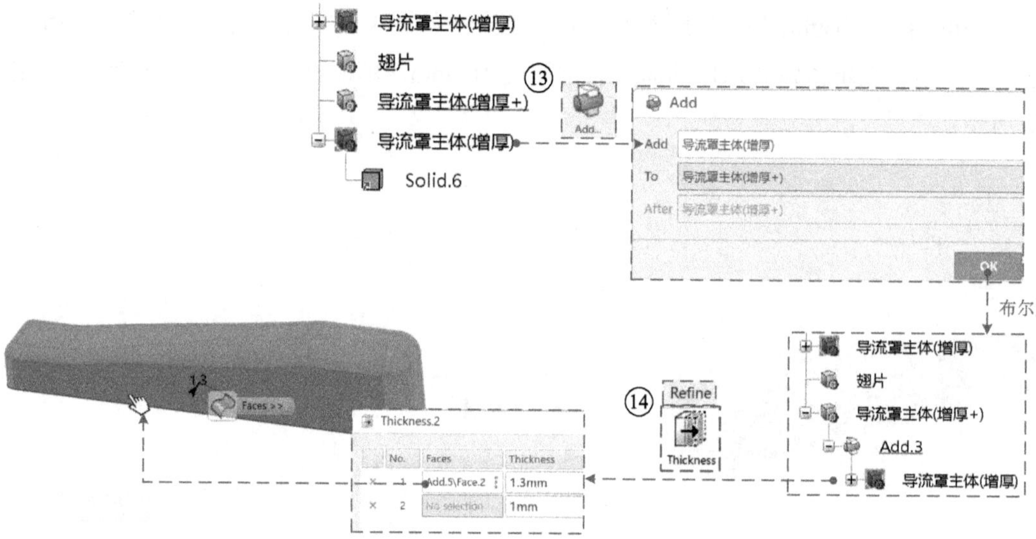


图 4-25 布尔相交步骤（八）

Step15：将“翅片”定义为工作对象，单击“导流罩主体（增厚 +）”→单击“”按钮，将“导流罩主体（增厚 +）”加到“翅片”中，如图 4-26 中⑮所示。结构树如图 4-26 所示。

Step16：单击“加强筋”→单击布尔相交“”按钮，将“加强筋”加到“翅片”中，如图 4-26 中⑯所示。模型结果如图 4-26 所示。

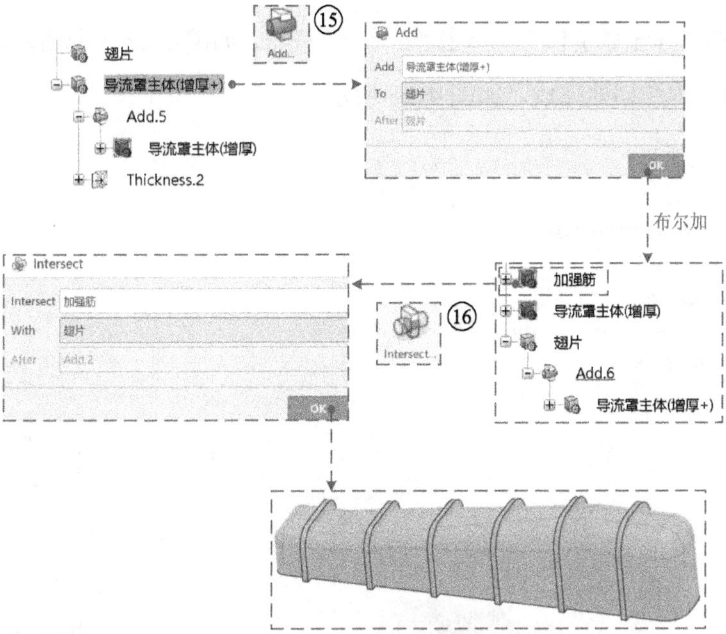


图 4-26　布尔相交步骤（九）

Step17：将 PartBody 定义为工作对象，单击“导流罩主体（增厚）”→单击“ ”按钮，将“导流罩主体（增厚）”加到“PartBody”中，如图 4-27 中⑰所示。

Step18：重复 Step17，将“翅片”加到“PartBody”中，如图 4-27 中⑱所示。

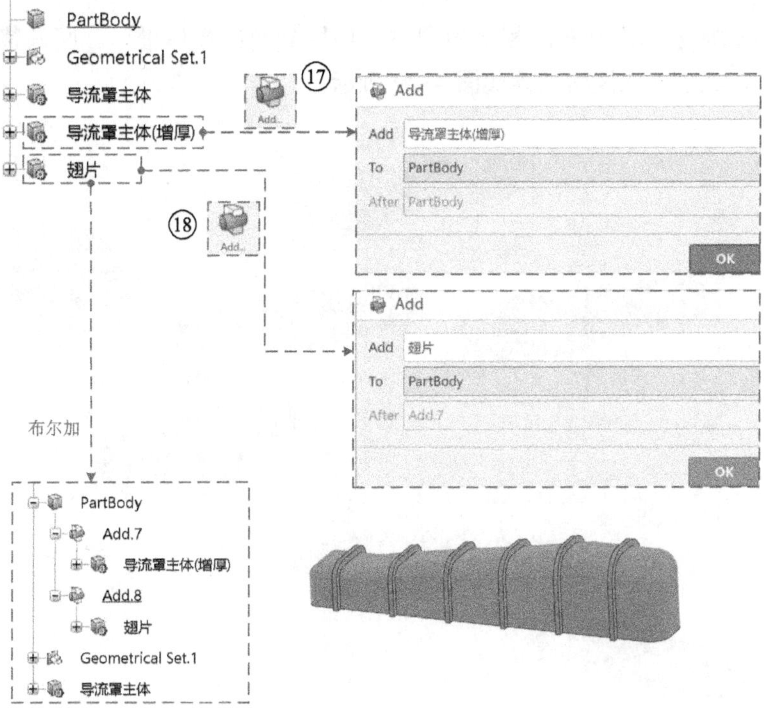


图 4-27　布尔相交步骤（十）

Step19：单击“导流罩主体”→单击“”按钮，如图 4-28 中⑲所示，从“Partbody”中减出，导流罩的内腔创建完成，如图 4-28 所示。

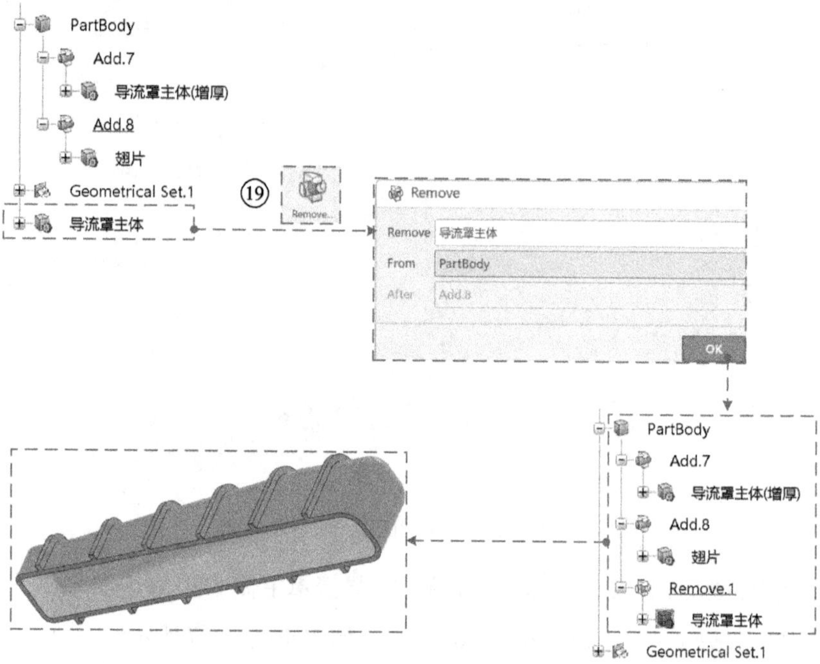


图 4-28 布尔相交步骤（十一）

创建导流罩加强筋用到布尔相交的同时，还用到两次实体增厚。回顾整个导流罩主壳体的创建流程，其创建的逻辑关系如图 4-29 所示。

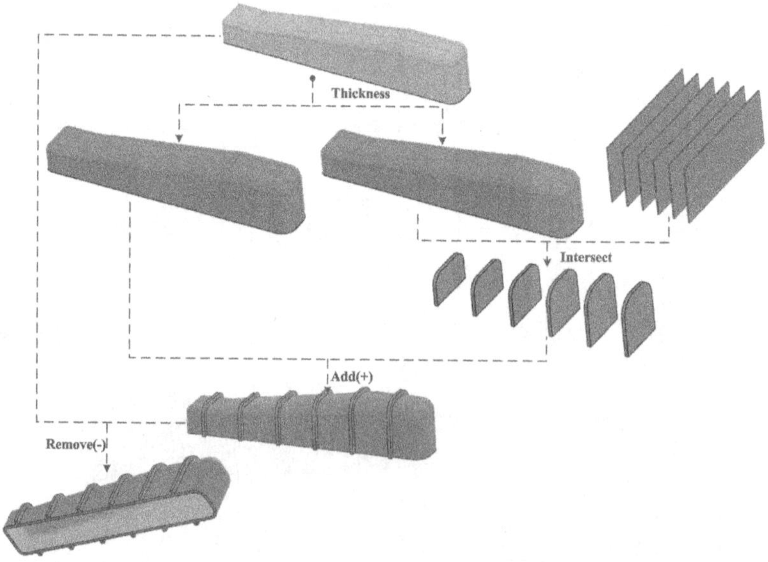


图 4-29 导流罩主壳体逻辑关系

**注意**：此处导流罩主壳体不能用“抽壳”功能创建。

## 4.4　联合修剪（Union Trim）

联合修剪是一种实体合并修剪的操作。下面就以盒子修剪为例介绍联合修剪合并的过程，具体步骤如下：

Step1：以草图绘制的方式创建两个方形壳体，分别放于两个 Body 中，并将这两个 Body 分别命名为“Outer-Rec”“Inner-Rec”，其对应关系如图 4-30 中①所示（模型创建的过程见第 3 章，Body 创建方式见 4.1 节，这里不再赘述）。

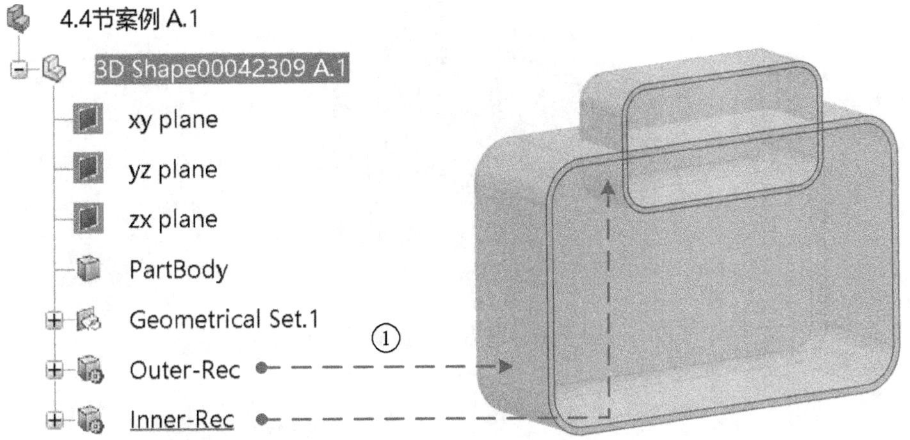


图 4-30　联合修剪步骤（一）

Step2：将 PartBody 定义为工作对象，单击“Outer-Rec”→单击“

”按钮→单击“OK”，关闭“Add”对话框，将 Outer-Rec 加到 PartBody 中，如图 4-31 中②所示。布尔运算后的结构树变化如图 4-31 所示。

Step3：在结构树上单击“Inner-Rec”→单击联合修剪“

”按钮，如图 4-31 中③所示，打开“Trim.1”定义框。

Step4：单击“Faces to remove”后的空白处，空白框变为蓝色，在模型上选择要移除的面“Face.3”，同理在模型上选择要保留的面“Face.5”，如图 4-31 中④所示。

Step5：单击“OK”（图 4-31 中⑤），关闭“Trim.1”对话框，则结构树的变化以及模型结果如图 4-32 所示。

由上面的结构树可以看出，两个 Body 都在 PartBody 中形成了一个整体。从模型上可以得知，Outer-Rec 的一部分被 Inner-Rec 剪切。

**注意**：在联合修剪时，要将被修剪的 Body 定义为工作对象或者加入 PartBody 中。

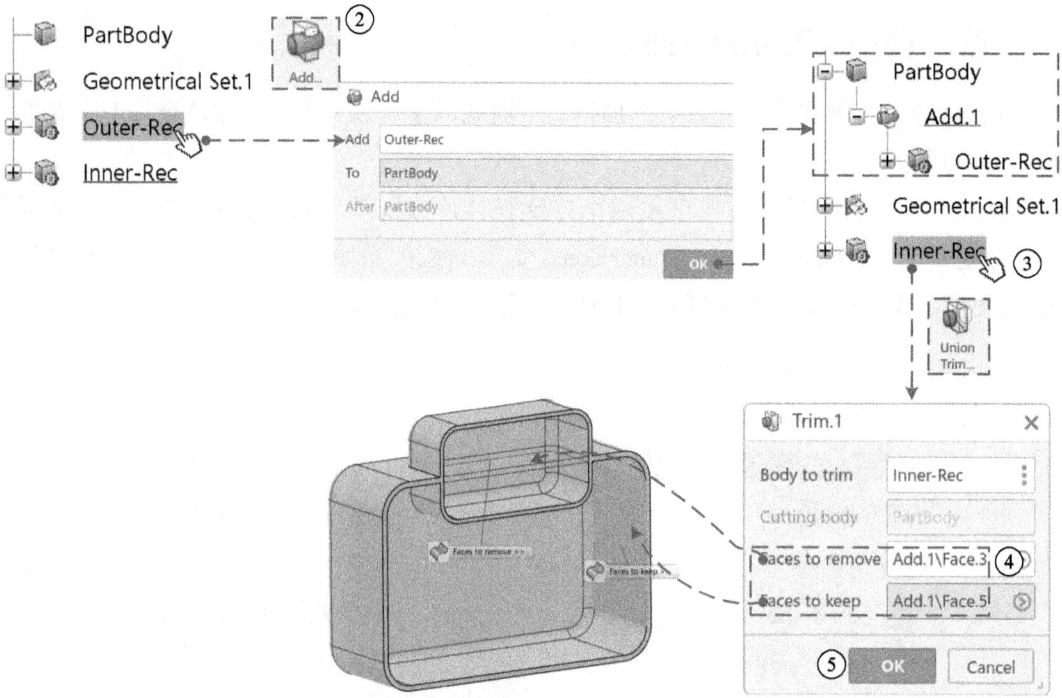


图 4-31 联合修剪步骤（二）

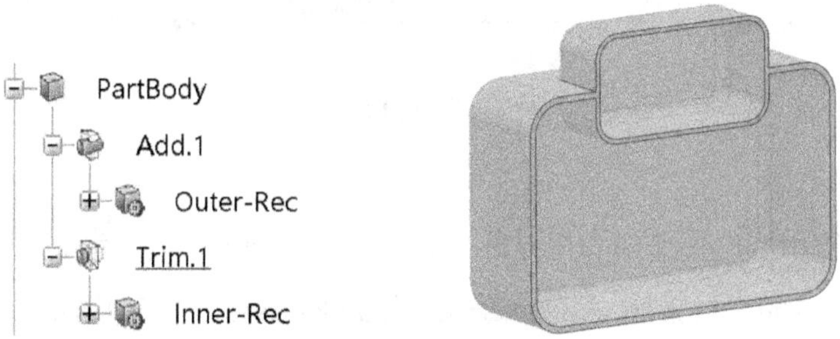


图 4-32 联合修剪结果

# 第 5 章　工程图设计

工程图是工程师进行技术交流的重要工具。有时，3D 模型并不能完全表达清楚设计意图和设计要求，尤其是产品的加工工艺参数只能在 2D 工程图中表达。因此，工程图设计也是产品设计中的重要环节，本章将对工程图的设计流程进行详细介绍。

## 5.1　工程图创建概述

一个完整的工程图由视图、标注和图框标题栏三部分组成。

工程图的主要创建流程如下：

Step1：打开产品文件，新建工程图文档。

Step2：创建和编辑视图布局和属性，例如六大基本视图、轴测图、剖视图等。

Step3：创建标注，例如尺寸、公差、表面粗糙度等。

Step4：添加和编辑注释，例如技术要求、标题栏等。

若对象是一个装配文件，需要添加物料清单（Bill of Material，BOM）。

在 3DEXPERIENCE 中新建工程图的方法有两种，分别如下：

**方法一：**单击账号后的“+”按钮→单击“Drawing”，即可直接创建工程图，如图 5-1 所示。

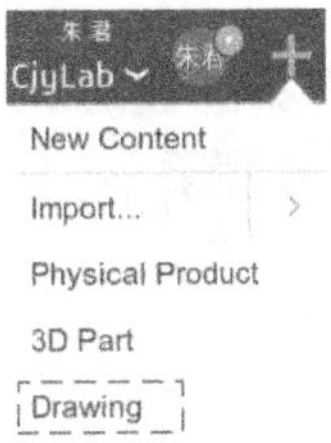


图 5-1　新建工程图——方法一

**方法二：**当单击“+”不能直接找到“Drawing”时，需要按照下面方法来新建工程图：单击账号后的“+”按钮→单击“New Content”，在对话框的搜索栏中输入“Drawing”→选择“Drawing”，如图 5-2 中①～③所示。

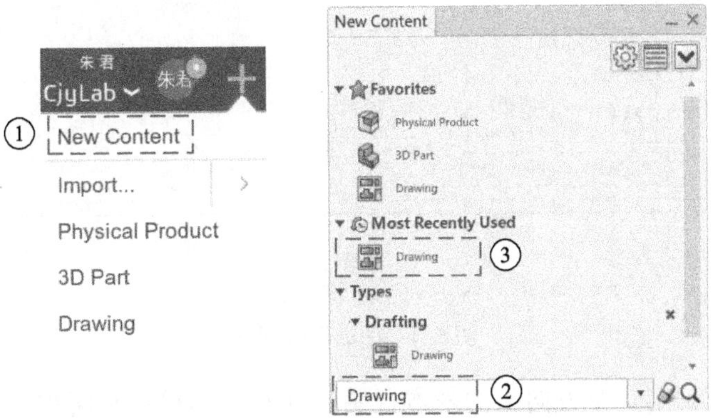


图 5-2　新建工程图——方法二

下面就以图 5-3 所示的产品为例，详细介绍工程图设计中所用到的命令功能。

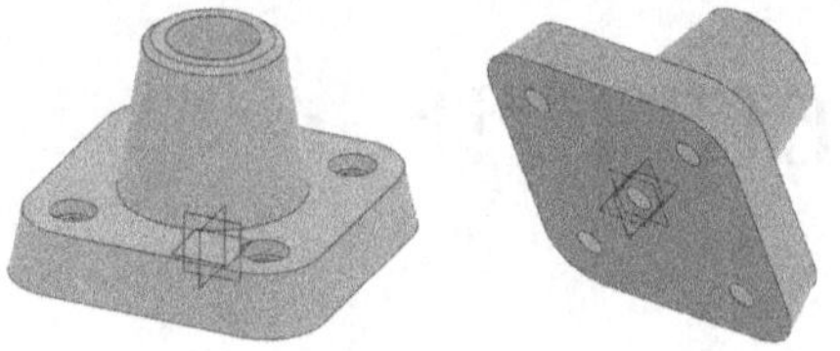

图 5-3 产品示例

# 5.2 创建视图

## 5.2.1 基本视图创建

创建工程图文件后，需要对图纸的属性进行设置，设置步骤如下：

Step1：在“Sheet.1”上右击→单击“Properies”，如图 5-4 中①所示。

Step2：打开图纸的“Properties”对话框，在“Name”里更改图纸的名称为“Bracket”，“Scale”输入 1:1，选择 A1 大小的纸张且纸张横向放置（Landscape），如图 5-4 中②所示，单击“Apply”→单击“OK”。

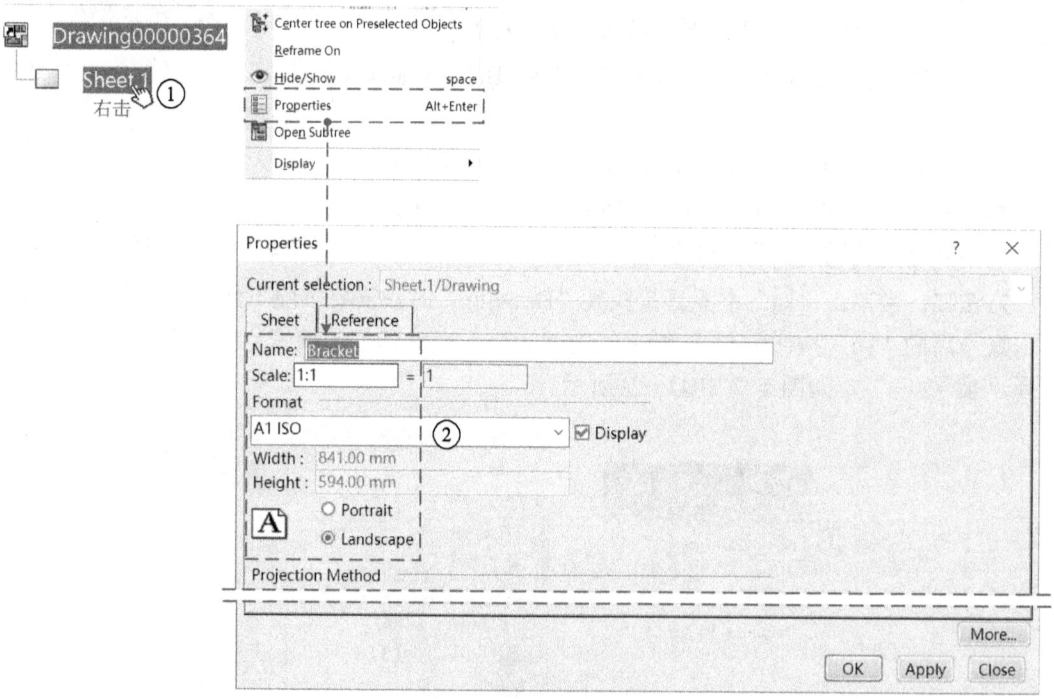


图 5-4 图纸更改属性

根据产品特征确定几个方向上的基本视图。创建基本视图有两种方法，两种方法的操作如下。

**方法一**：创建主视图的投影视图。

Step1：单击“View Layout”→单击主视图“”按钮，如图 5-5 中①所示。



Step2：回到 3D 模型界面，将鼠标放到任意一个面上，在 3D 模型界面的右下角会有主视图的预览图，在 3D 模型上（或者结构树上）单击“yz plane”，则确定了主视图方向，如图 5-5 中②所示。

Step3：单击平面后，自动回到 2D 工程图界面上，在工程图纸上移动鼠标，主视图会自动跟随鼠标移动。为主视图在图纸上找一个合适的位置，在空白处单击，则自动生成主视图，如图 5-5 中③所示。

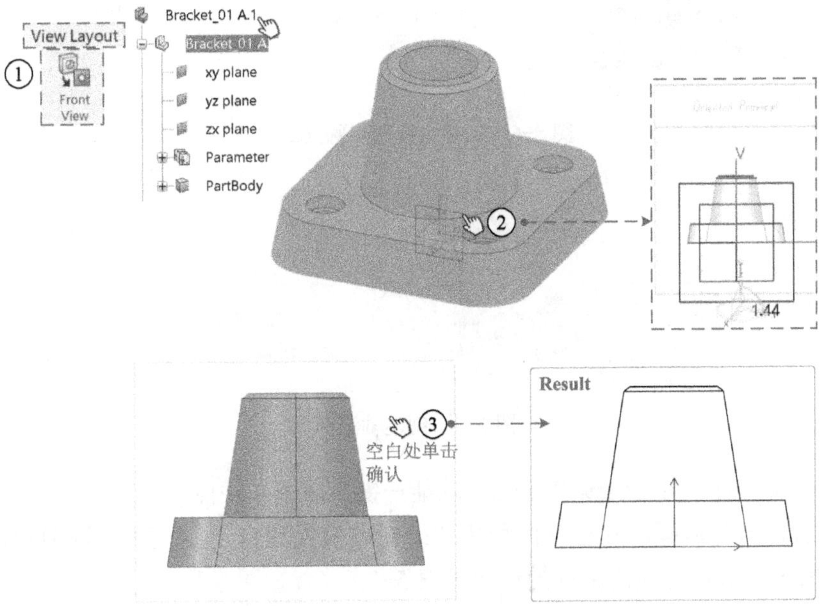


图 5-5　创建主视图步骤（一）

Step4：将主视图选中（视图的边框变红即为选中状态）→单击主视图边框→在浮框中单击投影“”按钮，如图 5-6 中④所示。

Step5：将鼠标在主视图附近移动，鼠标向主视图的哪个方向移动，就自动预览哪个视图。如图 5-6 中⑤所示，鼠标向主视图下方移动就生成俯视图的预览图，在图形上直接单击，则生成俯视图。

Step6：重复 Step5，创建出左视图，如图 5-6 中⑥所示。

Step7：单击“View Layout”→单击轴测图“”按钮，如图 5-7 中⑦所示。



Step8：回到 3D 模型界面，单击“yz plane”，自动回到 2D 工程图界面→将鼠标在 2D 界面的任意位置单击，则生成轴测图，如图 5-7 中⑧所示。

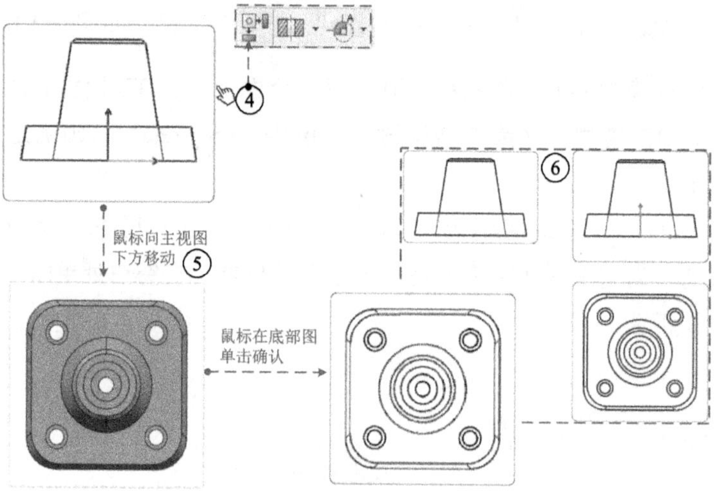


图 5-6 创建主视图步骤（二）

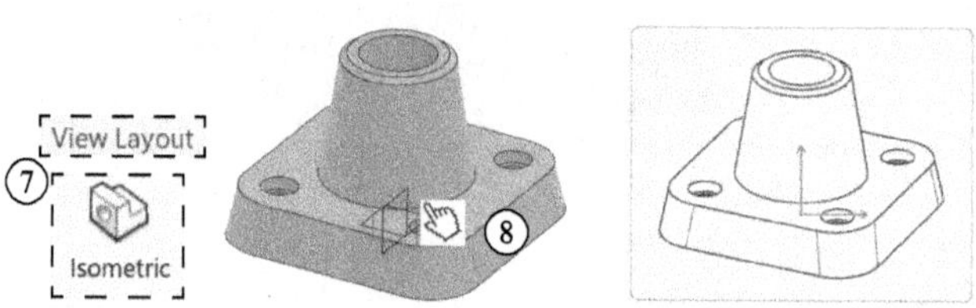


图 5-7 创建轴测图

**方法二**：以视图导向（View Wizard）功能一键生成基本视图。

打开视图导向对话框，其包含两种模式：标准模式和自定义模式，这两种模式的对话框如图 5-8 所示。对话框左侧图标的说明见表 5-1。

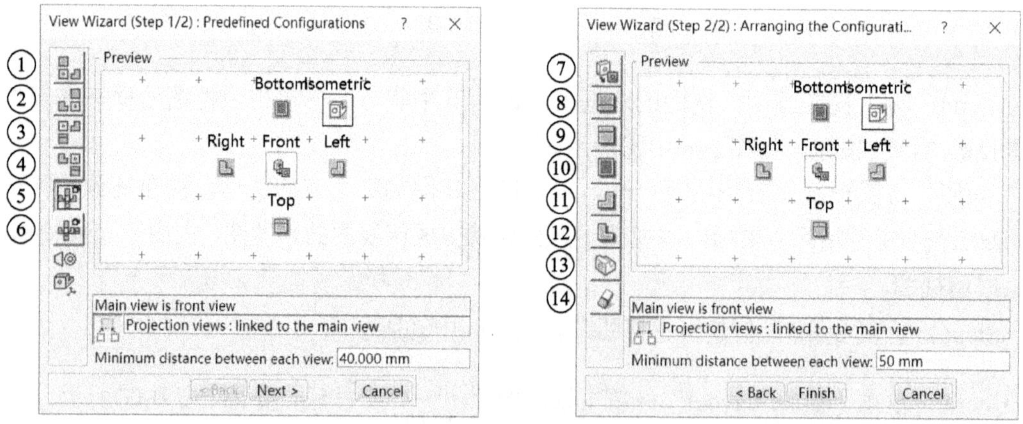


a）标准模式 b）自定义模式

图 5-8 视图导向对话框

表 5-1　视图导向对话框图标说明

| 图 标 代 号 | 图 标 说 明 | 图 标 代 号 | 图 标 说 明 |
|---|---|---|---|
| ① | 主视图 + 仰视图 + 右视图 | ⑧ | 后视图 |
| ② | 主视图 + 仰视图 + 左视图 | ⑨ | 俯视图 |
| ③ | 主视图 + 俯视图 + 右视图 | ⑩ | 仰视图 |
| ④ | 主视图 + 俯视图 + 右视图 | ⑪ | 左视图 |
| ⑤ | 主视图 + 仰视图 + 俯视图 + 左视图 + 右视图 + 轴测图 | ⑫ | 右视图 |
| ⑥ | 主视图 + 仰视图 + 俯视图 + 左视图 + 右视图 + 后视图 + 轴测图 | ⑬ | 轴测图 |
| ⑦ | 主视图 | ⑭ | 删除全部视图 |

**注意**：在软件中，左右视图的放置位置与《工程制图》中不一致。

视图导向创建基本视图的步骤如下：

Step1：进入 2D 工程图界面后，单击“View Layout”→单击工具栏上的“ ”，将其他隐藏的功能图标释放→单击视图导向“Wizard”按钮，如图 5-9 中①所示。

Step2：打开 View Wizard 对话框，可以在左侧的图框列表中单击所需的视图组合，也可以不选择任何视图组合，直接单击“Next”，进入自定义视图组合模式，如图 5-9 中②所示。

Step3：在自定义视图组合模式下，单击主视图“ ”按钮→在空白的预览框里移动鼠标，主视图会随着鼠标的移动而移动→当主视图找到合适位置后，单击，视图位置确定，如图 5-9 中③所示。

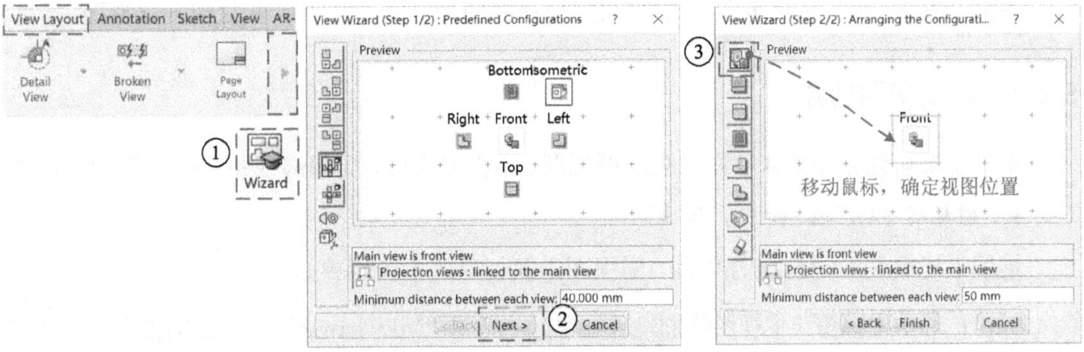


图 5-9　View Wizard 创建基本视图步骤（一）

Step4：重复 Step3 的步骤，创建俯视图、左视图、右视图以及轴测图，这些视图的位置可以随意放置，如图 5-10 中④所示。几个视图创建完后，单击“Finish”，关闭 View Wizard 对话框。

Step5：进入该产品的 3D 模型界面，单击“yz plane”，如图 5-10 中⑤所示。

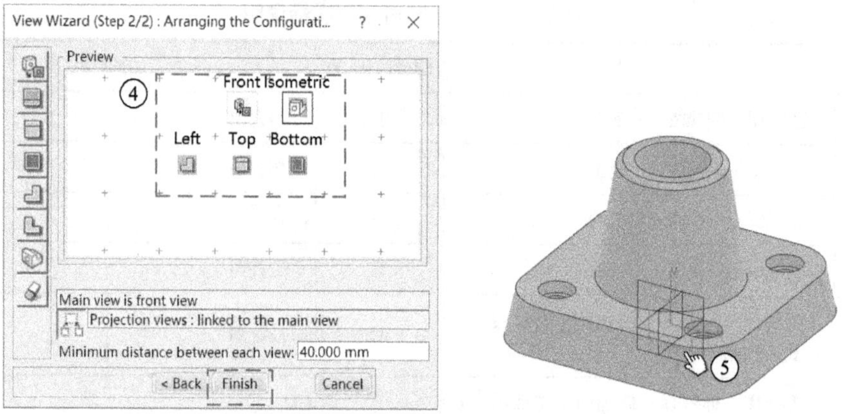


图 5-10 View Wizard 创建基本视图步骤（二）

Step6：自动回到 2D 工程图界面，显示这几个视图在工程图上的相对位置预览图→在工程图的空白处单击确认（图 5-11 中⑥），则自动生成该产品的多个视图，如图 5-11 所示。

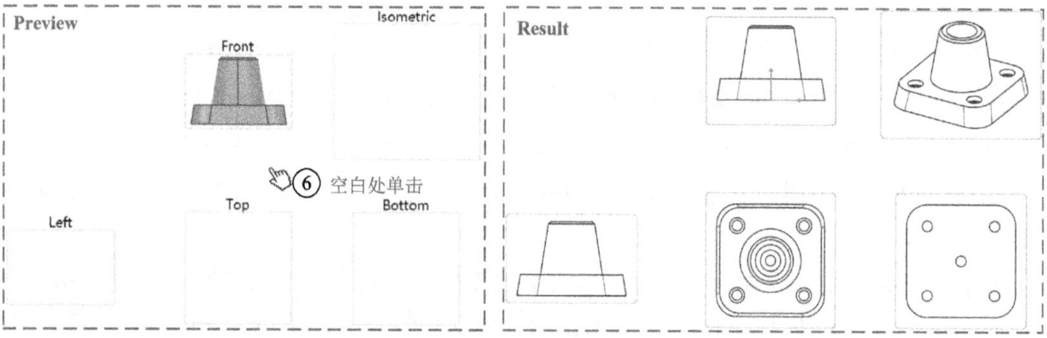


图 5-11 View Wizard 创建基本视图步骤（三）

**注意**：在 View Wizard 对话框中，在某一视图图标上右击就可以单独删除该视图。

## 5.2.2 详细视图创建

本节主要讲述常用的 4 种详细视图剖视图、局部放大图、局部剖视图和断裂视图的创建。

1. **剖视图**（Offset Section View）

继续上述案例，创建案例产品的剖视图，其创建的主要步骤如下：

Step1：选中主视图（主视图线框呈现红色）→单击“View Layout”→单击剖视图“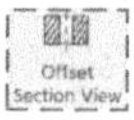”按钮（图 5-12 中①），在产品的主视图上画出一条剖面线。

Step2：剖面线画完后，在剖面线的终点位置双击，结束剖面线的绘制，如图 5-12 中②所示。

Step3：上下左右移动鼠标，剖视图的预览图会随着鼠标的移动而移动，如图 5-12 中③所示。

Step4：将剖视图的预览图移动到图纸的合适位置后，在该位置单击，确认剖视图结果，就可看到产品的内部结构，如图 5-12 中④所示。

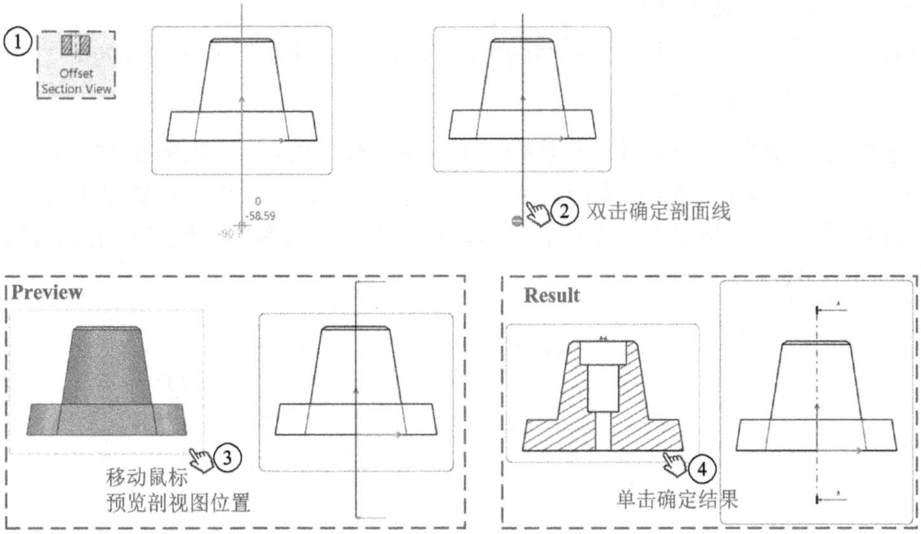


图 5-12　创建剖视图

**注意：**当在某个视图上画剖面线时，一定要将该视图选中。若不选中该视图，则会有图 5-13 所示的警告。

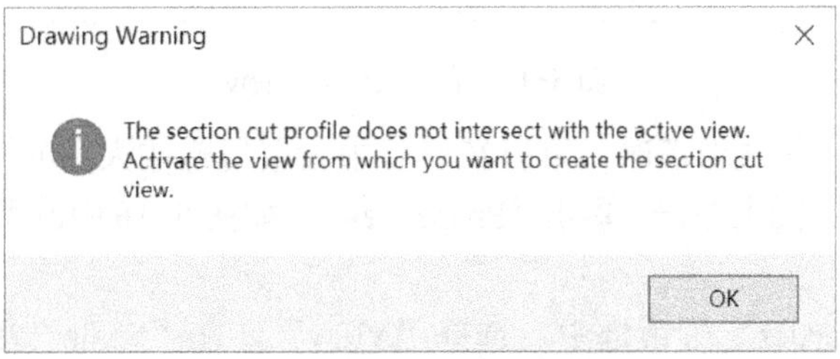


图 5-13　不选中视图的警告提示

在工程图中，有剖视图（Offset Section View）和剖面切视图（Offset Section Cut）的区别，其区别如图 5-14 所示。

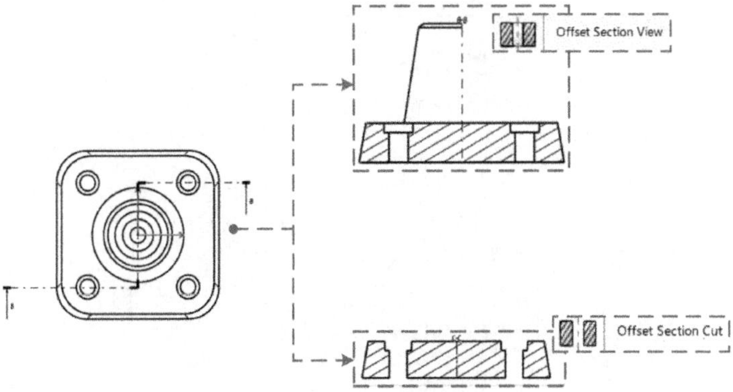


图 5-14　Offset Section View 与 Offset Section Cut 的区别

2. **局部放大图**（Detail View）

局部放大图的创建步骤如下：

Step1：双击选中主视图（主视图线框呈现红色）→单击“View Layout”→单击局部放大图“”按钮（图 5-15 中①）。

Step2：在视图放大处的相邻位置单击（即确定圆心位置），如图 5-15 中②所示。

Step3：移动鼠标，确定放大的范围（即圆的半径），再次单击，如图 5-15 中③所示。

Step4：移动鼠标将放大图拖动到合适位置，在该位置单击，则自动生成局部放大图的 2D 线框图，如图 5-15 中④所示。

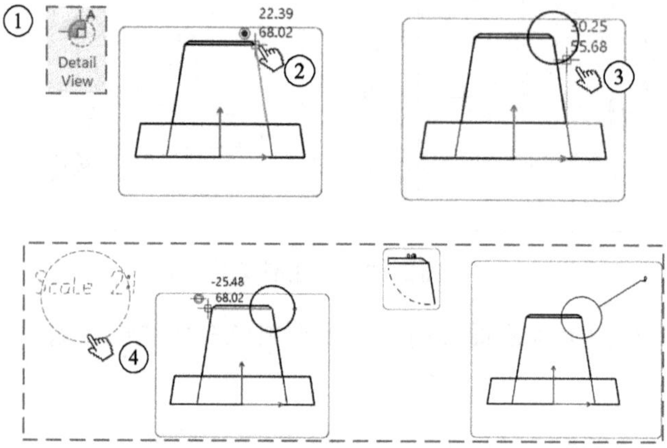


图 5-15 创建 Detail View

当放大图例较小，无法看清时，可以在属性中设置局部放大图的比例，操作如下：

Step5：在局部放大图上右击，单击“Properties”，如图 5-16 中⑤所示，打开“Properties”对话框。

Step6：在“Properties”对话框中，选择“View”，在“Scale”里输入 4，即将局部放大图放大 4 倍显示，如图 5-16 中⑥所示。

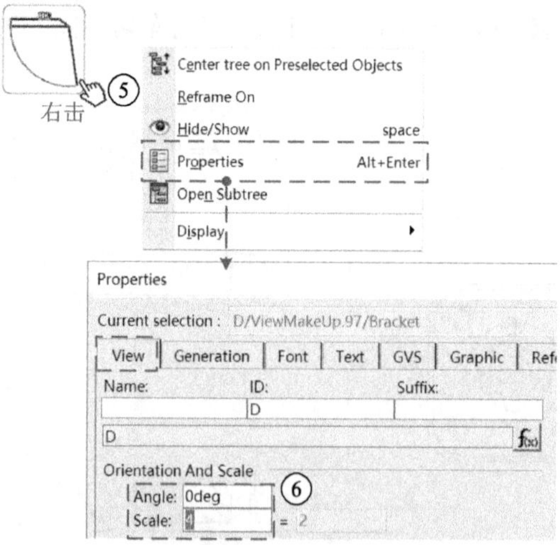


图 5-16 更改 Detail View 属性（一）

Step7：在“Properties”对话框中，选择“Font”，定义字体大小（Size）为 7.000mm，文字间距（Spacing）增大 20.000%，如图 5-17 中⑦所示。

Step8：单击“Apply”，单击“OK”，关闭对话框，更改属性后的结果如图 5-17 中⑧所示。

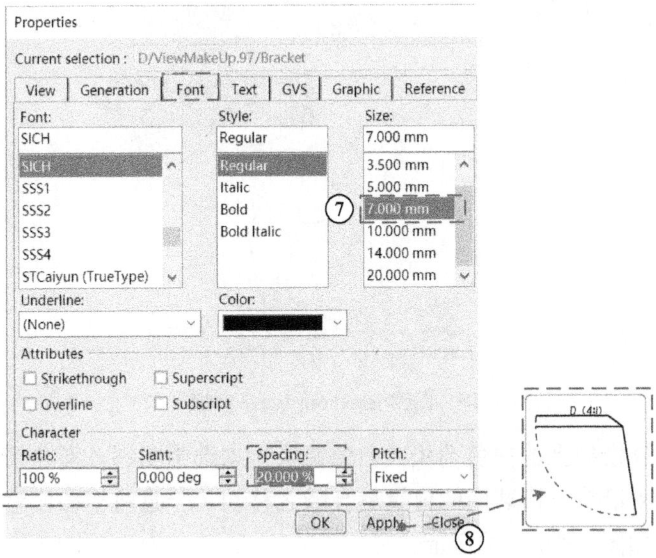


图 5-17　更改 Detail View 属性（二）

**注意**：所有视图的线框图、图例均可按此步骤定义。

3. ***局部剖视图***（Breakout View）

局部剖视图的创建步骤如下：

Step1：选中主视图（主视图线框呈现红色）→单击“View Layout”→单击局部剖“”按钮（图 5-18 中①）。

Step2：在主视图沉头孔的位置画一个封闭的图形，即画出切割体的横截面，如图 5-18 中②所示。

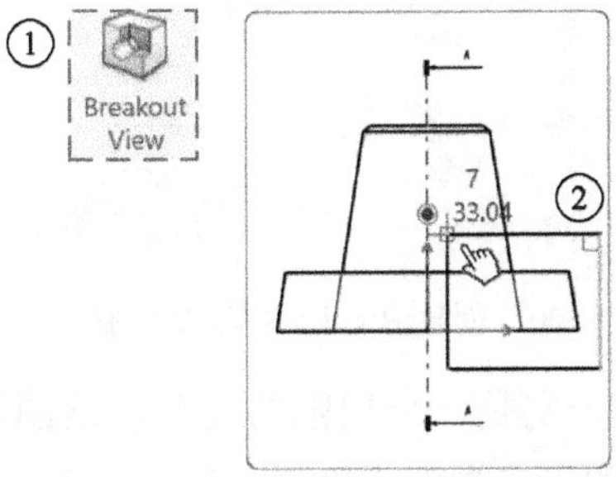


图 5-18　创建 Breakout View 步骤（一）

Step3：自动弹出包含 3D 模型的“Breakout”对话框，在该对话框中选择“Display clipped background and clipping tool”，如图 5-19 中③所示。

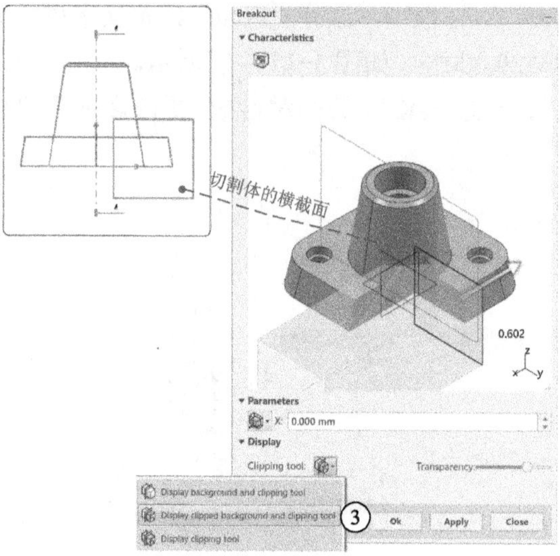


图 5-19　创建 Breakout View 步骤（二）

Step4：选中 3D 模型上的白色箭头（白色箭头为未选中状态，蓝色箭头为选中状态），按住鼠标，前后移动箭头，横截面的位置就会随之移动，一直将横截面移动到沉头孔的位置且能将孔切割开，如图 5-20 中④所示。

Step5：当孔被切割开时，单击“Apply”，在 2D 工程图上显示局部剖的预览图（图 5-20 中⑤），单击“OK”，确认预览结果，完成局部剖，如图 5-20 所示。

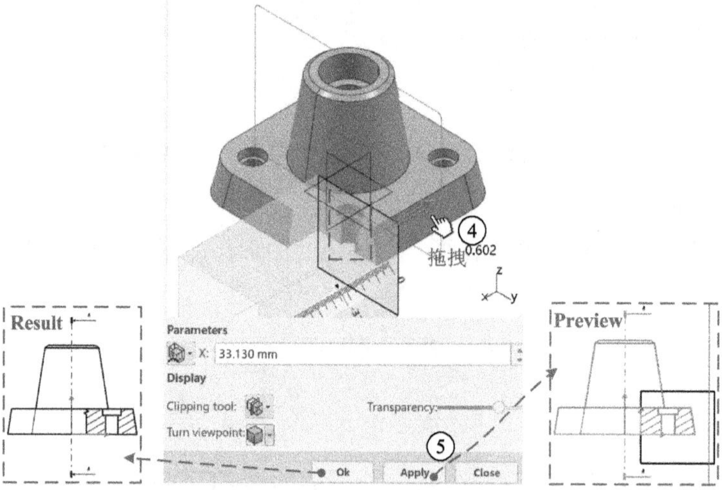


图 5-20　创建 Breakout View 步骤（三）

**注意**：切割体的横截面不一定是一个规则的图形，该图形可以封闭，也可以不封闭，若所绘界面不封闭，那么要在图形末端双击确认。

4. **断裂视图**（Broken View）

对于长轴、长杆之类的较长零件，可以使用 Broken View 缩短零件的表达长度，以优化整个工程图的排版。其具体操作步骤如下：

Step1：选中主视图（主视图线框呈现红色）→单击“View Layout”→单击断裂视图“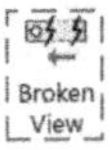

”按钮（图 5-21 中①）。

Step2：在俯视图的图形内部单击，确定第一条断面线，如图 5-21 中②所示。

Step3：在俯视图图形内部的另一端单击，确定第二条断面线，如图 5-21 中③所示。

Step4：在工程图的空白处单击，生成断裂视图，如图 5-21 中④所示。

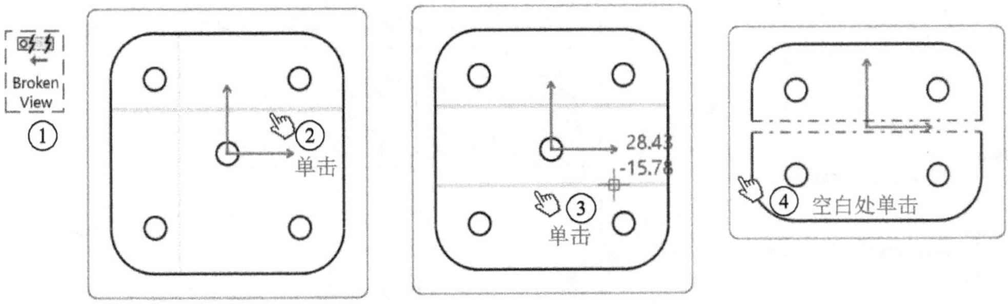


图 5-21　创建 Broken View

**注意**：在使用打断视图时，不能将零件上的特征打断消除掉，如图 5-22 所示。

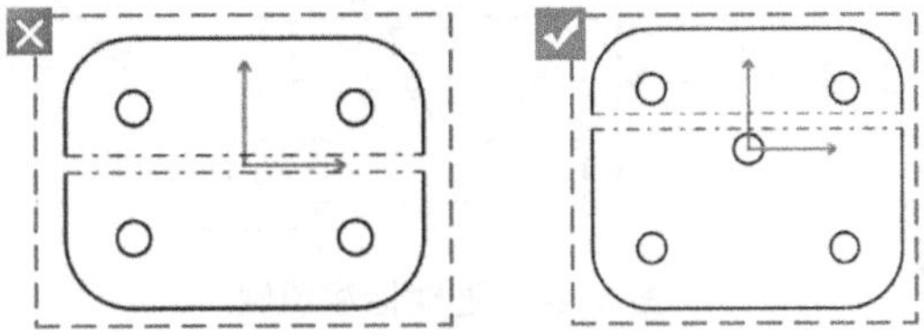

图 5-22　打断视图对比

## 5.3　尺寸标注和注释

### 1. 基本尺寸标注

工程图中对一个视图有多种标注类型，对一个元素有多种标注方式，如图 5-23 所示。

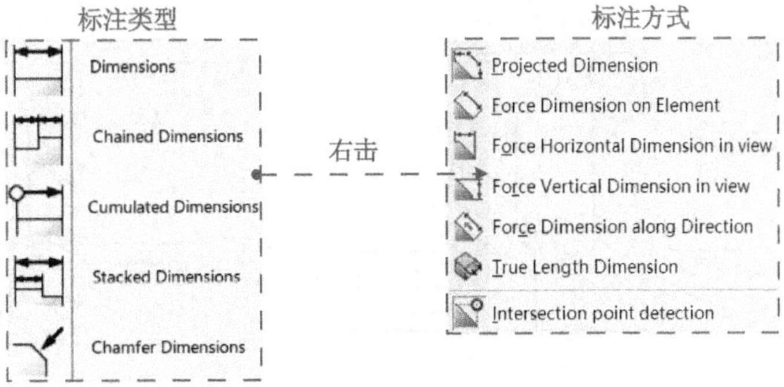


图 5-23　标注类型与标注方式

考虑到产品的加工工艺，产品加工时，最理想、最快捷的方式就是在加工设备上只进行一次装夹，只有一个基准面，那么在工程图上最好就是以加工基准面为起点，进行连续标注，如图 5-24 所示。

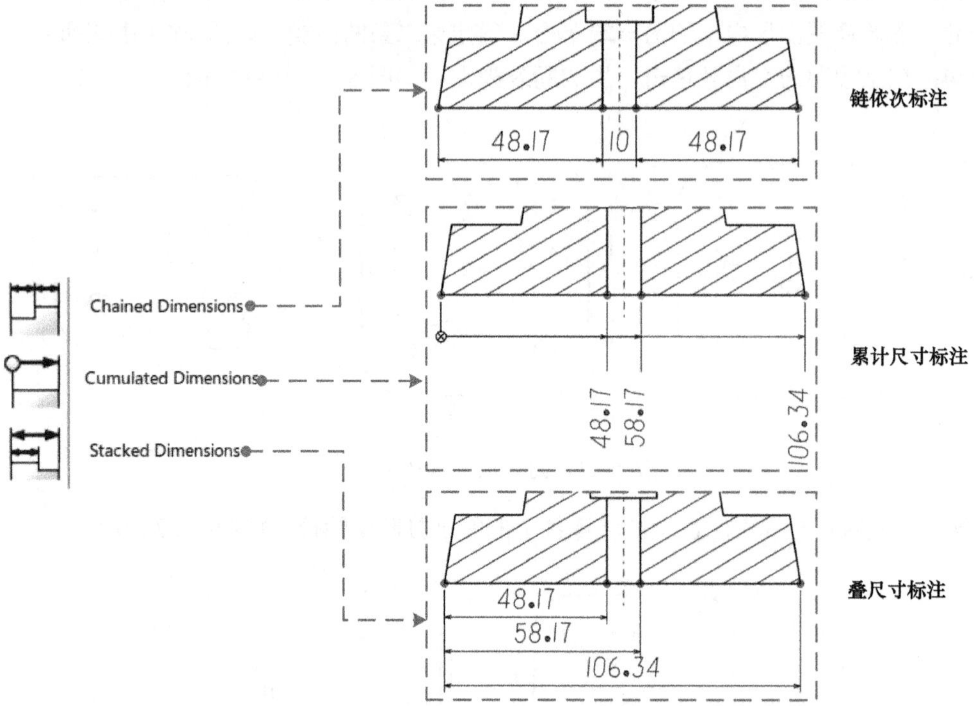


图 5-24 连续标注图例

在上例的基础上进行连续标注，步骤如下：

Step1：单击“Annotation”→单击累积连续标注“Stacked Dimensions”按钮（图 5-25 中①）。

Step2：在空白处右击→选择“Intersection point detection”，如图 5-25 中②所示。

Step3：在图形上单击 A 点，如图 5-25 中③所示。

Step4：按住 <Ctrl> 键，依次单击 B、C、D 点→移动鼠标，将标注尺寸拉到适当位置→单击，确认，如图 5-25 中④所示。

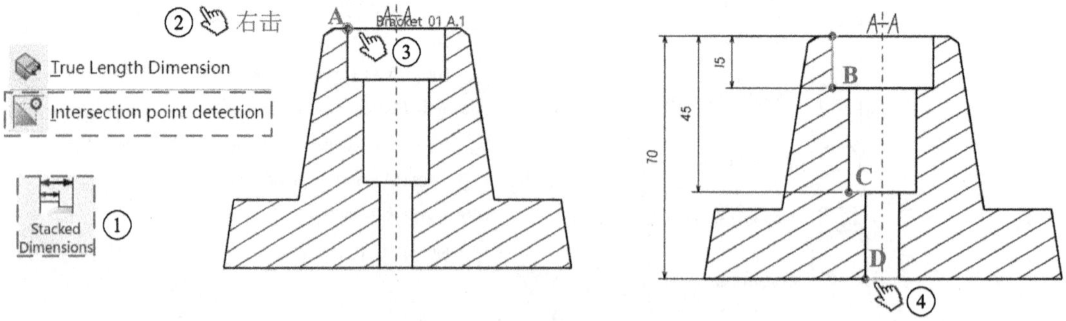


图 5-25 连续标注

2. **公差及表面粗糙度标注**

公差及表面粗糙度的标注步骤如下：

Step1：单击“Annotation”→单击基准“”按钮（图 5-26 中①）。

Step2：单击线（基准面），将鼠标向右移动，将基准放置合适位置，在该位置再次单击，如图 5-26 中②所示。

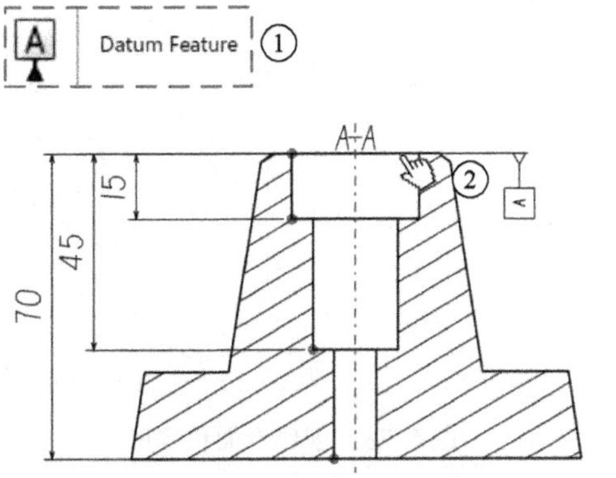


图 5-26　创建基准

Step3：单击“Annotation”→单击几何公差“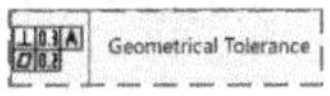”按钮（图 5-27 中③）。

Step4：在需要标注几何公差尺寸的空白处单击，如图 5-27 中④所示。

Step5：在左侧结构树位置，设置该尺寸的同轴度，公差 $\Phi$0.1，参考基准为 A，如图 5-27 中⑤所示。

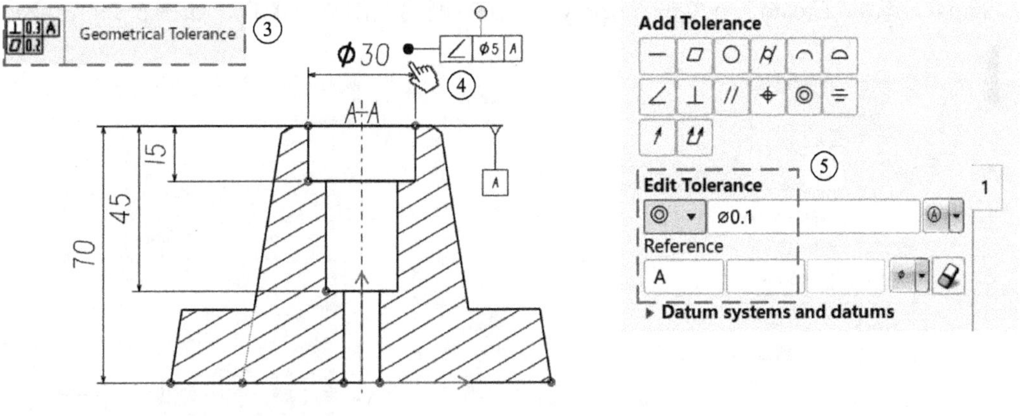


图 5-27　创建几何公差

Step6：单击“Annotation”→单击表面粗糙度“”按钮（图 5-28 中⑥）。

Step7：在有表面粗糙度要求的面上单击，如图 5-28 中⑦所示。

Step8：自动弹出表面粗糙度标注对话框，按图 5-28 中⑧设置表面粗糙度。单击“OK”，关闭对话框，如图 5-28 所示。

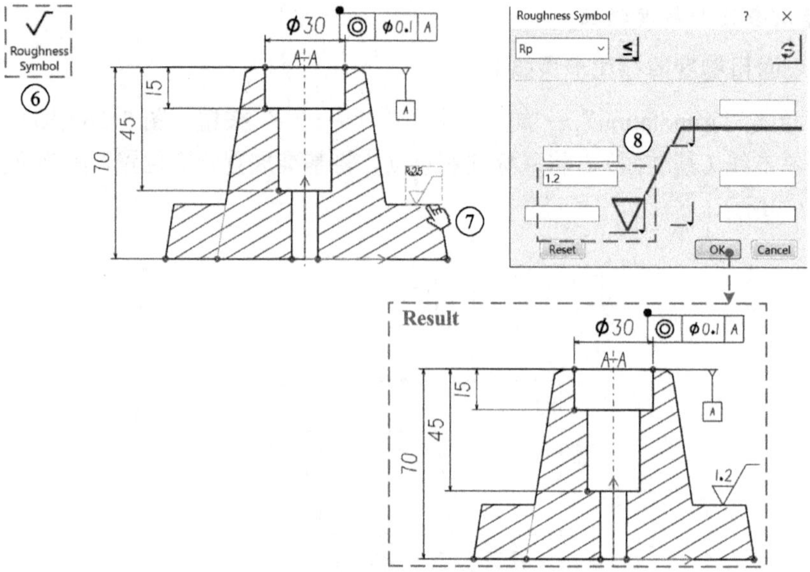


图 5-28 创建表面粗糙度

3. **图框及注释**

Step1：在结构树上选中“Bracket”右击→选择“Edit Background”，如图 5-29 中①所示。

Step2：单击“Annotation”→单击“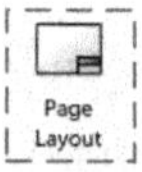”（图 5-29 中②）。

Step3：在“Page Layout”对话框中，设置标题栏的标准“A1 ISO”，横向，如图 5-29 中③所示。

Step4：单击“Create”→单击“Apply”，在右侧图上创建出图框，如图 5-29 中④所示。

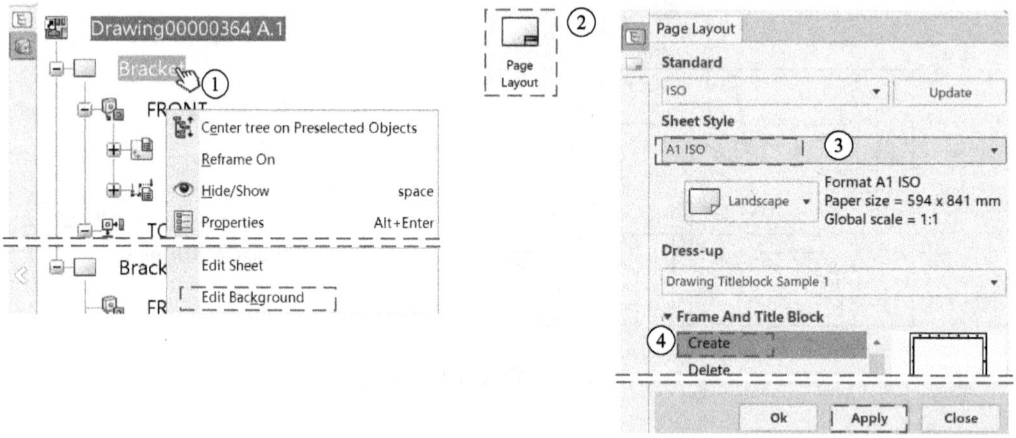


图 5-29 创建图框

Step5：单击“Annotation”→单击“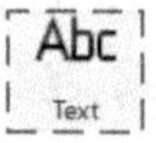”（图 5-30 中⑤），在弹出的文本编辑框中输入注释内容，单击“OK”，如图 5-30 所示。

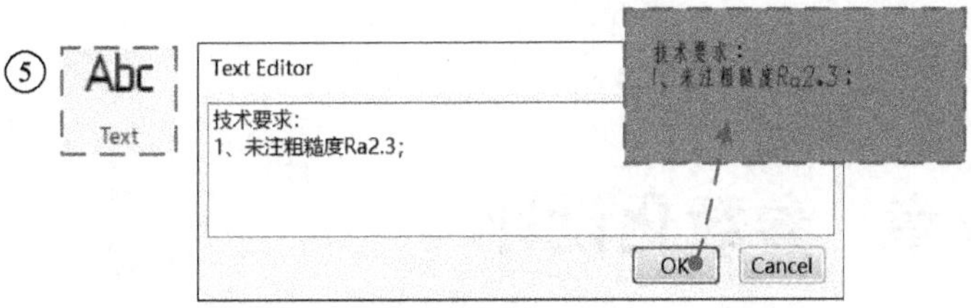


图 5-30　创建注释

Step6：修改标题栏中的内容，只需双击修改内容即可，如图 5-31 中⑥所示。

Step7：图框和注释结束后，单击“”（图 5-31 中⑦），退出编辑，如图 5-31 所示。


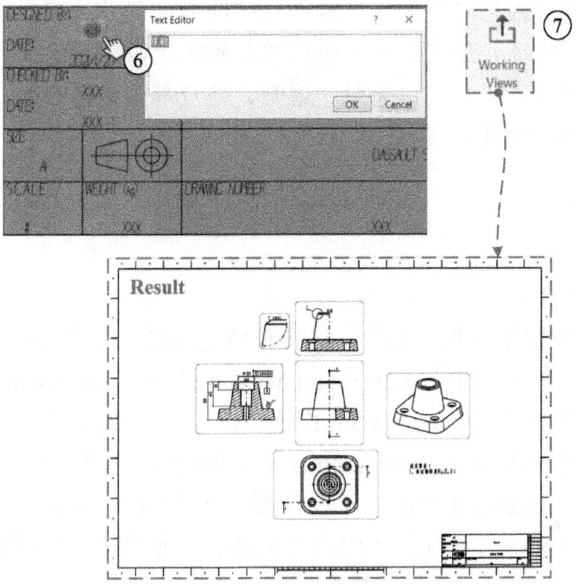


图 5-31　修改图框

# 第 6 章　参数化设计

参数化设计是现在 CAD 软件的核心技术。利用参数化设计可使设计人员从大量重复、烦琐的设计、绘图工作中解脱出来，提高设计效率。CAD 软件一般分为二维参数化设计和三维参数化设计。二维参数化（草图）是构造几何约束和尺寸约束，以用户定义参数驱动平面模型。三维参数化（特征）是在二维参数化的基础之上以用户定义参数来构造立体模型。主体思想是以参数、设计表、公式、关系、规则、检查等来构建产品，从而使产品达到在形状或功能上具有相似性的设计方案。

## 6.1　首选项

设置首选项操作如下：

Step1：在右上角位置单击我的角色，选择传统首选项，如图 6-1 中①所示。

Step2：在“General”→“Parameters and Measure”→“Knowledge”中，勾选结构树参数显示的“With value”（带值）和“With formula”（带公式）复选项，表示参数值和公式显示在结构树上；勾选“Creation of synchronous relations”（零件上下文中的关系更新的同步关系的创建）；在“Design Tables”（设计表）下勾选“Automatic synchronization when loading pointed representation”（加载点时自动同步），如图 6-1 中②所示。

Step3：在“Infrastructure”（基础结构）→“3D Shape Infrastructure”（3D 基础结构形状）→“Display”（显示）中，勾选“External References”（外部引用）、“Constraints”（约束）、“Parameters”（参数）、“Relations”（关系）、“Bodies under operations”（显示操作中的几何体）和“Expand sketch-based feature nodes at creation”（在创建时展开基于草图的特性节点），如图 6-1 中③所示。

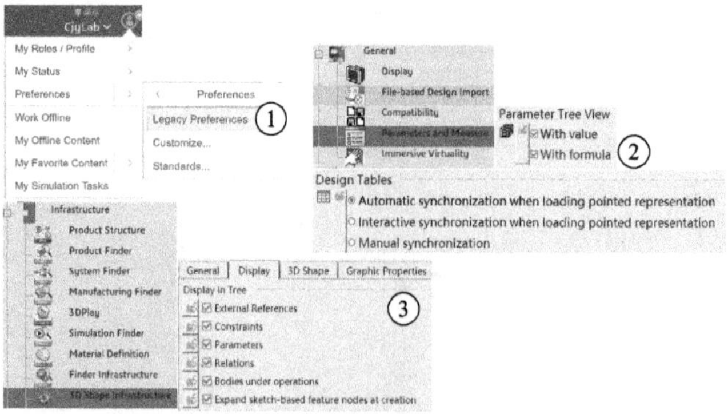


图 6-1　首选项设置

## 6.2　参数

参数是实现 CATIA 文件能够快速进行修改和更新的重要元素，零件的形状和位置都是基于 CATIA 的参数。参数分为固有参数和用户定义参数两种。固有参数是建模时系统自动生成的，用户定义参数是根据用户需要自定义的参数。

### 6.2.1　创建参数

创建参数操作如下：

Step1：在工具栏“Tools”部分，单击“Formula”（图 6-2 中①），进入公式对话框。

Step2：选择参数类型，常用如“Length”（长度）、“Angle”（角度）、“Boolean”（布尔）、“Real”（实数）、“Integer”（整数）等；“With”选择“Single Value”（单个值）或者“Multi-Value”（多值）。输入参数名称和参数值，最后单击“New Parameter of type”（新建类型参数）。例如，选择长度类型和单个值项，修改名称“Length”，参数值“0mm”。如图 6-2 中②所示。

Step3：如果列出的参数较多时，为了方便设计者查看，可在“Fillter Type”（筛选器）中选择“Vser parameters”（用户定义参数），如图 6-2 中③所示。

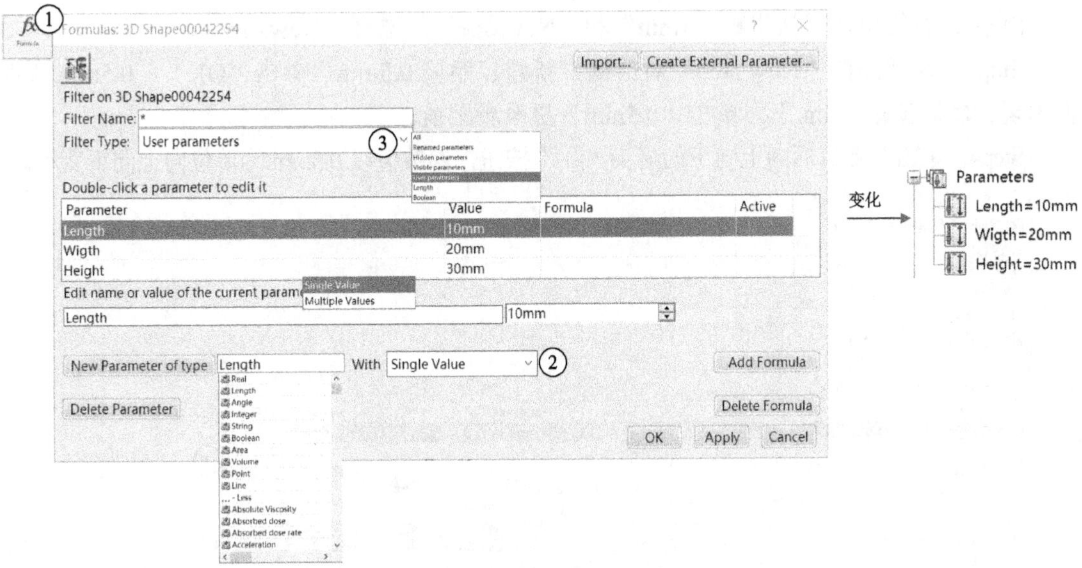


图 6-2　创建参数

### 6.2.2　设置公差

在参数值处右击，选择“Tolerance”（公差）选项，选择“Edit…”，弹出“Tolerance”对话框，新建公差值范围，默认上下公差为 0mm，如图 6-3 所示。

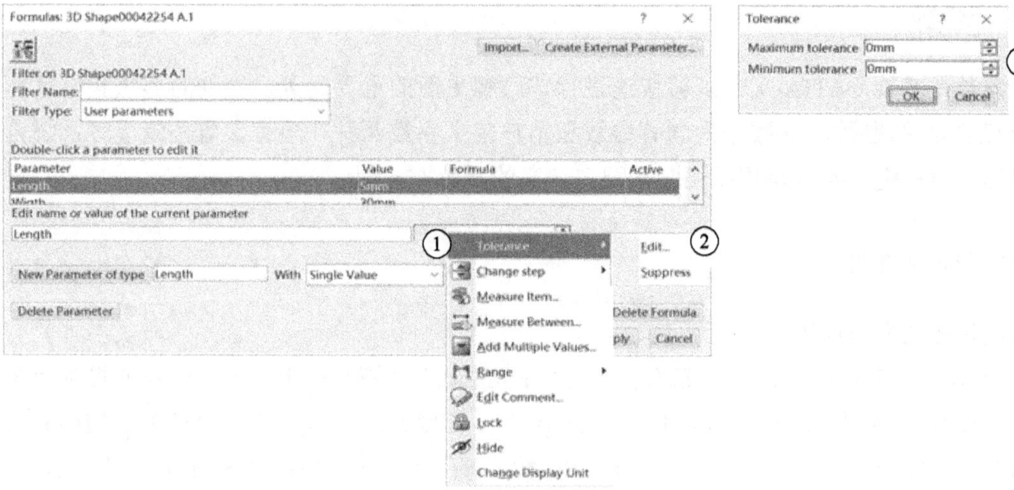


图 6-3 设置公差

### 6.2.3 更改步距

更改步距操作如图 6-4 所示。

Step1：在参数值处右击，选择“Change step”。

Step2：右侧出现默认步距“1mm”和“New one”，选择“New one”。

Step3：在弹出的“New step”对话框中新建步距值 0.5mm，单击“OK”，0.5mm 步距值出现在默认步距 1mm 下。单击“0.5mm”更改步距值。

Step4：单击参数值后向上向下的箭头“”按钮，参数值以 0.5mm 为单位向上向下变动。

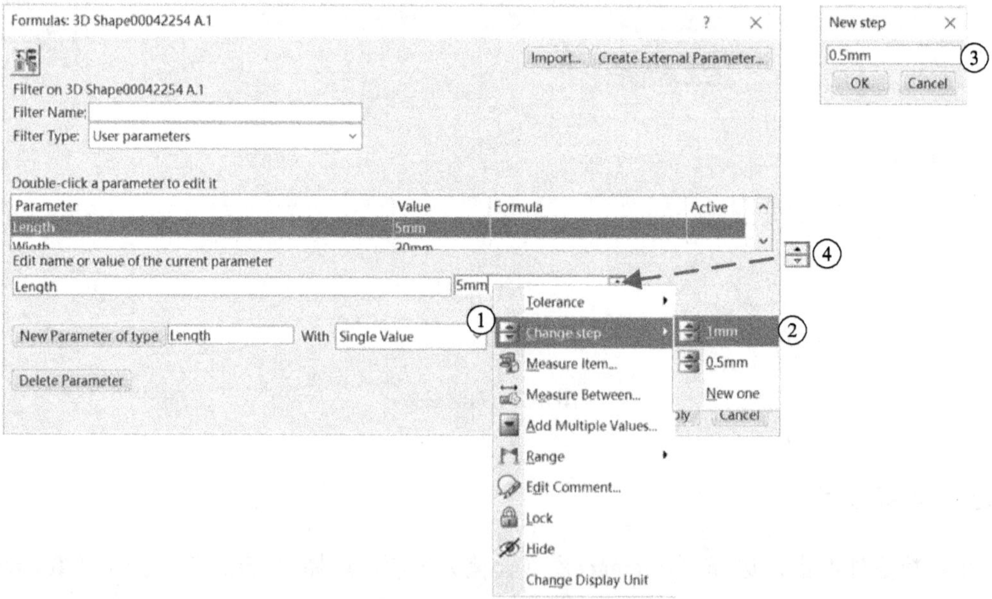


图 6-4 更改步距

## 6.2.4 测量间距

选择“Measure Item…”（测量项），弹出“Measure In Part”（测量项）对话框，选择长方体一条边线，测量出 5mm，勾选“Keep Measure”（保持测量），单击“OK”，公式对话框参数值变成灰色不可编辑状态，右侧出现测量项按钮，可以通过单击该按钮重新修改测量值，如图 6-5 中①所示。

选择“Measure Between…”（测量间距），弹出“Measure Between In Part”（测量间距）对话框，选择模式有多种类型，默认“Any geometry”（任意几何图形）。选择零件的两平面，测量出两平面间距 5mm，勾选“Keep Measure”，单击“OK”，公式对话框参数值变成灰色不可编辑状态，右侧出现测量间距按钮，可以通过单击该按钮重新修改测量值，如图 6-5 中②所示。

对于测量项或测量间距，如果不勾选“Keep Measure”选项，参数值区域仅出现测量值，该值不会随着测量变化而更新。

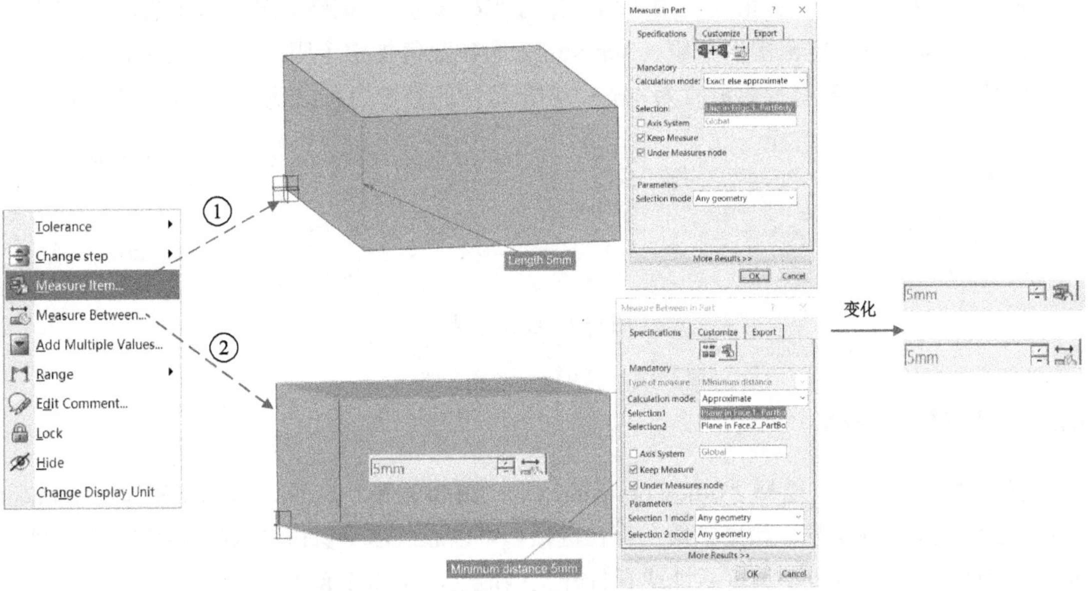


图 6-5 测量间距

## 6.2.5 添加多值

多值选项允许为参数预定义固定值，在“With”下拉菜单中，选择“Multiple Values”（多值），在填写数值的选项中右击，单击“Add Multiple Values”，在“Value list”（值列表）对话框中重复输入预定值并回车，箭头可让值进行排序，完成后在结构树的参数下可切换预设定值，如图 6-6 所示。

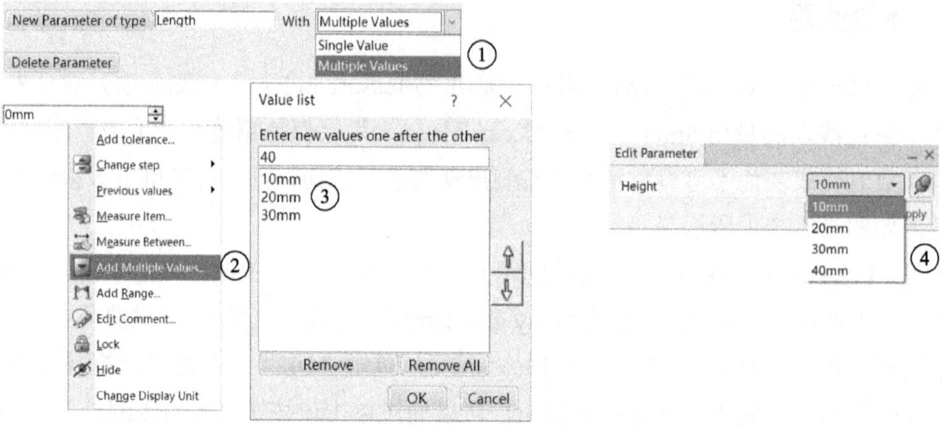


图 6-6 添加多值

## 6.2.6 设置范围

在参数值处右击，选择增加范围选项，弹出“Ranges”（范围）对话框（图 6-7 左图）。Inf.Range 为参数值指定范围的下限，Sup.Range 为参数值指定上限。勾选“Included”表示上下限值在范围内。若将参数更改为 4mm，超出范围的警告信息出现，如图 6-7 右图所示。

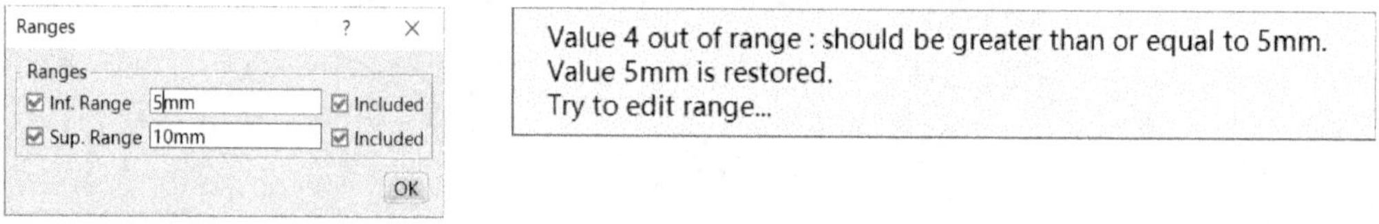


图 6-7 设置范围

## 6.2.7 URL 和注释

在参数值上右击，选择“Edit Comment…”（编辑注释）选项，弹出 URLs&Comment（URLs 和注释）对话框，如果参数上存在链接，可以通过这个窗口进入特定的 URL 链接，单击“GO…”，可以自动浏览网址或者打开文档地址，如图 6-8 所示。

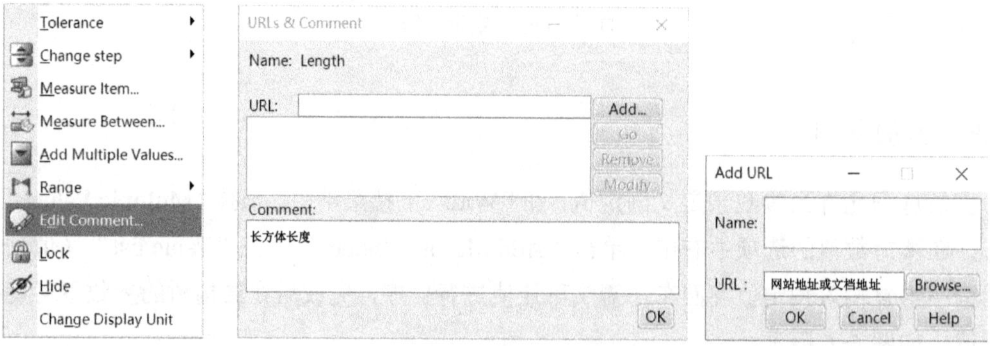


图 6-8 URL 和注释

## 6.2.8 隐藏参数

隐藏参数方式如图 6-9 所示。

**方法一**：双击选中的参数名称，在参数值处右击，选择“Hide”。

**方法二**：右击参数名称，选择“Hide”。

**方法三**：打开公式对话框，选择参数，右击，选择“Hide”。

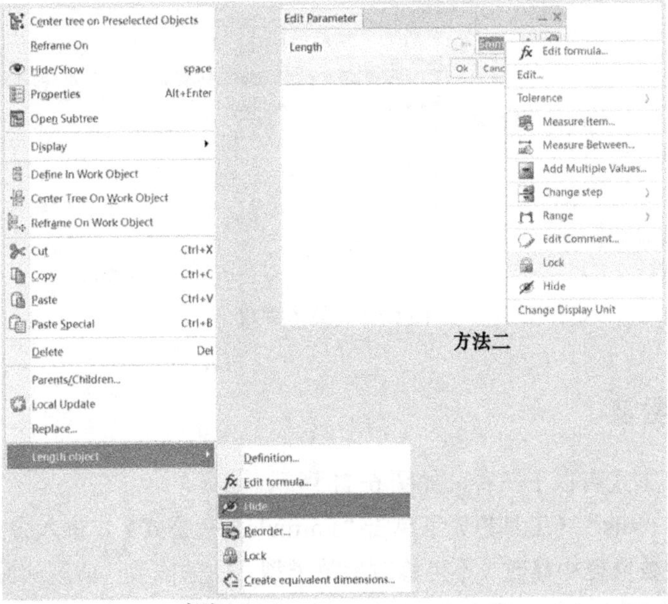


方法二

方法一

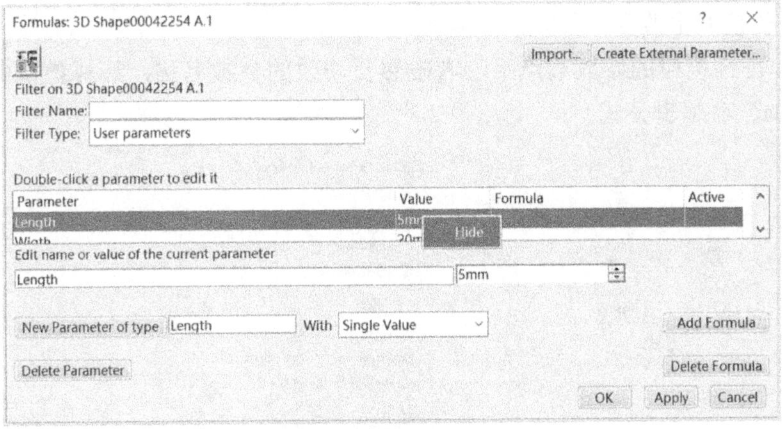


方法三

图 6-9　隐藏参数

## 6.2.9 显示参数

显示参数的方式如图 6-10 所示。

**方法一**：右击结构树参数，选择“Parameters object”（参数对象）→“Hidden Parameters”

（隐藏参数），选择需要显示的参数，单击“Show”。

**方法二**：打开公式对话框，“Filter Type”选择“Hidden parameters”（隐藏公式），选择需要显示的参数，右击，选择“Show”。

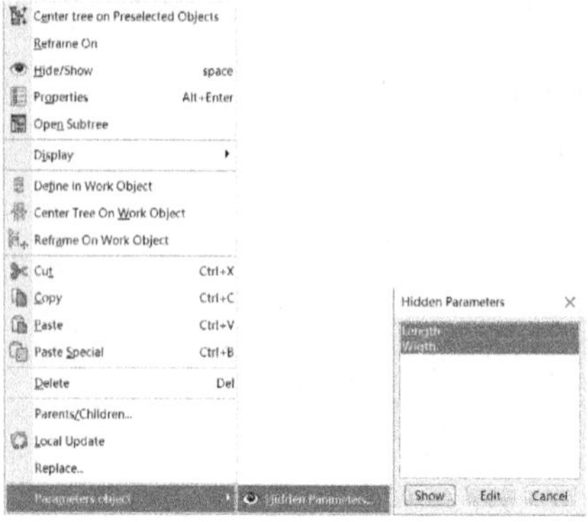


方法一

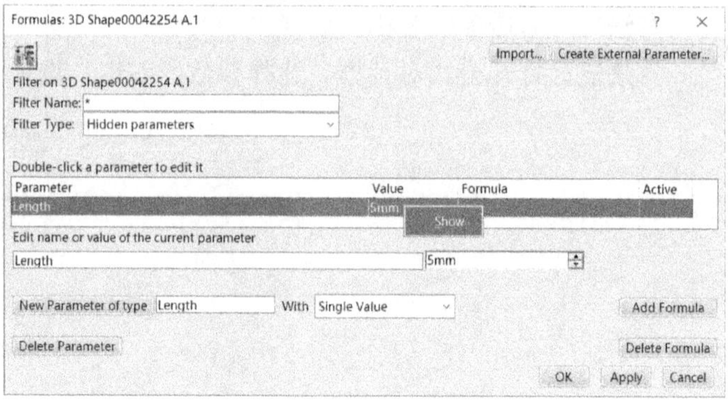


方法二

图 6-10 显示参数

## 6.2.10 修改参数值

修改参数值的方式有以下三种，如图 6-11 所示。

**方法一**：在“Tools”（工具栏）下单击“Formula”（公式），进入公式对话框，选择要修改的参数，在参数值框中修改（不可修改参数类型，如需修改，请删除原参数重新创建）。

**方法二**：在结构树的参数节点下，双击想要修改的参数名称，修改值并选择确定，此时“Length”的值发生改变。

**方法三**：在结构树的参数节点下，右击想要修改的参数名称，选择参数名称对象中的“Edit Formula”（编辑公式）。

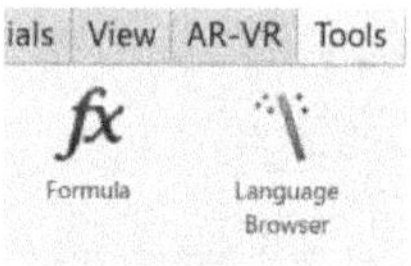


方式一

方式二

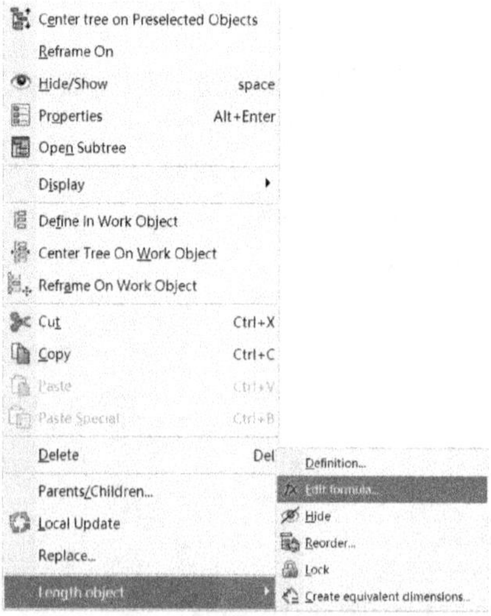


方式三

图 6-11 修改参数值的方式

### 6.2.11　导入参数

参数不仅可以通过手工输入，也可以通过外部文件导入。当参数很多时，创建起来很麻烦，需要使用外部导入的方式。可导入的格式有 Excel 工作表（.XLS）和表格文本文件（.TXT），提取文件中相对应的参数名称和值并创建出来。

Excel 文件格式要求：第一列是参数名称；第二列是参数值加单位，多值之间用分号隔开，其中带 <> 的值表示默认参数；第三列是公式（注意：对于多值参数，只显示默认参数值。）

TXT 文件格式要求：在 Excel 格式的基础上，参数名称与参数值之间的间隔按 <Table> 键。

打开公式对话框，单击右上角“Import…”（导入），选择 TXT 文件或 Excel 文件，查看弹出对话框中的参数是否正确，单击“OK”，表格内的参数出现在结构树中，如图 6-12 所示。

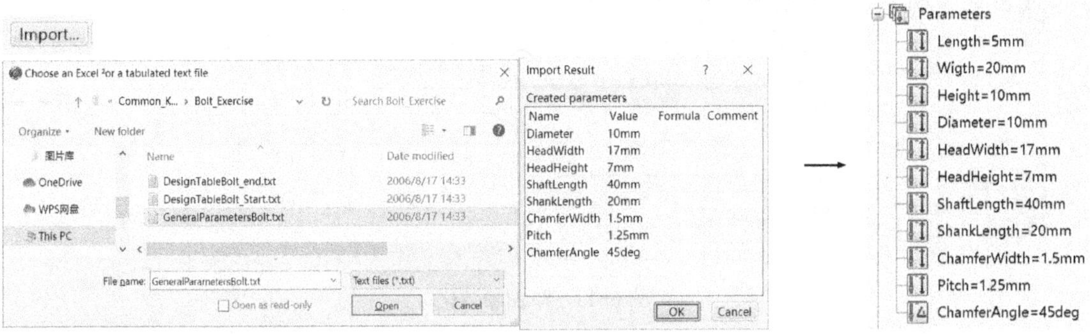


图 6-12　导入 TXT 文件

## 6.3　公式

### 6.3.1　基本公式

基本公式关联尺寸操作步骤如下：

Step1：草图参数化。在草图中，绘出零件的轮廓并标注尺寸，固有值为 8mm、6mm，如图 6-13 中①所示。

Step2：双击尺寸，在“Constraint Definition”（约束定义）对话框值中右击，选择“Edit formula”（编辑公式），如图 6-13 中②所示。

Step3：弹出 Formula Editor（公式编辑器）对话框，双击想要关联的用户定义参数，如图 6-13 中③所示。

Step4：此时轮廓线和约束定义值 20mm 变成灰色不可选中状态，后面多了“$F_{(x)}$”，如图 6-13 中④所示。

Step5：特征参数化。退出草图，使用凸台特征，固有值为 20mm，如图 6-14 中⑤所示。

Step6：在凸台特征 Length 处右击，选择“Edit formula…”，如图 6-14 中⑥所示。

Step7：弹出 Formula Editor 对话框，双击想要关联的用户定义参数，如图 6-14 中⑦所示。

Step8：此时凸台高度和约束定义值 10mm 变成灰色不可选中状态，后面多了“$F_{(x)}$”，如图 6-14 中⑧所示。

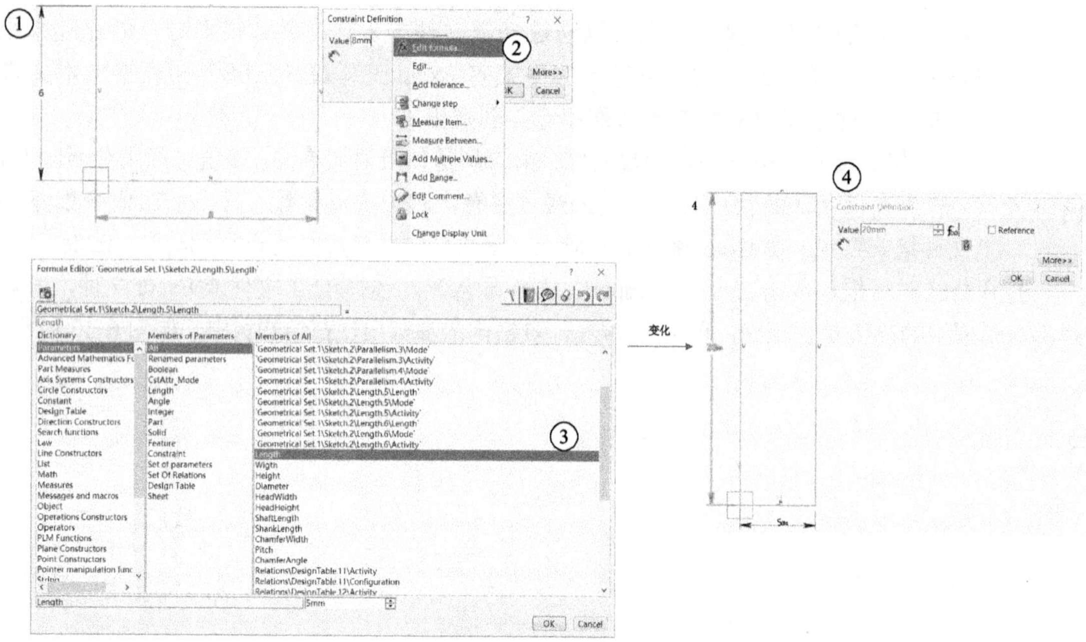


图 6-13　草图参数化

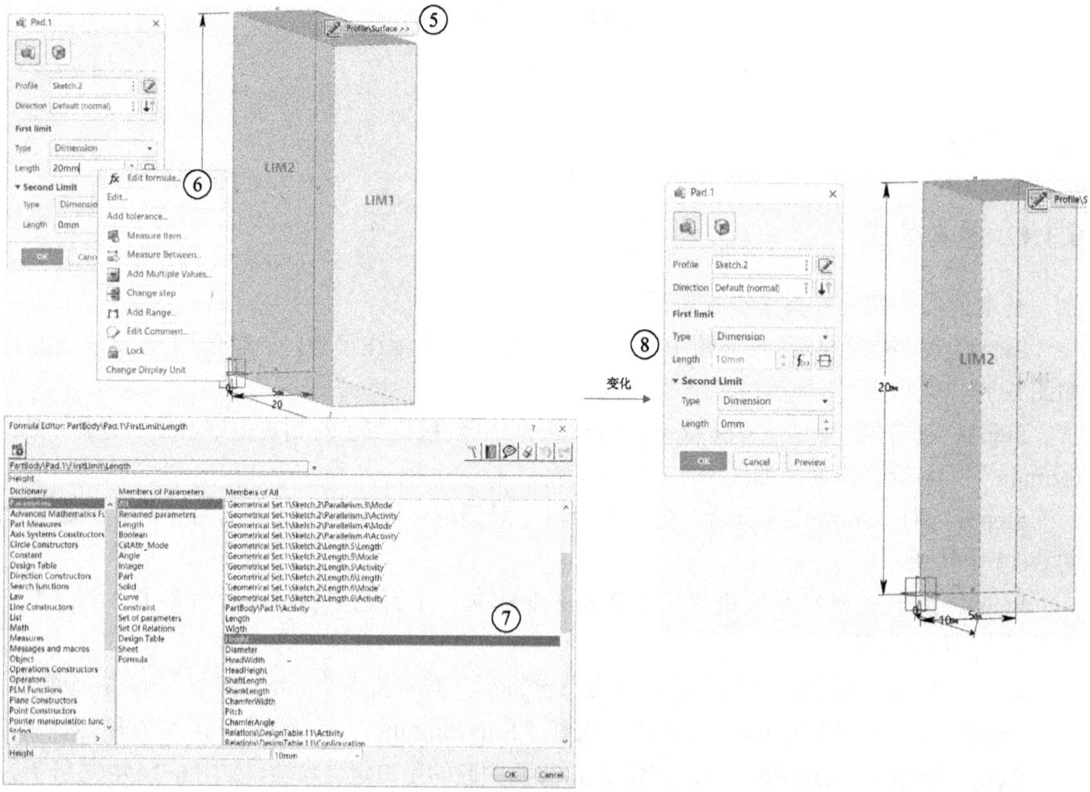


图 6-14　特征参数化

参数之间可以运用其他运算方式，如图 6-15 所示，Pad.1 的高度由参数 Height=10mm 关联，Pad.2 的高度是 Pad.1 的 2 倍再多 5mm（注意公式中的长度值和角度值带单位，比率值不带单位）。

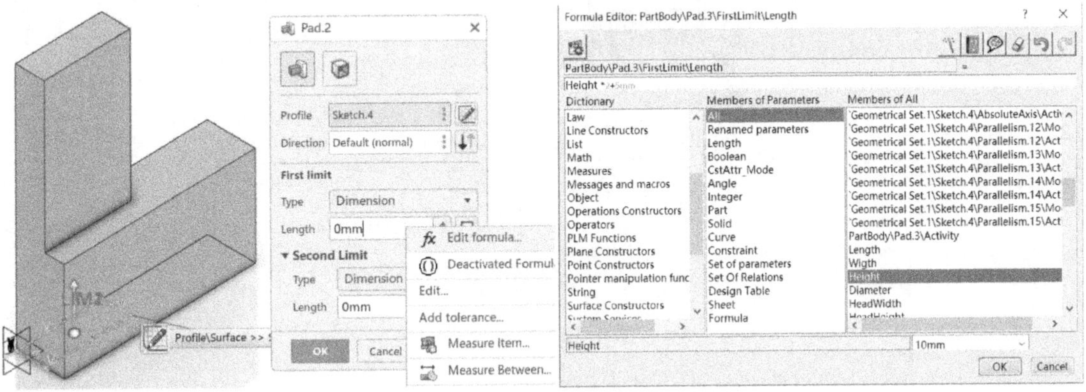


图 6-15　基本公式

若未对长度“5”指定单位，将出现警告信息，如图 6-16 所示。

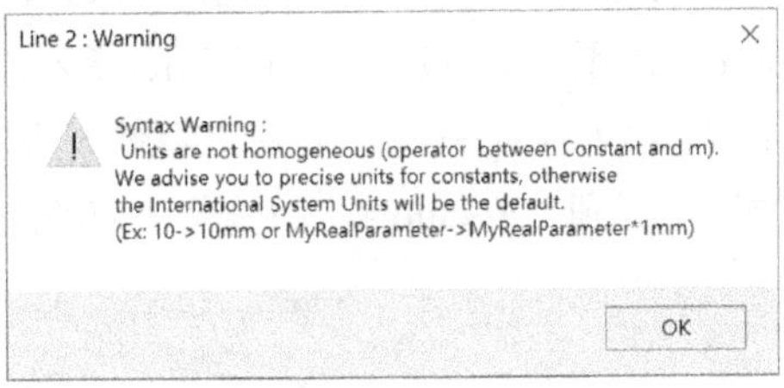


图 6-16　未带单位警告信息

## 6.3.2　抑制 / 激活公式

展开结构树中“Relations”（关系），右击“Formula.7”（公式 .7，对凸台高度定义的公式），选择“Formula.7 object”（公式 .7 对象），单击“Deactivate”（取消激活），公式 .7 被抑制，前端出现抑制符号 ，Pad.2.length 值 $F_{(x)}$ 消失，如图 6-17 所示。

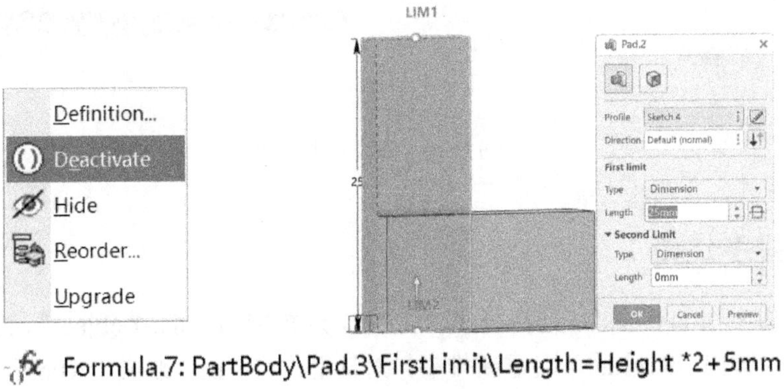


图 6-17　抑制公式

右击公式 .7，选择公式 .7 对象，单击“Activate”（激活），公式被激活，Pad.2.length 值变为不可编辑状态，如图 6-18 所示。

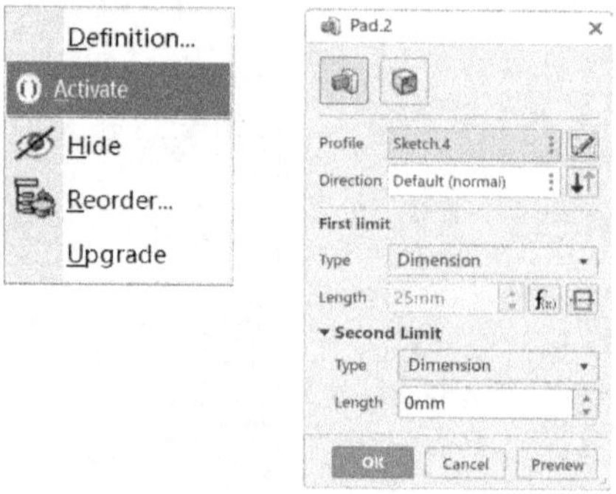

图 6-18 激活公式

## 6.3.3 隐藏 / 显示

展开结构树中“Relations”，选择公式 .7，右击，选择“Formula.7 object”，选择“Hide”，公式 .7 消失，结构树“Relations”出现“[…](1)”，“1”为隐藏公式的数量。右击“Relations”，选择 Relations 对象，然后选择“Hidden Objects…”，弹出隐藏关系对话框，里面有已隐藏公式，单击“Show”（显示），公式 .7 回到“Relations”分支下，如图 6-19 所示。

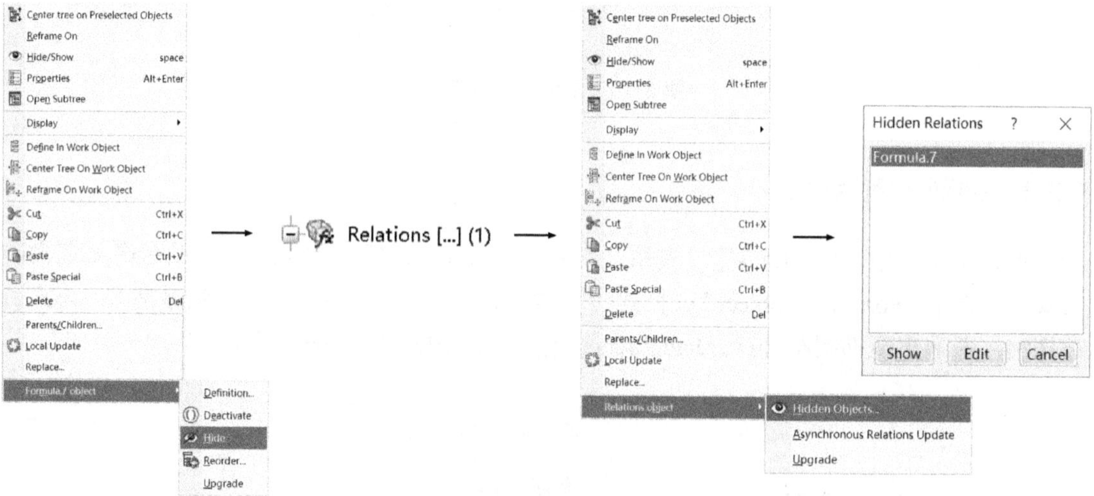

图 6-19 隐藏 / 显示

## 6.3.4 重新排序公式

展开结构树中“Relations”，选择公式 .7，右击，选择“Formula. 7 object”，选择“Reorder”（重新排序），弹出“Reorder”（重新排序）对话框，将“In”改成“After”，如将公式 .7 排在公式 .3 之后，那么在空白处选择公式 .3，单击“OK”，“Relations”分支排序发生变化，如图 6-20 所示。

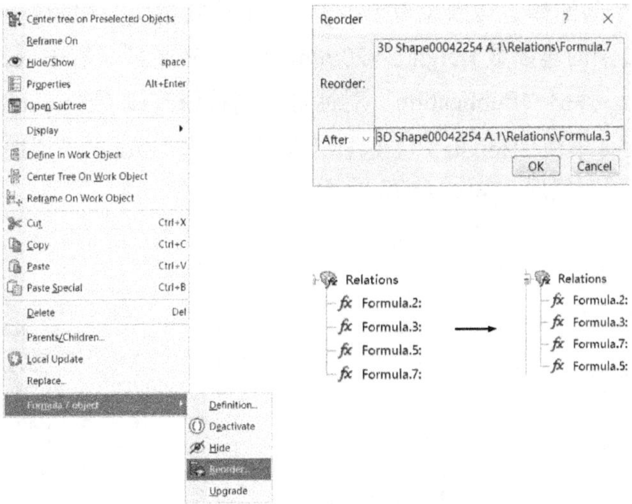


图 6-20　公式重新排序

## 6.3.5　发布参数

在零件设计或曲面设计时，将零件中某重要参数（点、轴线、配合面、参数等）进行发布（Publication），并在设计中仅参考发布过的几何元素，可以减少同外部参数的依存关系，避免设计变更时引起的特征失效。利用“Publication”建立起来的联系更为稳定和可靠。

首选项设置如图 6-21 所示，在传统首选项中依次单击“Infrastructure”（基础结构）→“3D Shape Infrastructure”（3D 零件基础结构）→“General”（常规）→“External References”（外部参数）。

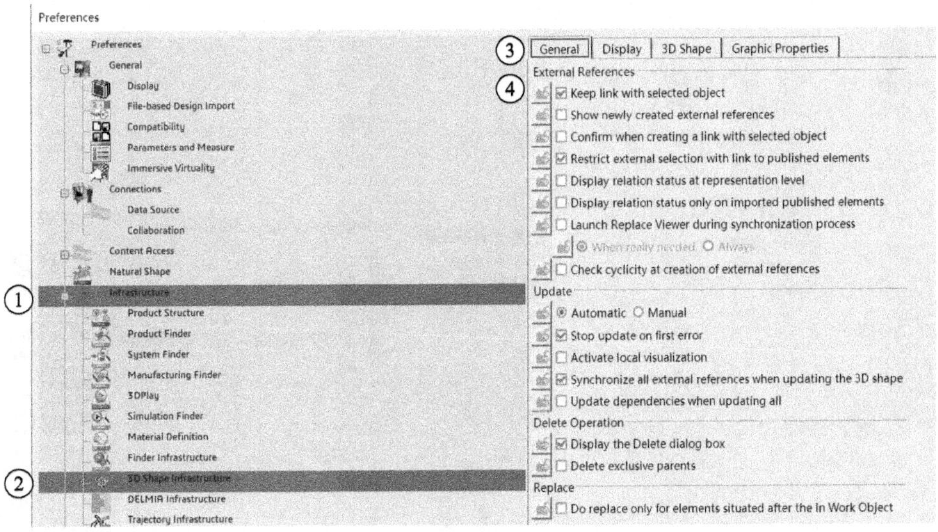


图 6-21　首选项设置

发布参数具体操作步骤如下：

Step1：创建一个装配体，插入现有 Part.1（基本公式案例）和新建 Part.2。

Step2：在 Part.2 中创建参数 Height.3=20mm。双击“Part.2”，右击选择“Insert”（插入），选择“Publication”，弹出“Publication”对话框，名称修改成“Height.3”，单击“OK”。展开“Publication...”，单击“Height.3”，选择“ ”，单击“Modify”后选择参数“Height.3”，单击“OK”，参数发布完成，如图 6-22 所示。

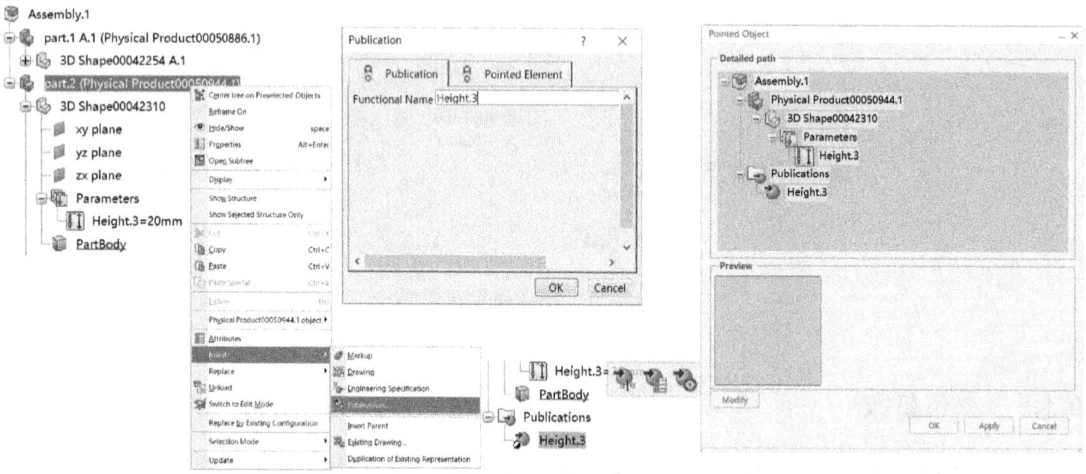


图 6-22 发布参数

Step3：在 Part.1 中编辑草图，画一长方形，凸台拉伸，右击“Length”，选择“Edit Formula...”。

Step4：在公式编辑器中，单击 Part.2 发布的参数“Height.3”。注意：在公式输入框中只显示了值，而没有显示参数名称，如图 6-23 所示，这是因为首选项未勾选保持链接。单击“Cancel”按钮，关闭对话框。

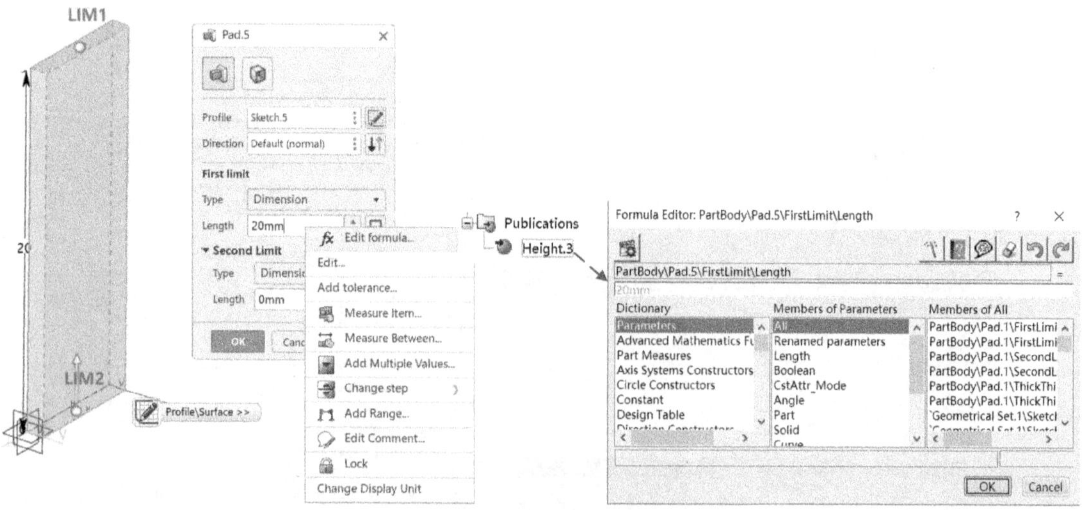


图 6-23 未勾选保持链接

Step5：首选项勾选“Keep link with select object”（保持与选定对象的链接）和“Restrict external selection with link to published elements”（规定外部选择与已发布元素相关联）选项。

Step6：执行 Step4。这时，公式输入框出现的是参数名称，且显示是外部参数，单击“OK”，结构树中多了一个外部参数的节点，如图 6-24 所示。

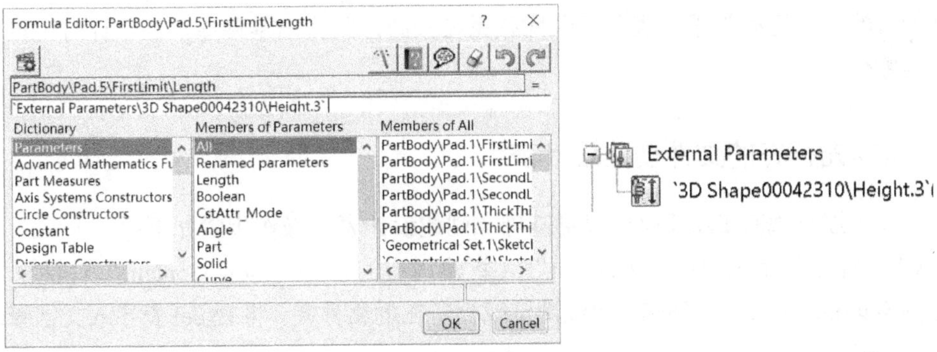


图 6-24　勾选保持链接

## 6.4　等效尺寸

等效尺寸类似于使用公式将一组参数设置为相同的值。在使用公式创建相同值时，无法通过驱动参数改变其他相关参数，而使用等效参数，在修改任何一个参数值时，其他值都会发生改变。操作步骤如图 6-25 所示。

Step1：在“Tools”下单击“Equivalent Dimensions”，如图 6-25 中①所示。

Step2：在“Equivalent Dimensions Feature Window”（等效尺寸特征窗口）对话框中，单击“Edit List...”（编辑列表），如图 6-25 中②所示。

Step3：将等效参数通过箭头“”按钮移至右框，如图 6-25 中③所示。

Step4：可在“Equivalent Dimensions Feature Window”对话框中，修改等效指定值类型（长度和角度），如图 6-25 中④所示。注意：长方体更新成正方体。

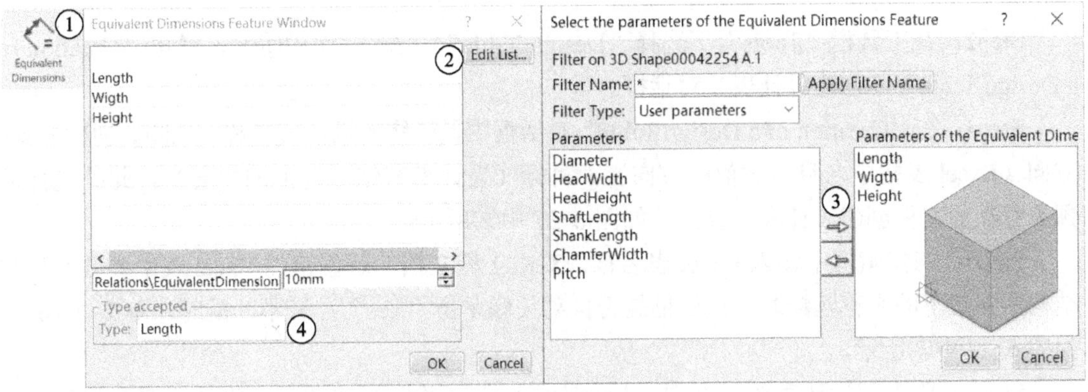


图 6-25　等效尺寸

## 6.5 设计表

设计表为生成同形状不同规格的零件提供了一个快捷方式，只需提供规格不同零件的尺寸参数，就可以创建可切换尺寸的零件。设计表一般采用 Excel 电子表格和 TXT 文本文档作为控制文件。可以在表格 / 文本下进行编辑参数，进而控制零件内的参数变化，达到控制零件的目的。也可以将设计表与目录库联系在一起，制作出零件库，在设计时可以直接从库里调用零件。

### 6.5.1 从预先存在的文件创建设计表

本小节讲述从现有 Excel 电子表格基础上创建设计表。操作步骤如下：

Step1：右上角单击“New Content”（新建内容），在“New Content”对话框中搜索“engineering document”并创建，通过浏览找到所在的文件夹，将 Excel 表导入文档管理中，如图 6-26 所示。

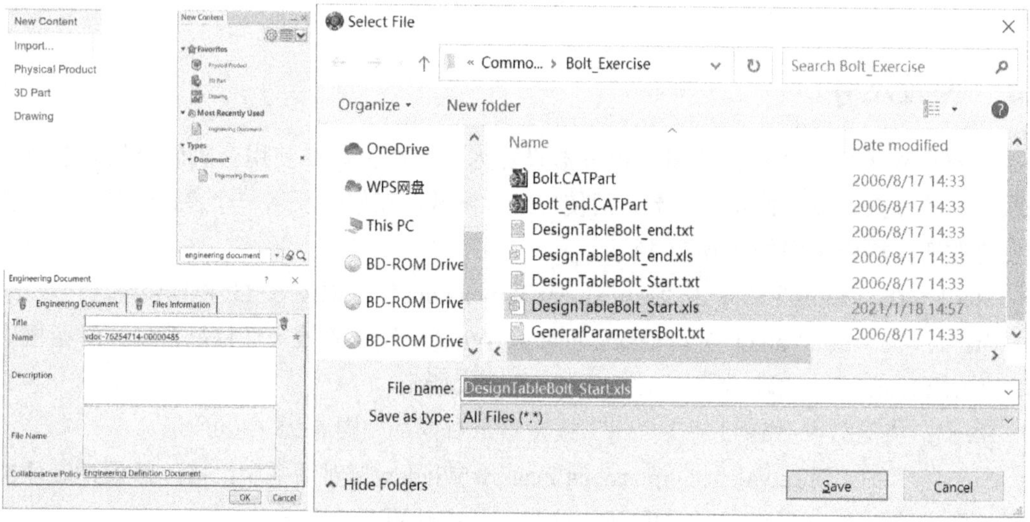


图 6-26　Excel 表导入

Step2：在工具栏“Tools”下选择“Design Table”（图 6-27 中①），弹出“Creation of a Design Table”（创建设计表）对话框。

Step3：在“Creation of a Design Table”对话框中，可修改设计表名称、注释、创建方式、方向（Excel 表格中名目与数值的方向）、目标（设计表在结构树上的位置）。此处选择从预先存在的文件创建设计表，竖直，如图 6-27 中②所示。

Step4：在搜索框中输入 Excel 表名称，双击工程文档，若创建的 Excel 表中参数名称与结构树参数下的名称匹配时，提示框是否自动关联单击“Yes”；若不匹配时，单击“No”，如图 6-27 中③所示。

Step5：单击新设计表对话框中“Associations”（关联）选项卡，将结构树参数和工程文档参数对应关联，在关联完之后，最好将设计表和工程文档放进同一个书签中，以方便管理，如图 6-27 中④所示。

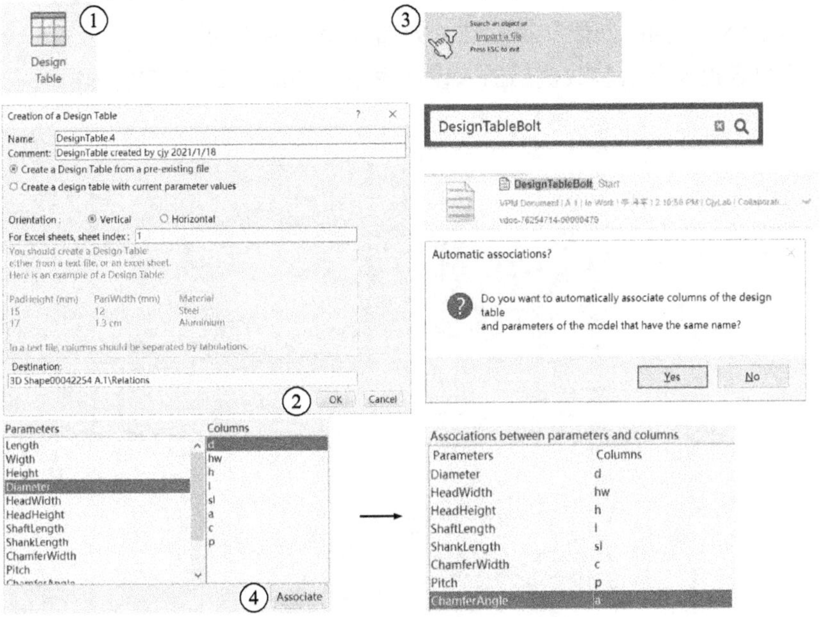


图 6-27　设计表关联 Excel 表

Step6：图 6-27 中仅有两组配置参数，如需更多设定参数来驱动，单击“Edit table…”（编辑表格），弹出本地 Excel 表，添加参数并保存即可，如图 6-28 所示。

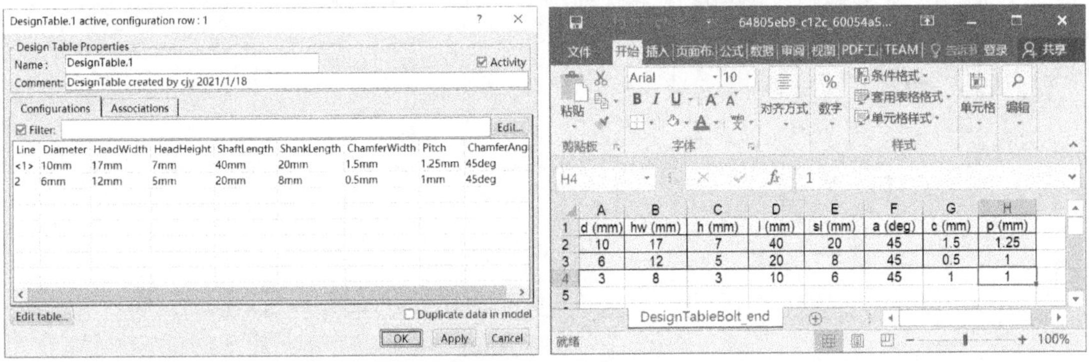


图 6-28　设计表添加参数

## 6.5.2　使用现有参数创建设计表

操作步骤如图 6-29 所示。

Step1：在工具栏“Tools”下选择“Design Table”（图 6-29 中①）。

Step2：选择“Create a design table with current parameter values”（使用现有的参数创建设计表）选项，方向：竖直，单击“OK”，如图 6-29 中②所示。

Step3：弹出“Select the parameters to insert”（选择要插入的参数）对话框，选择向右

的箭头“ ”，将参数插入到设计表中，如图 6-29 中③所示。

Step4：弹出是否创建 Excel 表的提示框，单击“Yes”，创建 Excel 表；单击“No”，则创建文本文档 TXT，同时创建文档管理，如图 6-29 中④所示。

Step5：参数名称及默认参数值已插入设计表中，如图 6-29 中⑤所示。

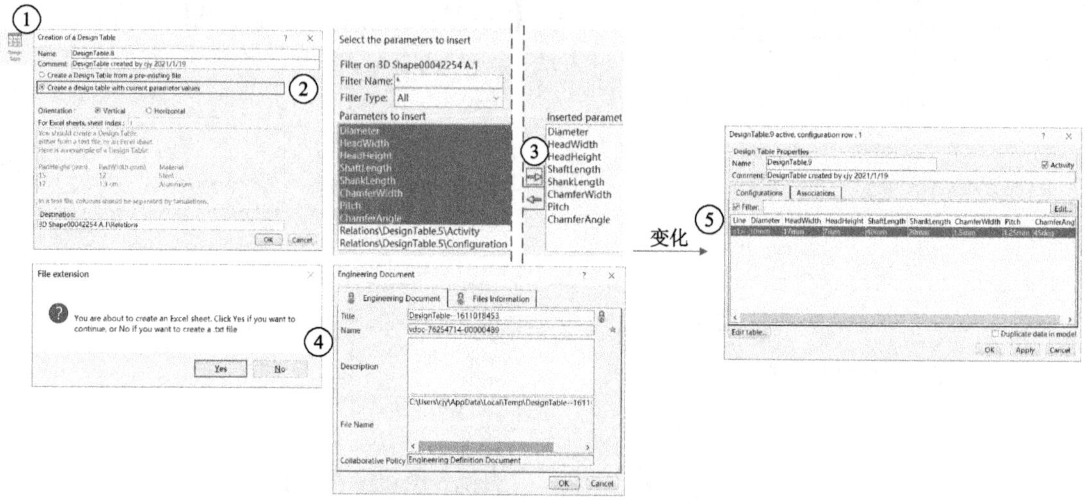


图 6-29 使用现有参数创建设计表

Step6：单击“Edit table…”，在 Excel 表或文本文档中添加参数组并保存，会有报告提示同步成功，设计表更新完成，如图 6-30 所示。

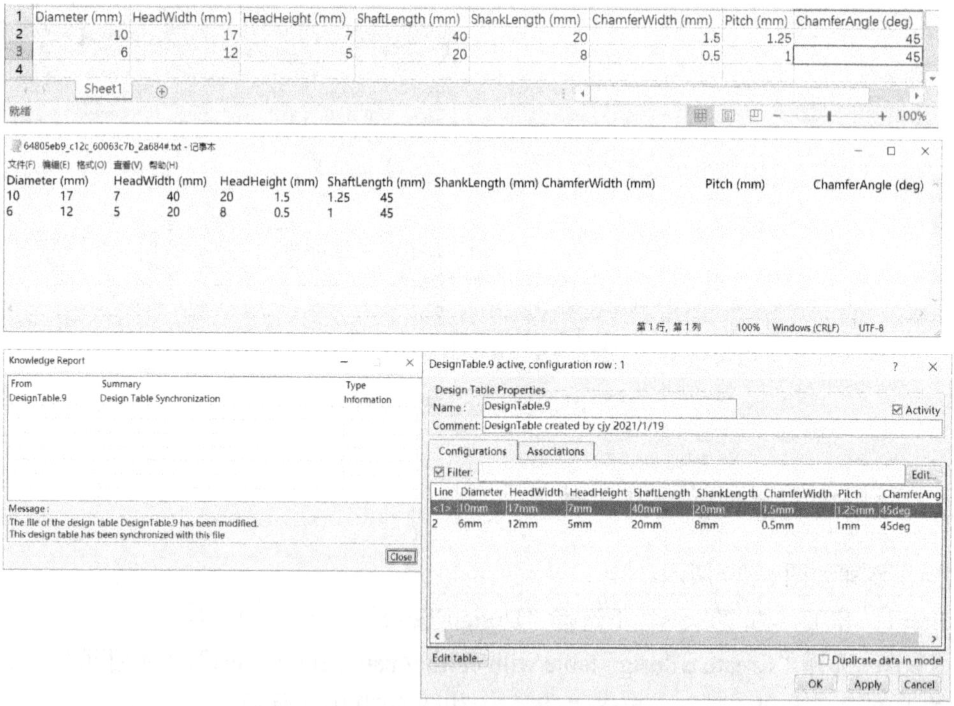


图 6-30 添加参数组

## 6.6　规则

规则（Rule）是知识工程中常用的功能。在这个规则里主要定义了一些语句来控制模型中参数的取值或变化。设计规则用文字性的描述转变成 CATIA 里可识别的语句式的表述。规则创建完成后会存放在关系集里。

单击罗盘西象限“3D”，双击“Engineering Rules Capture”（简称“ERC”）切换模块，如图 6-31 所示。

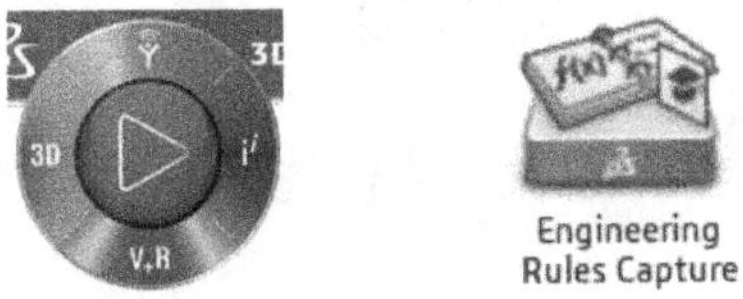


图 6-31　切换模块

例如创建两个参数 a=10mm、b=30mm，当 a<20mm、b=30mm；当 a ≥ 20mm、b=50mm，其创建步骤如图 6-32 所示。

Step1：单击“ERC”模块下“Rule”（图 6-32 中①）。

Step2：在规则编辑器对话框中，可编辑规则名称、描述，单击“OK”，如图 6-32 中②所示。

Step3：在规则编辑器对话框中，可利用词典添加语句，单击“OK”，参数 b 由参数 a 控制，变成不可编辑状态，如图 6-32 中③所示。参数值右侧有 Rule 按钮显示，表示该值受 Rule 控制。

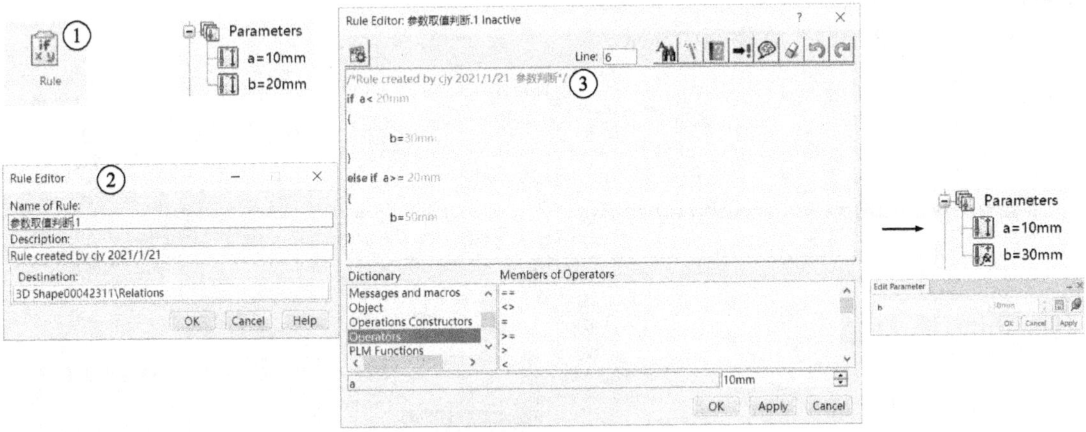


图 6-32　创建规则 1

例如：创建长方体，Pad.length=a=15mm，在长方体一边倒角 10mm。利用布尔值判断倒圆激活或抑制，当 a>10mm，特征倒圆激活；当 a ≤ 10mm，特征倒圆抑制，具体操作步骤如图 6-33 中①～③所示。

Step1：创建长方体，高度 Pad.length=15mm 与参数 a 关联。

Step2：在 Rule 编辑器对话框中，输入语句。在结构树中，单击倒圆特征，编辑器的“Members of All”会显示所有倒圆特征相关构成，双击“Body.2\EdgeFillet.1\Activity”添加至语句中。

Step3：更改参数 a 的值，观察倒圆的变化。

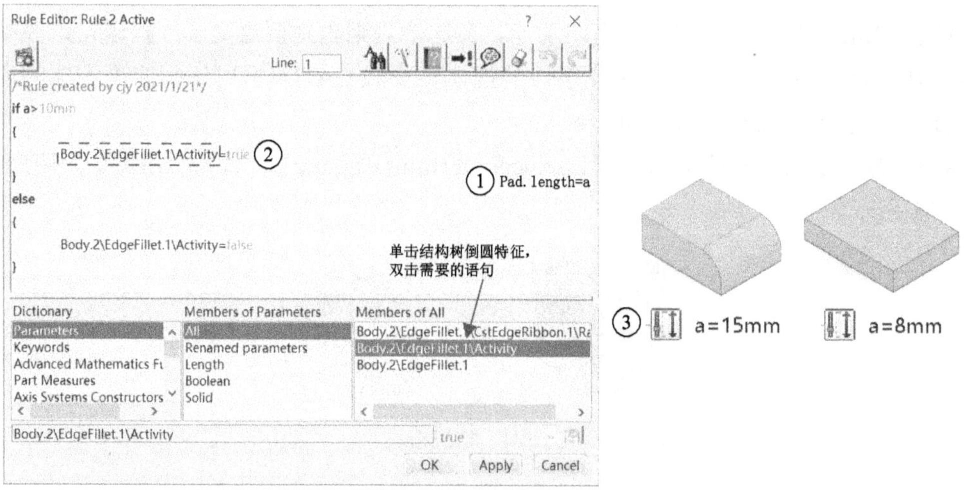


图 6-33 创建规则 2

创建几何参数“点”，当 a>10mm，Point.1 创建在相对原点的（10mm，20mm，30mm）的空间位置，具体操作步骤如图 6-34 中①～③所示。

Step1：在公式编辑器对话框中，新建无参的“Point”元素。

Step2：在 Rule 编辑器对话框中，找到点构造元素语句并输入，在括号内给“Point”位置赋值。

Step3：点“Point.1”在空间中显示。

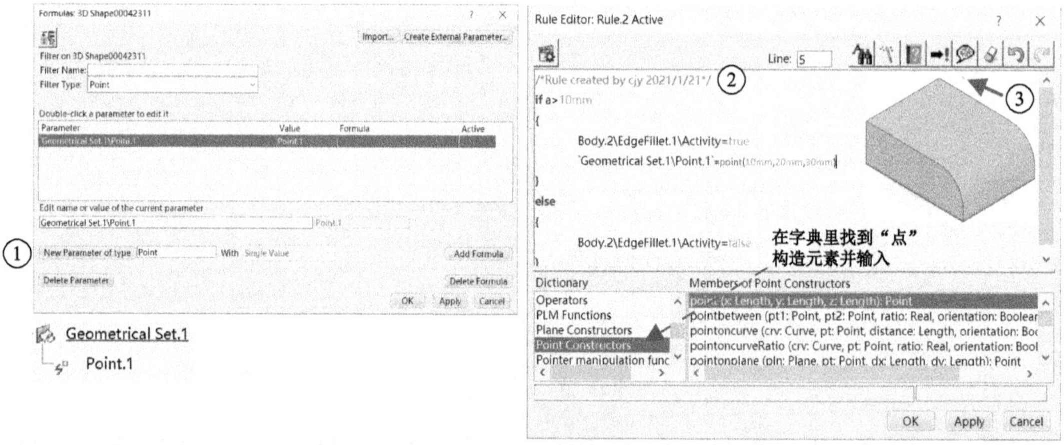


图 6-34 创建规则 3

规则编辑器对话框中除了有提供语句编辑方法的词典，还提供了显示 / 跳转行、查找和替换、语言浏览器、错误检查、注释、语句全部清空等功能。

1）显示 / 跳转行的功能：

①显示鼠标编辑位置在语句的第几行。

②更改值后跳转行，如图 6-35 所示。

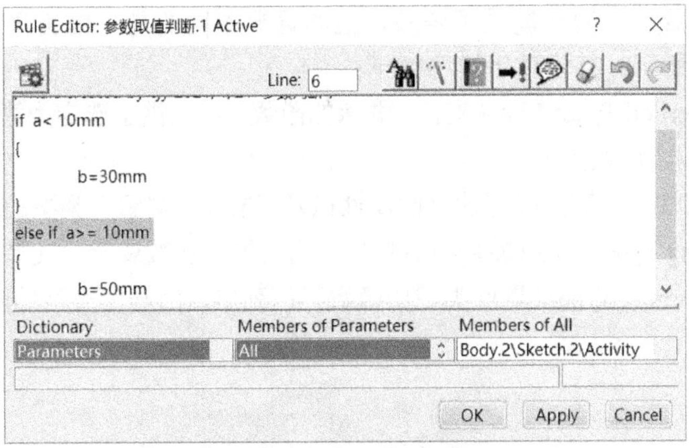


图 6-35　显示 / 跳转行功能

2）查找和替换功能。对话框如图 6-36 所示。

①在“Find what”中输入关键词，突出显示语句中第一个该关键词。

②在“Replace with”中输入更换值，若不全替换可返回“Find”选项卡中使用方向找到该值。

③在“Line number”中填入行数，跳转到该行并突出显示。

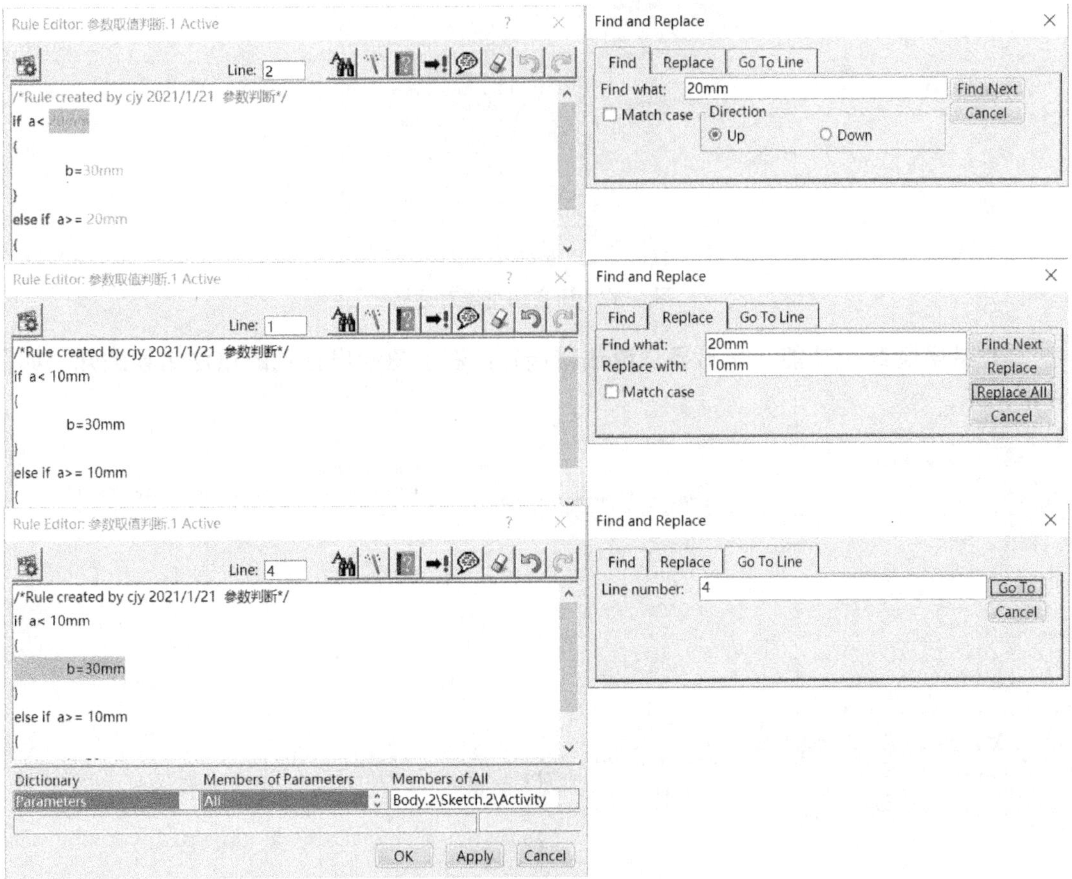


图 6-36　查找和替换功能

3）语言浏览器 ：同样提供了函数，但与词典不同的是，语言浏览器提供的是类型函数，如图 6-37 所示。其选项组说明如下：

Supported/Inherited Types List（支持 / 继承的函数）：提供了选定类型支持的类型列表，以及选定类型继承的类型列表。

Attributes（属性）：列出类型的可能属性以及“支持 / 继承”类型的可能属性。

Functions Using Type（使用类型的函数）：列出第一参数属于“支持 / 继承”的类型。

Functions Returning Type（返回类型的函数）：列出返回选定类型的函数和方法。

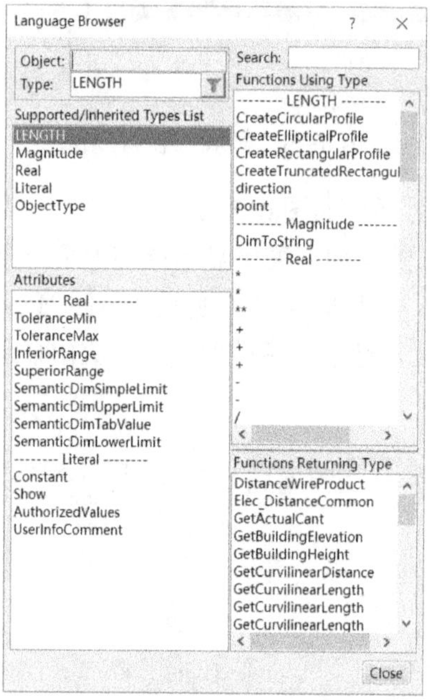


图 6-37　语言浏览器对话框

4）错误检查 功能：突出显示语法错误行，右上角给出直观的语法错误通知，如图 6-38 所示。

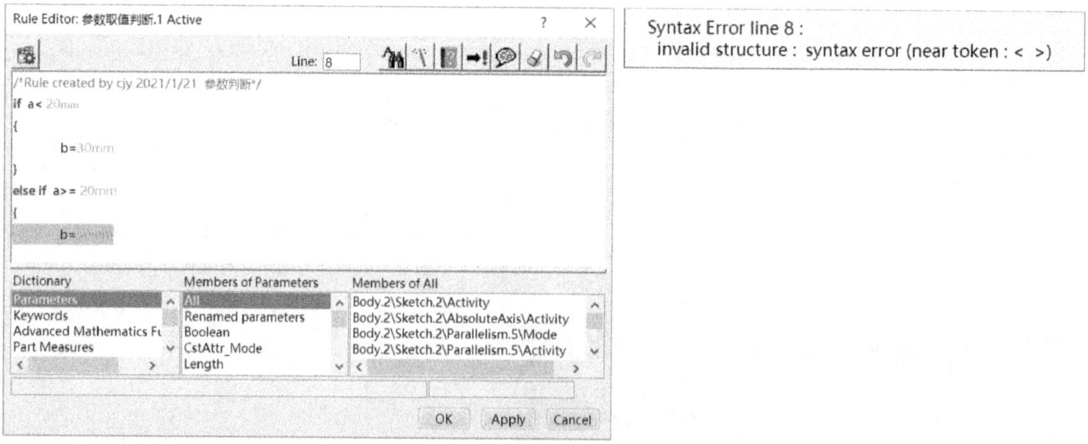


图 6-38　错误检查功能

若需清除文本全部语句，单击 即可。

## 6.7　检查

检查用于通知某一特定条件是否满足。给出的信息有“Silent”“Information”“Warning”。检查不会修改它所应用的文档，而只是给出一个设计指示。检查通常创建在结构树的关系集里，根据检查的状态切换到红色 和绿色 。

1）Silent：该检查的状态仅由功能的按钮表示，不显示信息。

2）Information：表示检查的状态，如果检查错误会有提示信息。

3）Warning：表示检查的状态，如果检查错误会有警告信息。

实例：创建参数 a=55mm，当 a ≥ 50mm 时，系统提示不通过。其创建检查操作步骤如下：

Step1：单击“ERC”下的“Check”（图 6-39 中①）。

Step2：在“Check Editor”（检查编辑器）对话框中，可编辑检查名称、描述，单击“OK”，如图 6-39 中②所示。

Step3：在“Check Editor：check.1 Active”对话框中，输入 a<50mm，单击“OK”，如图 6-39 中③所示。

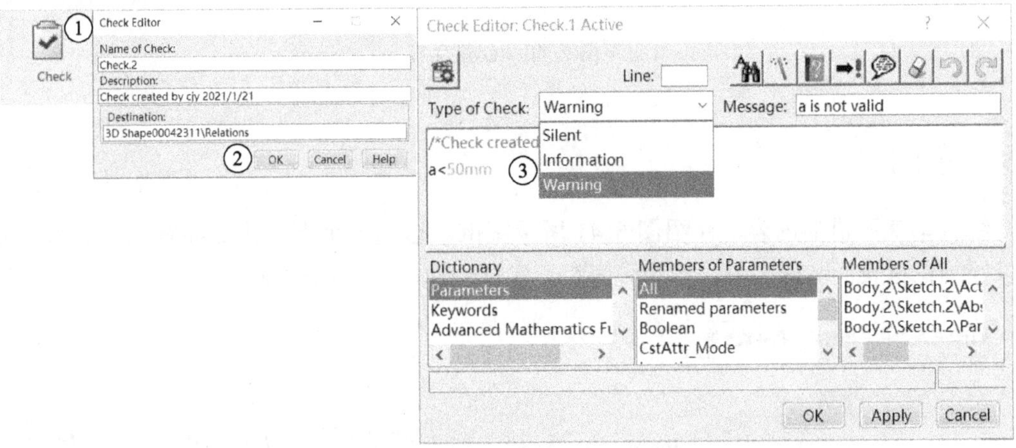


图 6-39　创建检查

## 6.8　反应

创建反应操作步骤如下。

Step1：单击“ERC”模块下的“Reaction”（反应）（图 6-40 中①）。

Step2：在资源中单击结构树参数“a”，“Available events”（可用事件）选择“ValueChange”（值变化）。Action 里有两种语言可供选择：“Knowledge action”和“Visual Basic action”。Knowledge action 是 CATIA 里自带的知识工程语言，也就是 KWA 模块语言。Visual Basic action 是基于对象的通用程序设计语言。这里选择“Knowledge action”，如

图 6-40 中②所示。

Step3：单击“Edit action…”，如图 6-40 中③所示，将语句填入语言编辑器对话框中，单击“OK”。

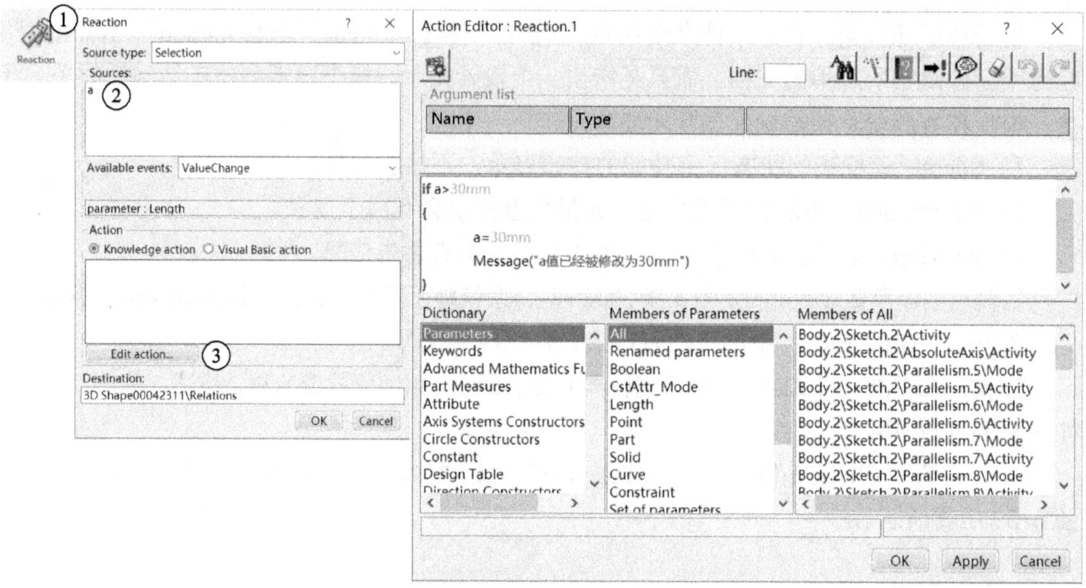


图 6-40 创建反应

## 6.9 案例

结合本章所讲的内容，介绍图 6-41 所示案例。这是一个钢结构支架案例，通过参数化可以控制钢材表面孔的大小、形状和间距，实现快速、参数化建模。

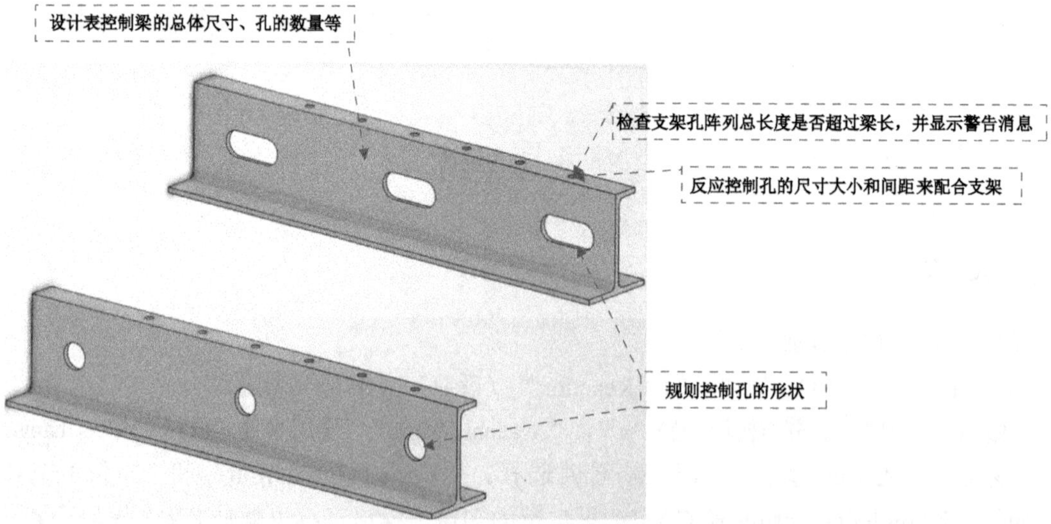


图 6-41 案例

Step1：在 XY 平面上创建草图，草图中画出梁纵向上的轮廓，以及创建草图上轮廓所需要的参数和凸台拉伸长度参数并关联起来，然后倒三个圆角，如图 6-42 所示。

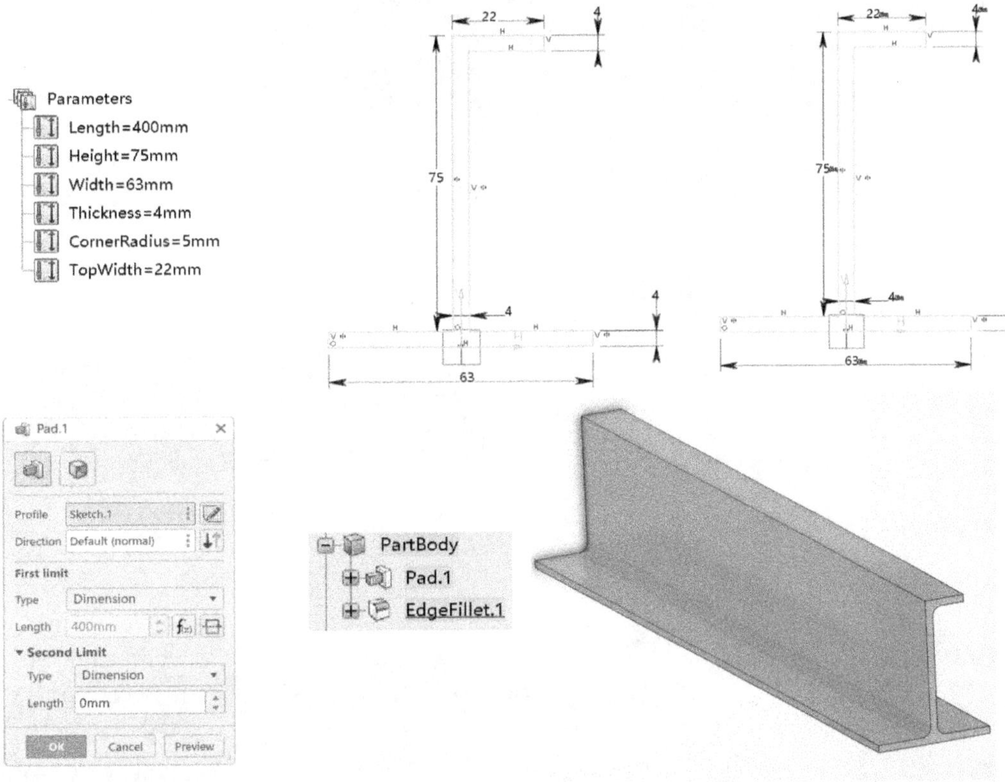


图 6-42　创建草图及关联参数

Step2：在 YZ 平面上创建两个草图，草图中分别画圆和椭圆。创建定义圆和椭圆的参数，圆直径为 10mm，圆心的定位尺寸是距离 ZX 平面的 Height/2 和距离 XY 平面的 2×CirularHoleDiameter；椭圆几何尺寸直径为 10mm，圆心与圆心的距离为 30mm，定位尺寸是距离 ZX 平面的 Height/2 和圆心与 XY 平面距离 30mm。凹槽拉伸类型选择“Up to last”。如图 6-43 所示。

阵列圆孔实例关联参数 NumberCircularHoles，间距编辑公式：

（Length−4×CircularHoleDiameter）/（NumberCircularHoles−1）。

阵列椭圆孔实例关联参数 NumberOvalHoles，间距编辑公式：

[Length−2×（OvalHoleLength+CircularHoleDiameter）]/（NumberOvalHoles−1）。

Step3：创建布尔参数，在规则中添加控制孔、阵列激活 / 抑制的语句，以达到布尔值控制孔形状的目的，如图 6-44 所示。

Step4：在 ZX 平面上做偏移平面，偏移值关联参数 Height。在偏移平面上创建草图，草图中画圆，圆的直径关联 BracketHole_D，定位尺寸是距离 YZ 平面 10mm 关联到“BracketHoleX”和距离“XYBracket_HoleZ”。凹槽拉伸类型选择“Up to last”。阵列的实例关联参数 Bracket_Hole_Num，间距关联参数 BracketHole_Spacing。如图 6-45 所示。

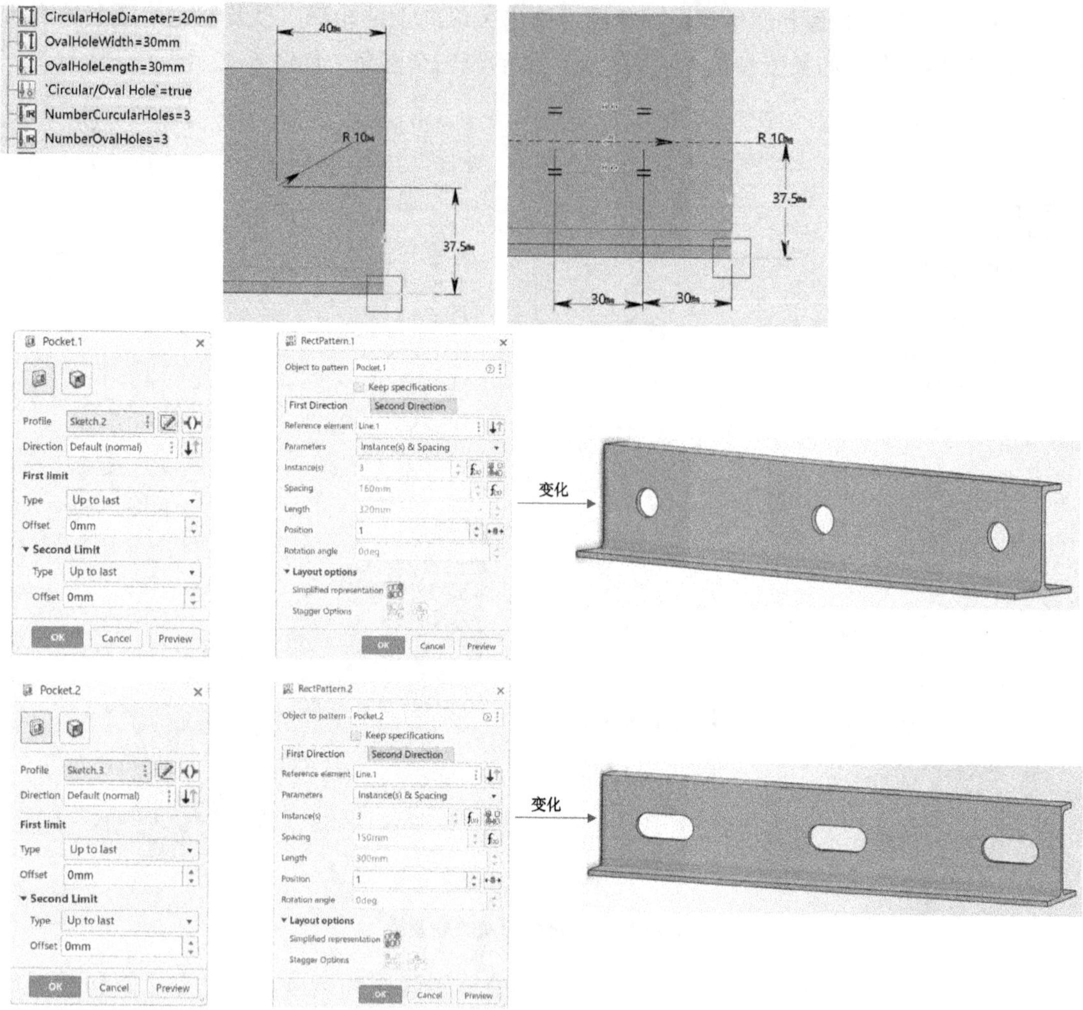


图 6-43 阵列圆和椭圆孔及参数关联

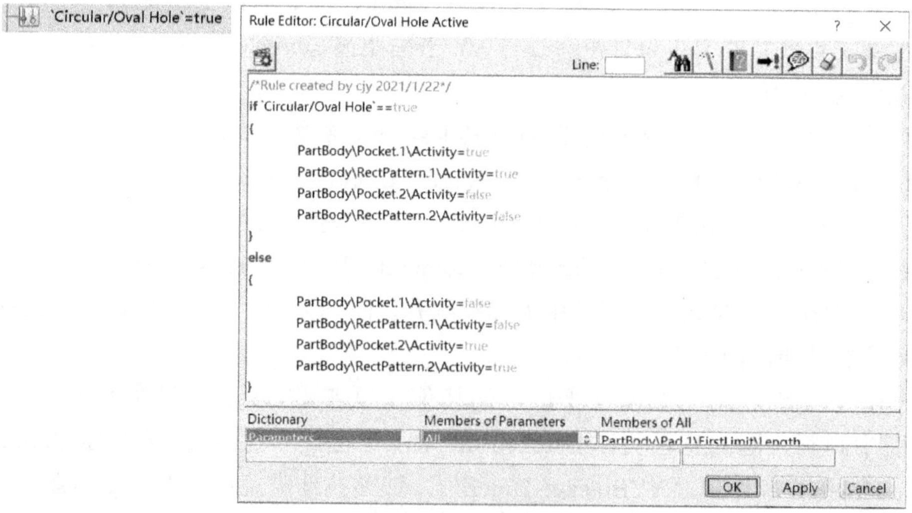


图 6-44 布尔值控制孔的形状

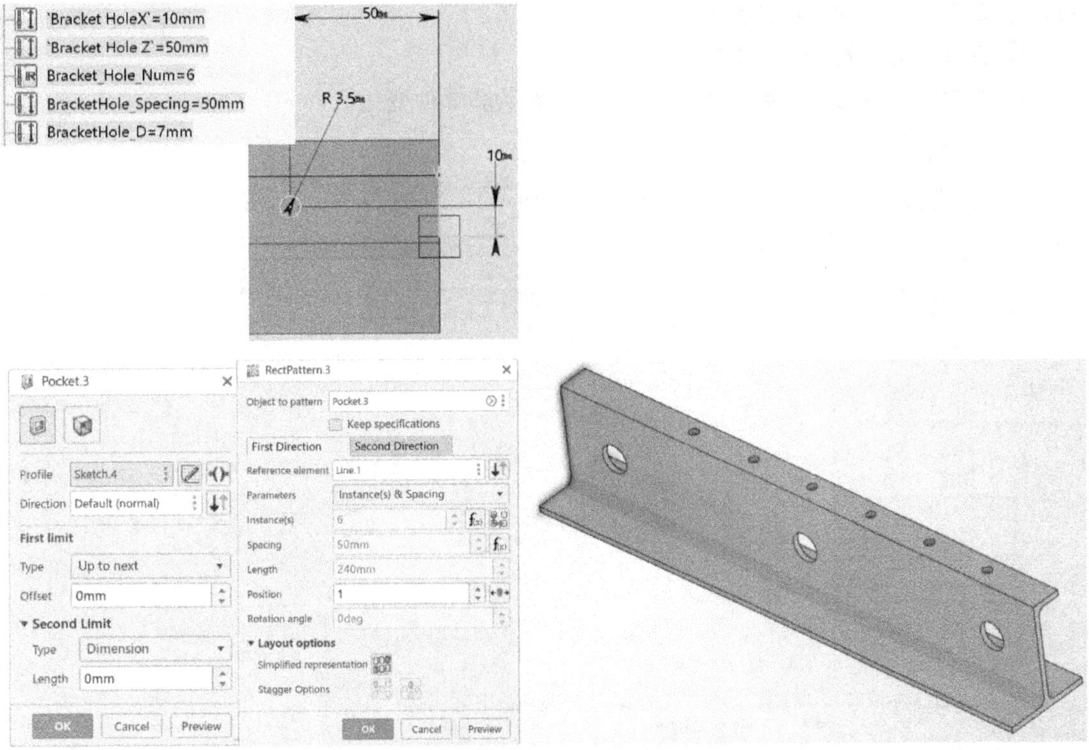


图 6-45　支架孔及参数关联

Step5：创建检查，支架孔阵列不能超出梁的总长，编辑检查对话框如图 6-46 中左图所示，检查类型设为警告，修改警告信息。编辑完成后，修改参数“Bracket_Hole_Num=8”，检查按钮变红，弹出警告信息，如图 6-46 右图所示。

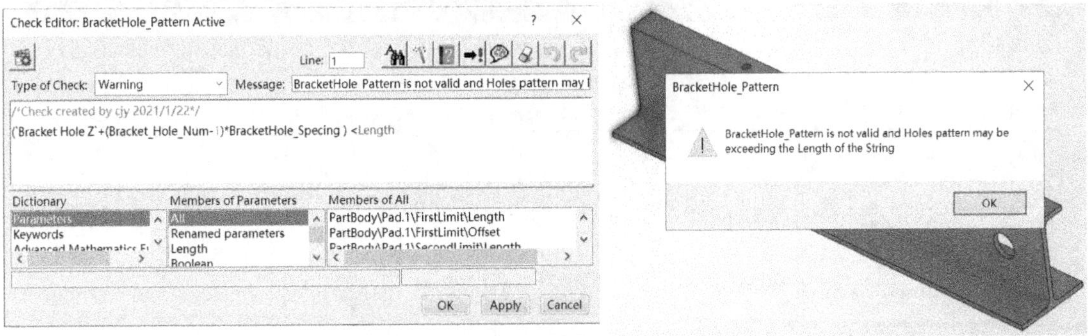


图 6-46　检查支架孔

Step6：创建设计表，关联参数，控制梁的总体尺寸和孔的形状、位置等。操作步骤如图 6-47 所示。

①单击“工具”下的“设计表”，单击“Create a design table with current parameter values”，单击“OK”。

②将除了支架孔相关以外的参数插入到设计表中，单击“OK”。

③单击“Yes”，使用 Excel 表。在设计表中单击“Edit table...”（计算机里没 Excel 应用的，

可以单击“No”创建文本文档）。

④将参数值填入 Excel 表中。

⑤选中表中第二行，单击“OK”，查看参数和零件变化。

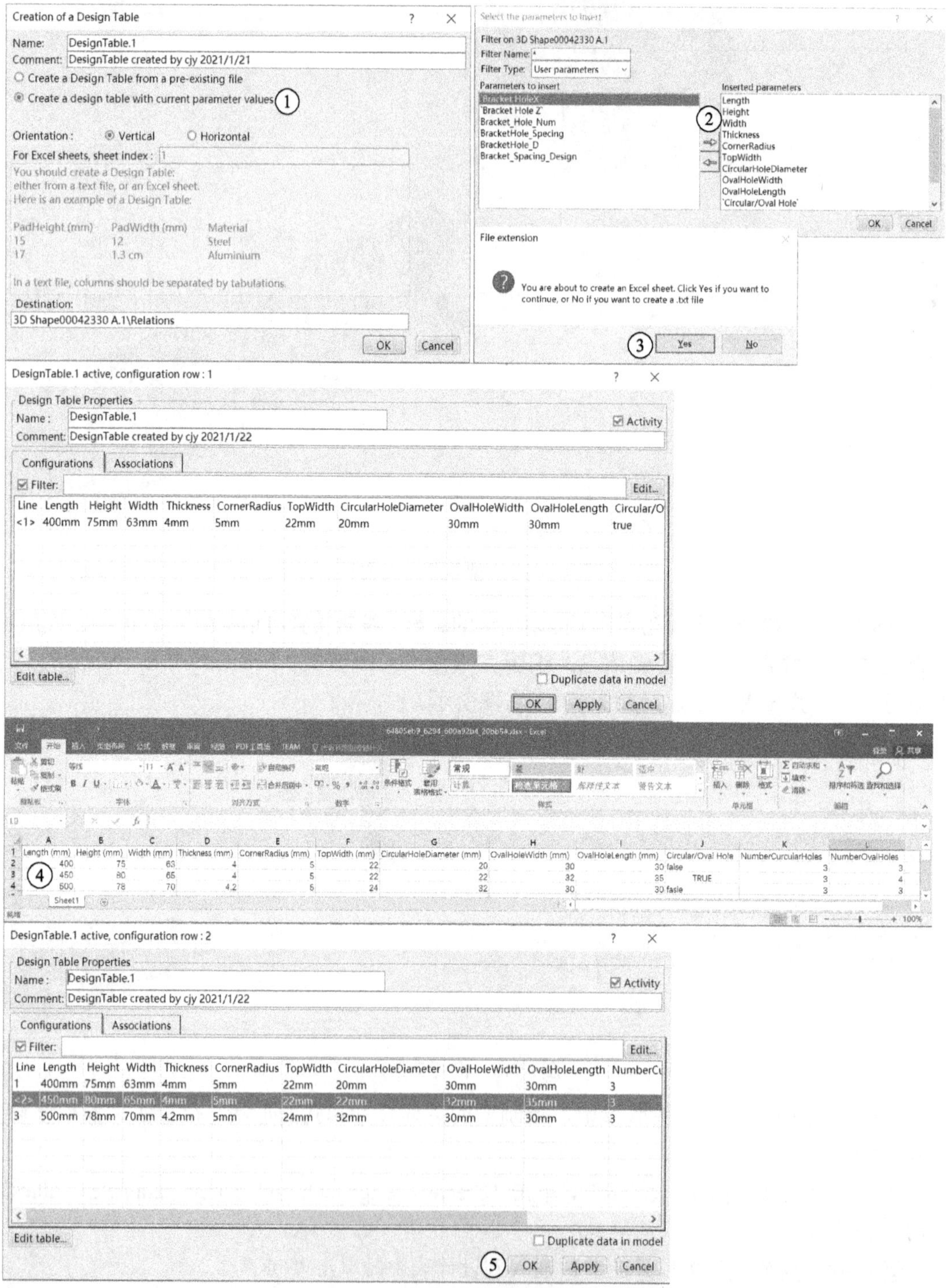


图 6-47 设计表关联参数

# 第2篇
# 数字化工厂仿真

# 第 7 章　智能工厂布局

智能工厂布局可在前期进行项目规划时，快速评估方案的可行性与合理性，通过三维布局仿真，可以快速完成未来工厂的布局效果图，对项目评审、项目规划都有十分重要的意义。可以说，智能工厂布局仿真是智能工厂数字化仿真的基础，在布局仿真的基础上，才有后面的物流仿真分析、工艺仿真分析、工业机器人仿真分析和装配干涉仿真分析等过程。

在进行工厂布局设计时应该包含一个参数化的资源库，任何的设备、传送带、零件箱、桌椅、货架等都可以方便地从库中调取，库中的设备最好是参数化的，尤其是货架、桌椅、围栏等可以根据实际大小来快速生成。

智能工厂布局对应 3DEXPERIENCE 中的 Plant Layout Design 模块。Plant Layout Design 模块可满足工厂布局的所有需求，这个 App 可以在 3D 布局中定位资源，并通过对话框修改它们的参数尺寸，再次编辑可生成新的资源实例。该 App 提供了一个标准资源目录，包括手动工具、钻井平台、吊架工业机器人，以及一个现成的工业资源目录。

## 7.1　创建目录

针对工厂的一些专机设备，可以定制化自己的目录文件，并将设备参数化、实例化。创建目录相当于建立一个文件夹，用于管理和存放智能工厂的各种设备。具体操作步骤如下：

1）新建目录。单击“+”→“New Content”，在搜索框中输入 Catalog，选择“Catalog”，此时创建了一个目录，如图 7-1 所示。

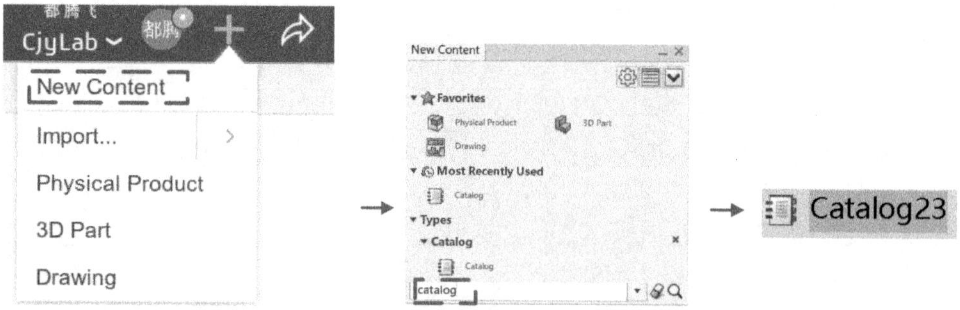


图 7-1　创建目录

2）对目录进行重命名。右击“Catalog23”，选择“Properties”，弹出“Properties”对话框，更改“Name”为“Moving Roller”，单击“OK”按钮，完成对目录的重命名，此时目录名称为 Moving Roller，如图 7-2 所示。

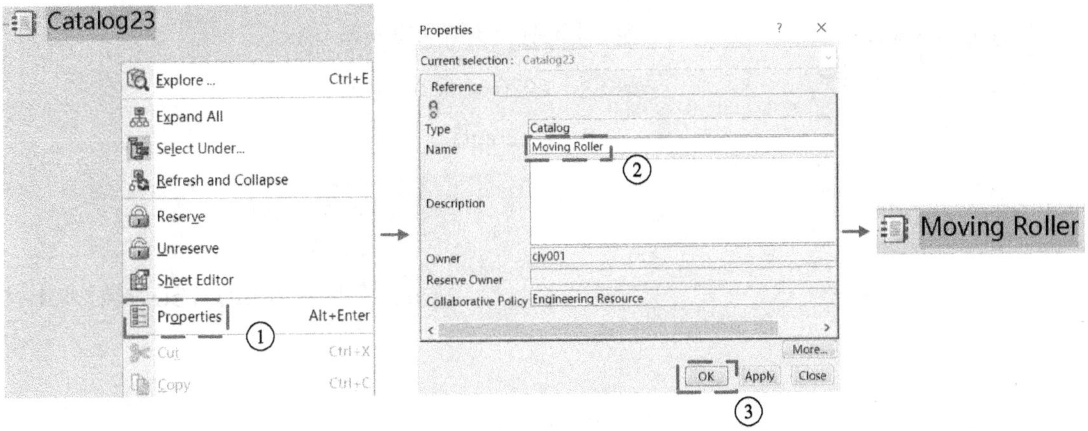


图 7-2　重命名目录

3）在 Moving Roller 下插入章节。一个完整的智能工作站，包含一些基本的设备，包括工业机器人、夹爪、传送带、托盘和其他专机设备等。下面分别为这些设备建立章节，并把 3D Part 文件加到章节中。

Step1：添加工业机器人章节 Robot，并添加工业机器人 ABB_IRB_6700_150_320 A.1。右击“Moving Roller”，依次单击“Insert”→“New Chapter”，修改“Name”为“Robot”，单击“OK”按钮创建 Robot 章节，如图 7-3 所示。

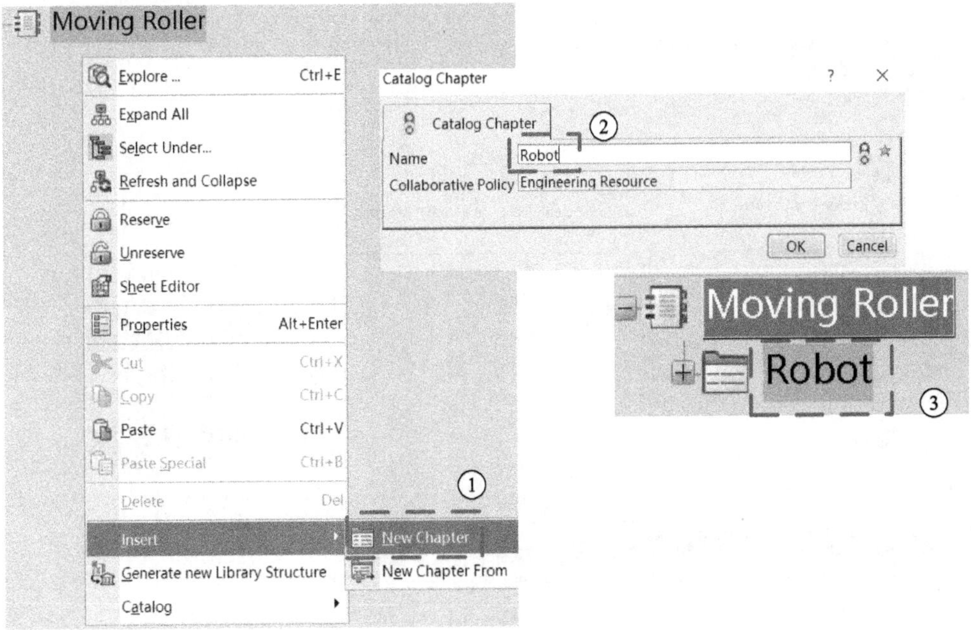


图 7-3　创建 Robot 章节

在搜索框中搜索 IRB_6700，打开文件。右击“Robot”章节，依次单击“Insert”→“Insert Existing Object”，选择文件“IRB_6700_150_320 A.1”，可以发现在 Robot 章节下插入了工业机器人 IRB_6700_150_320 A.1，如图 7-4 所示。

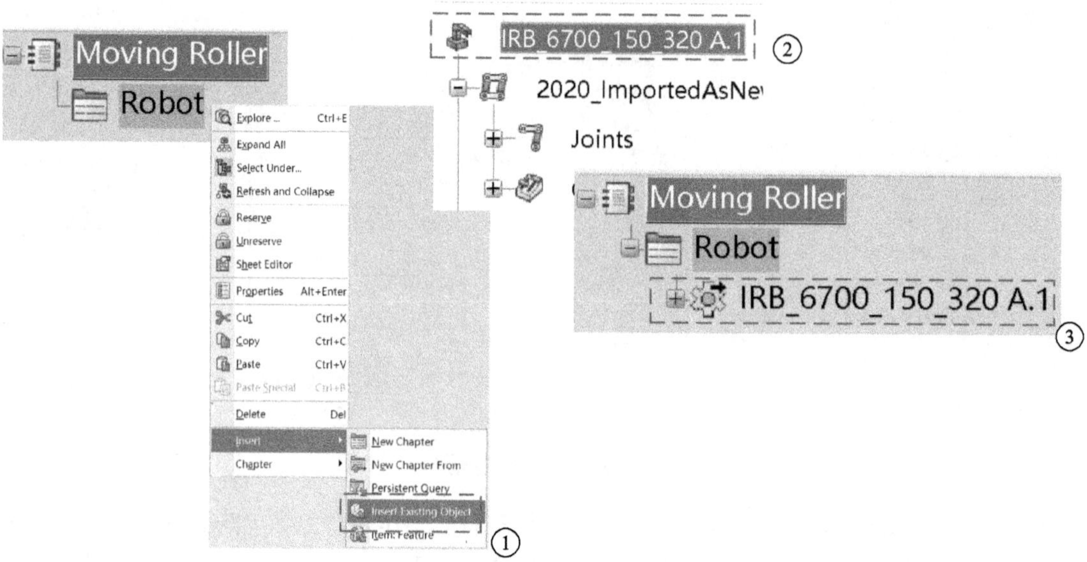


图 7-4　在 Robot 章节插入机器人 IRB_6700

用同样的方法新建夹爪、传送带和托盘章节。

Step2：添加夹爪章节 Grasp，并添加 Grasp A.1 文件。右击“Moving Roller”，依次单击“Insert”→“New Chapter”，修改“Name”名称为“Grasp”，单击“OK”按钮创建 Grasp 章节，如图 7-5 所示。

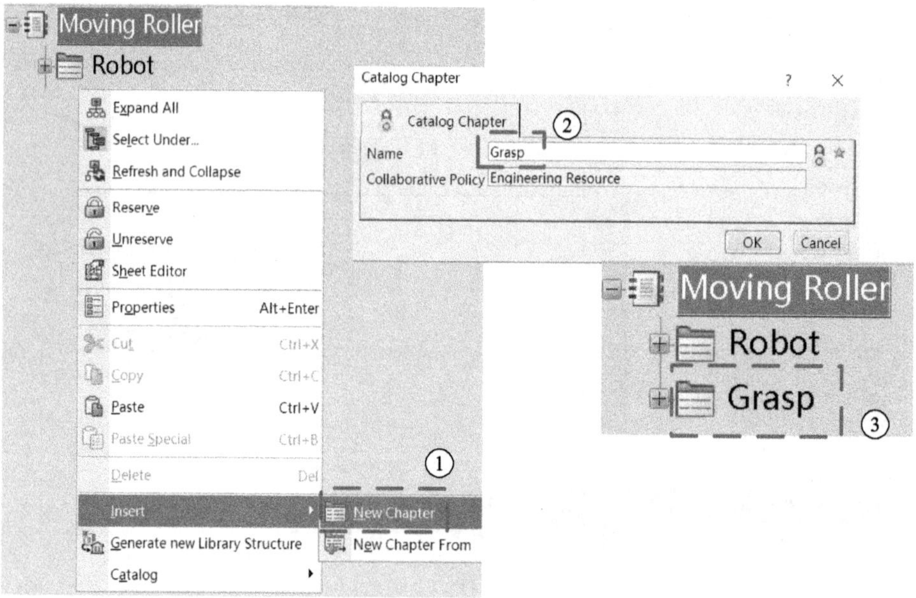


图 7-5　创建 Grasp 章节

在搜索框中搜索 Grasp 3DPart，打开文件。选择“Grasp”章节，右击，依次单击“Insert”→“Insert Existing Object”，选择文件“Grasp A.1”并单击，可以发现在 Grasp 章节下插入了夹爪 Grasp A.1，如图 7-6 所示。

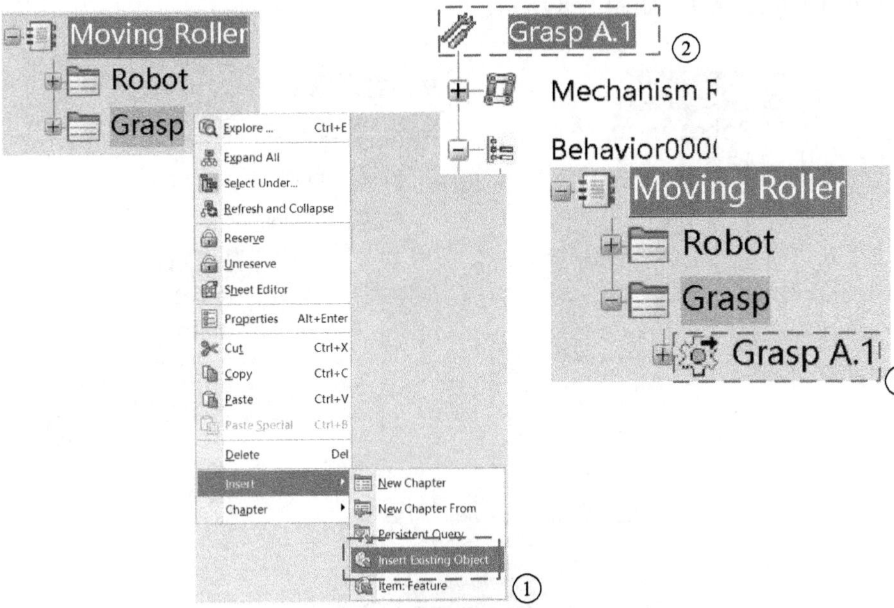


图 7-6　在 Grasp 章节插入夹爪 Grasp A.1

Step3：添加传送带章节 Conveyor，并添加 Grasp A.1 文件。右击“Moving Roller”，依次单击“Insert”→“New Chapter”，修改“Name”名称为“Conveyor”，单击“OK”按钮创建 Conveyor 章节，如图 7-7 所示。

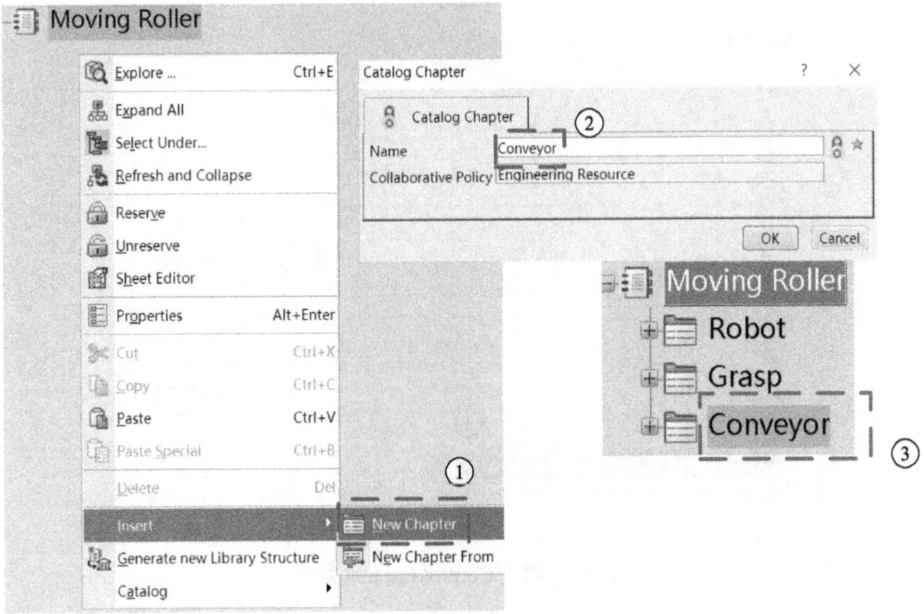


图 7-7　创建 Conveyor 章节

在搜索框中搜索 ChuLiao，打开文件。选择“Conveyor”章节，右击，依次单击“Insert”→“Insert Existing Object”，选择文件“ChuLiao A.1”并单击，可以发现在 Conveyor 章节下

插入了传送带 ChuLiao A.1，如图 7-8 所示。

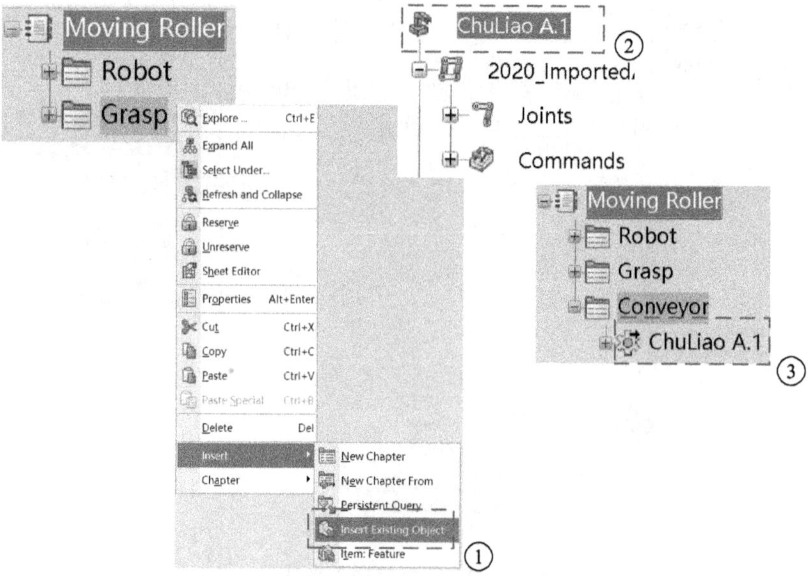


图 7-8 在 Conveyor 章节插入传送带 ChuLiao A.1

Step4：添加控制柜章节 Control Cabinet，并添加 Electric control cabinet A.1 文件。右击“Moving Roller”，依次单击“Insert”→“New Chapter”，修改“Name”名称为“Control Cabinet”，单击“OK”按钮创建 Control Cabinet 章节，如图 7-9 所示。

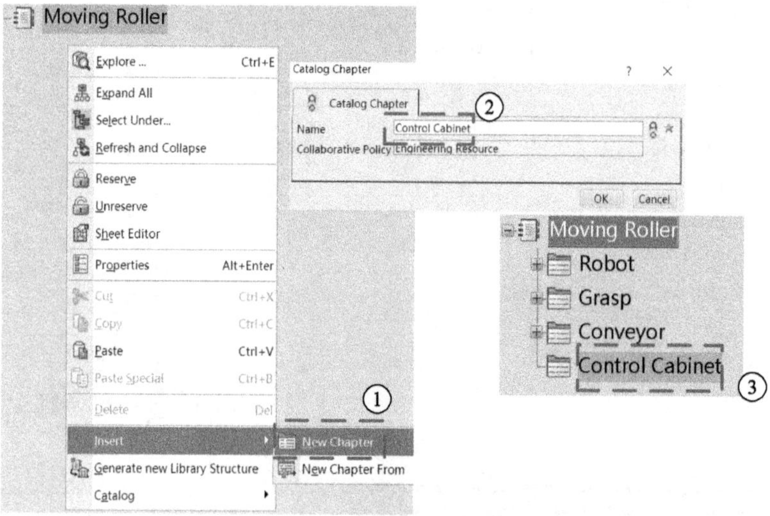


图 7-9 创建 Control Cabinet 章节

在搜索框中搜索 Electric control cabinet，打开文件。选择“Control Cabinet”章节，右击，依次单击“Insert”→“Insert Existing Object”，选择文件“Electric control abinet A.1”并单击，可以发现在 Control Cabinet 章节下插入了传送带 Electric control cabinet A.1，如图 7-10 所示。

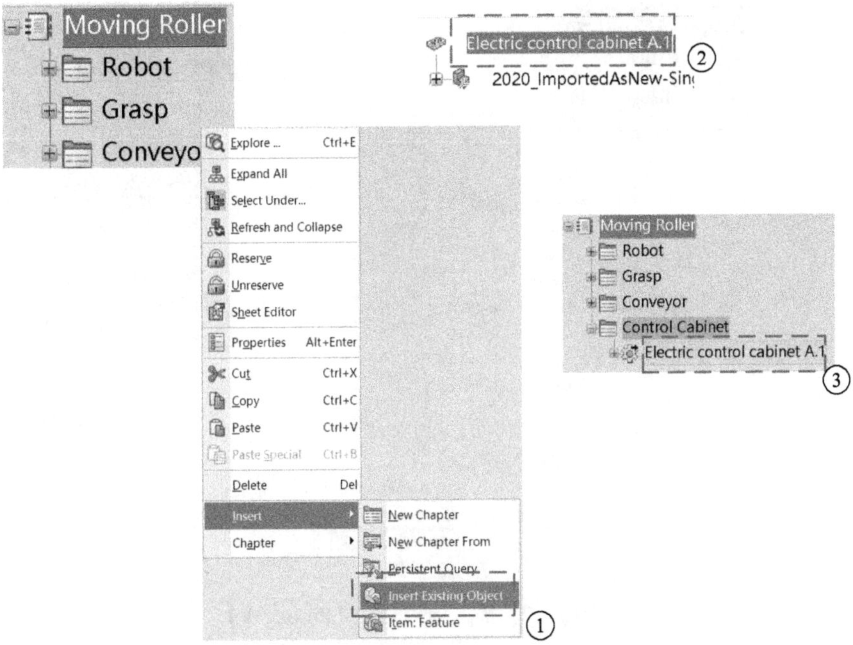


图 7-10　插入控制柜 Electric Control Cabinet A.1

Step5：添加围栏章节 Rail，并添加 Guard Railing A.1 文件。右击“Moving Roller”，依次单击“Insert”→“New Chapter”，修改“Name”名称为“Rail”，单击“OK”按钮创建 Rail 章节，如图 7-11 所示。

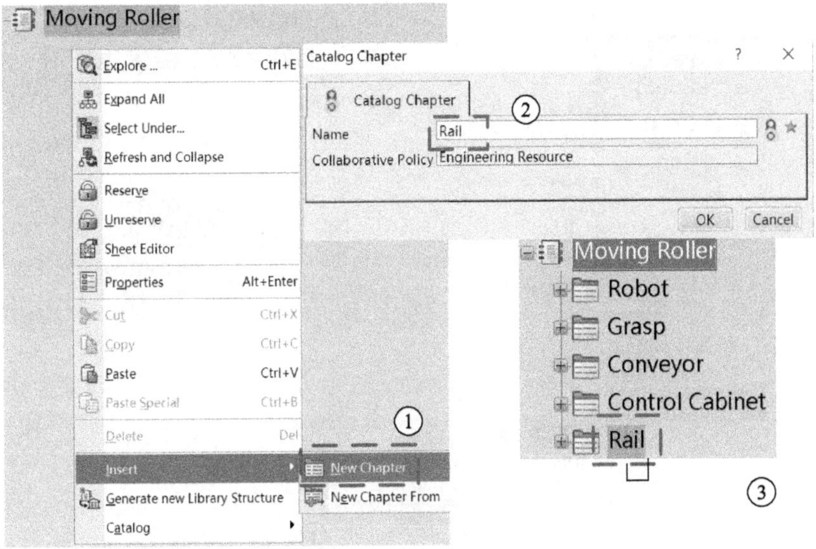


图 7-11　添加围栏章节 Rail

在搜索框中搜索 Guard Railing，打开文件。选择“Rail”章节，右击，依次单击“Insert”→“Insert Existing Object”，选择文件“Guard Railing A.1”并单击，可以发现在 Rail 章节下插入了传送带 Guard Railing A.1，如图 7-12 所示。

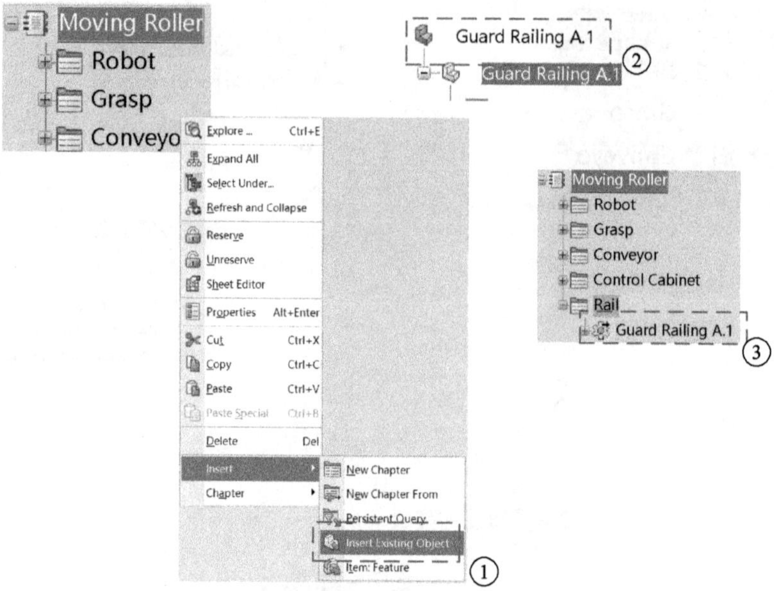


图 7-12 插入围栏 Guard Railing A.1

Step6：将 Robot_Base 添加进 Robot 章节。在搜索框中搜索 Robot_Base，打开文件。选择“Robot”章节，右击，依次单击“Insert”→“Insert Existing Object”，选择文件“Robot_Base A.1”并单击，可以发现在 Robot 章节下插入了工业机器人底座 Robot_Base A.1，如图 7-13 所示。

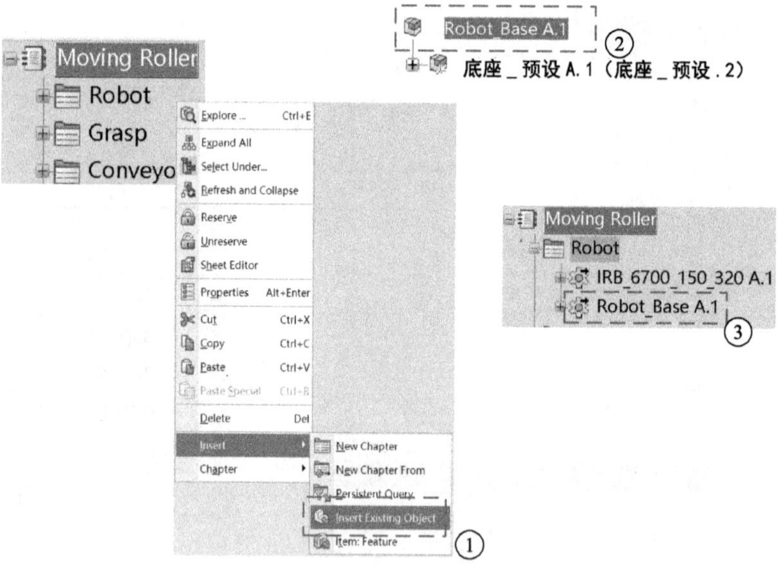


图 7-13 插入工业机器人底座 Robot_Base A.1

Step7：新建设备章节 Equipment，并添加 Correct Equipment A.1 文件。右击“Moving Roller”，依次单击“Insert”→“New Chapter”，修改“Name”名称为“Equipment”，单击“OK”按钮创建 Equipment 章节，如图 7-14 所示。

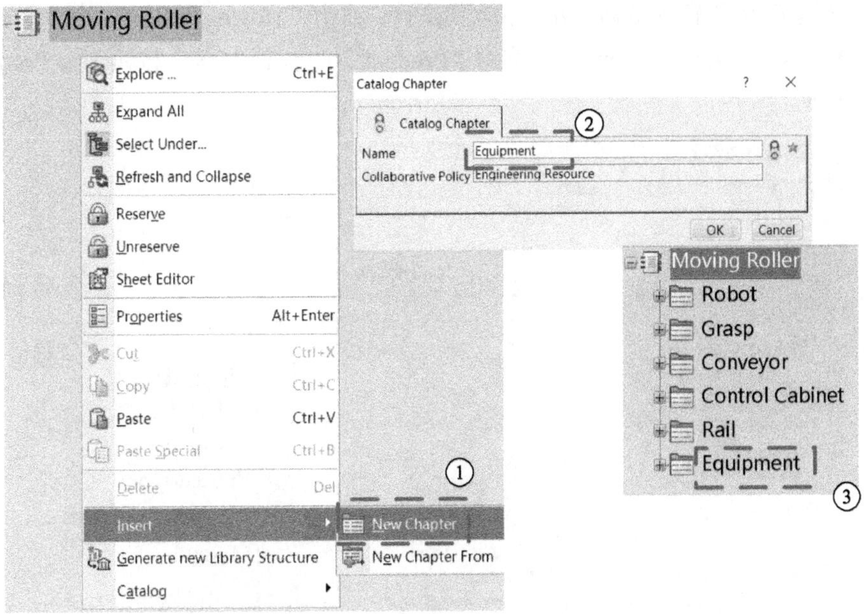


图 7-14　创建 Equipment 章节

在搜索框中搜索 Correct Equipment，打开文件。选择“Equipment”章节，右击，依次单击“Insert”→“Insert Existing Object”，选择文件“Correct Equipment A.1 并单击，可以发现在 Equipment 章节下插入了矫正机 Correct Equipment A.1，如图 7-15 所示。

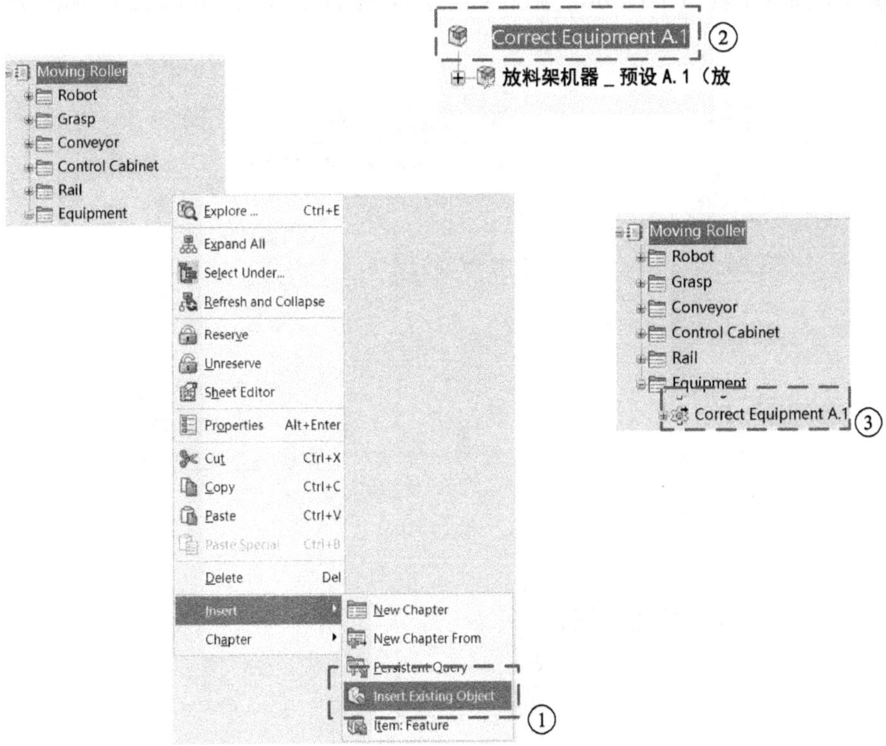


图 7-15　插入矫正机 Correct Equipment A.1

Step8：新建产品章节 Product，并添加套筒文件。右击“Moving Roller”，依次单击“Insert”→“New Chapter”，修改“Name”名称为“Product”，单击“OK”按钮创建 Product 章节，如图 7-16 所示。

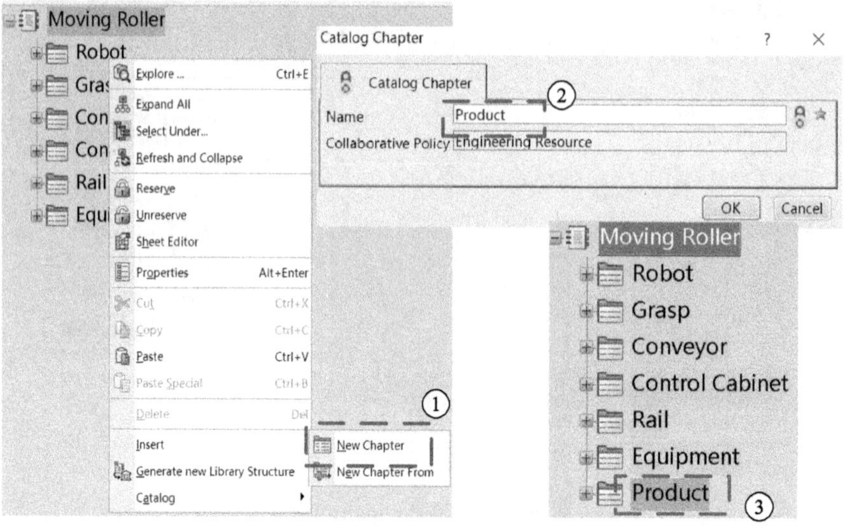


图 7-16 创建 Product 章节

在搜索框中搜索套筒 420-700，打开文件。选择“Product”章节，右击，依次单击“Insert”→“Insert Existing Object”，选择文件套筒“420-700_ 预设 A.1”并单击，可以发现在 Product 章节下插入了套筒 420-700_ 预设 A.1。用同样的方法插入套筒 508-1100_ 预设 A.1，如图 7-17 所示。

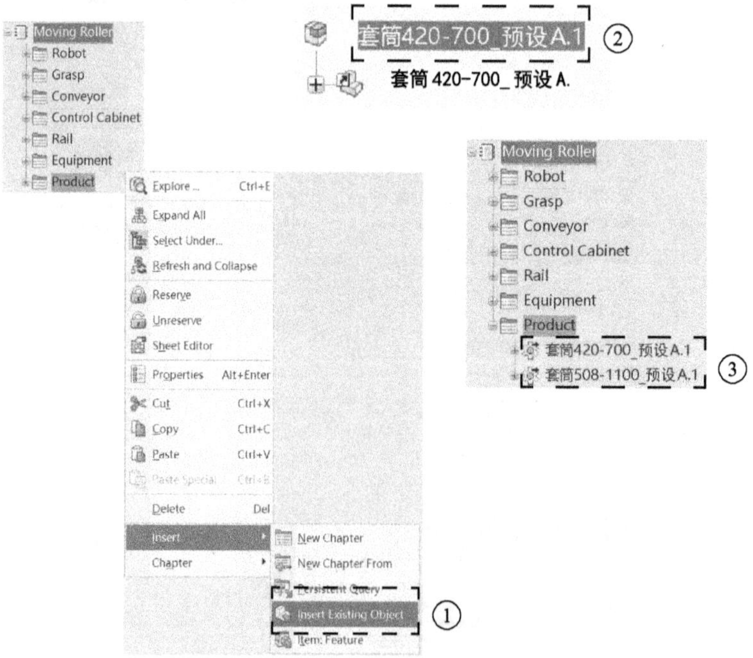


图 7-17 插入套筒 420-700_ 预设 A.1

至此，Moving Roller 工作站的所有设备已经添加进目录，接下来新建一个制造单元资源开始智能工厂布局规划。

## 7.2　新建制造单元

新建一个制造单元，并将其重命名为 Moving Roller。

依次单击“+”→“New Content”，在搜索栏中搜索 manufacturing cell，单击“Manufacturing Cell”生成制造单元文件，如图 7-18 所示。

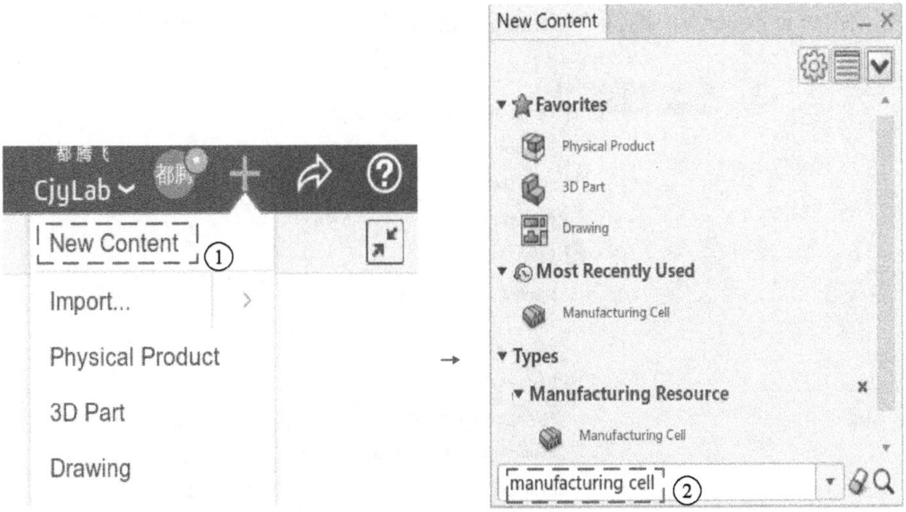


图 7-18　生成制造单元

对制造单元文件进行重命名。右击制造单元→单击“Properties”→修改“Title”名称为“Moving Roller”→单击“OK”，如图 7-19 所示。制造单元相当于一个空的厂房，现在要往空的厂房里添加设备。

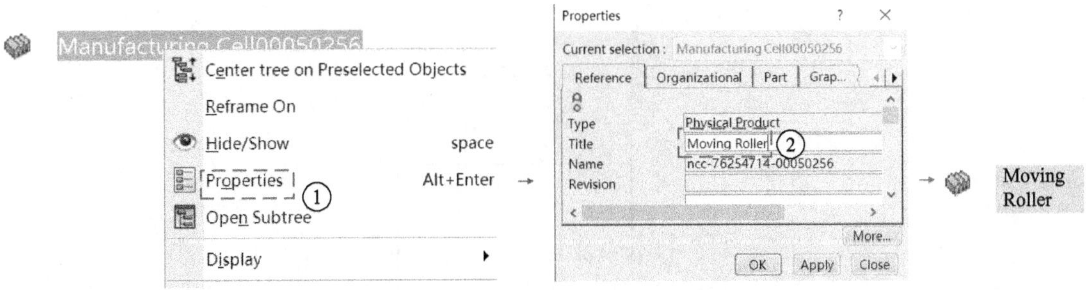


图 7-19　重命名制造单元 Moving Roller

在进行智能工厂布局前，应该先进行二维草图设计，大致规划出设备放置的功能区和摆放位置，然后参考二维布局进行三维布局的优化。目前已经有了各个设备零部件的模型，同时也简单地设计了二维 CAD 版本的平面布局图。现在要做的第一步就是将 CAD 图纸导入。

## 7.3 管理资源足迹

资源足迹是车间内资源占用的区域的规范。在 Plant Layout 模块允许 CAD 图纸导入，它们被放置在布局层上，资源通过布局图被固定到指定的位置。上节已经创建了一个目录，目录设备可以在 2D 工厂图纸使用，将资源快速粘贴到 2D 图纸上，实现 3D 布局。

### 7.3.1 创建足迹

2D 图纸导入需要用到管理资源足迹命令。

右击“Moving Roller”，选择“Manage Footprint”→“Create footprint”，如图 7-20 所示。

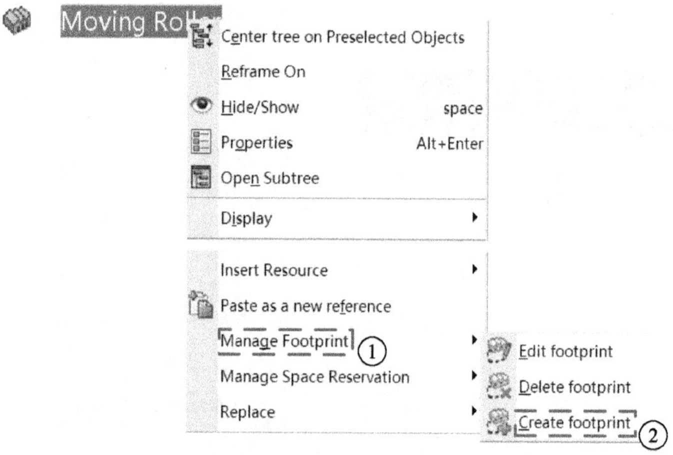


图 7-20 创建足迹

单击“Create footprint”命令后会出现一个矩形框，此矩形框代表整个厂区的大小，调整矩形至合适的大小，这里选择矩形的大小为 20000mm×20000mm。单击 <Esc> 键完成设置，如图 7-21 所示。

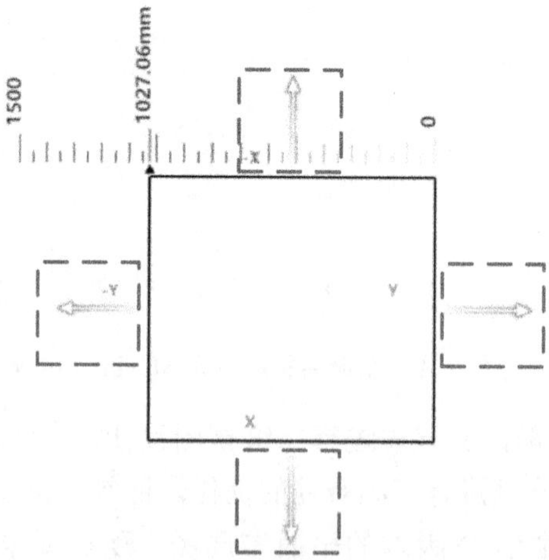


图 7-21 设置厂区大小

### 7.3.2　导入 2D 布局

2D 布局的导入有两种方法。如果 2D 图纸是在 3DEXPERIENCE 平台直接设计的，则用“Transfer views in a Layout”命令；如果是由别的设计软件设计的，则使用“Insert from file”命令从外部导入。

1. **使用“Transfer views in a Layout”命令导入 2D 布局**

打开 2D 设计图，在 Drafting 模块下，依次单击“View Layout”→“Transfer Views in a Layout”，如图 7-22 所示，勾选所有选项，单击“OK”按钮，显示视图布局。

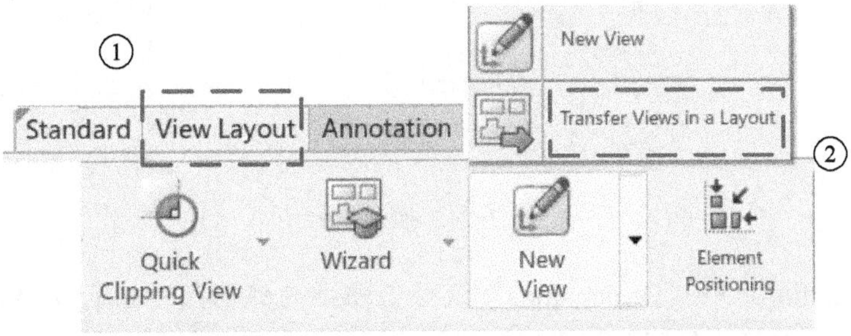


图 7-22　使用“Transfer views in a Layout”命令导入 2D 布局

2. **使用 Insert from file 命令导入 2D 布局**

右击“Moving Roller”，选择“Manage Footprint”→“Edit footprint”，选择“Layout Tools”→“Insert from file”，选择相应的 2D 布局文档，单击“Open”按钮打开，如图 7-23 所示。

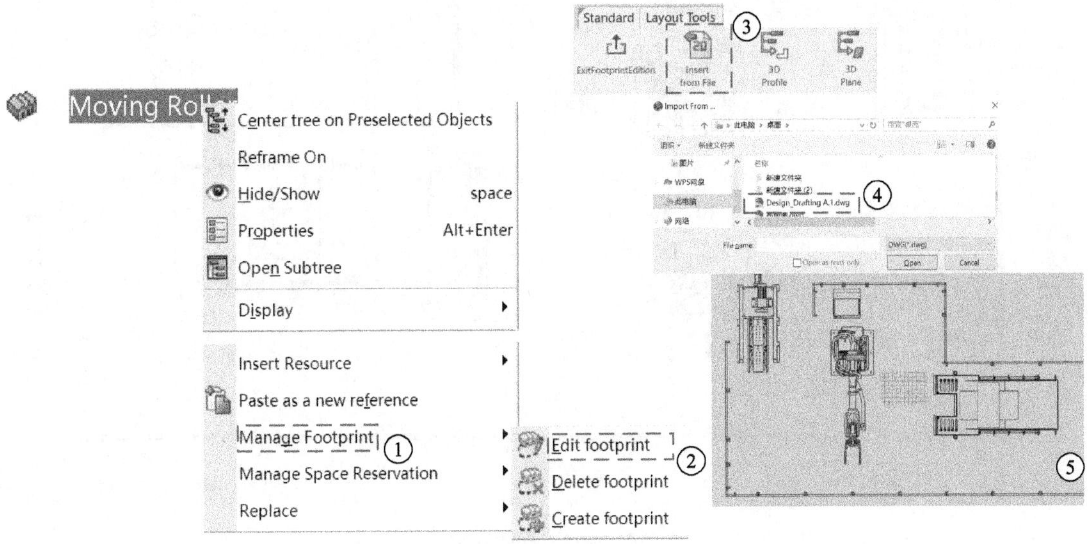


图 7-23　使用“Insert from file”命令导入 2D 布局

### 7.3.3　创建注释

2D 布局图纸导入 Layout 布局后，可以像 CAD 软件一样对其进行修改，调整线宽、线型、颜色，添加注释等操作。给各个设备添加注释内容，如：

单击“Sketch”→“Text”，将“Text”名称修改为“机器人”，调整字号为200mm，在合适的点插入，单击“OK”按钮，如图7-24所示。

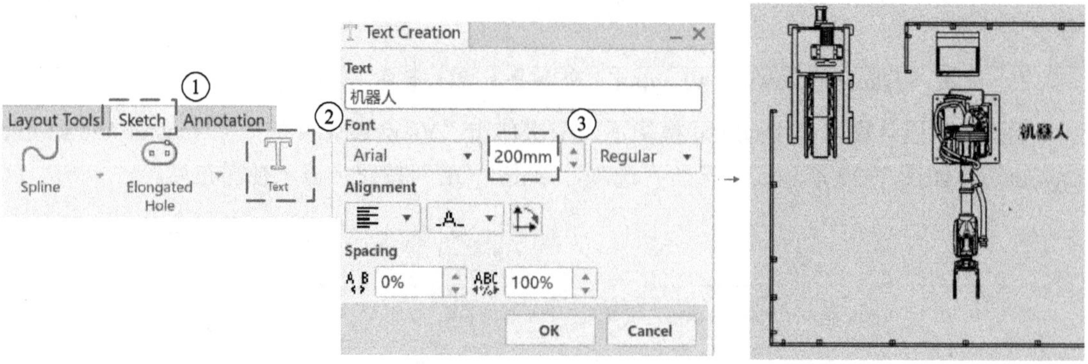


图 7-24　插入 Text

单击“Annotation”→“Dimensions”，对工作站的外形尺寸进行标注，调整字号大小为200，如图7-25中①～③所示。最终结果如图7-25所示。

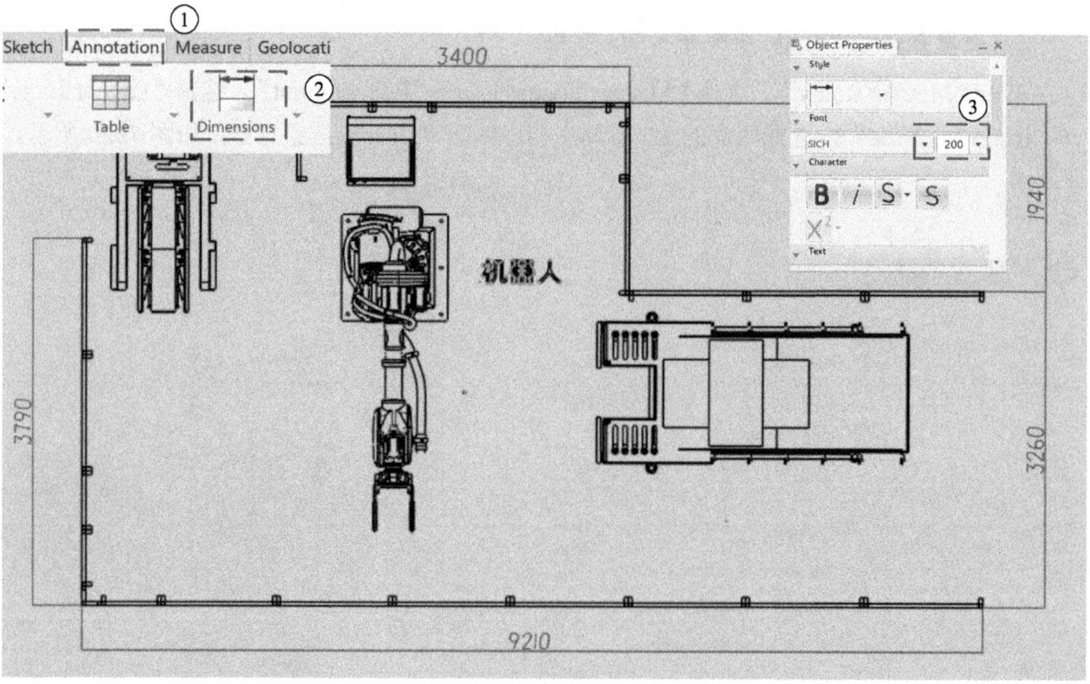


图 7-25　创建注释

## 7.4　从目录插入资源

选择“Resource creation”→“Open catalog browser”→▭→“More...”，选择先前搭

建好的目录“Moving Roller”，单击进行添加，如图 7-26 所示。

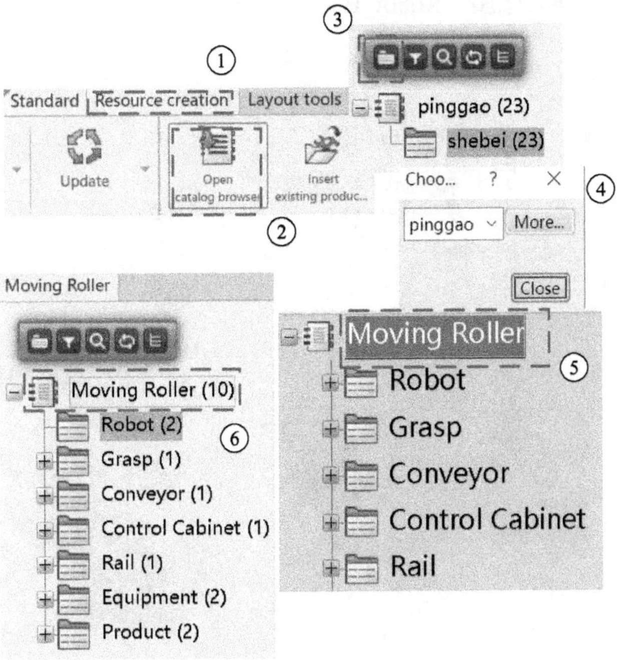


图 7-26　添加目录

此时可以发现需要的所有设备都在“Moving Roller”中，如图 7-27 所示，左边是一级目录，括号中数字表示此目录包含的设备数量，双击，在右边弹出二级子目录。如果有三级目录也会在右侧显示出。

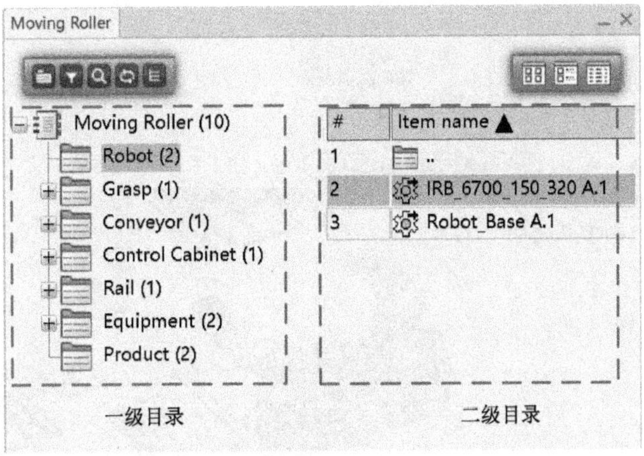


图 7-27　一级目录与二级目录

从目录插入资源步骤如下：

Step1：插入机器人，双击一级目录的“Robot”，在右侧弹出“IRB_6700_150_320 A.1”和“Robot_Base A.1”→单击“IRB_6700_150_320 A.1”，3D 模型虚黄色显示，移动鼠标可以在 2D 设计图上找一个合适的位置放置→选择 2D 图上的线段，线段高亮显示可以对线段进行捕捉。先将机器人放置在 2D 设计图上，稍后根据 2D 图调整放置位置，如图 7-28 所示。用同样的方法，插入机器人底座“Robot_Base”。

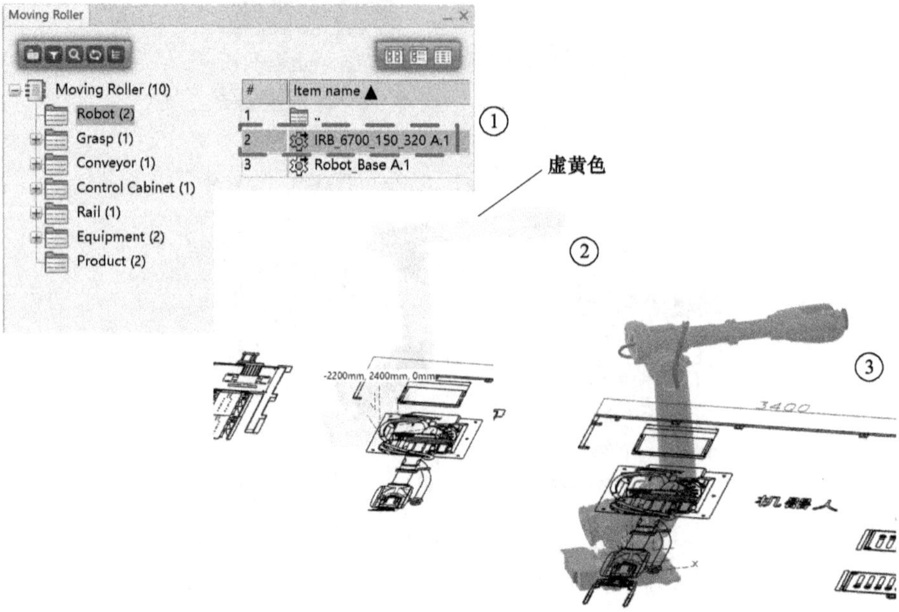


图 7-28 插入机器人

Step2：插入抓手，双击一级目录的“Grasp”→单击“Grasp A.1”→将鼠标移动到 2D 设计图上，3D 模型虚黄色显示→移动鼠标可以在 2D 设计图上找一个合适的位置放置，如图 7-29 所示。后续会对机器人和抓手进行装配，因此目前只需将夹爪调出随意放置即可。

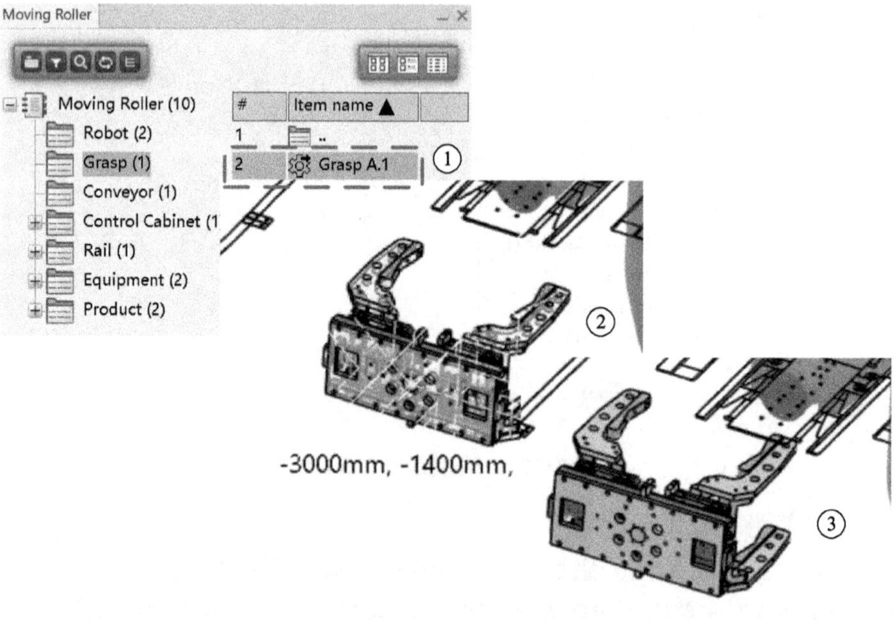


图 7-29 插入抓手

Step3：插入传送带，双击一级目录的“Conveyor”→单击“Chuliao A.1”→将鼠标移动到 2D 设计图上，3D 模型虚黄色显示→移动鼠标在 2D 设计图上找一个合适的位置放置，如图 7-30 所示。

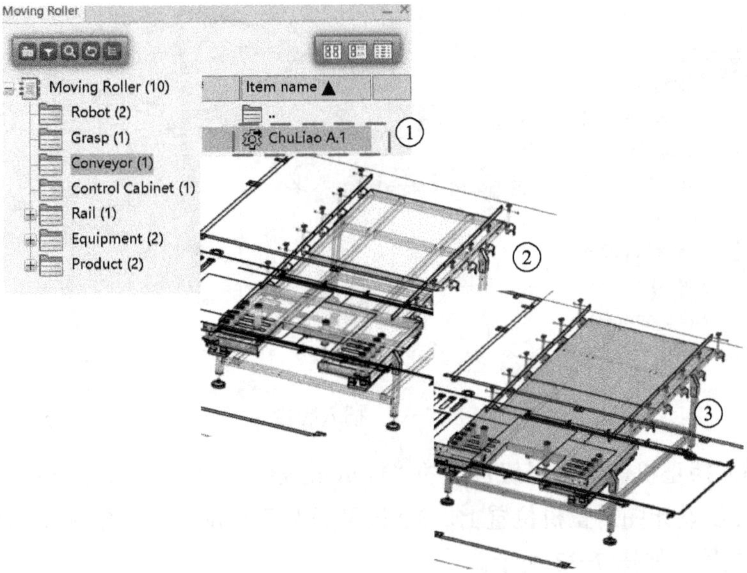


图 7-30　插入传送带

Step4：插入控制柜，双击一级目录的“Control Cabinet”→单击“Electric control cabinet A.1”→将鼠标移动到 2D 设计图控制柜放置位置上，3D 模型虚黄色显示→移动鼠标在 2D 设计图上找一个合适的位置放置，如图 7-31 所示。

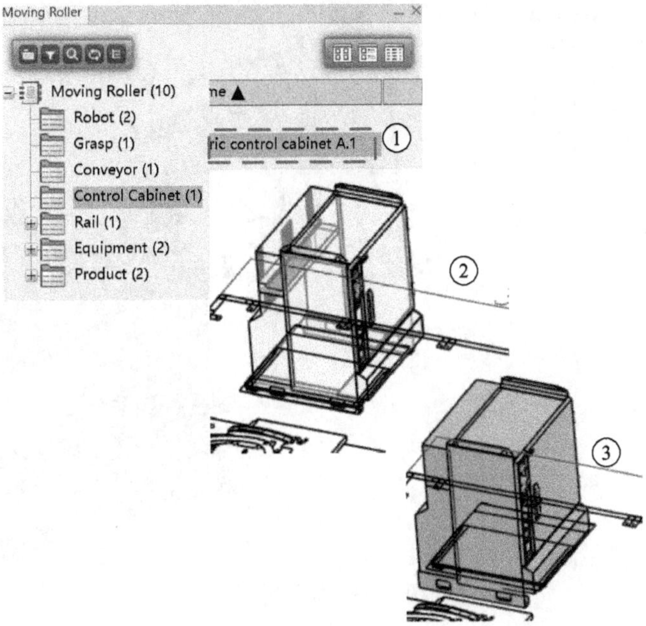


图 7-31　插入控制柜

Step5：插入围栏，双击一级目录的“Rail”→单击“Guard Railing A.1”→将鼠标移动到2D设计图围栏放置位置上，3D模型虚黄色显示→移动鼠标在2D设计图上找一个合适的位置放置，如图7-32所示。

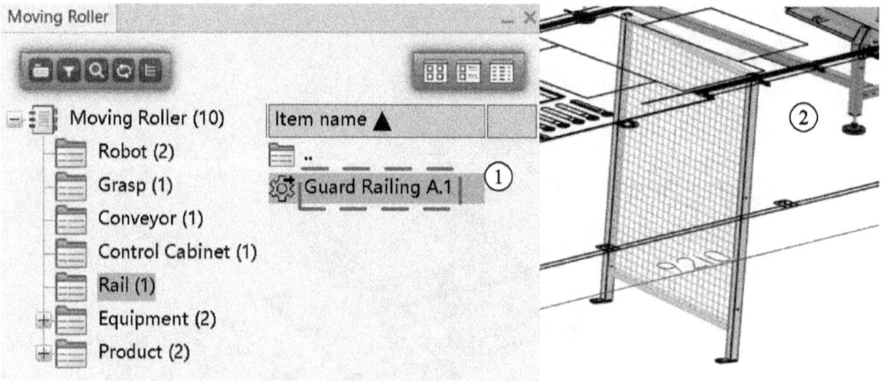


图7-32 插入围栏

Step6：插入矫正机，双击一级目录的“Equipment”→单击“Correct Equipment A.1”→将鼠标移动到2D设计图矫正机位置上，3D模型虚黄色显示→移动鼠标在2D设计图上找一个合适的位置放置，如图7-33所示。

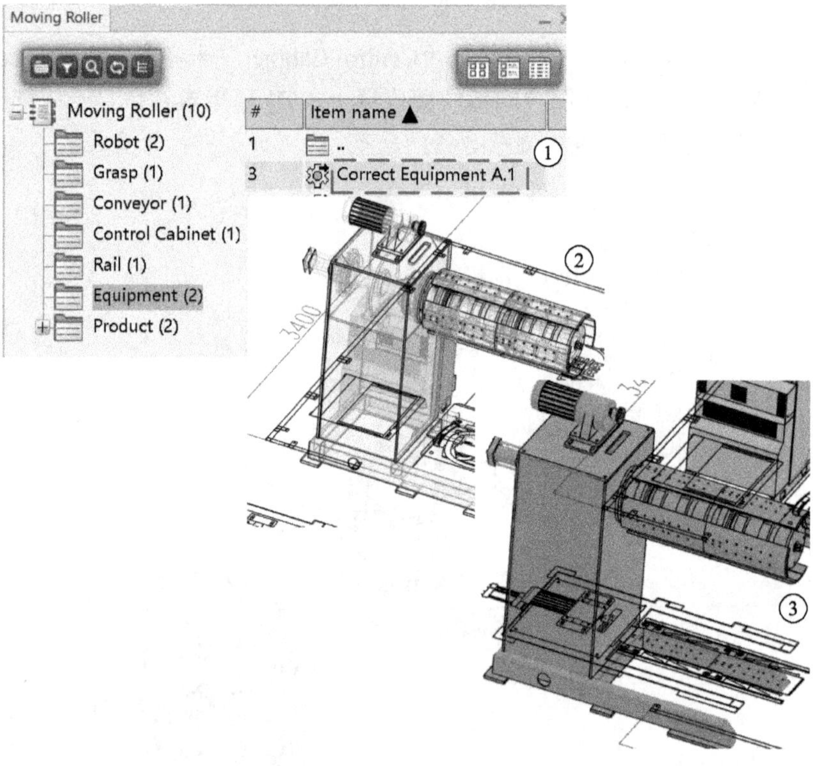


图7-33 插入矫正机

Step7：插入套筒，双击一级目录的“Product”→单击套筒420-700_预设A.1和套筒

508-1100_ 预设 A.1，重复之前的插入方式，将两种类型的套筒插入，如图 7-34 所示。

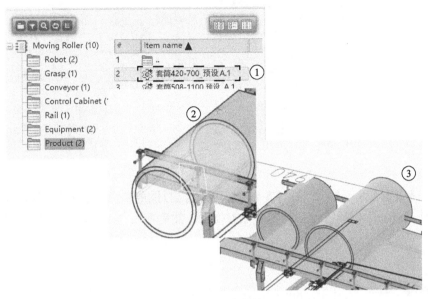

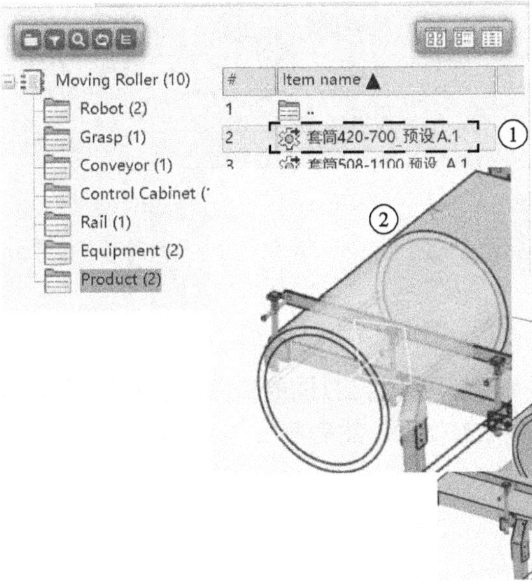


图 7-34　插入套筒

## 7.5　Snap 和 Align 资源

至此，插入了机器人、机器人抓手、传送带、围栏、矫正机、套筒等设备，已经插入了新建一个工业机器人工作站的所有设备，但这些设备并没有摆到指定的位置，接下来使用“Snap”  和“Align and distribute”  命令来调整和对齐这些设备，如图 7-35 所示。

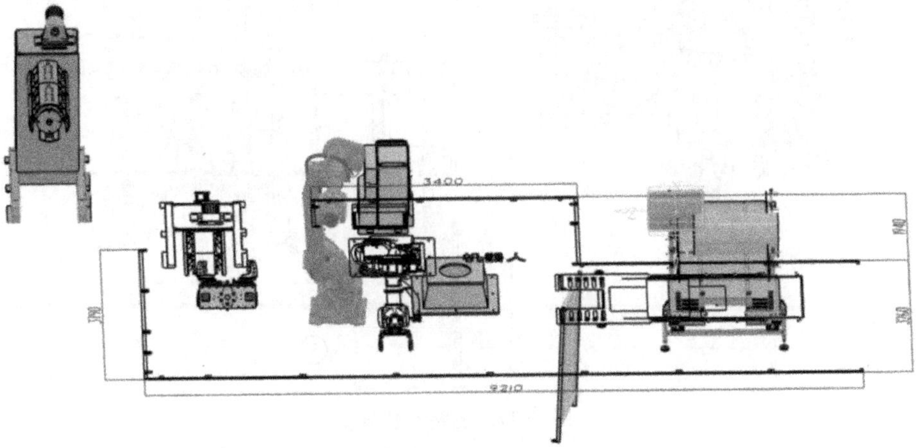


图 7-35　布局图

Snap 命令类似于罗盘，单击“Snap”可以调整插入设备的 X、Y、Z 位置和转角。单击“Layout tools”→“Snap”，弹出对话框，如图 7-36 所示。

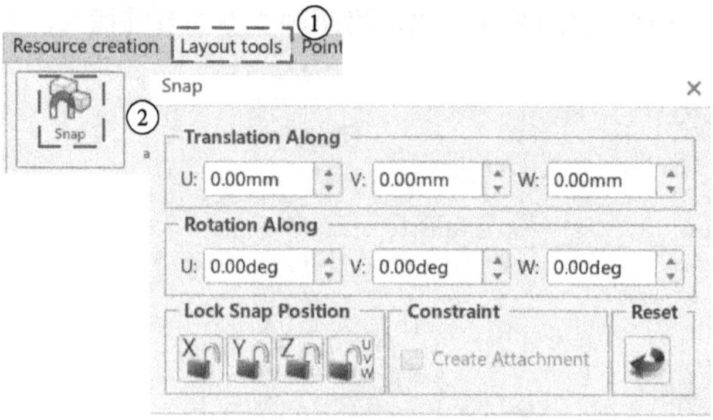


图 7-36 Snap 命令介绍

“Align and distribute”  是对齐命令，用于将 2D 图的线段与 3D 模型的尺寸边缘对齐。通常先使用“Snap”将插入设备的转角位置摆正，然后使用“Align”命令将三维模型与 2D 图纸对齐。

## 7.5.1 Snap 资源

观察此时插入的资源设备可以发现，需要将控制柜、传送带、围栏和套筒的布置角度进行调整，如图 7-37 所示。具体步骤如下：

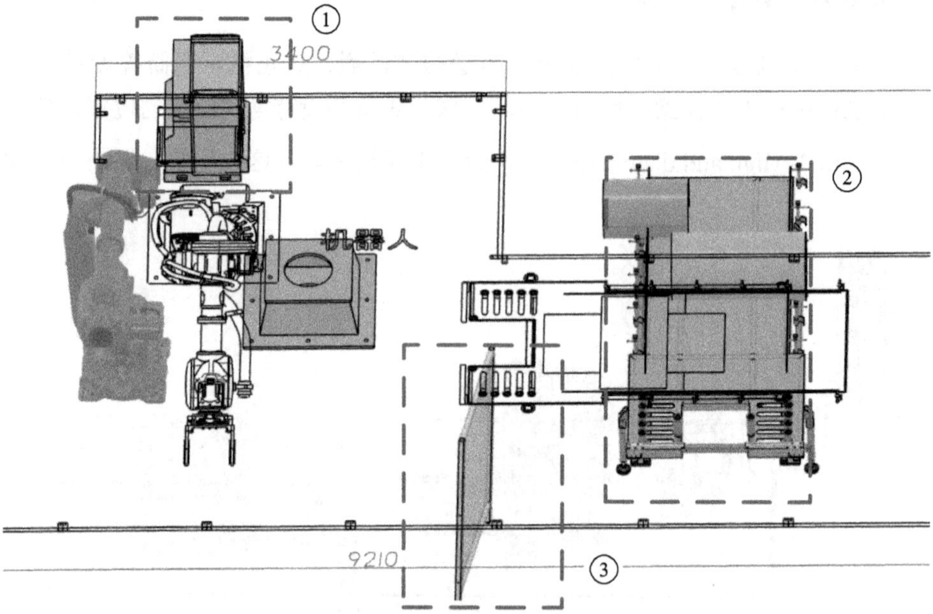


图 7-37 调整设备角度

Step1：调整控制柜的位置，单击“Layout tools”→“Snap”，选择控制柜资源“Electric control cabinet A.1”，此时控制柜黄色高亮显示，同时出现一个橙色的罗盘，可以直接拖动罗盘调整位置，也可以在弹出的“Snap”对话框中调整。在“Snap”对话框中，第一行的 U、V、X 调整平移位置，第二行的 U、V、X 调整旋转角度。将控制柜沿 Z 方向平移 −286mm 并沿着 Y 轴旋转 -90°，单击浮框的“![]”按钮完成调整，如图 7-38 所示。

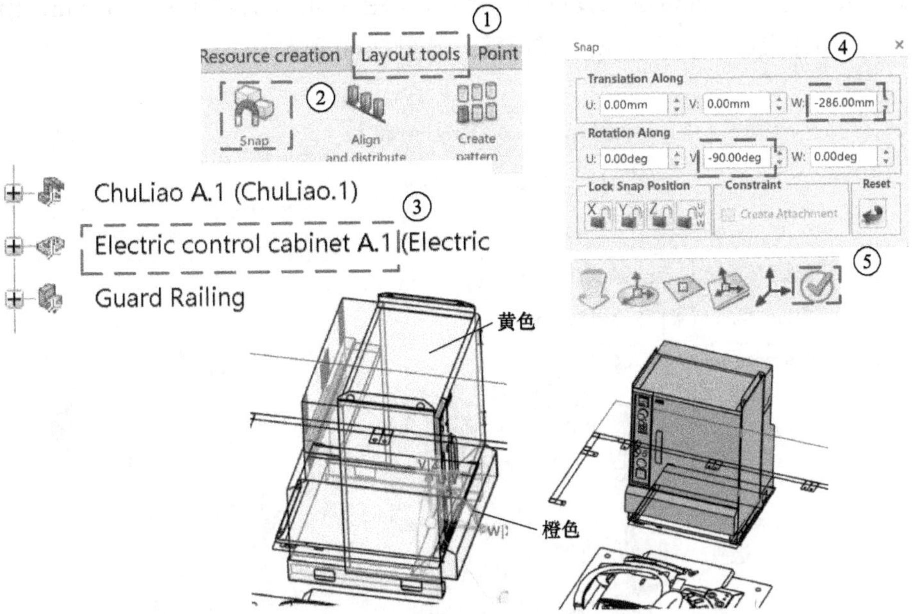


图 7-38　调整控制柜角度

Step2：调整传送带的位置，单击“Layout tools”→“Snap”，选择传送带“ChuLiao A.1（ChuLiao.1）”，此时传送带黄色高亮显示，将控制柜沿 X 方向平移 358mm，沿 Y 方向平移 -55mm，沿着 Z 轴旋转 -90°，单击浮框的“![]”按钮完成调整，如图 7-39 所示。用同样的方法调整套筒的位置。

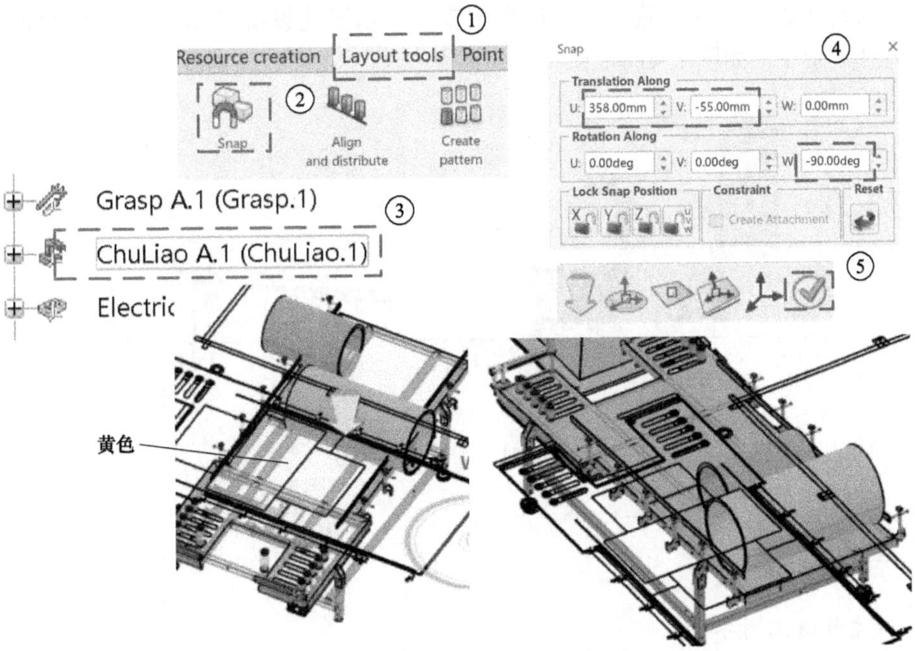


图 7-39　调整传送带和套筒角度

Step3：调整围栏的位置，单击“Layout tools”→“Snap”，选择围栏“Guard Railing A.1（Guard Railing.1）”，此时围栏黄色高亮显示，将围栏沿 X 方向平移 2764mm，沿着 X 轴旋转 9°，单击浮框的“”按钮完成调整，如图 7-40 所示。

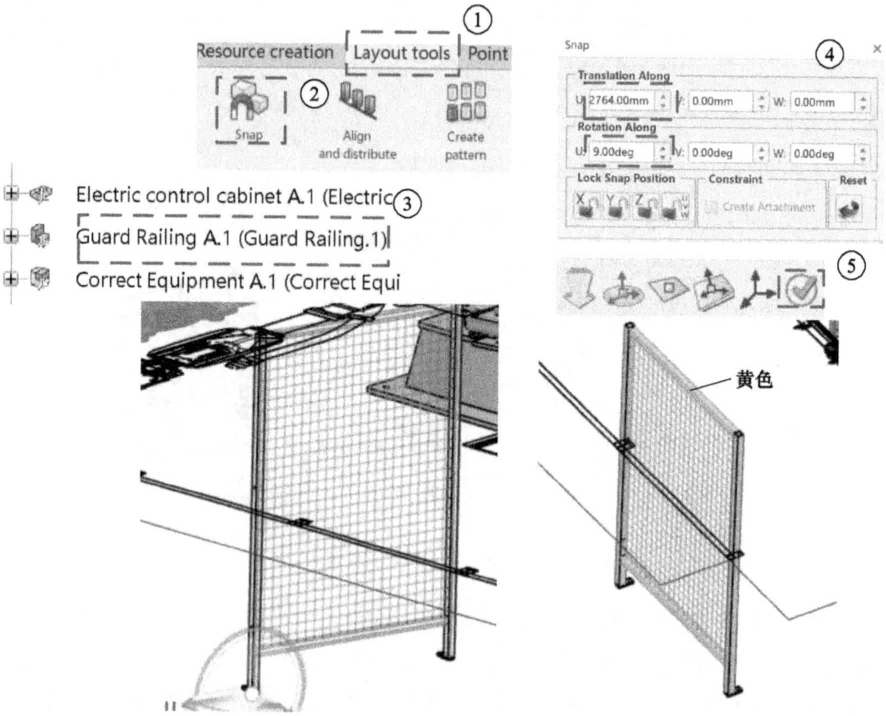


图 7-40 调整围栏位置

对资源设备进行方向调整后，从左视图看，可以发现设备底部不在一个平面上，此时需要用到对齐命令，如图 7-41 所示。

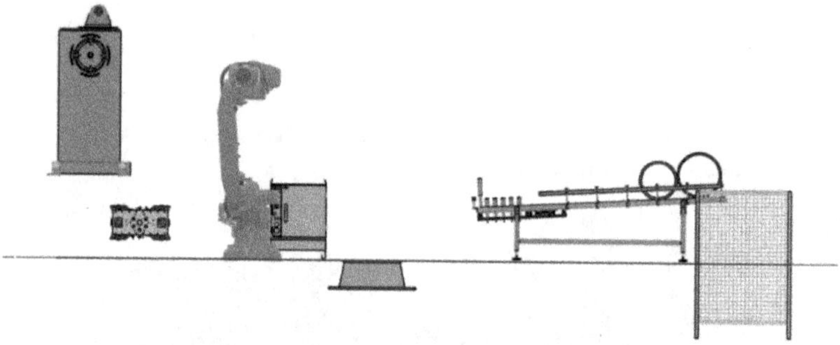

图 7-41 工作站左视图

## 7.5.2 Align 资源

### 1. 在左视图上对齐资源

Step1：对齐矫正机。在结构树选中矫正机“Correct Equipment A.1”，单击“Align and

distribute”，弹出“Align and Distribute”对话框，选择“Select Orthogonal View”→“ ”，从左视图进行对齐操作。途中横着一根黑线为 2D 设计图在左视图方向的投影。我们要对齐的就是这根黑线。选择“Select Components”→“ ”，选择黑线，此时会高亮显示变成绿色，选中后选择“Align”→“ ”，矫正机完成对齐操作，单击“OK”按钮关闭对话框，如图 7-42 所示。

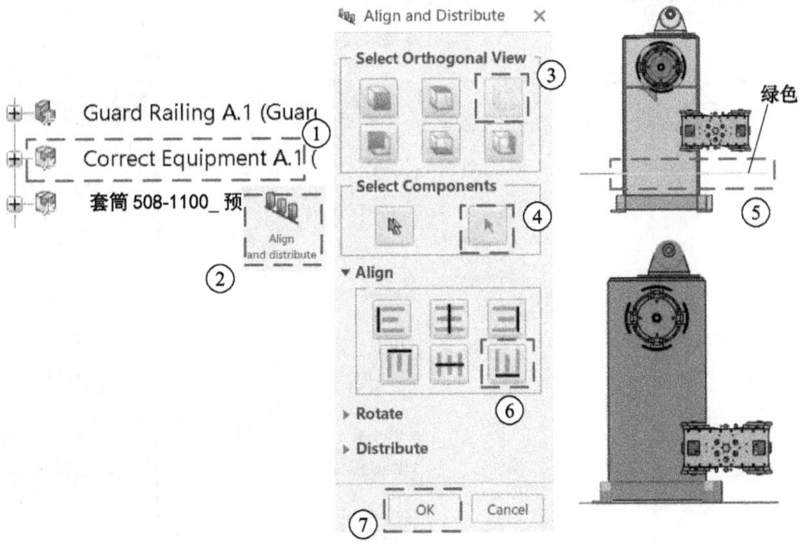


图 7-42　对齐矫正机（左视图）

Step2：对齐机器人底座。在结构树选中机器人底座“Robot_Base A.1（Robot_B）”，单击“Align and distribute”，弹出“Align and Distribute”对话框，选择“Select Orthogonal View”→“ ”，从左视图进行对齐操作。对齐 2D 设计图在左视图方向投影的黑线。选择“Select Components”→“ ”，选择黑线，此时会高亮显示变成绿色，选中后选择“Align”→“ ”，机器人底座完成对齐操作，单击“OK”按钮关闭对话框，如图 7-43 所示。

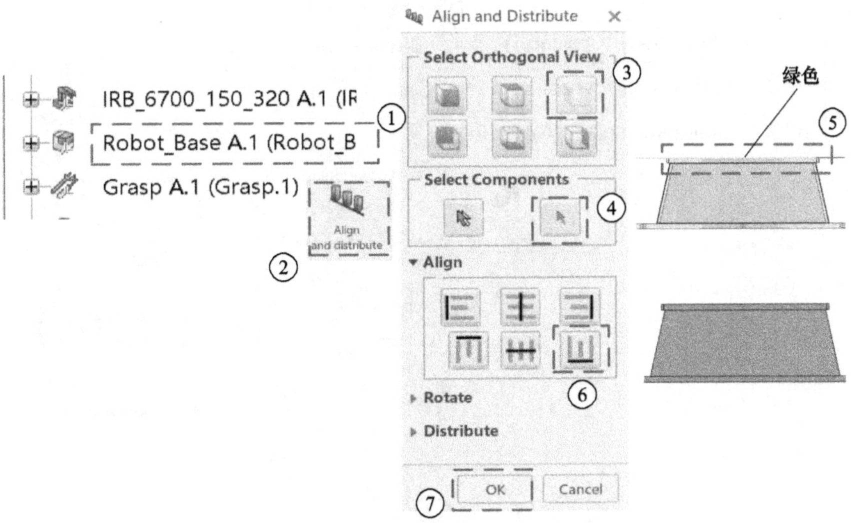


图 7-43　对齐机器人底座（左视图）

Step3：对齐控制柜。在结构树选中控制柜“Electric control cabinet A.1”，单击“Align and distribute”，弹出“Align and Distribute”对话框，选择“Select Orthogonal View”→“ ”，从左视图进行对齐操作。对齐 2D 设计图在左视图方向投影的黑线。选择“Select Components”→“ ”，选择黑线，此时会高亮显示变成绿色，选中后选择“Align”→“ ”，控制柜完成对齐操作，单击“OK”按钮关闭对话框，如图 7-44 所示。

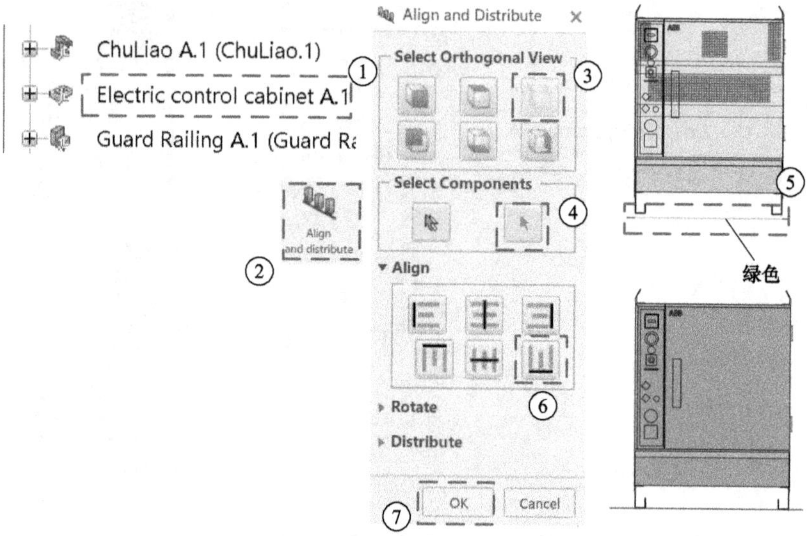


图 7-44 对齐控制柜（左视图）

Step4：对齐传送带。在结构树选中传送带“ChuLiao A.1（ChuLiao.1）”，单击“Align and distribute”，弹出“Align and Distribute”对话框，选择“Select Orthogonal View”→“ ”，从左视图进行对齐操作。对齐 2D 设计图在左视图方向投影的黑线。选择“Select Components”→“ ”，选择黑线，此时会高亮显示变成绿色，选中后选择“Align”→“ ”，传送带完成对齐操作，单击“OK”按钮关闭对话框，如图 7-45 所示。

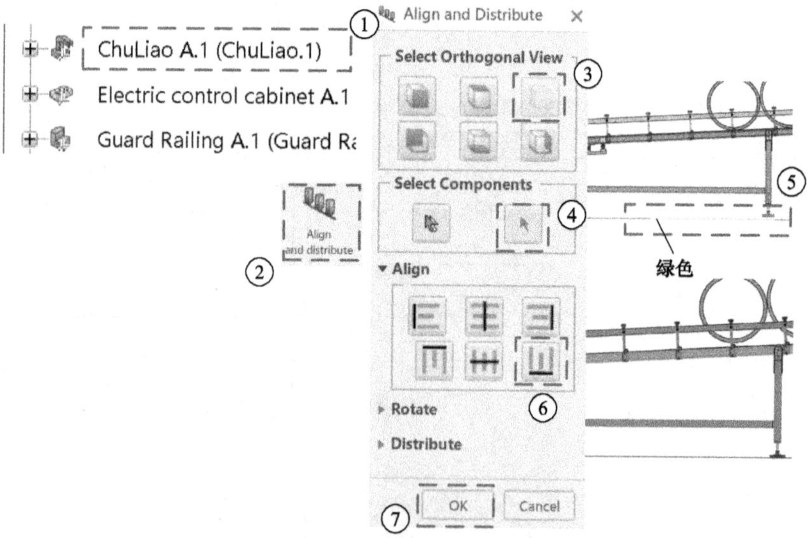


图 7-45 对齐传送带（左视图）

Step5：对齐围栏。在结构树选中围栏“Guard Railing A.1（Guard Rail（Guard）”，单击“Align and distribute”，弹出“Align and Distribute”对话框，选择“Select Orthogonal View”→“ ”，从左视图进行对齐操作。对齐 2D 设计图在左视图方向投影的黑线。选择“Select Components”→“ ”，选择黑线，此时会高亮显示变成绿色，选中后选择“Align”→“ ”，传送带完成对齐操作，单击“OK”按钮关闭对话框，如图 7-46 所示。

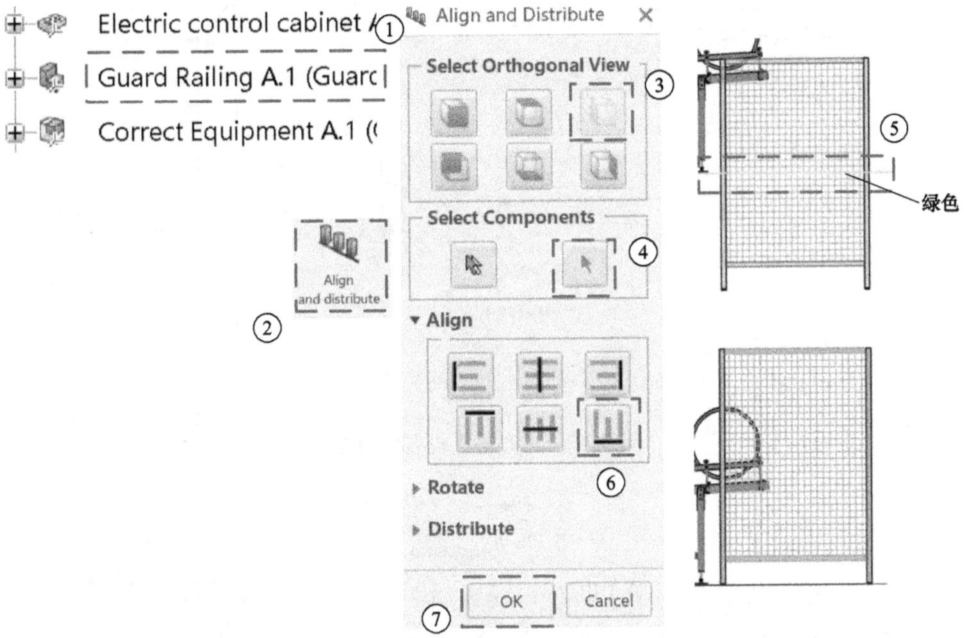


图 7-46　对齐围栏（左视图）

至此在左视图上，整个 Moving Roller 工作站的设备与 2D 设计图完成了对齐，即在 Z 轴方向上已经对齐，但在 XY 方向还需进行调整，因此在俯视图上还需对资源设备进行对齐操作。

2. *在俯视图上对齐资源*

Step1：对齐矫正机。在结构树选中矫正机“Correct Equipment A.1”，单击“Align and distribute”，弹出“Align and Distribute”对话框，选择“Select Orthogonal View”→“ ”，从俯视图进行对齐操作。选择“Select Components”→“ ”，选择 2D 设计图上矫正机最底部的边线，此时会高亮显示变成绿色，选中后选择“Align”→“ ”，选择 2D 设计图上矫正机最右侧的边线，此时会高亮显示变成绿色，选中后选择“Align”→“ ”，最右侧完成对齐。单击“OK”按钮关闭对话框，如图 7-47 所示。

Step2：对齐机器人底座。在结构树选中机器人底座“Robot Base A.1（Robot_B）”，单击“Align and distribute”，弹出“Align and Distribute”选项卡，选择“Select Orthogonal View”→“ ”，从俯视图进行对齐操作。选择“Select Components”→“ ”，选择 2D 设计图上机器人底座最右侧的边线，此时会高亮显示变成绿色，选中后选择“Align”→“ ”，选择 2D 设计图上机器人底座最底侧的边线，此时会高亮显示变成绿色，选中后选择“Align”→“ ”，底部完成对齐。单击“OK”按钮关闭对话框，如图 7-48 所示。

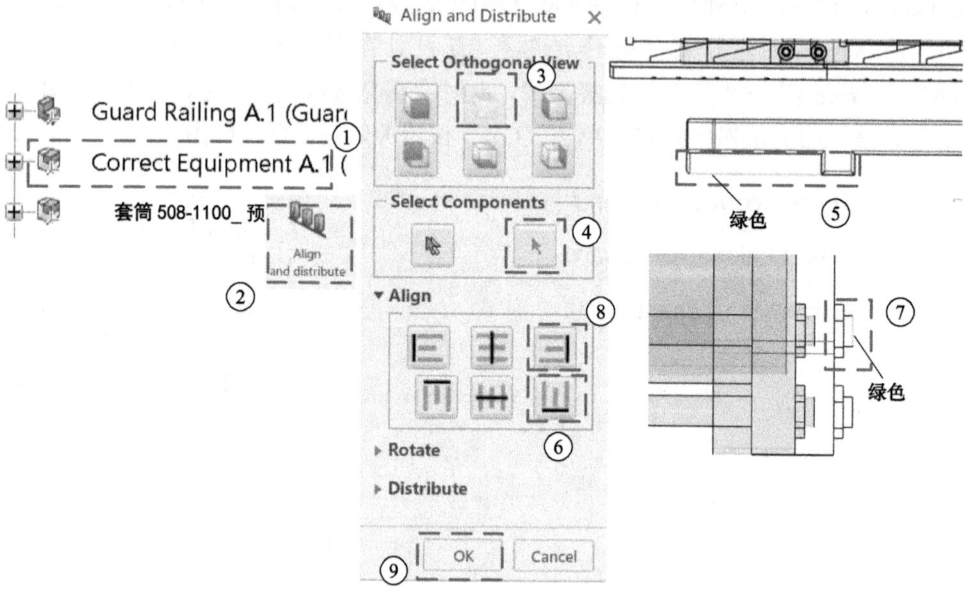


图 7-47　对齐矫正机（俯视图）

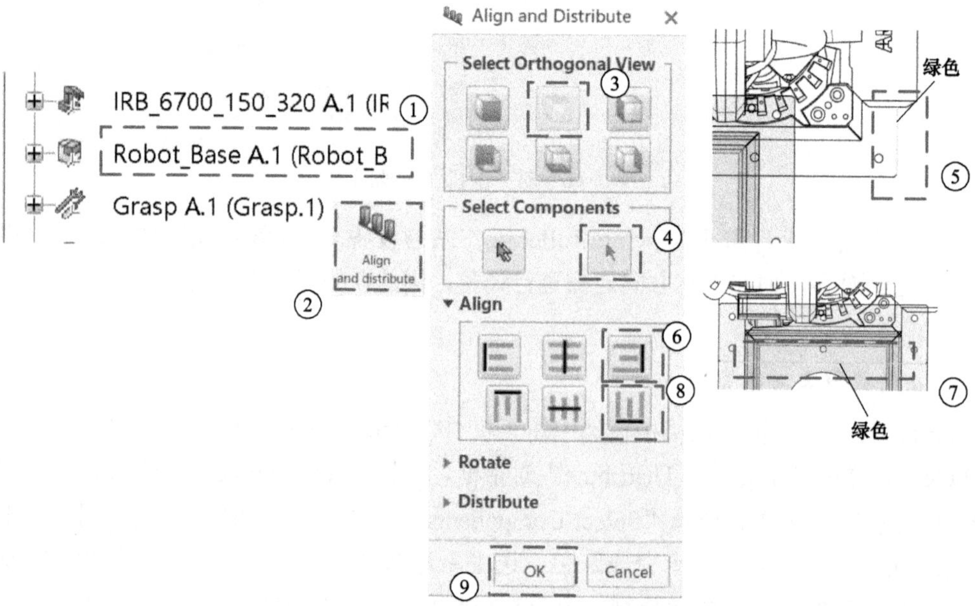


图 7-48　对齐机器人底座（俯视图）

Step3：对齐控制柜。在结构树选中控制柜“Electric control cabinet A.1”，单击“Align and distribute”，弹出“Align and Distribute”对话框，选择“Select Orthogonal View”→“ ”，从俯视图进行对齐操作。选择“Select Components”→“ ”，选择 2D 设计图上控制柜最右侧的边线，此时会高亮显示变成绿色，选中后选择“Align”→“ ”，选择 2D 设计图上控制柜最顶部的边线，此时会高亮显示变成绿色，选中后选择“Align”→“ ”，顶部完成对齐。单击“OK”按钮关闭对话框，如图 7-49 所示。

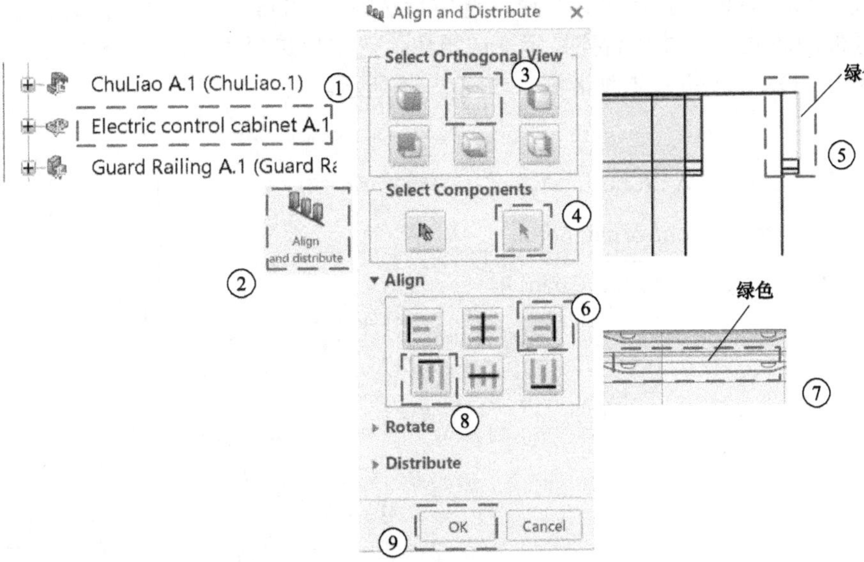


图 7-49　对齐控制柜（俯视图）

Step4：对齐传送带。在结构树选中传送带“ChuLiao A.1（ChuLiao.1）”，单击“Align and distribute”，弹出“Align and Distribute”对话框，选择“Select Orthogonal View”→“ ”，从俯视图进行对齐操作。选择“Select Components”→“ ”，选择 2D 设计图上传送带最右侧的边线，此时会高亮显示变成绿色，选中后选择“Align”→“ ”，选择 2D 设计图上传送带最顶部的边线，此时会高亮显示变成绿色，选中后选择“Align”→“ ”，顶部完成对齐。单击“OK”按钮关闭对话框，如图 7-50 所示。

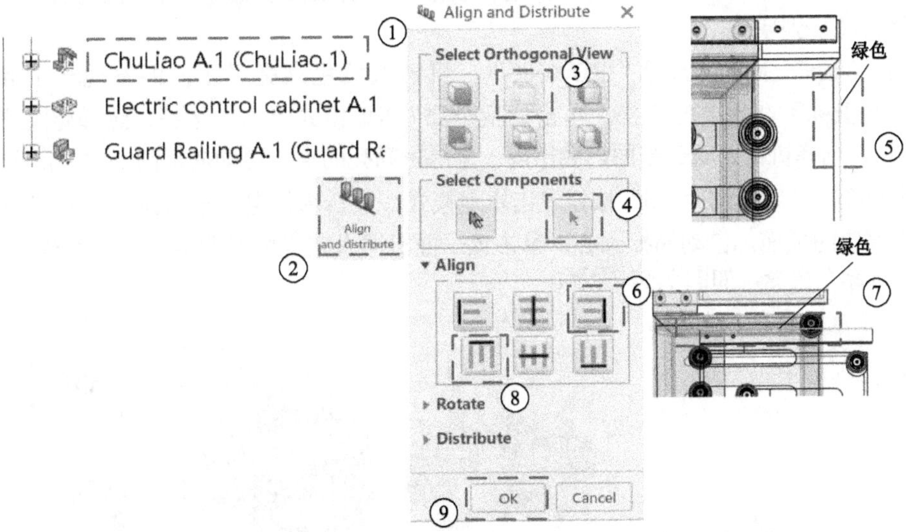


图 7-50　对齐传送带（俯视图）

Step5：对齐围栏。在结构树选中围栏“Guard Railing A.1（Guard）”，单击“Align and distribute”，弹出“Align and Distribute”选项卡，选择“Select Orthogonal View”→“ ”，

从俯视图进行对齐操作。选择“Select Components”→“ ”，选择 2D 设计图上围栏最右侧的边线，此时会高亮显示变成绿色，选中后选择“Align”→“ ”，选择 2D 设计图上围栏最底部的边线，此时会高亮显示变成绿色，选中后选择“Align”→“ ”，底部完成对齐。单击“OK”按钮关闭对话框，如图 7-51 所示。

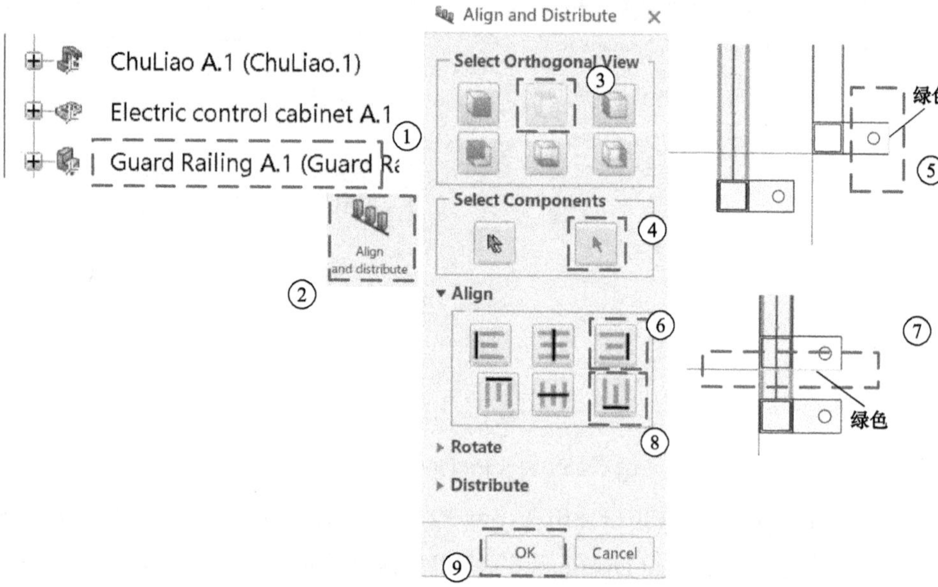


图 7-51　对齐围栏（俯视图）

### 3. 修改工业机器人位置

到目前为止，已经完成了绝大多数设备的调整和对齐，还剩下机器人与夹爪需要修改位置。由于后期夹爪与机器人的六轴要进行装配，当前没必要调整，目前需要使用 Snap 命令将机器人调整到底座上。

单击“Snap”命令，选择“IRB_6700”，机器人黄色高亮显示，但发现一个问题，机器人的移动坐标不在想要的底部，单击切换全局 / 本地模式“ ”按钮，选择定义平面原点“ ”按钮，选择机器人底部平面，会出现一个绿色高亮的点，自动捕捉圆心。单击平面罗盘，位置发生改变。此时单击“ ”按钮退出本地模式，重新选择定义平面原点“ ”按钮，选择机器人底座的顶面，自动捕捉圆心，单击该平面机器人完成位置调整。单击浮框“ ”按钮关闭“Snap”命令，如图 7-52 所示。

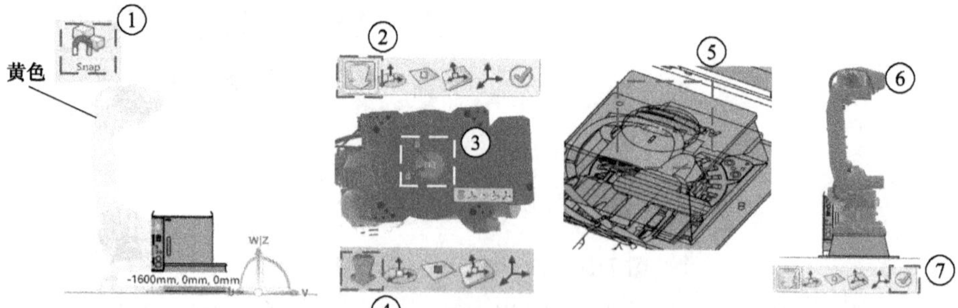


图 7-52　调整机器人位置

## 7.6　创建阵列

目前各个设备都已经各就各位，但只插入了一片围栏，下面利用阵列可以快速对围栏进行布置，如图 7-53 所示。

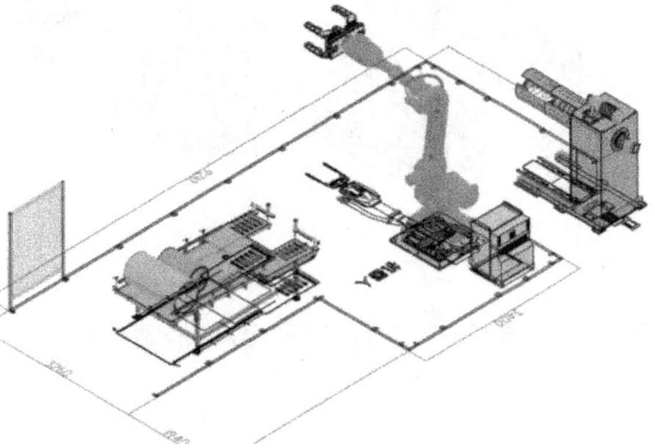

图 7-53　三维布局图

如图 7-54 所示，单击“Layout tools”→“Create pattern”，在特征树选择“Guard Railling A.1（Guard Railing.1）”，单击“Tools Palette”的“ ”按钮，弹出“Create Pattern”对话框，在“Item Count”输入 7，表示阵列个数为 7，“Item Offset”输入 0mm，紧靠着布置，在围栏下面会出现一个绿色的坐标轴，单击坐标轴选择相应的阵列方向。

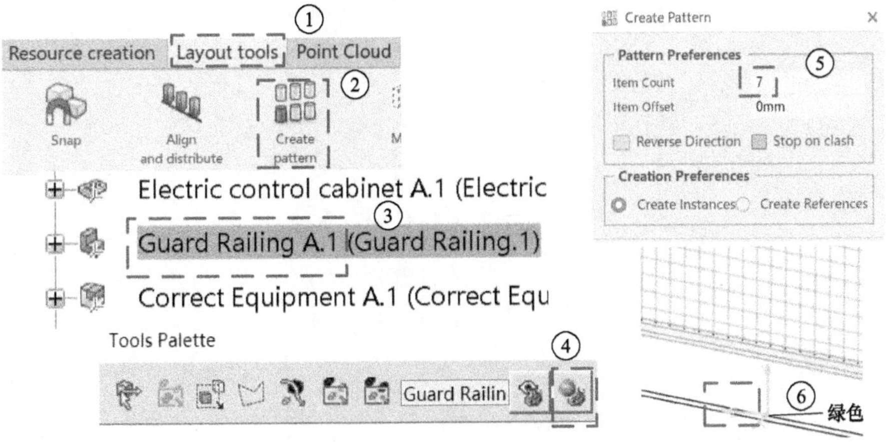


图 7-54　阵列围栏

按照相同的方法，对其余边角进行围栏的插入与阵列，这里用到了上述所介绍的 Snap、Align 和阵列命令，读者可以尝试自己动手做一下，方法与之前一样，这里不再详细阐述。最终工业机器人工作站的布局如图 7-55 所示。

简单来说，智能工厂布局只是对智能工厂仿真的第一步，这个是后续所有仿真的基础，有了最基本的布局就可以用来判断设备摆放是否合理、设备工作是否有干涉，实际工作站的加工运行是否物流通畅、满足节拍要求等，在后续章节会给读者进行一一详细的介绍。

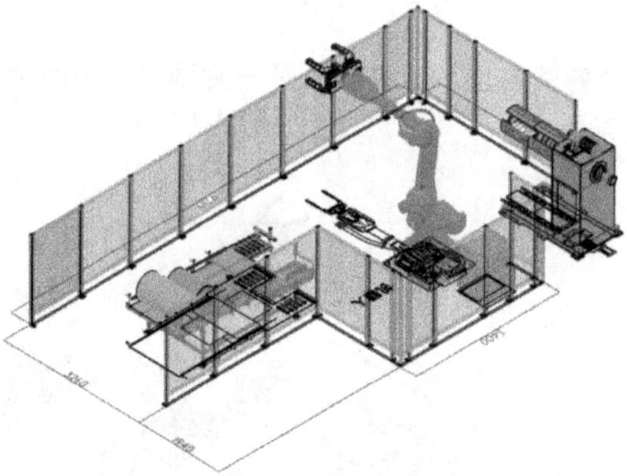

图 7-55 最终工业机器人工作站布局

# 第 8 章　机械装置定义

## 8.1　设备资源概述

Equipment Design 应用程序提供了一套完整的工具，用于制造过程的机械系统建模。这些系统包括工业机器人，机器人末端执行系统（夹具、焊枪等），冲床，铣床，车床，数控机床和坐标测量机等。

工业机器人的输出是关节坐标驱动的正向运动学装置和笛卡儿坐标驱动的逆向运动学装置的通用模型。

Equipment Design 应用程序允许定义一个机械系统，其中包括一个封闭的运动学部件形成的完整封闭链。这些闭环运动可以由内部迭代的闭环运动系统求解器自动完成，也可以通过显式定义的符号关系表达式实现。

创建设备资源后，可以预定义一个位置（称为“主位置”）和一个在主位置之间移动使用的时间表。设备属性可以进行设置，例如设置接合移动限制和速度与加速度限制，同时提供了直接操作设备接合或直角工具点坐标的配置。

## 8.2　运动副定义

Equipment Design 有运动学和工程连接两种约束方式。其中，工程连接方式的特点是约束类型多、约束烦琐、部件之间无须预先定位，适用于 CATIA 零件之间做数字化样机（Digital Mockup，DMU）运动仿真；运动学约束方式虽然约束类型少，但约束便捷，部件之间需要预先定位，常用于机械臂和其他设备的装配。

创建这两种约束有共同的规则：所有装置都必须有一个固定的约束，以工业机械臂作为典型案例，只有先固定基座，再做各关节之间的旋转副，才能将机械臂完整装配。装配时，通常将小零件装配至大零件上，大零件固定约束。小零件在大零件上装配，通常称为子部件，大零件称为父部件，连接过程中先选择子部件再选择父部件。

### 8.2.1　运动学定义

创建两个简单的零件体，用来做运动学的旋转接合，如图 8-1 所示。旋转接合是子部件（长方体）标记线绕父部件（圆柱体）轴心线旋转。操作步骤如图 8-2 所示。

Step1：单击定义运动学“”按钮。

Step2：选择结构树上装配关系中的父部件（圆柱体）。

Step3：浮框中有表 8-1 所示约束类型的选项。选择固定“”按钮，固定父部件。

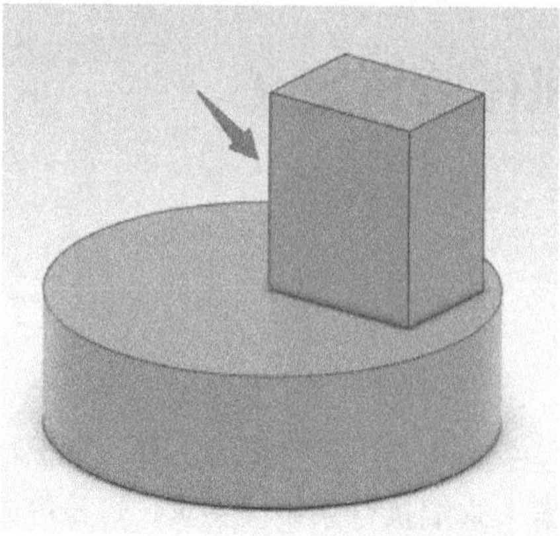

图 8-1 预定位运动学旋转接合

表 8-1 约束类型选项说明

| 选 项 | 约 束 名 称 | 说 明 |
| --- | --- | --- |
| 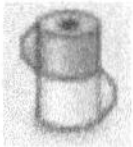 | 旋转 | 为总装配中部件创建旋转副 |
|  | 棱形 | 相合线—线与偏置面—面，相合线—线与接触面—面<br>在两个部件之间创建平移副 |
|  | 刚性 | 相合线—线与相合面—面，相合线—线与相合线—线<br>在两个部件之间创建刚性连接，使两个部件成为一个整体 |
|  | 固定 | 固定约束 |

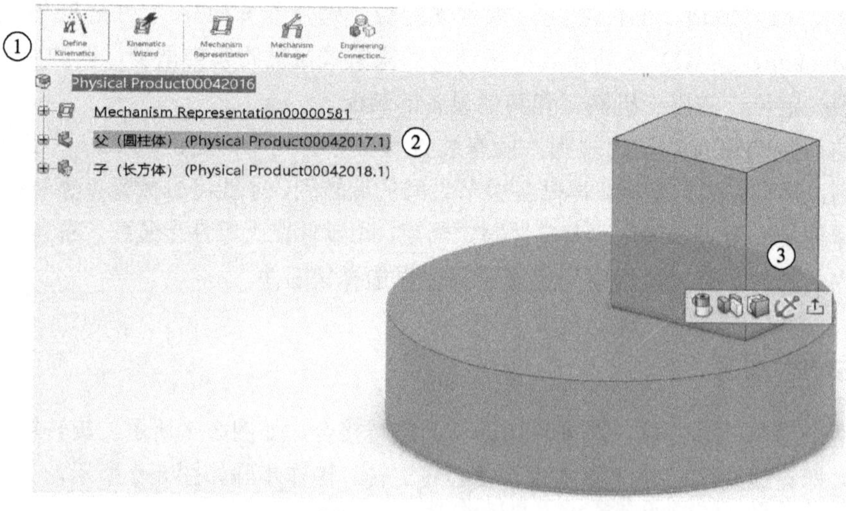


图 8-2 运动学固定

创建运动学旋转操作步骤如图 8-3 所示。

Step1：单击定义运动学“”按钮。

Step2：选择子部件。

Step3：选择约束类型为旋转，此时会出现浮框，该浮框可以在要创建连接的部件上精确定位关节点，浮框选项说明见表 8-2。

表 8-2　创建连接部件上选项说明

| 选　项 | 说　明 |
|---|---|
|  | 使用平面标识符定义平面 |
|  | 将 X 轴方向重新定义为选定点或与选定线平行 |
|  | 通过单击零件上的任意三个点来确定一个平面 |
|  | 第一点为原点，第二点为 Z 轴，在斜面上定义坐标轴 |
|  | 当只想移动坐标轴原点并保留当前坐标轴的方向到任何顶点 / 点元素 |
|  | 通过选取圆特征上三个点确定平面 |
|  | 选取平面的中心点为原点 |
|  | 选取边线的中心点为原点 |
|  | 选择现有的轴线定义平面 |
|  | 撤销上一工作指令 |

Step4：选择选取圆特征上三点确定平面。

命令接合和非命令接合的区别见表 8-3。

表 8-3　命令结合与非命令结合

| 选　项 | 名　称 | 说　明 |
|---|---|---|
|  | 命令接合 | 连接定义了两个部件之间的关系。一个命令连接一个与该关节相关联的命令。可以根据该命令值直接推动该关节定位部件 |
|  | 非命令接合 | 关节两部件之间的运动受机构约束。这种约束可以使用命令的函数来解决 |

关节轴用关节位置的绿色点画线来表示，即旋转关节和移动关节的旋转轴或平移轴。默认情况下，罗盘的 Z 轴是关节轴。通过单击“X”“Y”按钮（图 8-4），可以将关节轴分别更改为罗盘的 X、Y 和 Z 轴。

Step5：在结构树中选择关节的父部件。

Step6：在父部件上创建连接的点。

Step7：选择旋转轴 Z 轴，单击命令结合“ ”按钮，完成旋转接合。

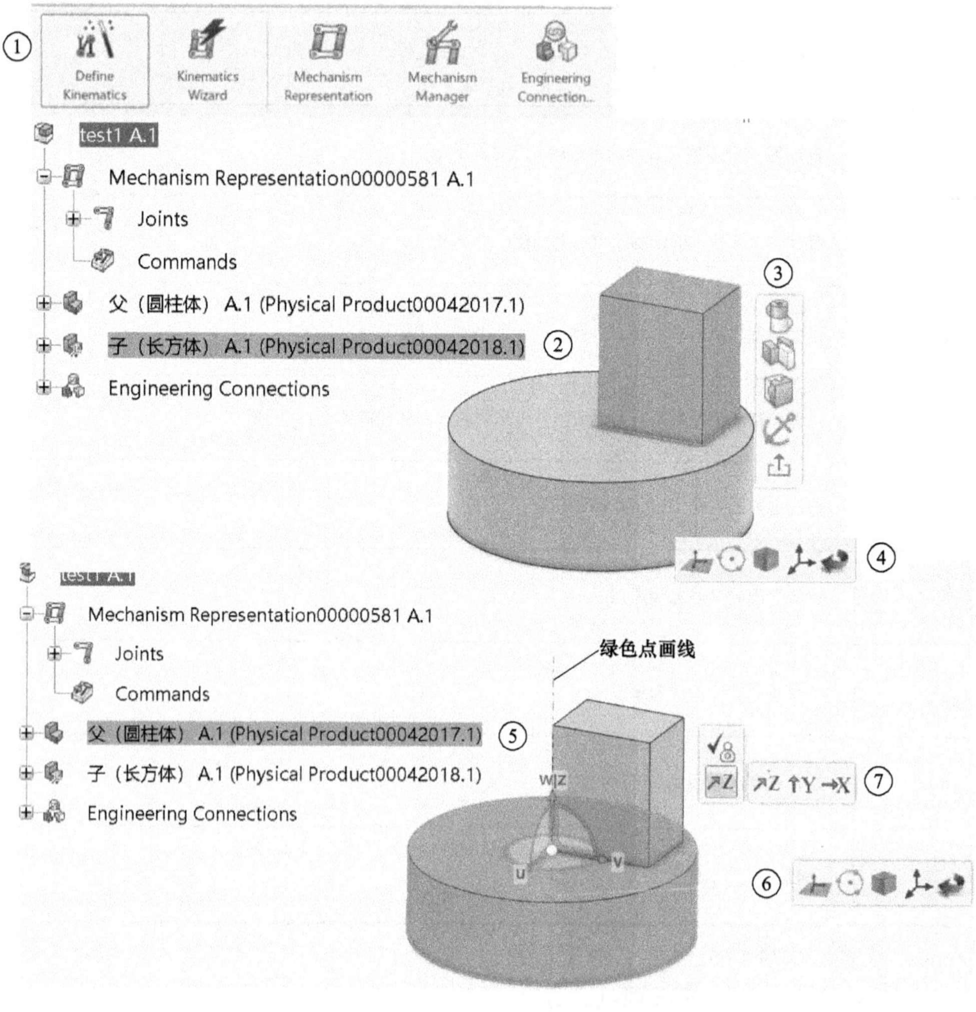


图 8-3 运动学旋转

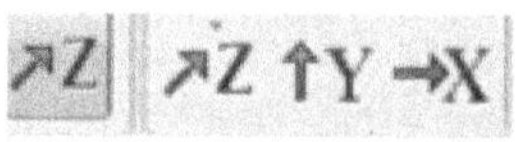


图 8-4 关节轴

在精确定位创建点时，右击，选择“Edit...”或者双击高亮的罗盘可编辑 X、Y、Z 位置和方向，如图 8-5 所示。

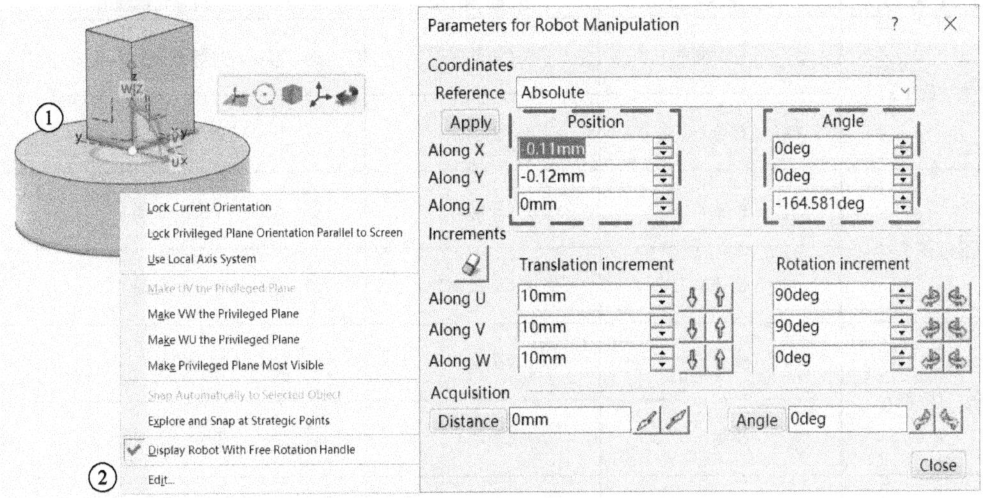


图 8-5　罗盘属性

## 8.2.2　工程连接定义

使用工程连接命令创建约束，零件必须有一个确定的轴系。在创建连接时，必须精确地定义重合、接触和偏移。然后使用机械装置展示命令创建展示。

创建工程连接的选项说明如图 8-6 所示。

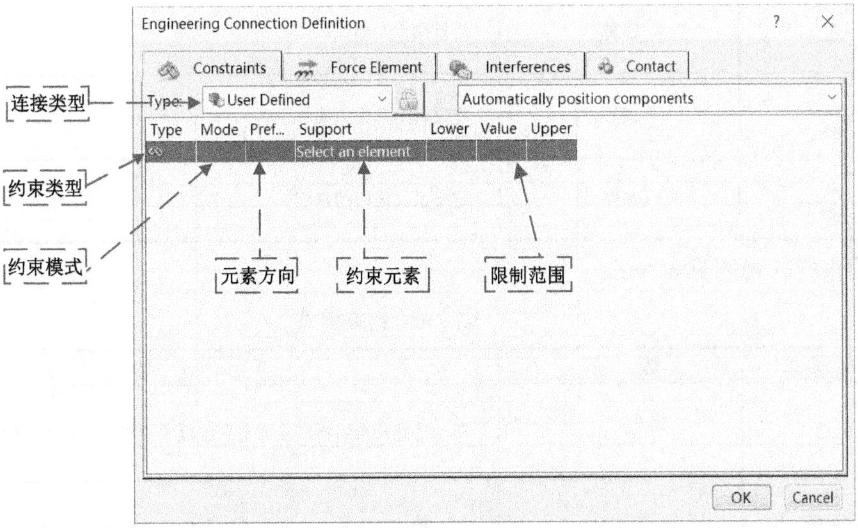


图 8-6　创建工程连接选项说明

常用连接类型及模板见表 8-4。

表 8-4 常用连接类型及模板

| 连接类型 | 约束类型 | 驱动类型 | 约束元素模板 |
|---|---|---|---|
| （固定） | （相对固联） | （驱动） | （坐标系—坐标系） |
| | （相合） | （驱动） | （轴—轴） |
| （棱形） | （接触） | （驱动） | （平面—平面） |
| | （偏移） | （已控制） | （平面—平面） |
| （旋转） | （相合） | （驱动） | （轴—轴） |
| | （接触） | （驱动） | （平面—平面） |
| （固定） | （角度） | （已控制） | （平面—平面） |
| | （固定） | （驱动） | （物理产品） |

常用约束类型说明见表 8-5。

表 8-5 常用约束类型

| 选项 | 名称 | 说明 |
|---|---|---|
| | 相合 | 创建可以是同轴、共面或合并点的对齐 |
| | 接触 | 连接两个平面或面 |
| | 偏移 | 定义两个元素之间的距离 |
| | 角度 | 定义组件之间的角度 |

约束模式说明见表 8-6。

表 8-6 约束模式

| 约束模式 | 选项 | 说明 |
|---|---|---|
| 驱动 | | 驱动连接约束连接产品在仿真过程中的相对运动（运动学、机器人学） |
| 已测量 | | 从工程连接的定义和其他约束中推导出来的测量值 |
| 已控制 | | 定义用户控制约束 |

工程连接方向见表 8-7。Offest 在选择两个面时，会提供两个选项，每个选项有三个选择。

表 8-7　工程连接方向

| 第一个选项 | | 第二个选项 | |
|---|---|---|---|
| 选　项 | 名　称 | 选　项 | 名　称 |
|  | Undefined（未定义） |  | Undefined（未定义） |
|  | Above（在上方） |  | Same（相同） |
|  | Below（在下方） |  | Opposite（相反） |

组合类型见表 8-8。

表 8-8　组合类型

| 类　型 | 第一个选项 | 第二个选项 | 组　合 | 说　明 |
|---|---|---|---|---|
| 第一个选项案例 |  |  | 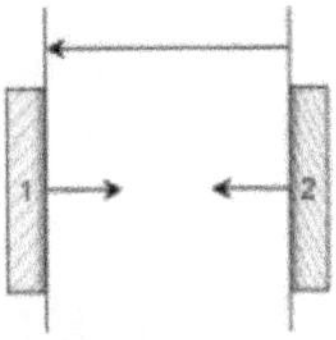 | 默认 1 在上方，偏移方向指向 1，平面方向默认相反 |
| |  |  | 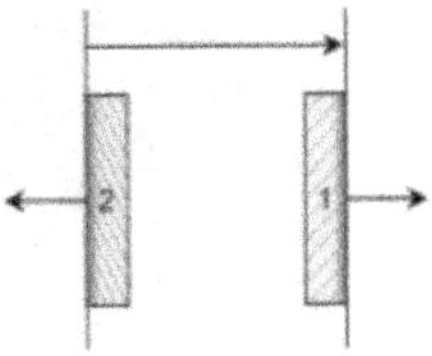 | 1 在下方，偏移方向指向 1，平面方向默认相反 |
| |  |  | 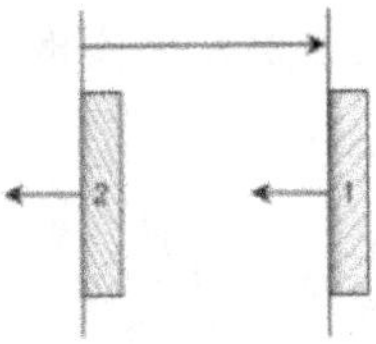 | 1 在下方，偏移方向指向 1，平面方向相同 |
| |  |  | 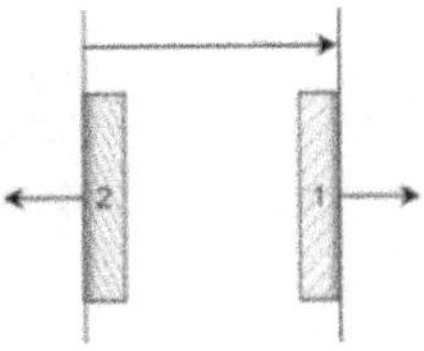 | 1 在下方，偏移方向指向 1，平面方向相反 |
| 第二个选项案例 |  |  | 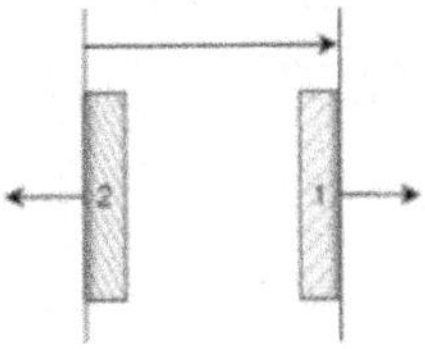 | 1 在下方，偏移方向指向 2，平面方向相反 |

（续）

| 类　型 | 第一个选项 | 第二个选项 | 组　合 | 说　明 |
|---|---|---|---|---|
| 第二个选项案例 |  |  | 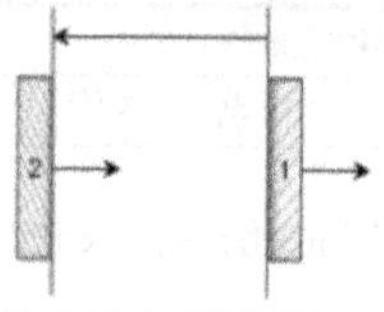 | 1在下方，偏移方向指向2，平面方向相同 |
| |  |  | 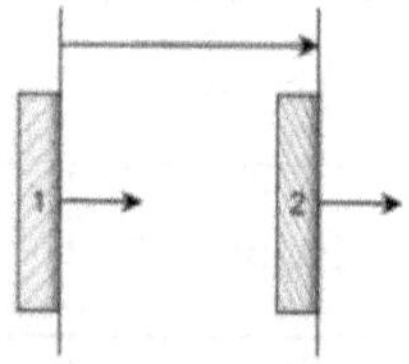 | 1在下方，偏移方向指向2，平面方向相同 |

创建两个简单的零件体，用来做工程连接的旋转接合，如图8-7所示。

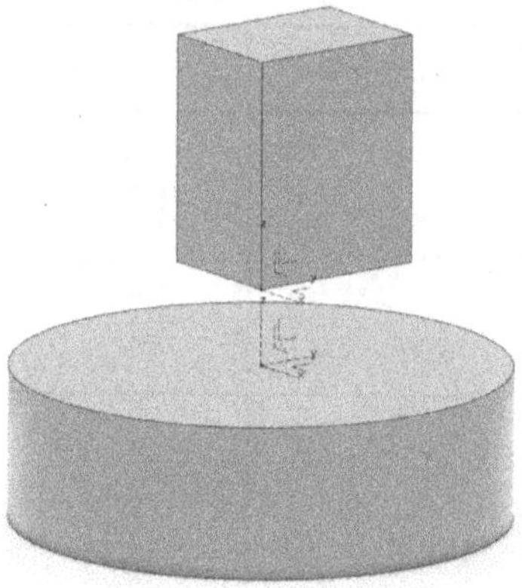

图8-7　无预定位工程连接

在运动学中，单击“Engineering Connection…”（工程连接），选择连接类型下拉菜单中的“Fix”（固定），自动生成约束元素模板，在“Support”中选择父部件，完成固定，如图8-8所示。

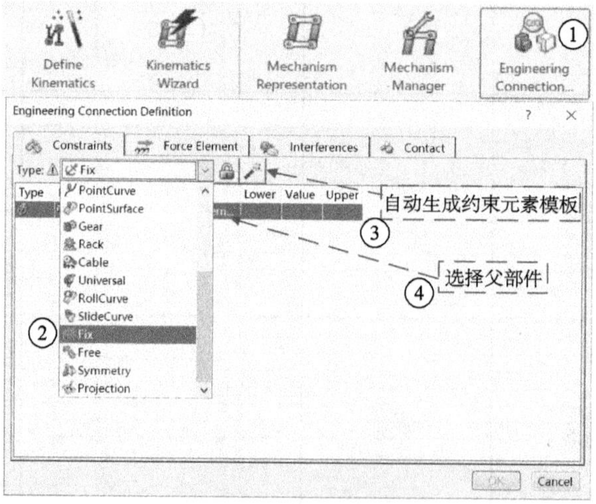


图8-8　工程连接固定

重新激活工程连接，选择连接类型下拉菜单中的“Revolute”，自动生成约束元素模板，分别是相合（Z 轴）、接触（XY 平面）和角度（XZ 平面或者 YZ 平面）按照先子后父的规则填入约束元素框。若方向有误，可右击，调节接触面的方向。同时注意角度的约束类型。如图 8-9 所示。

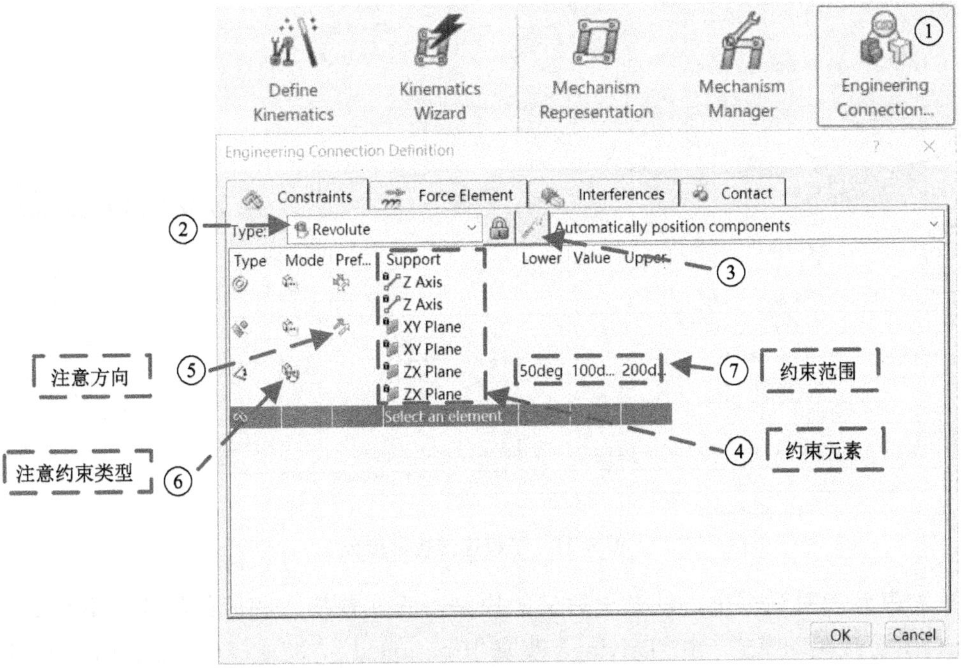


图 8-9　工程连接旋转

单击“OK”按钮，弹出提示框“是否使用检查碰撞”，默认“Yes”，完成旋转连接。

此外，工程连接可以不用“自动生成约束元素模板”的方式创建，下面以棱形接合连接为例进行介绍。

创建用来做棱形连接的两个零部件，父部件固定不动，子部件 XY 平面相对于父部件 XY 平面沿 Z 轴方向滑动，如图 8-10 所示。

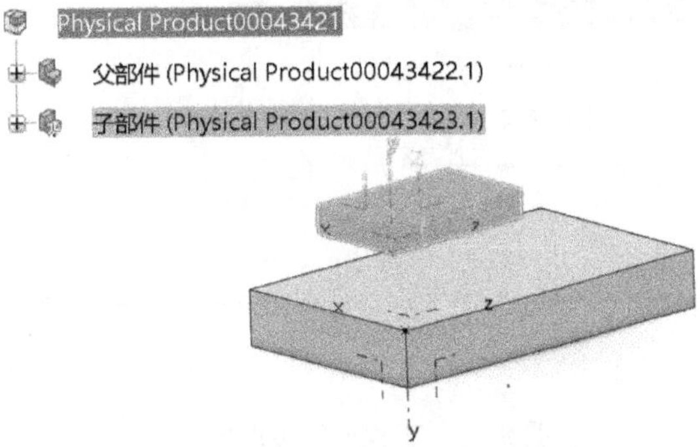


图 8-10　工程连接棱形接合零部件

在固定父部件的基础上，激活工程连接按钮，“Type”选择“Prismatic”，右击“Type”下蓝色框，分别插入“Contact”“Offset”“Coincidence”，得到可编辑的约束元素对话框，如图 8-11 所示。

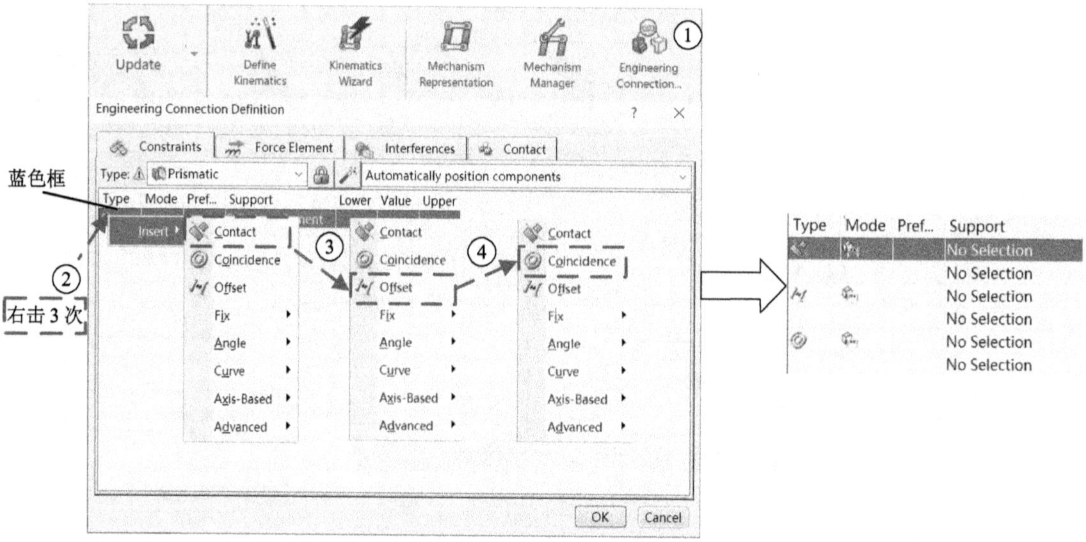


图 8-11　工程连接棱形接合 1

在约束元素对话框中，以先子后父的原则，将元素填入相应的约束元素，最后右击“Offset”，更改驱动模式，由“Driving”改成“Controlled”，完成棱形接合，如图 8-12 所示。

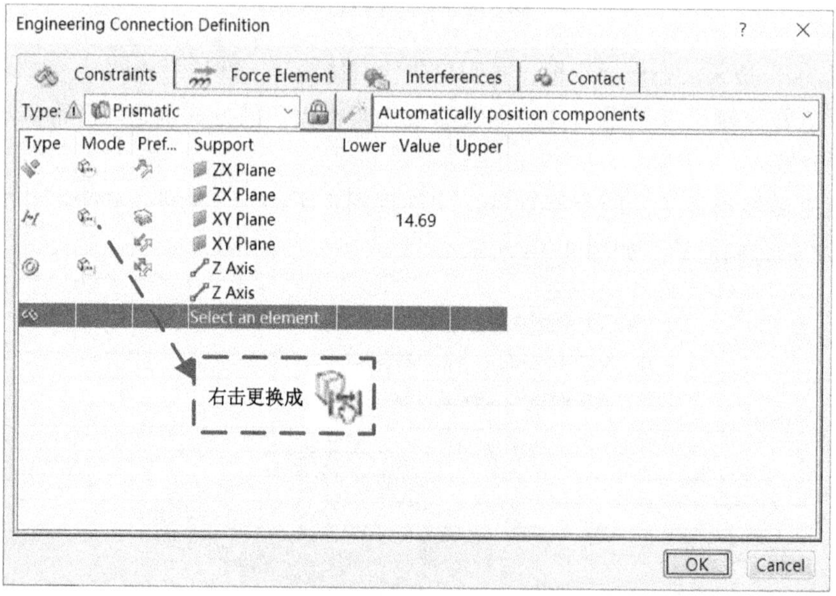


图 8-12　工程连接棱形接合 2

若误填约束元素，需修改。单击需要修改元素的位置，然后右击，选择“Clear Selection”

（清除选择）重新选择即可，如图8-13 所示。

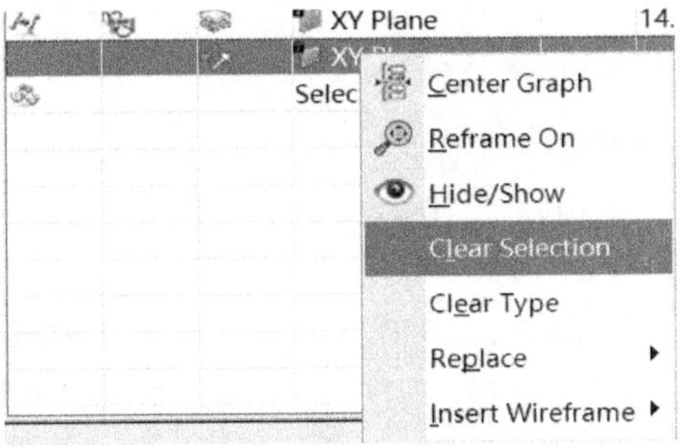


图 8-13　修改约束元素

在完成棱形接合后，如需修改约束类型，可打开结构树“Engineering Connections”的节点，找到相应的棱形接合并双击，在弹出的命令框中右击约束类型，可选择替换、删除、抑制，如图 8-14 所示。

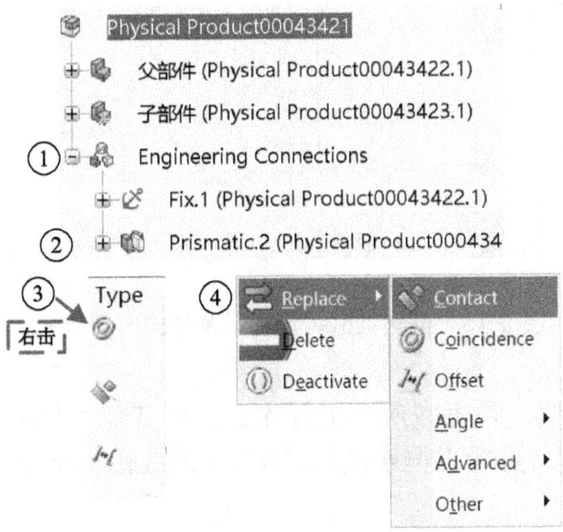


图 8-14　修改约束类型

# 8.3　创建机械装置

## 8.3.1　机械装置展示

没有机械装置就不能创建设备。在机械装置展示命令创建一个节点，该节点存储设备的关节和命令 - 命令驱动关节。

若使用运动学的方式创建，那么在完成连接时，机械装置展示会自动创建。

若使用工程连接的方式创建，那么创建机械装置的操作方法如图 8-15 所示。

Step1：单击机械装置展示“”按钮，如图 8-15 ①所示。

Step2：在机械装置展示对话框中输入标题，如图 8-15 ②所示。

Step3：单击“Mechanism Preferences”选项卡，如图 8-15 ③所示。

Step4：选择所需的复选框，单击“OK”按钮确认，如图 8-15 ④、⑤所示。

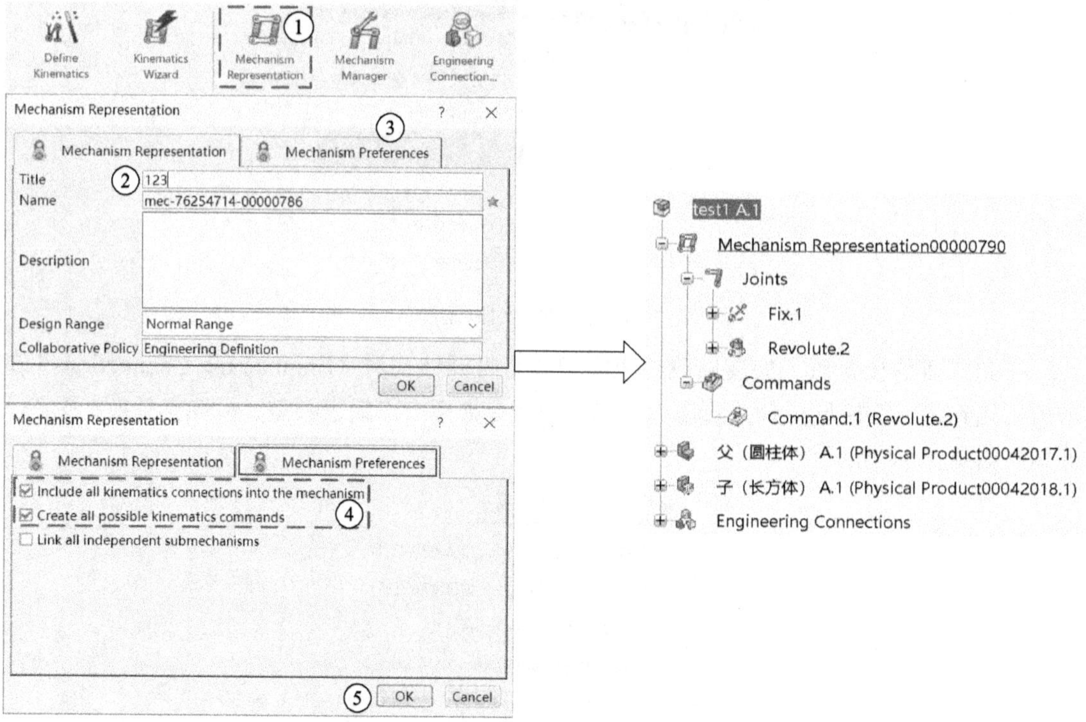


图 8-15　创建机械装置展示及结构树节点变化

单击更新“”按钮，将更新所有工程连接，展开树中的机械装置展示节点，以查看创建的节点和命令。**注意**：更新工程连接后，Joints 的红色标记会消失，如图 8-16 所示。

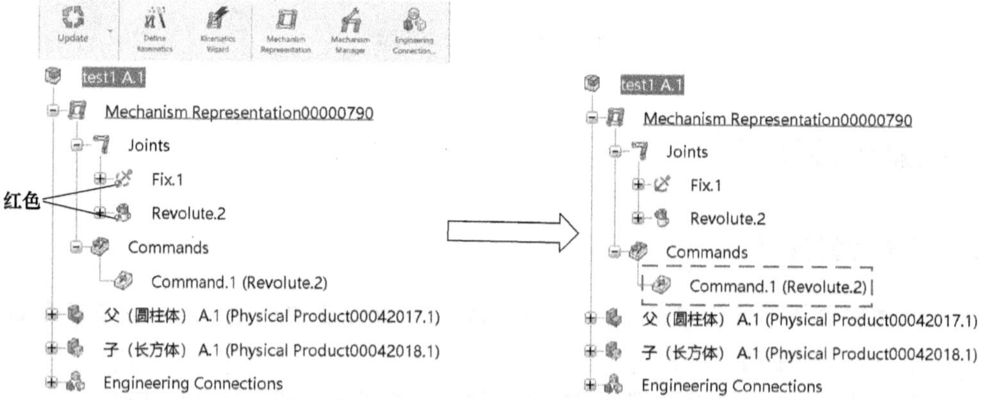


图 8-16　更新

Joints（关节）对应工程连接节点下的所有连接。

双击“Commands”，弹出“Mechanism Player”对话框，如图 8-17 所示。

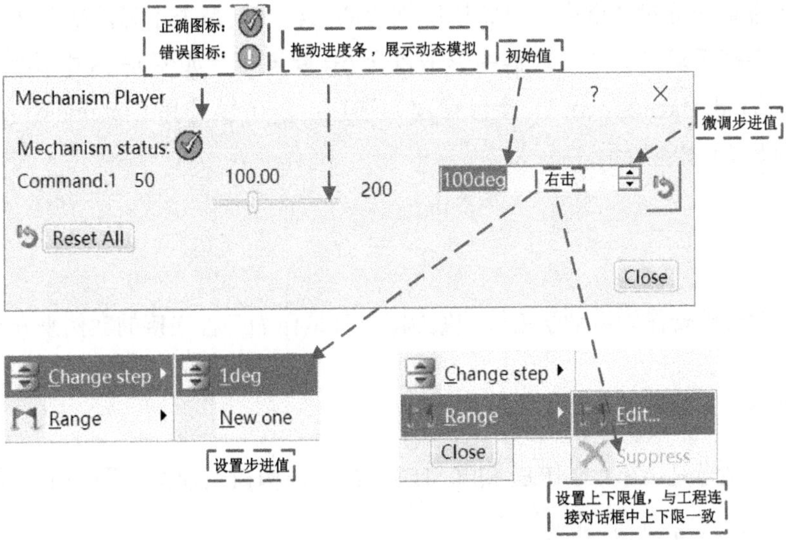


图 8-17　“Mechanism Player”对话框

## 8.3.2　机械装置管理器

机械装置管理器用于机械装置的驱动管理、机械装置检查。

单击机械装置管理器“ ”按钮（图 8-18 中①），弹出机械装置管理器对话框，如图 8-18 所示。

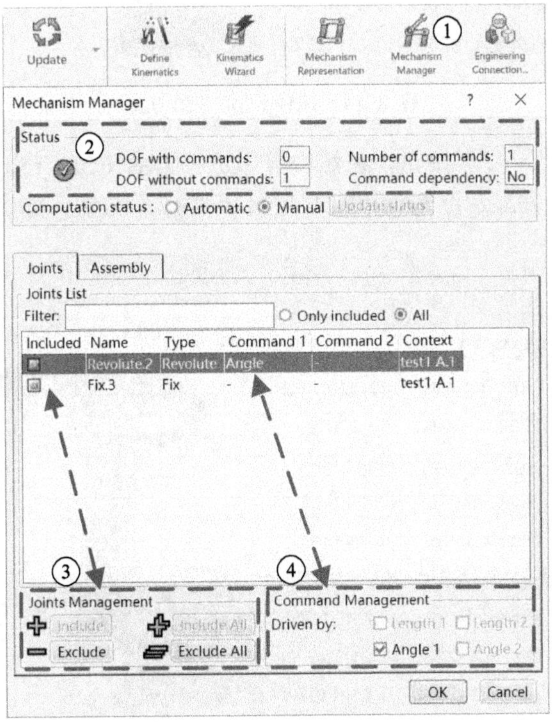


图 8-18　机械装置管理器对话框

在机械装置管理器对话框中，可验证所创建的工程连接是否正确，如图 8-18 中②所示。此外，还可以根据需求在关节管理器中单击包含 / 排除连接，如图 8-18 中③所示。

在“Command Management”（接合管理）选项组，可以选择 Command1 列中的命令驱动元素，如图 8-18 中④所示。

## 8.4 案例

下面以六轴机械臂作为运动学连接的案例，以夹爪作为工程连接的案例来介绍具体应用。

### 8.4.1 机械臂

六轴机械臂型号是 ABB 的 IRB_6700_150_320。结构树及模型如图 8-19 所示。

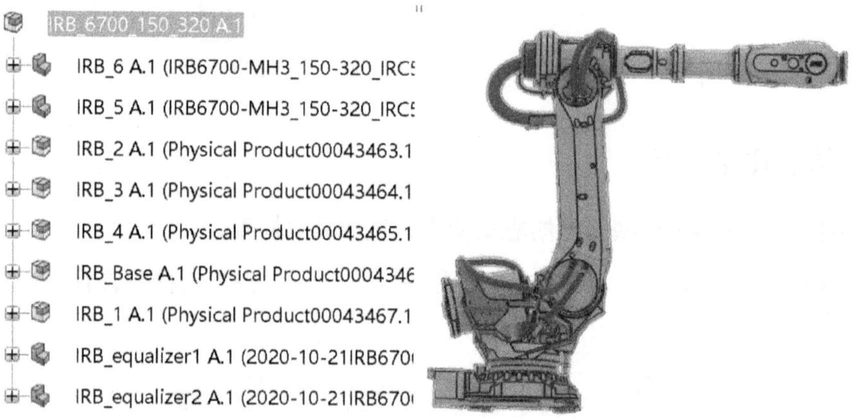


图 8-19 IRB_6700_150_320

单击触发运动学“ Define Kinematics ”按钮，在结构树中选择 IRB_6700_150_320_Base 3D 零件。所选择零件将高亮显示，并显示浮框，单击固定接合“ ”按钮，如图 8-20 所示。

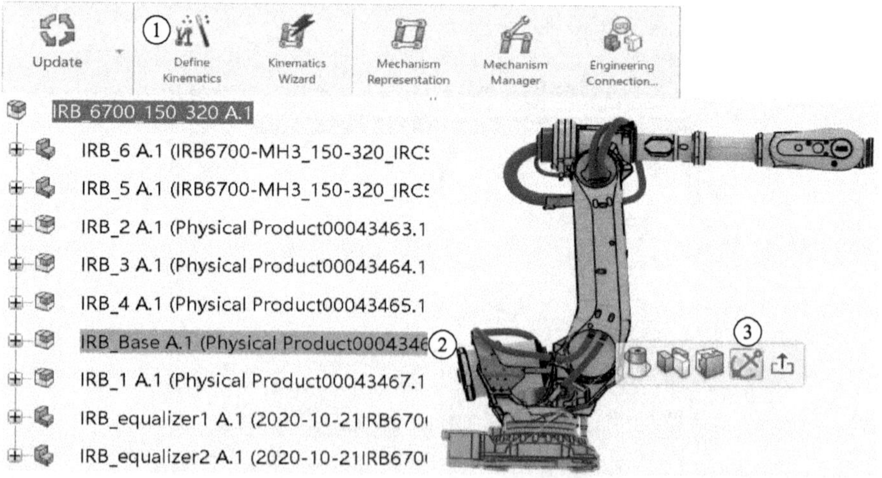


图 8-20 运动学固定

在零件 IRB_1 和 IRB_Base 之间创建旋转接合，如图 8-21 所示。

Step1：单击触发运动学“ ”按钮。

Step2：在结构树中选择子部件 IRB_1。

Step3：单击旋转接合“ ”按钮。

Step4：单击圆上三点确定轴心线。

Step5：选择 IRB_1 底面上的三点来定义圆的中心点。若有父部件遮挡，可先隐藏父部件。

Step6：选择结构树中的父部件 IRB_Base。

Step7：选择顶面上的三点来定义圆的中心点。

Step8：选择 IRB_Base 底面上的三点来定义圆的中心点。

Step9：默认 Z 轴作为关节轴，单击命令接合“ ”按钮。

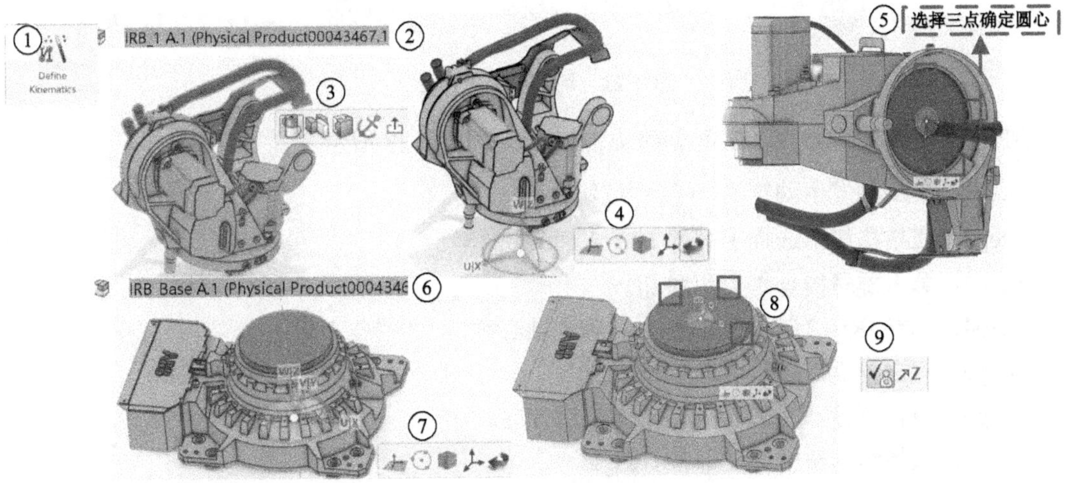


图 8-21　运动学旋转接合 1

在零件 IRB_2 和 IRB_1 之间创建旋转接合，如图 8-22 所示。

Step1：单击触发运动学“ ”按钮。

Step2：在结构树中选择子部件 IRB_2。

Step3：单击旋转接合“ ”按钮。

Step4：单击平面中心点确定轴心线。

Step5：选择 IRB_2 旋转平面中心点确定旋转轴。

Step6：双击罗盘，调整角度值，使 Z 轴指向平面法线方向。

Step7：选择结构树中的父部件 IRB_1。

Step8：选择 Z 轴作为接合轴，单击命令接合“ ”按钮。

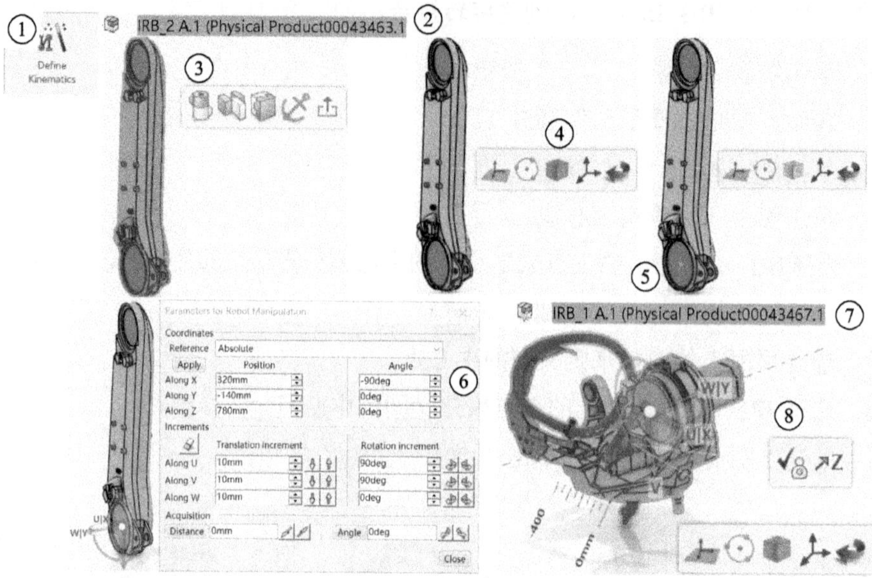


图 8-22　运动学旋转接合 2

在零件 IRB_3 和 IRB_2 之间创建旋转接合，如图 8-23 所示。

Step1：单击触发运动学“ ”按钮。

Step2：在结构树中选择子部件 IRB_3。

Step3：单击旋转接合“ ”按钮。

Step4：选择 IRB_3 旋转平面中心点确定轴心线。

Step5：双击罗盘，将角度增量调成 90°。

Step6：旋转罗盘，使 Z 轴指向平面法线方向。

Step7：选择结构树中的父部件 IRB_2。

Step8：以 Z 轴作为接合轴，单击命令接合“ ”按钮。

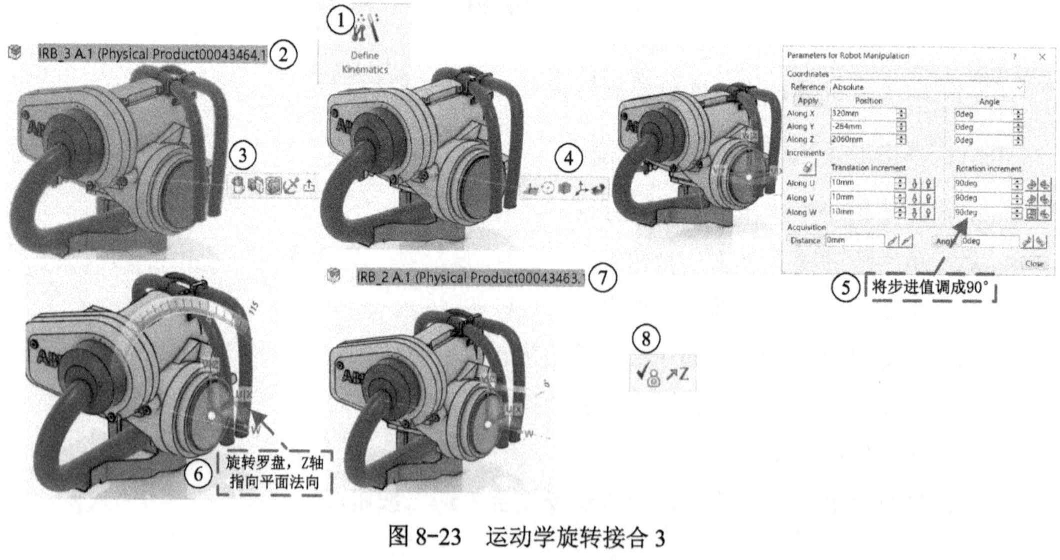


图 8-23　运动学旋转接合 3

在零件 IRB_4 和 IRB_3 之间创建旋转接合，如图 8-24 所示。

Step1：单击触发运动学“ ”按钮。

Step2：在结构树中选择子部件 IRB_4。

Step3：单击旋转接合“ ”按钮。

Step4：选择 IRB_4 旋转平面中心点确定轴心线。

Step5：用鼠标指向圆端面，当提示绿点在圆端面中心位置时单击。

Step6：旋转罗盘，使 Z 轴指向平面法线方向。

Step7：选择结构树中的父部件 IRB_3。

Step8：以 Z 轴作为旋转轴，单击命令接合“ ”按钮。

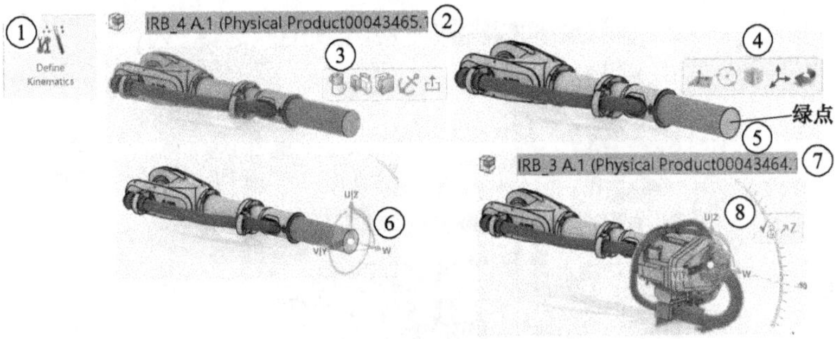


图 8-24　运动学旋转接合 4

在零件 IRB_5 和 IRB_4 之间创建旋转接合，如图 8-25 所示。

Step1：单击触发运动学“ ”按钮。

Step2：在结构树中选择子部件 IRB_5。

Step3：单击旋转接合“ ”按钮。

Step4：选择 IRB_5 旋转平面中心点确定轴心线。

Step5：用鼠标指向圆端面，当提示绿点在圆端面中心位置时单击。

Step6：选择结构树中的父部件 IRB_4。

Step7：以 Y 轴作为旋转轴。

Step8：单击命令接合“ ”按钮。

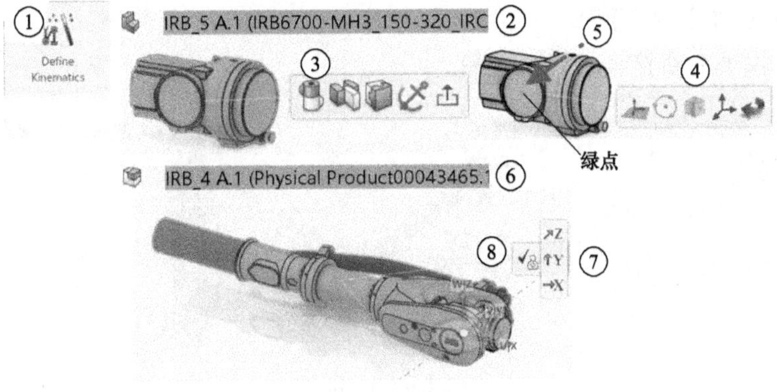


图 8-25　运动学旋转接合 5

在零件 IRB_6 和 IRB_5 之间创建旋转接合，如图 8-26 所示。

Step1：单击触发运动学“ ”按钮。

Step2：在结构树中选择子部件 IRB_6。

Step3：单击旋转接合“ ”按钮。

Step4：选择 IRB_6 旋转平面中心点确定轴心线。

Step5：用鼠标指向圆端面，当提示绿点在圆端面中心位置时单击。

Step6：选择结构树中的父部件 IRB_5。

Step7：以 X 轴作为旋转轴。

Step8：单击命令接合“ ”按钮。

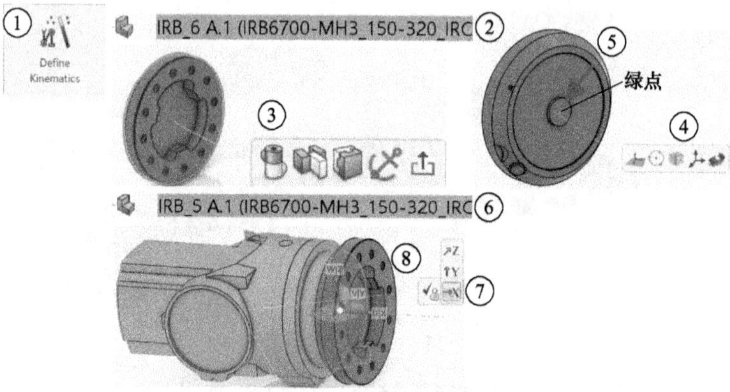


图 8-26 运动学旋转接合 6

在 IRB_equalizer1 和 IRB_2 之间创建旋转接合，如图 8-27 所示。

Step1：单击触发运动学“ ”按钮。

Step2：在结构树中选择子部件 IRB_equalizer1。

Step3：单击旋转接合“ ”按钮。

Step4：选择 IRB_equalizer1 旋转平面中心点。

Step5：用鼠标指向圆端面，当提示绿点在圆端面中心位置时单击。

Step6：选择结构树中的父部件 IRB_5。

Step7：以 Y 轴作为旋转轴。

Step8：单击非命令接合“ ”按钮。

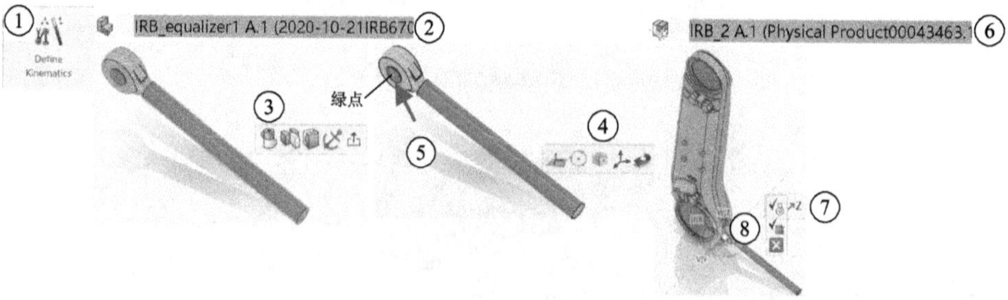


图 8-27 运动学旋转接合 7

在 IRB_equalizer2 和 IRB_1 之间创建旋转接合，如图 8-28 所示。

Step1：单击触发运动学“ ”按钮。

Step2：在结构树中选择子部件 IRB_equalizer2。

Step3：单击旋转接合“ ”按钮。

Step4：选择 IRB_equalizer2 旋转平面中心点。

Step5：用鼠标指向圆端面，当提示绿点在圆端面中心位置时单击。

Step6：选择结构树中的父部件 IRB_1。

Step7：以 Y 轴作为旋转轴。

Step8：单击非命令接合“ ”按钮。

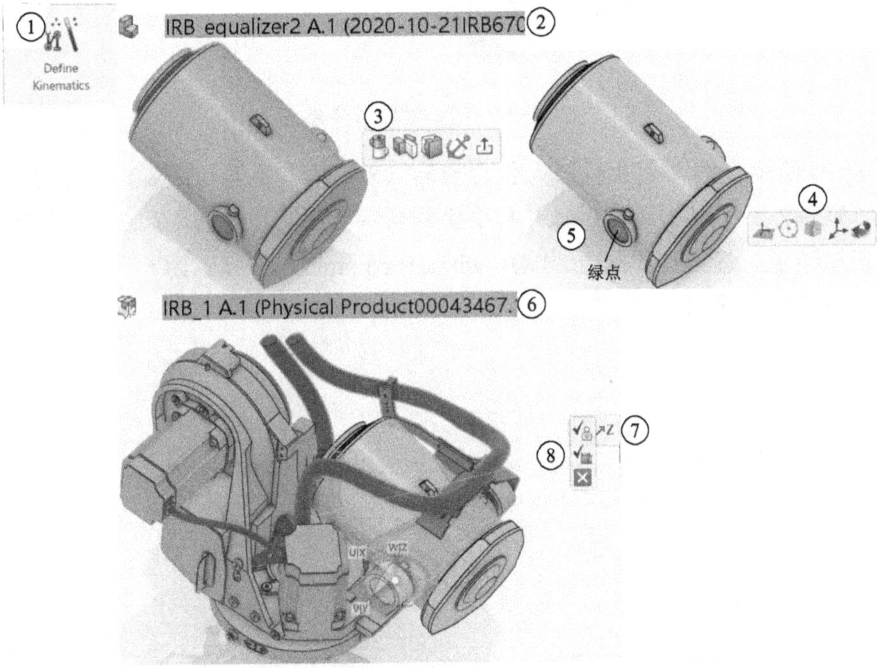


图 8-28　运动学旋转接合 8

在 IRB_equalizer2 和 IRB_equalizer1 之间创建棱形接合，如图 8-29 所示。

Step1：单击触发运动学“ ”按钮。

Step2：在结构树中选择子部件 IRB_equalizer1。

Step3：单击棱形接合“ ”按钮。

Step4：选择 IRB_equalizer1 棱形平面中心点确定移动轴。

Step5：用鼠标指向圆端面，当提示绿点在圆端面中心位置时单击。

Step6：选择结构树中的父部件 IRB_equalizer2。

Step7：以 Y 轴作为移动轴。

Step8：单击非命令接合“ ”按钮。

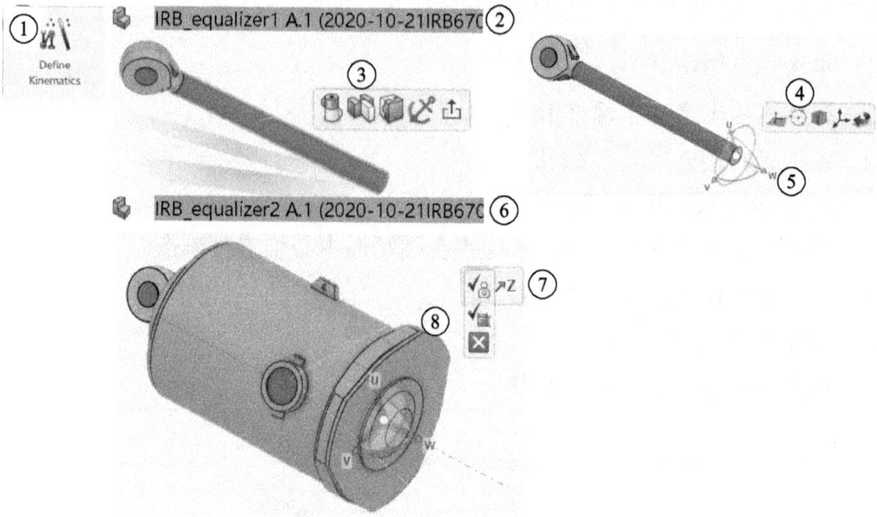


图 8-29 运动学棱形接合

如图 8-30 所示，六轴工业机器人包含旋转（S 轴）、下臂（L 轴）、上臂（U 轴）、手腕旋转（R 轴）、手腕摆动（B 轴）和手腕回转（T 轴）。6 个关节合成实现末端的六个自由度。机械装置管理器对话框中“DOF without commands”显示为 6，状态为✅。此次定义的六轴机械臂定义完成。

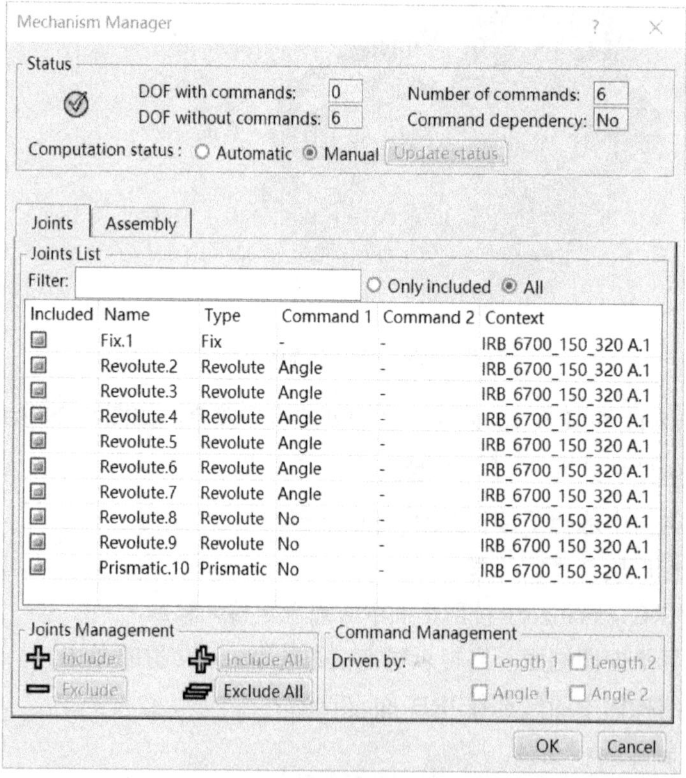


图 8-30 机械装置管理器对话框

## 8.4.2　夹爪

该夹爪是由基座、曲柄、连杆和爪手组成的两个偏置曲柄滑块机构，基座固定，曲柄绕基座轴的回转运动转换成爪手的往复移动。夹爪的模型图如图 8-31 所示。

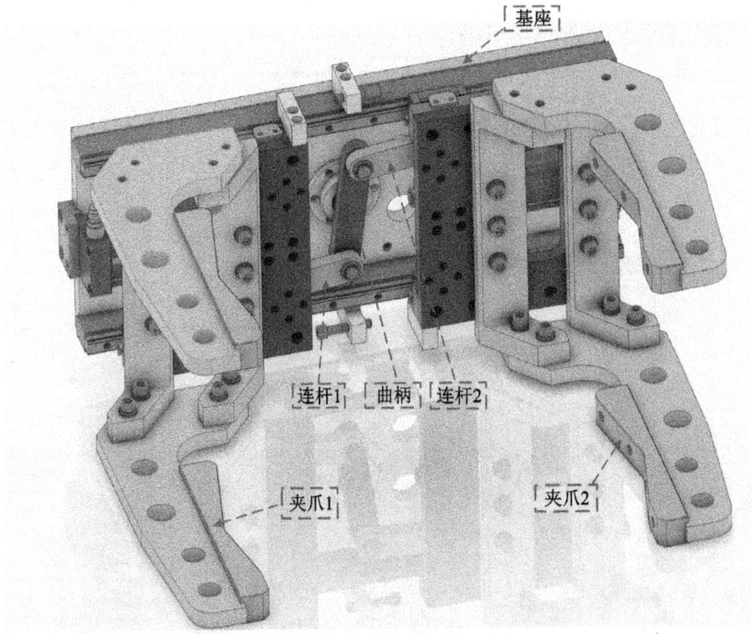


图 8-31　夹爪模型图

基座固定。单击激活工程连接“ ”按钮，首先在“Type”下拉菜单中选择“Fix”，然后单击自动生成模板“ ”按钮并在约束元素框选择结构树中的“Base A.1”部件，最后单击“OK”按钮，完成固定，如图 8-32 所示。

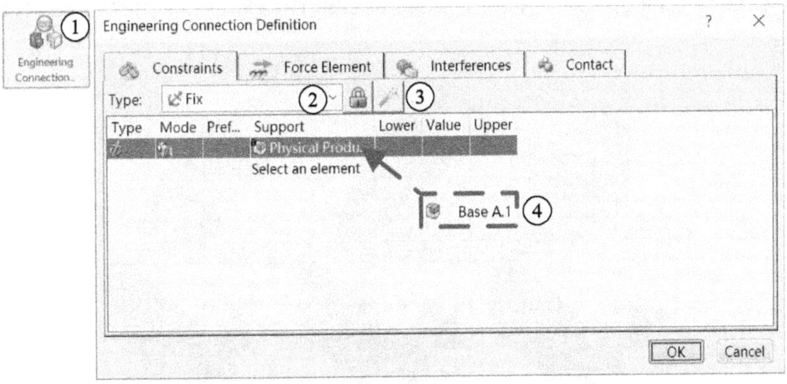


图 8-32　基座固定

在曲柄和基座之间建立旋转接合，如图 8-33 中①～⑥所示。

Step1：单击激活工程连接“ ”按钮。

Step2：在“Type”下拉菜单中选择“Revolute”。

Step3：添加约束类型：相合、偏移和角度。

Step4：约束元素分别是 Z 轴、XY 平面、ZX 平面，如图 8-34 所示。

Step5：将角度的驱动类型设置为已控制。

Step6：单击“OK”按钮，完成旋转接合。

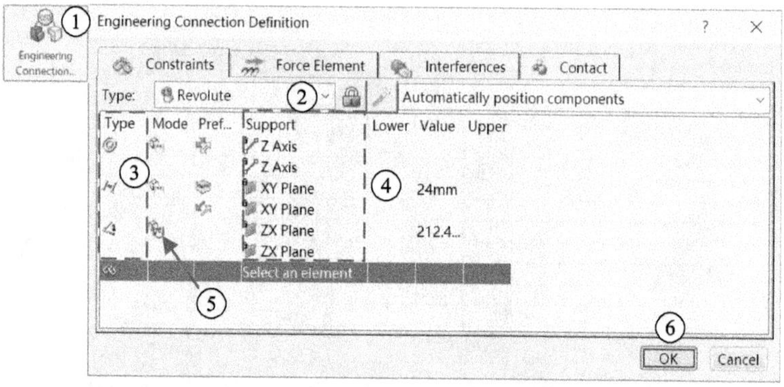


图 8-33　在曲柄和基座之间建立旋转接合

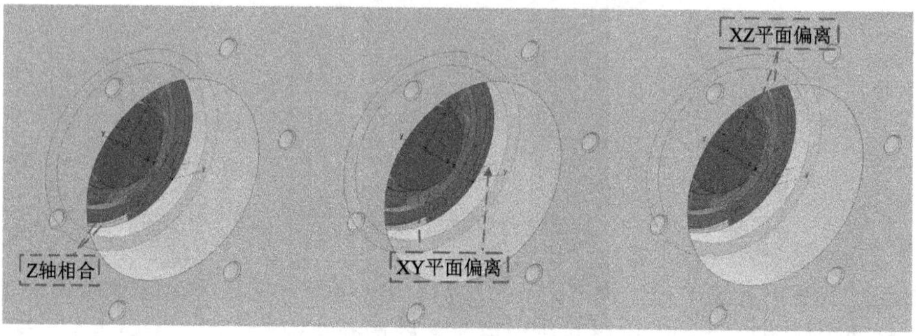


图 8-34　约束元素 1

在连杆 1 和曲柄之间建立旋转接合，旋转接合操作与图 8-33 一样，约束元素如图 8-35 所示。

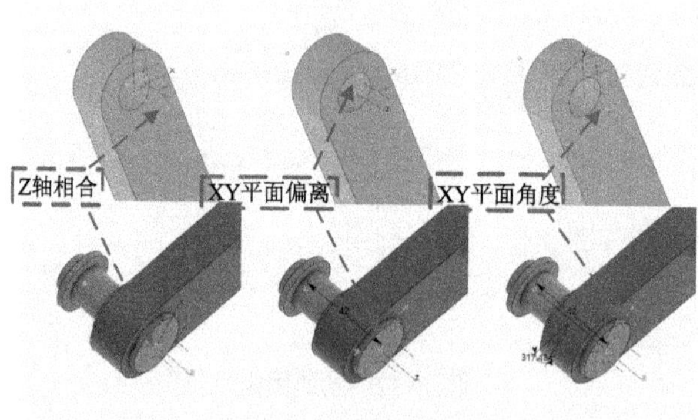


图 8-35　约束元素 2

在连杆 2 和曲柄之间建立旋转接合，旋转接合操作与图 8-33 一样，约束元素如图 8-36 所示。

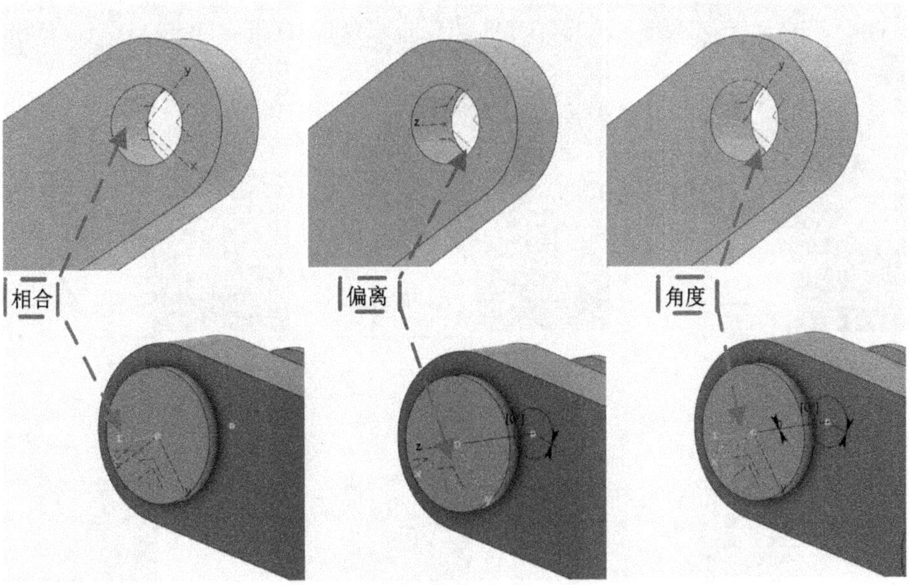


图 8-36　约束元素 3

在夹爪 1 和连杆 1 之间建立旋转接合，旋转接合操作与图 8-33 一样，约束元素如图 8-37 所示。

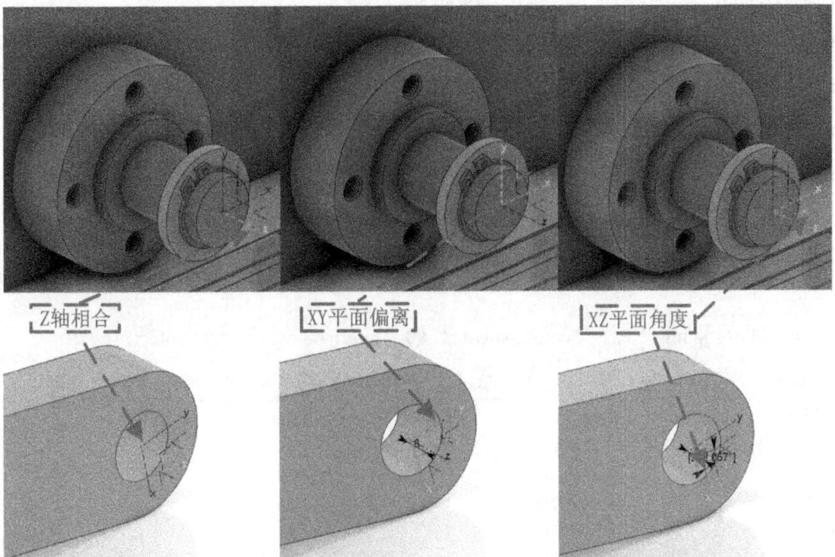


图 8-37　约束元素 4

在夹爪 2 和连杆 2 之间建立旋转接合，旋转接合操作与图 8-33 一样，约束元素如图 8-38 所示。

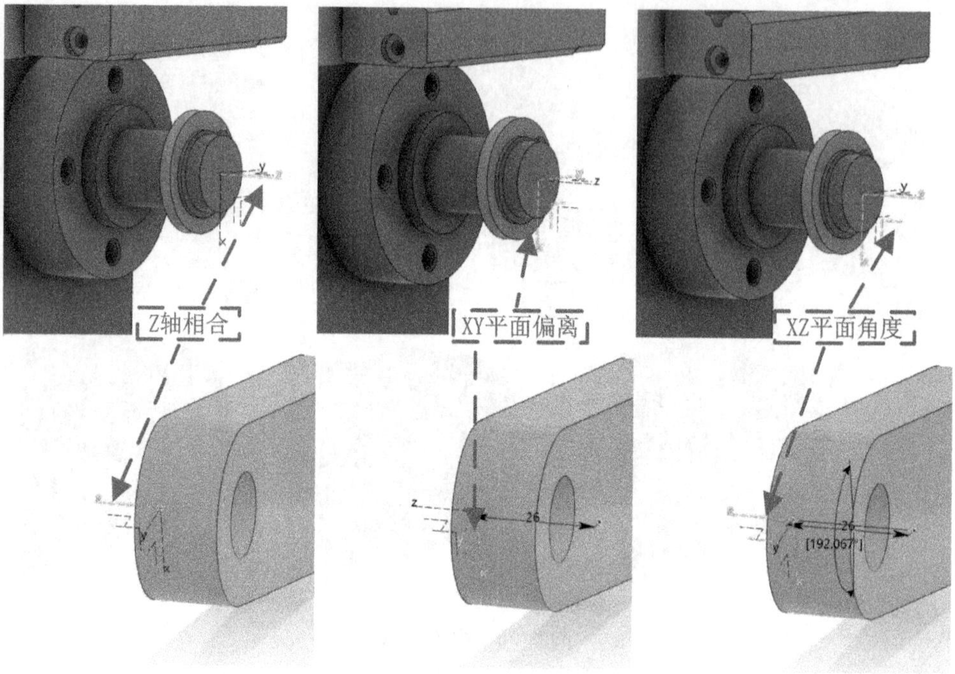


图 8-38　约束元素 5

在夹爪 1 和基座之间建立棱形接合，如图 8-39 中①～⑥所示。

Step1：单击激活工程连接“ ”按钮。

Step2：在“Type”下拉菜单中选择“Prismatic”。

Step3：添加三个“偏离”约束类型。

Step4：约束元素分别是 XY 平面、YZ 平面、ZX 平面，如图 8-40 所示。

Step5：将“XY 平面”的“偏离”的驱动类型设置为已控制。

Step6：单击“OK”按钮，完成棱形接合。

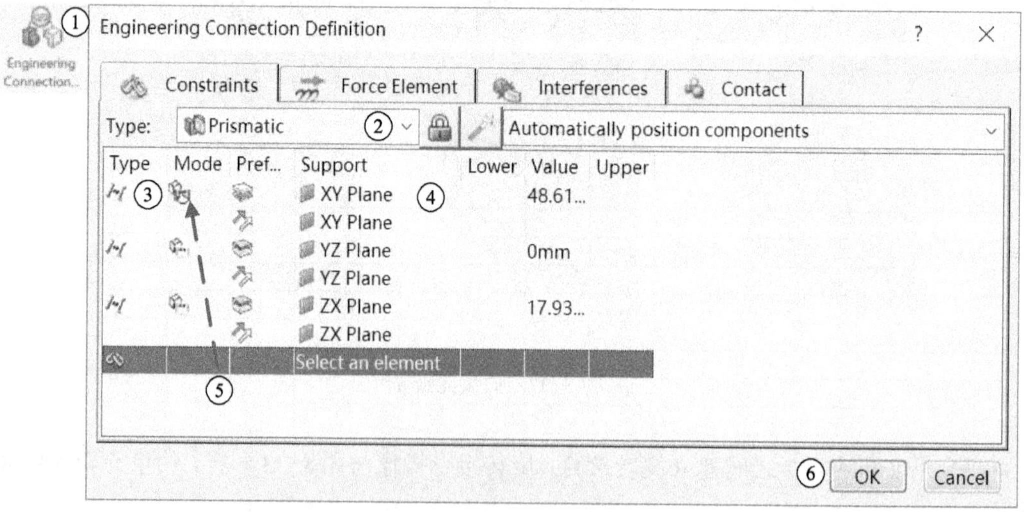


图 8-39　夹爪 1 和基座之间建立棱形接合

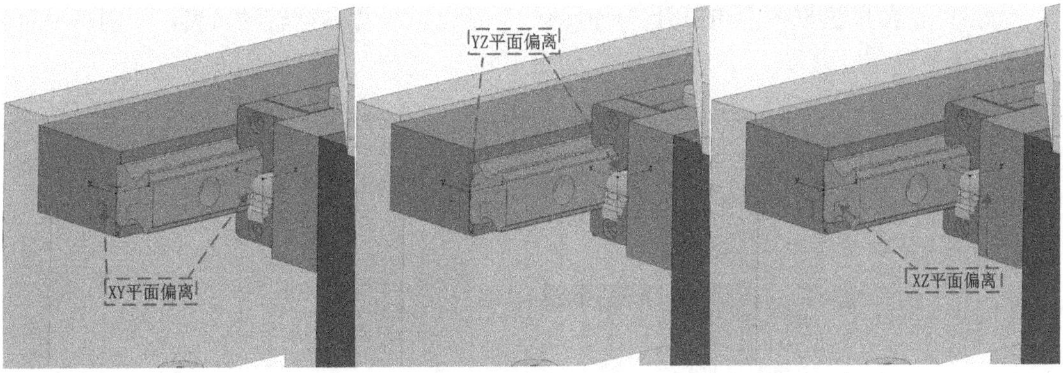


图 8-40　约束元素 6

在夹爪 2 和基座之间建立棱形接合，旋转接合操作与图 8-33 一样，约束元素如图 8-41 所示。

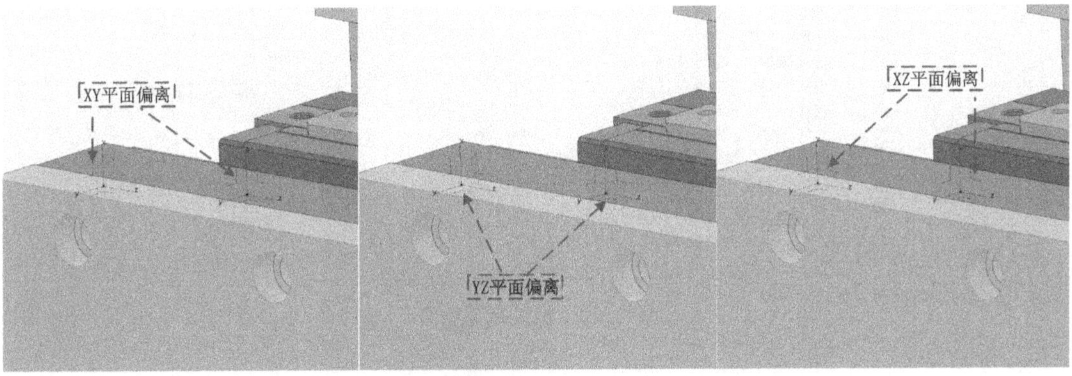


图 8-41　约束元素 7

夹爪的活动构件有 5 个。共有 5 个旋转副，2 个移动副，都是低副，计算出夹爪的自由度 F=3×5−2×7=1。在偏置曲柄滑块机构中，以曲柄为主动件不会有死点位置。保留机械装置管理器对话框中曲柄与基座命令中的“Angle”，而其他关节都取消驱动（类似于运动学非命令接合）。操作步骤如图 8-42 中①～⑦所示。

Step1：创建机械装置展示。

Step2：打开机械装置管理器对话框。

Step3：单击“曲柄和连杆 1”“曲柄和连杆 2”“连杆和 1 和夹爪 1”“连杆 2 和夹爪 2”，在高亮的“Command Management”下取消勾选“Angle 1”。

Step4：单击“夹爪 1 和基座”“夹爪 2 和基座”，在高亮的“Command Management”下取消勾选“Length 1”。

Step5：单击“OK”按钮，重新打开机械装置管理器对话框，状态为“ ”，“DOF with commands”是“1”。

Step6：双击结构树中机械装置展示节点“Command.1（曲柄和基座）”，拖动进度条，检查运动是否正确，观察爪手在极限位置下曲柄转动的角度。

Step7：在角度值框内右击打开“Ranges”对话框，设置曲柄转动角度，限制爪手可移动范围。

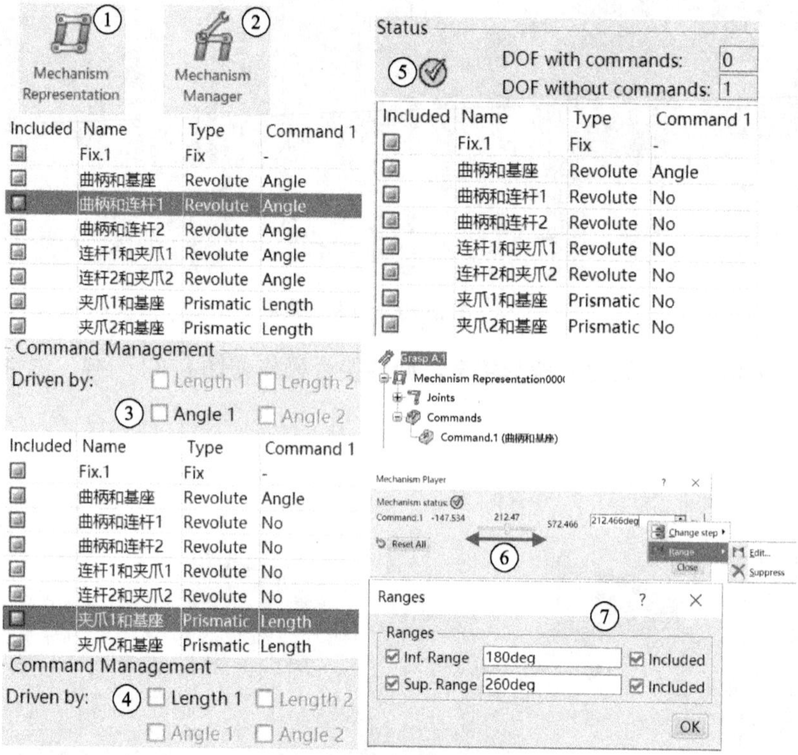


图 8-42 机械装置检查

## 8.4.3 机床

用运动学的方式快速创建机床的运动副，后续用来定义机床的属性。机床关节如图 8-43 所示。

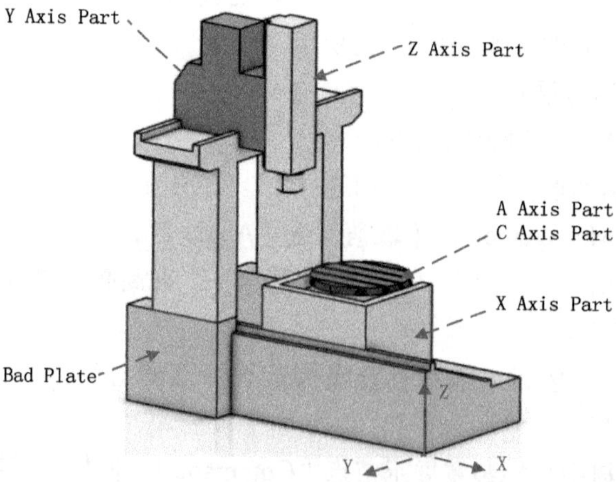


图 8-43 机床关节

操作步骤如下：

Step1：固定 Bad Plate。

Step2：Y Axis Part 与 Bad Plate 沿 Y 轴棱形连接。

Step3：X Axis Part 与 Bad Plate 沿 X 轴棱形连接。

Step4：Z Axis Part 与 Y Axis Part 沿 Z 轴棱形连接。

Step5：C Axis Part 与 X Axis Part 沿 X 轴旋转连接。

Step6：A Axis Part 与 C Axis Part 沿 Z 轴旋转连接。

Step7：更新，查看机械装置展示，如图 8-44 所示。

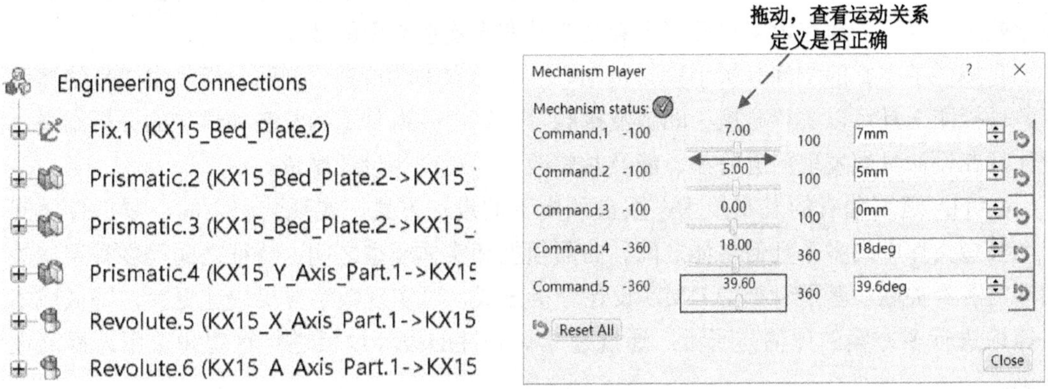


图 8-44　机械装置展示

# 第 9 章　运动机构仿真

Mechanical Systems Experience 对应着 CATIA 软件中的 DMU 模块，DMU 提供各类、各种档次的可视化功能，用不同方式对样机的全部部位进行审视、评估，漫游和模拟真实的视觉效果，尽可能地在数字化环境中看到产品在真实世界中的效果。

它提供了丰富的空间分析手段，包括产品静动态干涉检查、剖面分析、生成包络体等，有各种探测工具可以进行碰撞、间隙及接触等计算，并得到更为复杂和详尽的分析结果，使设计师在设计早期发现问题所在，能及时修改，提高产品设计质量。

CATIA 运用独有的发布技术，按自顶向下的设计方式，实现装配之间、零部件之间、一个模型文件中的多个几何实体之间、曲面模型和实体模型之间、特征之间等多种层次的端到端的各类关联。基于骨架的 DMU 设计分析方式，可实现数字样机快速更换，降低成本，快速地进行多方案的评估与研讨，通过建立关联性的设计模板进行管理和重用，提高设计效率。

## 9.1　创建替代行为

### 9.1.1　创建产品仿真

进入 Mechanical Systems Experience 并创建场景有两种方式：

1）在产品中创建仿真：如图 9-1 所示。

**方法一：**

Step1：单击左上角 My 3D Modeling Apps，如图 9-1 中①所示。

Step2：弹出下拉菜单，在下拉菜单勾选许可证的所有应用，找到“Mechanical Systems Experience”，单击该 App 进入模块，如图 9-1 中②所示。

Step3：产品关联在该对话框中，如果在产品中已经存在机械装置，取消选中“Create a mechanism”“Create a kinematics scenario”（创建运动场景）复选框。单击“OK”按钮，跳入另一个对话框，输入修改运动机构名称，单击“OK”按钮，如图 9-1 中③、④所示。

**方法二：**

Step1：单击右上角“”按钮，如图 9-1 中①′所示。

Step2：选择“New Content”，如图 9-1 中②′所示。

Step3：在对话框中搜索“Kin”，如图 9-1 中③′所示。

Step4：单击“”按钮，查看结构树的变化，如图 9-1 中④′所示。

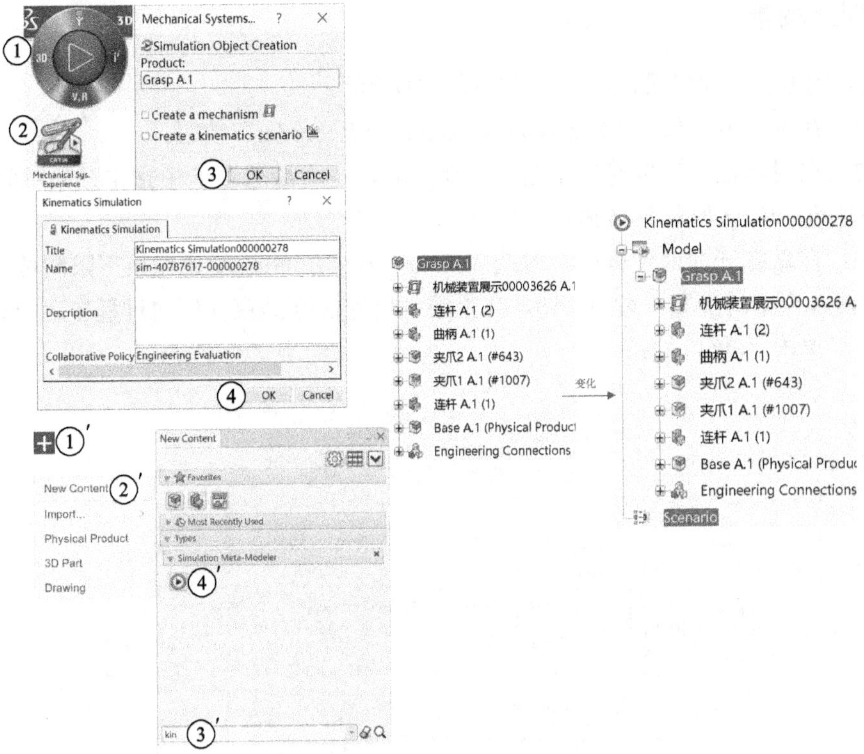


图 9-1　在产品中创建仿真

2）创建仿真和关联产品，如图 9-2 中①～③所示。具体步骤如下：

Step1：在空的物理产品的状态下进入“Mechanical Systems Experience”，右击结构树节点下“Model”。

Step2：单击“Choose a Model”，在系统提示后，进入产品界面。

Step3：单击“Grasp”（产品必须是提前打开的状态，与 CATIA 插入现有产品的操作步骤一致）。

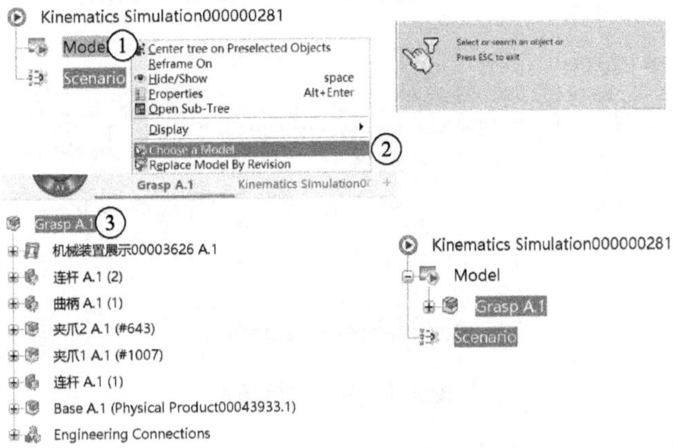


图 9-2　创建仿真和关联产品

## 9.1.2 创建场景

用记录的方式创建场景，如图 9-3 中①～④所示。

Step1：在场景中，单击“Kinematics Excitation Recorder”按钮。

Step2：在对话框中可以对场景名称重新命名，在参数选项卡中指定开始时间、结束时间和步进时间，单击“OK”按钮。

Step3：在新打开的对话框中，勾选“Automatic”，将进度条调至下限制位置。从 260 开始，创建几个中间步骤，增量 +10，在上限制位置 350 结束（创建过程自动记录）。

Step4：单击“OK”按钮。

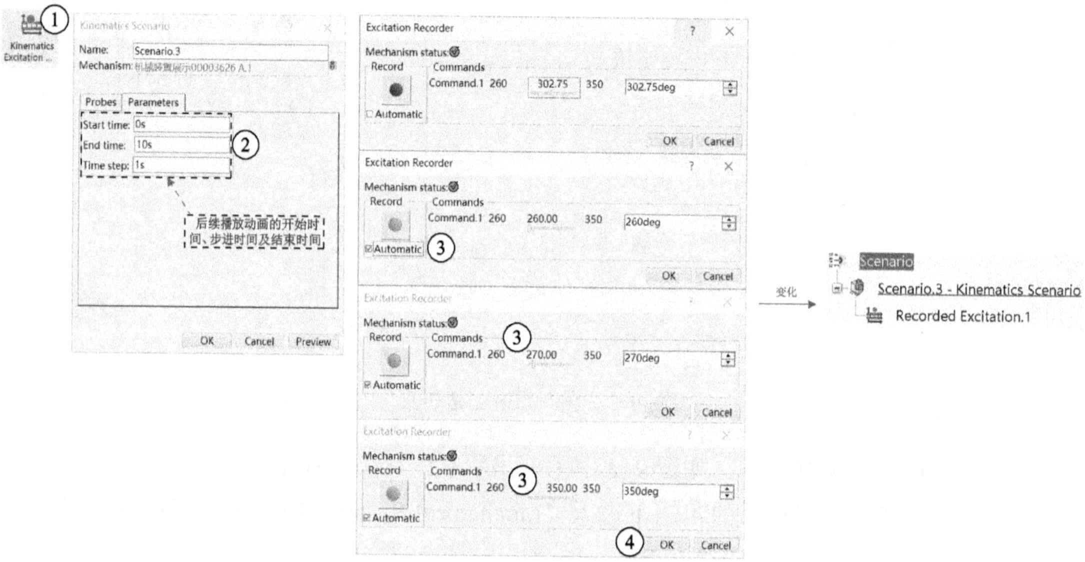


图 9-3 创建记录场景

若在记录时有错误需修改记录时，可编辑记录场景。编辑记录场景的操作步骤为：右击结构树中的记录激发器，选择“Edit Table”，表格中记录着每秒机构运动的状态，单击单元格变蓝后，再单击，进入可编辑状态修改参数，如图 9-4 所示。

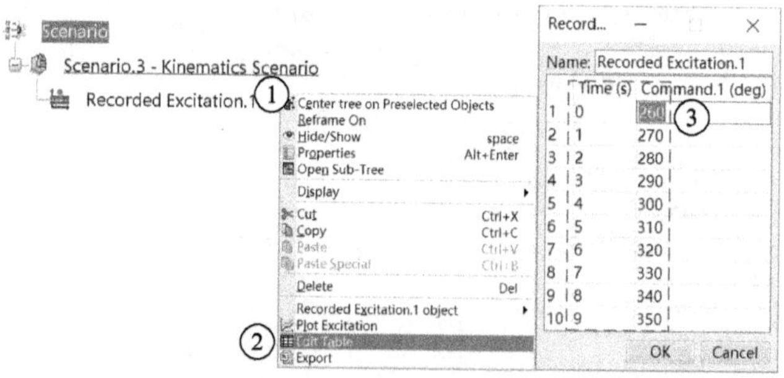

图 9-4 编辑记录场景

用法则的方式创建场景，如图 9-5 中①～⑥所示。

Step1：在场景中，单击“Law Excitation”按钮。

Step2：在对话框中进行重命名，“Supports”选择机械装置展示下的命令。

Step3：单击f(x)，在角度公式字段上右击，选择编辑公式。

Step4：在公式编辑对话框中为法则激发写入公式。该公式是一个简单的线性关系，在仿真中用时间参数驱动角度（距离），这里写成 Excitation\Law Excitation.3\Angle=260deg（初始值）+`Excitations\Law Excitation.3\Time`*10deg（步进值），单击“OK”按钮。

Step5：在场景中，单击“Kinematics Scenario”按钮。

Step6：在对话框中重命名，将“Available”中的可激发对象移到“Referenced”中，单击“OK”按钮。

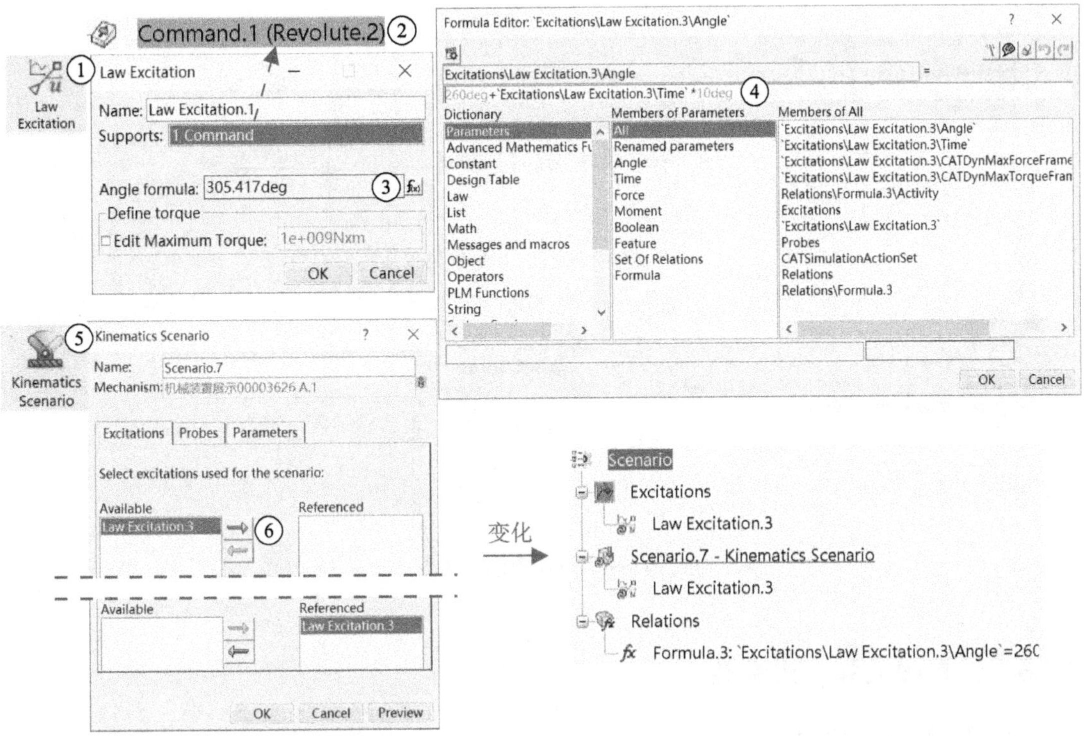


图 9-5　法则创建场景

用设计表创建场景，如图 9-6 中①～⑧所示。

Step1：在场景中，单击“Law Excitation”按钮。

Step2：在对话框中进行重命名，“Supports”选择机械装置展示下的命令。

Step3：在工具栏的 Tool 部分，选择“Design Table”。

Step4：在“Creation of a Design Table”对话框中，选择“Create a design table with current parameter values”，单击“OK”按钮。

Step5：在打开的新对话框中，单击“→”按钮，将重要参数插入到表格中，单击“OK”按钮。

Step6：在新打开的表格中，参数需要编辑值，单击“Edit table...”，打开一个表格文档。

Step7：在表格文档中，输入参数值，保存并关闭后，Design Table 自动更新了表格文档里的内容。

Step8：单击运动学场景“ ”按钮，在“Excitations”选项卡下单击“ ”按钮，将 Law Excitations 移到 Referenced 框中。

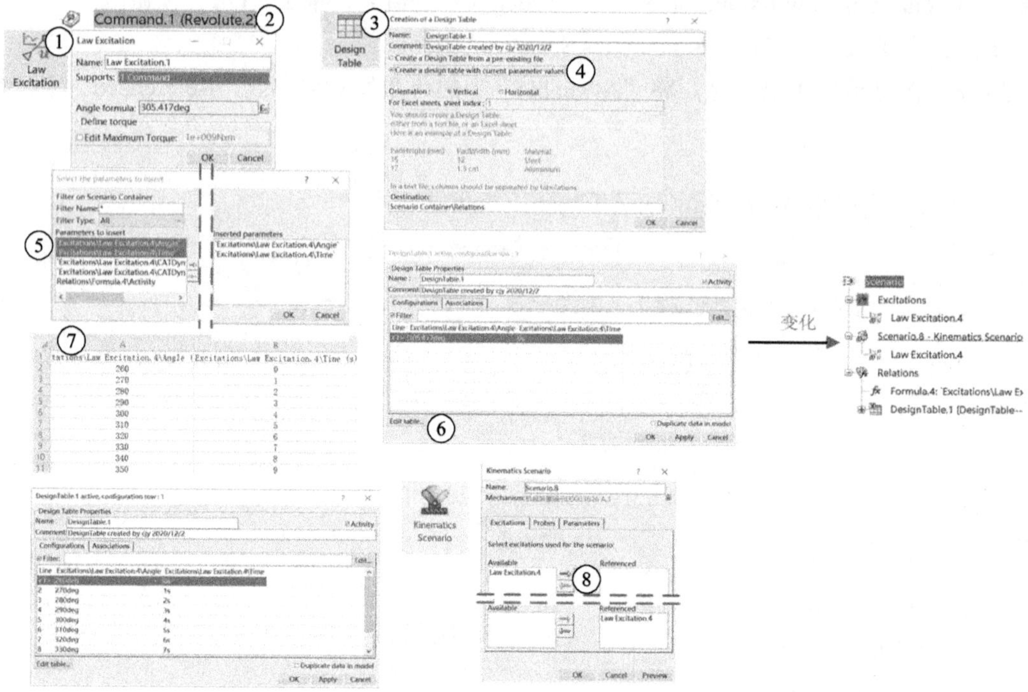


图 9-6 设计表创建场景

### 9.1.3 仿真播放和场景参数

进入场景播放的操作步骤如下：

在场景中，单击“Simulate and Generate Results”按钮。如果只有一个场景，会自动选择该场景，单击“OK”按钮。在新工具栏中单击“Play Animation”，选择结构树中“Result”的子节点。如图 9-7 中①～④所示。此时会跳出仿真播放器对话框（图 9-7），用于动画仿真，它具有以下特征：

1）循环模式：有三种模式，分别是

① →（单循环模式）：播放一次仿真。

② （恢复循环模式）：仿真在一个方向连续运行（前进）。

③ （往复循环模式）：在两个方向连续运行（前进和后退）。

2）播放模式：可以用这些按钮或滑块播放仿真。

3）速度参数：可以调节参数来控制仿真的速度。

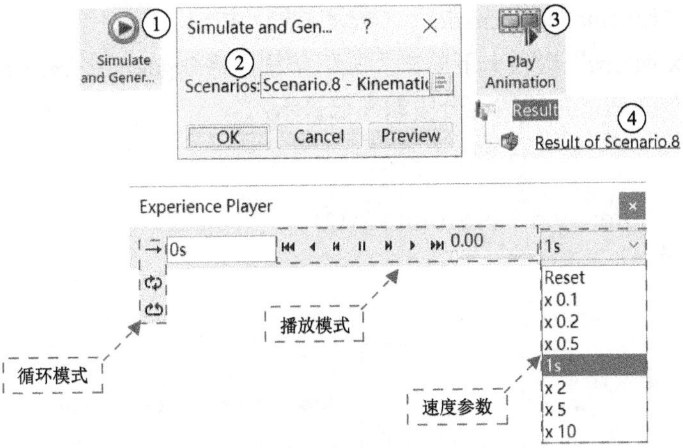


图 9-7　仿真播放和场景参数

4）瞬态模式：当关闭仿真播放器对话框时，能使这个机械装置重新回到它的原始配置。

5）额定模式：当关闭仿真播放器时，额定模式能保存最终的配置作为这个机械装置新的配置。在空白处右击，选择“Display”→“App Options”，打开“App Options”对话框，可切换瞬态模式和额定模式，如图 9-8 所示。

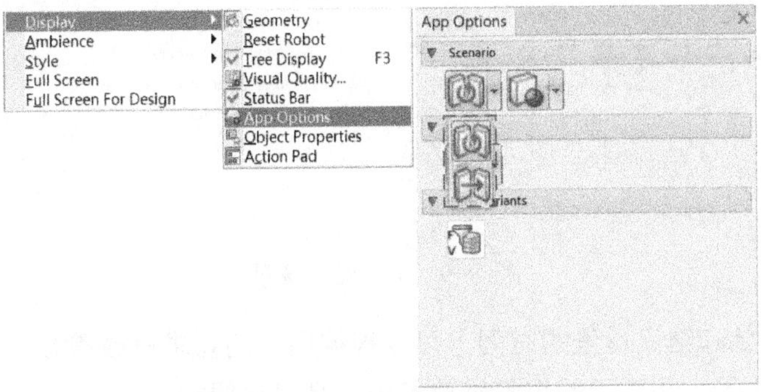


图 9-8　切换瞬态模式和额定模式

### 9.1.4　修改和绘制激发

在运动机构仿真中，采用多段激发驱动的方式，一个分段激发驱动一个命令，有助于把每个时间段的命令值与预定分段关联。这些分段是依赖指定参数一步一步构建和绘制的。

使用图 9-9 中①～⑤所示的步骤创建分段激发，具体说明如下：

Step1：在场景中，单击“Segmented Excitation”按钮，弹出分段激发对话框。

Step2：在结构树中，选择命令，用分段激发关联它。

Step3：单击“Add”，在表格中添加一新行，添加一个分段激发。在表中，通过双击每个单元，输入值 T 开始、T 结束，Y 开始、Y 结束。线性分段类型默认被选中，可右击“Type”的列表调整类型。选择的分段已经显示在分段激发对话框的绘制视图中。单击“OK”按钮，保存分段激发。

Step4：单击“Kinematics Scenario”（激发场景）按钮。

Step5：在“Excitations”选项卡下单击“⟶”按钮，将 Segmented Excitations 移到 Referenced 框中。单击“OK”按钮，结构树上分段激发已显示。

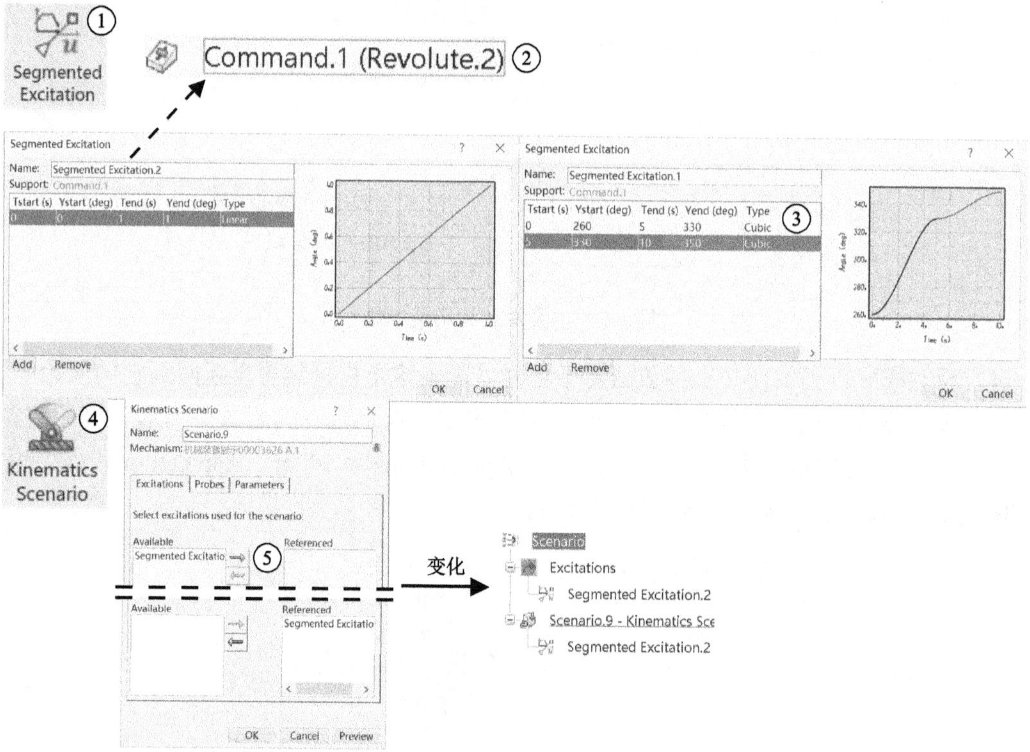


图 9-9 分段激发场景

场景参数是开始和结束场景的时间，可以根据用户的要求修改参数。

使用图 9-10 中①、②所示的步骤修改参数，具体说明如下：

Step1：在结构树中，双击“Scenario.×-Kinematics Scenario”按钮。

Step2：选择“Parameters”选项卡修改参数。参数有 Start time（开始时间）、End time（结束时间）和 Time step（时间步长）。

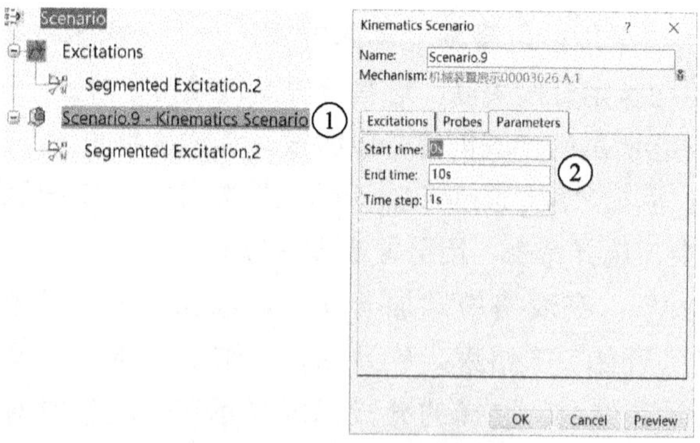


图 9-10 修改场景参数

在运动机构场景中指定的激发值能够用 2D XY 图绘制。通过 XY 图可以看到在仿真期间如何激发参数。在一个场景中创建三个法则，可以绘制一个单独激发和在场景中的所有激发，如图 9-11 所示。

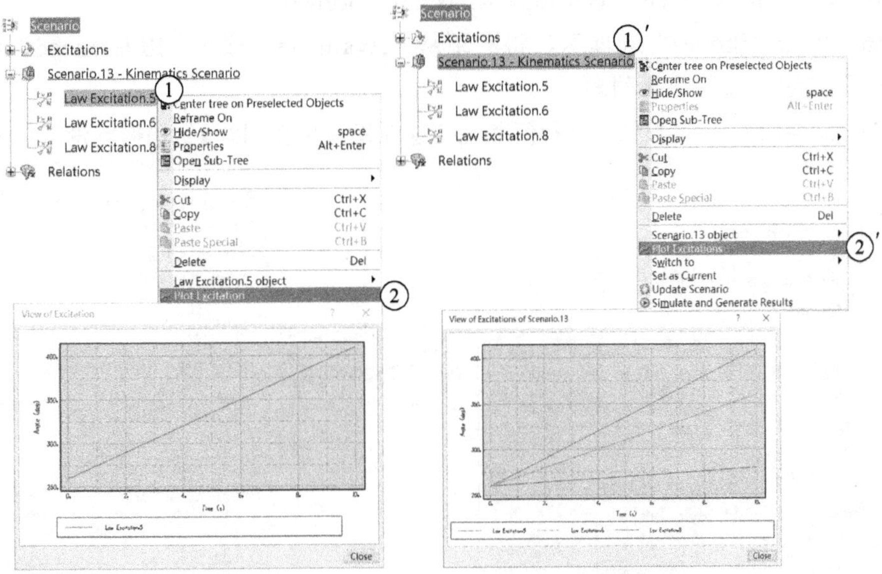


单独激发　　　　所有激发

图 9-11　绘制 XY 图方式

## 9.2 创建分析和修改行为

### 9.2.1 测量探测

测量探测是 DMU 模块特有的一个功能，通过该功能可以方便地测量两个零件之间的最小距离或者某一个绝对坐标方向的距离。DMU 距离分析同测量工具有所区别，测量工具是测量两特征之间的关系，而 DMU 距离分析是测量两个零件之间的距离。

如图 9-12 中①～⑦所示，添加测量探测的操作步骤如下：

Step1：在场景中有法则激发或者记录激发时，单击“Measure Probe”按钮。

Step2：在“Measure Between”对话框中，选择测量的类型。具体说明如下：

Minimum distance（最小距离）：测量两个几何实体之间的相对距离或角度。

Measure along a direction（沿同一方向测量）：测量某个几何图形实体沿特定方向移动的距离。Along X：沿罗盘 X 轴方向测量间距；Along Y：沿罗盘 Y 轴方向测量间距；Along Z：沿罗盘 Z 轴方向测量间距。

Step3：选择计算模式（Calculation mode）。具体说明如下：

Exact else approximate（精确或近似模式）：测量精确数据，并尽可能提供真实值。如果无法测量精确值，则提供近似值。

Exact（精确模式）：测量精确数据，并提供真实值。

Approximate（近似测量模式）：测量网格对象，并提供近似值。

Step4：输入需要测量的两个零件的元素。

Step5：双击结构树中的“Scenario.1-Kinematics Scenario”。

Step6：单击“Probes”选项卡，将测距从“Available”移入“Referenced”中，单击“Preview”按钮，预览仿真动画。

Step7：单击播放“ ▶ ”按钮，查看模型运动过程和测距值，以及结构树场景节点下的变化。

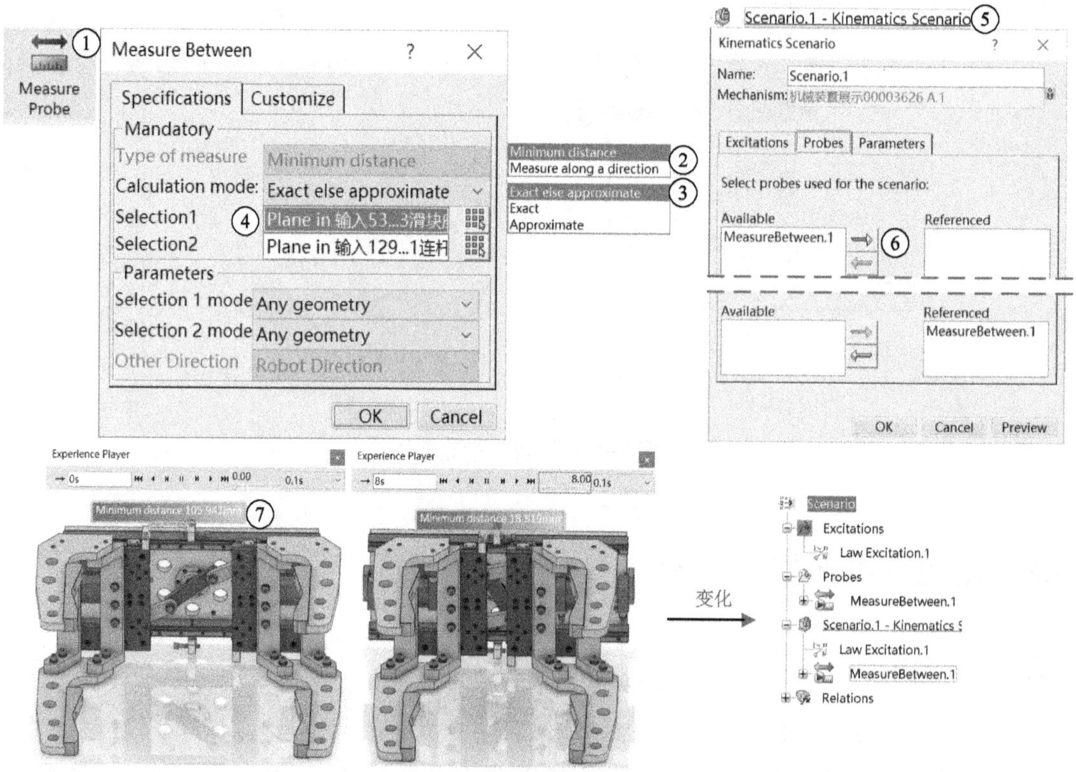


图 9-12　添加测量探测

## 9.2.2　干涉检查

预览场景期间，零件不符合干涉标准设定，在干涉检查时会突出显示。有 3 个选项为干涉检查，如图 9-13 所示：

（碰撞和接触检测关闭）：在仿真过程中不检测接触零件和碰撞零件。

（碰撞和接触检测进行）：在仿真过程中突出显示接触零件和碰撞零件。仿真将不停止，并继续到最终完成。

（碰撞和接触检测停止）：在仿真过程中突出显示接触零件和碰撞零件，当检测到接触或碰撞时停止动作。

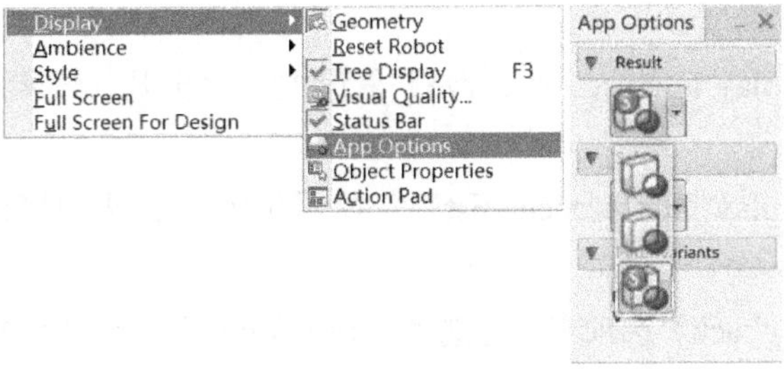


图 9-13　接触和碰撞检测模式

当完成一个总成数据设计时，为了检查总成下各零件间的配合关系是否存在间隙或者过盈，CATIA 干涉分析是装配的常用分析工具之一，主要用来计算零件与零件之间体积是否交叉以及交叉体积为多少。干涉零件将两两计算，干涉部分将以红色醒目标记出来。干涉分析可以进行静态和动态分析。

计算干涉有 Clash、Contact、Clearance 三种类型并用颜色来区分。其中，Clash 呈红色，是两个零件出现干涉的情况；Contact 呈黄色，是两个零件相接触的情况；Clearance 呈绿色，是两个零件的最小距离小于设定值但并不发生接触和碰撞的情况。

如图 9-14 中①～⑩所示，添加干涉探测的操作步骤如下：

Step1：在场景中，单击“Interference Probe”按钮。

Step2：明确定义干涉的类型，碰撞和接触或间距，其中间距的最小值必须给出。单击“Specification”选项卡，勾选“Clearance”复选项，将间距最小值填入框中。

Step3：选择在工程连接中检查干涉的规格。

Step4：勾选“Minimum Distance”。在计算间隙量区域，选择“Minimum Distance”（最小距离）复选项，最小距离在计算的每一步都会被计算（计算间隙量选项仅在选择间隙时可用）。“Penertration Vector”（已授权的贯通）：主要功能是检查干涉，当实体间有干涉时，一定有一个重叠值，如果重叠值大于窗口中的设计值，就会报告其干涉情况并显示干涉值的大小。

Step5：单击“Context”选项卡，“Groups against groups”选择“Groups against groups”。Inside groups：打开窗口后想检查哪几个零件之间的干涉和间隙情况，就选择哪几个，结果窗口只显示出选择的那几个零件的干涉情况，没有被选择的零件不会出现在检查结果中。Groups against groups：只检查两个组内的零部件之间的干涉情况，组外零部件不被检查。Groups against context：只检查选择的零件与之相近的或者相邻的零件之间干涉和接触情况，较远的零件不检查。也就是说检查所选组内的每个零件相对于其他零部件之间的干涉情况。

Step6：单击“Add more groups”，在对话框中选择结构树零部件作为组。Add new groups：允许创建新组。可以选择产品节点和零件，所有被选择的对象自动添加到这个组。Add more groups：允许创建多个组，通过选择的产品节点。每个选择的产品节点对应一个新组。如果多个零件被选择，仅包含一个零件的多个组将被创建。为添加零件到组，为从组中移除零件，为删除当前组。

Step7：“Highlight Mode”（突出显示模式）可以允许选择的零件在仿真期间突出显示

使用的干涉标准。

Step8：选中“Display intersection curve”复选框，突出几何图形检测干涉碰撞时显示相交曲线。

Step9：勾选“Display interferences list”，显示干涉列表选项以访问仿真沉浸式干涉分析工具。

Step10：单击“Feedback”选项卡，勾选“Apply Colors”，单击“OK”，查看结构树变化。

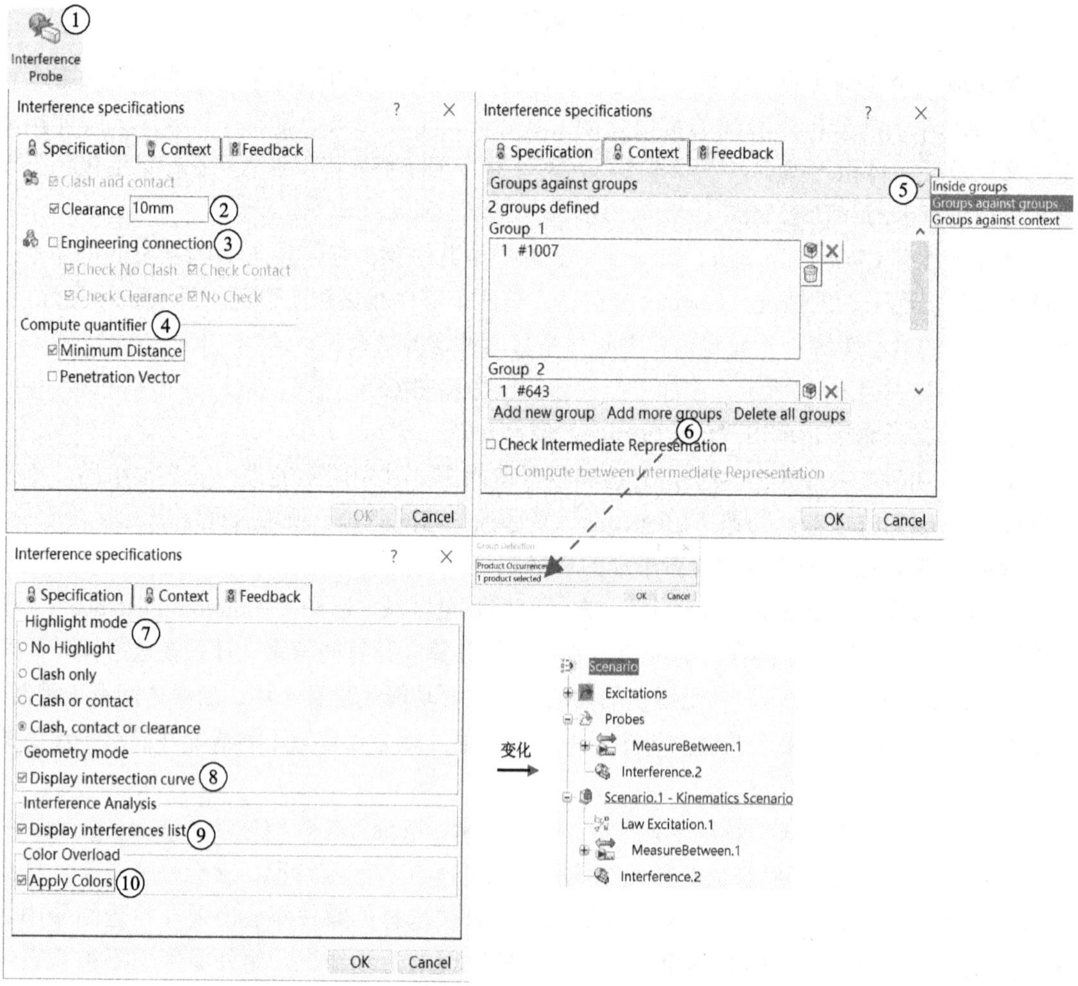


图 9-14 添加干涉探测

如图 9-15 中①～④所示，干涉检查分析的操作步骤如下：

Step1：在场景中，单击“Simulate and Gener…”按钮，单击“OK”。

Step2：在新工具栏中单击“Interference Analysis”按钮，选择结构树中的方案结果。

Step3：在碰撞干涉窗口，选择行，产品的干涉位置被放大。在“Quantifier”（数量）列显示的是选择的零件在每步仿真过程中的间隙值。如果最小距离选项没有被选择或检测到干涉，干涉的零件和一个红色干涉曲线将突出显示，“Quantifier”列显示为“NA”。

Step4：创建截面，查看碰撞区域。浮框上选项说明下：

：切割按钮，单击将截面平面移到干涉位置。

：颜色过滤按钮，在碰撞的区域零件显示不同的颜色。

：单击此按钮，放大碰撞区域视图。

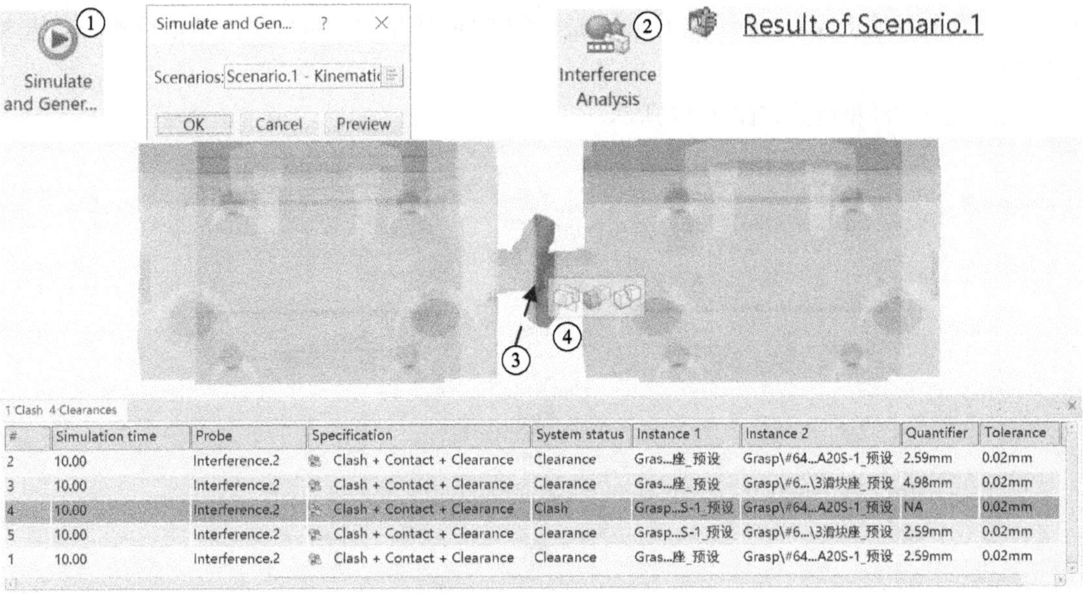


图 9-15　干涉检查分析

移除碰撞的操作步骤如图 9-16 中①～④所示。

Step1：在结构树上，双击工程连接下的 Revolute.2。

Step2：修改角度上限值为 355deg，单击“OK”按钮。

Step3：单击“Update”按钮，更新产品。

Step4：再次仿真和检查干涉，碰撞已经消除。

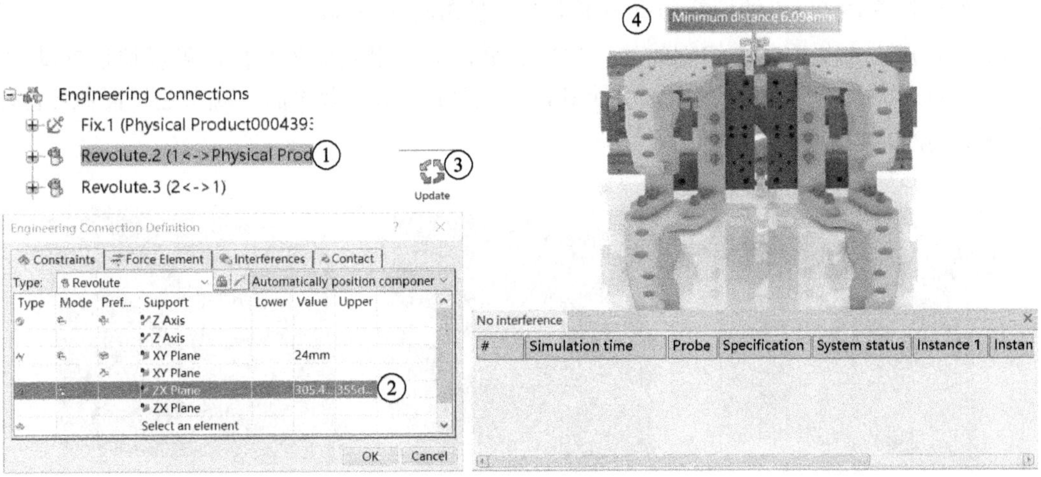


图 9-16　移除碰撞

### 9.2.3 截面检查

截面检查也是静态干涉检查分析主要使用的工具，是利用一个平面去切割产品，从而检查产品内部结构在某一平面上的详细结构，以此来检查产品的设计是否符合在概念设计阶段所做的产品定义，也可以与干涉检查结合使用来检查干涉处的截面情况，以及在此截面的干涉量。断面可输出成 DWG、CATDrawing、CATPart 等格式，可以更清晰地反映产品的内部结构。

截面检查的浮框展开如图 9-17 所示。

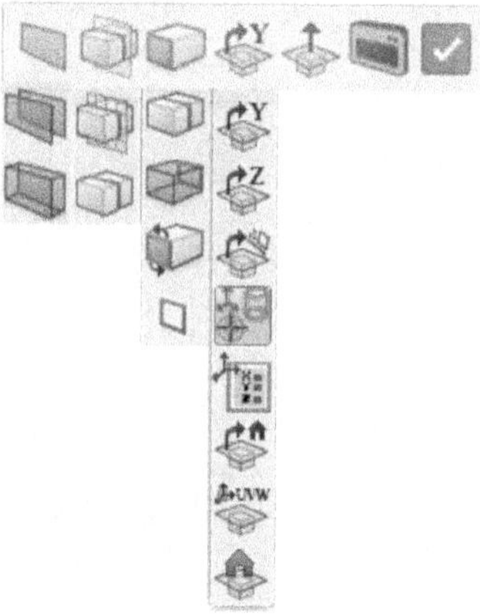


图 9-17　截面检查的浮框展开

1）在场景中，单击“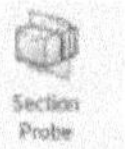

”按钮，修改截面探测的名称。

2）截面检查的浮框提供了三种定义截面的方式，如图 9-18 所示。

①：用一个截面去切割物体，生成的截面为一个平面线框。

②：用两个平行的截面切割物体，生成的截面为两个平行的平面线框，当鼠标放置在副平面的边界上时可以通过移动鼠标来更改两平面间的距离。

③：用一个长方体去切割物体，生成的截面为一组六面体线框，可以通过拖动边界和六个面的方法来改变其主、副平面大小和两面之间的距离。截平面呈现灰色平面或者区域，罗盘捕捉到产品中心。

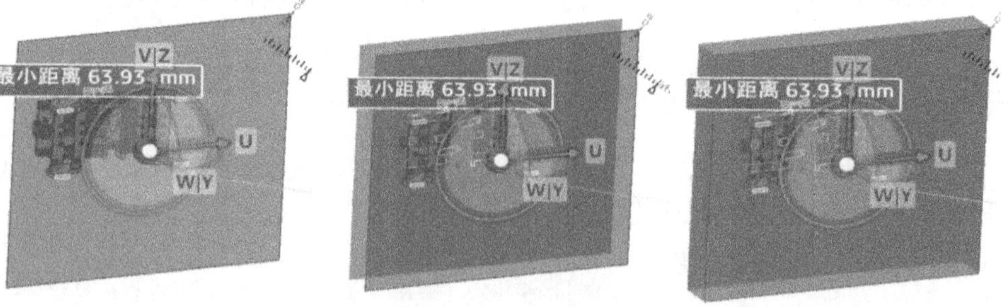


图 9-18　定义截面方式

3）提供显示模式选项：显示截面的轮廓和平面；显示截面的轮廓和网格，在第二列后增加一列定义网格；仅显示截面的轮廓和上下文，如图 9-19 所示。

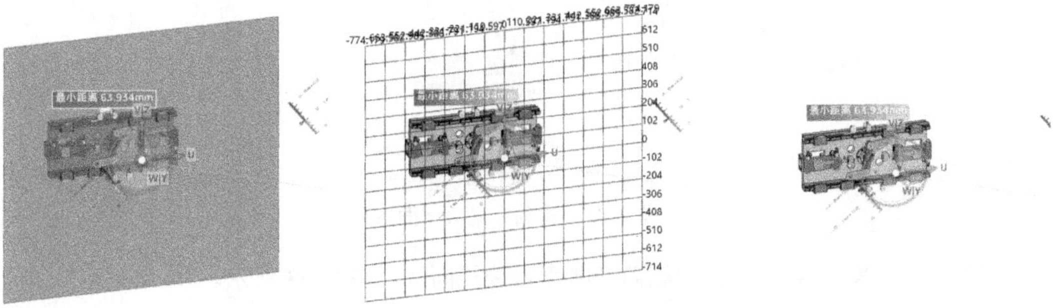

图 9-19　显示模式

在编辑网格浮框中，各项含义如下：增加、减少网格的行列，定义网格的步距，在网格线的交点上显示坐标值，定义网格的类型是用直线还是短十字表示，如图 9-20 所示。

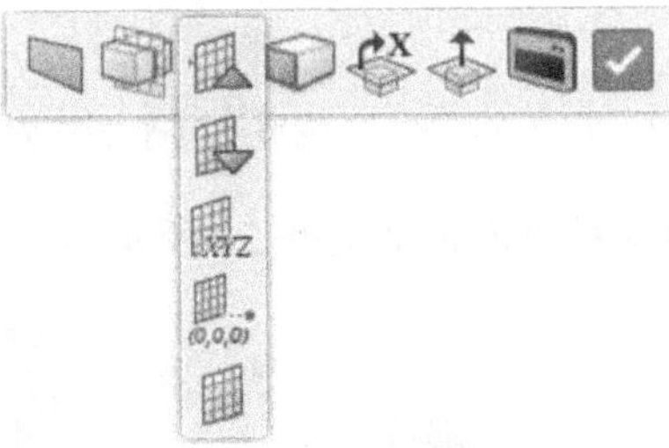

图 9-20　选用显示网格浮框

4）切换显示对象的方式有：显示截面正面切割，隐藏截面分割，显示截面背面分割，显示截面轮廓，如图 9-21 所示。

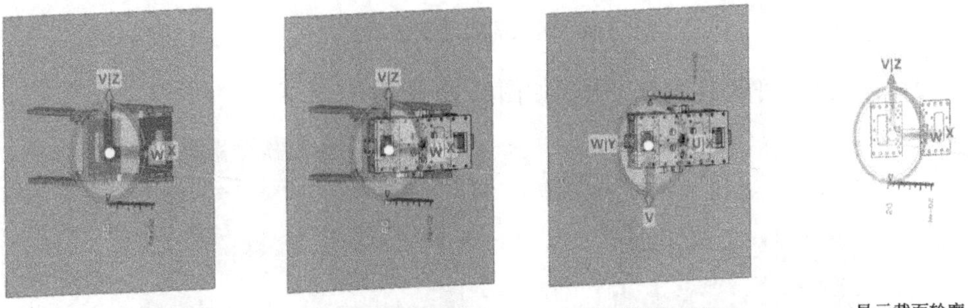

显示截面正面分割　隐藏截面分割　显示截面背面分割　显示截面轮廓

图 9-21　切换显示对象

5）提供精确定义截平面的浮框，如图 9-22 所示。

图 9-22 精确定义截平面浮框

：定义 X、Y、Z 位置的法向平面作为截平面，如图 9-23 所示。

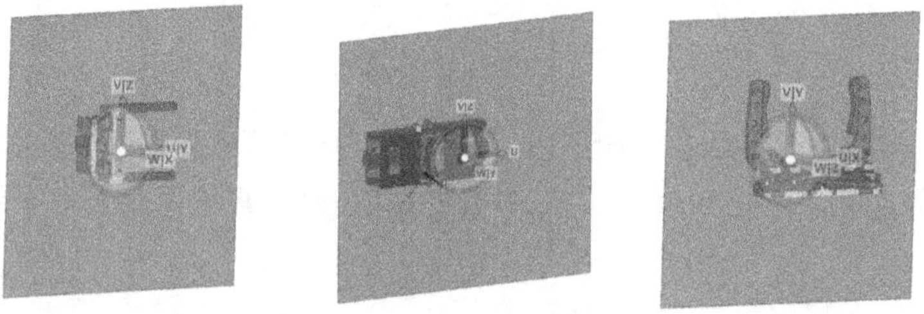


图 9-23 定义 X、Y、Z 位置法向平面作为截平面

：利用两条共面的线定义截平面，如图 9-24 所示。

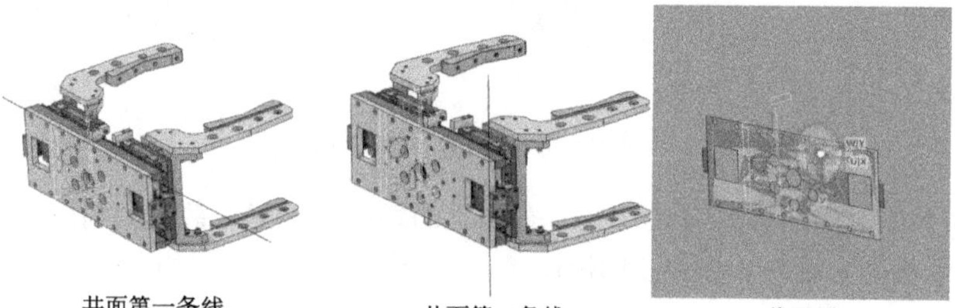


图 9-24 两共面线定义截平面

：选择体上某一平面作为截平面，如图 9-25 所示。

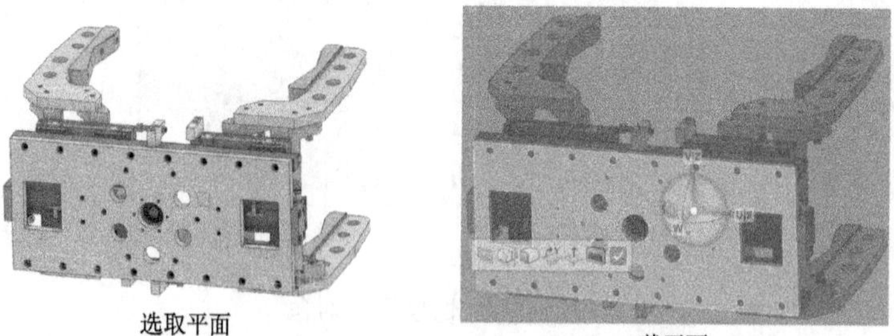


图 9-25 体上某平面定义成截平面

：编辑截平面的位置和大小，宽度、高度表示截平面的宽度（V 向）和高度（U 向），厚度表示在使用两平面剖切和长方体剖切时两个截平面之间的距离，平移功能可以让截平面沿着 U、V、W 方向移动指定的距离，旋转功能让截平面绕着 U、V、W 轴旋转指定的角度，如图 9-26 所示。

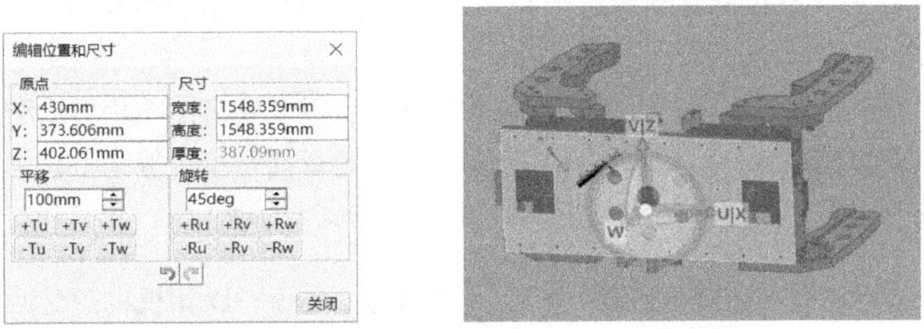


编辑罗盘点位置、剖切面尺寸　　截平面

图 9-26　编辑罗盘截平面

：恢复初始位置。

：将 X、Y、Z 位置的法向平面切换成 U、V、W 位置的法向平面。

：将当前的截平面定义成“主页”位置。

6）正视截平面，如图 9-27 所示。

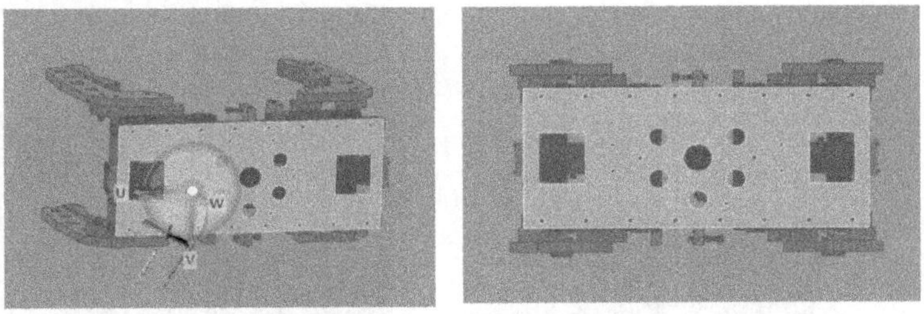

图 9-27　正视截平面

一般情况下，截面位置和尺寸并不理想，还需要重新定位、移动和旋转，以及更改尺寸。

操作步骤：当移动指针到截平面时，一个箭头符号已经显示。拖拽它去移动截平面。当移动指针到截平面的边缘时，箭头可以调整截平面的大小。可以拖拽罗盘 X、Y、Z 轴修改截平面的位置，拖拽罗盘上的圆弧修改方向，如图 9-28 所示。

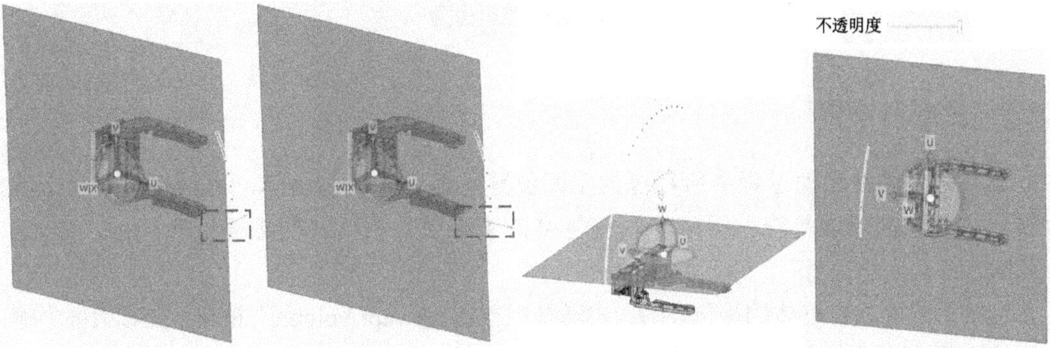


截面法向移动位置　　尺寸调整　　截面旋转方向　　调整透明度显示

图 9-28　修改截平面

## 9.2.4 相机探测

相机探测提供了多种视角审查指定的机械装置，可以定义各种类型的相机探测，如：

静态相机探测：使用相机探测默认模式定义静态相机探测。

追踪相机探测：把相机对准所选产品，在仿真中追踪产品的运动，可以确保总是关注所选产品。

安装相机探测：对选定的产品使用安装相机探测，以观察产品的相对运动。

两种类型的探测组合：可以将跟踪和安装方式组合在同一个摄像头下。

用相机探测追踪一个零件的操作步骤如图 9-29 中①～④所示。

Step1：在场景中，单击相机探测“Camera Probe”按钮。显示 3D 相机视图对话框。

Step2：使用取景器中允许相机追踪相机探测“⊕”按钮，选择在工作区域中的产品，相机将追踪所选产品。

Step3：单击在取景器中允许安装并调整视角“ ”按钮，选择区域下启用相机安装选择产品并固定该产品视角“ ”按钮。

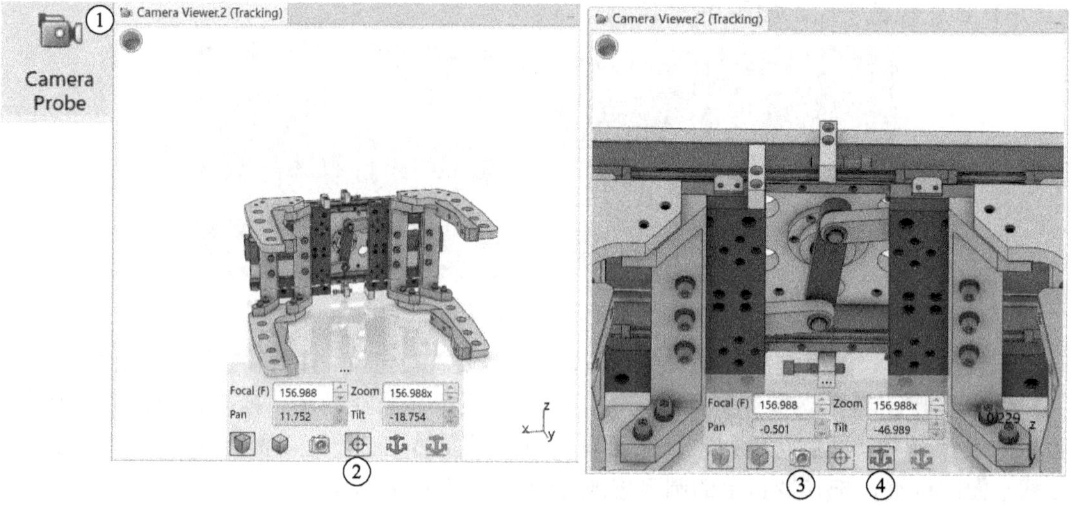


图 9-29 相机探测

## 9.2.5 生成包络体

通过记录零件运动过程中所经过的空间位置而组成一个包络体，可以将动态的干涉检查转化成静态的干涉检查。同时可以将包络体结果以某种格式的数据保存下来，如 cgr、model、wrl、stl 等。

运动机构生成包络体的操作步骤：在场景中单击“Swept Volume”按钮，在对话框中输入过滤精度并勾选“Sweep all moving products”复选项，单击“OK”按钮，新建一个 3D Shape 文件，保存之后可导出包络体，如图 9-30 所示。

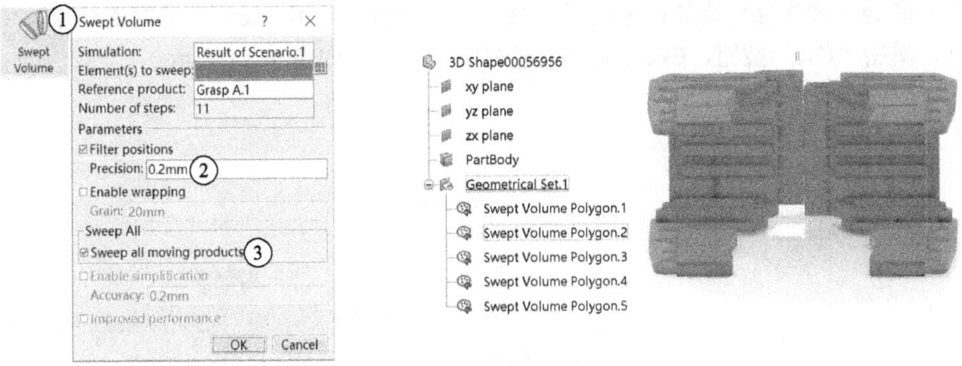


图 9-30　生成包络体

## 9.2.6　查看场景结果

查看场景结果工具被用来审查当前运动机构场景的结果。可以在表格中查看探测器和激发参数，也能将它们绘制成一个图表。标准的二维尺寸图表是在 Y 方向绘制这个参数值，X 方向表示时间参数。

查看表格场景结果有三个选项，如图 9-31 所示。

1）Specifications（规格）选项：列出了探测器和激发参数，可以在显示列中取消 / 添加复选框来移除参数。

2）Plot（绘制）选项：显示选定参数的 XY 图表，可右击选择“曲线”选项来修改图标的显示。

3）Table（表）选项：列出了选定参数的值，并且可以导出这些值。

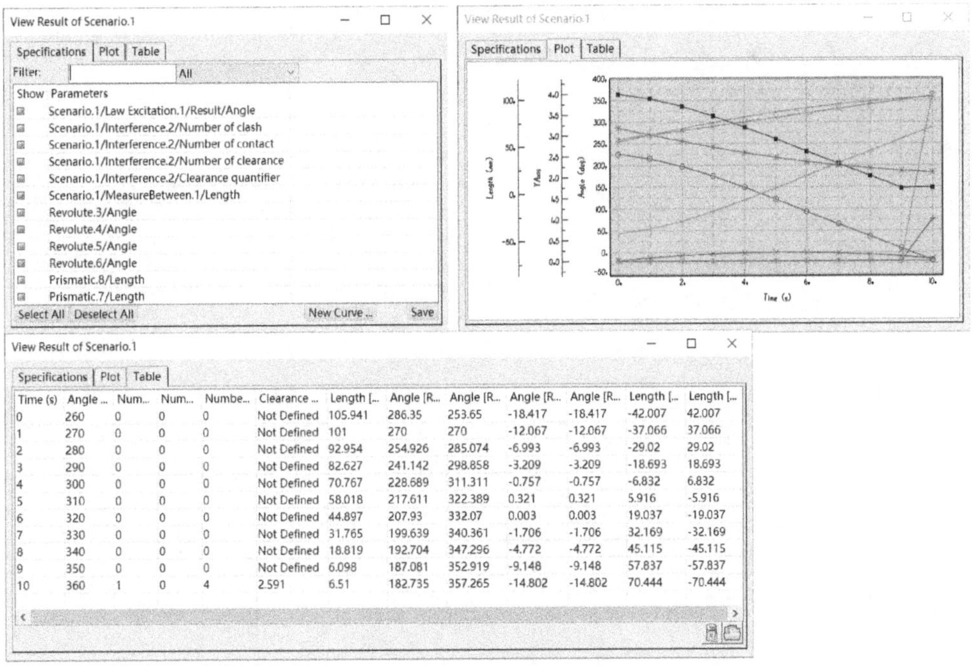


| Time (s) | Angle ... | Num... | Num... | Numbe... | Clearance ... | Length [... | Angle [R... | Angle [R... | Angle [R... | Angle [R... | Length [... | Length [... |
|---|---|---|---|---|---|---|---|---|---|---|---|---|
| 0 | 260 | 0 | 0 | 0 | Not Defined | 105.941 | 286.35 | 253.65 | -18.417 | -18.417 | -42.007 | 42.007 |
| 1 | 270 | 0 | 0 | 0 | Not Defined | 101 | 270 | 270 | -12.067 | -12.067 | -37.066 | 37.066 |
| 2 | 280 | 0 | 0 | 0 | Not Defined | 92.954 | 254.926 | 285.074 | -6.993 | -6.993 | -29.02 | 29.02 |
| 3 | 290 | 0 | 0 | 0 | Not Defined | 82.627 | 241.142 | 298.858 | -3.209 | -3.209 | -18.693 | 18.693 |
| 4 | 300 | 0 | 0 | 0 | Not Defined | 70.767 | 228.689 | 311.311 | -0.757 | -0.757 | -6.832 | 6.832 |
| 5 | 310 | 0 | 0 | 0 | Not Defined | 58.018 | 217.611 | 322.389 | 0.321 | 0.321 | 5.916 | -5.916 |
| 6 | 320 | 0 | 0 | 0 | Not Defined | 44.897 | 207.93 | 332.07 | 0.003 | 0.003 | 19.037 | -19.037 |
| 7 | 330 | 0 | 0 | 0 | Not Defined | 31.765 | 199.639 | 340.361 | -1.706 | -1.706 | 32.169 | -32.169 |
| 8 | 340 | 0 | 0 | 0 | Not Defined | 18.819 | 192.704 | 347.296 | -4.772 | -4.772 | 45.115 | -45.115 |
| 9 | 350 | 0 | 0 | 0 | Not Defined | 6.098 | 187.081 | 352.919 | -9.148 | -9.148 | 57.837 | -57.837 |
| 10 | 360 | 1 | 0 | 4 | 2.591 | 6.51 | 182.735 | 357.265 | -14.802 | -14.802 | 70.444 | -70.444 |

图 9-31　查看场景结果

查看和导出表格操作步骤：单击导出来“”按钮，导出 Excel 表格中的结果，可以修改名称，单击“OK”按钮，Excel 文件创建在结果当中，如图 9-32 所示。

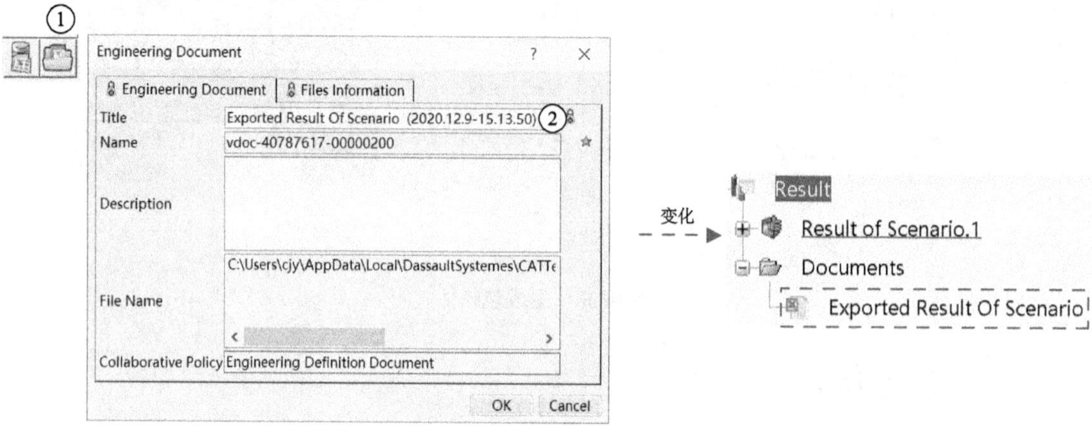


图 9-32 查看和导出结果

# 第 10 章　资源定义

一个完整的工厂包含各种设备，如工业机器人、传送带、产品、立体库、机床、传感器等。通过定义资源模块可以把物理产品定义为上述类型，为接下来设备层面和车间层面的仿真做准备工作。

## 10.1　创建资源

常用的资源类型见表 10-1。

表 10-1　常用的资源类型

| 图　标 | 名　称 | 说　明 |
| --- | --- | --- |
|  | 制造单元 | 车间层面，可包含单个或多个生产线，是人、机器设备、物料流的组合体 |
|  | 机器人 | 工业机器人，如常见的有六轴、四轴工业机器人 |
|  | 刀具设备 | 工装夹具，装载在机器人末端安装轴上 |
|  | 控制设备 | 驱动工业机器人、刀具设备或机器的装置 |
|  | 传送带 | 承载运输制造产品 |
|  | 制造产品 | 包括从原材料到成品产出的所有物料 |
|  | NC 机床 | 加工设备 |

定义机器人的操作步骤：在工具栏资源创建部分，单击“Generate a Resource”（生成资源）按钮，选择结构树中的机器人；在“Generate a Recourse”对话框中，选择“Robot”，单击“OK”按钮，如图 10-1 中①～③所示（注意观察节点表示形式变化）。

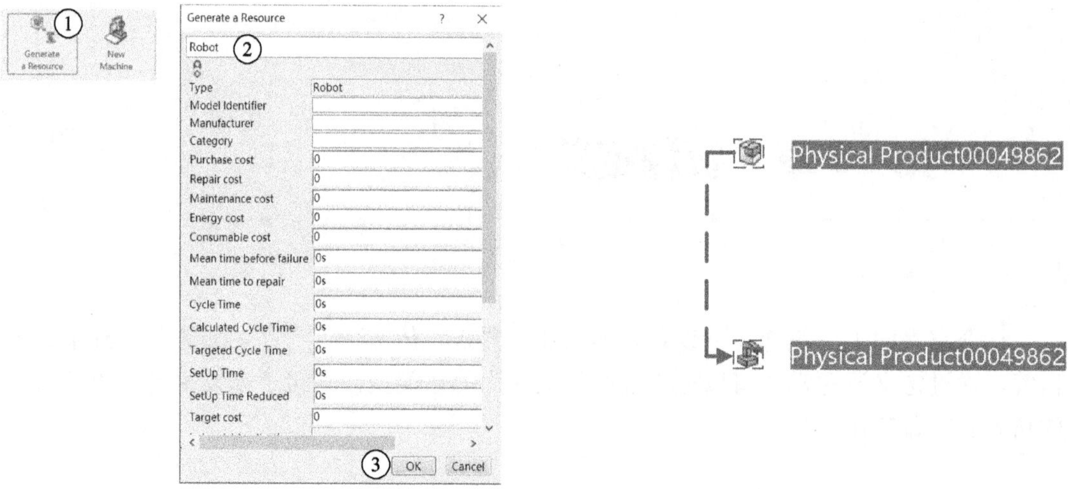


图 10-1 定义机器人资源

定义NC机床的操作步骤：在工具栏资源创建部分，单击“Generate a Resource”按钮，选择结构树中的机床；在“Generate a Resource”对话框中，选择“NC Machine”；单击“OK”按钮，结构树中机床按钮由转变成，此时机床还没有定义完全，还需在资源创建部分单击“New Machine”按钮，选择机床，在“New Machines”对话框中选择机床的类型，单击“OK”，结构树中机床按钮由转变成，完成机床资源的定义，如图 10-2 中①～⑧所示。

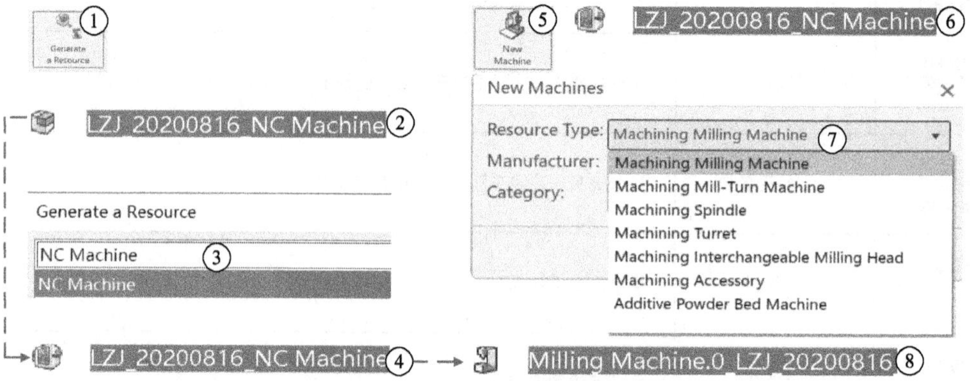


图 10-2 定义机床资源

## 10.2 运动控制器和运动组

### 10.2.1 运动控制器

创建运动控制器的条件是创建机械装置和完成资源定义。

创建运动控制器的步骤如图 10-3 中①、②所示，在工具栏运动控制器部分，单击“Motion Controller”（运动控制器）按钮，从结构树中选择机器人。

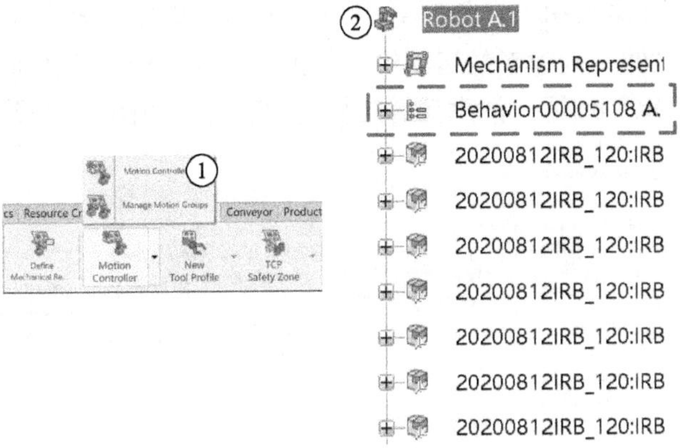


图 10-3　创建运动控制器

一旦创建了运动控制器，就不能更改机械装置。要更改机械装置，必须删除现有的运动控制器。运动控制器填充了各种默认轮廓，如工具、运动、精度和对象轮廓，如图 10-4 所示。

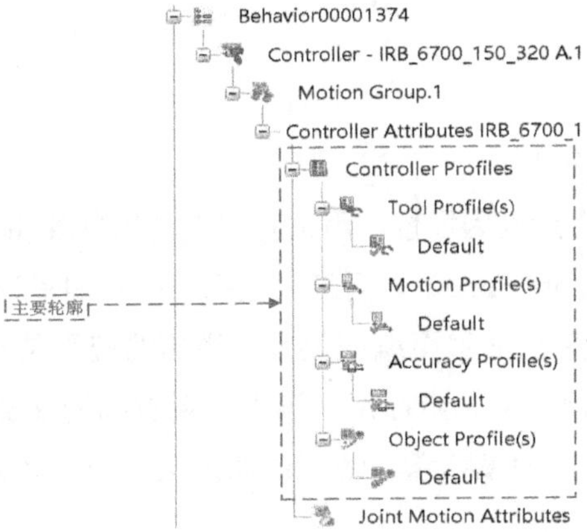


图 10-4　默认轮廓

## 10.2.2　运动组

一个运动组可以由一个逆向运动学装置（工业机器人）和多个正运动学装置（辅助设备）组成，辅助设备包含工具设备、工件定位器、非安装设备、导轨等。运动组可集中管控工业机器人与其相关辅助设备的行为，并在结构树中创建控制设备的资源。

运动组有以下原则：

1）在一个运动组中只能包含一个逆向运动学装置。

2）任意数量的正向运动学装置可以包含在一个运动组中。

3）单个正向运动学或逆向运动学装置可以包含在任意数量的运动组中。

4）逆向运动学装置总是运动组中的第一个装置。

在资源都已创建运动控制器的基础上，在工具栏运动控制器部分，单击“Manage

Motion Groups”（管理运动组），选择具有逆向运动的机械装置，在“Motion groups”对话框中，单击“田”按钮，创建新的运动组，单击“▷”按钮，将工业机器人和辅助设备移入运动组中，单击“OK”按钮，注意查看结构树的变化，如图 10-5 所示。

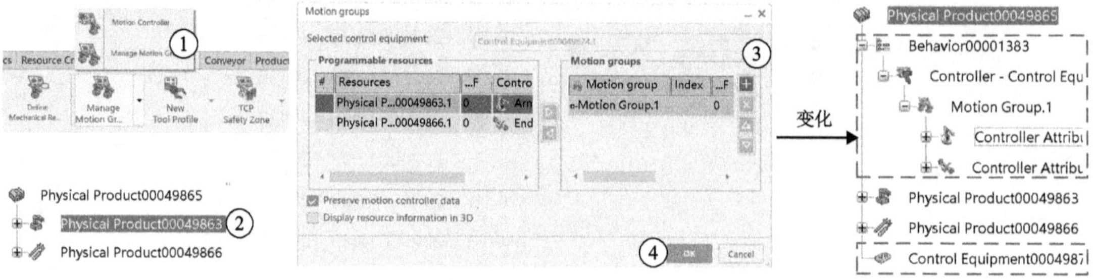


图 10-5 创建运动组

## 10.3 创建端口

### 10.3.1 端口介绍

1. TCP Port（TCP 端口）

工具坐标系将工具中心点设为零位，用来确定工具的位置和姿态。工具坐标系经常被缩写成 TCPF（Tool Center Point Frame），而工具坐标系中心缩写为 TCP（Tool Center Point）。执行程序时，工业机器人将 TCP 移至编程位置，经典的应用是点焊机器人。所有工业机器人在末端轴中心都有一个预定工具坐标系，该坐标系被称为 tool0。这样就能将一个或者多个新工具坐标系定义为 tool0 的偏移量。还可以通过工具坐标系求解出工业机器人的工作位置，TCP 端口如图 10-6 所示。

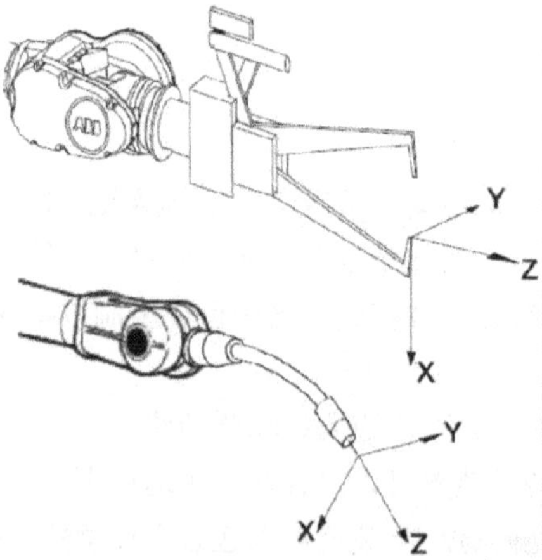


图 10-6 TCP 端口

2. Mount Port（安装端口）

Mount Port 是工业机器人与辅助设备装配的关键坐标系。工业机器人与工装夹具装配，设置在原预定 TCP 位置，跟工装夹具的 Base Port 相连。工业机器人与滑轨装配，设置在工业机器人 Base Port 位置，与工业机器人的 Base Port 相连。

3. Base Port（基座端口）

Base Port 是工业机器人的基础坐标系（零位坐标系）。工业机器人上除了关节坐标，其他的坐标都是由基座坐标系通过运动学转换而来，基座坐标系一般位于工业机器人安装底座几何中心。基座端口如图 10-7 所示。

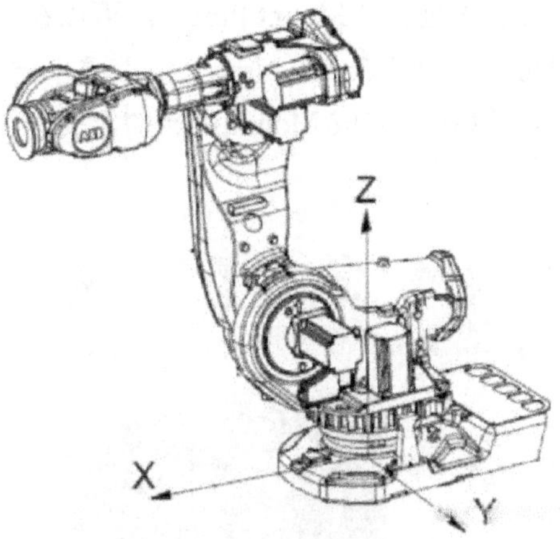


图 10-7 基座端口

4. Tool Mount Port（刀具安装端口）

Tool Mount Port 是机器中用来固定工具的位置。它是基于一个设计轴系统定位在三维部件的机器模型。当在模拟中执行更改工具命令时，将该工具安装到此处。

铣床：刀具安装点定义在机床主轴上，只能定义一个工具安装点。

磨床：刀具安装点定义在机床转轴的刀架上，可以在转轴上定义多个工具安装点。

5. Workpiece Mount Port（工件安装端口）

在机床或辅助设备上定义工件安装点，是使用机器或辅助设备中的设计轴系统创建的。可定义多个工件安装点。工件定位于工件安装点，工件安装点定义在工作台上或安装在工作台的夹具上。

6. Head Mount Port（顶端安装端口）

Head Mount Port 定义为持有一个可互换的头部。头部安装点只能为能够容纳可互换头的机器定义。

7. Head Base Port（顶端基座端口）

Head Base Port 定义在可互换头部，将其安装到工业机器人的头部安装点上。

通常针对机器人设备的定义，常用的端口设置有 TCP Port、Base Port 和 Mount Port。

### 10.3.2 端口创建

给机器人创建 Base Port 和 Mount Port，操作步骤如下：

在工具栏资源创建部分，单击“Mechanical Port”按钮。选择结构树中机器资源节点下的底座。在“Port Type”选项中选择“Base Port”。可以在“Axis Name”选项中选择已有的坐标作为基座端口；也可以选择“Create New Axis”重新定义坐标。单击“ ”按钮后利用对话框中工具创建轴系(注意罗盘 W 轴指向，对话框中工具用法与定义运动副一致)，单击“OK”完成 Base Port 的定义（注意结构树发生的变化）。如图 10-8 中①～⑤所示。

在工具栏资源创建部分，单击“Mechanical Port”按钮。选择结构树中机器资源节点下的末端轴。在“Port Type”选项中选择“Mount Port”。可以在“Axis Name”选项中选择已有的坐标作为安装端口；也可以选择“Create New Axis”重新定义坐标。单击 按钮后利用对话框中工具创建轴系。单击“OK”完成 Mount Port 的定义。如图 10-8 中①、②′、③′、④′、⑤′所示。

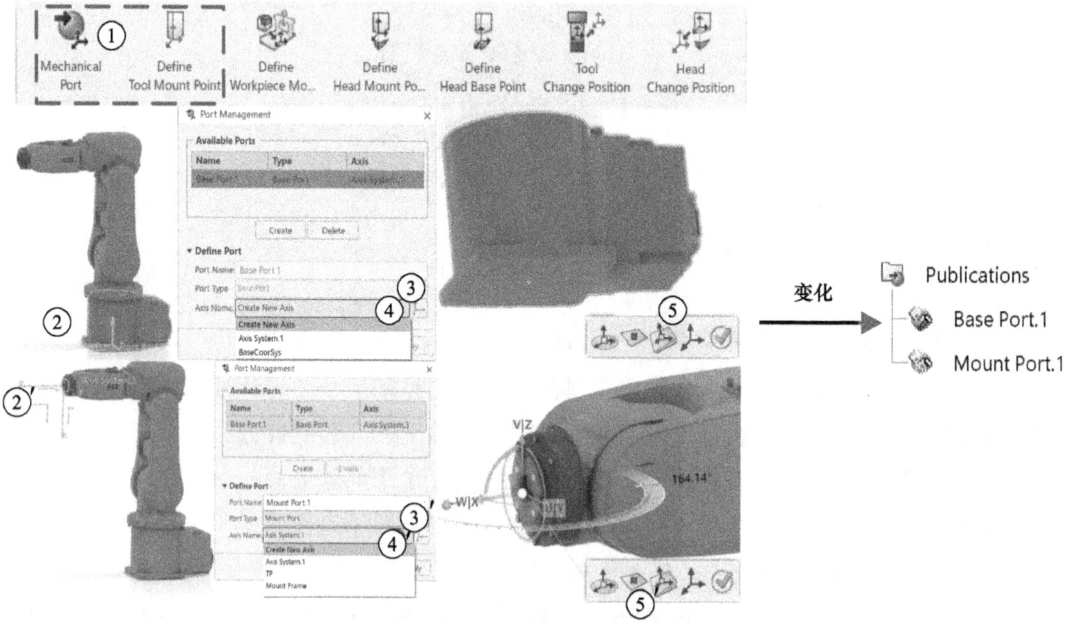


图 10-8 创建 Base Port and Mount Port

给机床创建 Tool Mount Port 和 Workpiece Mount Port，操作步骤如下：

在工具栏资源创建部分，单击“Mechanical Port”按钮。选择结构树中机床资源节点下的 Z Axis Part。在“Port Type”选项中选择“TCP Port”。可以在“Axis Name”选项中选择已有的坐标作为工具安装端口；也可以选择“Create New Axis”重新定义坐标。单击“ ”按钮后利用对话框中工具创建轴系。单击“OK”完成 Tool Mount Port 的定义。如图 10-9 中①～⑥所示。

在工具栏资源创建部分，单击“Mechanical Port”按钮。选择结构树中机床资源节点下的 Z Axis Part。在“Port Type”选项中选择“Workpiece Mount Port”。可以在“Axis Name”

选项中选择已有的坐标作为基座端口；也可以选择“Create New Axis”重新定义坐标。单击“⊢”按钮后利用对话框中工具创建轴系。单击“OK”完成 Workpiece Mount Port 的定义。如图 10-9 中①、②′～⑥′所示。

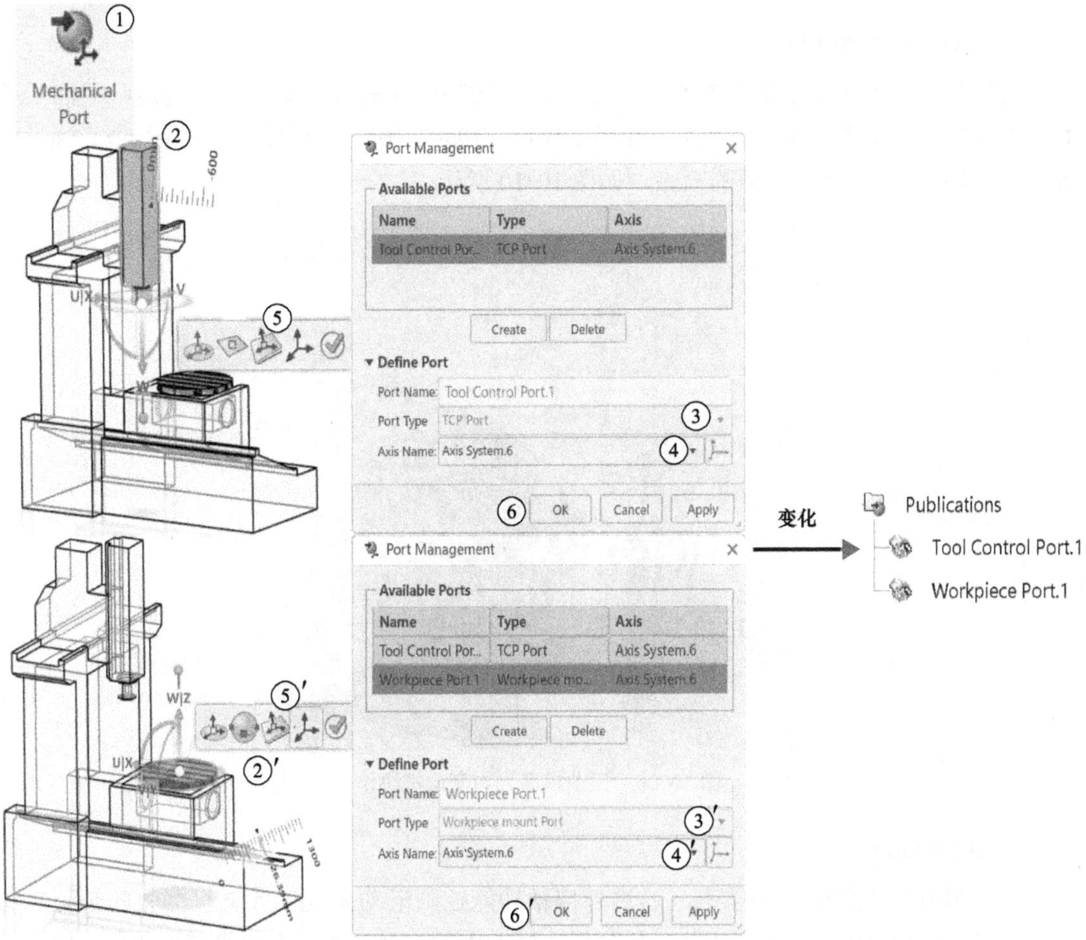


图 10-9　创建 Tool Mount Port 和 Workpiece Mount Port

## 10.4　设置工具

### 10.4.1　工具介绍

主要工具类型有 End Of Arm Tooling（手臂末端工装）、Non Mounted Device（非安装设备）、Workpiece Positioner（工件定位器）、Rail/Gantry（导轨 / 吊架）。

1. End Of Arm Tooling

末端工具安装在机器人的末端，为关节机器人提供了所需的功能，如搬运、焊接、加工等。

2. Non Mounted Device

外部轴的功能控制伺服焊枪等外部伺服设备，从而实现手臂更多的功能。例如，在冲压行业，关节机器人末端添加一个直线轴，通过外部轴控制直线轴的快速移动，从而提高冲床取放的效率。

3. Workpiece Positioner

变位机独立于工业机器人本体，通过外部轴的功能控制翻转到特定的角度，更利于手臂对工件的某一个面进行加工，主要应用于焊接、切割、喷涂等方面。在喷涂行业，通过翻转 180° 实现对工件上下表面的喷涂，如图 10-10 所示。

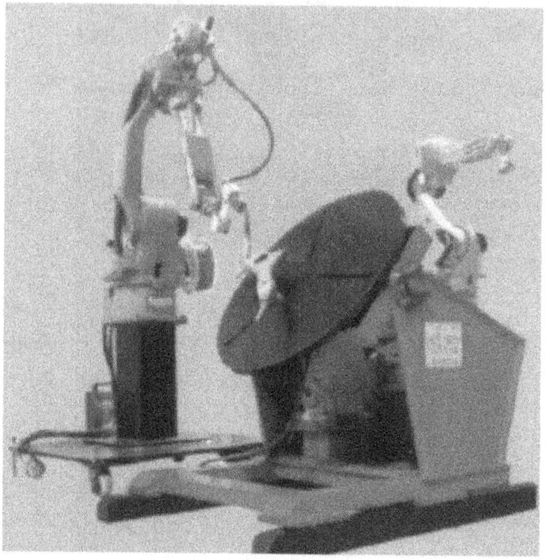

图 10-10 工业机器人与变位机协作

4. Rail/Gantry

将关节机器人安装于导轨上，通过外部轴功能控制滑动来实现关节机器人的长距离移动，可以实现大范围、多工位工作。比如机床行业中的一台手臂对多台机床的取放，以及焊接行业中的大范围焊接切割。工业机器人与导轨如图 10-11 所示。

图 10-11 工业机器人与导轨

## 10.4.2　添加工具

给机器人添加末端工具和导轨操作如图 10-12 中①～⑩所示。

Step1：在工具栏运动控制器部分，单击“Set Tool”按钮，添加末端工具。

Step2：在“Set Tool”对话框中，父级选择机器人，若已在机器人末端创建 Mount Port，则自动选择该 Mount Port；若无 Mount Port 选择，则返回创建端口。

Step3：子级选择末端工具，若无 Base Port，则返回创建端口。

Step4：选择场景类型为“End of Arm Tooling”。

Step5：当工具只有一个 TCP 时，默认该 TCP。若有多个 TCP 时，自行选择其中一个 TCP，该 TCP 作为逆向运动求解的坐标。若要更换该点时，可在机器人示教阶段进行 TCP 的切换。

Step6：勾选“External Axes”，表示使用运动组管理，单击“OK”完成添加末端工具。

Step7、Step8：重新单击“Set Tool”，添加导轨。在“Set Tool”对话框中，父级选择导轨，子级选择机器人。若无 Mount port 和 Base Port，则返回创建端口。

Step9：选择场景类型为“Rail/Gantry”。

Step10：自行选择是否使用运动组管理，单击“OK”按钮完成添加导轨。

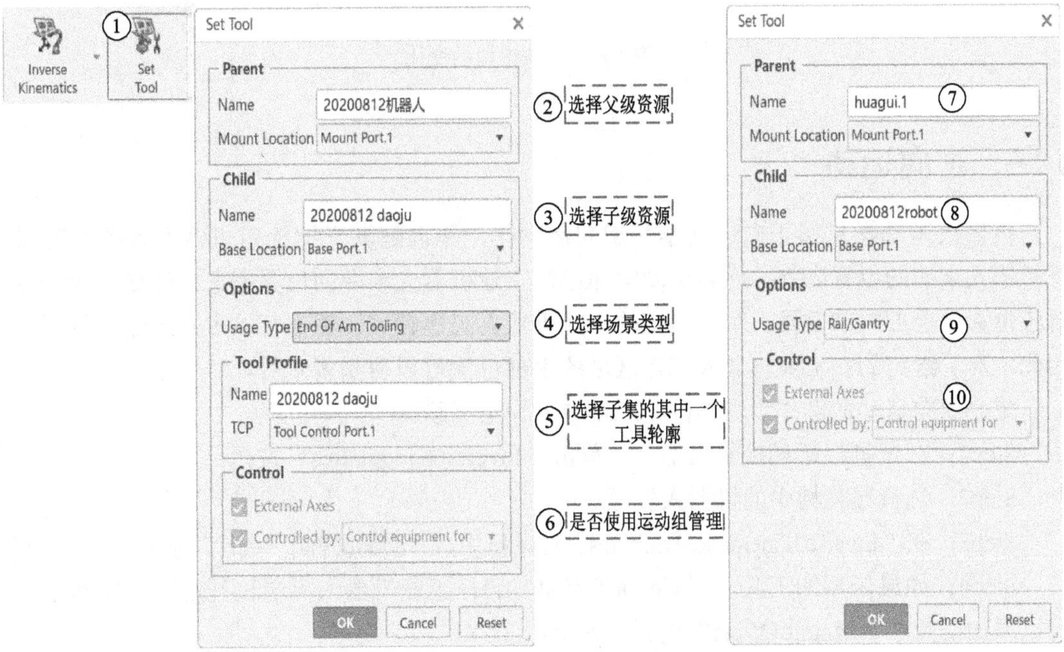


图 10-12　添加末端工具和导轨

结构树的变化如图 10-13 所示。

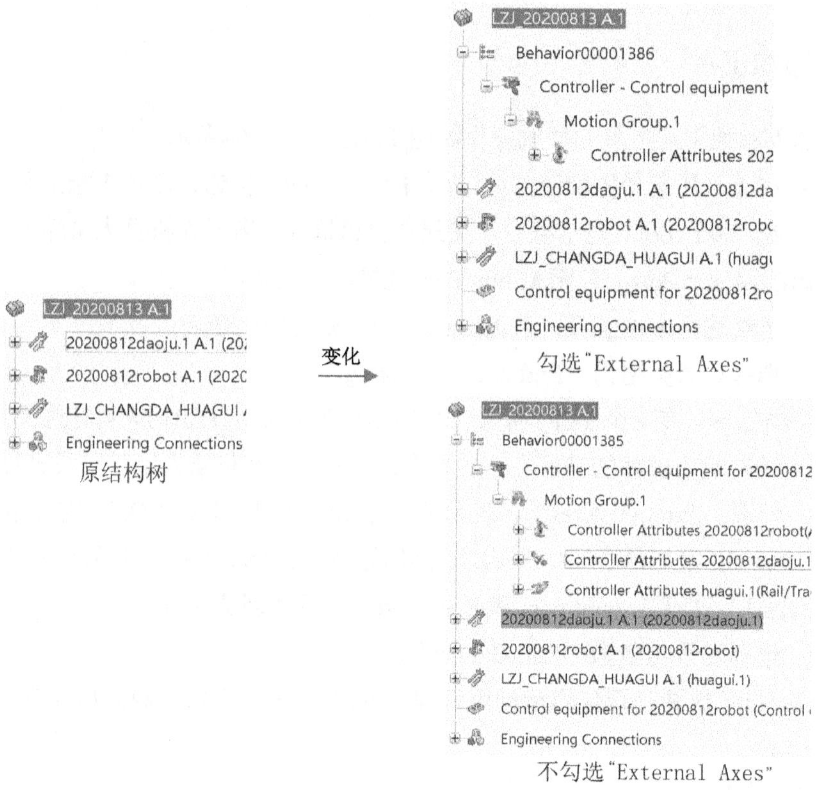


图 10-13 结构树的变化

## 10.5 逆向运动

机器人运动学包括正向运动学和逆向运动学，正向运动学即给定机器人各关节变量计算机器人末端的位置姿态；逆向运动学即已知工业机器人末端的位置姿态，计算工业机器人对应位置的全部关节变量。对于给定的工业机器人工作领域，手部可以多方向达到目标点，因此，对于给定的在工业机器人工作区域的手部位置可以得到多个解。

定义逆向运动的操作步骤如图 10-14 中①～⑦所示。

Step1：在工具栏运动控制器部分，单击“Inverse Kinematics”按钮。

Step2：选择结构树中的机器人资源。

Step3：在“Inverse Kinematic Attributes”对话框中，“Mount Part”选择工业机器人末端轴。

Step4：如果未添加工具，“Mount Offest”选择工业机器人末端轴预定工具坐标系。如果已添加工具，“Mount Offest”选择工具上的 TCP。

Step5：“Base Part”选择机器人基座。

Step6：“Solver Type”选项中有 Automatic、Parametric、Device Specific、User Defined、V5 Numeric，通常选择“Automatic”。

Step7：单击“OK”按钮，完成逆向运动定义。

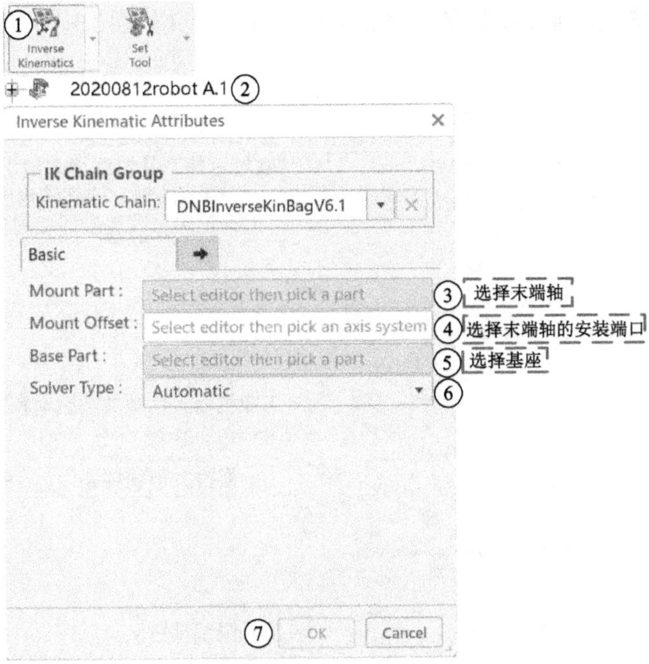


图 10-14　定义逆向运动

## 10.6　检查

逆向运动定义完成后，在工具栏运动控制器部分，单击推动机器装置“ ”按钮，高亮罗盘是 TCP Port，工业机器人由关节控制 TCP 的位置变为 TCP 位置求解关节的变量。拖动工业机器人关节或罗盘，检查工业机器人运动是否正确，如图 10-15 所示。

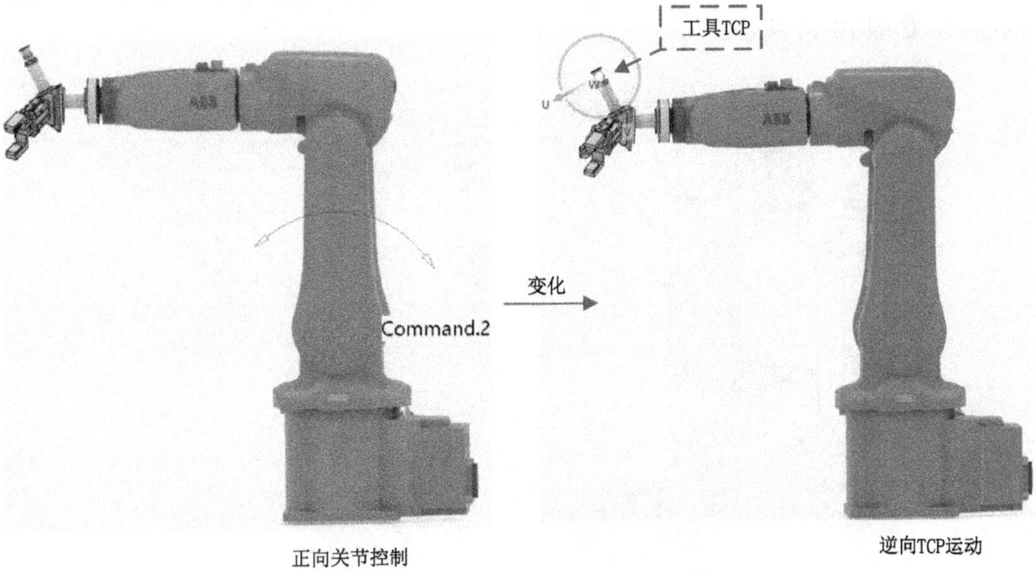


图 10-15　正逆向运动

单击“”按钮，推动机械装置对话框中的其他含义如图 10-16 所示。

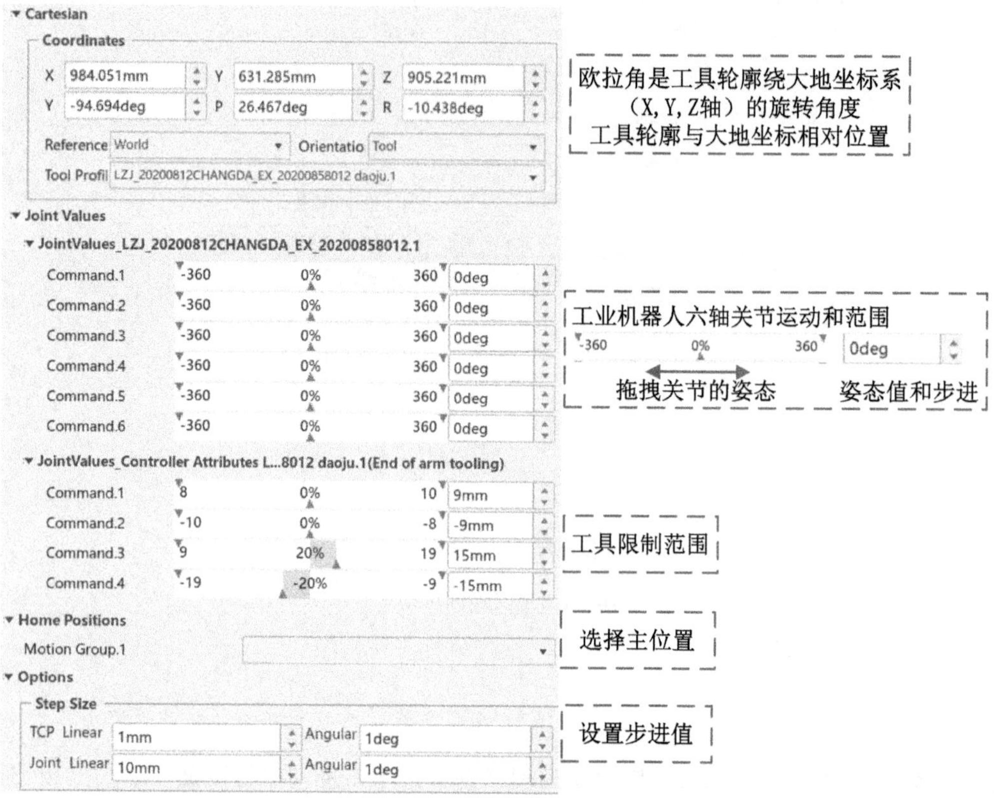


图 10-16　推动机械装置介绍

在机床定义完端口后，也可以使用推动机械装置对话框查看机床 Z Axis Part 与 C Axis Part 的联动，如图 10-17 所示。

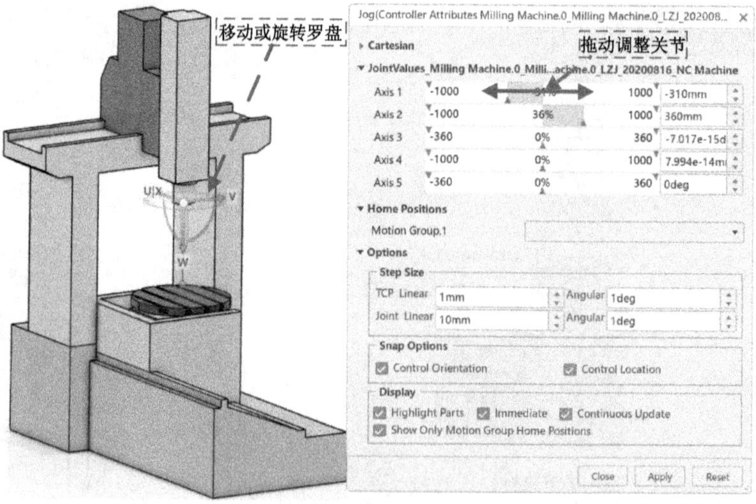


图 10-17　推动机械装置

## 10.7　主要参数设置

通常工业机器人说明书中的工作空间指的是原预定工具坐标系的原点在空间能达到的范围，也就是手腕端法兰盘中心点在空间所能到达的范围，而不是末端执行器端点所能达到的范围。因此，在设计和选用时，要注意安装末端执行器后，工业机器人所能达到的工作空间。

工业机器人说明书上提供的工作空间往往要小于运动学意义上的最大空间。这是因为在可达空间中，手臂位姿不同时，有效负载允许达到的最大速度和最大加速度都不一样，在臂杆最大位置允许的极限值通常要比其他位置小些。此外，工业机器人的最大可达空间边界上可能存在自由度退化的问题，此时的位姿称为奇异位姿，而在奇异位形周围相当大的范围内都会出现自由度进化现象，这部分工作空间在工业机器人工作和仿真时都不能利用。

除了在工作范围边缘，实际应用中的工业机器人还可能由于受到机械结构的限制，在工作空间的内部也存在臂端达不到的区域，这就是常说的空洞和空腔。空腔是指在工作空间内臂端不能达到的完全封闭空间，而空洞是指沿转轴周围全长上臂端都不能达到的空间。所以工业机器人选型验证可达性仿真很重要。

工作速度也是重要参数之一，是指工业机器人在工作载荷条件下，匀速运动过程中，机械接口中心或工具中心点在单位时间内所移动的距离和转动的角度。产品说明书一般提供了主要运动自由度的最大稳定速度，但是实际应用中仅考虑最大稳定速度是不够的。这是因为运动循环包括加速启动、等速运行和减速制动三个过程。如果最大稳定速度高、允许的极限加速度小，则加速度的时间会长一些，即有效速度要低一些。所以，在考虑工业机器人运动特性时，除了要注意最大问题速度外，还应注意其最大允许的加减速度。

### 10.7.1　主位置

工业机器人主位置（Home Positions）是工业机器人加工开始的初始位置点，同时是加工结束后工业机器人返回的最终位置。

如图 10-18 ～图 10-20 所示是给工业机器人设置主位置的过程。

Step1：在工具栏运动控制器部分，单击“Home Positions”按钮。

Step2：选择结构树中的机器人资源。

Step3：在制造单元中，有外部轴并用运动组管理，勾选“Define home position for motion group”。

Step4：单击“+”，添加新主位置。

Step5：勾选“Edit home using Jog”，打开推动装置。

Step6：用两种方式调整工业机器人姿态，完成主位置的定义，如图 10-19 所示。

Step7：打开结构树中运动组的节点，查看主位置，如图 10-20 所示。

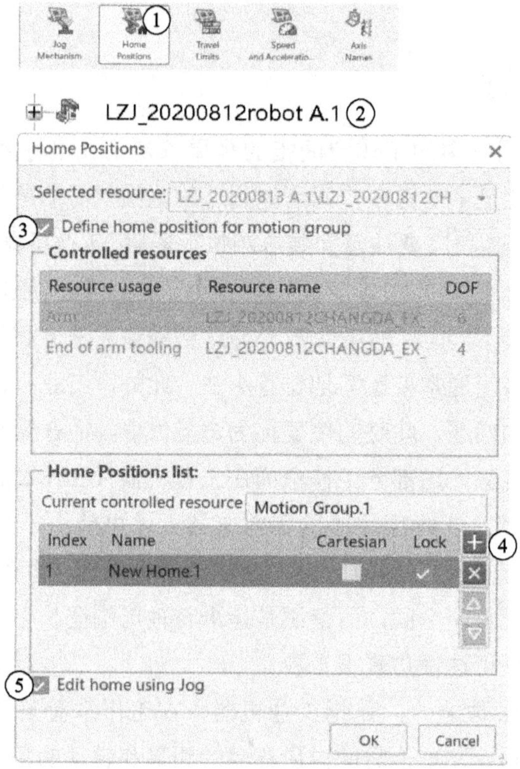


图 10-18　定义主位置对话框

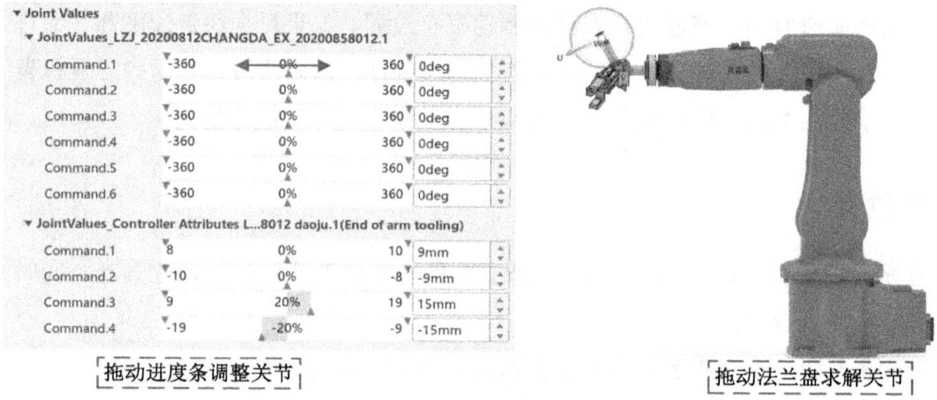


图 10-19　调整关节的方式

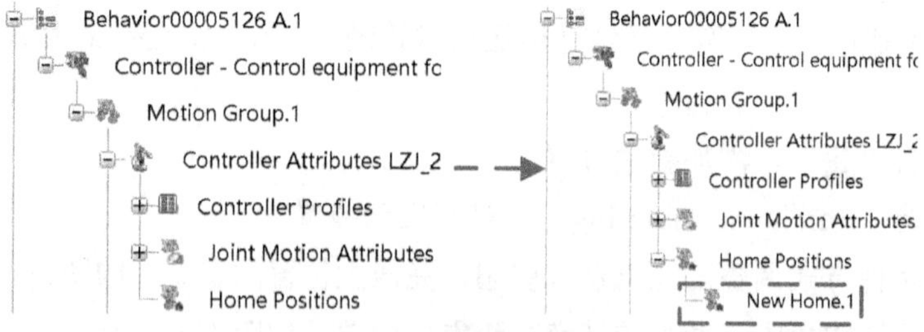


图 10-20　结构树中变化

## 10.7.2　传送限制

图 10-21 所示是 ABB 官网下载的关于 IRB 120 机器人的产品说明书。

IRB 120

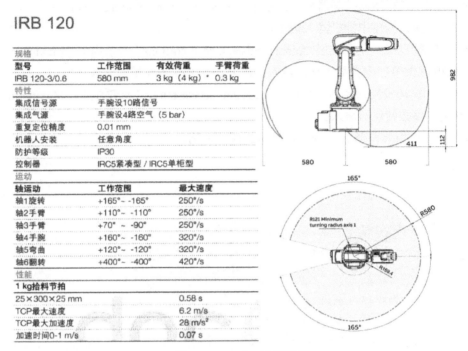

| 规格 | | | |
|---|---|---|---|
| 型号 | 工作范围 | 有效荷重 | 手臂荷重 |
| IRB 120-3/0.6 | 580 mm | 3 kg（4 kg）* | 0.3 kg |
| 特性 | | | |
| 集成信号源 | 手腕设10路信号 | | |
| 集成气源 | 手腕设4路空气（5 bar） | | |
| 重复定位精度 | 0.01 mm | | |
| 机器人安装 | 任意角度 | | |
| 防护等级 | IP30 | | |
| 控制器 | IRC5紧凑型 / IRC5单柜型 | | |
| 运动 | | | |
| 轴运动 | 工作范围 | 最大速度 | |
| 轴1旋转 | +165°~ -165° | 250°/s | |
| 轴2手臂 | +110°~ -110° | 250°/s | |
| 轴3手臂 | +70° ~ -90° | 250°/s | |
| 轴4手腕 | +160°~ -160° | 320°/s | |
| 轴5弯曲 | +120°~ -120° | 320°/s | |
| 轴6翻转 | +400°~ -400° | 420°/s | |
| 性能 | | | |
| 1 kg拾料节拍 | | | |
| 25×300×25 mm | | 0.58 s | |
| TCP最大速度 | | 6.2 m/s | |
| TCP最大加速度 | | 28 m/s² | |
| 加速时间0-1 m/s | | 0.07 s | |

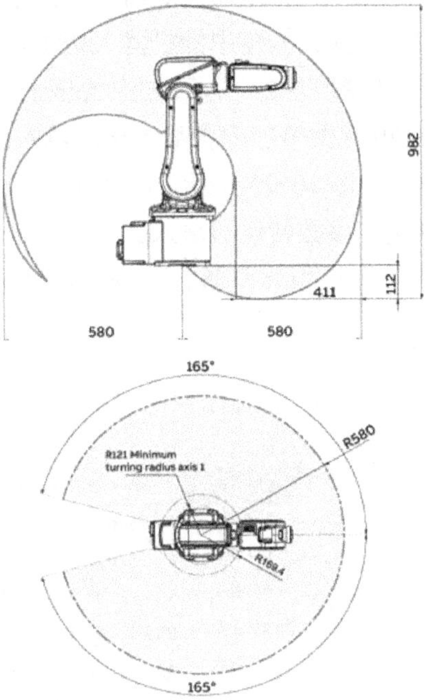


图 10-21　IRB 120 说明书

定义限制范围的操作如下：

Step1：在工具栏运动控制器部分，单击“Travel Limit”按钮。

Step2：选择结构树中的机器人资源。

Step3：如图 10-22 所示，在“List of commands”选项组中将 IRB 120 的参数输入。软限制按实际需求填入，但不得超出上下限值。

Step4：单击“OK”按钮，完成限制范围的定义。

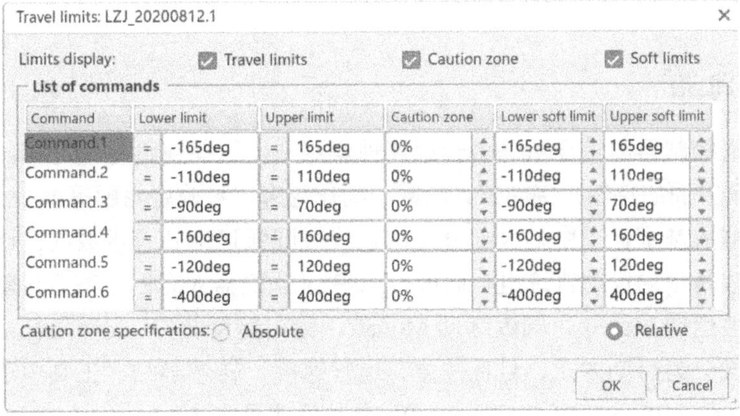


图 10-22　限制范围定义

### 10.7.3 速度和加速度限制

定义最大速度和最大加减速的操作如下：

Step1：在工具栏运动控制器部分，单击“Speed and accelerations”按钮。

Step2：选择结构树中的机器人资源。

Step3：如图 10-23 所示，在“Joint speeds and accelerations”选项组的“Maximum speed”下将 IRB 120 各关节速度参数转化后填入。最大加减速按实际需求填入。

Step4：如图 10-23 所示，在“TCP speeds and accelerations”选项组的“Maximum speed”下将 TCP 速度参数转化后填入。

Step5：单击“OK”按钮，完成速度和加减速限制。

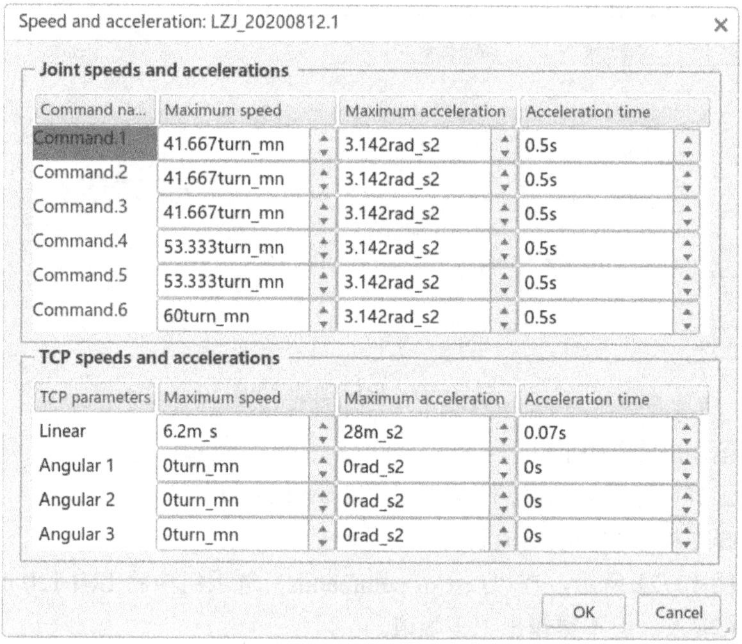

Speed and acceleration: LZJ_20200812.1
Joint speeds and accelerations
Command na...
Maximum speed
Maximum acceleration
Acceleration time
Command.1
41.667turn_mn
3.142rad_s2
0.5s
Command.2
41.667turn_mn
3.142rad_s2
0.5s
Command.3
41.667turn_mn
3.142rad_s2
0.5s
Command.4
53.333turn_mn
3.142rad_s2
0.5s
Command.5
53.333turn_mn
3.142rad_s2
0.5s
Command.6
60turn_mn
3.142rad_s2
0.5s
TCP speeds and accelerations
TCP parameters
Maximum speed
Maximum acceleration
Acceleration time
Linear
6.2m_s
28m_s2
0.07s
Angular 1
0turn_mn
0rad_s2
0s
Angular 2
0turn_mn
0rad_s2
0s
Angular 3
0turn_mn
0rad_s2
0s
OK
Cancel


图 10-23 速度和加减速限制

## 10.8 轮廓配置

工业机器人控制器的综合状态由一组属性集组成，这些属性称为轮廓。每个配置文件定义控制器某个方面的特性，例如工具轮廓、动作轮廓、精确度轮廓等。

在工业机器人基本运动中，大部分是由直线或圆弧运动轨迹组成的。比较复杂的运动轨迹也是由这些基本的运动轨迹组合而成。ABB 工业机器人有四个基本运动指令：关节运动 MoveJ、线性运动 MoveL、圆弧运动 MoveC、绝对运动指令 MoveAbsj。ABB 工业机器人基本运动格式分为运动方式、目标位置、运行速度、转弯半径、工具中心点 5 个部分。指令示例：MoveL p10，v1000，z50，tool0。具体说明见表 10-2。

表 10-2　ABB 工业机器人指令示例

| 程序数据 | 数据类型 | 说　明 |
| --- | --- | --- |
| p10 | Robtarget | 工业机器人运动目标位置 |
| v1000 | 动作轮廓 | 工业机器人运动速度 |
| z50 | 精确度轮廓 | 工业机器人运动转弯数据 |
| tool0 | 工具轮廓 | 工业机器人工具数据 TCP |

### 10.8.1　新建工具轮廓

TCP 类型有常规 TCP、固定 TCP 和 Non RTCP 三种。

1. 常规 TCP

常规 TCP 是指无论是何种品牌的工业机器人，事先定义了一个工具坐标系，无一例外地将这个坐标系 XY 平面绑定在工业机器人第六轴的法兰盘中心平面。坐标原点与法兰盘重合。显然，这时 TCP 就在法兰盘中心。

2. 固定 TCP

固定 TCP 是指将 TCP 定义为工业机器人本体以外静止的某个位置。常用在涂胶上，涂胶喷嘴静止不动，工业机器人抓取工件移动，如图 10-24 所示。

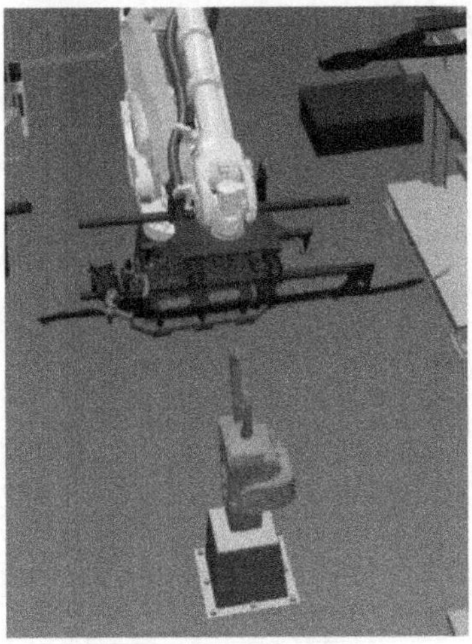

图 10-24　固定 TCP

3. Non RTCP

Non RTCP 指不带 RTCP 功能的五轴机床。有 RTCP 功能的五轴机床在加工时，控制系统只改变刀具方向，刀尖位置仍保持不变。X、Y、Z 轴上必要的补偿运动已被自动计算进去。

创建工具轮廓的操作步骤如图 10-25 中①～⑤所示。

Step1：在工具栏运动控制部分，单击“New Tool Profile”按钮。

Step2：选择结构树中的工业机器人或机床资源。

Step3：根据工业机器人或机床 TCP 特征选择“Tool type”。

Step4：“Related tool”选项中选择带有 TCP 的工具设备资源，“Ports”选项中从该工具的多个 TCP 中选择一个。若无选项，检查是否定义资源和该资源中 TCP 端口是否创建。

Step5：单击“OK”按钮，完成工具轮廓创建。

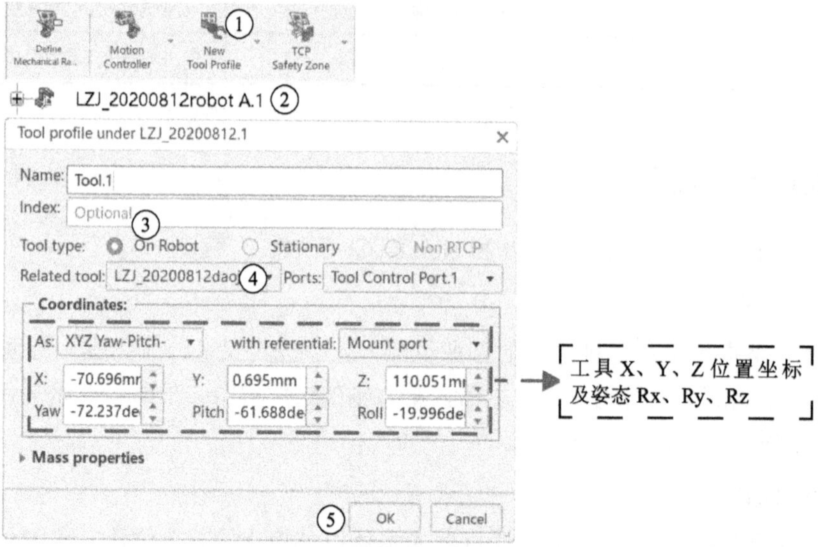


图 10-25 创建工具轮廓

当有一个设备的多个工具轮廓时，可以选择其中一个作为当前工具轮廓。在结构树中右击“Tool0”工具轮廓，选择工具对象，将轮廓设置为当前，如图 10-26 中①～③所示。

图 10-26 工具轮廓

### 10.8.2 新建动作轮廓

对于工业机器人运行速度限制，工业机器人运动指令中均带有运行速度，运行速度在速度限制中已经定义，在执行运动速度控制指令 VelSet 后，实际运行速度为运行指令规定的运行速度乘以工业机器人运行速率，并且不超过工业机器人最大运行速度。动作轮廓如图 10-27 所示。

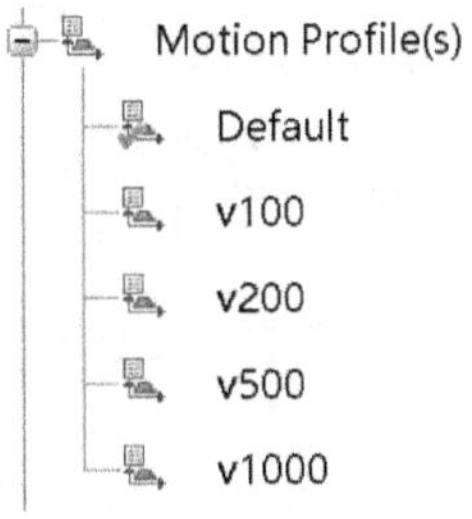


图 10-27 动作轮廓

举例说明：VelSet 80，1000

运行指令：MoveL p2，v1000，z10.tool1；　　800mm/s

工业机器人以 800mm/s（v =1000mm/s×80% = 800mm/s，未超过最大速度 1000mm/s 的限制，所以速度是 800mm/s）的速度移至 p2 位置点。

运行指令 MoveL p3，v1000\V：=2000，z10，tool1；　1000mm/s

工业机器人以 1000mm/s（使用参变量 [\V] 时，定义速度为 2000mm/s，超过 1000mm/s，所以速度是 1000mm/s）移至 p3 位置点。

运行指令 MoveL p4，v1000\T：=5，z10，tool1；　　6.25s

工业机器人用 6.25s（运动使用参变量 [\T] 时，以时间代替速度，这里是 5s，但限制了 80% 的速度，所以时间是 6.25s）移至 p4 位置。

新建动作轮廓的操作步骤如图 10-28 中①～⑥所示。

Step1：在工具栏运动控制器部分，选择“New Motion Profile”按钮。

Step2：选择结构树中的机器人资源。

Step3：在对话框中修改名称，便于后续方便应用。统一格式为“v”+“速度定值”。

Step4：选择“Time”或“Speed/Acceleration”。

Step5：选择 Time”时，可以为设备动作输入一个周期时间，系统自动计算合适的加匀减速度。选择“Speed/Acceleration”时，对话框提供速度 / 加速度值区段，允许为速度、加速度、减速度指定线性值和角值。这些值可以用绝对数值或百分比来指定。在仿真场景中，所指定的百分比被视为速度和加速度限制所指定的最大百分比。单击“%”，可切换绝对值。

Step6：单击“OK”按钮，完成新动作轮廓的创建。

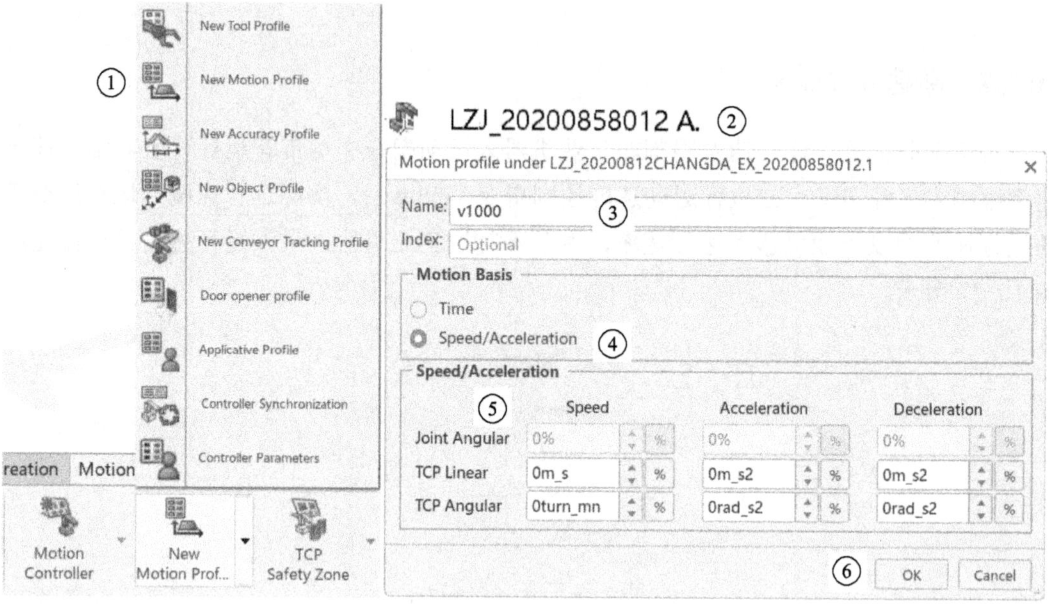


图 10-28　创建新动作轮廓

## 10.8.3　新建精确度轮廓

工业机器人转弯半径，即工业机器人在运行两句运动指令时，若设置了转弯半径，工业机器人会平滑的过渡，转弯半径意义为，工业机器人进入到设置半径的位置开始过渡，如图 10-29 所示。

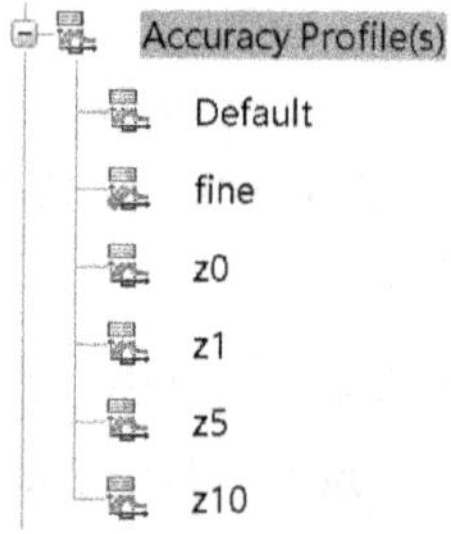


图 10-29　精确度轮廓

fine 和 zone 的轨迹区别如图 10-30 所示。

fine 指工业机器人 TCP 精确到达目标点。如图 10-30 中 p1 点到达 p2 点，并在 p2 点速度降为 0，连续运行时，工业机器人有停顿。焊接编程时，必须用 fine 参数。

zone 指工业机器人 TCP 不精确到达目标点，即飞行模式。如图 10-30 中 p2 点到 p3 点，经历加匀减速的过程后，TCP 到达 p3 点的 20mm 的范围内，速度未降至 0，开始向下一个位置拐弯。

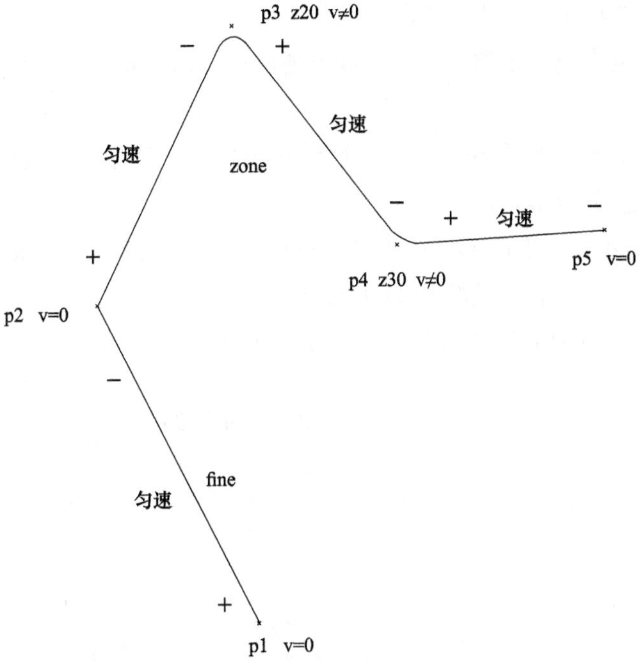


图 10-30　fine 和 zone 的轨迹区别

z0 和 fine 的代码读写区别如图 10-31 所示。

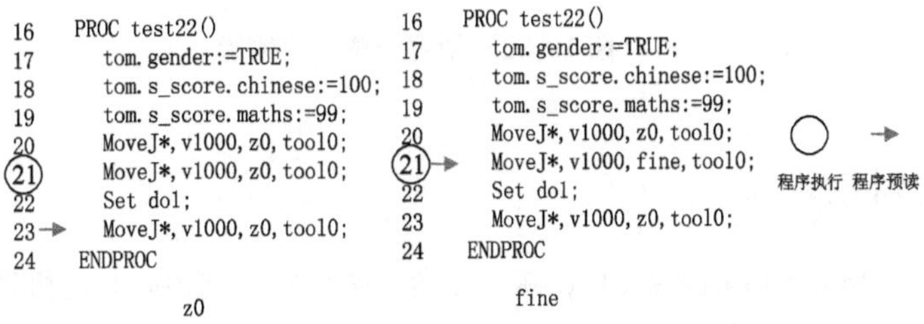
16 PROC test22()
17 tom.gender:=TRUE;
18 tom.s_score.chinese:=100;
19 tom.s_score.maths:=99;
20 MoveJ*, v1000, z0, tool0;
21 MoveJ*, v1000, z0, tool0;
22 Set do1;
23 MoveJ*, v1000, z0, tool0;
24 ENDPROC
z0
16 PROC test22()
17 tom.gender:=TRUE;
18 tom.s_score.chinese:=100;
19 tom.s_score.maths:=99;
20 MoveJ*, v1000, z0, tool0;
21 MoveJ*, v1000, fine, tool0;
22 Set do1;
23 MoveJ*, v1000, z0, tool0;
24 ENDPROC
fine
程序执行
程序预读

图 10-31　z0 和 fine 的代码读写区别

当 zone 值取 0 时，轨迹上 z0 和 fine 类似，但 fine 除了精确到达，还有一个组织程序预读的功能。

工业机器人运行时，示教器中有 2 个图标，一个是箭头，表示程序已经读取到哪一行；还有一个是工业机器人图标（图中用圆圈代替），表示工业机器人实际在走哪一行。为了实现平滑过渡的功能，工业机器人要预读几行代码。

如使用 z0，工业机器人在走第 21 行，程序已经执行到 23 行，即工业机器人还没走到位置已经打开了 do。

如使用 fine，工业机器人在走第 21 行，程序还在 21 行，即有了 fine，程序指针不会预读，即工业机器人走完 21 行后，才会执行打开 do。

新建精确度轮廓的操作步骤如图 10-32 中①～⑥所示。

Step1：在工具栏运动控制器部分，选择“New Accuracy Profile”按钮。

Step2：选择结构树中的机器人资源。

Step3：在对话框中修改名称，便于后续方便应用。统一格式为“fine”或“z”+“转弯半径”。

Step4：用工业机器人指令 fine 时，飞行模式选择“Off”；用工业机器人指令 z+ 转弯半径时，飞行模式选择“On”。

Step5：飞行类型有“Distance”和“Speed”两种选择。Distance 取值是目标点的转弯半径，Speed 百分比取值是降至匀速的百分比。

Step6：单击“OK”按钮，完成精确度轮廓的创建。

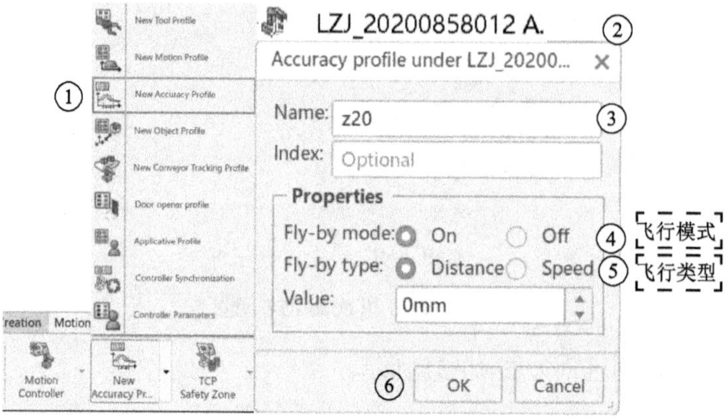


图 10-32 创建新精确度轮廓

## 10.8.4 新建对象轮廓

在实际中，Object Frame Profile 称为工件坐标系。在做完工业机器人仿真离线编程输出时，工业机器人的动作所记录的坐标值是相对工业机器人的零点坐标（Base Port）建立的。在实际项目中，很多工厂要求工业机器人输出的坐标值是相对于工件坐标系进行输出的，特别是汽车行业的工业机器人程序的标准化，工业机器人执行程序必须使用 $W_{obj}$，而且必须与汽车的坐标系吻合。所以需要建立这些易于测量的工件坐标系或是工装上的坐标系，通常需要至少 3 个定位坐标。

创建对象轮廓的操作步骤如图 10-33 中①～⑤所示。

Step1：在工具栏运动控制器部分，单击“New Object Profile”按钮。

Step2：选择结构树中的机器人资源。

Step3：修改工件坐标系的名称。

Step4：单击“Object”并选择工件上易于测量的点，Coordinates 选项组设置的是工件的相对位置。

Step5：单击“OK”按钮，完成对象轮廓的创建。

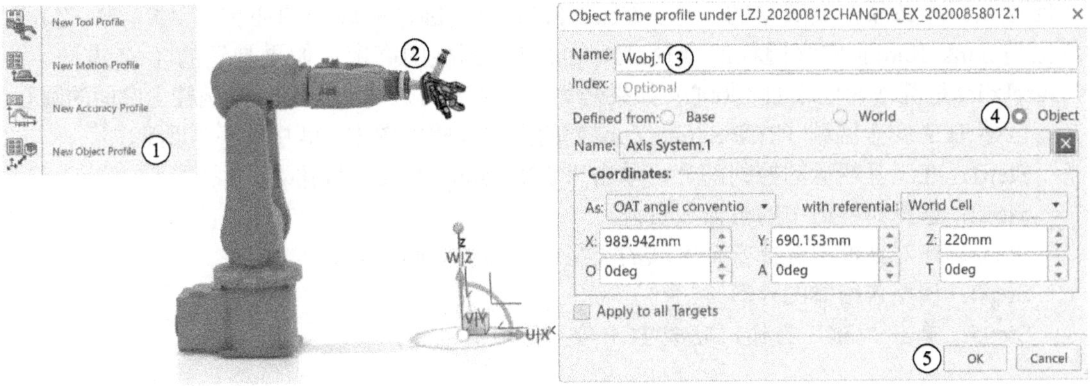


图 10-33　创建对象轮廓

## 10.9　安全区域设置

World Zone（大地区域）：最多可以在工业机器人的工作区域定义 10 个不同的体积空间。它们可以用来指出工业机器人 TCP 的工作空间，限制工业机器人的工作区域，阻止和工具碰撞，创建由两个工业机器人组成的公用区域，该区域在同一时间内只能由一个工业机器人使用。

### 10.9.1　TCP 安全区域

定义一个箱体形状的安全区域，该箱体的所有边都和 World 坐标系平行。该指令的基本范例说明如下：

```
VAR shapedata volume;
CONST pos corner1:=[200，100，100];
CONST pos corner2:=[600，400，400];
⋮
WZBoxDef inside，outside，volume，corner1，corner2;
```

该箱体的两个对角点由 corner1 和 corner2 定义。变元为 WZBoxDef[Inside][Outside]shape LowPoint HighPoint，分别是较低角点和相对角点的位置（X，Y，Z），以 mm 为单位。

定义一个外形为圆柱形，且圆柱形是与世界坐标系 Z 轴平行的全局区域。

```
VAR shapedata volume;
CONST pos C2:=[300,200,200];
CONST num R2:=100;
CONST num H2:=200;
⋮
WZCylDef Inside,volume,C2,R2,H2;
```

定义底圆中心 C2、半径 R2 且高度 H2 的圆柱体。变元为 WZCylDef[Inside][Outside]Shape CentrePoint Radius Height。Inside 是定义圆柱内部的体积。Outside 是定义圆柱外部的体积

（反体积），必须定义其中的一个。CentrePoint 定义圆柱的底圆圆心位置（X，Y，Z），单位是 mm。Radius 定义圆柱的半径。Height 定义圆柱的高度，如果是正的（+Z 方向），CentrePoint 是圆柱较低底面的圆心；如果是负的（–Z 方向），CentrePoint 是圆柱上底面的圆心。

创建 TCP 安全区域（TCP Safety Zone）的操作步骤如图 10-34 中①～⑤所示。

Step1：在工具栏运动控制部分，单击“TCP Safety Zone”按钮。

Step2：选择结构树中的机器人资源。

Step3：在对话框中选择安全区域的类型：多面体和圆柱体。

Step4：调整包络体的外形。

Step5：单击“OK”按钮，完成 TCP 安全区域的创建。

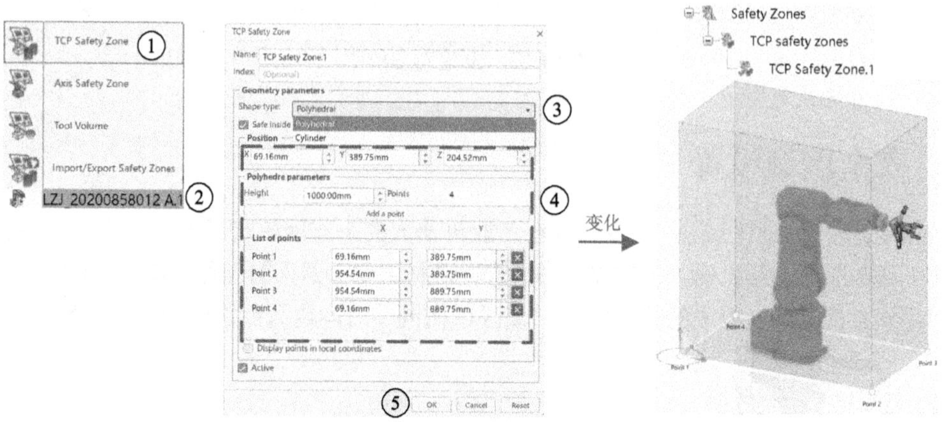


图 10-34 创建 TCP 安全区域

## 10.9.2 轴安全区域

创建轴安全区域（Axis Safety Zone）的操作步骤如图 10-35 中①～④所示。

Step1：在工具栏运动控制部分，单击“Axis Safety Zone”按钮。

Step2：选择结构树中的机器人资源。

Step3：在各关节极限范围内，调节出工业机器人在实际场景中的安全区域。

Step4：单击“OK”按钮，完成轴安全区域的创建。

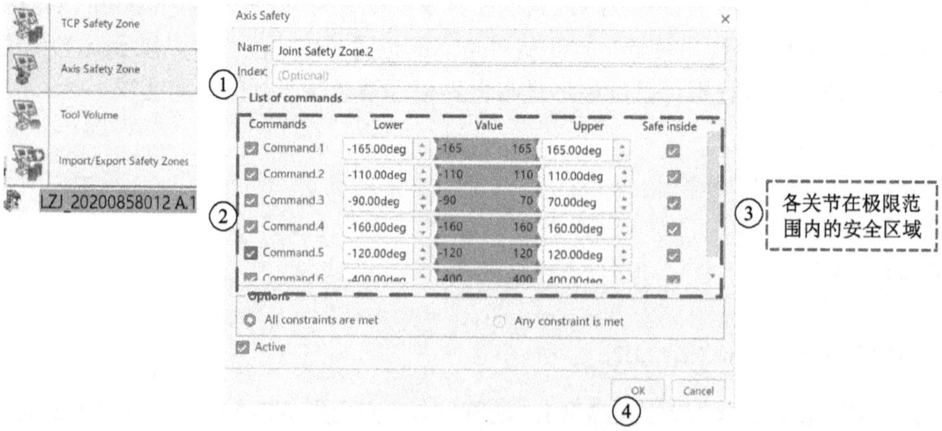


图 10-35 创建轴安全区域

### 10.9.3　工具体积

定义球形全局区域：

```
VAR shapedata volume
CONST pos C1:=[300,300,200];
CONST num R1:=200;
⋮
WZSphDef  Inside,volume,C1,R1;
```

根据其中心 C1 及其半径 R1，定义命名 volume 的球体。变元为 WZSphDef[Inside][Outside] Shape CentrePoint Radius。

创建工具体积（Tool Volume）的操作步骤如图 10-36 中①～⑥所示。

Step1：在工具栏运动控制部分，单击“Tool Volume”按钮。

Step2：选择结构树中的机器人资源。

Step3：选择区域类型，有球体、箱体、胶囊体。

Step4：定位基准一般默认为工具的 base 位置。

Step5：输入球体半径。

Step6：单击“OK”按钮，完成工具体积的创建。

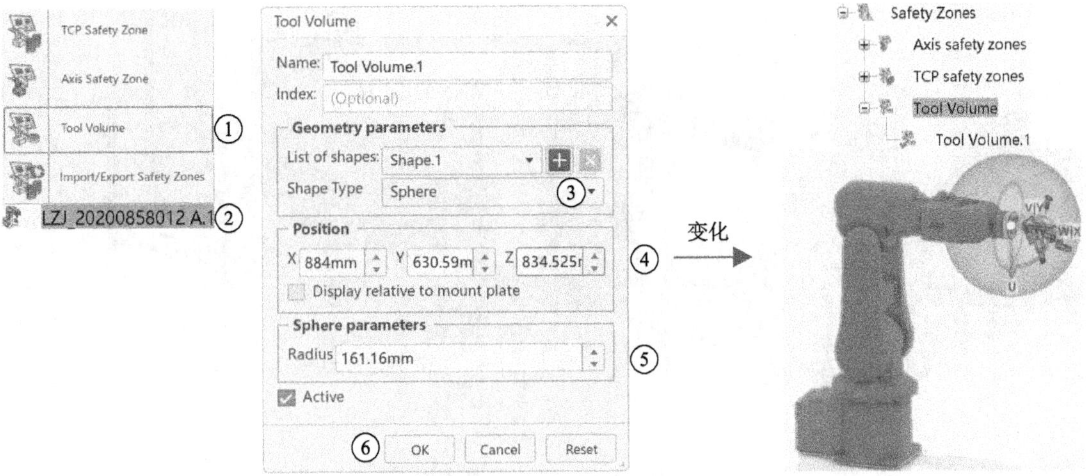


图 10-36　创建工具体积

### 10.9.4　导入 / 导出区域

导入 / 导出区域的操作步骤如下：

Step1：在工具栏运动控制部分，单击“Import/Export Safety Zones”按钮。

Step2：选择结构树中的机器人资源。

Step3：选择导入 / 导出及文件位置，如图 10-37 所示。

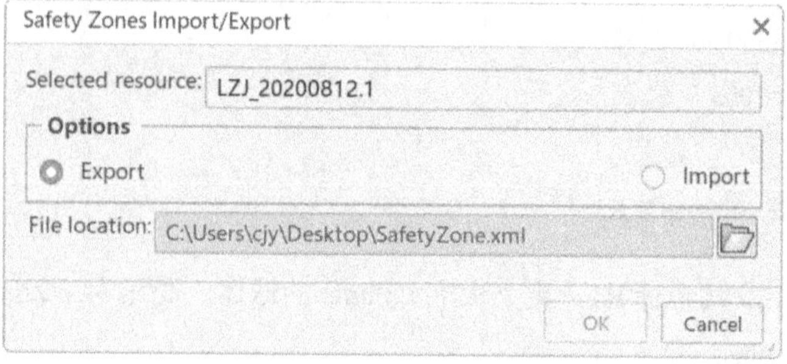


图 10-37 导入 / 导出区域

## 10.10 案例

如图 10-38 所示，该单元想要实现的场景是工业机器人搬运套筒装载到轧辊机上，应用场景需定义工业机器人、工具、运动控制器资源等。

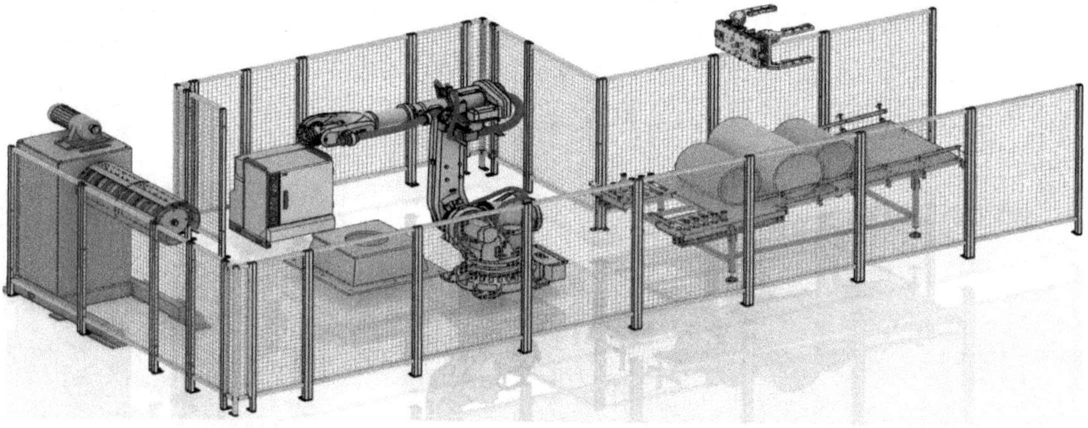

图 10-38 定义资源案例

### 10.10.1 装配

在基座的上顶平面圆的中心和工业机器人基座的下底面圆中心创建轴系，两轴系的向量保持一致，两轴系进行刚性连接或旋转连接。刚性连接如图 10-39 所示。

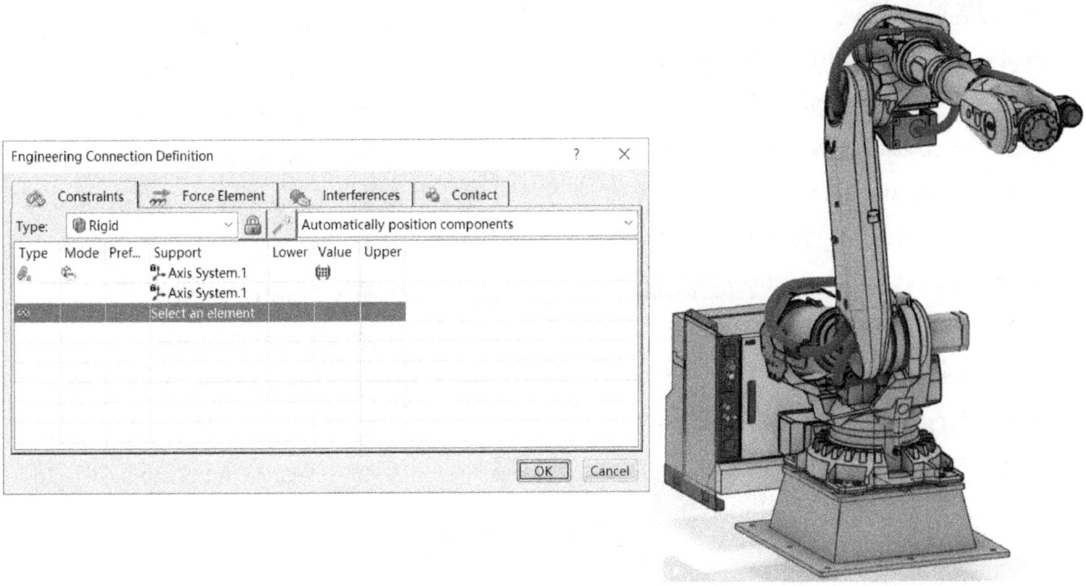


图 10-39 刚性连接

## 10.10.2 定义资源

想要定义顶层节点的子集资源，需先定义顶层节点为制造单元，不然创建子集资源会失败，如图 10-40 所示（准确定义资源的类型，该定义不可撤回）。

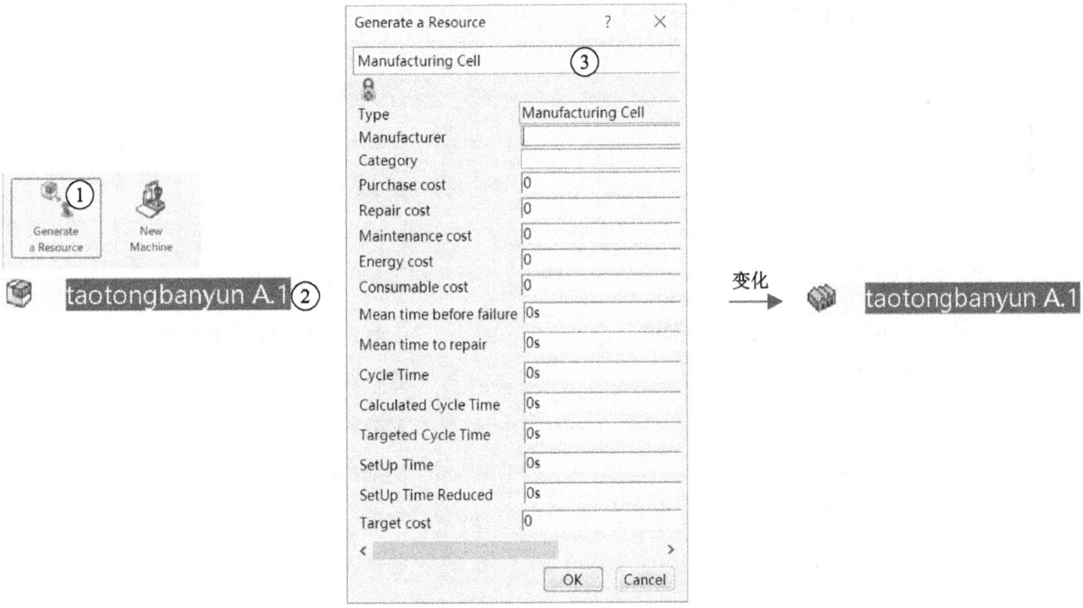


图 10-40 定义制造单元

定义完制造单元，下面进行工业机器人、工具、运动控制器的定义，定义方式与制造单元一致，选择不同的资源即可，如图 10-41 所示。

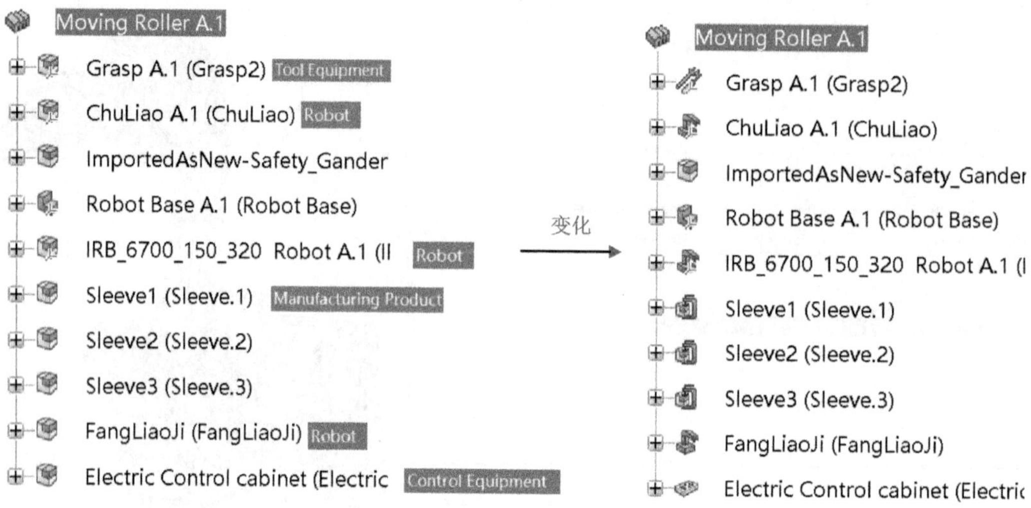


图 10-41 定义资源

### 10.10.3 创建运动控制器

该场景可以创建运动控制器的资源只有工具设备、工业机器人。

创建运动控制器的操作步骤如图 10-42 中①～③所示。

Step1：在工具栏运动控制器部分，单击“Motion Controller”按钮。

Step2：选择结构树中的工具设备或工业机器人资源。

Step3：展开资源的节点，查看变化。

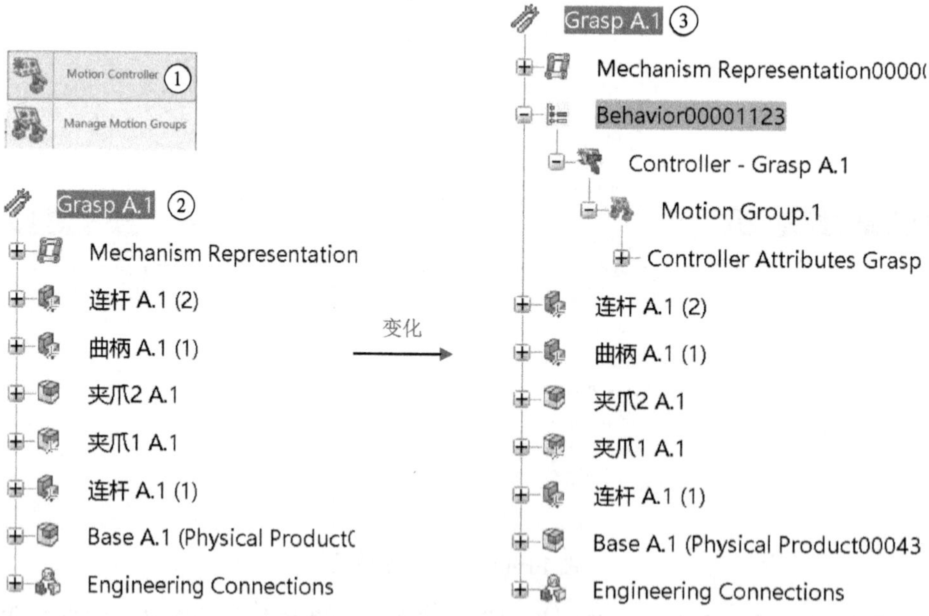


图 10-42 创建运动控制器

在制造单元下，给资源创建运动控制器时，基于当前版本，可能会遇到报错警告，如图 10-43 所示。解决办法：右击结构树中的资源，选择资源对象，单击“Open In New App”，按上述操作步骤完成运动控制器的创建。

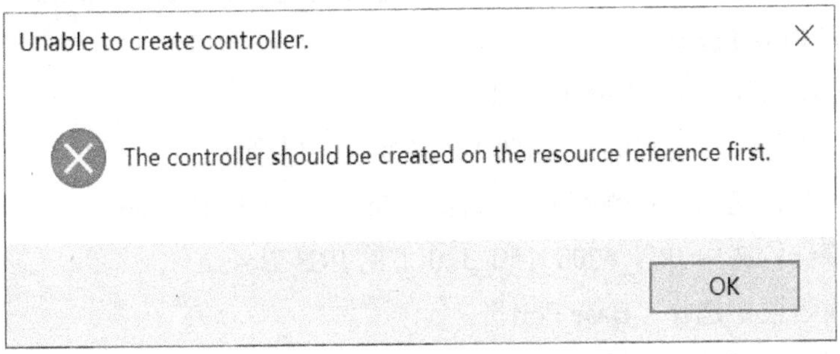


图 10-43　创建运动控制器报错警告

### 10.10.4　创建运动组

在结构树中，IRB_6700_150_320 与 Grasp 创建运动组，由 Electric Controller cabinet 运动控制器控制。

创建运动组的操作步骤如图 10-44 中①～④所示。

Step1：在工具栏运动控制器部分，单击“Manage Motion Groups”按钮。

Step2：选择结构树中“Electric Controller cabinet”。

Step3：在对话框中，利用“ ”“ ”“ ”“ ”等按钮，将 IRB_6700_150_320 和 Grasp 添加到同一个运动组中。

Step4：单击“OK”按钮，完成运动组的创建，并查看结构树的变化。

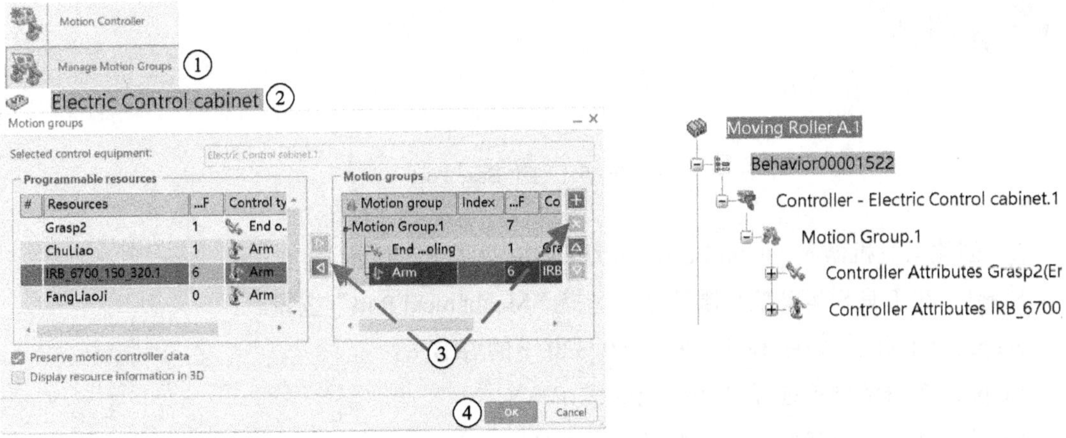


图 10-44　创建运动组

### 10.10.5 创建端口

给工业机器人装载工具设备，工业机器人需要创建 Base Port 和 Mount Port，工具设备需要创建 TCP 和 Base Port。

（1）创建工业机器人端口的操作步骤

1）创建工业机器人 Base Port，如图 10-45 中①～⑤所示。

Step1：在工具栏运动控制器部分，选择“Mechanical Port”按钮。

Step2：选择结构树中 IRB_6700_150_320 下的 IRB_Base。

Step3：在对话框中选择“Base Port”。

Step4：选择与底座装配的轴系作为 Base Port。

Step5：单击“OK”按钮，完成 Base Port 的创建，展开发布查看已创建的端口。

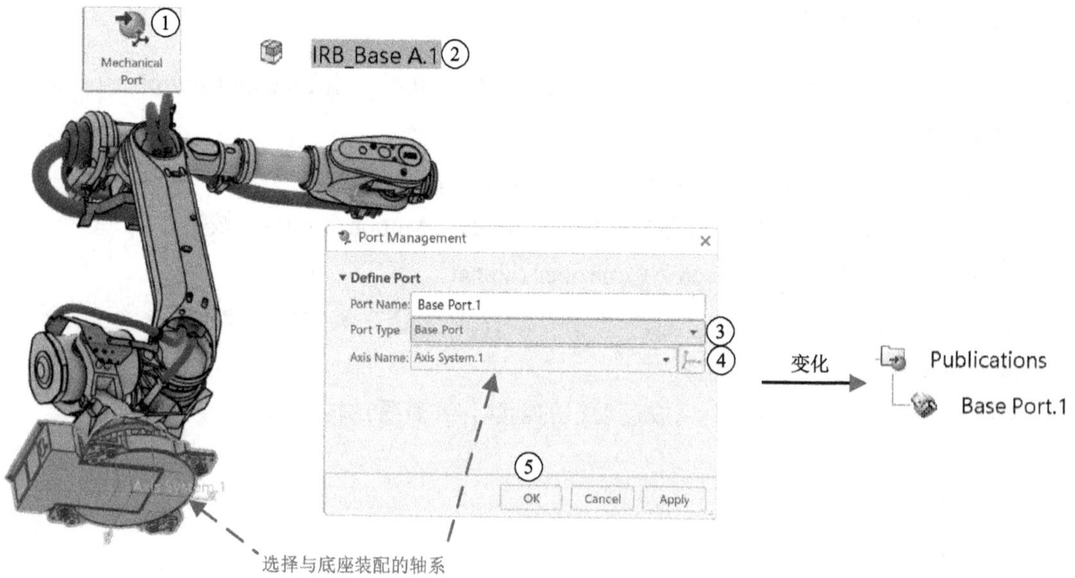


图 10-45 创建 Base Port

2）创建工业机器人 Mount Port，如图 10-46 中①～⑦所示。

Step1：在工具栏运动控制器部分，选择“Mechanical Port”按钮。

Step2：选择结构树中 IRB_6700_150_320 下的 IRB_6。

Step3：在对话框中选择“Mount port”。

Step4：选择创建新轴系，单击“”按钮。

Step5：选择浮框中的平面中心“”按钮，单击选中平面中心。

Step6：通过罗盘旋转或双击罗盘调整角度，使 W 轴指向端面法向朝外，并单击完成新轴系的创建。

Step7：“Axis Name”中显示新创建轴系的名称，单击“OK”按钮，完成 Mount Port 的创建。

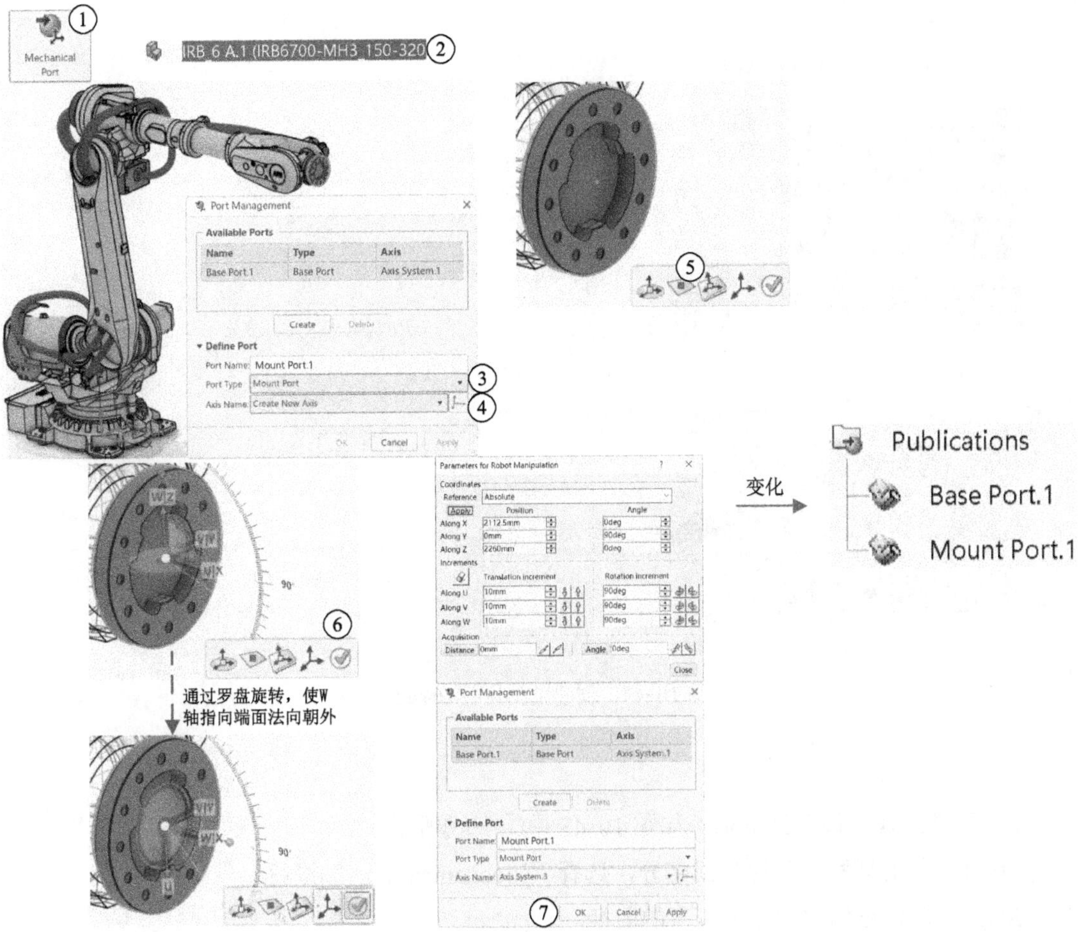


图 10-46　创建 Mount Port

（2）创建工具设备端口的操作步骤

1）创建工具设备 Base Port，如图 10-47 中①～⑥所示。

Step1：在工具栏运动控制器部分，选择“Mechanical Port”按钮。

Step2：选择结构树中 Grasp 下的 Base。

Step3：在对话框中选择“Base Port”。

Step4：选择创建新轴系，单击“![icon]”按钮。

Step5：选择浮框中的平面中心“ ”按钮，单击选中平面中心。通过罗盘旋转或双击罗盘调整角度，使 W 轴指向端面法向朝外，并单击 完成新轴系的创建。

Step6：“Axis Name”中显示新创建轴系的名称，单击“OK”按钮，完成工具设备 Base Port 的创建。

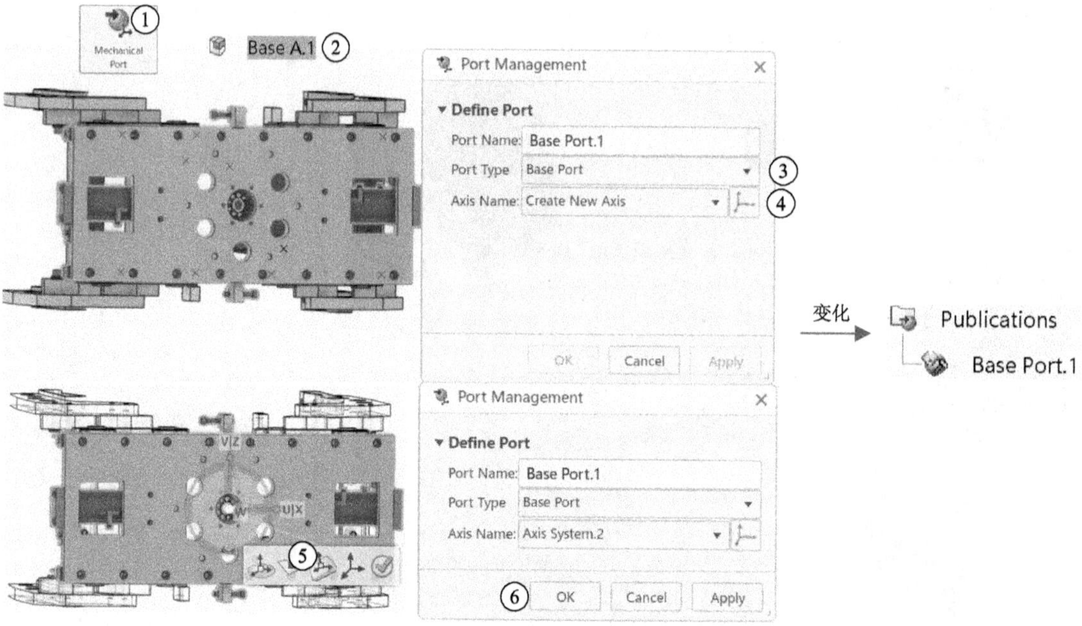


图 10-47 创建工具设备 Base Port

2）创建工具设备 TCP Port，如图 10-48 中①～⑧所示。

Step1：在工具栏运动控制器部分，选择“Mechanical Port”按钮。

Step2：选择结构树中 Grasp 下的曲柄。

Step3：在对话框中选择“TCP Port”。

Step4：选择创建新轴系，单击“ ”按钮。

Step5：选择浮框中的平面中心“ ”按钮，单击选中平面中心。

Step6：通过罗盘旋转或双击罗盘调整角度，使 W 轴指向端面法向朝外及 U 或 V 轴水平（方便示教）。

Step7：拖动罗盘 W 轴或双击罗盘，在对话框中调整位置，使 TCP 在爪手的中心位置附近。

Step8：“Axis Name”中显示新创建轴系的名称，单击“OK”按钮，完成工具设备 TCP Port 的创建。

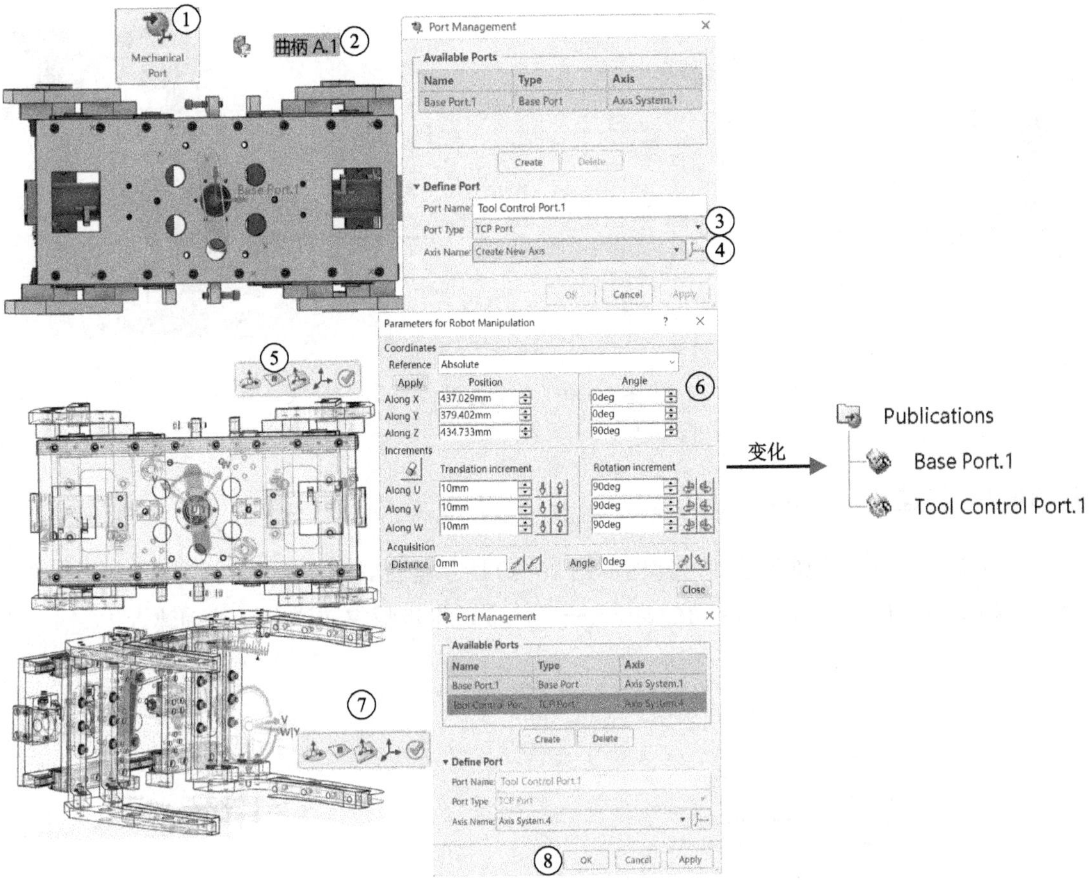


图 10-48　创建工具设备 TCP Port

### 10.10.6　设置工具

工具设备装载在工业机器人上的操作步骤如图 10-49 中①～⑥所示。

Step1：在工具栏运动控制器部分，单击“Set Tool”按钮。

Step2：在对话框“Parent”选项组的“Name”后选择结构树中“IRB_6700_150_320.1”。

Step3：在“Child”选项组的“Name”后选择结构树中“Grasp.2”。

Step4：“Usage Type”选择“End Of Arm Tooling”。

Step5：若工具设备与工业机器人末端预安装错误，请旋转罗盘或双击罗盘调整角度参数，使工具设备安装正确。

Step6：单击“OK”按钮，完成工具安装。

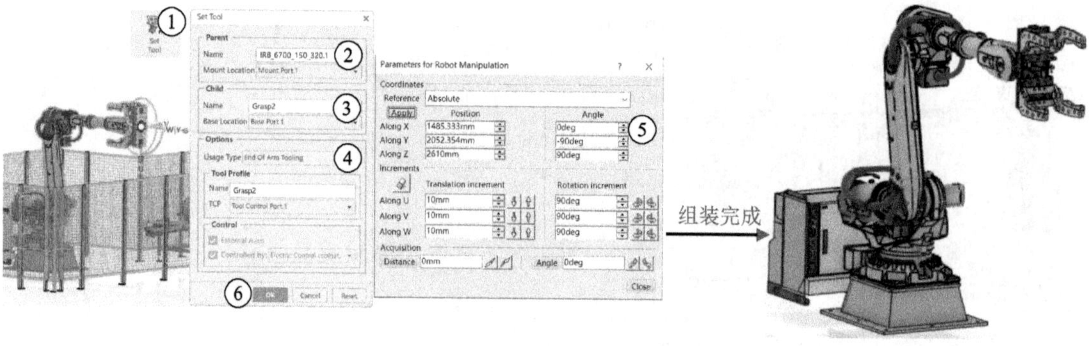


图 10-49 安装工具

### 10.10.7 创建逆向运动

在制造单元下创建逆向运动，常出现图 10-50 所示警告。解决办法：右击结构树中的资源，选择资源对象，单击“Open In New App”，按操作步骤完成逆向运动创建。

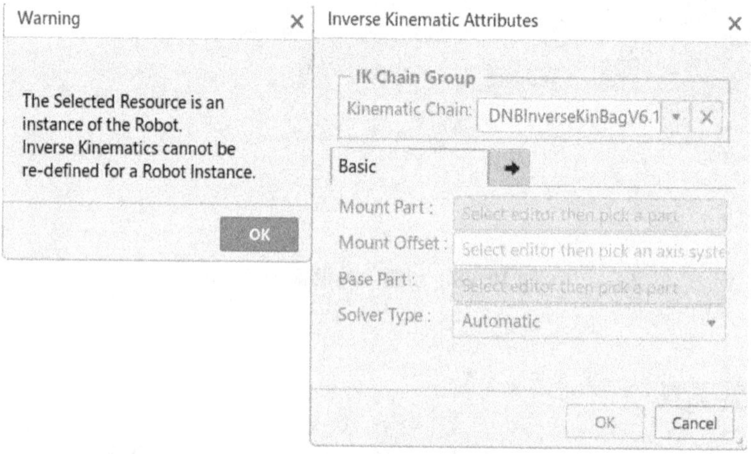


图 10-50 逆向运动警告

给 IRB_6700_150_320 工业机器人添加逆向运动求解器操作步骤如图 10-51 ①～④所示。

Step1：在工具栏运动控制器部分，单击“Inverse Kinematics”按钮。

Step2：选择结构树中的工业机器人资源。

Step3：“Mount Part”选择末端轴；“Mount Offset”选择末端轴上的 Mount Port“Axis System.3”；“Base Part”选择基座；“Solver Type”选择“Automatic”。

Step4：单击“OK”按钮，完成逆向运动的创建。

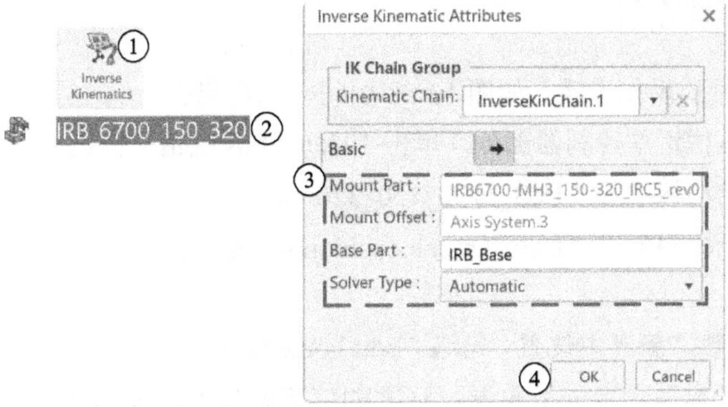


图 10-51　创建逆向运动

## 10.10.8　推动机械装置

给工业机器人设置完工具以及添加完逆向运动，需要推动机械装置，检查是否存在问题。推动机械装置的操作步骤如图 10-52 中①～④所示。

Step1：在工具栏运动控制器部分，单击“Jog Mechanism”按钮。

Step2：选择结构树中的“IRB 6700_150_320”。

Step3：拖动罗盘（X、Y、Z 轴）或展开 Joint Values，调整关节角度，检查是否存在问题。

Step4：单击“Close”按钮，关闭对话框。

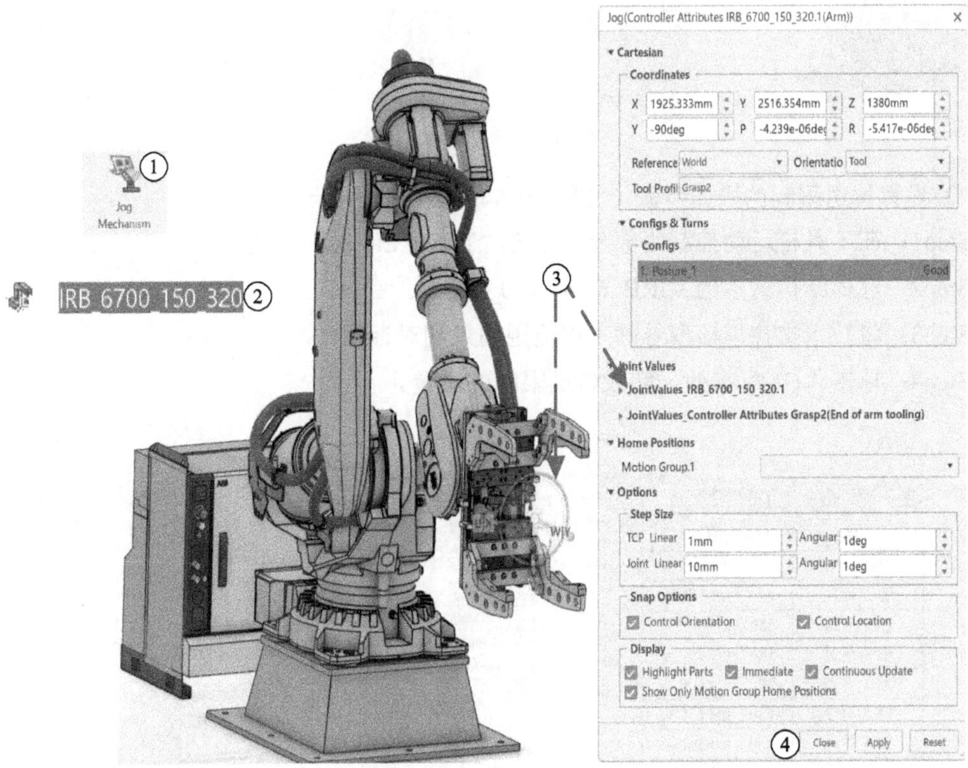


图 10-52　推动机械装置

## 10.10.9 主要参数设置

1）设置主位置的操作步骤，如图 10-53 中①～⑥所示。

Step1：在工具栏运动控制器部分，单击“Home Positions”按钮。

Step2：选择结构树中的“IRB_6700_150_320”。

Step3：在对话框中勾选“Define home position for motion group”，将主位置参数设置在运动组的行为中。

Step4：单击“+”新建主位置，勾选“Edit home using Jog”，弹出推动机械装置对话框。

Step5：拖动托盘或调节关节角度，TCP 的位置就是主位置记录的位置（设置 2 个主位置，home1 是工业机器人初始位置，home2 是示教起始位置）。

Step6：单击“OK”按钮，完成主位置的创建。

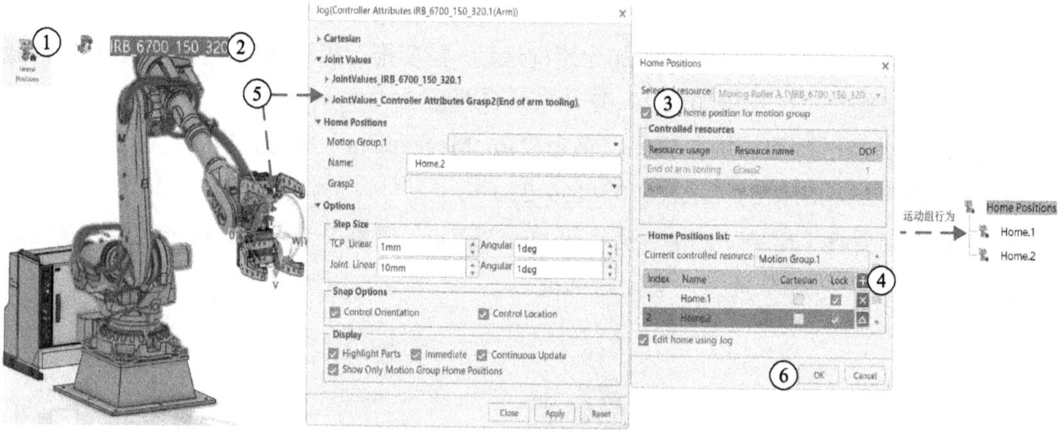


图 10-53 创建主位置

2）设置传送限制的操作步骤，如图 10-54 中①～④所示。

Step1：在工具栏运动控制器部分，单击“Travel Limits”按钮。

Step2：选择结构树中的“IRB_6700_150_320”。

Step3：将技术文件里该型号的工作范围输入到对话框中。

Step4：单击“OK”按钮，完成传送限制的设置。

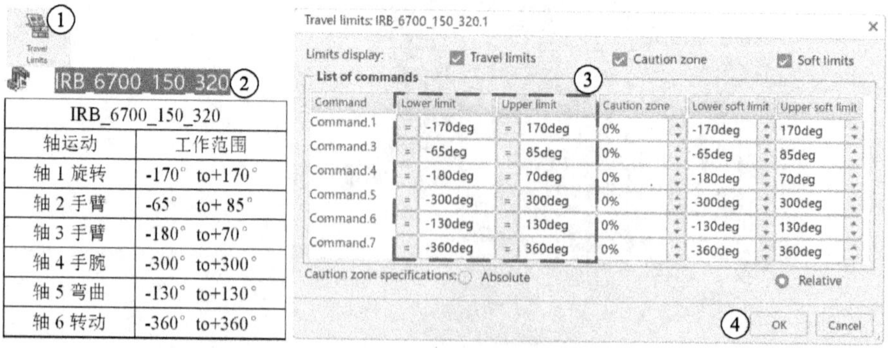


| IRB_6700_150_320 | |
|---|---|
| 轴运动 | 工作范围 |
| 轴 1 旋转 | -170° to+170° |
| 轴 2 手臂 | -65° to+ 85° |
| 轴 3 手臂 | -180° to+70° |
| 轴 4 手腕 | -300° to+300° |
| 轴 5 弯曲 | -130° to+130° |
| 轴 6 转动 | -360° to+360° |

图 10-54 设置传送限制

3）设置速度和加速度限制的操作步骤，如图 10-55 中①～④所示。

Step1：在工具栏运动控制器部分，单击“Speed and Acceleration…”按钮。

Step2：选择结构树中的“IRB_6700_150_320”。

Step3：将技术文件里该型号的轴最大速度输入到对话框中，加速度需依据实际场景输入。

Step4：单击“OK”按钮，完成速度和加速度限制的设置。

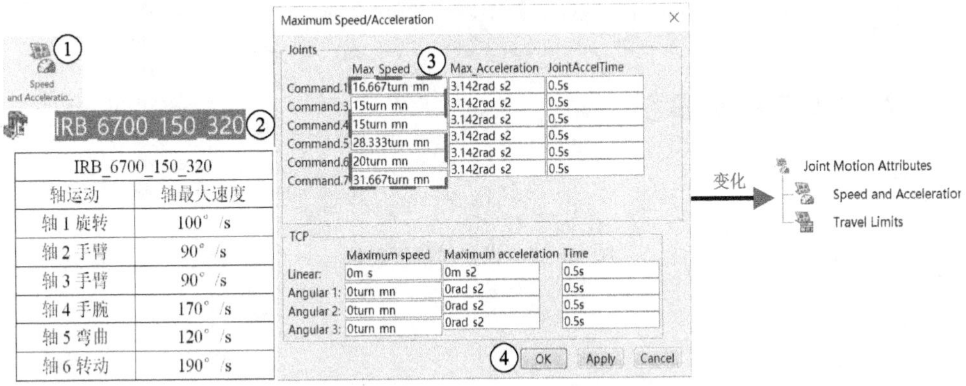


| IRB_6700_150_320 | |
|---|---|
| 轴运动 | 轴最大速度 |
| 轴 1 旋转 | 100°/s |
| 轴 2 手臂 | 90°/s |
| 轴 3 手臂 | 90°/s |
| 轴 4 手腕 | 170°/s |
| 轴 5 弯曲 | 120°/s |
| 轴 6 转动 | 190°/s |

图 10-55　设置速度和加速度限制

### 10.10.10　新建轮廓配置

1）新建动作轮廓的操作步骤，如图 10-56 中①～④所示。

Step1：在工具栏运动控制器部分，单击“New Motion Profile”按钮。

Step2：选择结构树中的“IRB_6700_150_320”。

Step3：在对话框中修改名称，并将速度填入。

Step4：单击“OK”按钮，完成 v1000 的动作轮廓设置。

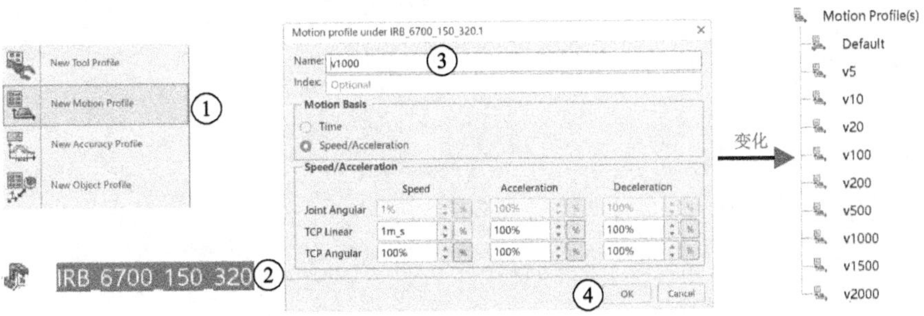


图 10-56　设置动作轮廓

2）新建精确度轮廓的操作步骤，如图 10-57 中①～⑤所示。

Step1：在工具栏运动控制器部分，单击“New Accuracy Profile”按钮。

Step2：选择结构树中的“IRB_6700_150_320”。

Step3：在对话框中修改名称。

Step4：打开飞行模式，切换成距离类型，输入值。

Step5：单击“OK”按钮，完成 z50 的精确度轮廓设置。

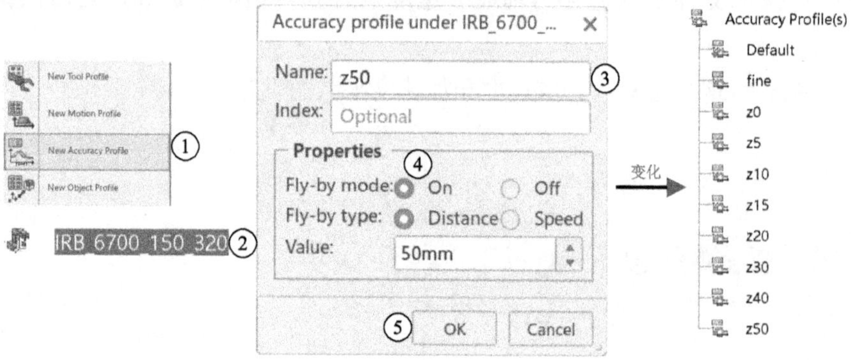


图 10-57 设置精确度轮廓

# 第 11 章　工业机器人仿真流程

## 11.1　工业机器人仿真概述

### 11.1.1　工业机器人仿真技术发展背景

随着工业机器人的广泛应用，针对不同的应用领域，工作的复杂程度和工作环境也不相同，利用计算机预先对工业机器人的工作过程以及工作环境进行仿真可以有效提高生产效率以及节约成本。因此，计算机仿真系统已经成为工业生产应用中重要的一环。工业机器人的运动仿真，就是指利用计算机图形技术通过对工业机器人本体以及工作环境进行三维建模并生成图形用户界面，可以在虚拟环境中对工业机器人的工作过程以及运动情况进行模拟。工业机器人仿真涉及运动学仿真、动力学仿真、控制系统仿真等诸多方面的内容，也应用在运动分析、轨迹和路径规划、离线编程等诸多领域。工业机器人仿真技术作为工业机器人研究应用的安全可靠、实用的工具和手段，成为工业机器人研究中不可缺少的一部分。

工业机器人仿真技术有许多优点：

（1）成本低　工业机器人仿真技术是在虚拟环境中对工业机器人的工作过程以及运动过程进行模拟，不需要对工业机器人进行实际操作。

（2）生产柔性　在计算机内可以建立不同自由度、不同结构的工业机器人模型，可以根据需要改变工业机器人模型的参数。

（3）完备性　可以改变工业机器人仿真过程中的工作环境，添加各种约束、障碍物等。

工业机器人运动仿真及在线控制系统可以实现对工业机器人运动的仿真并进行在线实时控制。这种方式相比于示教编程，可以使操作者远离现场环境，并且简化了工业机器人操作的复杂程度，使操作者可以不必学习复杂的工业机器人编程语言，通过简单的软件交互界面即可完成对工业机器人运动的操作。其中，运动仿真界面还可以和 Matlab 的工业机器人工具箱共同完成工业机器人的轨迹规划，并对预期运动轨迹进行仿真，同时可通过工业机器人控制器返回的数据对工业机器人的实际运动轨迹进行反馈，在无法直接观察到工业机器人运动的情况下可以验证其运动的准确性。

工业机器人仿真技术是伴随着计算机技术发展起来的，国外从 20 世纪 70 年代末就开始工业机器人仿真方面的研究，如英国的 Nottingham 大学的 Heginbothm 等人研制的仿真程序，工业机器人模型可按点到点或连续轨迹的方式进行运动。德国 Warnecke 等人研制的工业机器人图形仿真程序包 IPA，建立了 200 种不同工业机器人的数据库。20 世纪 80 年代出现了商用的、功能强大的工业机器人仿真软件，以色列 Tecnomatic 公司推出的 RobCAD 是比较早的具有离线仿真功能的软件，它具有完整的三维设计、工业机器人运动学自动建模、工作单元的设计布置以及任务动态仿真等功能，并提供了 17 种工业机器人控制语言的编译器，其优势主要体现在对生产线的仿真上；DELMIA 软件（现在集成到 3DEXPERIENCE）中的 DELMIA/IGRIP 是专业工业机器人仿真软件包，可以快速对各种工作单元进行建模，CAD 数据也可以快速导入，不论单个工作单元还是生产线都能很好地进行仿真，IGRIP 在工业机器人的仿真领域也处于领先地位；一些仿真软件是在其他软件上进行的二次开发，比如以色列的 RobWorks 是基于 SolidWorks 进行的二次开发，加拿大的 RobotMaster 是在 Mastercam 上做的二次开发；还有一些专用软件，如 ABB 的 RobotStudio、Fanuc 的 ROBOGUIDE 及 KUKA 的 KUKA Sim 等。

### 11.1.2 初探 Robot Simulation 模块

1. **如何进入模块**

如图 11-1 所示，选择罗盘的“V+R”→“3DEXPERIENCE Roles & Apps”，然后从“My Roles/Profile”选项卡中勾选“Robotics Engineer”角色，在“V.R My Simulation Apps”选项卡下选择“Robot Simulation”模块，即进入“Robot Simulation”模块。罗盘右侧状态显示已经进入“Robot Simulation”模块，如图 11-2 所示。

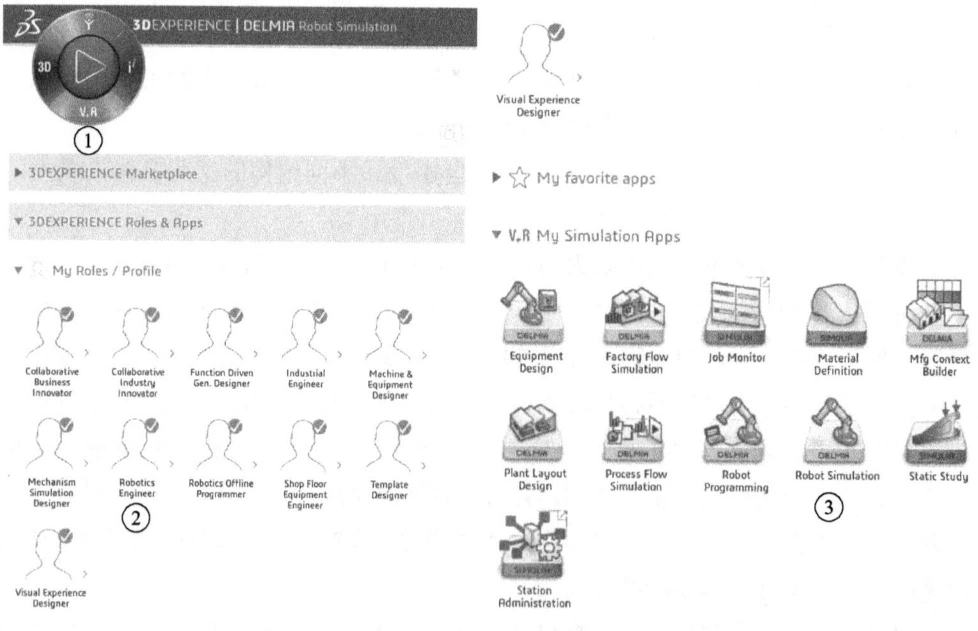


图 11-1 进入“Robot Simulation”模块

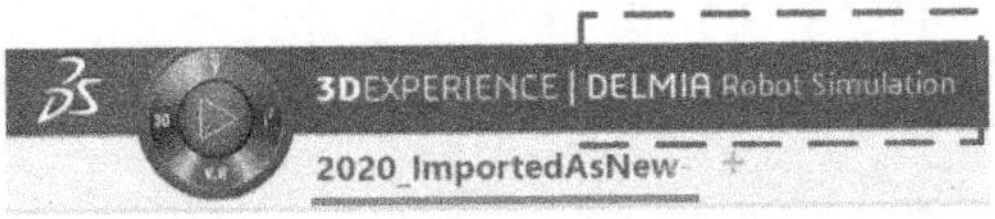


图 11-2　Robot Simulation 模块显示

2. **场景切换**

在 3DEXPERIENCE 平台中，Robot Simulation 模块提供了从设计到 3D 仿真两种应用环境的无缝转换。

设计环境用于在仿真开始前的一些初始准备工作，包括零部件建模、设备构建和工作单元布局。如图 11-3 所示，零件建模使用 CATIA → Part Design App 创建三维实体模型，包括车间设备（机床、工业机器人、传送带、AGV、立体库等）的建模工作。设备搭建使用 DELMIA → Equipment Design App，用于处理来自外部 CAD 系统的数据，定义设备资源和设备运动参数。工作单元布局使用 DELMIA → Plant Layout Design App，用于将工业机器人和设备装载到工作单元中，并将它们相对放置，执行完上述操作后，已有一个工作站的初始静态布局，要想模拟工作站的实际工作环境，还需进入 3D 仿真环境进行进一步的设置。

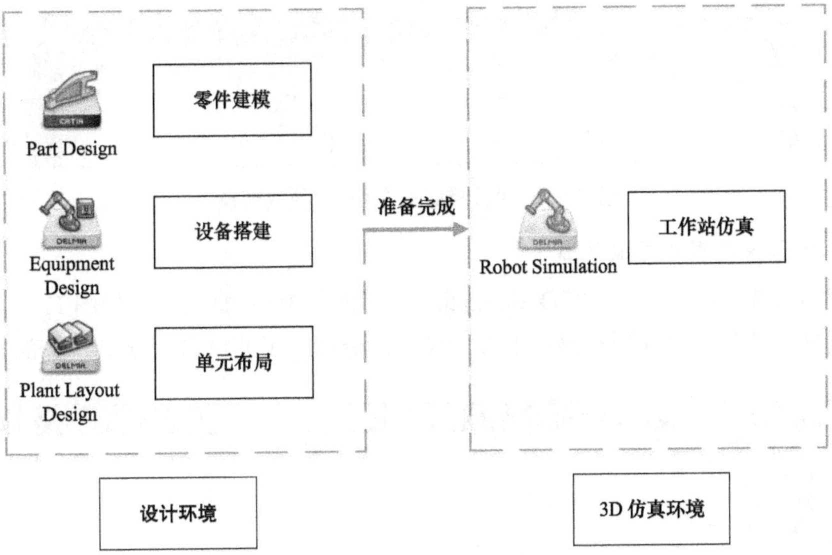


图 11-3　设计和仿真环境关系

3D 仿真环境（有时称为 Live Simulation 或沉浸式浏览器）用于工作站的整体运动仿真模拟，包括创建和编辑工业机器人任务、创建 I/O（输入 / 输出）信号和运动参数（速度、延迟等），控制工作站的运动总成，同时还能对运动的工业机器人进行冲突（碰撞）检测和可达性分析，规避设计过程中存在的问题，优化设计方案。这两个不同环境间的切换如图 11-4 所示，单击下方工具栏“Live Simulation”→“3D Simulation”，进入 3D 仿真环境；进入仿真环境后，左边的结构树会自动隐藏，按 <F3> 键可弹出结构树，双击最顶层制造单元回到设计环境。

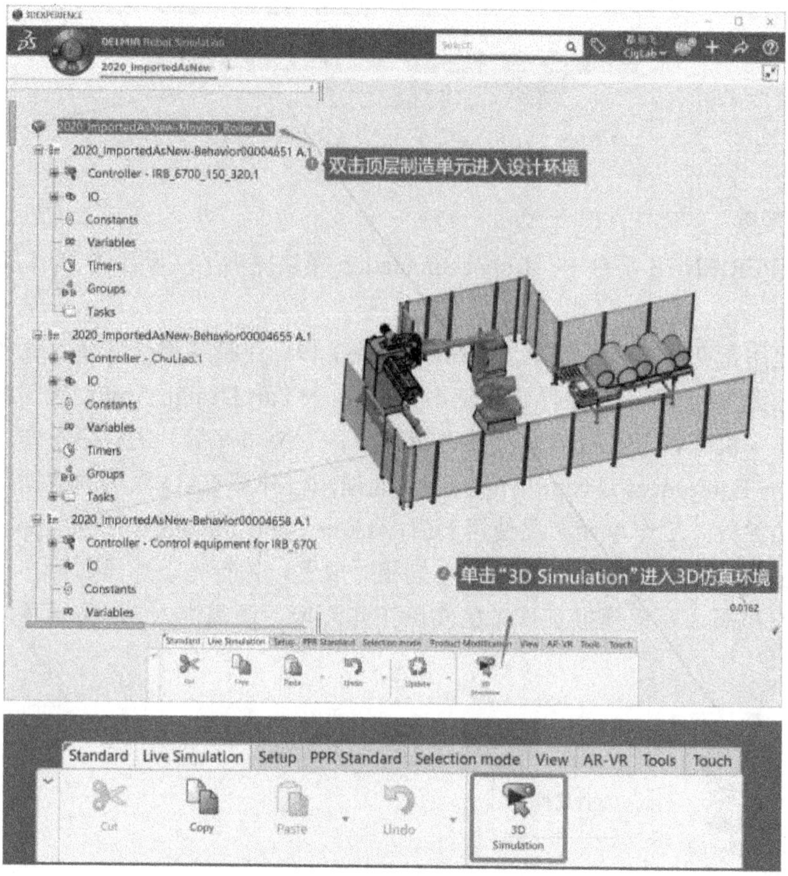


图 11-4　设计模式与 3D 仿真模式切换

### 3. 3D 仿真模式用户界面概述

单击“Live Simulation”→“3D Simulation”，进入 3D 仿真场景，如图 11-5 所示，左侧的弹出式选择框称为沉浸式浏览器，下方为操作命令行，工业机器人操作界面在中间显示。

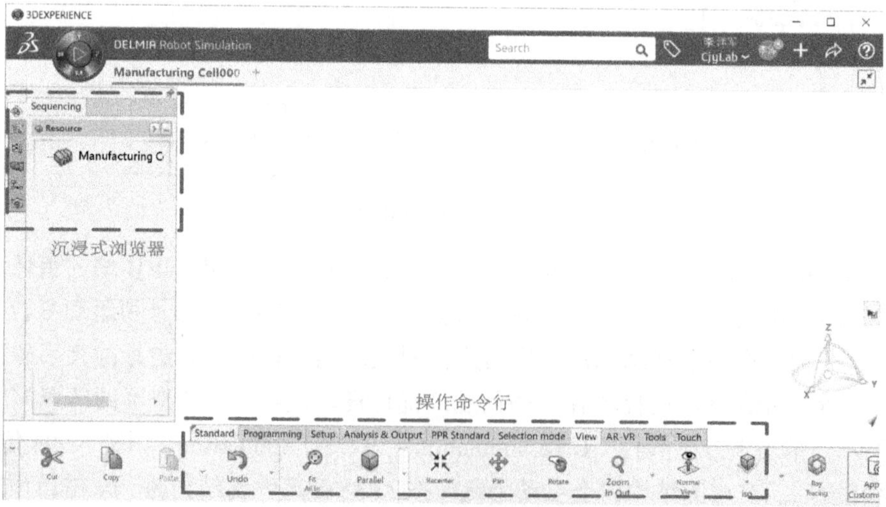


图 11-5　3D 仿真模式用户界面

沉浸式浏览器由多个选项卡组合而成，如图 11-6 所示，包含 Sequencing（序列）选项卡（图 11-6a）、Probes（探测）选项卡（图 11-6b）、Behavior（行为）选项卡（图 11-6c）、Simulation States（仿真状态）选项卡（图 11-6d）。

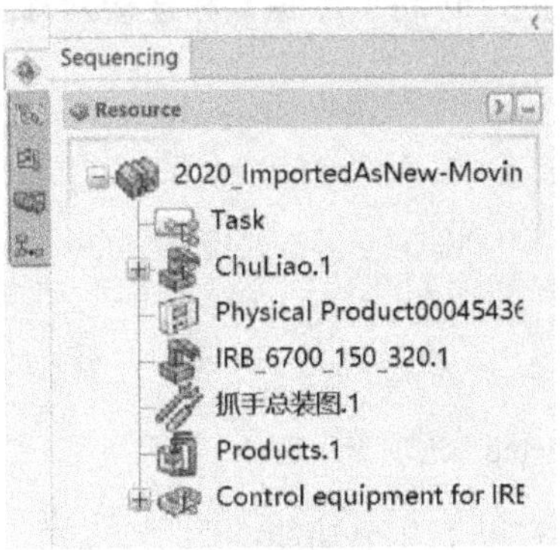


a）序列选项卡

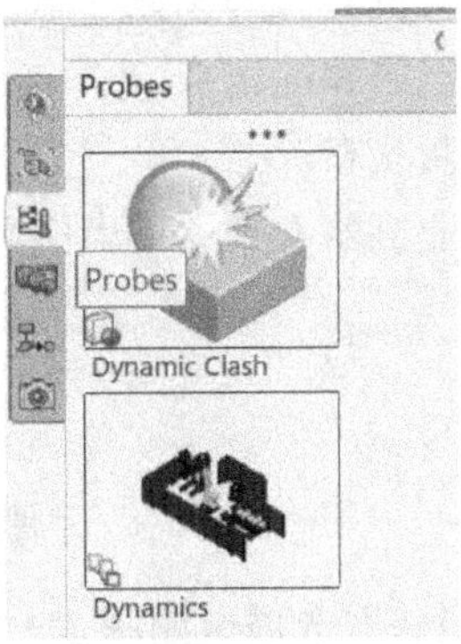


b）探测选项卡

c）行为选项卡

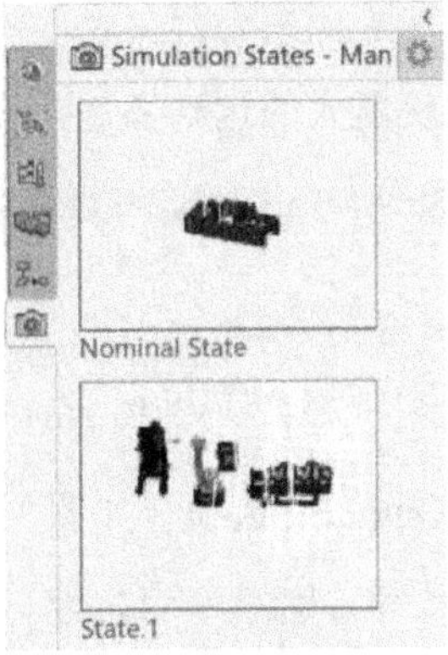


d）仿真状态选项卡

图 11-6　沉浸式浏览器选项卡

沉浸式浏览器选项卡的功能说明如下：

（1）Sequencing　该选项卡用于对资源（如工业机器人、人、设备等）的行为进行排序，在 Robot Simulation App 中，各个资源都有明确的层级关系，排序用以调整设备间的层级关系，同时可以对设备资源创建 I/O、全局变量和全局常量，以及新建工业机器人任务和定义工作站任务总成。

（2）Probes　该选项卡用于检测仿真过程是否有碰撞和干涉。

（3）Behavior　该选项卡列出了所有与活动模拟对象（ASO）关联的资源任务和标记组，用于对标记组和标记点进行编辑。

（4）Simulation States　该选项卡可以记录不同时刻工作站内工业机器人的工作姿态，双击不同仿真状态即可快速切换到记录时的工业机器人姿态。仿真状态分为单设备仿真状态和复合仿真状态，单设备仿真状态为特定对象定义仿真状态，如模拟一个工业机器人的状态；复合仿真状态是一个或多个仿真状态的组合，用于在不同的工作单元层级下定义产品和资源仿真状态。例如：将两个工业机器人放置在不同的工作单元，则使用复合仿真状态。

操作命令行常用的选项卡包含 Setup（设置）选项卡、Programming（编程）选项卡和 Analysis & Output（分析输出）选项卡。

“Setup”选项卡如图 11-7 所示，有以下几个功能：

1）设置工业机器人的参数（速度、加速度、转动角度等）和连接六轴的工具设备。

2）定义标记组和标记点。

3）创建仿真状态。

4）分析工业机器人到标记点的可达性。

图 11-7 “Setup”选项卡

“Programming”选项卡如图 11-8 所示，有以下几个功能：

1）创建工业机器人任务。

2）对工业机器人姿态进行示教。

3）优化工业机器人的运动姿态，设置最小转动圈数。

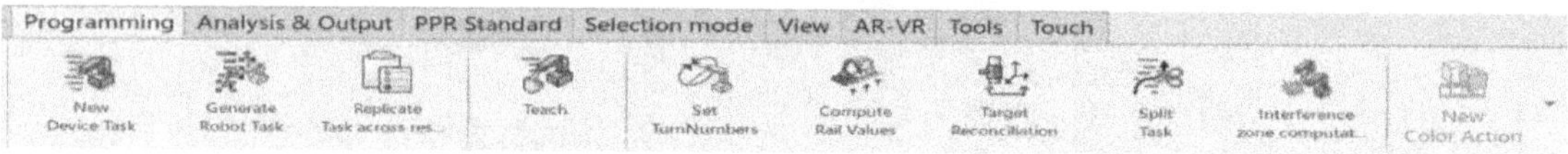


图 11-8 “Programming”选项卡

“Analysis & Output”选项卡如图 11-9 所示，主要对仿真分析结果进行输出保存。

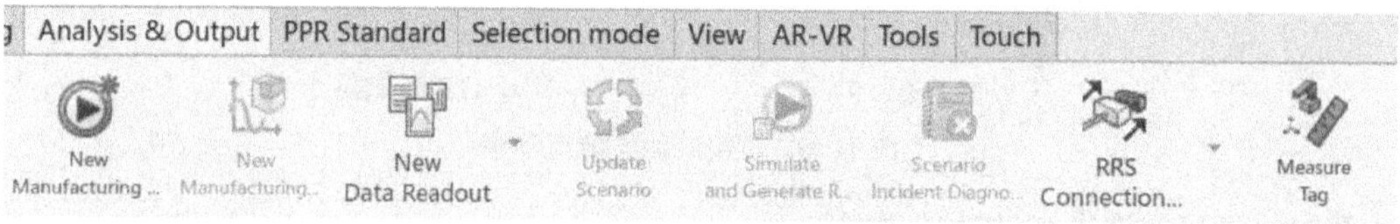


图 11-9 “Analysis & Output”选项卡

## 11.2 工业机器人仿真基本流程

工业机器人仿真的基本流程如图 11-10 所示。

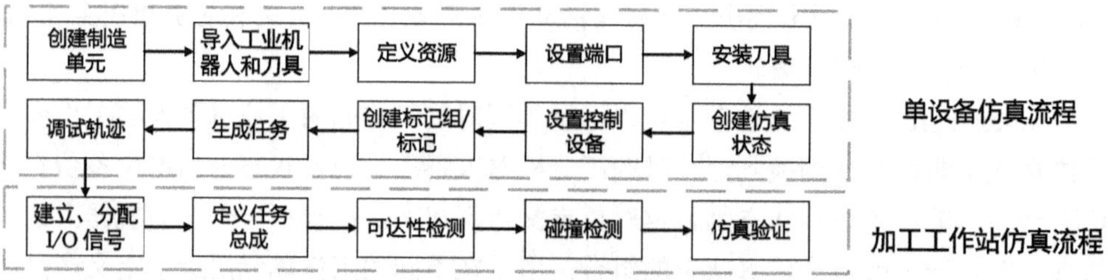


图 11-10 工业机器人仿真流程

针对单设备的仿真，这里主要包括工业机器人和传送带等设备，流程如下：创建制造单元→导入工业机器人和刀具→定义资源→设置端口→安装刀具→创建仿真状态→设置控制设备→创建标记组 / 标记点→生成任务→调试轨迹。这一阶段主要强调的是单设备的运行姿态是否满足要求。

将整个工作站里每个单独的设备都定义完成后，接下来需要对工作站里各个设备的逻辑运行状态进行定义，使得整个工作站的设备有序运行，流程如下：建立、分配 I/O 信号→定义任务总成。这一阶段更多的是强调各个设备运行过程中的逻辑配合关系。

最终将进行整个工作站的模拟仿真分析，包含可达性检测→碰撞检测→仿真验证。此阶段用于验证上述两个阶段的设备定义、逻辑控制是否能满足客户需求，最终输出仿真结果。

## 11.2.1　创建制造单元

### 1. 资源层级

10.1 节介绍了 3DEXPERIENCE 中不同类型的资源，这些资源是有层级关系的。如图 11-11 所示，第一层级是 PPR 资源，可以容纳所有资源；第二层级是制造单元（Manufacturing Cell）和通用系统（General System），存放于 PPR 资源下；第三层级是集中于制造单元的设备单元和集中于通用系统中的产品工艺流程。在制造单元中对设备的运行状态进行仿真模拟，而在通用系统中对产品的工艺流程、加工流程、装配流程等进行优化研究，因此两者侧重点各有不同。在这里，工作站的仿真模拟主要是对设备的运行状态进行仿真研究，因此，关注于制造单元。在制造单元节点下插入整个工厂的各种资源，包括工业机器人、工具设备、逻辑控制器、传送带、NC 机床、制造产品以及工人等。

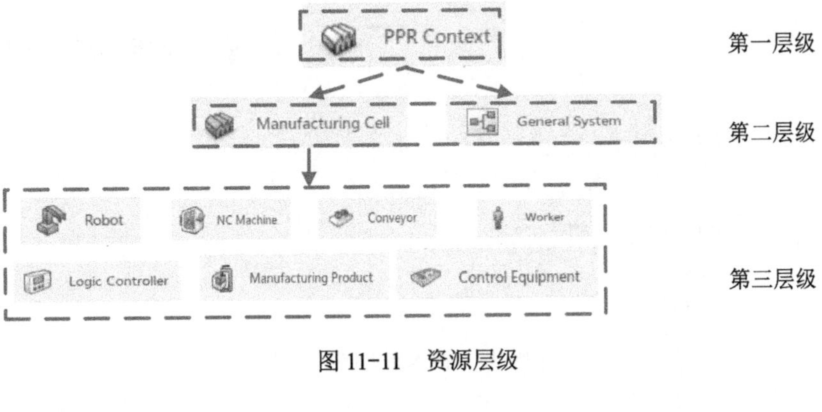


图 11-11　资源层级

### 2. 新建制造单元

工业机器人设备是第三层级，在导入工业机器人设备前，要新建一个制造单元，然后便可将车间的各种设备资源插入制造单元节点下。下面介绍两种新建制造单元的方法。

**方法一：** 单击右上角“+”号→单击“New Content”（新内容）→搜索“manufacture cell”→单击创建制造单元“Manufacturing Cell”按钮→将该制造单元重命名为 Line，可以在结构树中看到该制造单元已经创建，如图 11-12 所示。

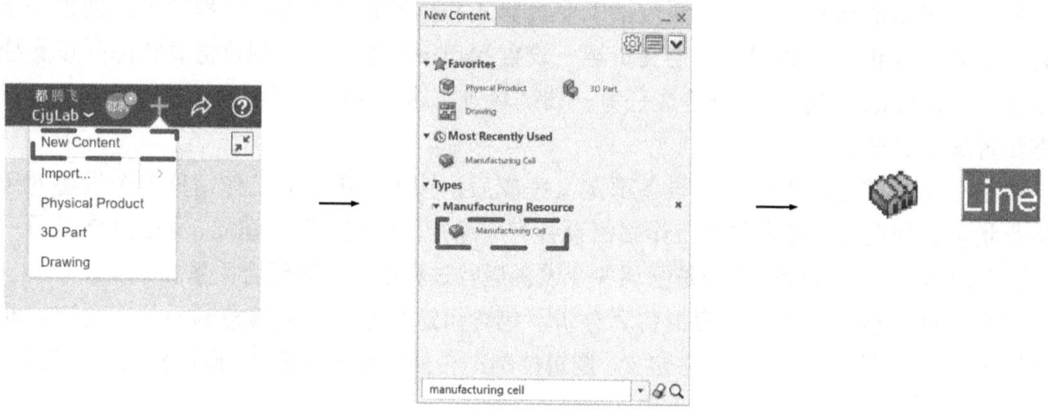


图 11-12 新建制造单元

**方法二：** 单击“Setup”→单击“Manufacturing Cell”→单击特征树顶层制造单元“Line”→修改新建制造单元名称为 Station→单击“OK”，如图 11-13 中①～④所示。这样就在 Line 制造单元节点下新建了一个名称为 Station 的制造单元。这里要说明的是，顶层制造单元节点下可以插入多个子层制造单元，每个子层制造单元相当于一个小工位，在子层的制造单元节点下再插入工业机器人、机床等资源，如图 11-13 所示。

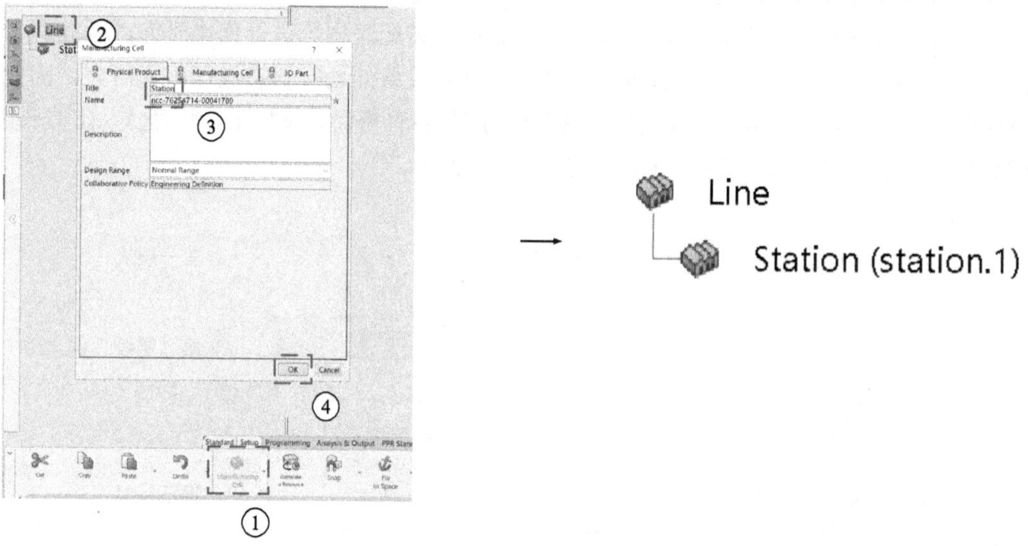


图 11-13 插入新的制造单元

### 11.2.2 创建工业机器人资源和刀具端口

3DEXPERIENCE 的安装文件自带了市面上常见的工业机器人模型，其中包括 ABB、KUKA、FUNAC、KAWASAKI 等工业机器人模型包，需要先将工业机器人模型包导入后才能调用。如果工业机器人模型库中没有相关的工业机器人模型，则需要到对应的厂家官网下载相应的模型资源，并使用 Equipment Design APP 进行工业机器人定义，定义的详细过程见第 10 章资源定义的内容。现以 2020 版本的 3DEXPERIENCE 为例，展示如何导入工业机器人模型。工业机器人模型包的安装路径为 C:\Program Files\Dassault Systemes\B422\win_b64\startup\Robotlib，如图 11-14 所示，其工业机器人模型库包含了市面上绝大多数的工业机器人模型。

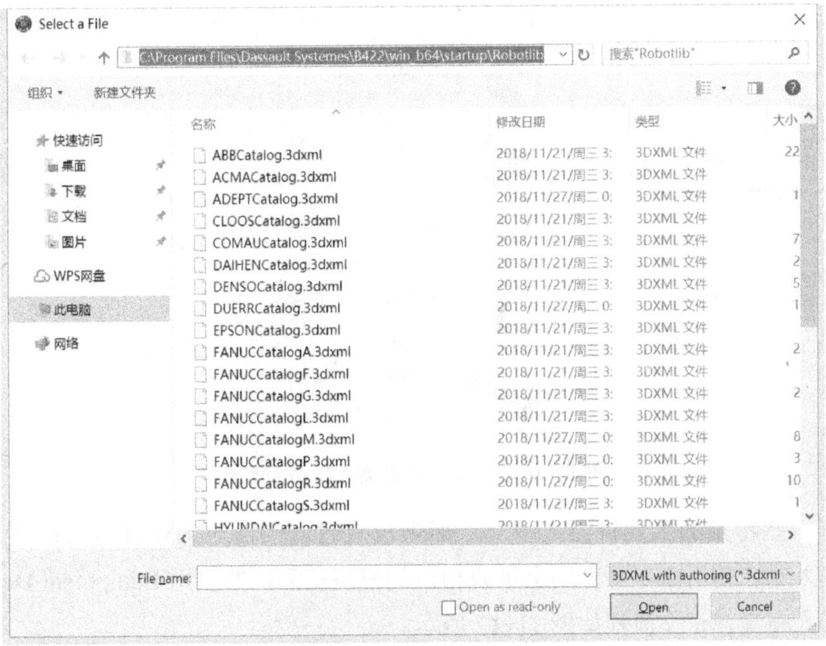


图 11-14　工业机器人模型库

导入工业机器人如图 11-15 中①～④所示，具体说明：单击右上角“+”号→单击“Import…”（导入）→选择文件路径→勾选“As New”→单击“OK”。

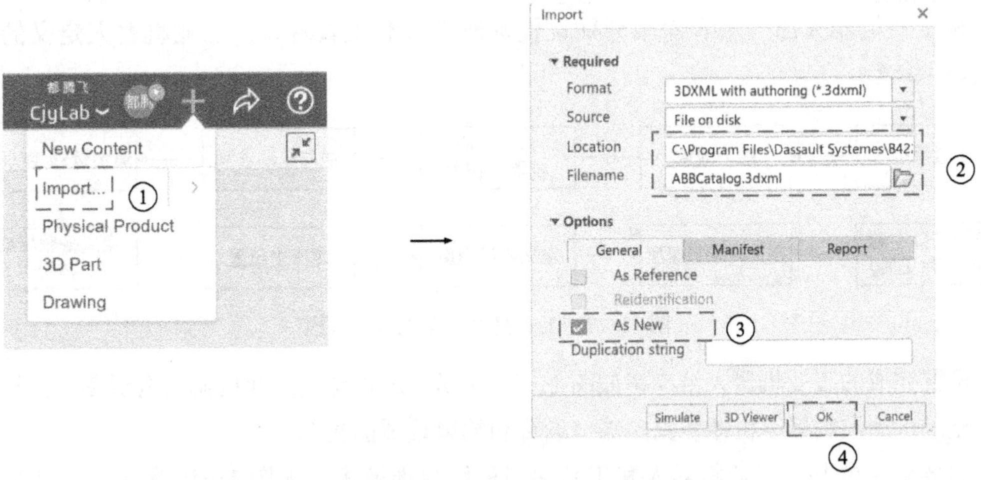


图 11-15　工业机器人模型库导入 3DEXPERIENCE

将工业机器人导入 3DEXPERIENCE 后，在搜索框输入对应工业机器人，如“IRB_6400”→

按〈Enter〉键，数据库中所有的 IRB 模型就被搜索出→选择“IRB_6400_30_75”，右击，打开模型，如图 11-16 所示。

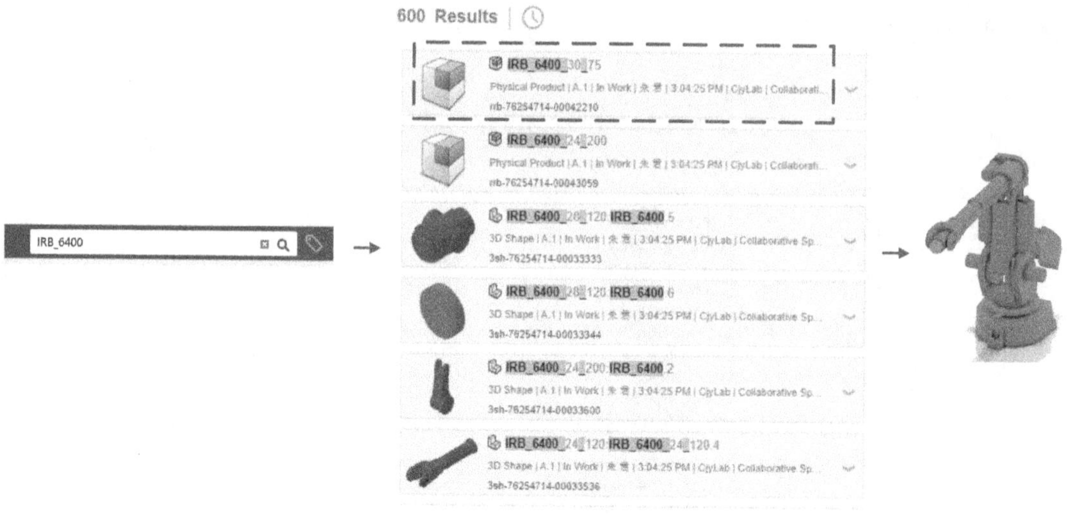


图 11-16 搜索工业机器人模型并打开

当遇到一些特别的工业机器人型号，库中没有时，则需对工业机器人模型进行定义，此时需要进入对应的厂家，从官网上下载相应的模型资源，并使用 Equipment Design APP 进行工业机器人定义，定义流程如图 11-17 所示。

以 KUKA KR 3 AGILUS 小型机器人为例，此款工业机器人在工业机器人库中未定义，首先去 KUKA 官网下载对应的工业机器人模型，使用 Equipment Design 对工业机器人的六个关节进行定义。然后将物理产品定义为工业机器人资源，求解逆向运动并添加运动控制器。根据从官网上定义的参数设置各个轴的转动范围，定义运动主位置等，最后在工业机器人的一轴和六轴分别设置基座端口和工具端口。工业机器人定义的步骤详见第 10 章。

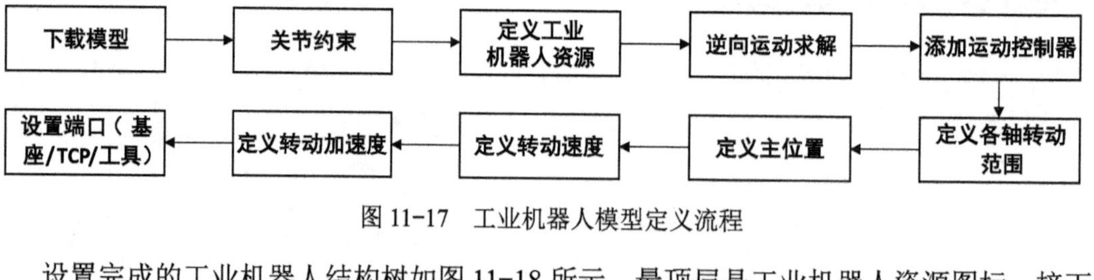


图 11-17 工业机器人模型定义流程

设置完成的工业机器人结构树如图 11-18 所示，最顶层是工业机器人资源图标，接下来分别显示运动控制器、机械装置、端口设置和约束设置的情况。

需要强调的是，工业机器人和工具端口的设置要匹配，如图 11-19 所示。工业机器人第六轴上设置 Mount Port，底部第一轴设置 Base Port，而工具与六轴安装端应设置 Base Port，工具末端设置 TCP Port，这样方便下一步工具的安装。

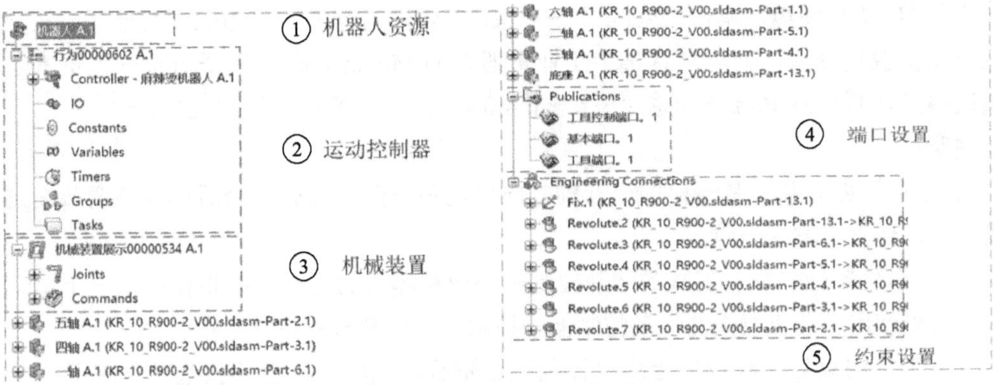


图 11-18　工业机器人结构树

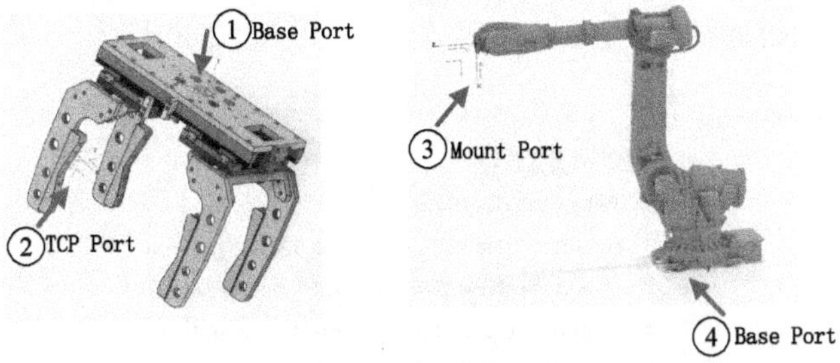


图 11-19　端口设置

## 11.2.3　安装工具

在工业机器人六轴末端安装焊枪或者夹手要用到工业机器人的安装工具（Set Tool）命令。设置工具命令在父对象（工业机器人）和子对象（焊枪或者夹手）设备之间创建一个内部连接，将父对象和子对象的坐标系进行绑定，如图 11-20 中①～⑤所示。具体说明如下：

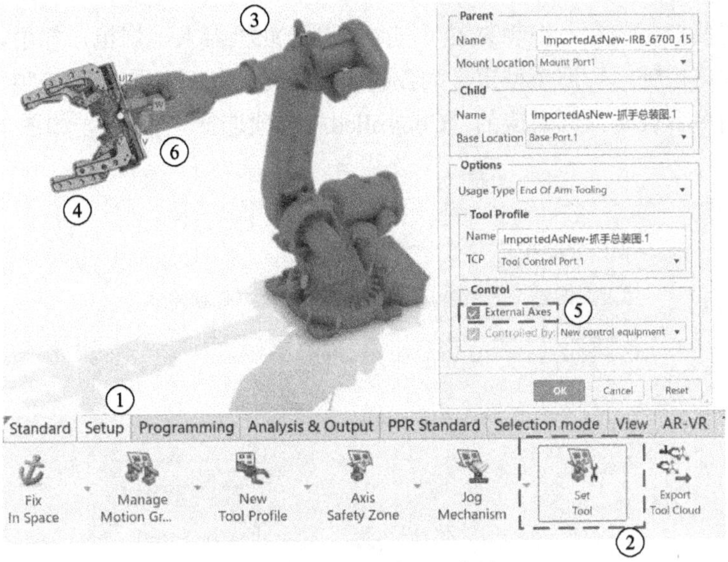


图 11-20　安装工具步骤

⑥—罗盘，用于微调安装工具的位置和方向

进入 3D 仿真环境，单击“Setup”→“Set Tool”，弹出“Set Tool”对话框。在父对象一栏单击工业机器人，此时默认选中工业机器人的 Mount Port→在子对象一栏单击工具，默认选中工具的 Base Port→勾选“External Axes”，安装工具如图 11-21 所示。

**注意：**

1）工业机器人和工具端口的坐标轴方向可能不一致，因此，最后还应该调节安装处的罗盘方向，使接合方向一致。

2）勾选外部轴选项，工具的运动控制和工业机器人的运动控制将使用同一个运动控制器，即可以使用工业机器人的运动控制器来控制工具的开合状态。

安装工具结束后，结构树上多出控制设备资源，同时，工程连接选项也多了一个刚性连接约束。若删除此刚性连接，工业机器人和工具设备间的父子集关系就被取消，那么工具不会跟着工业机器人一起运动。

图 11-21 安装工具

## 11.2.4 设置控制设备

在实际场景中，工业机器人由控制柜控制，因此在仿真状态下，所有与外部轴集成的工业机器人都需要控制装置。控制装置可同时控制工业机器人、焊枪、抓手、导轨、龙门、变位机等。首先将控制柜物理模型定义为控制设备资源，然后使用运动控制器命令。如果一个控制柜要控制多台设备，则对应的“Controlled”选项选择“Yes”，如图 11-22 所示。

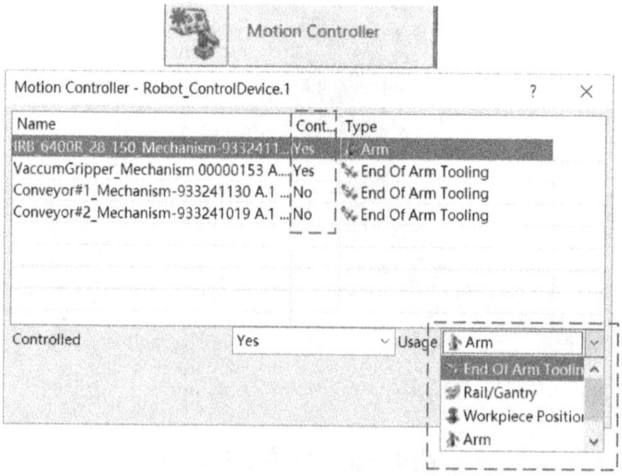


图 11-22 运动控制器

常见运动控制器的四种类型见表 11-1。其中，工业机器人选择 Arm，焊枪和抓手等工具设备选择 End of Arming Tooling，当工业机器人连接有地轨进行第七轴控制时选择 Rail/Gantry，针对涂胶等场景需要用到变位机时选择 Workpiece Position。

表 11-1　运动控制器类型

| 类　型 | 用　途 |
| --- | --- |
| End of Arming Tooling | 焊枪、抓手等工具设备 |
| Rail/Gantry | 工业机器人第七轴轨道 |
| Workpiece Position | 变位机 |
| Arm | 工业机器人 |

### 11.2.5　设置活动仿真对象

在 3D 仿真环境中，设置活动仿真对象（Activate Simulation Object，ASO）为工业机器人创建任务（程序）。这种环境的特点是具有沉浸式浏览器界面。在实时仿真中，总存在一个活动仿真对象，它通常指的是在现场的仿真对象。沉浸式浏览器界面中显示的面板和信息将与 ASO 相关联。如果一个工作单元有两个工业机器人，那么选择其中一个作为 ASO，然后筛选任务列表（程序）、轮廓、标记点等信息，使之仅与当前的 ASO 相关。

当激活 ASO 时，激活的设备会高亮显示，而未激活的设备呈灰色，如图 11-23 所示。在 ASO 激活的状态下，沉浸式浏览器会显示有关工业机器人的设置参数，包括工业机器人的设备任务、工业机器人的工具轮廓、运动轮廓切换等，如图 11-24 所示。想要切换工业机器人的工具轮廓或者速度轮廓时，需要激活 ASO 状态，右击选择相应的轮廓激活。

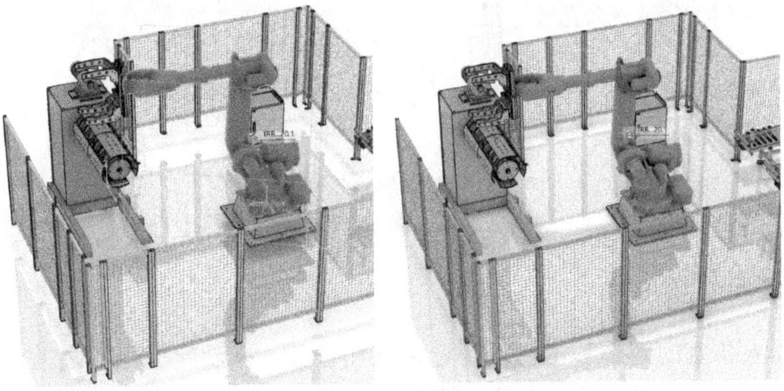

ASO 未激活　　　　ASO 激活

图 11-23　ASO 激活状态区别

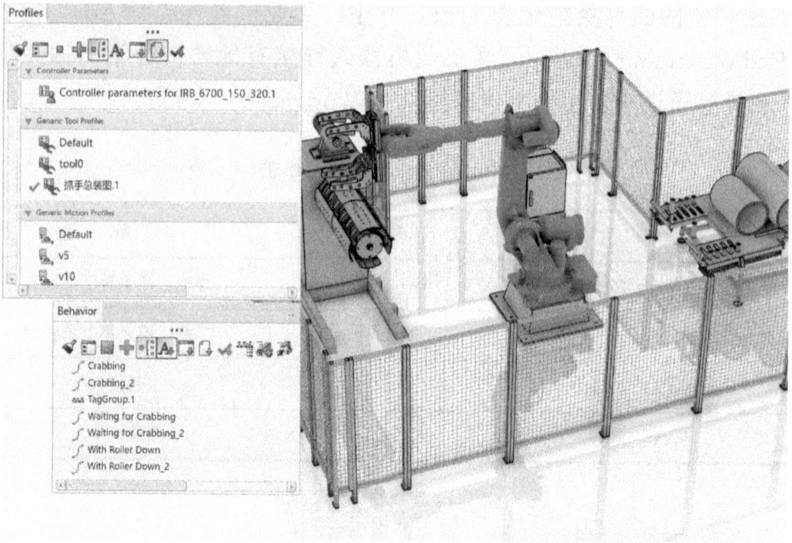


图 11-24 ASO 状态设备参数选择

ASO 的进入和退出如图 11-25 所示，在 3D 仿真环境下单击工业机器人设备，出现小游标 IRB...20.1，单击“ ”按钮，此时只有工业机器人高亮，进入 ASO 模式；退出 ASO 需要将游标小三角向右滑动，然后单击“ ”按钮，退出 ASO 模式。

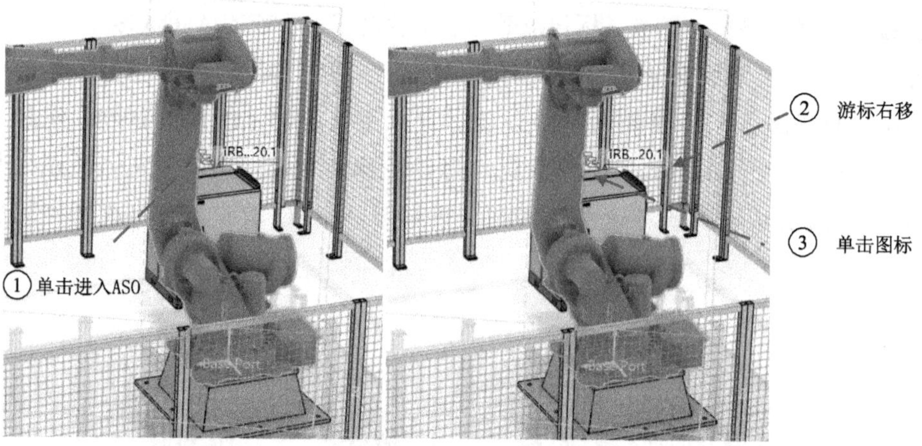


ASO 进入　　ASO 退出

图 11-25 ASO 进入和退出

## 11.2.6 标记点和标记组

工业机器人仿真的两个基本要素是标记点和任务。在创建标记点之前，必须创建出所有标记的标记组。DELMIA 标记点是空间中的 X、Y、Z、$R_X$、$R_Y$、$R_Z$ 位置，通常与工业机器人的基座坐标绑定。通过标记组可以确定工业机器人动作的基本先后顺序和运动位置，然后再通过示教调节工业机器人运动的顺序和运动特征（速度、圆角等）。

1. 创建标记组和标记点

在一个工业机器人的任务中，所有标记点含在一个标记组中，用于工业机器人程序中的路径定义。创建标记组的过程如下。

1）创建一个新的标记组，步骤如图 11-26 中①～③所示。

Step1：进入 3D 仿真环境。

Step2：在设置部分，单击新建标记组“New Tag Group”。

Step3：重命名标记组，单击“OK”按钮确认。

沉浸式浏览器的行为选项卡中显示了一个新的标记组，如图 11-26 所示。

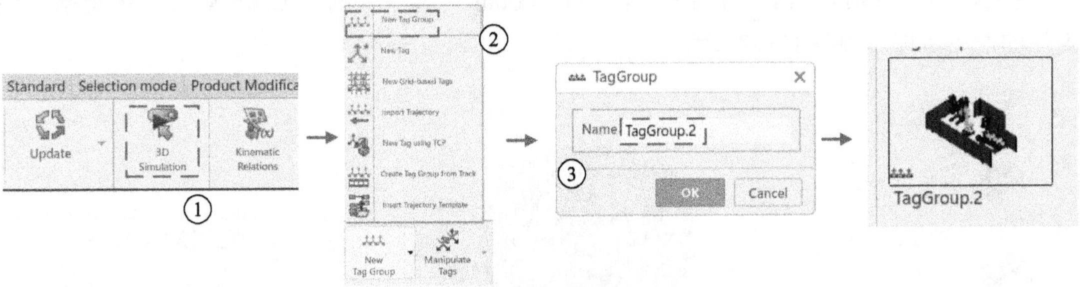


图 11-26　创建标记组

2）在标记组下创建多个标记点，如图 11-27 中①～⑤所示。

Step1：在沉浸式浏览器中单击行为选项卡，右击标记组按钮，选择“New Tag”（新建标记点）。

Step2：在浮框中，单击定义平面“![icon]”按钮。

Step3：使用白色平面选择标记点的位置和方向。

Step4：单击确认。

Step5：按 <Esc> 键，退出标记点创建。

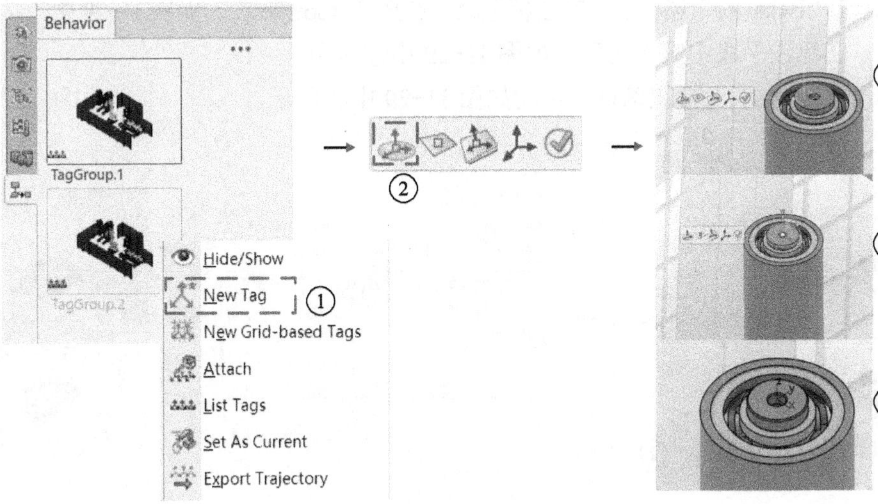


图 11-27　创建多个标记点

### 2. 附加标记组

将一个产品 / 资源附加到标记组，附加标记组后，移动产品 / 资源，标记组中的标记点也随之移动。因此，附加标记点的位置由它们附加到的产品 / 资源的位置决定。附加后再次调节物理模型的位置时，无须重新调节标记点的位置。

附加标记组的步骤如图 11-28 中①～④所示：

Step1：从沉浸式浏览器的“Behavior”选项卡中选择标记组。

Step2：右击并选择“Attach”。

Step3：从工作区域或结构树中选择产品 / 资源。

Step4：在“Properties”对话框下，“TagGroup”选项卡的“Attached To”中更新了所附加的产品名称，如图 11-28 所示。

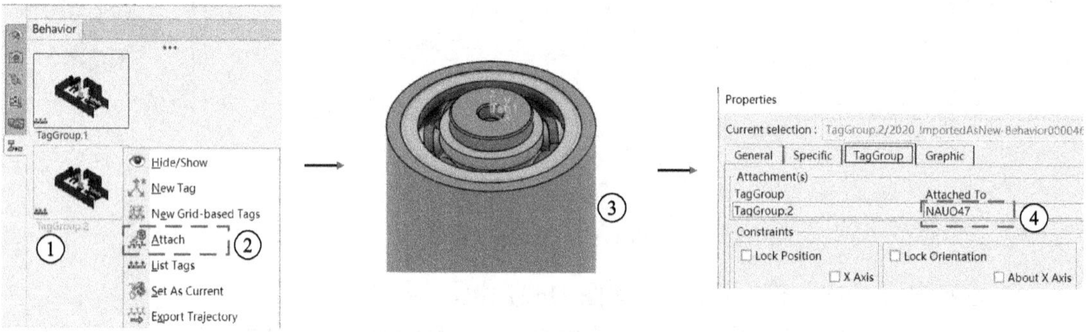


图 11-28　附加标记组

### 3. 重命名标记组

重命名标记组可赋予它们一个标识。通常标记组名与工业机器人或设备的任务名对应，以方便查询和修改。

重命名标记组的步骤如下：

Step1：在“Behavior”选项卡中右击标记组，选择“Properties”，如图 11-29 中①、②所示。

Step2：在标注字段中键入名称，如图 11-29 中③所示。

Step3：单击“OK”按钮确认，结构如图 11-29 中④所示。

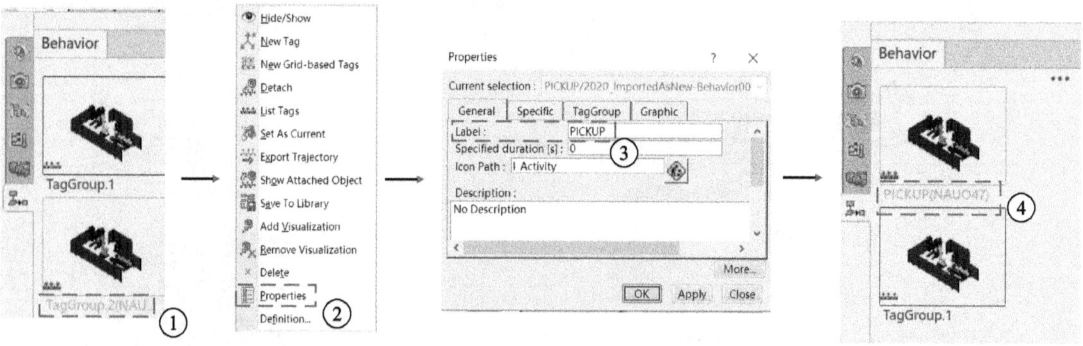


图 11-29　重命令标记组

#### 4. 重命名标记点

标记点重命名使其在标记组中具有统一的标识。标记名称通常与产品上该位置的工业机器人任务对应。

使用图 11-30 中①～④所示步骤重命名标记组中的标记点：

Step1：在“Behavior”选项卡中，右击标记组，选择“List Tags”（列出标记点）。

Step2：展开标记组节点，显示创建的所有标记点的列表→右击标记点→选择“Properties”。

Step3：单击“Tag”选项卡。

Step4：在“Naming”选项组中输入名称和编号→输入正确的数字以匹配标记点的顺序→单击“OK”按钮确认，如图 11-30 所示。

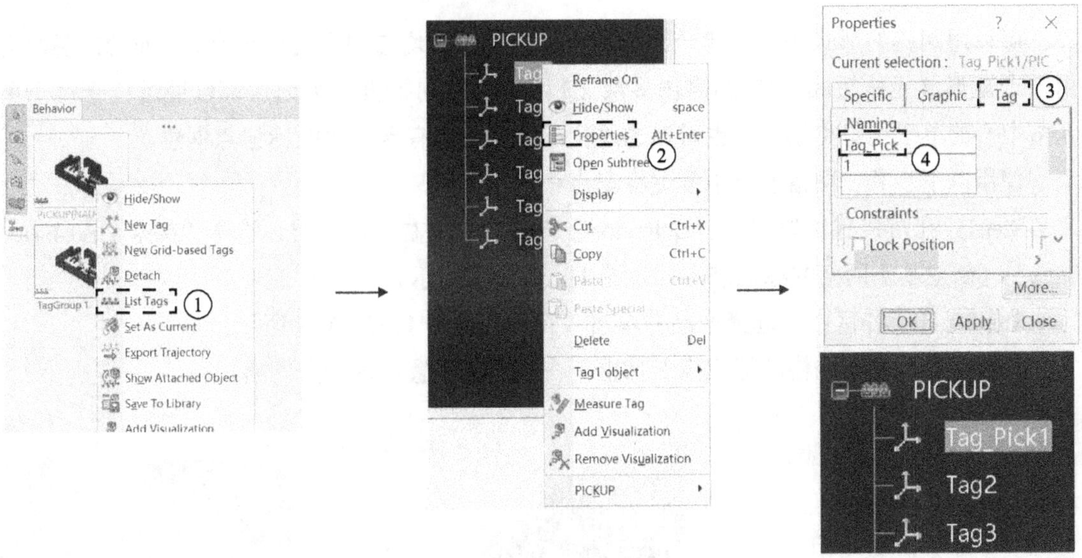


图 11-30　重命名标记点（单个）

可以按照前缀—数字—后缀的规则来统一命名一串标记点，通过选择所有为它们指定开始索引的标记来安排多个标记点。具体步骤如下：

Step1：在“Behavior”选项卡中，右击标记组，选择“List Tags”。

Step2：展开标记组节点。

Step3：使用 <Ctrl> 键或 <Shift> 键来选择所有标记点。

Step4：右击标记点并选择“Properties”。

Step5：在“Naming”选项组中，输入所需的前缀（Prefix）和开始索引（Starting Index）。确保选中了这两个复选框，如图 11-31 所示。

Step6：单击“OK”按钮确认，如图 11-31 所示。

**注意：**所有标记点都按照指定的索引进行编号和重命名。

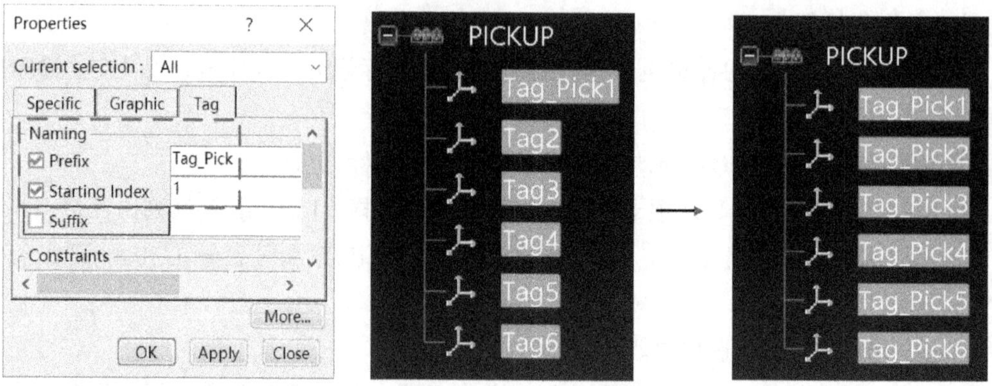


图 11-31 重命名标记点（连续）

### 5. 创建网格标记点

可以用网格的形式快速创建一组标记点，其中包含均匀间隔的标记点。平面 2D 层网格由多个矩形单元格组成，3D 网格由多层 2D 网格沿纵向铺设。标记点可以通过位于每个单元格中心的单个标记点创建，也可以通过位于单元格所有四个角的标记点创建。

使用以下步骤在网格表单中创建标记点：

Step1：在沉浸式浏览器的“Behavior”选项卡中，右击标记组，选择“New Grid-based Tags”（新建基于网格的标记点），如图 11-32 中①所示。

Step2：在工作区中，选择产品并单击“✓”，如图 11-32 中②所示。

此时将显示基于网格的标记点对话框。在选定的位置显示一个网格。

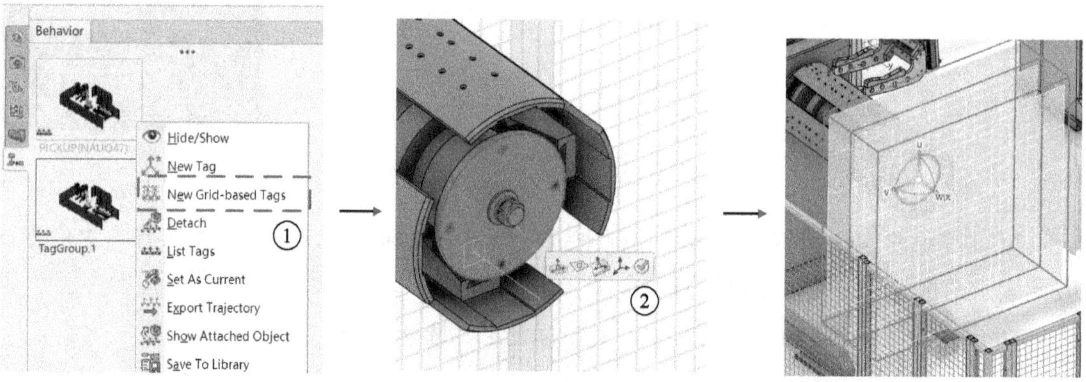


图 11-32 创建网格标记点

Step3：在基于网格的标记点对话框中，指定所需的网格参数并为标记点位置区域选择一个选项，如图 11-33 所示。

Step4：在“Define Grid”（定义网格）选项组可以调节标记网格的长度、宽度、间距尺寸。若选择预览复选框，将查看基于所选参数创建的标记点。如图 11-33 所示。

Step5：单击“OK”确认，如图 11-33 所示，标记点被创建并显示在工作区中。

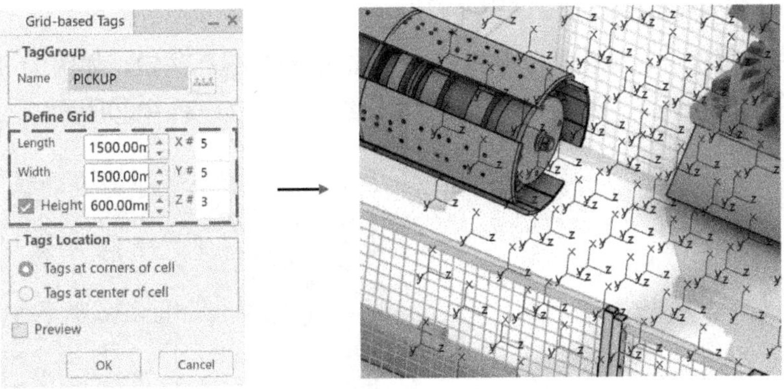


图 11-33　调节网格尺寸

6. **操作标记点**

（1）变换标记点

工业机器人接近标记点的方式取决于标记点的方向。通常，工业机器人会沿着 Z 分量的方向接近标记点。变换标记会改变标记点的位置和方向。可以变换一个或多个单独的标记或标记组。

变换取决于所选择的内容。

1）如果选择一个标记组，则整个标记组被变换。

2）如果选择单个标记点，则选定的标记点被变换。

变换还取决于轴的类型，包含当前轴或绝对轴。3D 工业机器人可以放置在世界原点、当前原点或标记 / 标记组原点。如果选择单个标记点，然后选择操作标记命令，则只变换所选的标记点，如图 11-34 所示。

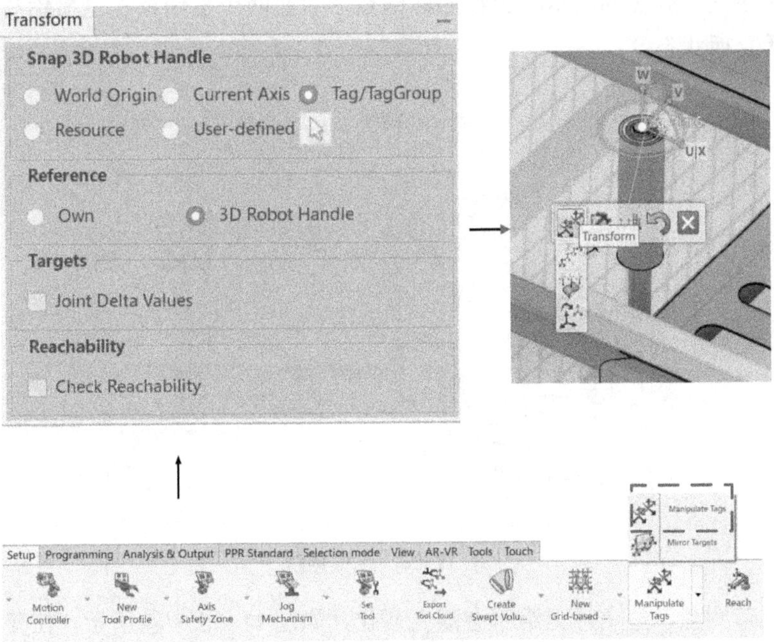


图 11-34　操作标记点

变换标记点具体操作如下：

Step1：在设置部分，单击操作标记点“Manipulate Tags”按钮，如图 11-35 中①所示。

Step2：在“Behavior”选项卡中，选择标记组，如图 11-35 中②所示。

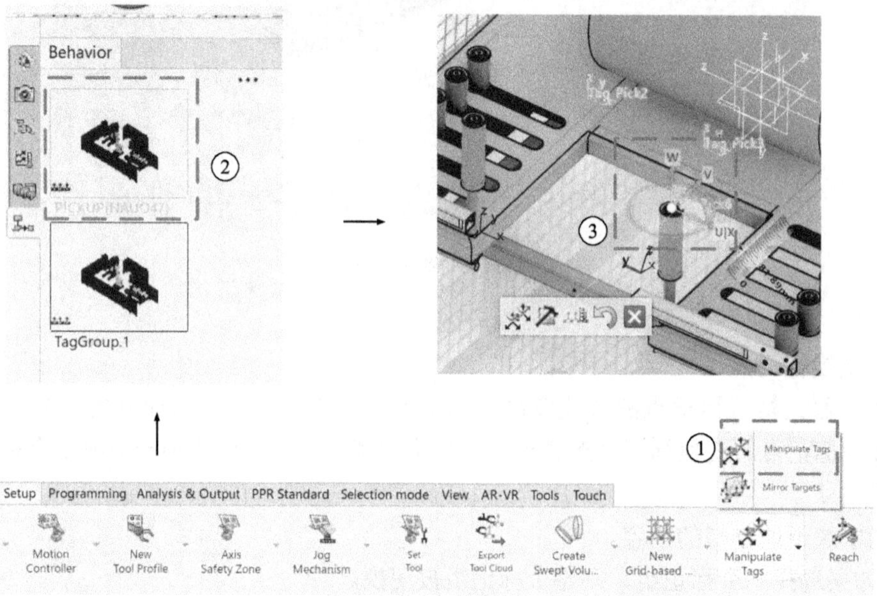


图 11-35　变换标记点

Step3：3D 机器人捕捉到标记组的第一个标记点，并显示操作浮框。浮框的命令如图 11-36 所示，第一列是四种操作标记点类型（变换、插补、投影、调整），第二列单击显示偏好设置对话框，第三列展示标记组的标记点，后面两个按钮依次是撤销和标记。单击变换命令，激活变换状态。

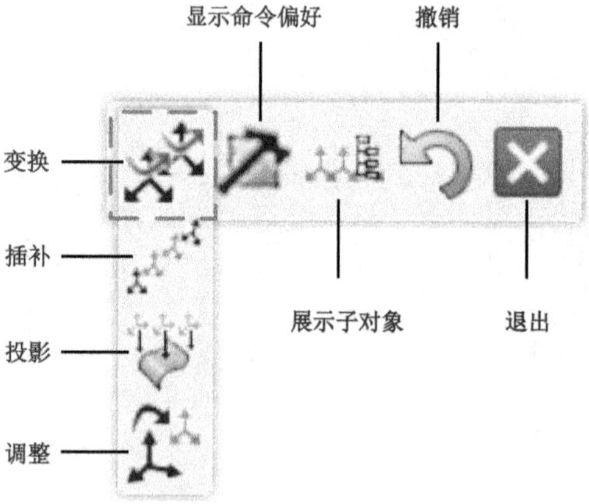


图 11-36　浮框详解

Step4：调节罗盘，整个标记组都会随之变化，如图 11-35 中③所示。在变换对话框中，保留默认参数。

（2）插补标记点

插补标记点可以在标记组中插入标记点的方向。组内标记的插值是基于源标记的方向和目标标记的方向。内插标记能够根据源标记（第一个）和目标标记（最后一个）定位所有中间标记。

插补标记点操作如下：

Step1：在设置部分，单击操作标记点“Manipulate Tags”按钮，如图 11-37 中①所示。

Step2：在浮框选择插补标记点，如图 11-37 中②所示。

Step3：从工作区中选择第一个标记点，如图 11-37 中③所示。

Step4：从工作区中选择最后一个标记点，如图 11-37 中④所示。所有中间标记点都将根据第一个和最后一个标记点来进行插补变位，如图 11-37 所示。

单击“⊠”按钮退出。

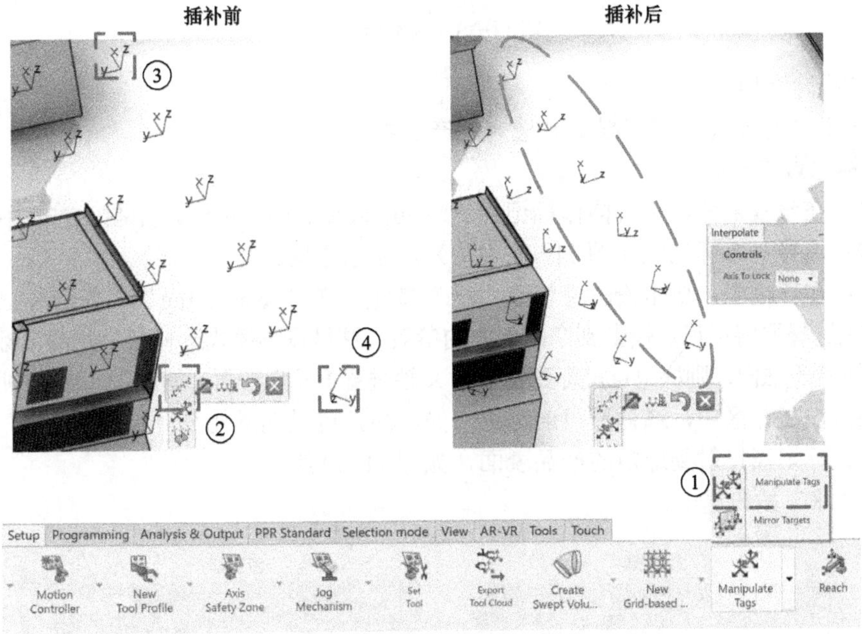


图 11-37　插补标记点

（3）调整标记点

调整标记点的作用是将多个标记点对齐到选中的参考标记点。

调整标记点操作如下：

Step1：在设置部分，单击操作标记点“Manipulate Tags”按钮，如图 11-38 中①所示。

Step2：在浮框中，单击修改对齐“ ”按钮，如图 11-38 中②所示。

Step3：选择参考标记点。如图 11-38 中③所示。

Step4：在“Align”对话框中，选择要锁定的轴。将锁定所选标记的选定轴。选择要与参考标记对齐的标记点或标记组，如图 11-38 中④所示。所有标记都将与参考标记对齐。

单击“⊠”按钮退出。

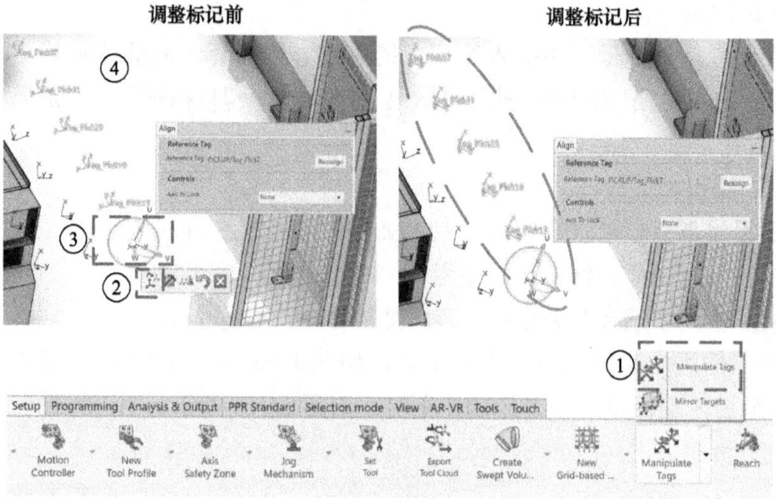


图 11-38　调整标记点

（4）投影标记点

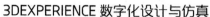

投影标记点用于将标记点投影到选定的产品表面。

投影标记点操作如下：

Step1：在设置部分，单击操作标记点“Manipulate Tags”按钮，如图 11-39 中①所示。

Step2：选择一个标记组（图 11-39 中②），显示浮框。

Step3：在浮框中，单击投影标记点“ ”按钮。在“Project Tag”（投影标记点）对话框中，可以选择要将标记点投影到产品表面的参数，这里投影模式选择最小距离，标记点方向选择 X 轴垂直于法向，则标记点投影到托盘后 X 轴垂直于托盘表面，如图 11-39 中③所示。

Step4：在工作区中，选择要投射标记点的产品，这里选择托盘。

Step5：标记点投射到选中的产品表面，如图 11-39 所示。

单击“ ”按钮退出。

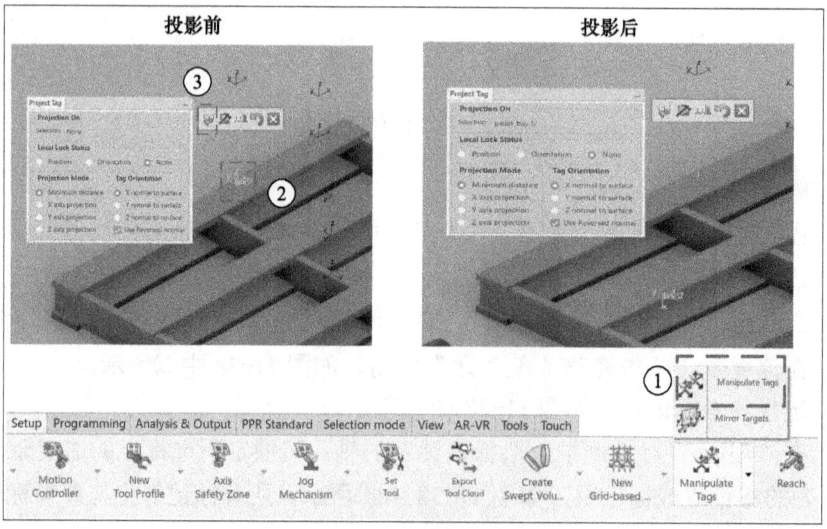


图 11-39　投影标记点

### 7. 管理标记组

标记组管理是指对标记组标记进行排序、切割、反转等一系列操作。单击沉浸式浏览器的“Behavior”选项卡→双击标记组，弹出轨迹编辑器对话框，如图 11-40 所示。

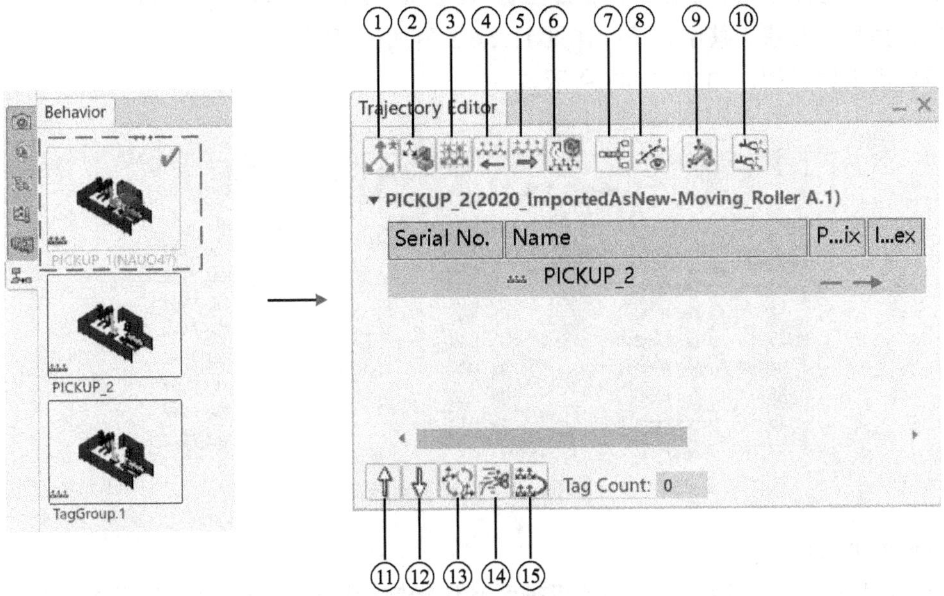


图 11-40　轨迹编辑器对话框

图 11-40 中序号说明如下：

① 新建标记点到标记组。使用方法：依次单击“ ”按钮→定义平面“ ”按钮→调整罗盘“ ”按钮，如图 11-41 所示。

② 在 TCP 位置新建标记点。使用方法：单击“ ”按钮→选择工业机器人→调节罗盘→单击插入标记点“ ”按钮，如图 11-42 所示。

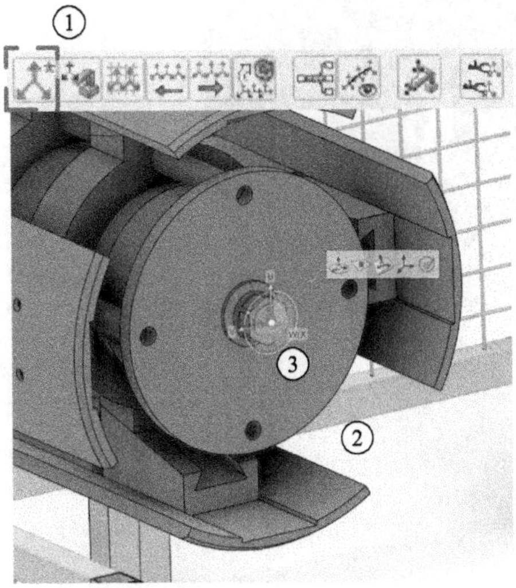


图 11-41　新建标记点到标记组

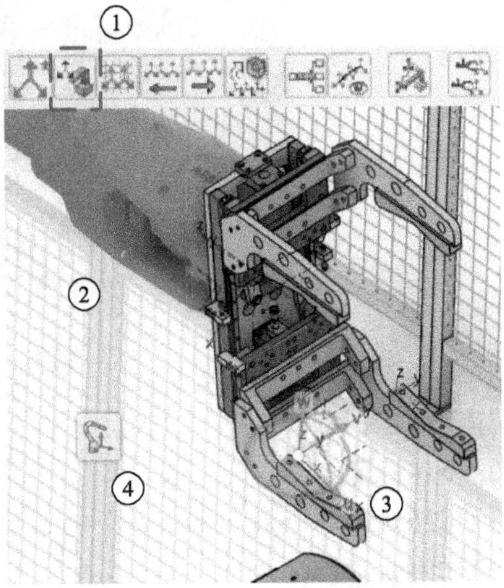


图 11-42　在 TCP 位置新建标记点

③设置标记网格。使用方法：详见 11.2.6.5 创建网格标记

④导入标记。支持 Excel 格式数据导入。

⑤导出标记。使用方法：单击“ ”按钮→选择指定导出路径→选择参考坐标系。导出的坐标数据包含标记点名称、标记点坐标（X、Y、Z、$R_X$、$R_Y$、$R_Z$）。

⑥选择附加对象。使用方法：详见 11.2.6.2 附加标记组。

⑦转换为树状图，如图 11-43 所示。

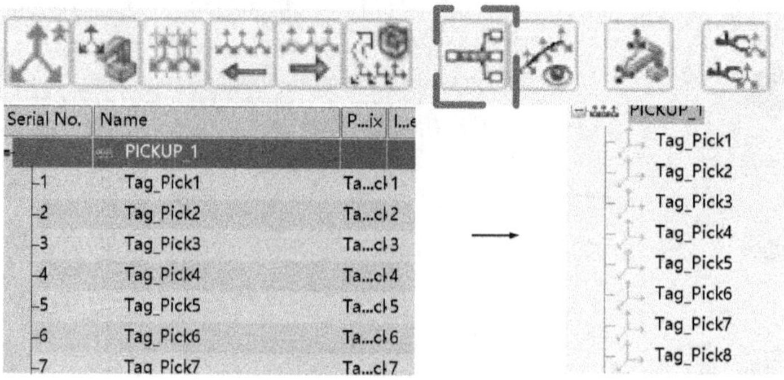


图 11-43 转换为树状图

⑧轨迹可视化。

⑨可达性验证。使用方法：验证机械手到达指定标记点是否可达。详见 11.2.11。

⑩展示工具云，如图 11-44 所示。

图 11-44 展示工具云

⑪上移标记点。

⑫下移标记点。

⑬反转轨迹。

⑭切割轨迹。

⑮合并轨迹。

（1）合并标记组

合并标记组是指将一个标记组与另一个标记组连接起来，此时所选标记组中的所有标记点都附加到当前标记组的末尾。

合并标记组的操作（图 11-45 中①～④）如下：

Step1：在“Behavior”选项卡中，双击标记组“PICKUP_1（NAVO47）”，弹出“Trajectory Editor”（轨迹编辑器）对话框。

Step2：在轨迹编辑器对话框中单击合并标记组“”按钮。

Step3：单击“PICKUP_2”，将选定轨迹 PickUP_2 合并到当前轨迹。

Step4：从“Behavior”选项卡中选择要加入的其他标记组。

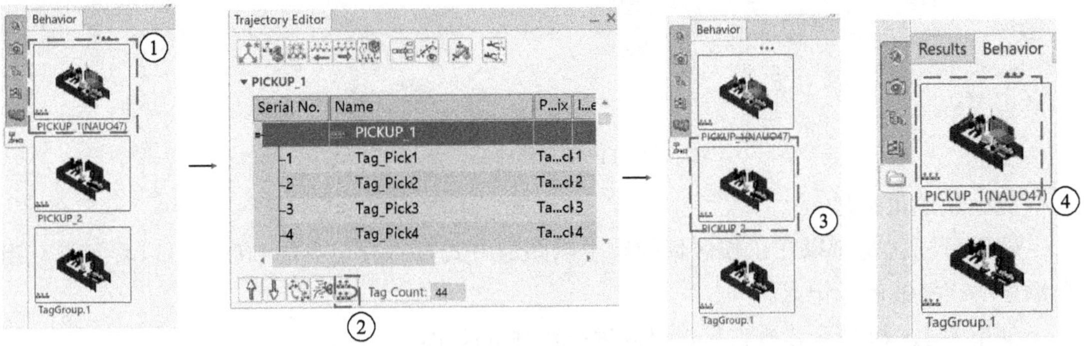


图 11-45　合并标记组

（2）反转标记组

反转标记组，即反转标记组内的标记点顺序。它有助于迅速改变工业机器人的程序。例如拆和装这种逆向操作可以用反转标记组快速完成。具体操作如下：

Step1：在“Behavior”选项卡中双击标记组，弹出“Trajectory Editor”对话框，如图 11-46 中①所示。

Step2：单击反转轨迹中所有标记点的顺序“”按钮，如图 11-46 中②所示。

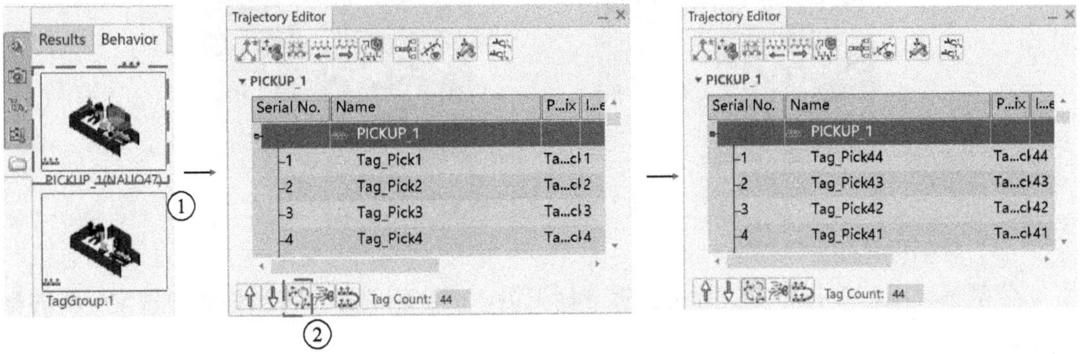


图 11-46　反转标记组

（3）在标记组中移动标记点

移动标记点，即修改标记组列表中标记的顺序。标记点位置保持不变，只改变了它在列表中的顺序。

按图 11-47 所示步骤在标记组内移动标记点：

Step1：在“Trajectory Editor”对话框中，选择要移动的标记点，也可在选择时按住 <Ctrl> 键来选择多个标记点。

Step2：单击上（下）移动轨迹中的选定标记点“ ”按钮，标记点向上（下）移动一层，如图 11-47 所示。

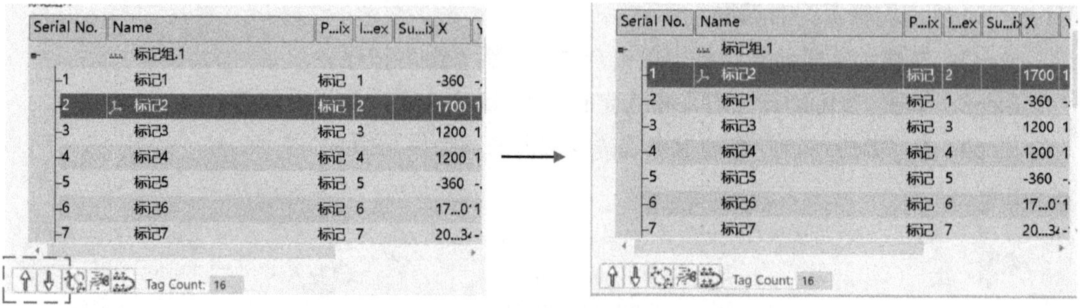


图 11-47　移动标记点

（4）轨迹可视化

轨迹可视化是可以在工作区域的组中以图形方式查看标记点的顺序，可以看到带有当前顺序的连接线的标记点。

使用图 11-48 所示步骤在标记组内进行轨迹可视化：

Step1：在行为沉浸式浏览器中，双击标记组，组内的标记点显示在“Trajectory Editor”对话框中。

Step2：单击显示轨迹可视化 按钮，组内的标记点顺序以矢量连线的方式出现。

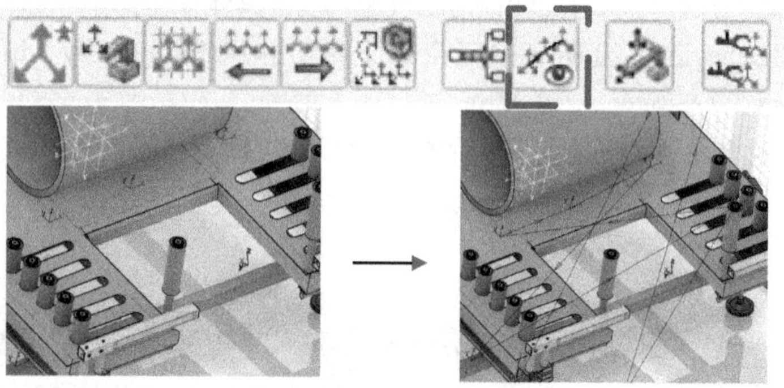

图 11-48　轨迹可视化

（5）分割标记组

分割标记组，即在特定的标记上拆分标记组，被分割的标记将被移动到另一个新的标记组。

使用以下步骤来分割标记组：

Step1：在“Behavior”选项卡中双击标记组，如图 11-49 中①所示。

Step2：在标记组列表中选择要分割的标记，然后在“Trajectory Editor”对话框下方单击分割“ ”按钮。标记组在选定的标记处被分割，并在“Behavior”选项卡中创建一个新的标记组，如图 11-49 中②～④所示。

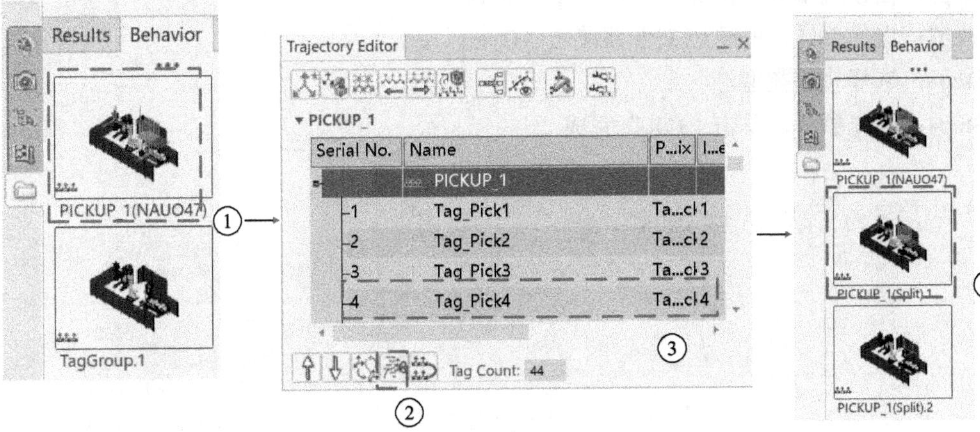


图 11-49　分割标记组

（6）标记组导入和导出

创建好的标记组可以导出到 Excel 文件中，Excel 中的标记点坐标也可以直接导入到 3DEXPERIENCE 平台上，创建新的标记组。

使用以下步骤导出标记组：

Step1：在“Behavior”选项卡中，右击标记组并选择导出轨迹“”按钮，如图 11-50 中①所示。

Step2：在“Export Trajectory”对话框中指定保存文件的目标路径并单击“Save”，如图 11-50 中②所示。

Step3：选择“Global”（全局参考）并单击“OK”按钮，标记组以 Microsoft Excel (.xls) 格式保存，如图 11-50 中③、④所示。

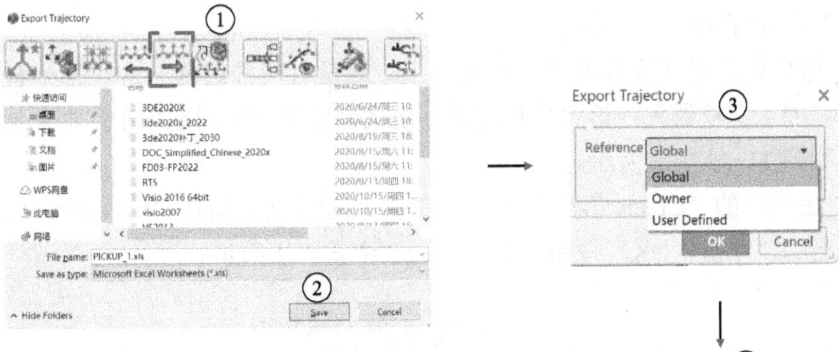

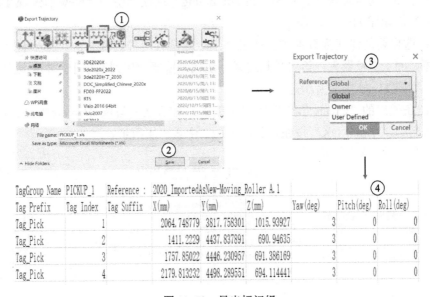

| TagGroup Name | PICKUP_1 | Reference : | 2020_ImportedAsNew-Moving_Roller A.1 | | | | | |
|---|---|---|---|---|---|---|---|---|
| Tag Prefix | Tag Index | Tag Suffix | X(mm) | Y(mm) | Z(mm) | Yaw(deg) | Pitch(deg) | Roll(deg) |
| Tag_Pick | 1 | | 2064.748779 | 3817.758301 | 1015.93927 | 3 | 0 | 0 |
| Tag_Pick | 2 | | 1411.2229 | 4437.837891 | 690.94635 | 3 | 0 | 0 |
| Tag_Pick | 3 | | 1757.85022 | 4446.230957 | 691.386169 | 3 | 0 | 0 |
| Tag_Pick | 4 | | 2179.813232 | 4498.289551 | 694.114441 | 3 | 0 | 0 |

图 11-50　导出标记组

使用图 11-51 中①～④的步骤导入标记组，具体说明如下：

Step1：在设置部分单击导入轨迹“ ”按钮。

Step2：选择要导入的轨迹文件并单击“Open”。

Step3：选择轨迹类型。

Step4：选择参考，单击“OK”完成。

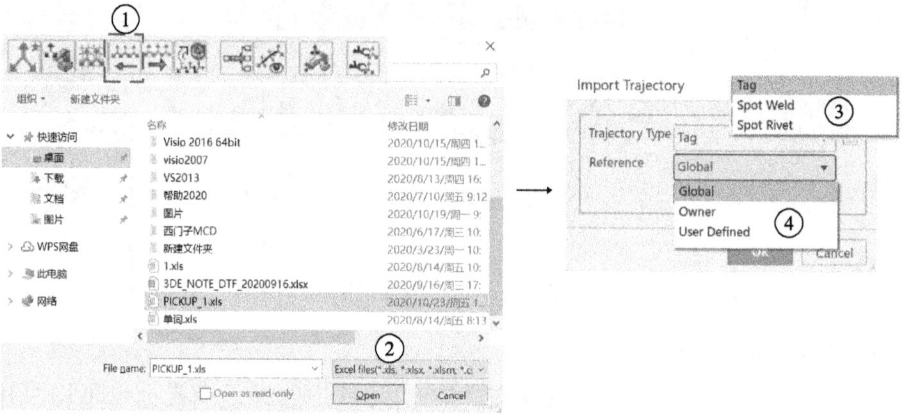


图 11-51 导入标记组

## 11.2.7 创建工业机器人任务

通过创建工业机器人任务，可以定义工业机器人各个关节的运动姿态，完成一系列复杂动作操作。在 3DEXPERIENCE 中共有三种创建工业机器人任务的方法。

**方法一：**

Step1：在 3D 仿真环境下，单击“Programming”选项卡中的“New Device Task”（新建设备任务），如图 11-52 中①所示。

Step2：选择要创建任务对象的工业机器人。这里有两种选择方式，第一种是直接选择图形操作窗口的工业机器人；第二种是选择沉浸式浏览器的序列选项卡，然后选择对应的工业机器人，如图 11-52 中②所示。

Step3：在弹出的“Create Task”（创建任务）对话框中勾选“Create As Service”，并重命名任务名称，单击“OK”按钮，如图 11-52 中③、④所示。

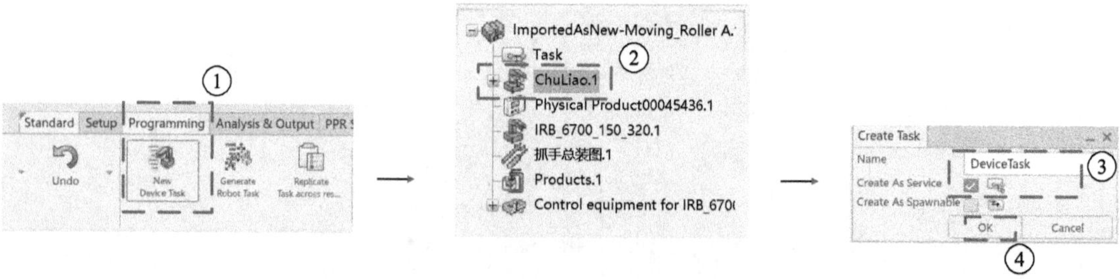


图 11-52 工业机器人任务创建（方法一）

**注意**：工业机器人对象的选择建议选择第二种方式。由于实际智能工厂仿真项目中，会出现多台同种型号的工业机器人，若直接选择图形操作界面的工业机器人可能会选错，而选择序列选项卡菜单栏下的工业机器人则不会出现此类问题。

**方法二**：在沉浸式浏览器的序列选项卡中也可以直接创建任务。

Step1：单击选择 3D 仿真环境下沉浸式浏览器的序列选项卡。

Step2：单击选择需要创建任务的工业机器人→右击，弹出快捷菜单→选择“New Device Task”，如图 11-53 中①、②所示。

Step3：弹出“Create Task”对话框，勾选“Create As Service”，重命名任务名称，单击“OK”按钮，如图 11-53 中③、④所示。

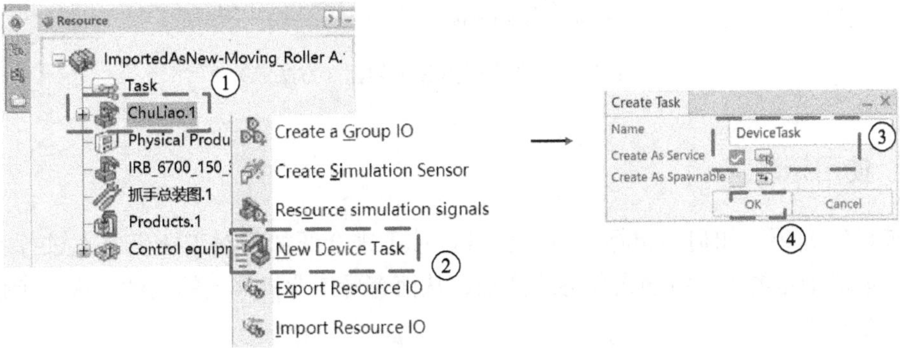


图 11-53　工业机器人任务创建（方法二）

工业机器人任务创建完成后，会在序列选项卡对应的工业机器人下显示创建的工业机器人任务，右击任务可以对任务进行编辑、创建子任务、属性更改等操作，如图 11-54 所示。

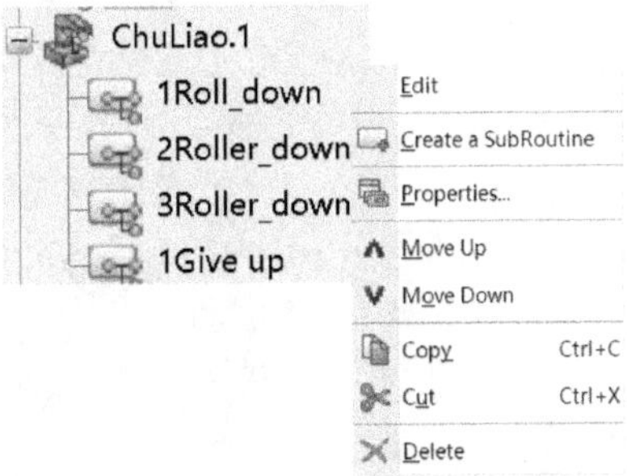


图 11-54　工业机器人任务显示

**方法三**：如果在创建工业机器人任务前已经向工业机器人任务添加标记组和标记点，则可以通过向工业机器人任务添加标记点或标记组命令来快速创建任务。具体方法如下：

Step1：依次选择 3D 仿真环境→程序选项卡→生成工业机器人任务命令，如图 11-55 中①所示。

Step2：依次选择沉浸式浏览器→序列选项卡→需要生成任务的工业机器人，如图 11-55 中②所示。

Step3：依次选择沉浸式浏览器→行为选项卡→需要生成任务的标记组，如图 11-55 中

③所示。

Step4：在创建任务选项中可以看到已经自动选择的相应的工业机器人和标记组，单击“OK”按钮完成设置，如图 11-55 中④、⑤所示。

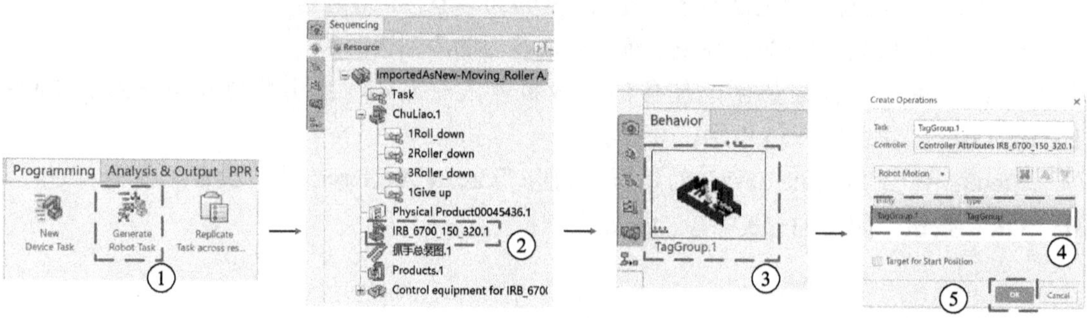


图 11-55　工业机器人任务创建（方法三）

## 11.2.8　使用示教

上节已经介绍了如何创建标记点和任务，接下来介绍如何对工业机器人进行示教，即教导设备模拟指定的工业机器人任务或活动，从而查看工业机器人的运动，进一步执行仿真分析，检测碰撞。

打开示教功能操作如图 11-56 ①、②所示。

Step1：选择 3D 仿真环境下的“Programming”选项卡，选择“Teach”命令。

Step2：选择沉浸式浏览器的序列选项卡→在资源窗口下单击即将示教的工业机器人“IRB_6700_150_320.1”。

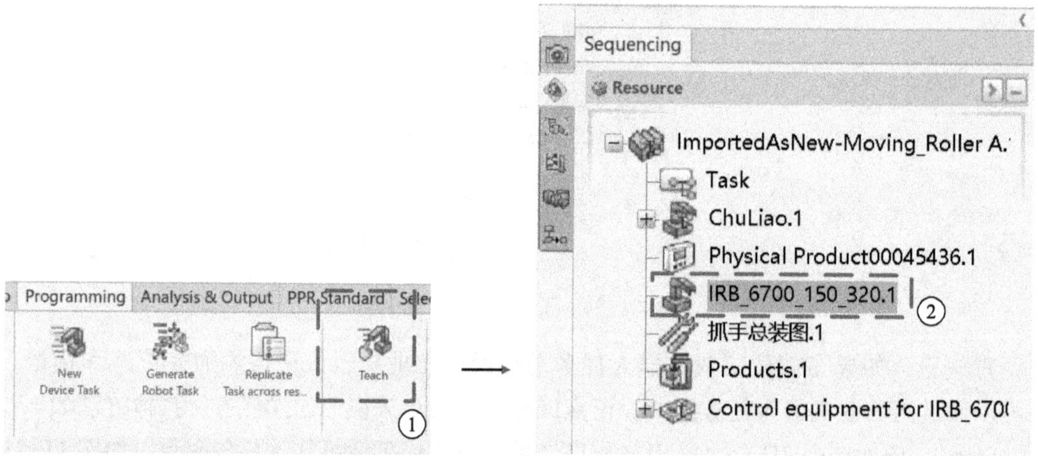


图 11-56　打开示教

打开示教功能后会弹出“Teach Parameters”（示教参数）对话框、示教任务对话框、姿态调整对话框、“Play Simulation”（仿真播放）对话框、序列编辑器。下面对一些常用对话框参数进行说明。

1. “Teach Parameters” **对话框**

“Teach Parameters”对话框由 General（通用）选项组、Profiles（控制器配置文件）选项组、Motion（运动）选项组、Teach Options Panel-Simulation（示教优化）选项组组成，如图 11-57 所示。

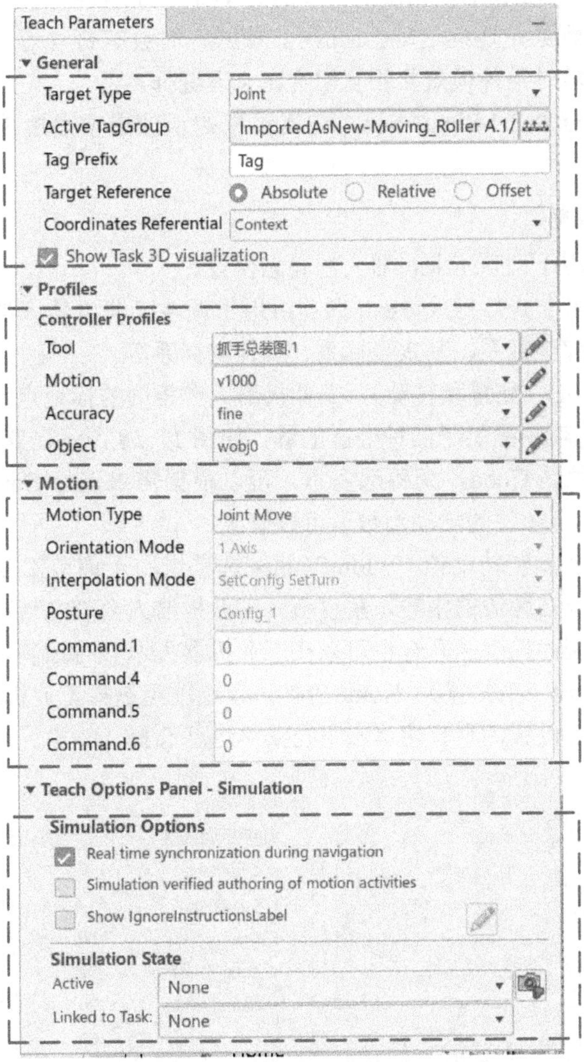


图 11-57　“Teach Parameters”对话框

（1）General　General 选项组用于定义任务的标记组名称、标记标记点名称，确定标记的参考位置（绝对位置 / 相对位置 / 偏移位置）。

（2）Profiles　Profiles 选项组定义工业机器人的工具坐标系位置、工业机器人的运动速度、工业机器人的运动精确度等参数。

（3）Motion　Motion 选项组确定工业机器人的运动类型，其中包括 Joint Move（关节移动）、Linear Move（线性移动）、Circular Move（圆周移动）和 Circular Via（环形通孔）。后两个运动模式用于工业机器人的涂胶场景。关节移动模式通过工业机器人六个轴的联动来自动计算运动轨迹，此时，工业机器人不是以直线从一个标记点移动到另一个标记点；当选择线性移动时，工业机器人在两个标记点之间以直线移动。

Move J 和 Move L 两者各有优势。当工业机器人周围的运动空间较大，不容易与周围场景发生干涉时，使用 Move J 模式，且在此模式下，可以避免工业机器人的死点和奇异点；在空间狭窄的地方选择 Move L，此模式计算的是 TCP 点的坐标，从而自动逆向求解各个轴的转动角度，由于求解的是逆向运动，Move L 模式有时会有奇异点，此时工业机器人会标红报警。因此，在示教时两种模式要相互配合，合理选择。

（4）Teach Options Panel-Simulation　仿真过程的示教选项面板设置，一般保持默认设置即可。

2. **姿态调整对话框**

姿态调整对话框用于调整工业机器人的姿态位置。

（1）Cartesian（笛卡儿）　Cartesian 选项组用于调整工业机器人当前坐标系，可选坐标系有世界坐标系、局部坐标系、基本坐标系、工件坐标系等。

（2）Configs&Turns（配置和转动）　工业机器人在相同的标记点位置下可能存在多个姿态的解，在 Configs 选项中提供了四种姿态的解，如图 11-58 所示。其中两种解超限了（Out of Limits），还有两种是 Good，为备选姿态，可以根据需求选择 Config_1 或是 Config_2。Turns 确定运动过程中各个轴的转动圈数，可以修改。

（3）Joint Values（调整转动值）　JointValues 选项组用于调节工业机器人各个轴的转动位置，可以拖动游标或在旁边框中输入角度值，工业机器人会随之转动。图 11-58 中添加了抓手的运动控制器，因此抓手的开合也可以在工业机器人示教时控制。

（4）Home Positions（主位置）　Home Positions 选项组选择工业机器人和抓手的主位置，若工业机器人设置过主位置，则直接单击下拉菜单进行选择。

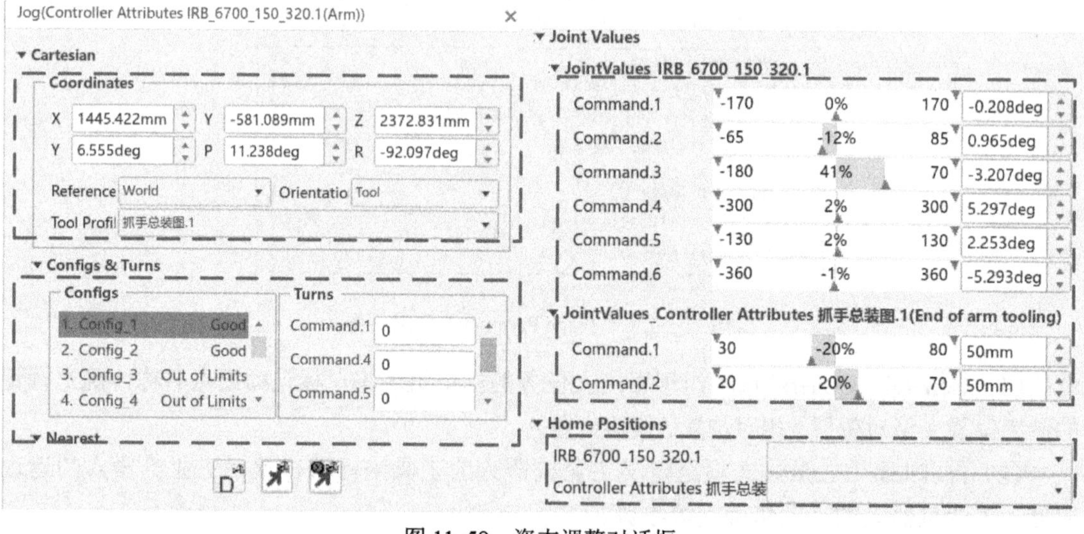


图 11-58　姿态调整对话框

3. “Play Simulation” **对话框**

“Play Simulation” 对话框用于定义完工业机器人姿态后总体运动状态的验证，第一行是常规播放选项，如图 11-59 中①所示，包含停止、播放、上一个动作和下一个动作；第二行用于统计仿真时间，设置仿真动画的步长，如图 11-59 中②所示。

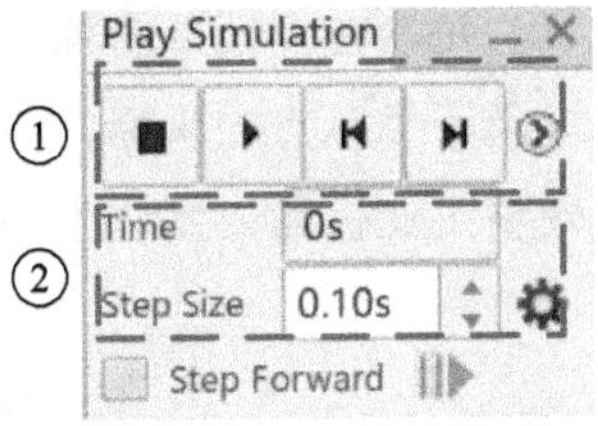


图 11-59　“Play Simulation”对话框

单击示教命令后会在工业机器人工具端出现一个黄色的罗盘，这就是已经定义的工业机器人 TCP，可以通过拖动、旋转罗盘来控制工业机器人的运动方向，也可以直接单击标记点，那么工业机器人的 TCP 罗盘就会与标记点重合，选择好合适的位置后通过浮框确定工业机器人动作，记录到“Teach”对话框中。工业机器人浮框命令如图 11-60 所示，说明如下：

①用于确定工业机器人动作，记录到“Teach”对话框。

：插入笛卡儿坐标目标（Move Line）。

：插入一个关节目标（Move Line）。

：插入一个标记目标（标记点添加到标记组中）。

：插入一个主位置目标。

：插入一个单独移动的活动

：插入一个 MCRS 操作。

②用于修改工业机器人动作。具体用法：拖动罗盘至合适位置，单击“”按钮，目标动作被替换为当前动作。

③用于删除当前动作任务。

④单击，打开示教参数对话框。

⑤序列编辑器：是一种图形化编辑器，允许对资源任务进行编程。

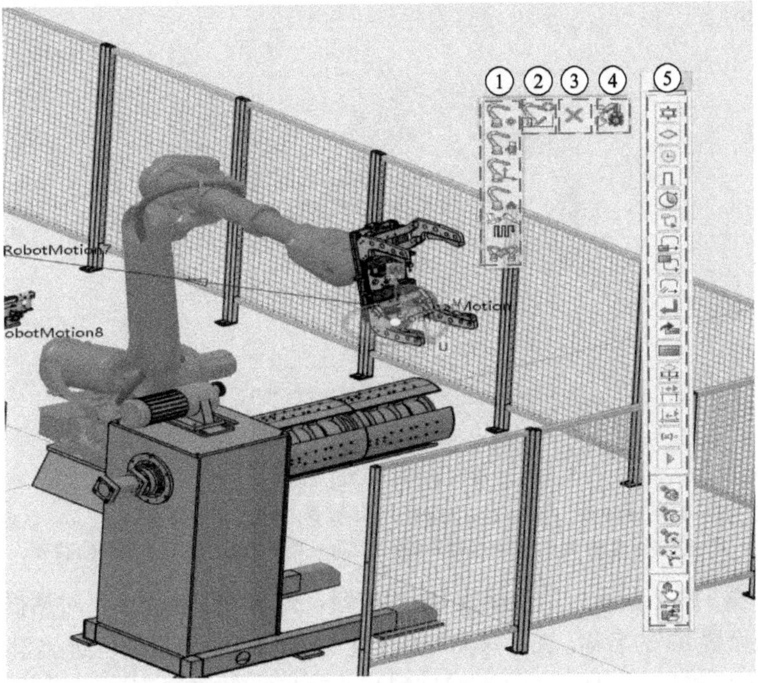


图 11-60　示教浮框

每次在浮框单击插入命令，都会在示教操作栏多一条动作记录，如图 11-61 所示。其中记录了目标点的坐标、移动类型、运动属性、工具属性等参数，可以通过调整动作的位置来调整工业机器人到达不同标记点的先后顺序，从而调整运动姿态。

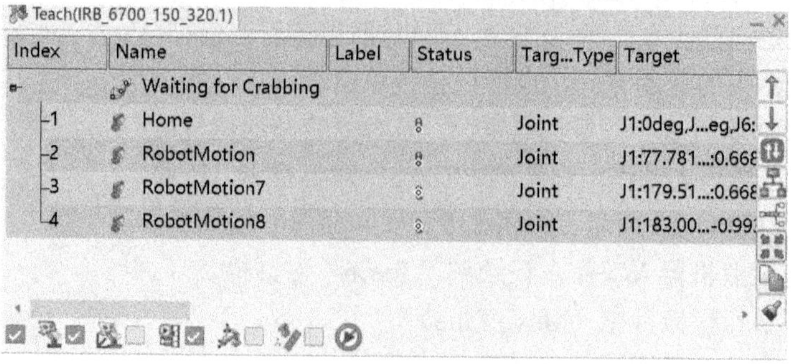


图 11-61　示教操作栏

## 11.2.9　建立、分配 IO

### 1. 建立 IO 和变量

在自动化控制领域，采集开关的信号和传感器的信号并输出为外部可识别的控制指令，设备和设备间的通信交互、逻辑控制都要通过 IO 信号进行分配与识别，在 3DEXPERIENCE 中也有输入输出 IO的定义，并可以将 IO 分配给不同的设备。

在 3D 仿真环境模式下，单击沉浸式浏览器的序列选项卡，会在底部显示一排工具栏，如图 11-62 所示。

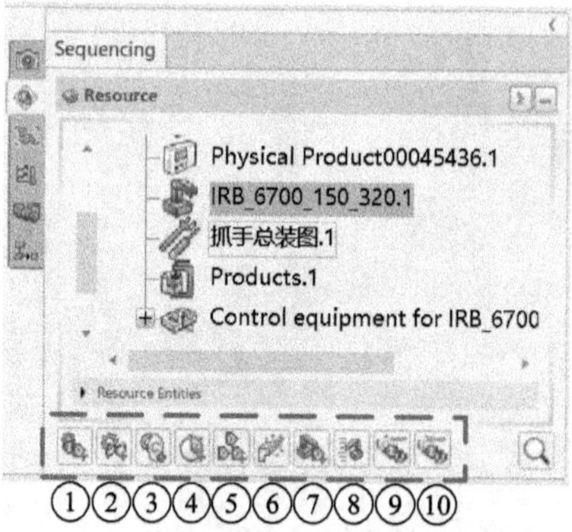


图 11-62　IO 工具栏

①—新建 IO　②—新建全局变量　③—新建全局常量　④—新建计时器　⑤—新建 IO 组　⑥—新建仿真传感器　⑦—资源仿真 IO 信号　⑧—新建设备任务　⑨—导出 IO 信号　⑩—导入 IO 信号

IO 创建如图 11-63 所示。单击新建 IO 按钮，弹出“Global IO”对话框，在“Display Name”中可以设置 IO 的名称，在“Type”中设置 IO 的类型，这里的可选类型有 Boolean（布尔型）、Integer（整型）、Double（双精度型）、String（字符串型），在“Direction”中确定该信号是输入信号还是输出信号，单击“OK”按钮。

在沉浸式浏览器序列选项卡的“Resource Entities”选项组下可以查看所有建立的 IO 信号，包括信号名称、输入还是输出信号、信号类型、默认值等参数，如图 11-64 所示。

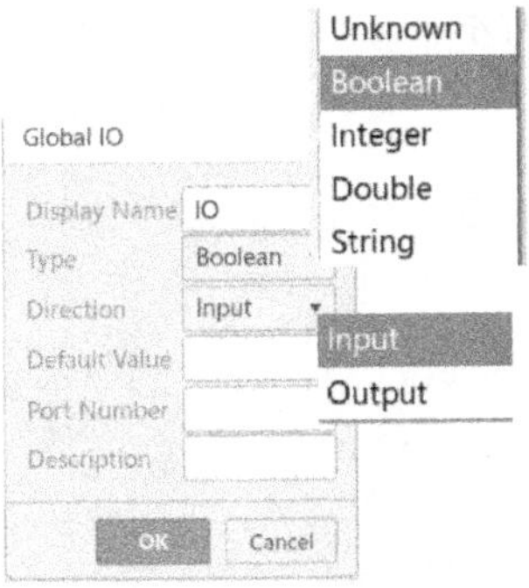

图 11-63　创建 IO

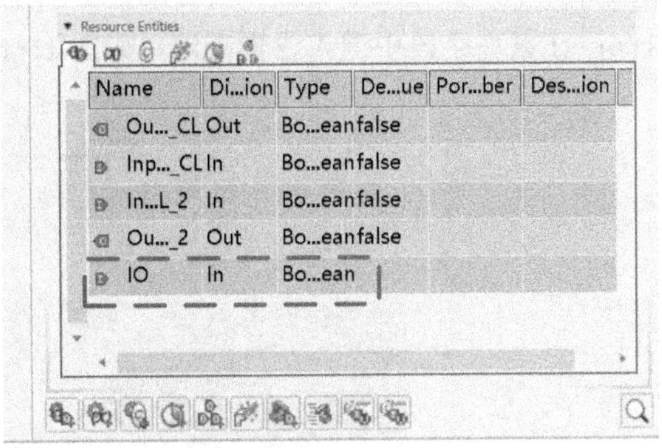

图 11-64　查看 IO

全局变量和全局常量的创建方法与 IO 的创建方法类似，单击新建全局变量按钮或者全局常量按钮，弹出“Global variable”或“Global constant”对话框，在“Display Name”中可以设置变量、常量的名称；“Type”设置变量、常量的类型，这里可选的类型有 Boolean、Integer、Double、String，单击“OK”按钮，如图 11-65 所示。

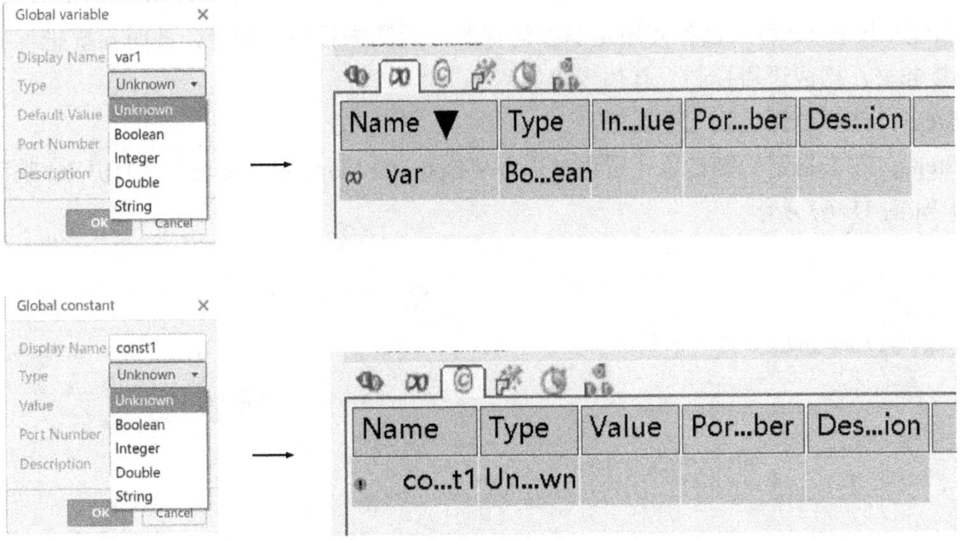

图 11-65　创建和查看全局变量 / 常量

2. **给任务分配 IO 指令**

将定义的 IOs 值分配给子资源的服务任务，可以在任务中添加工业机器人运动前后的 IO 指令。使用图 11-66 中①～④的步骤给任务分配 IO 指令。

Step1：在编程部分，单击示教按钮，在工作区域选择工业机器人，如图 11-66 中①

所示。

Step2：在示教对话框中，选择要为其分配 IO 的工业机器人运动，如图 11-66 中②所示。

Step3：在序列工具栏中，选择要分配的必要条件，如图 11-66 中③所示。

Step4：在条件字段中键入逻辑语句，如图 11-66 中④所示。

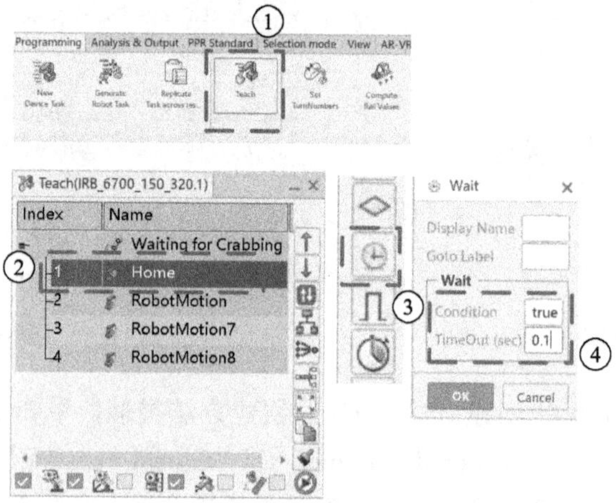


图 11-66 给任务分配 IO 指令

3. 连接 IO 映射

当建立设备 IO 后，设备间还是单独运行的，无法进行协作配合，此时需要把设备间的 IO 连接起来，构成逻辑控制。具体步骤如下：

Step1：选择资源沉浸式浏览器。

Step2：右击根组织制造单元资源→选择“Open IO Mapping Editor”（打开 IO 映射编辑器），如图 11-67 所示。

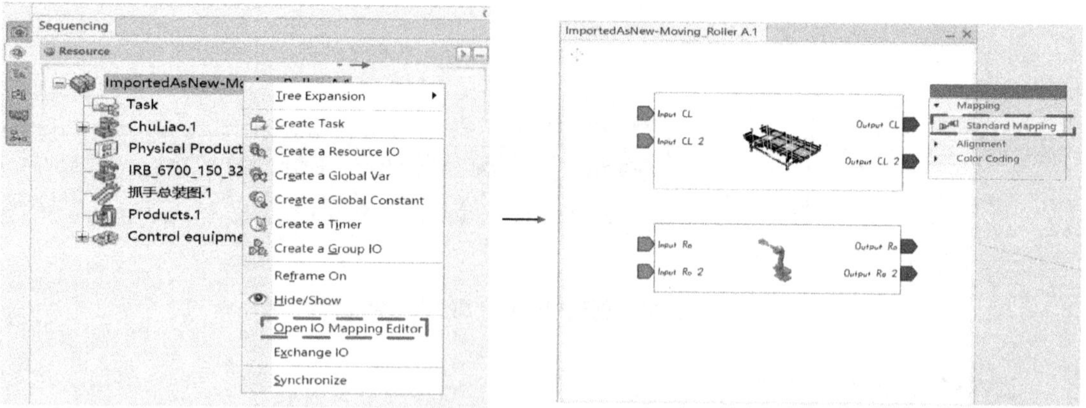


图 11-67 打开 IO 映射

Step3：在映射命令工具箱内，单击“Stardand Mapping”（标准映射），标准映射高亮，分别单击两个设备的输出和输入信号，完成 IO 的映射关系，如图 11-68 中①～③所示。

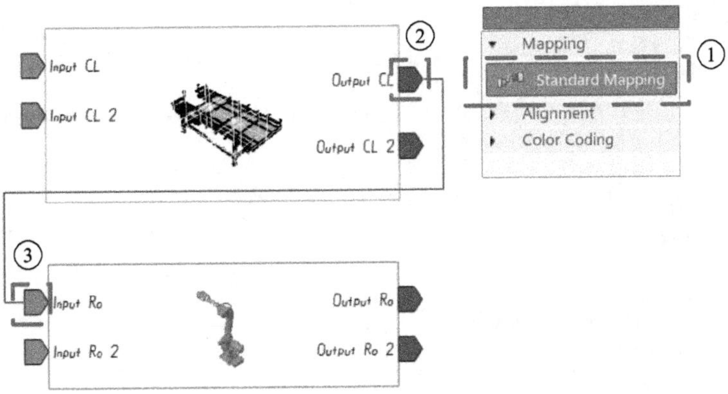


图 11-68　连接 IO 映射

### 11.2.10　仿真任务总成

在定义工业机器人示教时，可以创建多个任务，多个任务如何安排前后顺序，这时可用到仿真任务总成命令。

仿真任务层级如图 11-69 所示。在顶层制造单元资源下要先创建一个总任务，用于放置各个工业机器人工作单元的次级任务，在这里，总成的任务类型选择 Service。Service 类型的任务可以引用不同制造单元下的子任务，Normal 类型的任务可以引用同制造单元层级下的任务，Internal 类型的任务只能引用同一设备下的任务。当任务不是特别多不需要进行任务过滤时，任务类型建议全选 Service。

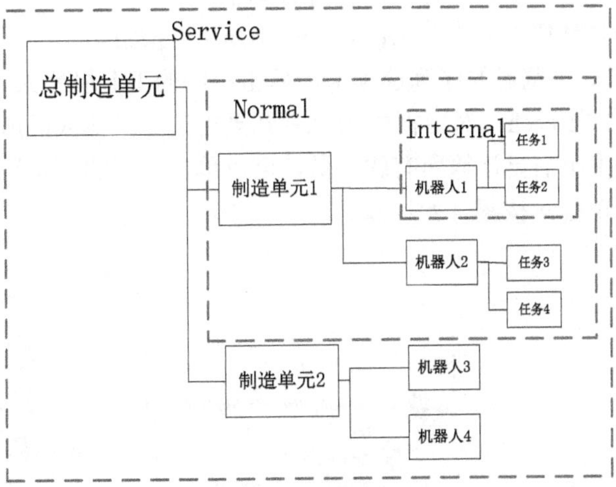


图 11-69　仿真任务层级

仿真任务总成的操作步骤如下：

Step1：在总的制造单元层级下创建任务“Task”，任务类型设为 Service。

Step2：双击“Task”，弹出任务编辑对话框，此时在左下方会弹出 Task 可用的任务，可用任务按照设备类型进行分类，可以把 Task 可用的任务拖拽到右侧的编辑栏，对任务进行编辑排序，如图 11-70 所示。

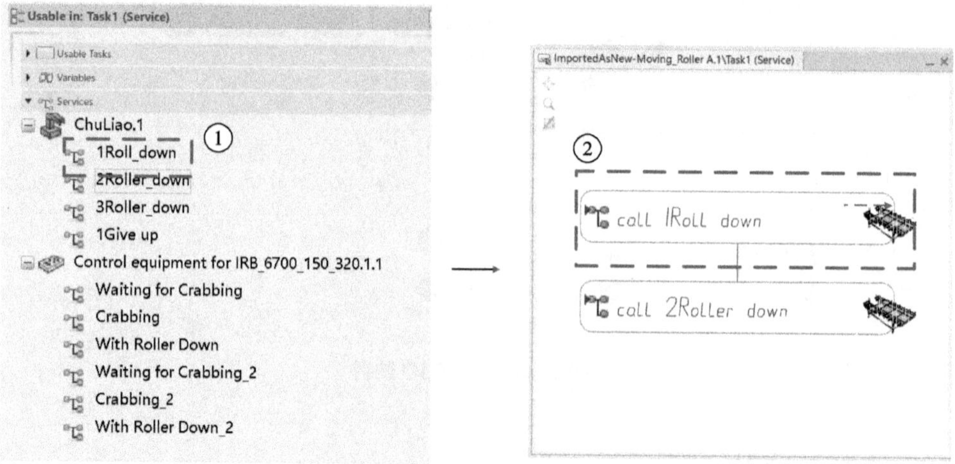


图 11-70　仿真任务总成排序

## 11.2.11　可达性检测

示教任务完成后，该如何验证机器点位是否满足要求呢？此时需要对工业机器人动作姿态进行检测验证，其中最基本的就是工业机器人可达性检测。可达性检测可以及时发现不满足要求的点位，对工业机器人的姿态做出及时调整，改善工控布局，避免盲目、无效的位置布局，大大提高仿真效率。

可达性检测（图 11-71 中①～③）操作步骤如下：

Step1：在 3D 仿真环境下单击“Setup”→“Reach”按钮。

Step2：选择沉浸式浏览器的序列选项卡，单击相应的工业机器人。

Step3：在弹出的“Reach”对话框中可以看到当前工业机器人的所有任务，此时的状态都显示为未计算，如果不需要计算所有的任务，可以单击右侧的“√”，“√”变成“×”，默认计算全部任务，单击⇥按钮开始计算。

图 11-71　可达性检测

检测完成后，会在状态栏显示哪几个任务可达，哪几个任务不可达，对于不可达的任务，可以详细地找出究竟是哪个动作不可达。具体操作如下：

Step1：选择要具体查看的任务，如图 11-72 中①所示。

Step2：单击“Reach”对话框的“Reachability Analysis”（可达性分析），如图 11-72 中②所示。

Step3：查看各个动作的可达性，如图 11-72 中③所示。

Step4：可以单击“ ”按钮来调整不可达位置的姿态，使之变为可达，如图 11-72 中④所示。

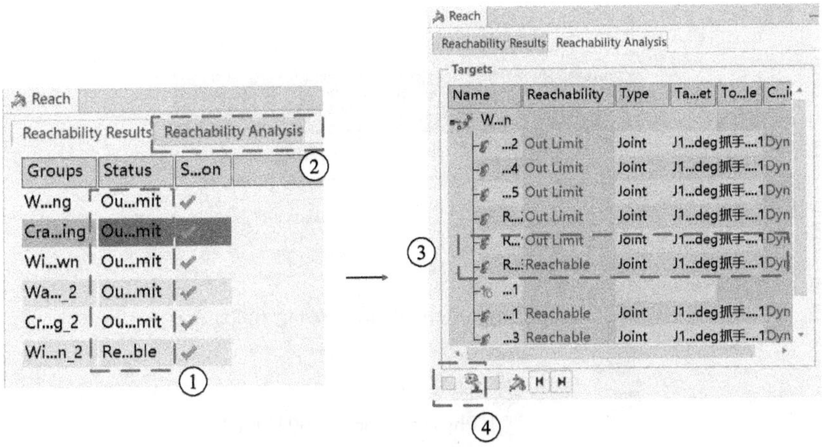


图 11-72　可达性动作分析

## 11.2.12　碰撞检测

工业机器人任务的可达性检测，只能说明工业机器人可以到达我们指定的点位，那么在移动过程中，工业机器人是否会与周围的环境物体发生碰撞，还需要通过碰撞检测来检查。碰撞检测功能在沉浸式浏览器下。

选择沉浸式浏览器的“Probes”选项卡→选择“Dynamic clash”（动态碰撞），右击，勾选“Clash Detection On”和“Clash Detection Stop”选项，则在进行仿真播放时遇到碰撞会自动停止。选择“Edit clash Detection”（编辑碰撞检测）可以设置余隙（安全间隙），即当工业机器人与周围环境物体间距小于余隙时，默认发生碰撞。例如当余隙设置为 5mm，工业机器人与周围环境物体间距小于 5mm，则认为发生碰撞，当设置完成后会在动态碰撞右上角出现 图标，如图 11-73 所示。

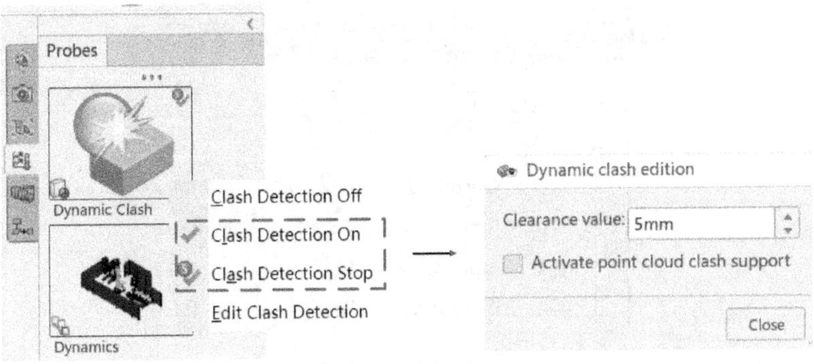


图 11-73　碰撞检测分析

### 11.2.13 仿真验证

定义完所有设备的任务，连接好 IO 映射，检测可达性没问题后可以对整个仿真场景进行仿真验证。仿真验证步骤如下：

Step1：单击顶层制造单元任务“Task”，使其高亮显示，如图 11-74 中①所示。

Step2：单击 3DEXPERIENCE 罗盘播放按钮，启动仿真场景播放，如图 11-74 中②所示。

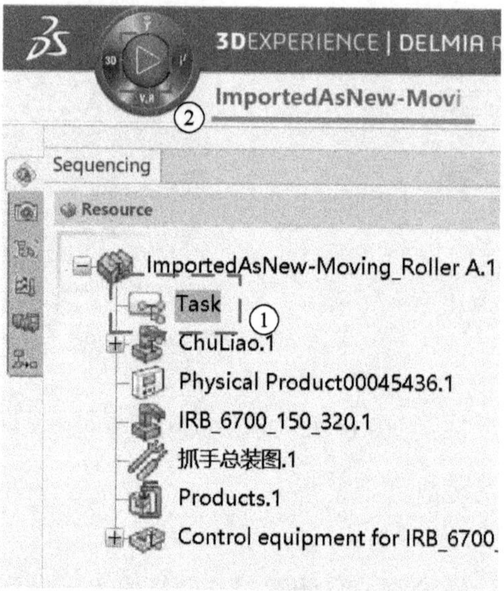


图 11-74 仿真播放

在仿真播放过程中，单击“Simulation”下“ ”按钮可以实时观察 IO 信号的变化情况，判断在特定的动作完成后，信号指令是否发生改变，如图 11-75 所示。同时，也可以观察各个任务的运行状态，如图 11-76 所示。当有任务需要调试时还可以打上断点进行调试。

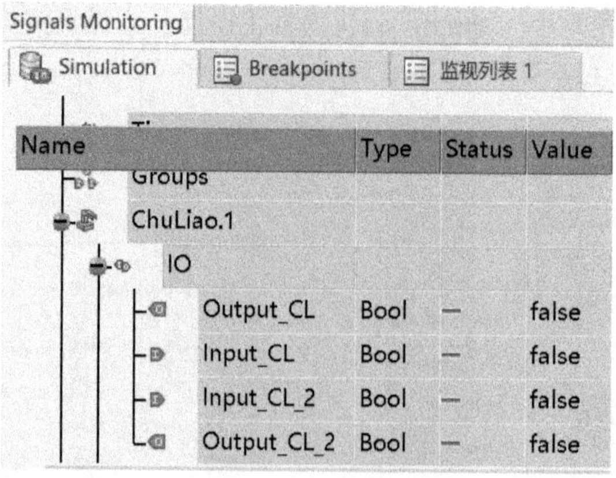


图 11-75 IO 监测

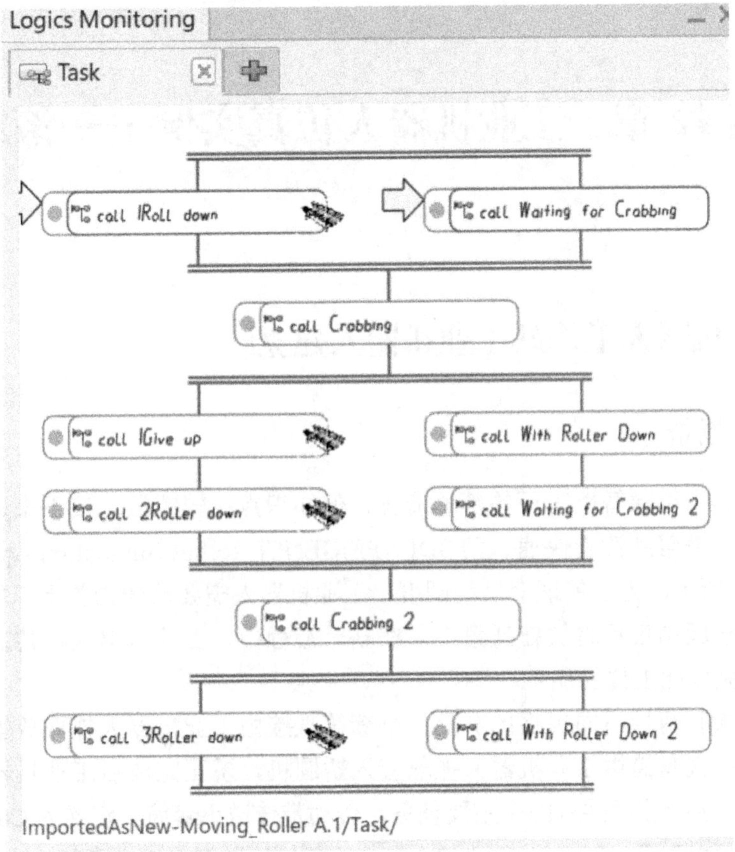


图 11-76 任务逻辑监测

# 第 12 章 工业机器人仿真实例——滚筒上下料

## 12.1 码垛机器人工作站工业机器人建立

### 12.1.1 案例场景

上一章介绍了构建智能工厂的基本流程，但知识点比较零散，接下来通过介绍一个具体的仿真实例，来帮助读者快速入门 3DEXPERIENCE Robot Simulation App。整个项目的场景如图 12-1 所示，为了保证套筒的圆度，工业机器人需要从传送带上抓取套筒至矫圆机矫圆，矫圆机矫圆结束后将放在托盘上。在整个流程中，工业机器人、传送带和矫圆机相互配合，共同完成此工位的加工。

工作站中共有两种不同规格的套筒，小套筒直接由工业机器人抓取放置在托盘上，不需要矫正圆度；大套筒由工业机器人抓取套入矫圆机，矫正完成后工业机器人将套筒抓取放置到托盘上。整个流程共有四个主要任务，传动带传送小套筒，定义为 Coneyor_1 任务；工业机器人抓取小套筒，定义为 Grab Drum_1 任务；传送带传送大套筒，定义为 Coneyor_2 任务；工业机器人抓取大套筒，定义为 Grab Drum_2 任务。

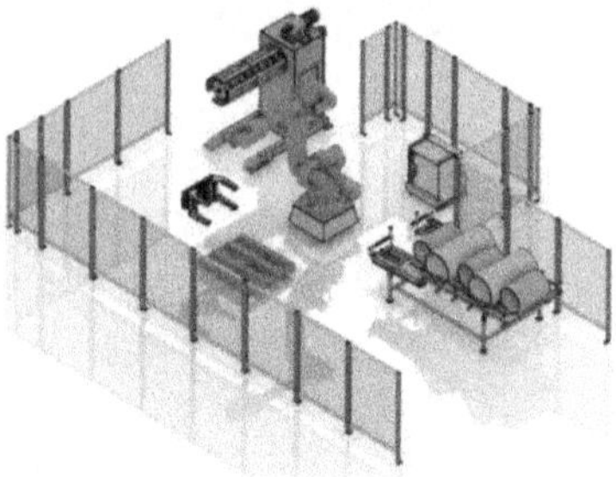

图 12-1 案例场景

### 12.1.2 创建资源文件

1. 导入案例文件

导入案例文件步骤如图 12-2 中①～④所示。具体说明如下：

Step1：单击“+”→“Import...”，弹出“Import”对话框。

Step2：单击文件夹，选择案例文件 Moving Roller 所在位置，勾选“As New”，单击“OK”按钮。

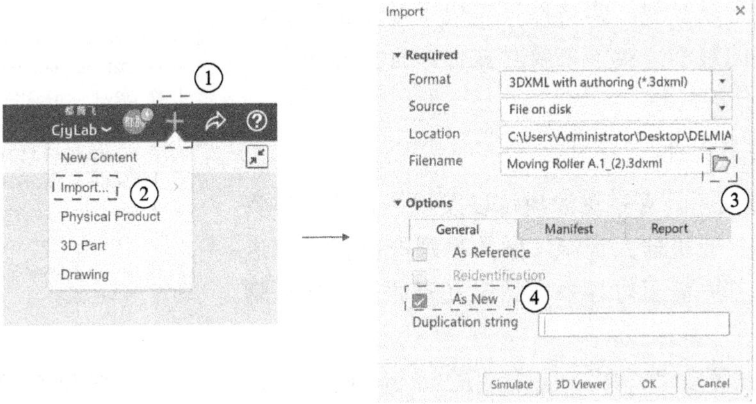


图 12-2　导入案例文件

完成导入后会有一个报告，报告结果显示导入成功，单击“OK”按钮关闭报告，如图 12-3 所示。

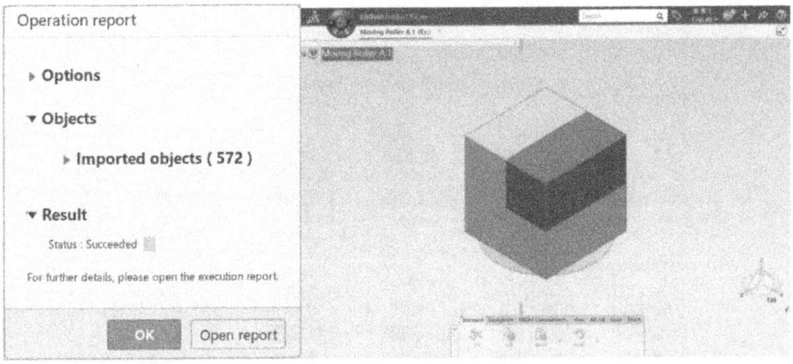


图 12-3　导入案例成功

如图 12-4 左图所示，此时尽管已经成功导入文件，但并没有打开文件，因此显示为物理产品的方块图标，右击“Moving Roller A.1”，选择“Open...”，打开案例文件，如图 12-4 右图所示。

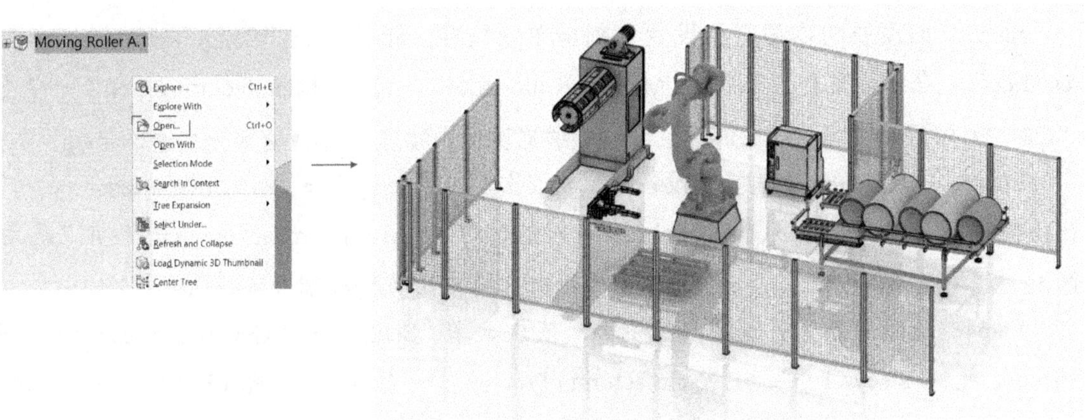


图 12-4　打开案例

观察案例可以发现，此文件只完成了基本的设计、布局，是静态的展示，接下来要对文件进行操作设置，由此完成仿真分析任务。

## 2. 创建资源文件

如图 12-5 所示，观察资源树可以发现，目前只有两台设备定义为工业机器人资源，别的物理产品都没有进行资源定义。首先需要对各个产品定义资源。具体步骤如下：

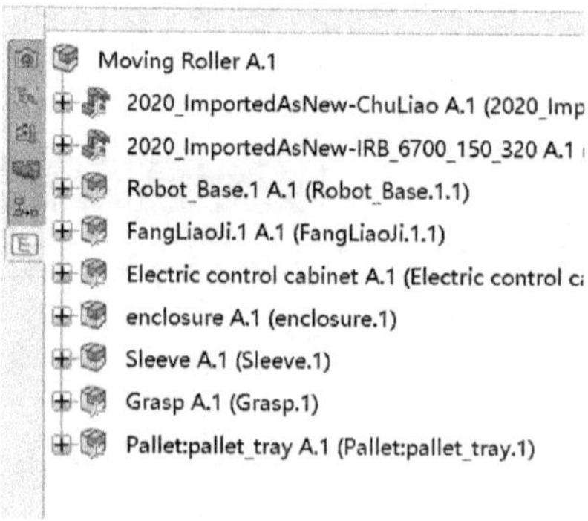


图 12-5 资源树

Step1：单击罗盘“V+R”→选择“Robot Simulation”，进入 Robot Simulation 模块，如图 12-6 所示中①、②所示。

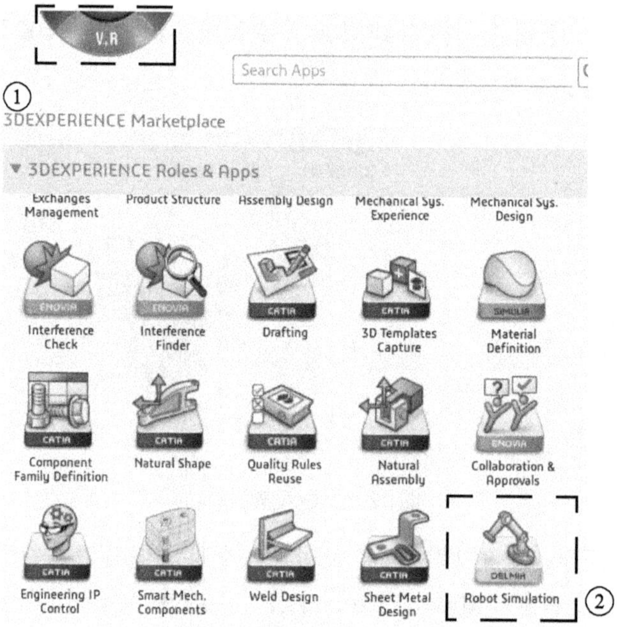


图 12-6 进入“Robot Simulation”模块

Step2：把顶层的物理产品设置为制造单元资源。依次单击“Setup”→“Generate a resource”，在结构树上单击顶层“Moving Roller A.1”→选择“Manufacturing Cell”→单击“OK”，如图 12-7 中①～⑤所示。定义完成后图标由物理产品变换为制造单元。

Step3：把控制柜设置为控制设备资源。依次单击“Setup”→“Generate a resource”，在结构树上单击“Electric control cabinet”→选择“Control Equipment”→单击“OK”，如图 12-8 中①～④所示。定义完成后图标由物理产品变换为控制设备。

Step4：把滚筒定义为制造产品资源，依次单击“Setup”→“Generate a resource”→“Sleeve A.1（Sleeve.1）”→“Manufacturing Product”→“OK”，如图 12-9 中①～⑤所示。定义完成后图标由物理产品变换为制造产品。

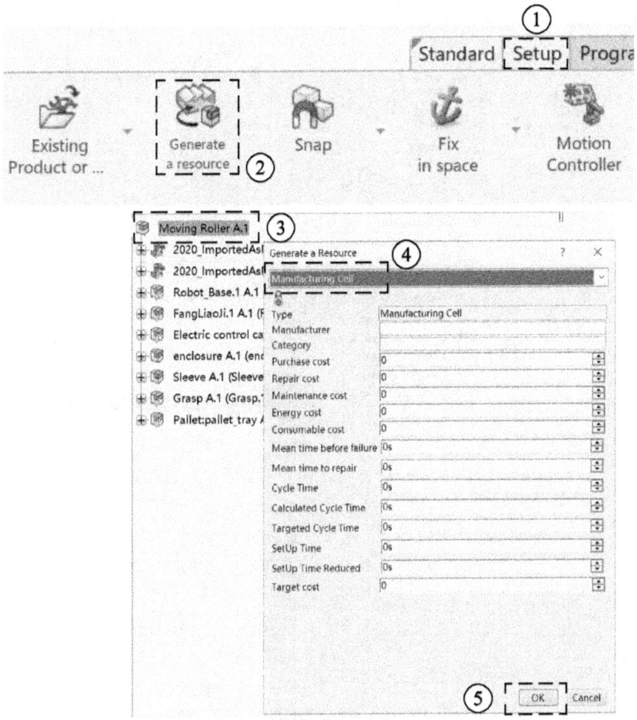


图 12-7　定义制造单元资源

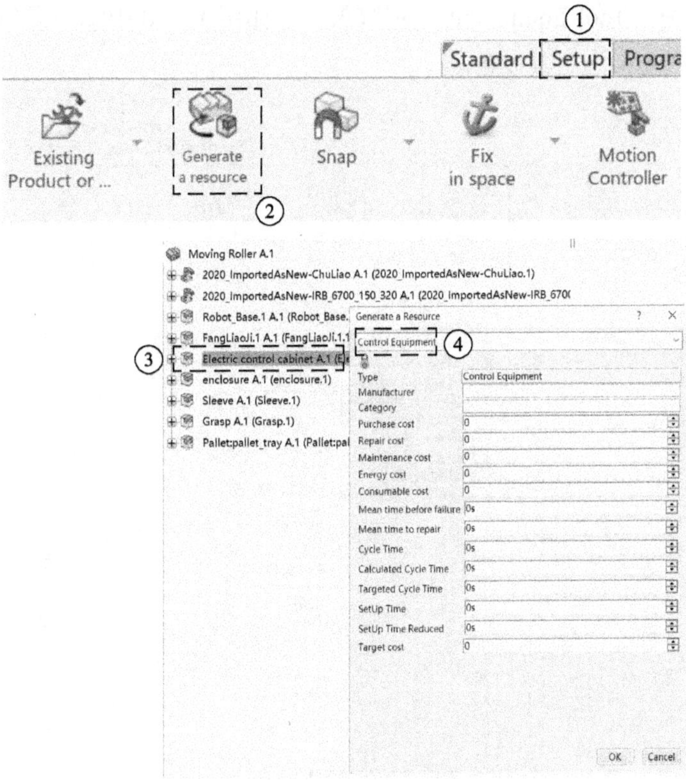


图 12-8　定义控制设备资源

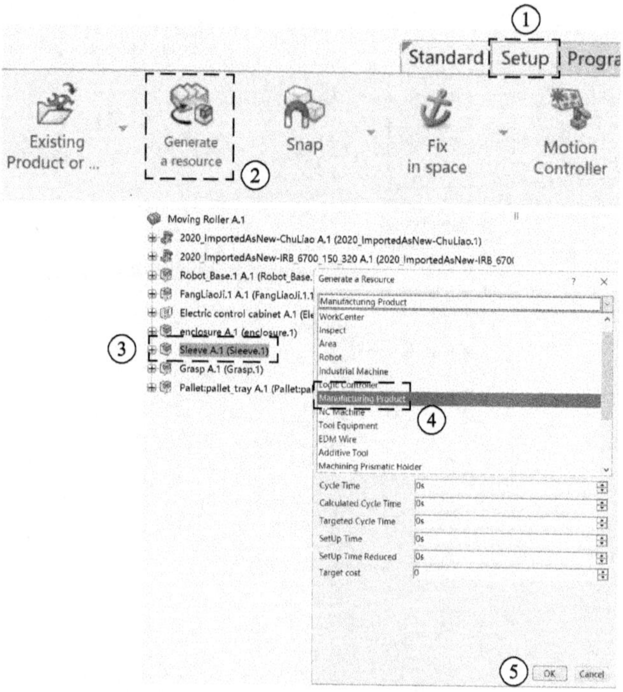


图 12-9 定义制造产品资源

Step5：把抓手定义为工具设备资源，依次单击“Setup”→“Generate a resource”→“Grasp A.1（Grasp.1）”→“Tool Equipment”→“OK”，如图 12-10 中①～⑤所示。定义完成后图标由物理产品变换为工具设备。

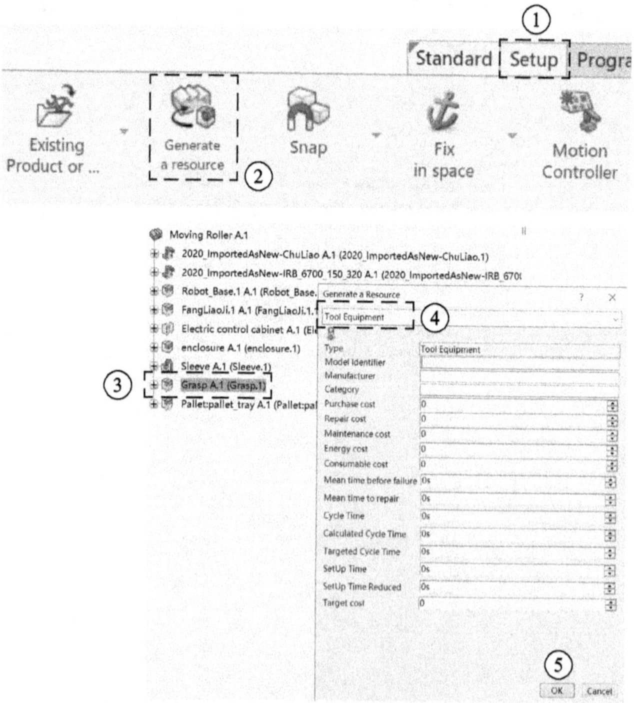


图 12-10 定义工具设备资源

至此已经完成了制造单元资源、控制设备资源、制造产品资源、工具设备资源的定义。

Step6：刀具设备定义。右击“Grasp A.1（Grasp.1）”，依次单击“Grasp.1 object”→“Open in New App”，如图 12-11 所示，在新窗口打开抓手，在新打开的窗口中完成刀具的定义。

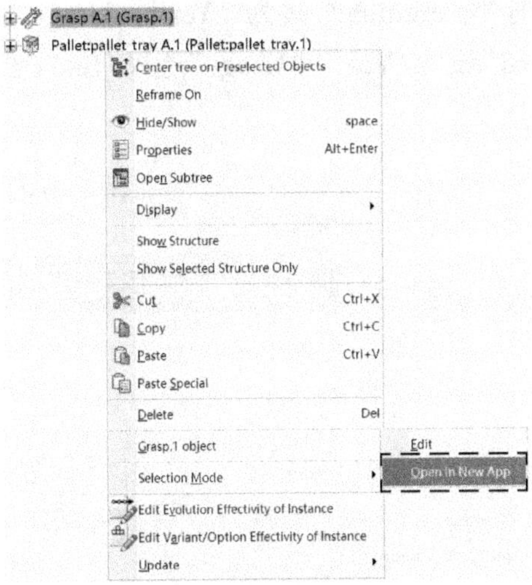


图 12-11　单独打开抓手

有关工业机器人和刀具设备如何进行约束的操作，详见 10.4 节的操作，这里不再详细叙述。需要注意的是：在这个案例中，把传送带设备也定义为工业机器人资源。

## 12.2　码垛机器人资源定义

工业机器人系统主要由工业机器人本体、工业机器人控制柜、示教器等组成。将 Electric control cabinet 定义为控制设备资源后，可以用此控制柜来控制工业机器人设备。

Step1：定义运动控制器如图 12-12 所示。在 3D 仿真环境下单击“Setup”→“Motion Controller”，选择特征树列表的控制设备资源“Electric control cabinet A.1（Electric control cabinet）”（若特征树被隐藏，则按 <F3> 键弹出特征树进行选择），此时弹出运动控制器对话框。

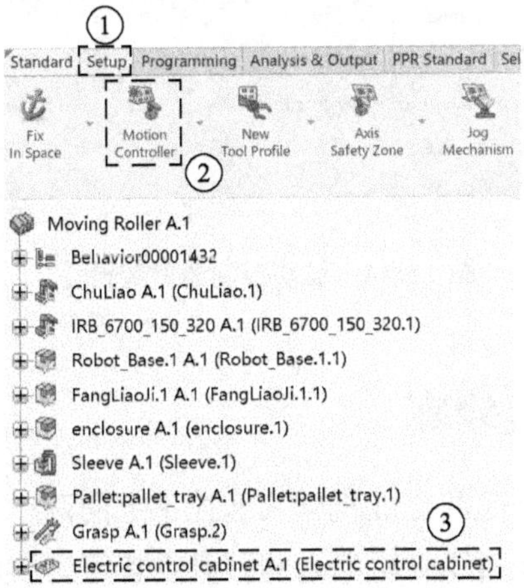


图 12-12　定义工业机器人运动控制器

对特征树的设备名称进行修改后，运动控制器里面的名称并未进行更新，但单击运动控制器里的设备名称，会在特征树中进行高亮显示，以此作为选择关联工业机器人的依据。

Step2：把工业机器人抓手和工业机器人设备主体由同一个控制柜控制。如图 12-13 所示，IRB_6700 工业机器人的“Controlled”设为“Yes”，Usage“选择 Arm”→抓手“Electric control cabinet”的“Controlled”设为“Yes”，“Usage”选择“End Of Arm Tooling”→单击“OK”，关闭对话框。

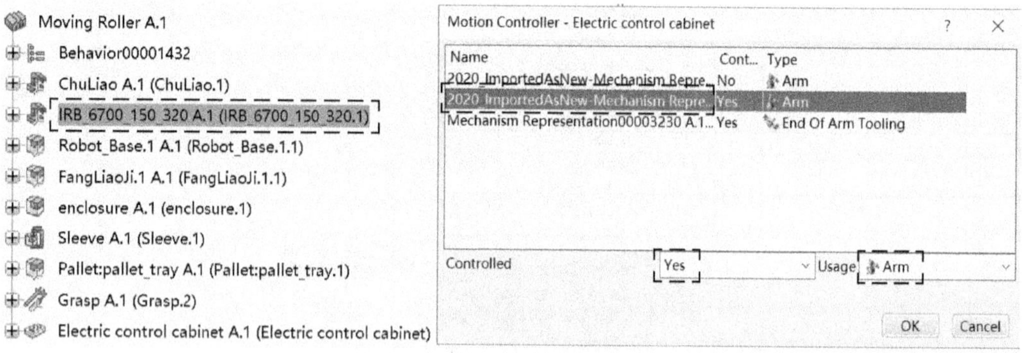


图 12-13 运动控制器参数设置 1

Step3：单击“Jog Machanism”→选择工业机器人 IRB_6700，弹出 Jog 对话框。如图 12-14 所示，在“Joint Values”选项组可以看到目前被控制的两个设备，一个是工业机器人 IRB_6700_150_320.1，一个是抓手。可以拖动进度条来控制工业机器人姿态和抓手开合。移动工业机器人的 TCP 罗盘，发现抓手并没有跟随工业机器人一起运动。这是因为还没有将工业机器人和抓手关联起来，接下来将介绍如何关联工业机器人与抓手。

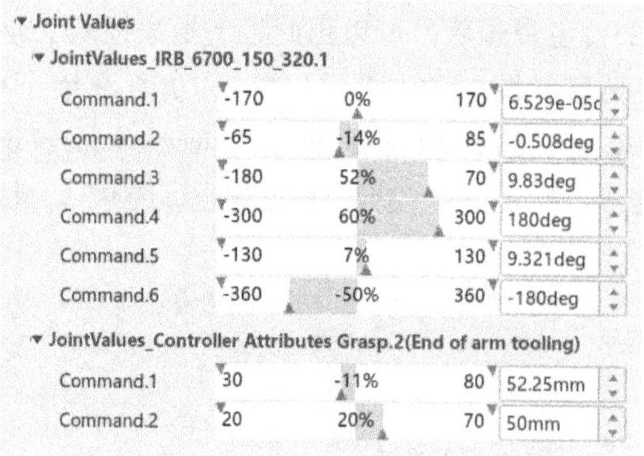


图 12-14 运动控制器参数设置 2

## 12.3 安装刀具和设置轮廓

由于安装工具设备的本质是将工业机器人和抓手上的两个定位坐标重合关联起来，因此在安装工业机器人抓手前需要对工业机器人和刀具设备定义端口。工业机器人的第六轴末端法兰盘的中心定义为工具端口，抓手基座安装端定义为基座端口，抓手端定义为 TCP 端口，所有设备端口完成定义后，进行安装抓手的操作。

在 3D 仿真环境模式下单击“Setup”→“Set Tool”，选择工业机器人和抓手，此时工业机器人和抓手会默认跳到 Parent 和 Child 的选项中，夹爪会自动吸附到工业机器人六轴末端，如图 12-15 中①～④所示。如图 12-16 所示，当抓手不是想要的角度和方向时，可以转动高亮的 3D 罗盘调整夹爪的方向，单击“OK”按钮完成夹爪的安装。

值得注意的是，在定义刀具时能自动选择 Parent 和 Child 的前提是，工业机器人和抓手的端口要设置好，否则要重新在下拉菜单“Mount Location”和“Base Location”中进行选择。

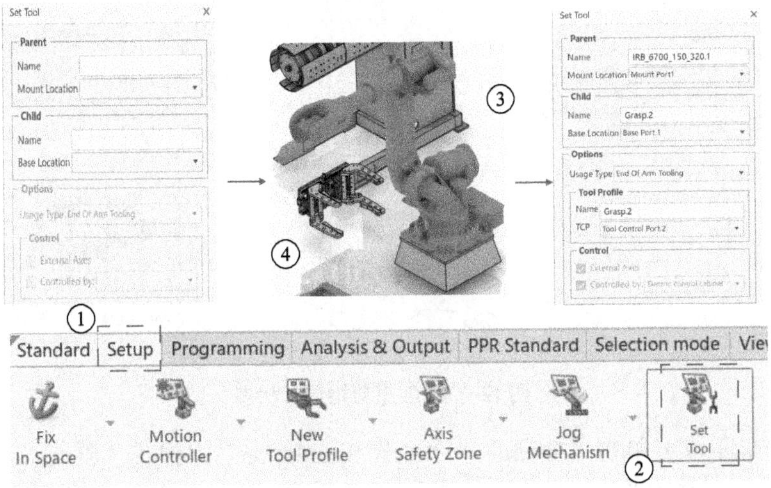


图 12-15　安装抓手

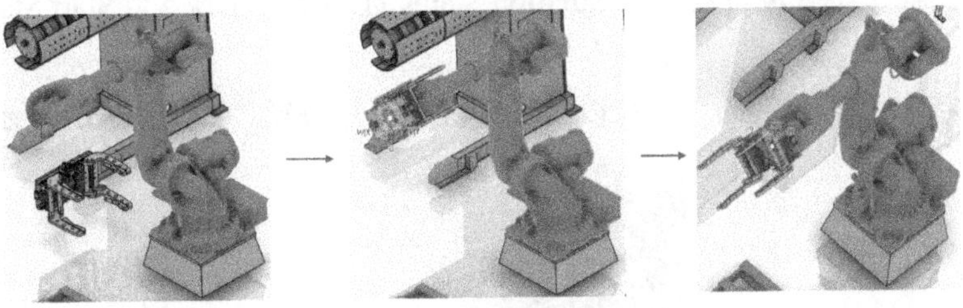

图 12-16　调整抓手方向

工业机器人吸附刀具的具体步骤已经在第 10 章进行了详细阐述，下面仅列出主要安装步骤：

1）端口及其类型的定义。

2）安装刀具。

3）设置运动轮廓。

4）修改运动轮廓。

下面进行仿真状态管理。仿真状态相当于快照，定义了资源生产者的瞬态状态。一般在进行工业机器人仿真之前定义一个原始的仿真状态，然后定义工业机器人动作。当工业机器人进行了一系列复杂的搬运、码垛动作后，双击仿真状态，即可快速将设备、产品还原到初始位置。以上述的工业机器人仿真场景为例，创建一个初始仿真状态，并命名为 Start State，如图 12-17 所示。具体步骤说明如下：

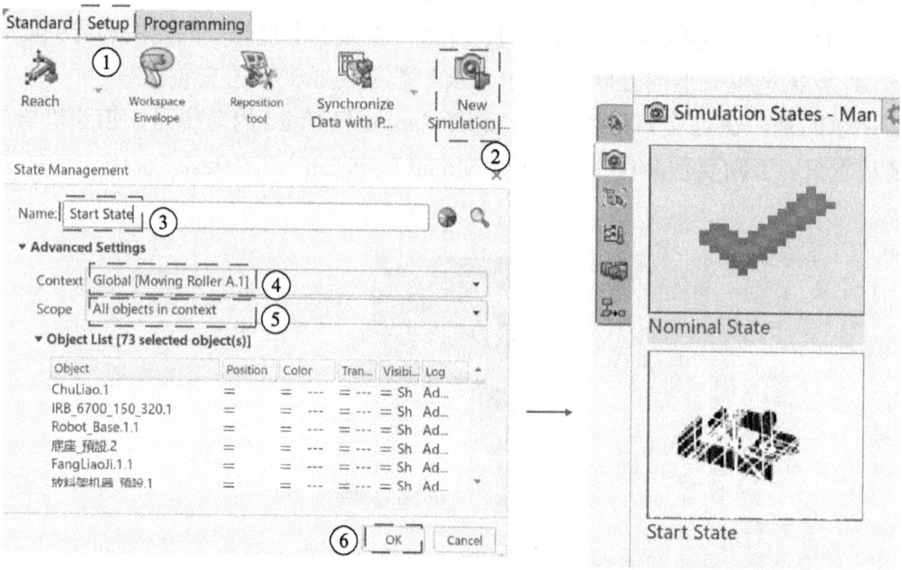


图 12-17　创建初始仿真状态

在 3D 仿真环境下单击“Setup”→“New Simulation”，弹出“State Management”对话框，将“Name”名称改为“Start State”，设置“Advanced Settings”选项组的“Context”为“Global”、“Scope”为“All objects in context”，单击“OK”按钮，如图 12-17 中①～⑥所示。可以看到在沉浸式浏览器的 Simulation States 选项卡中出现了“Start State”仿真状态，如图 12-17 所示。

右击仿真状态“Start State”，可以对仿真状态进行编辑，如图 12-18 所示。

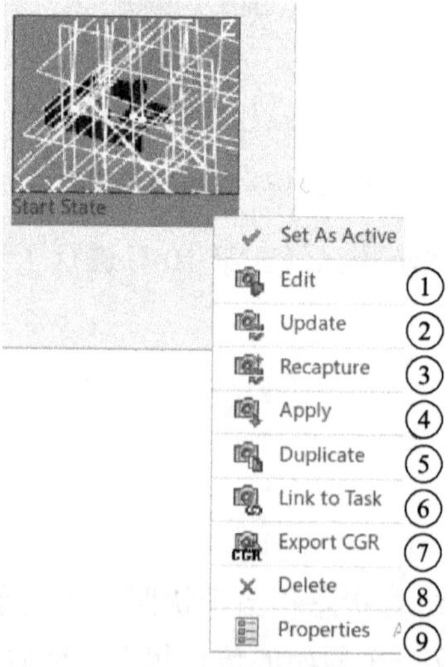


图 12-18　仿真状态选项

仿真状态各选项的作用如下：

① Edit（编辑）：可以重命名仿真状态、勾选需要定义仿真状态的设备，如图 12-19 所示。

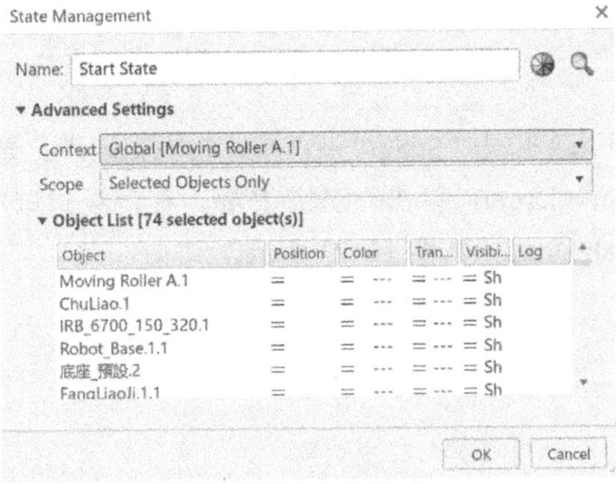


图 12-19 仿真状态编辑

② Update（更新）：记录当前状态作为仿真状态。

③ Recapture（重计算）：更新当前仿真状态并创建一个新的仿真状态。

④ Apply（应用）：当有多个仿真状态时单击应用切换仿真状态。

⑤ Duplicate：复制并创建一个新的仿真状态。

⑥ Link to Task（链接到任务）：开始任务时以该仿真状态作为起始状态，如图 12-20 所示。

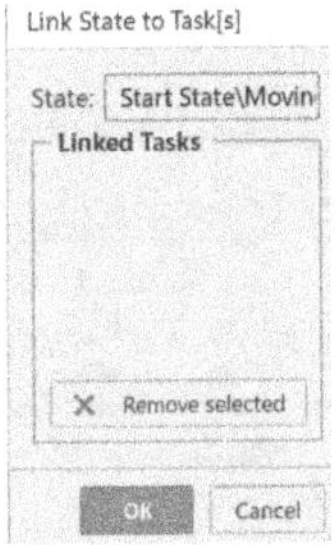


图 12-20 链接到任务

⑦ Export CGR（导出 CGR 文件）：无参且轻量化的数据文件，如图 12-21 所示。

图 12-21 导出 CGR 文件

⑧ Delete：删除当前仿真状态。

⑨ Properties：选择仿真状态属性，显示 3D 仿真状态的名称、CGR 名称、序列号、修改日期等属性，如图 12-22 所示。

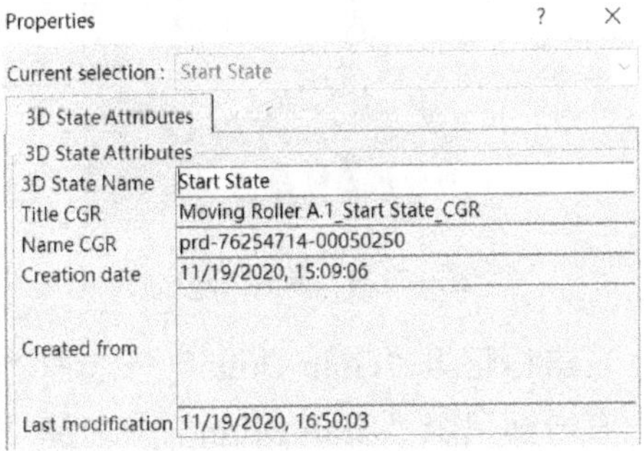


图 12-22 仿真状态属性

# 12.4 标记与标记组定义

## 12.4.1 管理标记

管理标记步骤如下：

Step1：在 3D 仿真环境下单击“Setup”→“New Tag Group”，弹出“TagGroup”对话框，将“Name”重命名为 Grab Drum，单击“OK”按钮，在沉浸式浏览器的“Behavior”选项卡中显示新建标记组 Grab Drum，如图 12-23 所示。

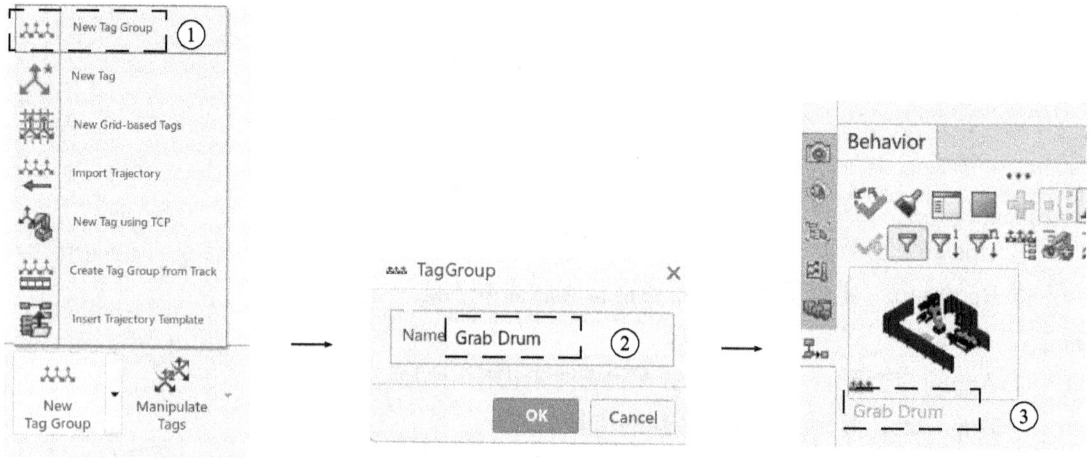


图 12-23 新建标记组 Grab Drum

Step2：给标记组 Grab Drum 添加标记点。右击标记组“Grab Drum”→单击“New Tag”→在传动带建立标记点，单击空白处确定，则在传送带末端添加 Tag1，如图 12-24 所示。

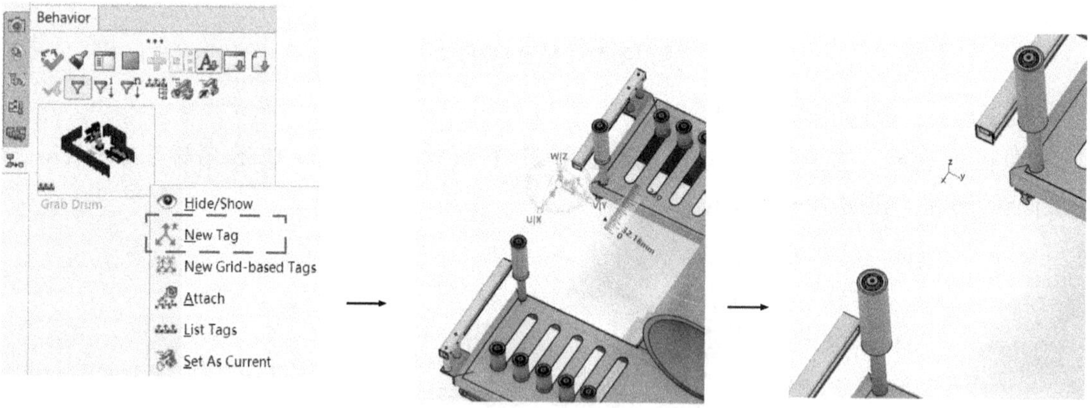


图 12-24 新建 Tag1

Step3：用同样的方法，右击标记组“Grab Drum”→选择“New Tag”，在托盘中心建立 Tag2，单击空白处确定；右击标记组“Grab Drum”→选择“New Tag”，在涨紧机中心法兰盘中心建立 Tag3，单击空白处确定，如图 12-25 所示。

图 12-25　新建 Tag2 和 Tag3

## 12.4.2　操作标记

操作标记步骤如下：

Step1：在沉浸式浏览器中可以查看标记，单击“Behavior”选项卡→双击“Grab Drum”标记组，弹出“Trajectory Editor”选项卡。在该选项卡中，可以看到上节建立的三个标记点及其坐标位置。当单击每一行时，选中的标记点会在操作区域高亮显示，如图 12-26 所示。

Step2：选中“Tag2”右击→选择“Copy”→选择第三行 Tag3 右击→选择“Paste After”，可以看到在标记组中创建了新标记点 Tag4，如图 12-27 所示。

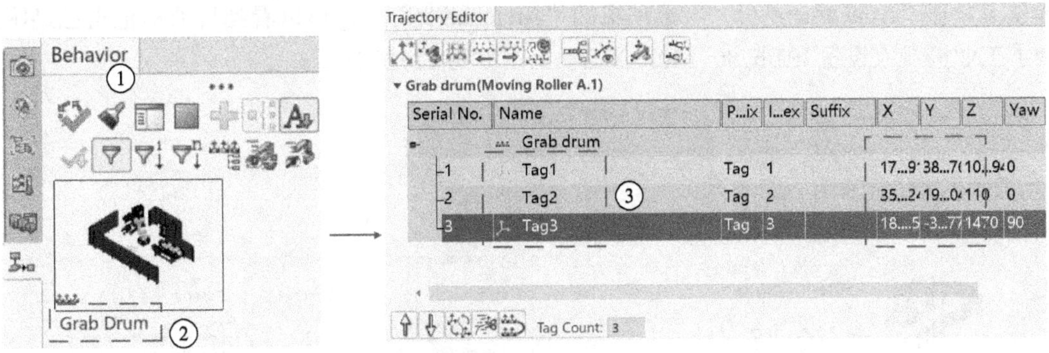


图 12-26　查看标记点

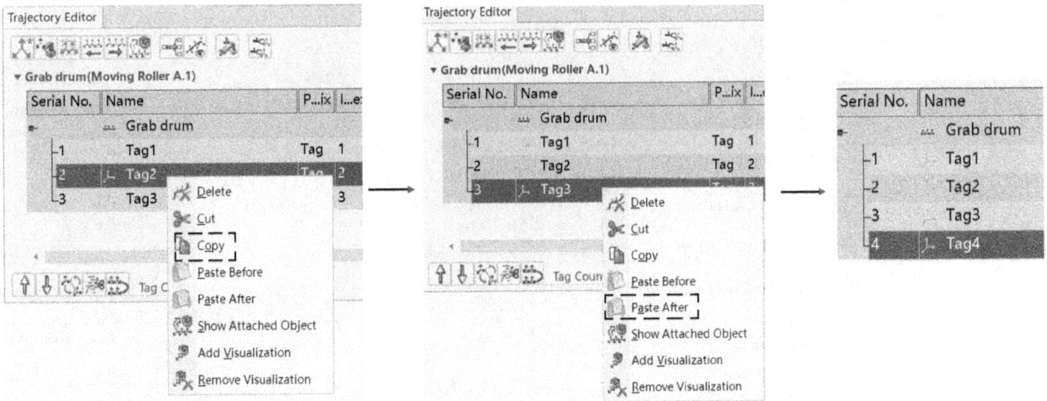


图 12-27　创建 Tag4 标记点

## 12.4.3 将标记组附加给工业机器人

将标记组附加给工业机器人，在对工厂布局进行调整时，标记点和工业机器人的相对位置保持不变，即标记位置会跟着工业机器人位置一起移动，且工业机器人会根据标记点自动定位位置，调整姿态。附加（Attach）命令如图 12-28 所示。

图 12-28 Attach 命令

在标记组的“Properties”对话框中可以查看标记组附加的设备。具体操作为：右击 Grab Drum 标记组，选择“Properties”，在弹出的“Properties”对话框中，单击“TagGroup”选项卡，在“Attachment（s）”选项组的“Attached to”中，可以看到目前标记组已经附加到了工业机器人设备 IRB6700_150_320.2.1 上，如图 12-29 所示。

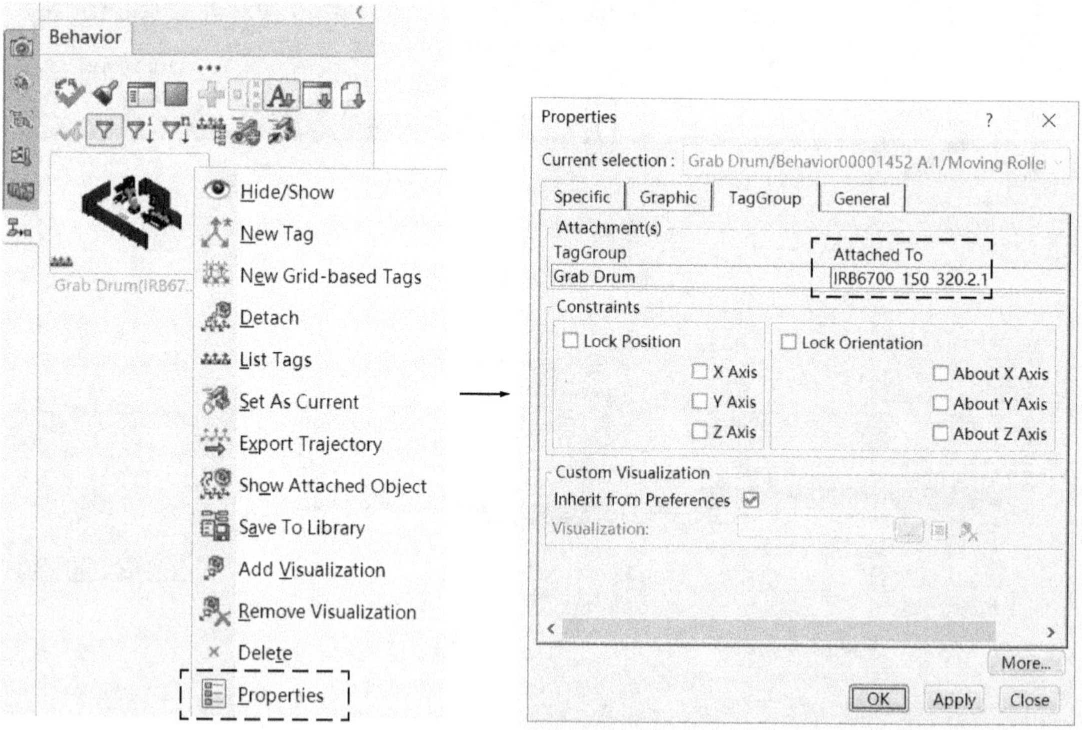


图 12-29 查看附加设备

**注意**：当用另一组标记进行工业机器人调试时，必须先将工业机器人的当前标记组卸载分离，再吸附上新的标记组。分离标记组步骤：在 3D 仿真环境下，单击沉浸式浏览器的“Behavior”选项卡→右击需要拆分的标记组（Grab Drum）→选择“Detach”，如图 12-30 所示。

图 12-30　分离标记组

## 12.4.4　复制并重命名标记组

复制标记组（Grab Drum）并将其重命名为 Grab Drum_1。复制标记组的具体步骤为：单击沉浸式浏览器的“Behavior”选项卡→按 <Ctrl+C> 键→按 <Ctrl+V> 键，“Behavior”选项卡出现复制的标记组 CopyOfGrab Drum。重命名标记组的步骤为：右击“Copy of GrabDrum”，选择“Properties”，在“Properties”对话框中单击“General”，在“Label”选项后输入 Grab Drum_1，如图 12-31 所示。

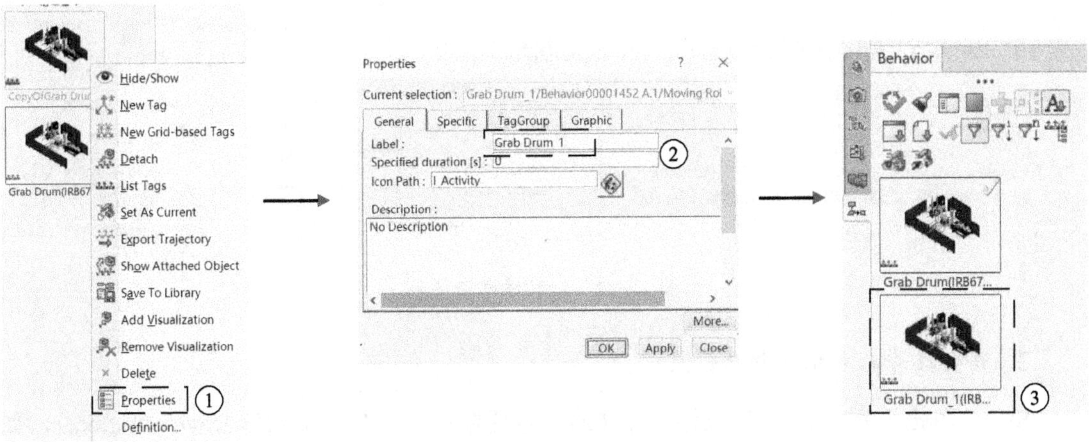


图 12-31　重命名标记组

## 12.5 示教传送带任务 Coneyor_1

对传送带进行示教，其步骤如下：

### 1. 新建传送带任务

具体步骤如图 12-32 所示。

Step1：在沉浸式浏览器中单击 Sequecing 选项卡，在“Resource”选项下右击“ChuLiao”资源，选择“New Device Task”如图 12-32 中①、②所示。

Step2：在弹出的“Create Task”对话框中，对传送带任务重命名为 Coneyor，勾选“Create As Service”，单击“OK”按钮。可以观察到，在 ChuLiao.1 资源下多了一个 Conveyor 任务，如图 12-32 中③、④所示。

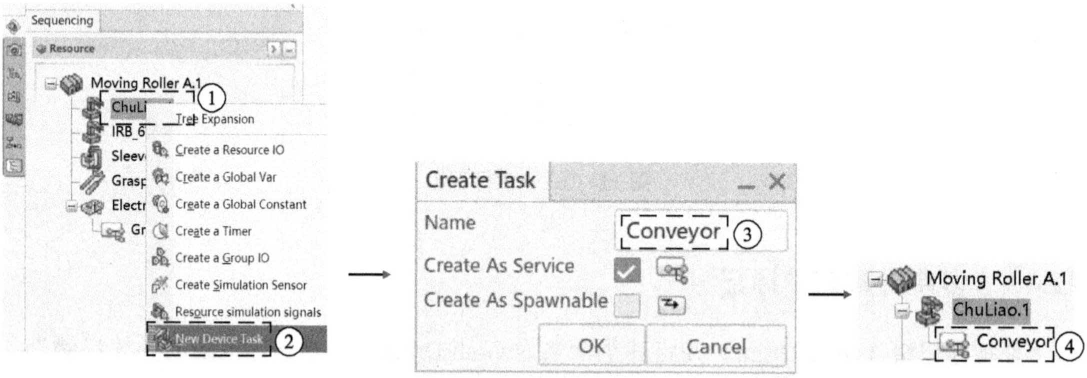


图 12-32 新建传送带任务

Step3：在 3D 仿真环境下单击“Programming”→“Teach”，选择沉浸式浏览器的“Sequencing”选项卡，在“ChuLiao.1”下选择“Conveyor”，对传送带任务进行示教，如图 12-33 所示。

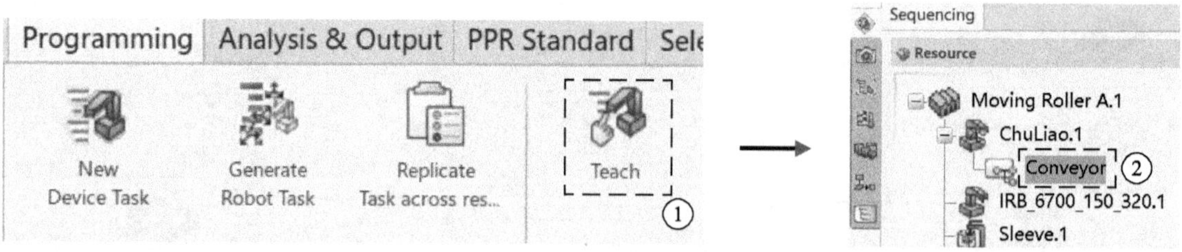


图 12-33 示教传送带任务

### 2. 给传送带任务插入初始位置

Step：单击浮框的“”按钮，在 Teach 对话框中出现第一个动作 DeviceMotion.1，如图 12-34 所示。

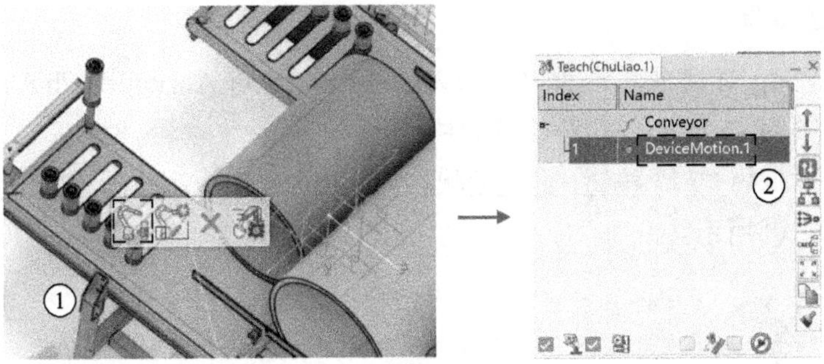


图 12-34　传送带任务插入初始位置

3. *添加抓取动作*

Step1：在软件右边框单击工具栏，打开逻辑控制选项卡→选择抓取按钮，如图 12-35 中①、②所示。

Step2：在弹出的“Grab Activity”对话框中，“Grab Properties 选项组的“Mode”项选择“Pick and Drop”，“Grabbing Object”项定义为“Tool Control Port.1”，一个个单击图形上的滚筒，每选择一个滚筒，都会在“Grab Activity”对话框中添加滚筒信息，最后单击“OK”按钮，如图 12-35 中③～⑦所示。在 Teach 对话框中出现 Grab.1 动作，如图 12-35 中⑧所示。

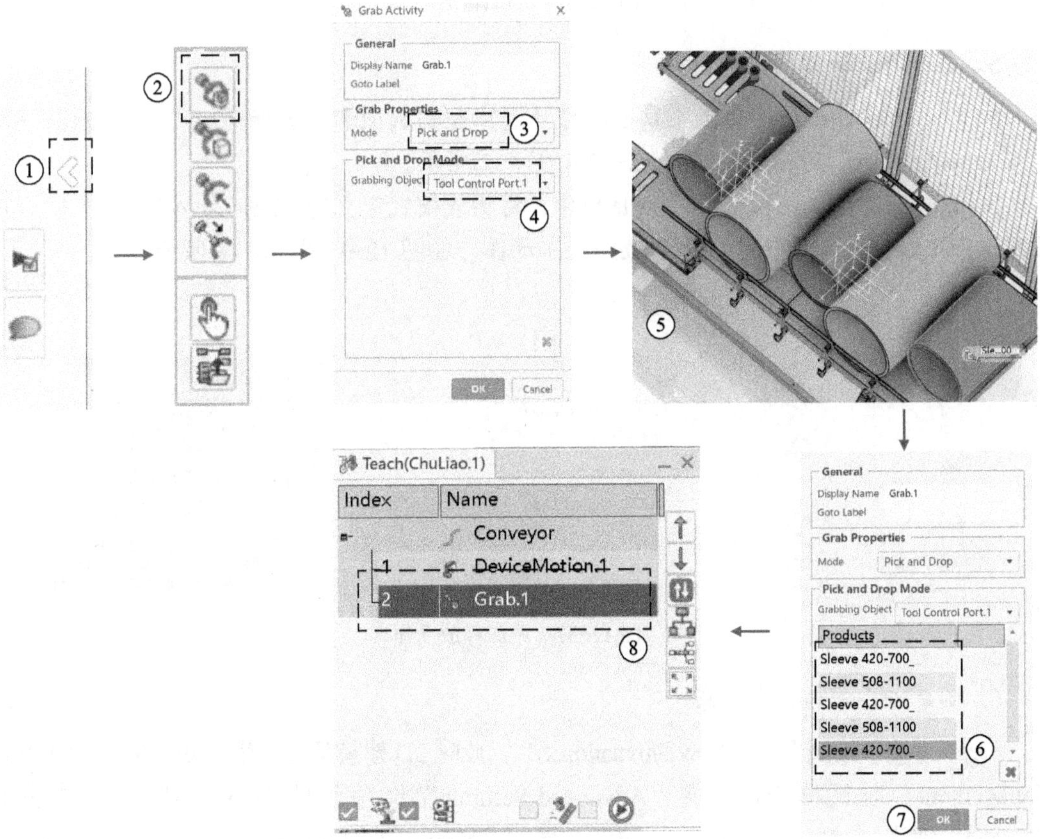


图 12-35　添加抓取动作

4. *添加传送动作*

Step1：打开 Jog 对话框，设置“JointValues_Controller Attributes ChuLiao.1”选项组的“Command.1”项为 450mm，如图 12-36 中①所示。

Step2：单击浮框的“ ”按钮，此运动状态记录在 Teach 对话框中，名称为 DeviceMotion.2，如图 12-36 中②、③所示。

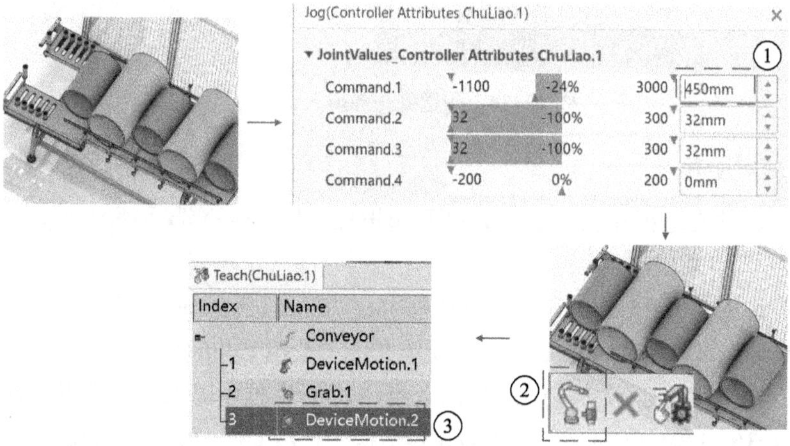


图 12-36 添加传送动作

5. *添加释放动作*

Step1：在软件右边框单击工具栏，打开逻辑控制选项卡→选择释放“ ”按钮，弹出“Release Activity”对话框，如图 12-37 中①、②所示。

Step2：在“Release Activity”对话框中，将释放模式定义为“Release All”，单击“OK”按钮，在 Teach 对话框中即可出现 Release.1 动作，如图 12-37 中③、④所示。

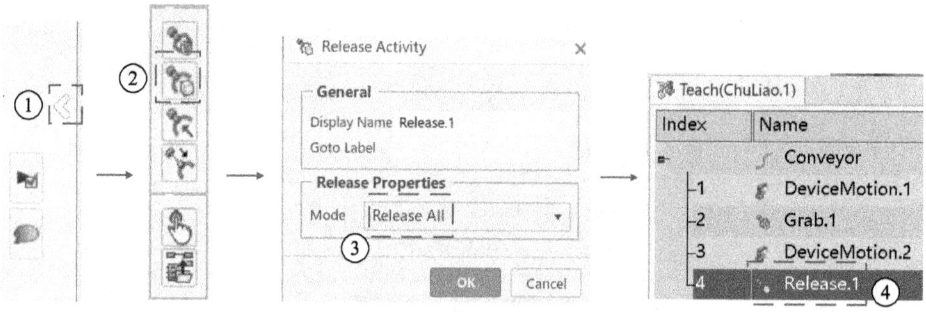


图 12-37 添加释放动作

6. *创建一个新的仿真状态*

Step：单击“Setup”→“New Simulation…”，此时 3D 建模颜色发生改变，在弹出的“State Management”对话框中，设置“Advanced Settings”选项组的“Context”项为 Global，“Scope”项为“All objects in context”，更改“Name”为 Conveyor Move_1。在沉浸式浏览器的 Simulation States 选项卡中出现了新的仿真状态 Conveyor Move_1，如图 12-38 所示。

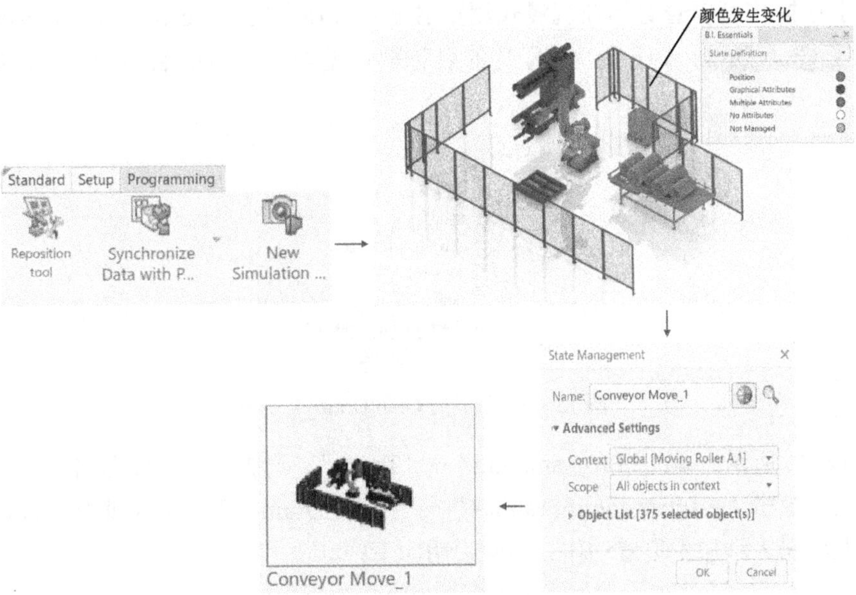


图 12-38　添加新仿真状态 Conveyor Move_1

## 12.6　示教工业机器人任务 Grab Drum_1

前面已经创建关键标记点，接下来通过标记点生成工业机器人任务，步骤如下：

Step1：在 3D 仿真环境下单击“Programming”→“Generate Robot Task”，选择沉浸式浏览器的序列选项卡→选择“IRB_6700_150_320.1”（也可以直接在操作界面选择工业机器人），如图 12-39 中①、②所示。

Step2：选择沉浸式浏览器的行为选项卡→“Grab Drum_1”标记组，此时在“Create Operation”对话框中添加了 Grab Drum_1 标记组，单击“OK”按钮完成设置，如图 12-39 中③、④所示。

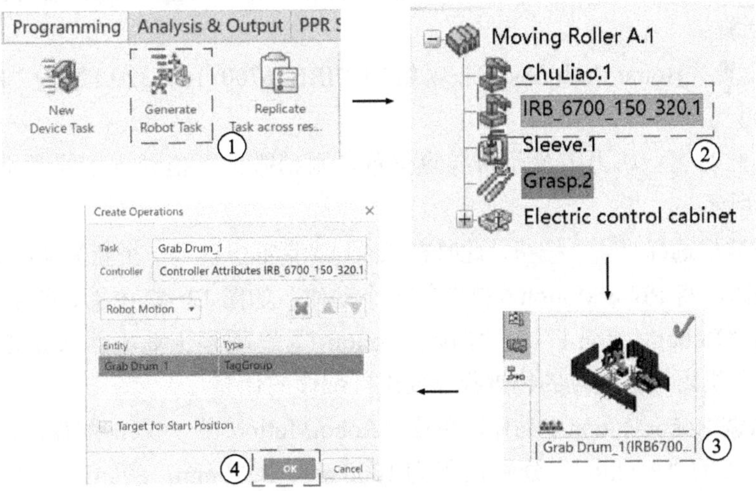


图 12-39　从标记组生成任务

完成上述操作可以查看到在沉浸式浏览器序列选项卡的“Electric control cabinet”子菜单下生成了 Grab Drum_1 任务，此任务的名称默认是与标记组的名称一致的，如图 12-40 所示。

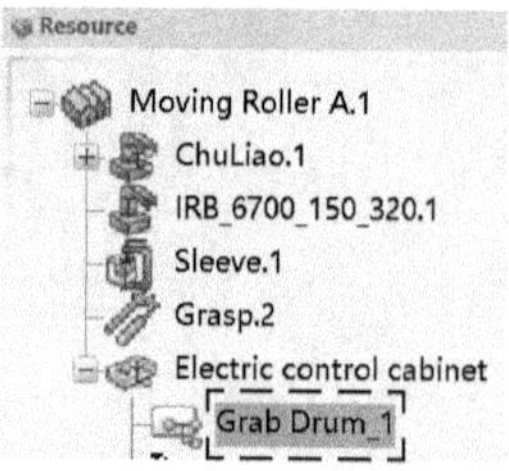


图 12-40 生成的 Grab Drum_1 任务

如图 12-41 所示，单击“Programming”→“Teach”，选择沉浸式浏览器的“Sequencing”选项卡，依次单击“Electric control cabinet”→“Grab Drum_1”，对工业机器人任务进行示教，给工业机器人添加主位置动作。步骤说明如下：

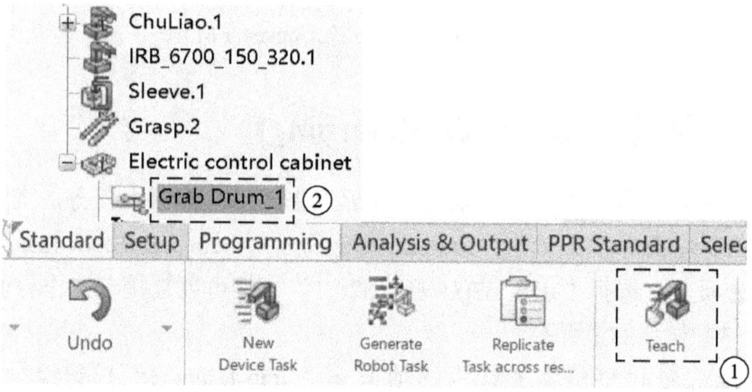


图 12-41 示教机器人任务

Step1：在弹出的 Teach 对话框中，勾选左下角“”按钮，如图 12-42 中①所示，弹出“Jog”对话框。

Step2：设置“Home Positions”选项组的“IRB_6700_150_320.1”为“Home_1”，如图 12-42 中②所示。

**注意**：若此时工业机器人处于奇异点位置，则稍微上下拖动一下罗盘避过奇异点，如图 12-42 中③所示。

Step3：在浮框选择“”按钮，此时在 Teach 对话框出现了一个新的动作 RobotMotion.5，单击“”按钮，将 RobotMotion.5 排在第一个动作，如图 12-42 中④、⑤所示。

依次单击“RobotMotion.1”～“RobotMotion.4”，观察工业机器人姿态是否正确。可以发现每个工业机器人标记点的位置都需要进行细微的调整。

Step4：微调 RobotMotion.1 动作。单击“RobotMotion.1”→双击罗盘，弹出调整罗盘对话框，X、Y、Z 的“Position”分别设置为 1800mm、3270mm、890mm，“Angle”设置为 −90deg、90deg、0deg，工业机器人姿态变化，单击“Apply”→单击浮框的“”按钮，如

图 12-43 中①～⑤所示。此时，再单击 Teach 对话框的“RobotMotion.1”，工业机器人的姿态被新坐标修改。

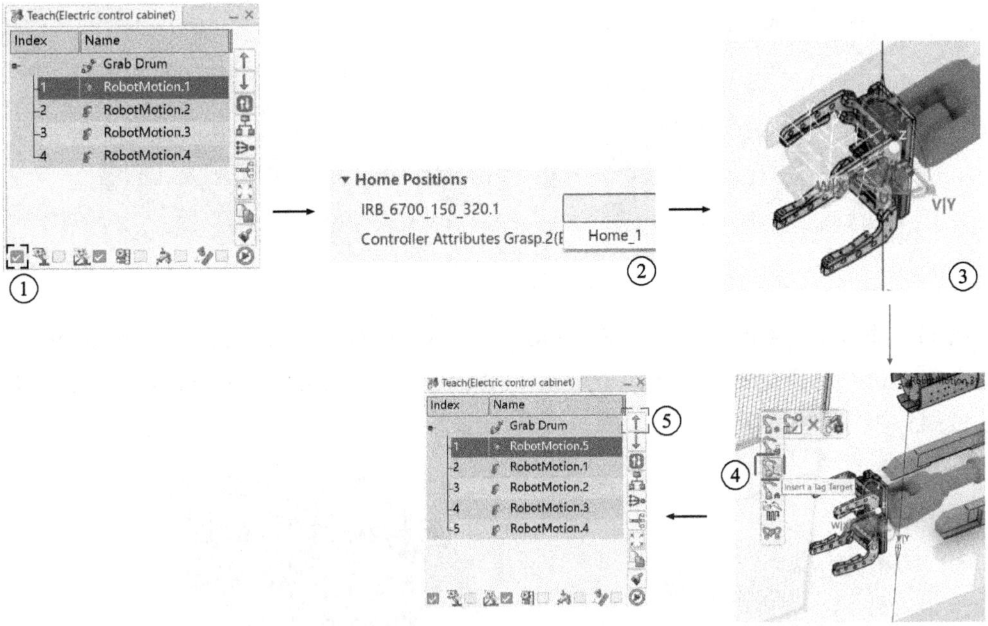


图 12-42　添加主位置动作

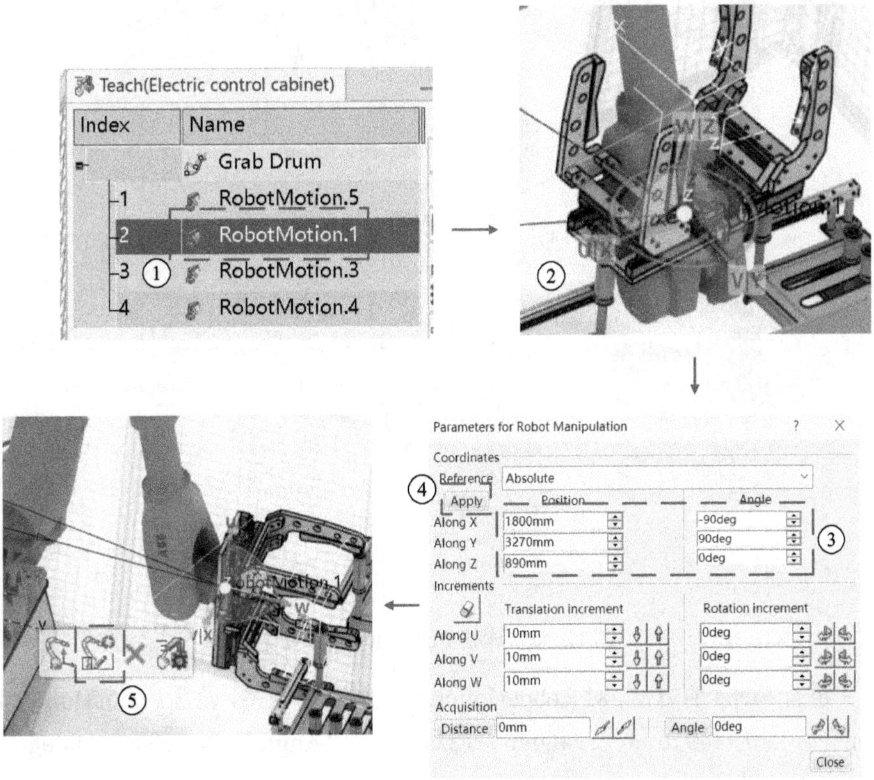


图 12-43　调整 RobotMotion.1 姿态

Step5：RobotMotion.2 动作多余，可删除。单击“RobotMotion.2”，在浮框单击“×”按钮删除此动作，如图 12-44 所示。

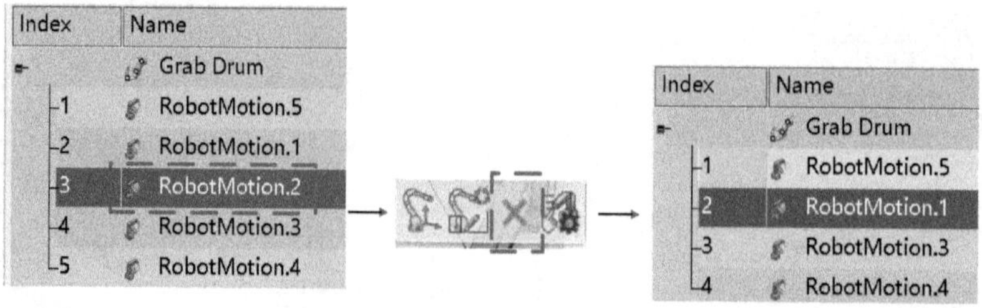


图 12-44　删除动作

Step6：重复 Step4 的方法，对 RobotMotion.3 动作进行调整，设置 RobotMotion.3 的 X、Y、Z“Position”分别为 2314mm、−65mm、1480mm，“Angle”为 −180deg、90deg、90deg，如图 12-45 中①～⑤所示。

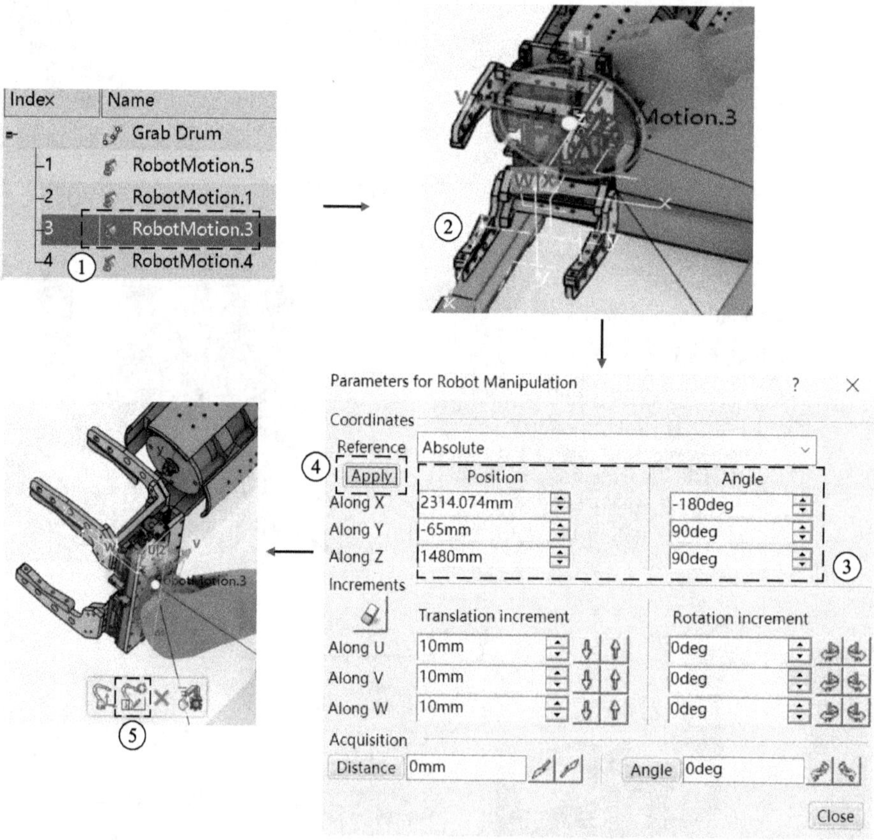


图 12-45　调整 RobotMotion.3 姿态

Step7：重复 Step4 的方法，对 RobotMotion.4 动作进行调整，设置 RobotMotion.4 的 X、Y、Z“Position”分别为 3497mm、1946mm、1229mm，“Angle”为 −90deg、0deg、−90deg，如图 12-46 中①～⑤所示。

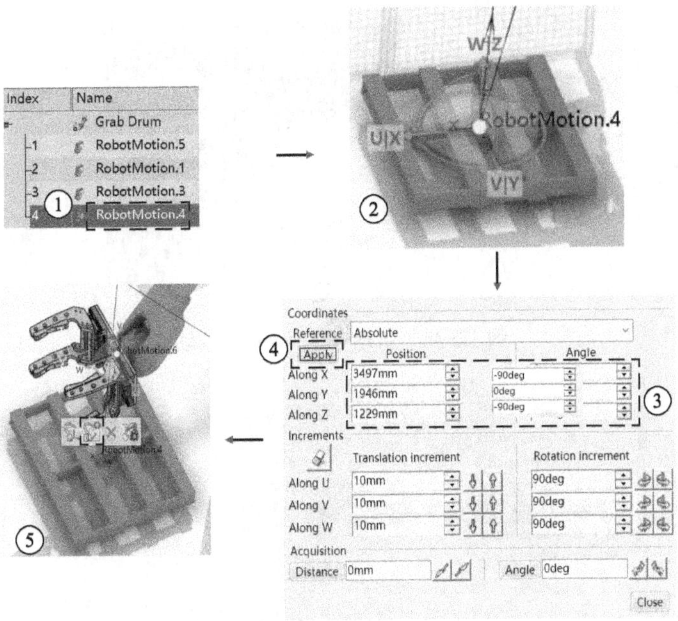

图 12-46　调整 RobotMotion.4 姿态

Step8：增加一个回主位置的动作 RobotMotion.5。复制 RobotMotion.1 动作，选中“RobotMotion.5”，右击，在弹出的快捷菜单中选择“Copy”，依次单击“RobotMotion.4”→“Paste After”，如图 12-47 所示。

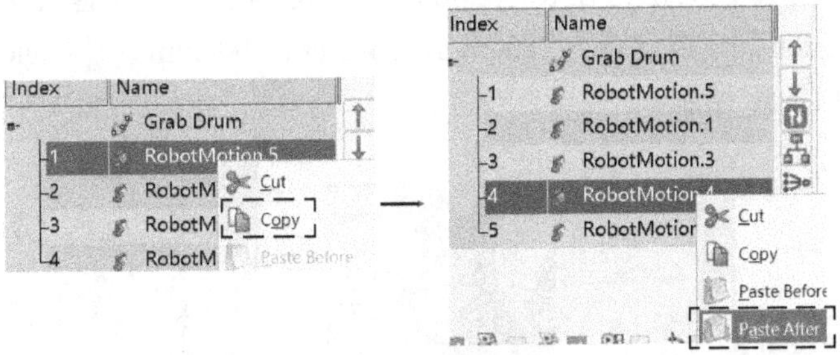

图 12-47　复制 RobotMotion.5

至此工业机器人 IRB6400 的基本动作已经完成定义，接下来增加抓取和释放套筒动作，同时为了保持不干涉，需要增加动作并微调前几个动作。

Step9：单击“Programming”→“Teach”，打开“Teach”对话框，依次示教 5 个动作，发现 RobotMotion.5 和 RobotMotion.1 的动作间有干涉。

Step10：在 RobotMotion.5 后面新建一个动作 RobotMotion.6 避免干涉。单击“Teach”对话框的“RobotMotion.5”，双击操作界面罗盘，弹出“Parameters for Robot Manipulation”对话框。如图 12-48 中①～④所示，设置 X、Y、Z“Position”分别为 1800mm、3190mm、1580mm，“Angle”为 0deg、90deg、90deg→单击“Apply”→单击浮框的“”按钮，创建出 RobotMotion.6 动作。

Step11：将 RobotMotion.1 的运动类型改为线性运动。右击 Teach 对话框的“RobotMotion.1”，依次选择“Motion Type”→“Linear Move”，如图 12-49 中①～③所示。

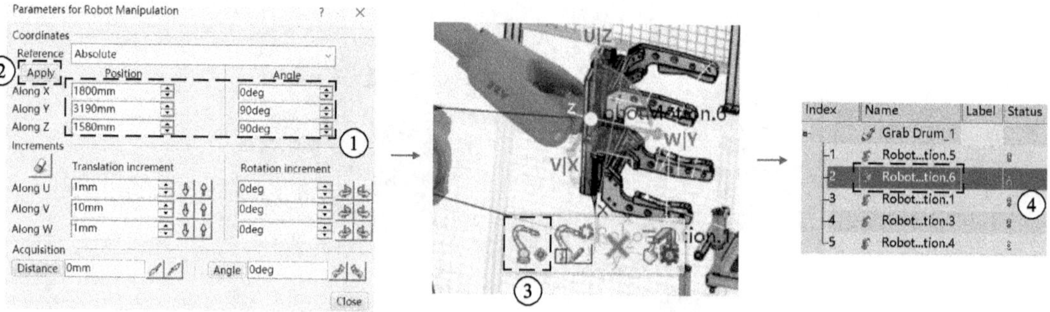


图 12-48　新建 RobotMotion.6 动作

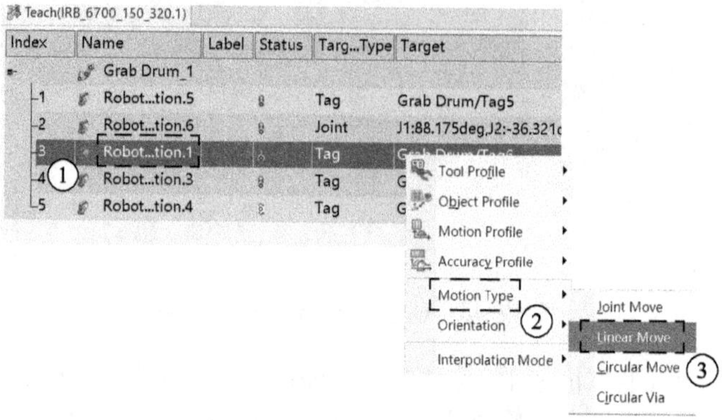


图 12-49　修改 RobotMotion.1 运动类型

Step12：重复 Step10 的方法，在 RobotMotion.1 后面增加一个抓套筒动作 RobotMotion.7，其 X、Y、Z 的“Posion”分别设置为 1800mm、3640mm、900mm，“Angle”设置为 –90deg、90deg、0deg，如图 12-50 所示。

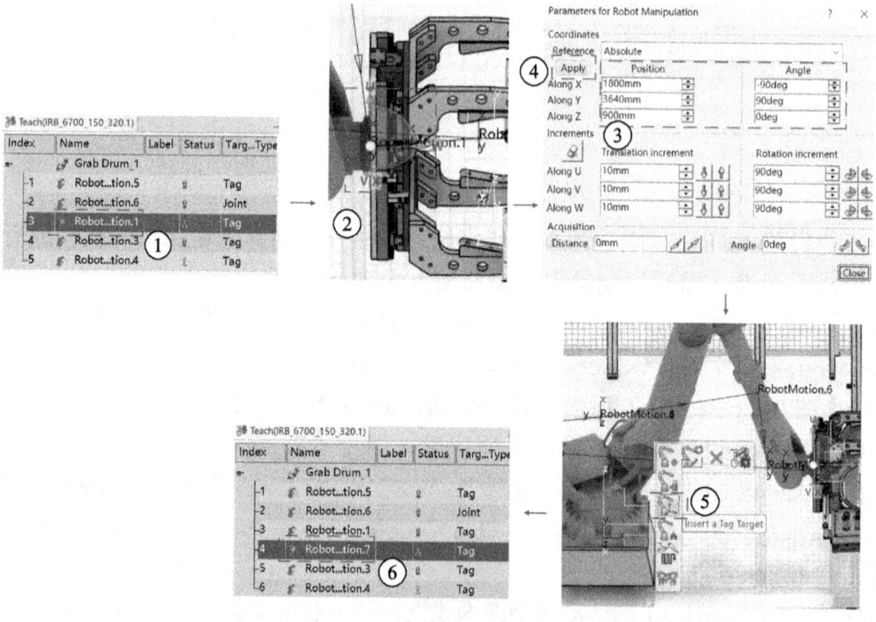


图 12-50　增加 RobotMotion.7 动作

Step13：在 RobotMotion.7 后面增加一个夹爪夹紧套筒的动作 RobotMotion.8。在 Teach 对话框中单击“RobotMotion.7”动作，勾选“ ”按钮，将“Joint Values”选项组“Joint Values_Controller Attributes Grasp.2（End of arm tooling）”项的“Command.1”调为 80mm，“Command.2”调为 70mm，依次单击“Apply”→浮框的“ ”按钮，增加动作 RobotMotion.8，如图 12-51 所示。

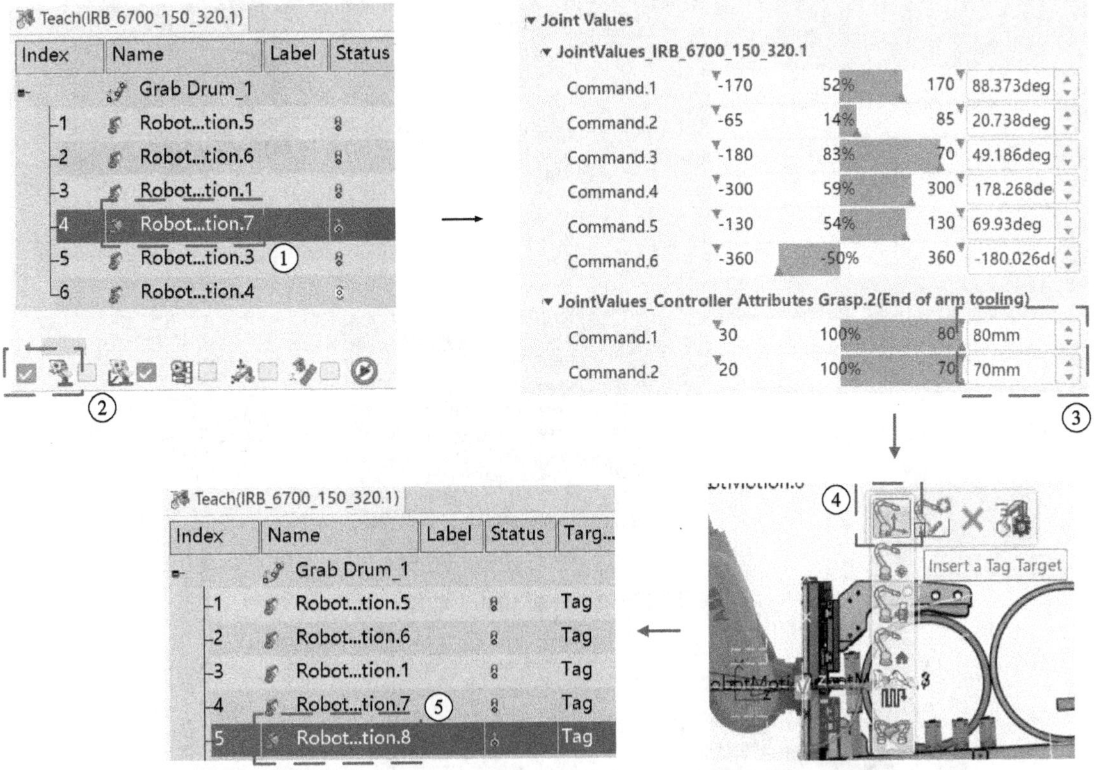


图 12-51　增加 RobotMotion.8 动作

Step14：创建抓取动作。在软件右边框单击工具栏，打开逻辑控制选项卡，选择抓取“ ”按钮，弹出“Grab Activity”对话框，设置“Grab Properties”选项组的“Mode”为“Pick and Drop”，“Pick and Drop Mode 选项组的“Grabbing Object”为“Tool Control Port.1”。单击第一个滚筒，在“Grab Activity”对话框中添加滚筒信息，最后单击“OK”，在 Teach 对话框中出现 Grab.1 动作，如图 12-52 中①～⑧所示。

Step15：增加一个工业机器人提升套筒的动作。双击 TCP 罗盘，弹出“Parameters for Robot Manipulation”对话框，设置 X 的“Position”为 1793mm，依次单击“Apply”→浮框的“ ”按钮，创建出 RobotMotion.9 动作，如图 12-53 中①～④所示。

Step16：重复 Step5 的方法，删除 RobotMotion.3。

Step17：新增一个复制动作。选中“RobotMotion.5”，右击，在弹出的快捷菜单中单击“Copy”，选择“RobotMotion.9”，右击，在弹出的快捷菜单中单击“Paste After”，在 Teach 对话框中可以观察到 RobotMotion.9 后新增了一个复制动作 RobotMotion.5，如图 12-54 所示。

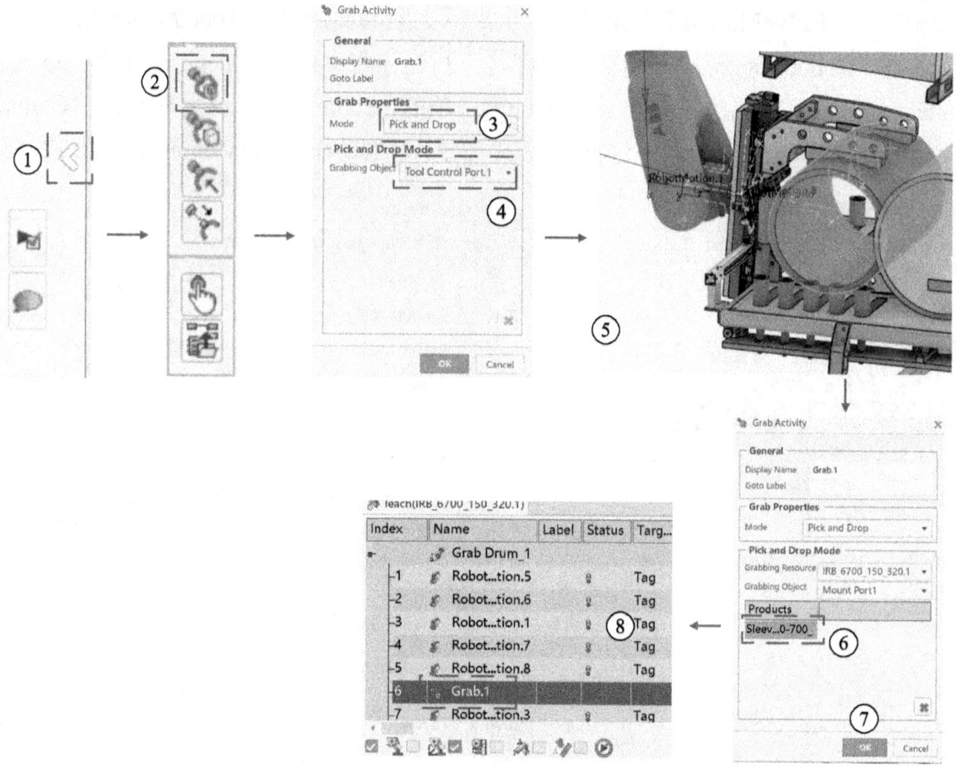


图 12-52 增加 Grab.1 动作

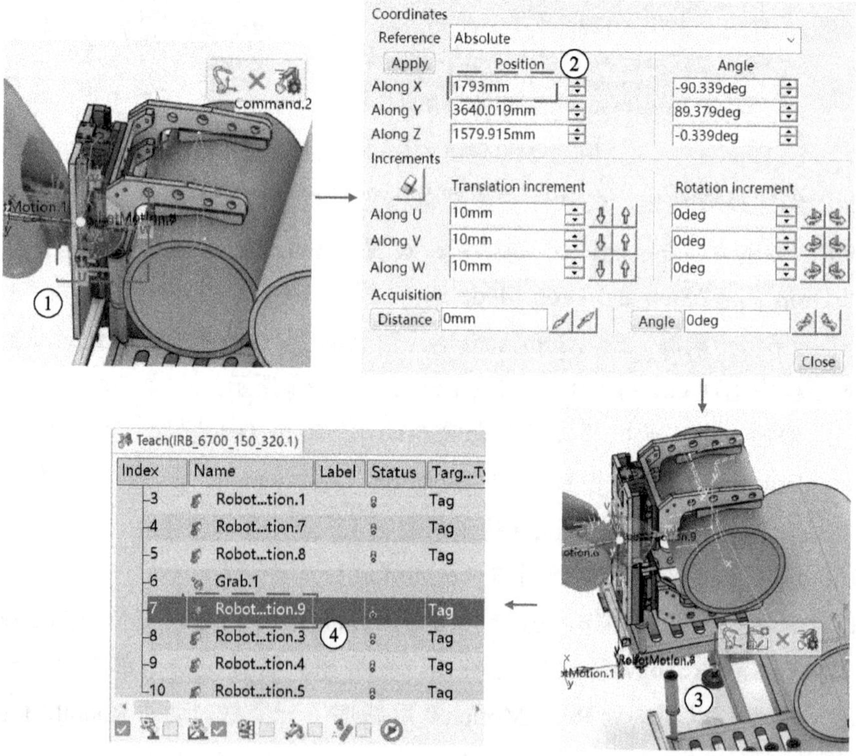


图 12-53 增加 RobotMotion.9 动作

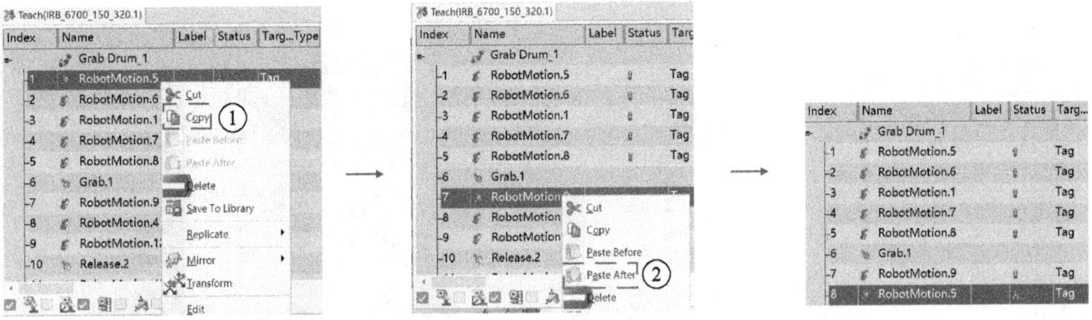


图 12-54　增加 RobotMotion.5 动作

Step18：重复 Step4 的方法，修改 RobotMotion.4 的动作，设置其 X、Y、Z 的位置为 3298mm、2237mm、940mm，角度为 -90deg、0deg、-90deg，如图 12-55 所示。

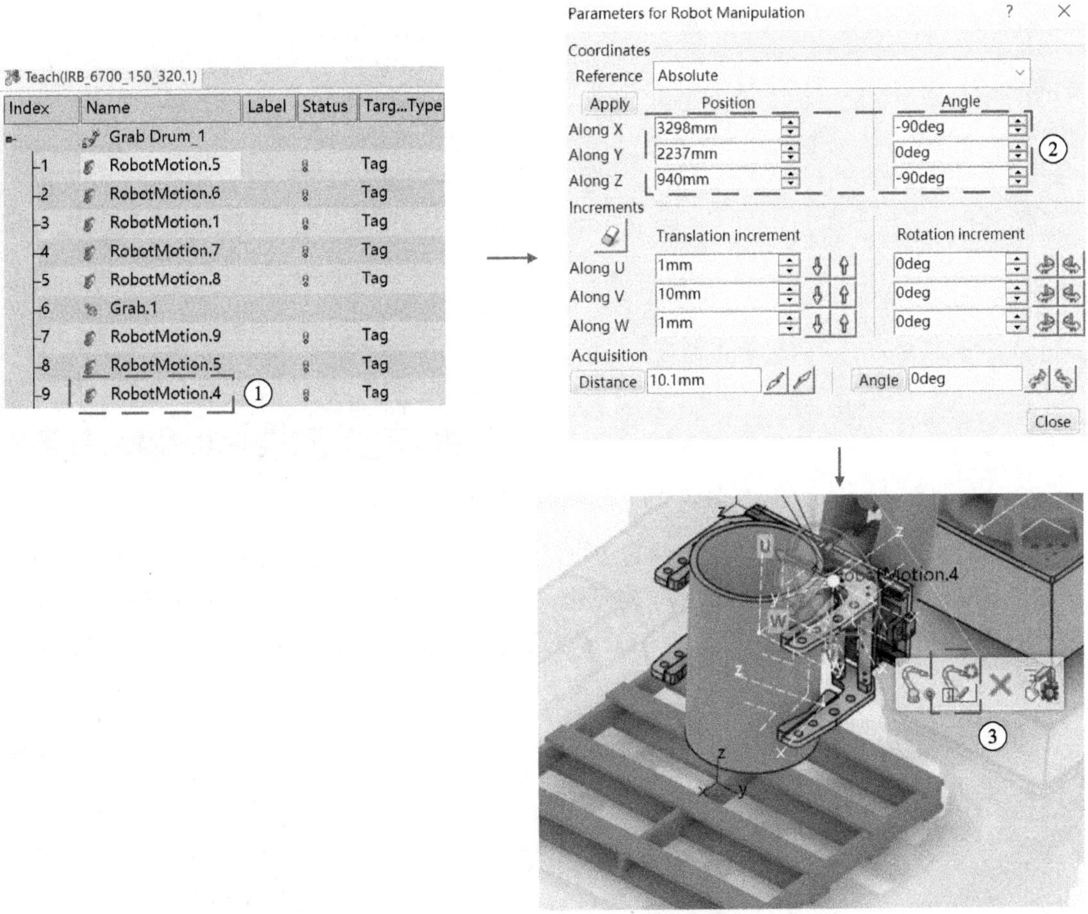


图 12-55　修改 RobotMotion.4 动作

Step19：重复 Step10 的方法，新建一个 RobotMotion.10 动作，将套筒放在托盘上。其 X、Y、Z 的位置分别设置为 3298mm、2237mm、440mm，角度设置为 90deg、0deg、90deg，如图 12-56 所示。

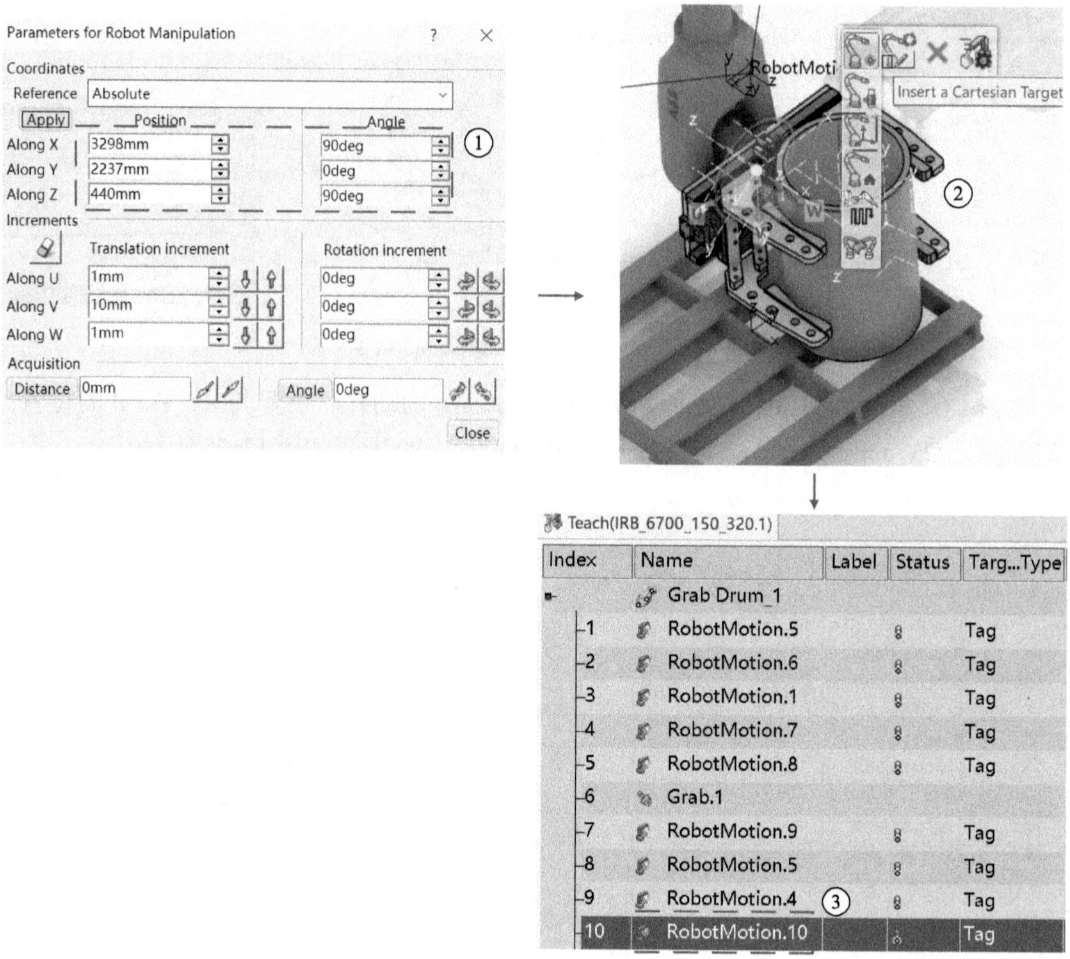


图 12-56 新增 RobotMotion.10 动作

Step20：创建释放动作。在软件右边框单击工具栏，打开逻辑控制选项卡→选择释放“ ”按钮，弹出“Release Activity”对话框，选择“Release Properties”选项组的“Mode”为“Release All”，单击“OK”。在 Teach 对话框中出现 Release.2 动作，如图 12-57 所示。

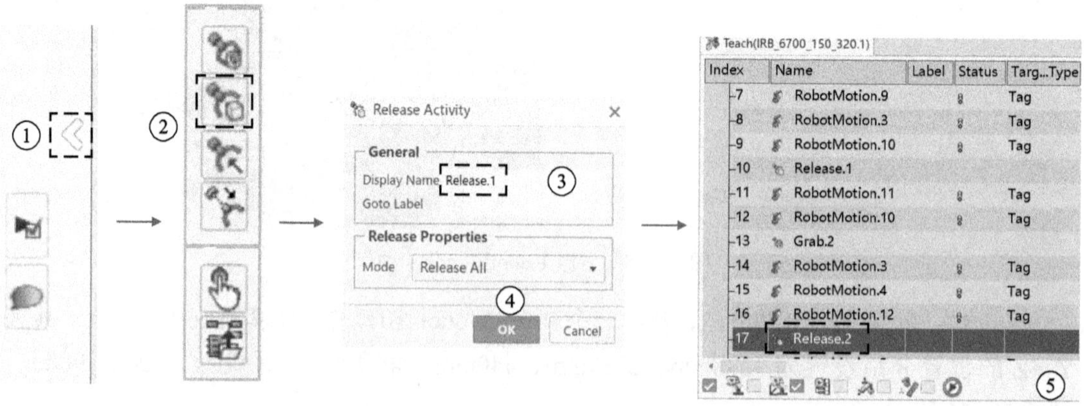


图 12-57 添加释放 Release.2 动作

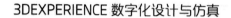

Step21：松开工业机器人夹爪，勾选 Teach 对话框左下角 Jog 按钮，弹出 Jog 对话框。选择“Home Positions”选项组的“Controller Attributes Grasp.2”为“New Home.1”，可以发现工业机器人夹爪回到了主位置，将该姿态记录，单击浮框的“ ”按钮，创建 RobotMotion.11 动作，如图 12-58 所示。

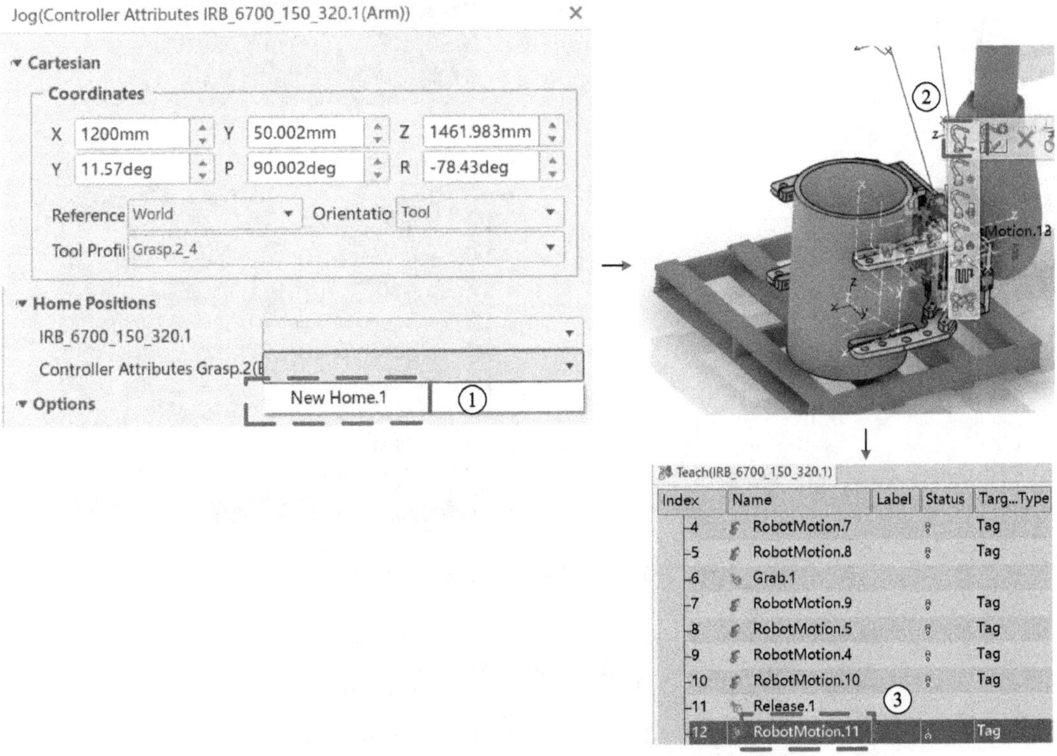


图 12-58　创建 RobotMotion.11 动作

Step22：重复 Step10 的方法，新建一个 RobotMotion.12 动作，其 X、Y、Z 的位置分别设置为 3298mm、2237mm、1060mm，角度设置为 90deg、0deg、90deg，如图 12-59 所示。

Step23：调整 RobotMotion.12 的动作属性，这里需要修改工业机器人的 Motion Type 选项。在 Teach 对话框中右击“RobotMotion.12”，选择“Motion Type”→“Linear Move”，如图 12-60 所示。

最后一个动作 RobotMotion.5 工业机器人回到定义主位置，无须进行修改，此时完成小套筒的搬运流程。

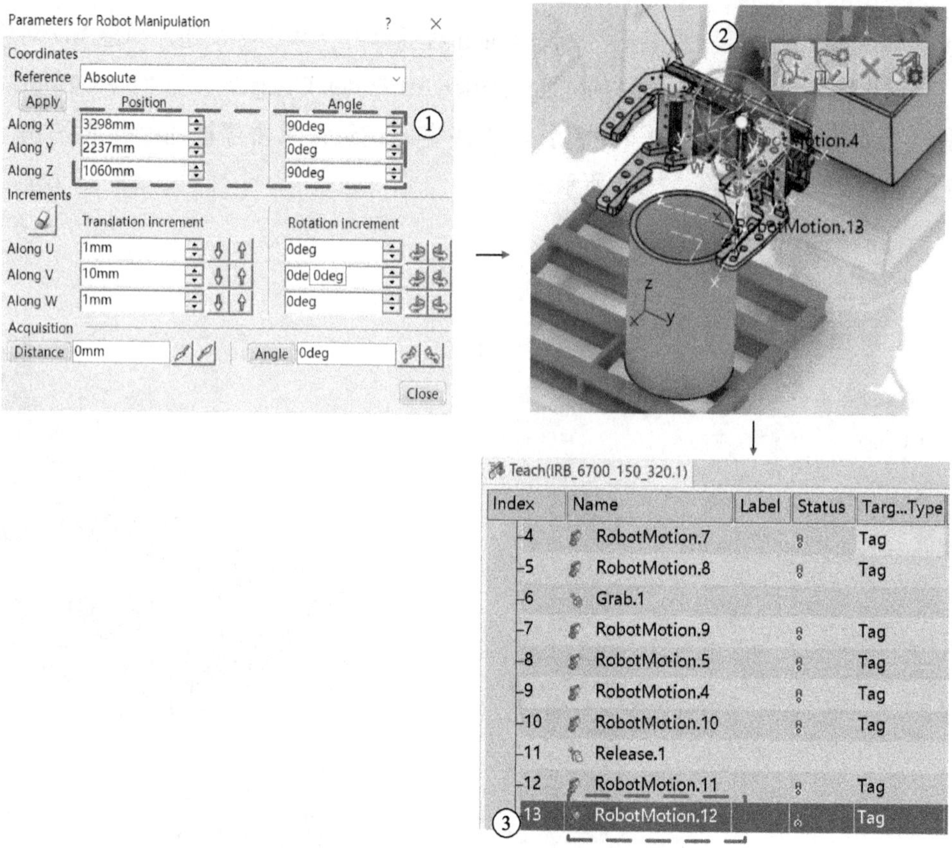


图 12-59　创建 RobotMotion.12 动作

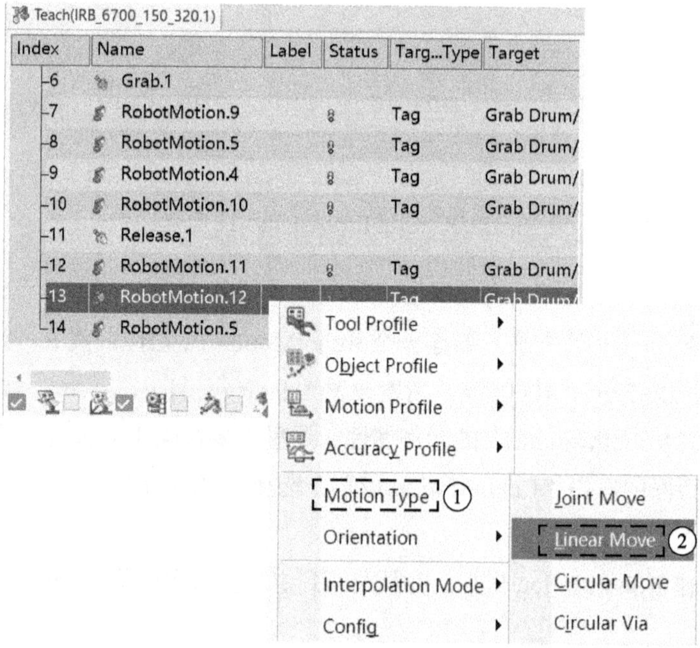


图 12-60　修改 RobotMotion.12 动作属性

## 12.7 示教传送带任务 Coneyor_2

传送带任务 Coneyor_2 的创建步骤如下：

Step1：选择沉浸式浏览器的“Sequencing”选项卡→“Resource”，右击“ChuLiao”资源，选择“New Device Task”，在弹出的“Create Task”对话框中重命名“Name”为 Coneyor_2，勾选“Create As Service”，单击“OK”，可以观察到在 ChuLiao 资源下多了一个 Conveyor_2 任务，如图 12-61 所示。

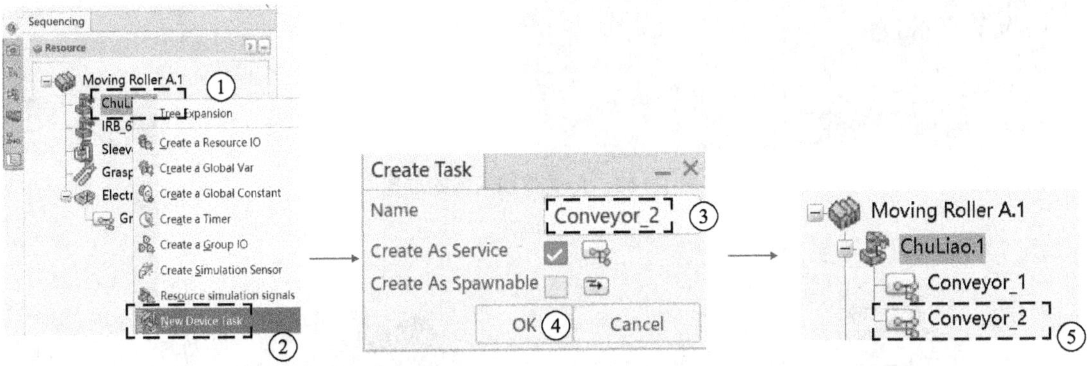


图 12-61　新建传送带任务

Step2：在 3D 仿真环境下单击“Programming”→“Teach”，选择沉浸式浏览器的“Sequencing”→“ChuLiao.1”→“Conveyor_2”，对传送带任务进行示教，如图 12-62 所示。

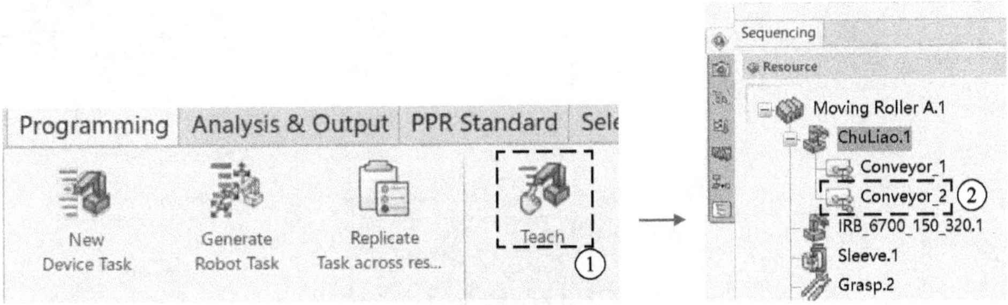


图 12-62　示教传送带任务

Step3：给传送带插入初始位置，单击浮框“”按钮，在“Teach（ChuLiao.1）”对话框中插入了第一个动作 DeviceMotion.1，如图 12-63 所示。

Step4：添加抓取动作，在软件右边框单击工具栏，打开逻辑控制选项卡→选择抓取“”按钮，弹出“Grab Activity”对话框，选择“Grab Properties”选项组的“Mode”为“Pick and Drop”，选择“Pick and Drop Mode”选项组的“Grabbing Object”为“Tool Control Port.1”→单击选择传送带上的滚筒（共 4 个），每选择一个滚筒，都会在“Grab Activity”对话框中添加滚筒信息，单击“OK”按钮，如图 12-64 所示。

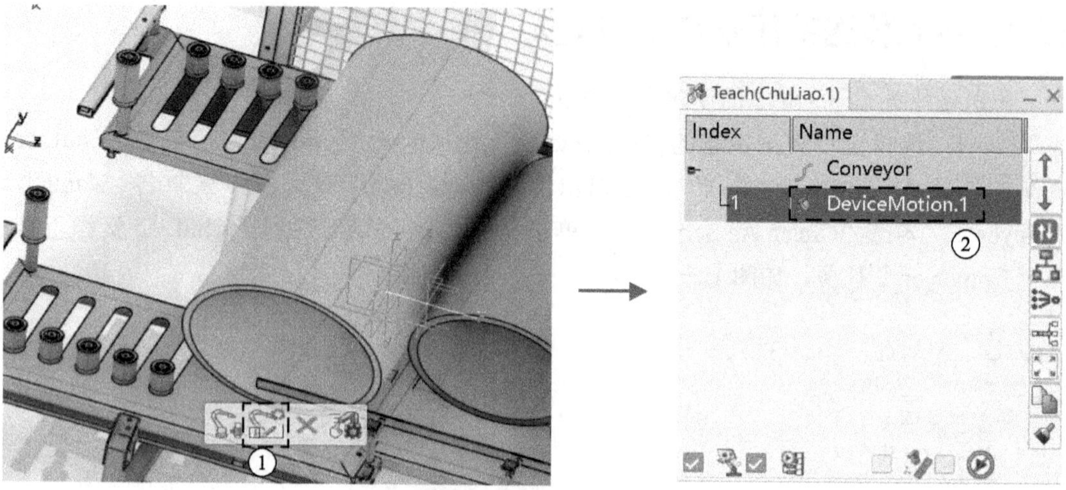


图 12-63　传送带插入初始位置

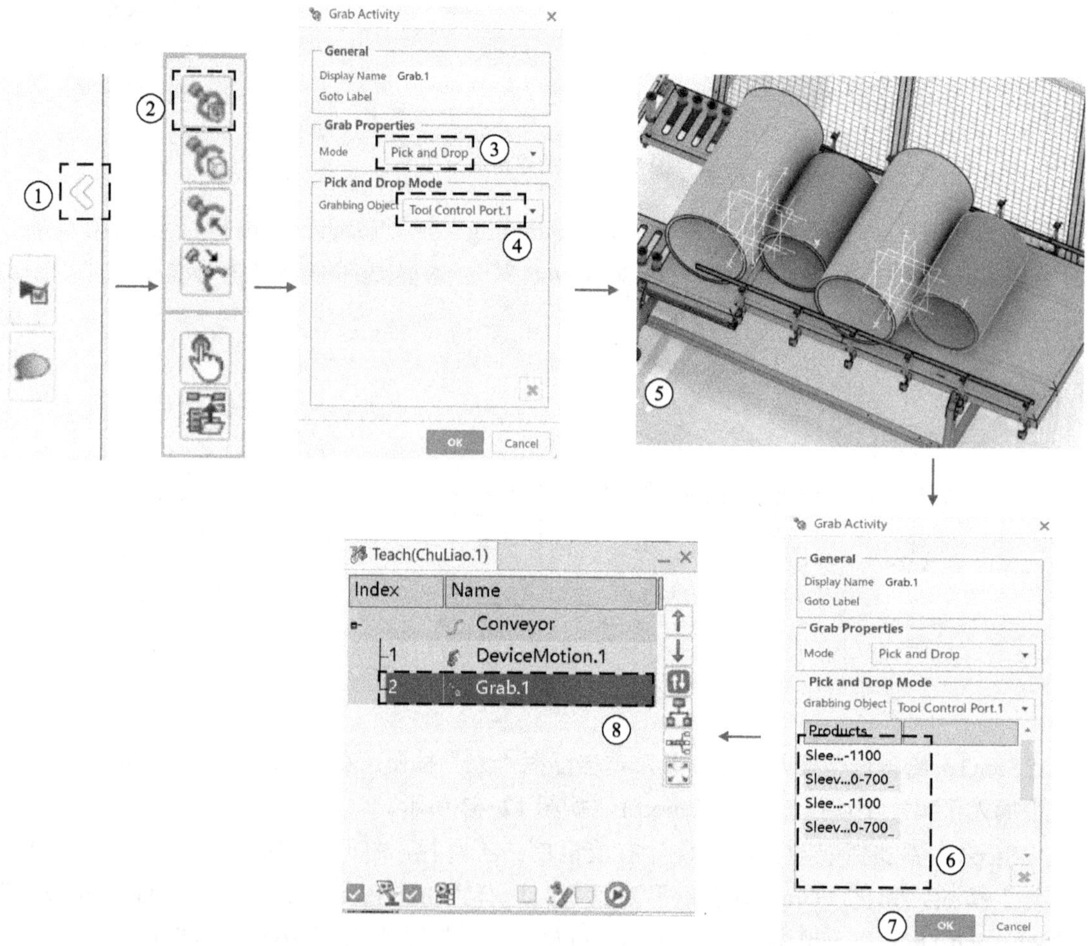


图 12-64　添加抓取动作

Step5：添加传送动作，打开 Jog 对话框，设置“JointValues_Controller Attributes ChuLiao.1”

选项组的“Command.1”数值为 530mm→单击浮框的“”按钮，创建出 DeviceMotion.2，如图 12-65 所示。

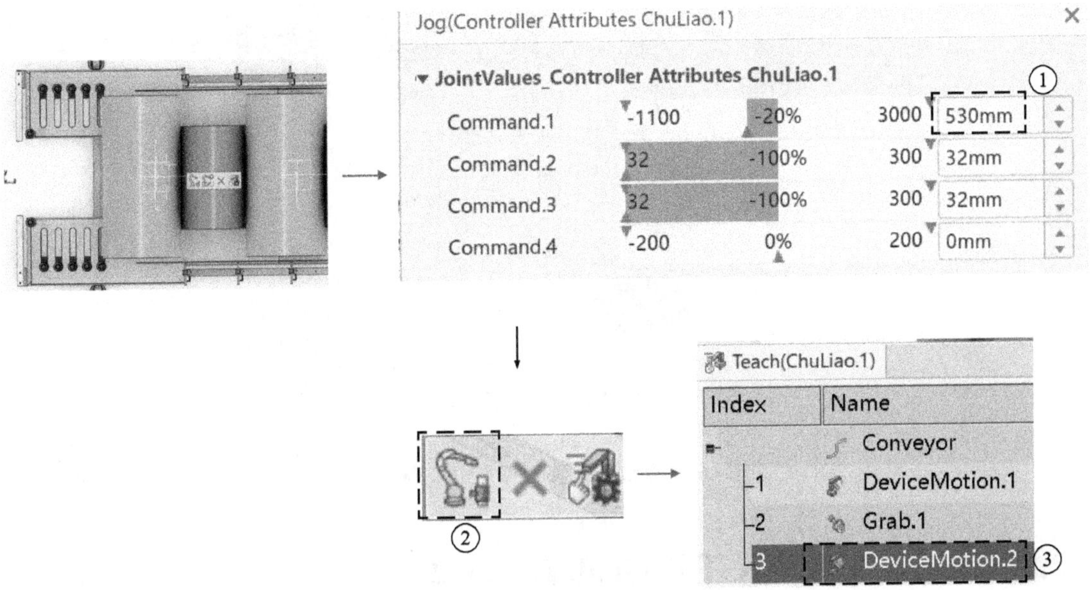


图 12-65　添加传送动作

Step6：添加释放动作，在软件右边框单击工具栏，打开逻辑控制选项卡→选择释放“”按钮，弹出“Release Activity”对话框，选择“Release Properties”选项组的“Mode”为“Release All”→单击“OK”，创建出 Release.2 动作，如图 12-66 所示。

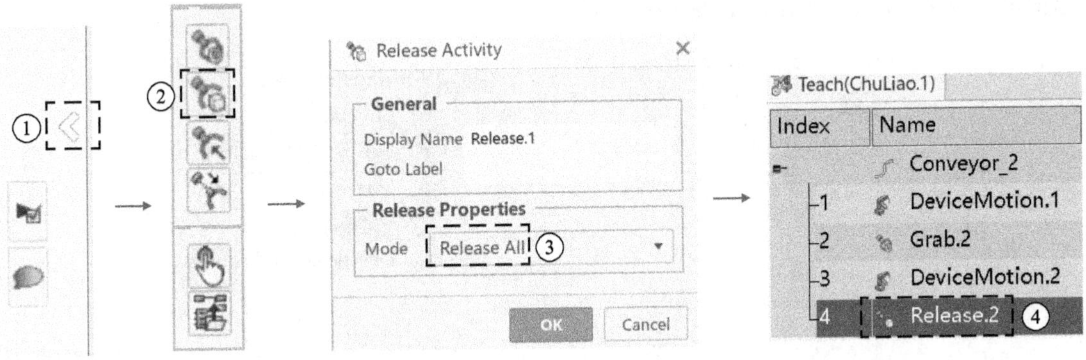


图 12-66　添加释放动作

Step7：创建一个新的仿真状态，单击“Setup”→“New Simulation…”，在“State Management”对话框中，选择“Advanced Settings”选项组的“Context”为 Global、“Scope”为“All objects in context”，更改“Name”为 Conveyor Move_2，如图 12-67 所示。

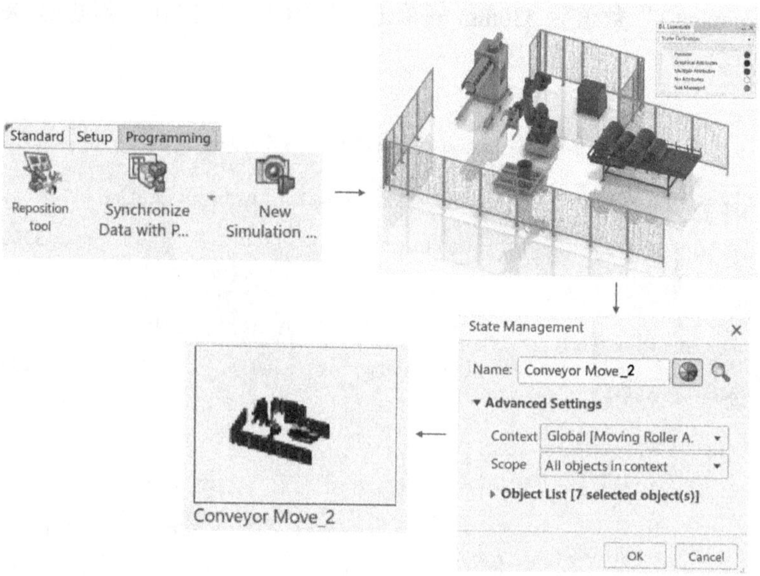


图 12-67 添加新仿真状态 Conveyor Move_2

## 12.8 创建工业机器人任务 Grab Drum_2

创建第二个工业机器人任务，该任务用于模拟工业机器人抓取套筒并放置套筒于矫圆机上矫正，最后将套筒放置在托盘上。其操作步骤如下。

Step1：通过标记组 Grab Drum_1 创建任务。在 3D 仿真环境下单击“Programming”→“Generate Robot Task”，选择沉浸式浏览器“Sequencing”选项卡下的“IRB_6700_150_320.1”（也可以直接在操作界面选择工业机器人），选择沉浸式浏览器“Behavior”选项卡下的“Grab Drum_2（IRB6700...）”标记组，此时在“Create Operation”对话框中添加了 Grab Drum_2 标记组，单击“OK”按钮，如图 12-68 所示。

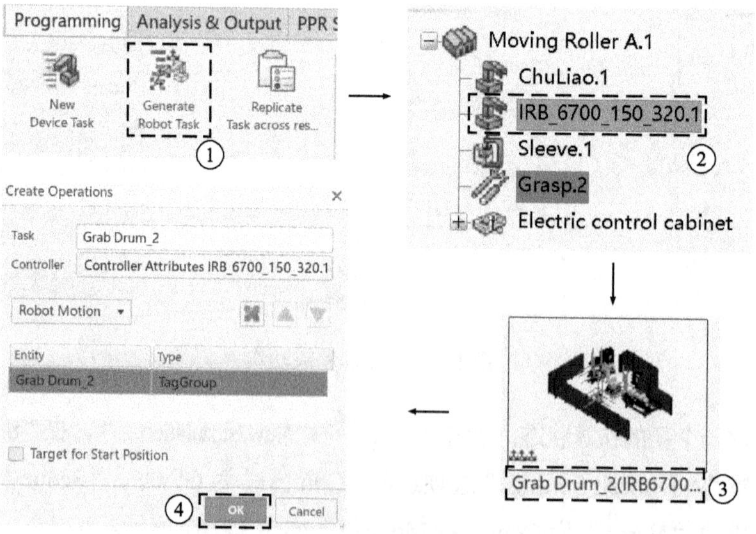


图 12-68 从标记组生成任务

可以查看到在沉浸式浏览器“Sequencing”选项卡的“Electric control cabinet”子菜单下生成了 Grab Drum_2 任务。此任务的名称默认是与标记组的名称一致的，如图 12-69 所示。

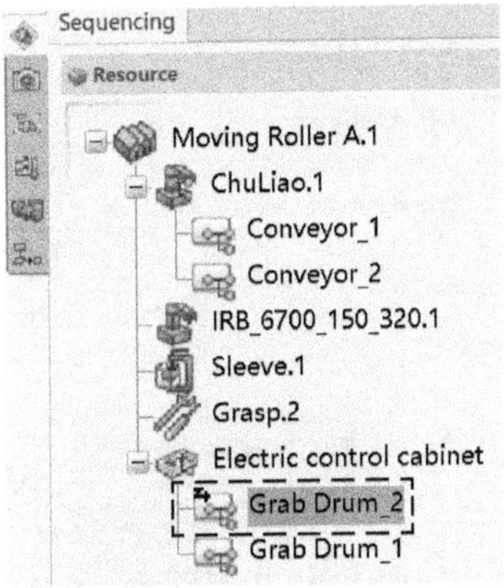


图 12-69　生成任务

Step2：单击“Programming”→“Teach”，选择沉浸式浏览器“Sequencing”选项卡下“Electric control cabinet”子菜单的“Grab Drum_2”，打开工业机器人示教器，如图 12-70 所示。

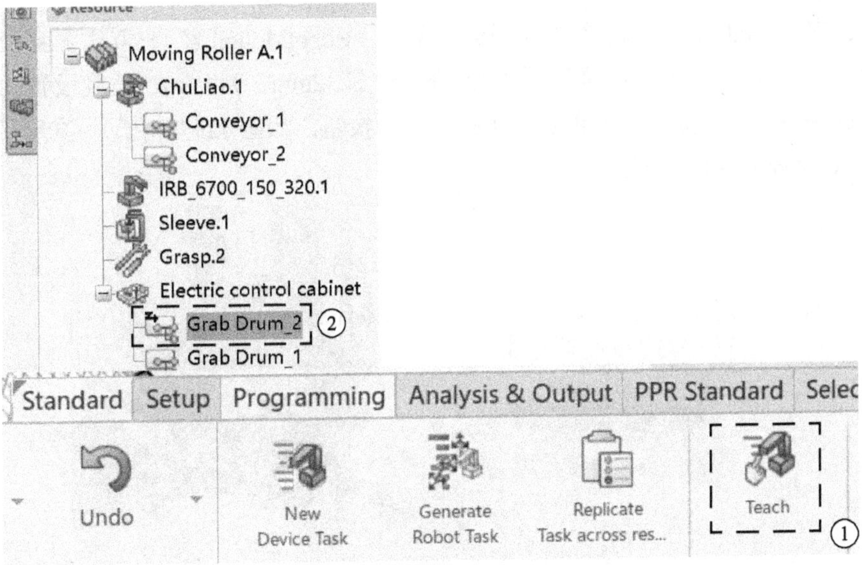


图 12-70　示教工业机器人任务

Step3：在 Teach 对话框中，勾选左下角“ ”按钮，弹出 Jog 对话框，选择“Home Positions”选项组的“IRB_6700_150_320.1”为“Home_1”（若此时工业机器人处于奇异点位置，则稍微上下拖动一下罗盘避过奇异点）→单击“ ”按钮，如图 12-71 中①～④所示。此时在 Teach 对话框中出现了一个新的动作 RobotMotion.5。

Step4：单击“RobotMotion.5”→单击“Teach”对话框的“ ”按钮，将 RobotMotion.5 排在第一个动作，如图 12-71 中⑤所示。

工业机器人主位置设定完成后，需要对 RobotMotion.1 ～ RobotMotion.4 进行细微的调整。

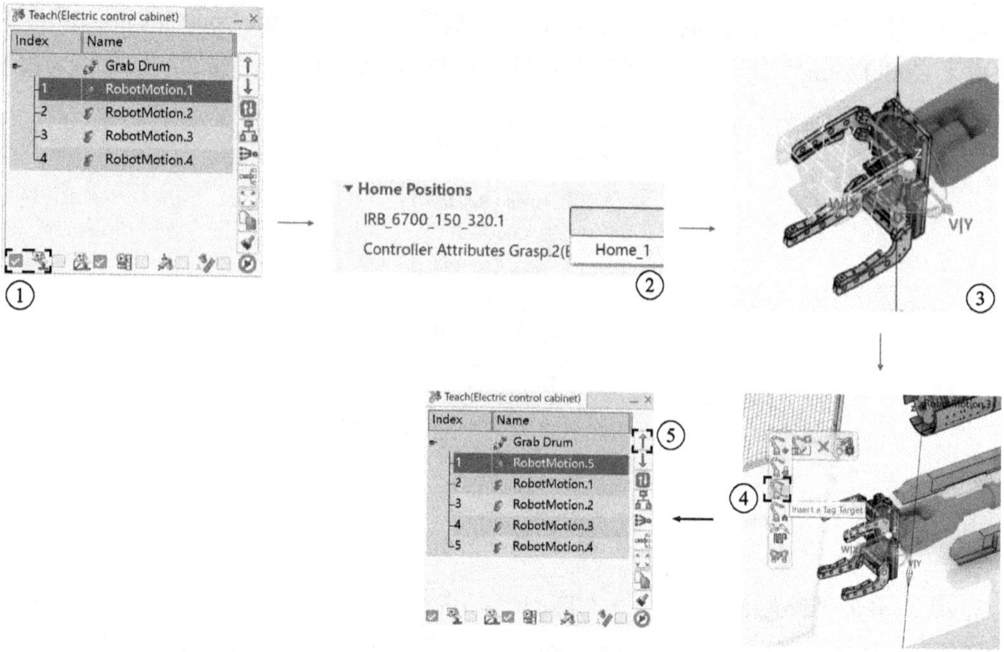


图 12-71 添加主位置动作

Step5：对 RobotMotion.1 动作进行调整。单击“RobotMotion.1”→双击罗盘，弹出调整罗盘对话框，将 X、Y、Z 的位置设置为 1800mm、3232mm、944mm，角度设置为 -90deg、90deg、0deg →单击“Apply”→单击浮框的“ ”按钮，如图 12-72 中①～⑤所示。此时，已调整好 RobotMotion.1 的位置。

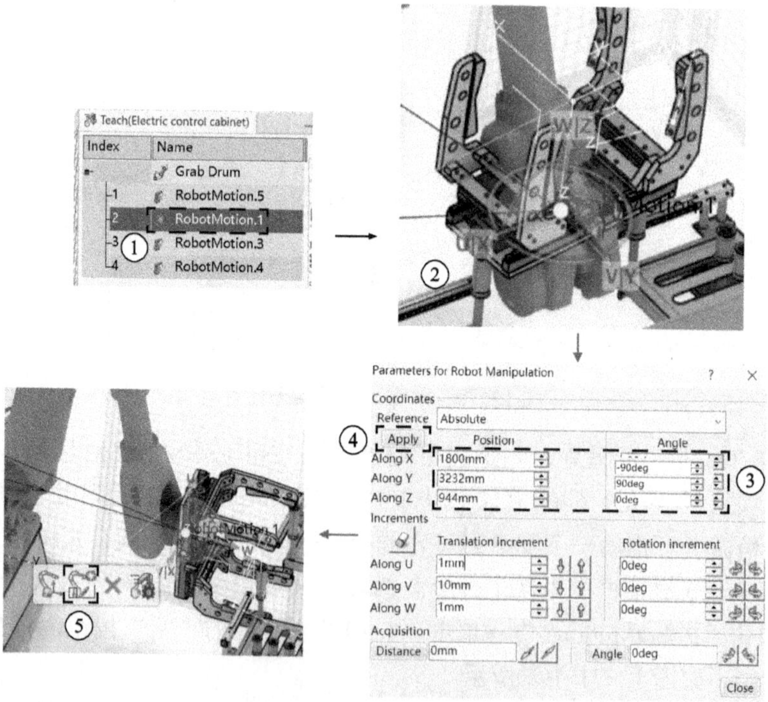


图 12-72 调整 RobotMotion.1 机器人姿态

Step6：打开 Jog 对话框，在“JointValues_Controller Attributes Grasp.2（End of arm tooling）”选项组下调整合适的夹爪位置，将“Command.1”设置为 30mm，“Command.2”设置为 20mm，单击浮框的“ ”按钮，修改动作姿态，如图 12-73 中①、②所示。

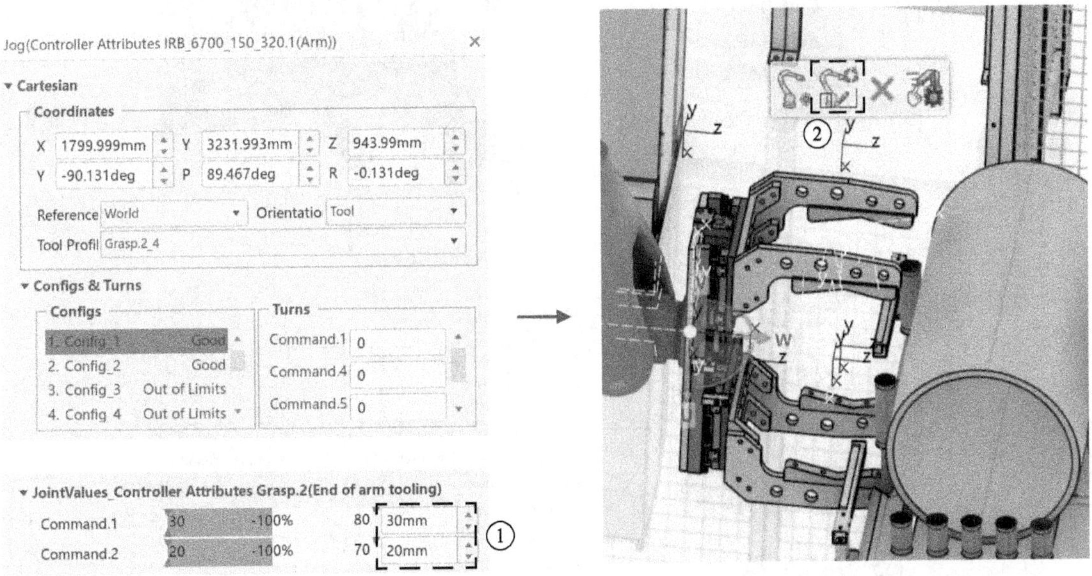


图 12-73　调整 RobotMotion.1 夹爪姿态

Step7：RobotMotion.2 动作多余，可删除。单击“RobotMotion.2”，在浮框单击“×”按钮，删除此动作，如图 12-74 所示。

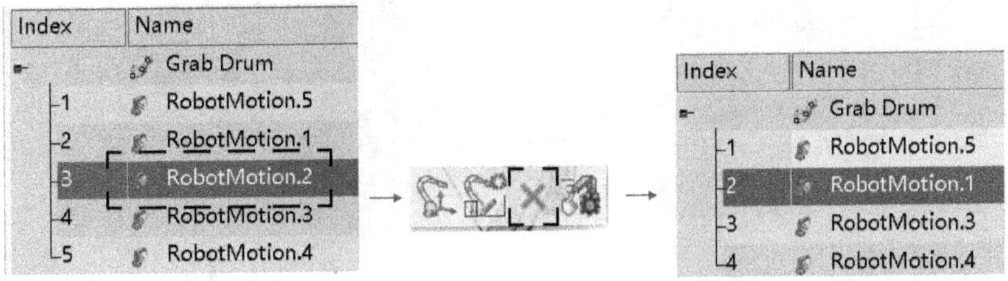


图 12-74　删除 RobotMotion.2

Step8：调整 RobotMotion.3 动作。单击“RobotMotion.3”→双击黄色罗盘，弹出调整罗盘对话框，设置 X、Y、Z 的位置为 2314mm、−65mm、1480mm，角度为 −180deg、90deg、90deg →单击“Apply”→单击浮框的“ ”按钮，如图 12-75 所示。

Step9：重复 Step8，调整 RobotMotion.4 动作，其 X、Y、Z 的位置设置为 3497mm、1946mm、1229mm，角度设置为 90deg、0deg、90deg，如图 12-76 所示。

Step10：增加一个回主位置的动作 RobotMotion.5。选中“RobotMotion.5”右击→选择“Copy”→选择“RobotMotion.4”→选择“Paste After”，如图 12-77 所示。

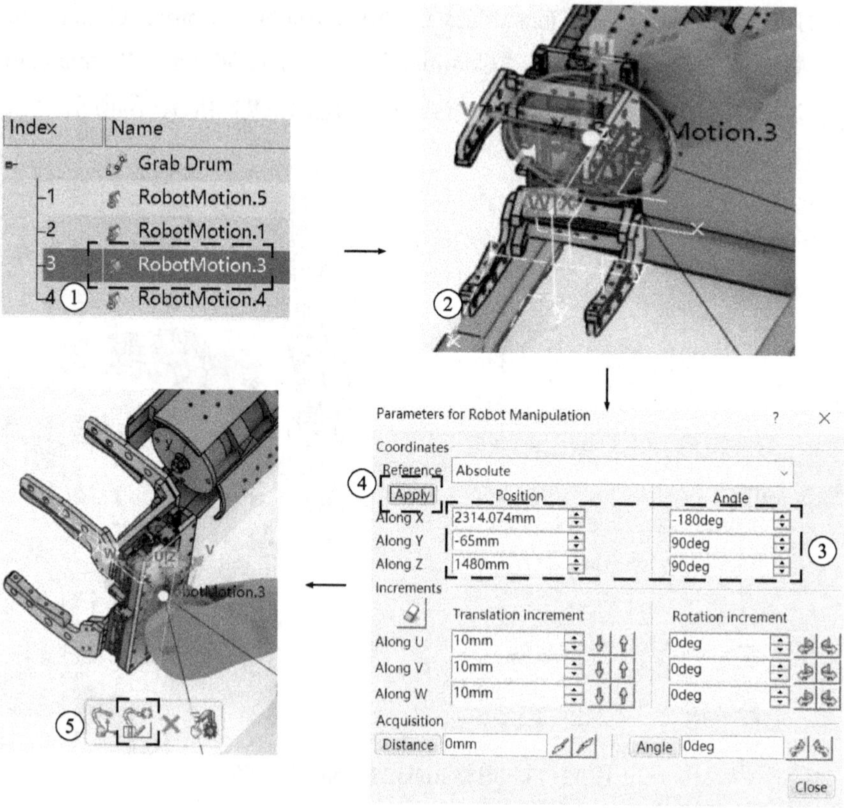


图 12-75 调整 RobotMotion.3 姿态

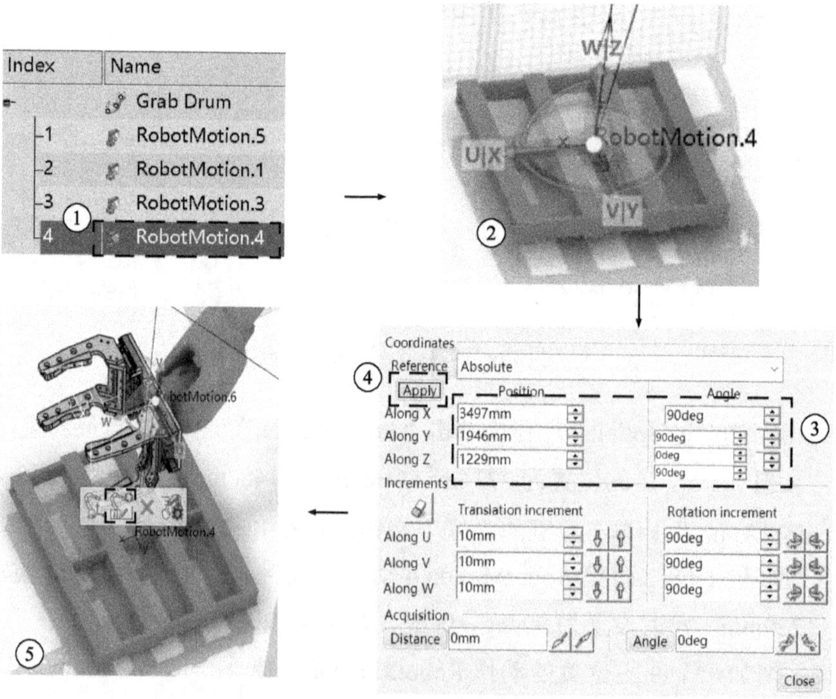


图 12-76 调整 RobotMotion.4 姿态

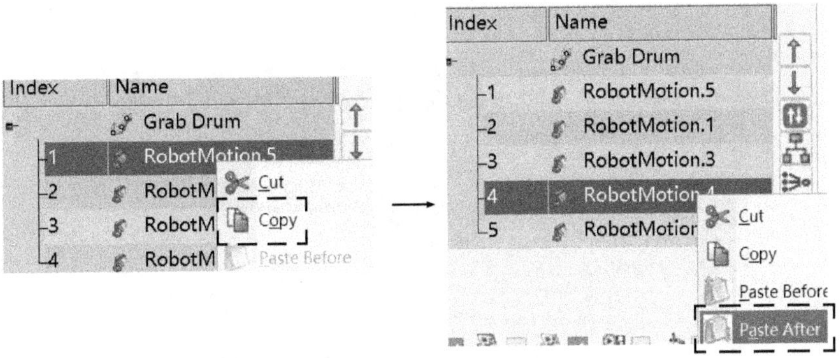


图 12-77　增加动作 RobotMotion.5

至此，工业机器人 IRB6400 抓取大套筒的基本动作已经完成定义，接下来增加抓取和释放套筒动作，同时为了保持不干涉，需要增加动作并微调前几个动作。

Step11：在 RobotMotion.5 后面新建 RobotMotion.6，消除 RobotMotion.1 ～ RobotMotion.5 的动作干涉。单击“Programming”→“Teach”，打开 Teach 对话框→单击“RobotMotion.5”→双击黄色罗盘，弹出“Parameters for Robot Manipulation”对话框，将 X、Y、Z 的位置设置为 1800mm、3190mm、1580mm，角度设置为 0deg、90deg、90deg →单击“Apply”→单击浮框的“ ”按钮，创建出 RobotMotion.6，如图 12-78 所示。

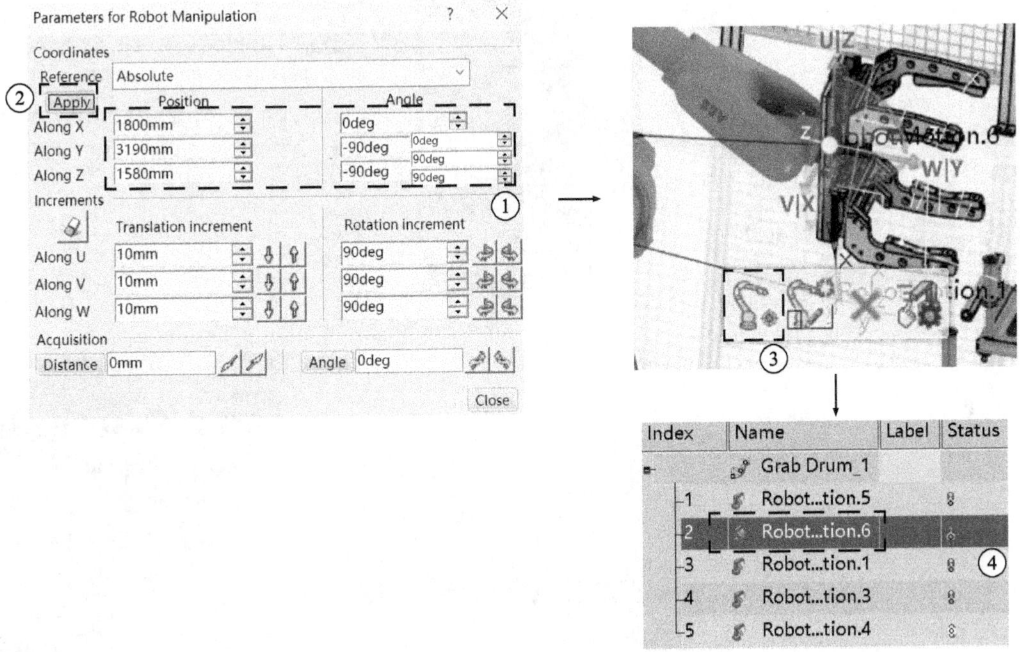


图 12-78　新建 RobotMotion.6 动作

Step12：将 RobotMotion.1 的运动类型改为线性运动。选择 Teach 对话框的“RobotMotion.1”→右击，弹出快捷菜单，依次选择“Motion Type”→“Linear Move”，如图 12-79 所示。

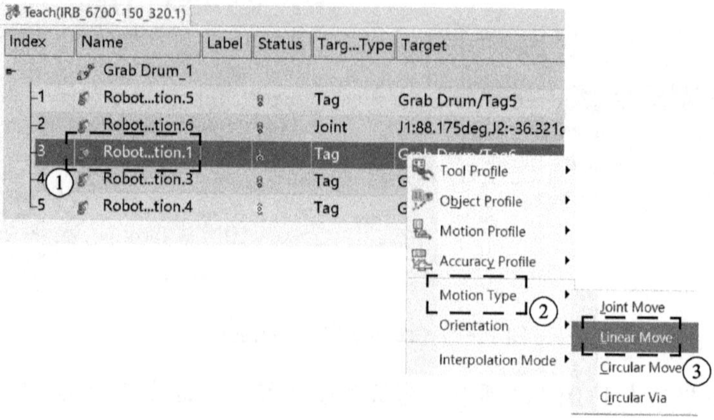


图 12-79 修改 RobotMotion.1 运动类型

Step13：在 RobotMotion.1 后面增加一个抓套筒的动作 RobotMotion.7。在 Teach 对话框单击“RobotMotion.1”→双击 TCP 罗盘，弹出“Parameters for Robot Manipulation”对话框，将 X、Y、Z 的位置设置为 1800mm、3672mm、943mm，角度设置为 180deg、90deg、-90deg →单击“Apply”→单击浮框的“ ”按钮，如图 12-80 所示。

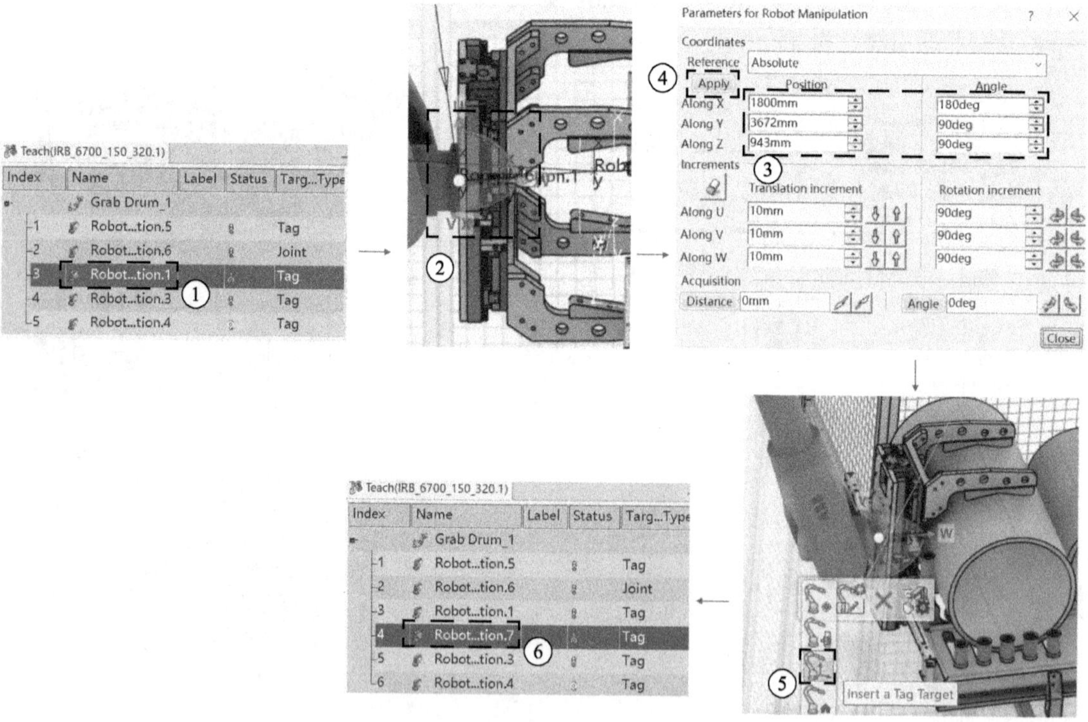


图 12-80 增加 RobotMotion.7 动作

Step14：将 RobotMotion.7 的运动类型改为线性运动。单击 Teach 对话框的“RobotMotion.7”→右击，弹出快捷菜单，依次选择“Motion Type”→“Linear Move”，如图 12-81 所示。

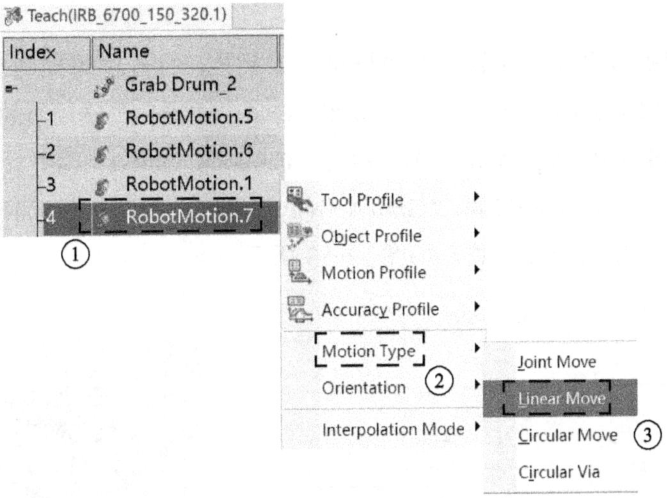


图 12-81　修改 RobotMotion.7 运动类型

Step15：在 RobotMotion.7 后面增加一个动作用于仿真夹爪夹紧套筒。在 Teach 对话框中单击“RobotMotion.7”→勾选左下角“ ”按钮→选择“Joint Values”下的“Joint Values_Controller Attributes Grasp.2（End of arm tooling）”选项组，将“Command.1”调为 50mm、“Command.2”调为 40mm→单击“Apply”→单击浮框的“ ”按钮，创建出 RobotMotion.8，如图 12-82 所示。

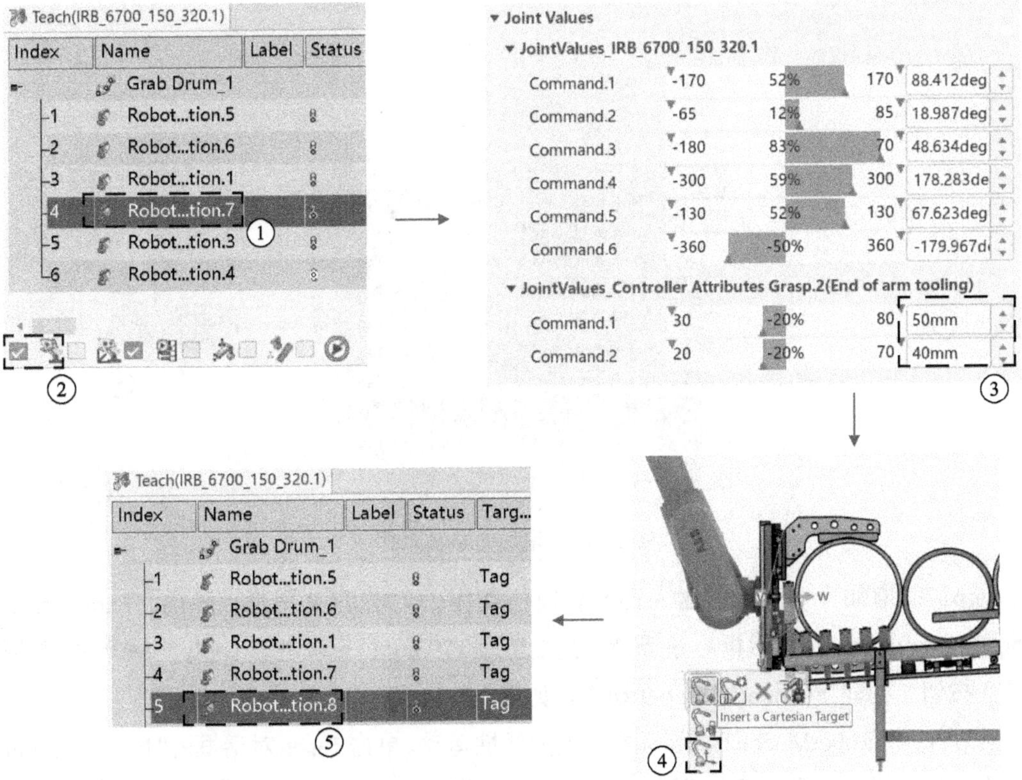


图 12-82　增加 RobotMotion.8 动作

Step16：创建抓取动作。在软件右边框单击工具栏，打开逻辑控制选项卡→选择抓取“”按钮，弹出“Grab Activity”对话框，设置“Grab Properties”选项组的“Mode”为“Pick and Drop”、“Pick and Drop Mode”选项组的“Grabbing Object”为“Tool Control Port.1”→单击第一个滚筒 Sleeve 508-1100，“Grab Activity”对话框中添加了滚筒信息→单击“OK”，在 Teach 对话框中出现 Grab.1 动作，如图 12-83 所示。

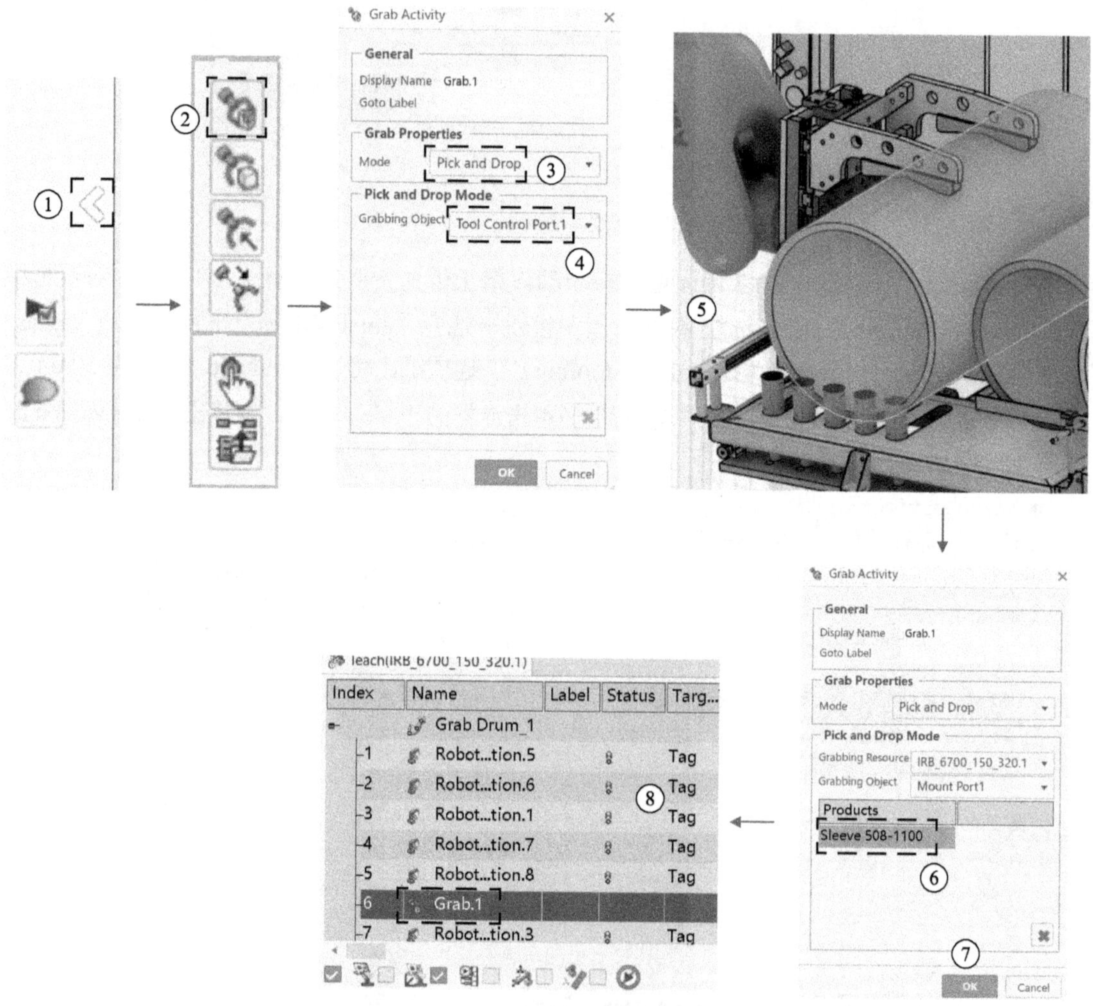


图 12-83 增加 Grab.1 动作

Step17：增加一个工业机器人提升套筒的动作。双击 TCP 罗盘，弹出“Parameters for Robot Manipulation”对话框，设置 X 的位置为 1793mm→单击“Apply”→单击浮框的“”按钮，创建出 RobotMotion.9 动作，如图 12-84 所示。

Step18：将 RobotMotion.9 的运动类型改为线性运动。单击 Teach 对话框的“RobotMotion.9”→右击，弹出快捷菜单，选择“Motion Type”→“Linear Move”，如图 12-85 所示。

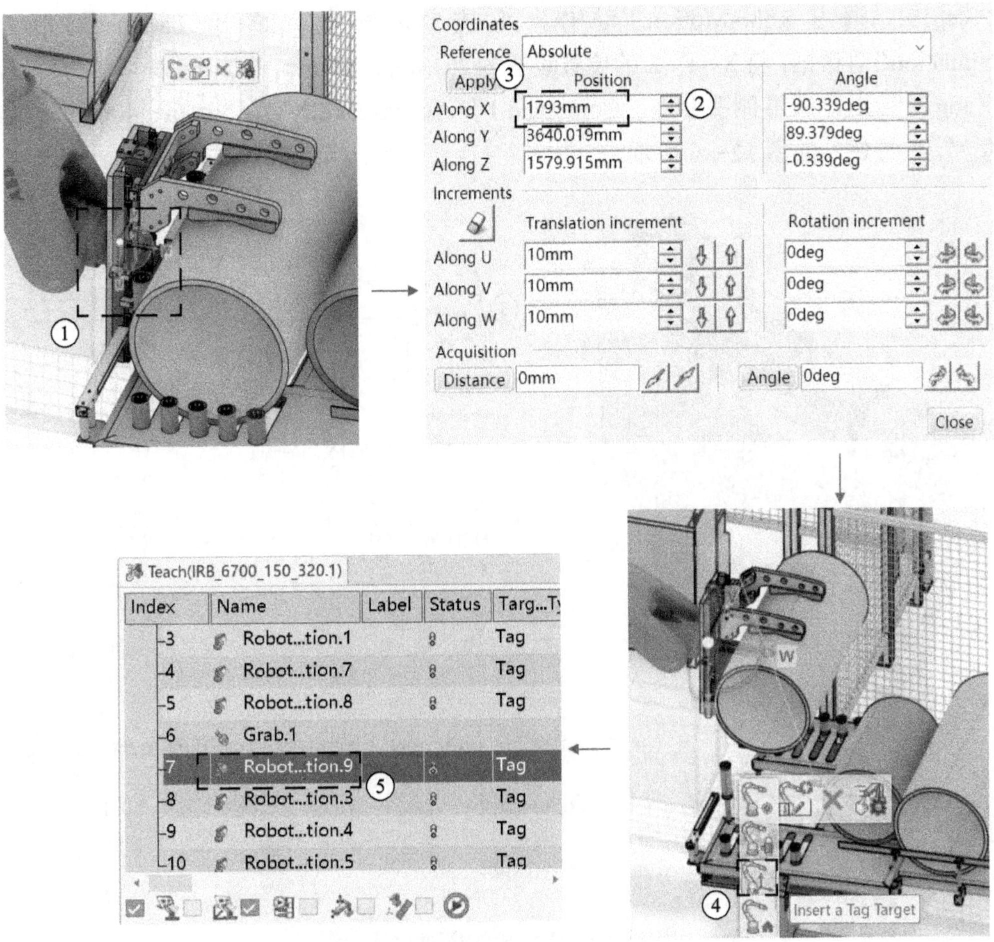


图 12-84　增加 RobotMotion.9 动作

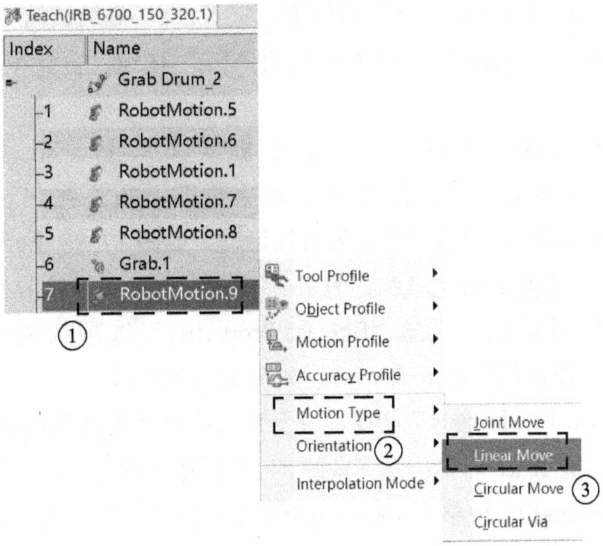


图 12-85　修改 RobotMotion.9 运动类型

Step19：调整 RobotMotion.3 动作。双击 TCP 罗盘，弹出“Parameters for Robot Manipulation”对话框，将 X、Y、Z 的位置设置为 2613mm、48mm、1471mm →单击“Apply”→打开 Jog 对话框，调整抓手命令“Command.1”“Command.2”为 50mm、40mm →单击浮框的“”按钮，如图 12-86 所示。

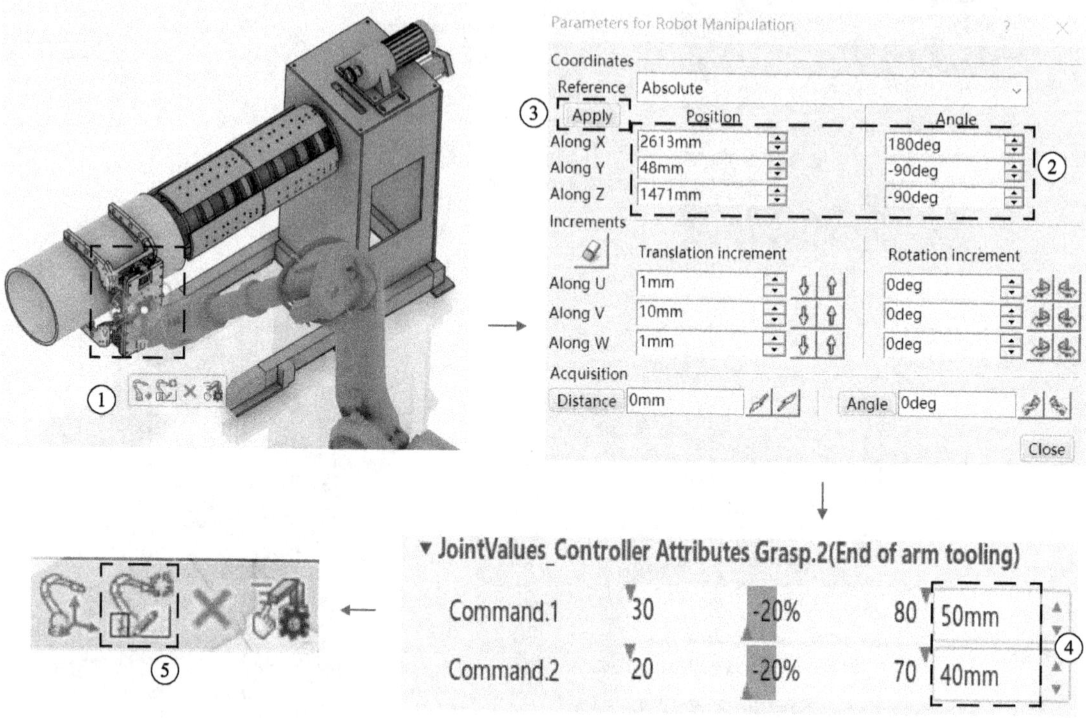


图 12-86 调整 RobotMotion.3 动作

Step20：在 RobotMotion.3 后新建一个将套筒套进矫圆机内的动作。双击 TCP 罗盘，弹出“Parameters for Robot Manipulation”对话框，将 X、Y、Z 的位置分别设置为 1273mm、48mm、1471mm →单击“Apply”→单击浮框的“”按钮，创建 RobotMotion.10 动作，如图 12-87 所示。

单击“RobotMotion.10”可以发现，工业机器人从上一个动作 RobotMotion.3 ～ RobotMotion.10 走的并不是直线，而套筒套入矫圆机必须是直线运动，这里需要重复 Step12，将 RobotMotion.10 的动作属性改为线性运动，如图 12-88 所示。

Step21：在软件右边框单击工具栏，打开逻辑控制选项卡→选择释放“”按钮，弹出“Release Activity”对话框，设置“Release Properties”选项组的“Mode”为“Release All”，单击“OK”按钮，创建出 Release.1，如图 12-89 所示。

Step22：在 Release.1 后新建一个动作，表示为工业机器人夹爪释放，矫圆机工作。单击“RobotMotion.10”→勾选 Teach 对话框左下角的“”按钮→在 Jog 对话框中，将“Command.1”调整为 30mm、“Command.2”调整为 20mm →单击浮框的“”按钮，创建出 RobotMotion.11，如图 12-90 所示。

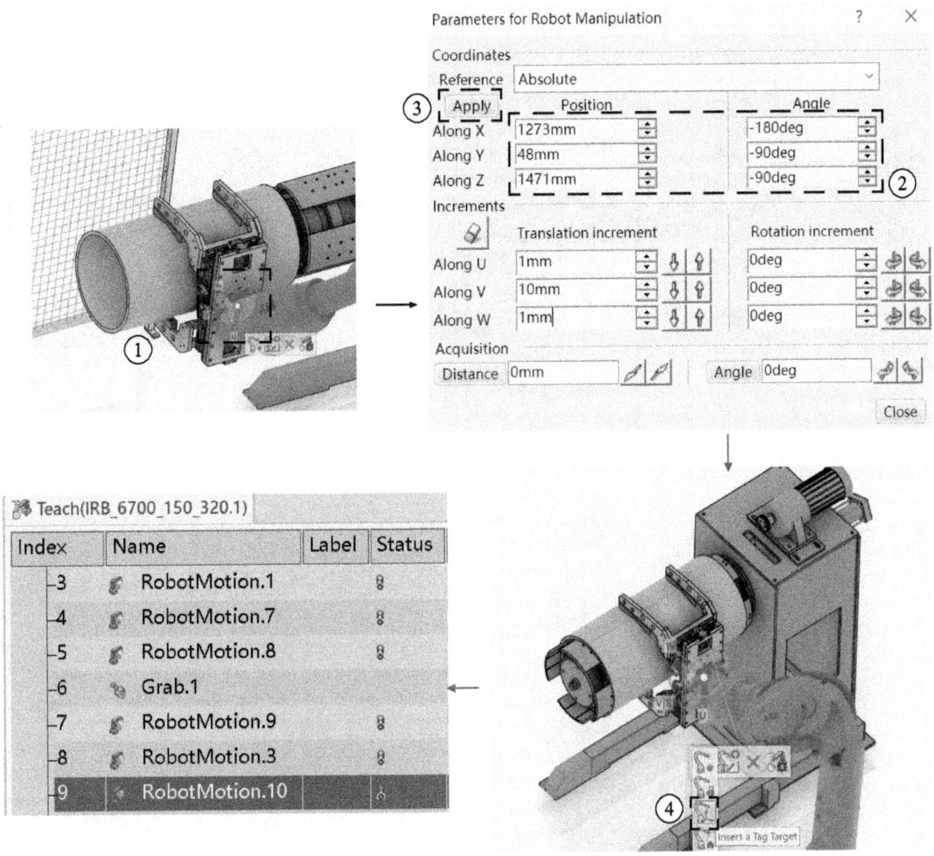


图 12-87　增加 RobotMotion.10 动作

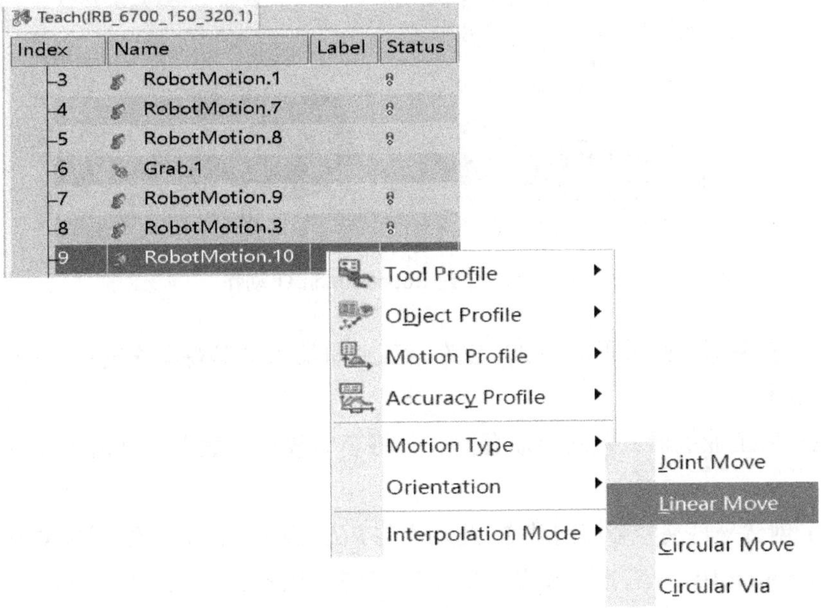


图 12-88　修改 RobotMotion.10 动作类型

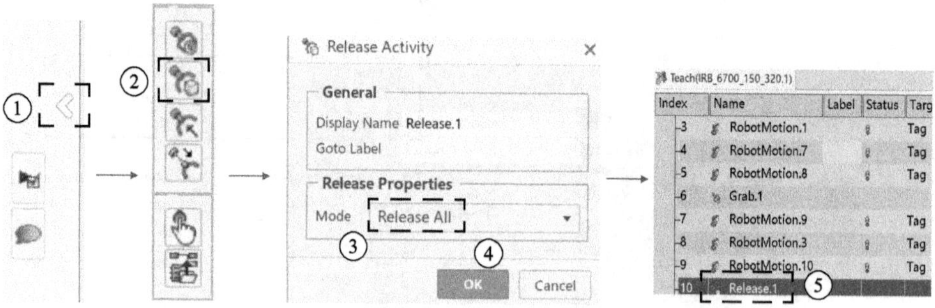


图 12-89 添加释放动作

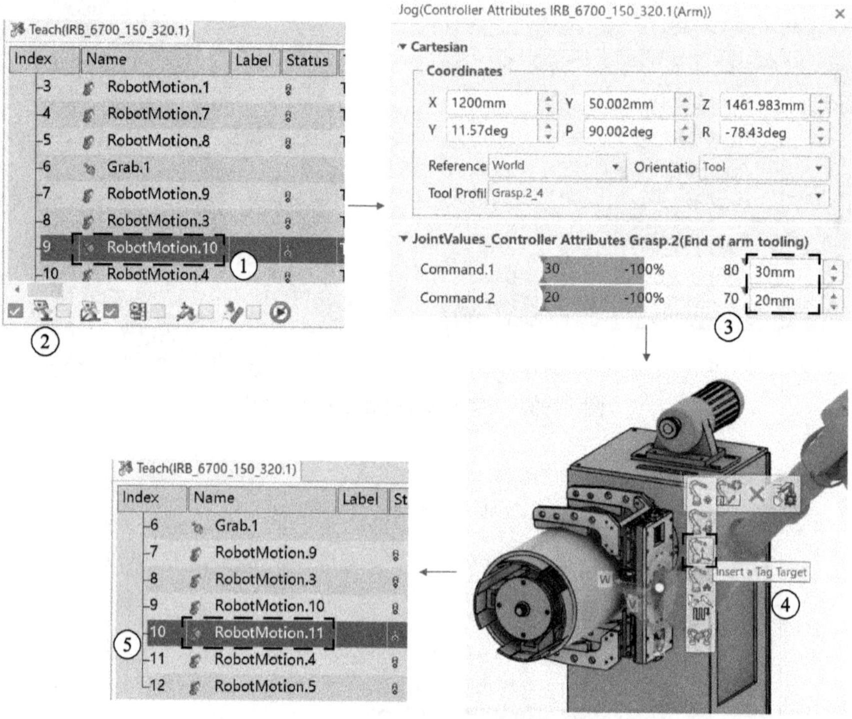


图 12-90 创建 RobotMotion.11 动作

等待矫圆机矫圆，此过程需要 20s 左右，工业机器人的等待动作需要 IO 控制，在下一节将会详细阐述。

矫圆完成后工业机器人重新抓取套筒，并将套筒放在托盘上，然后工业机器人回到主位置。

Step23：创建夹爪夹紧套筒的动作，此动作与 RobotMotion.10 一致，只需复制、粘贴即可。单击“RobotMotion.10”→右击→选择“Copy”→单击“RobotMotion.11”→右击→选择“Paste After”，即在 RobotMotion.11 后复制了一个 RobotMotion.10，如图 12-91 所示。

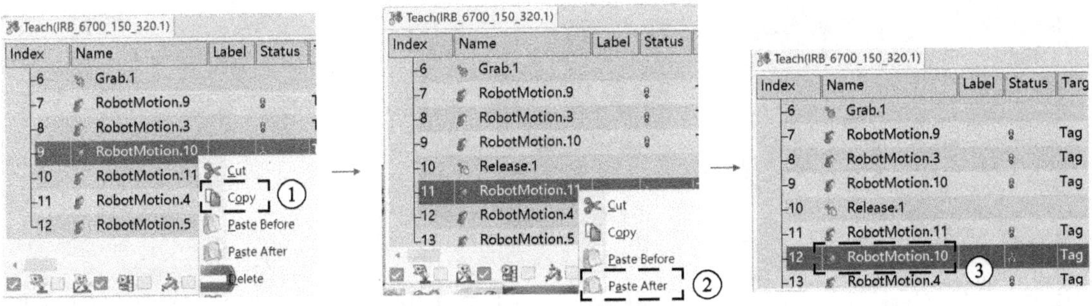


图 12-91　复制粘贴 RobotMotion.10 动作

Step24：重复 Step16，创建抓取动作 Grab.2，如图 12-92 所示。

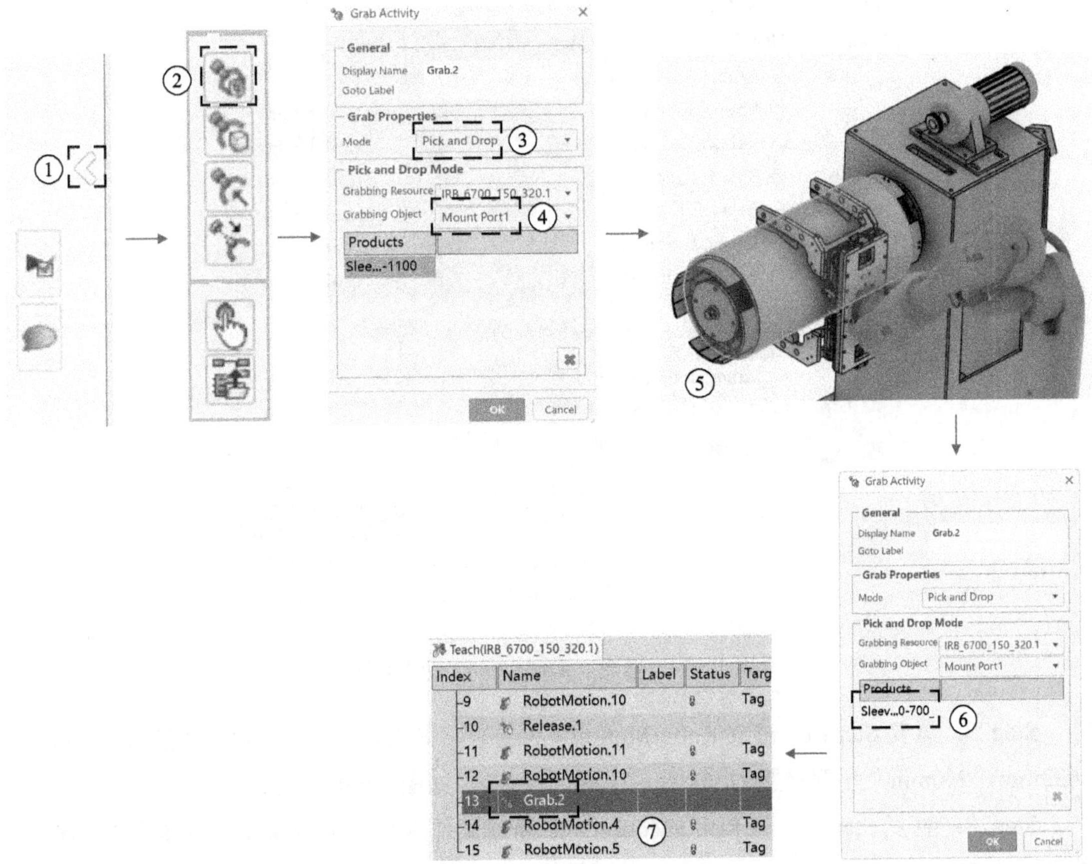


图 12-92　增加 Grab.2 动作

Step25：重复 Step23，将 RobotMotion.3 复制到 Grab.2 后，如图 12-93 所示。

Step26：重复 Step12，将 RobotMotion.3 的动作属性调整为 Linear Move，使得套筒套入和退出矫圆机均为直线，如图 12-94 所示。

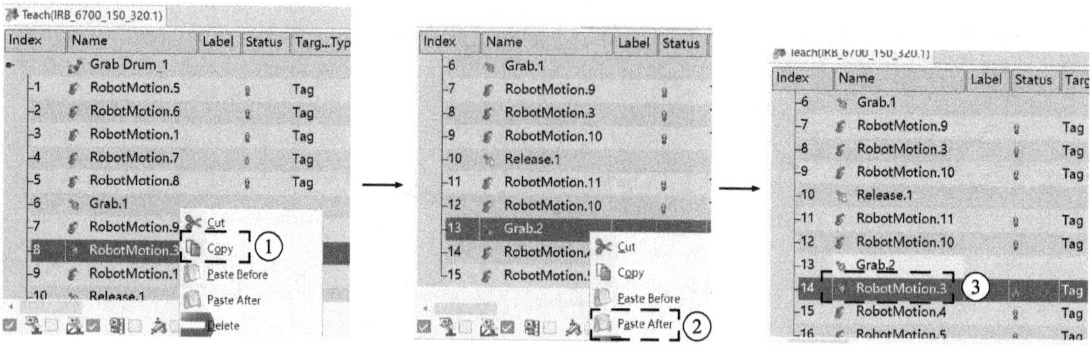

图 12-93 增加 RobotMotion.3 动作

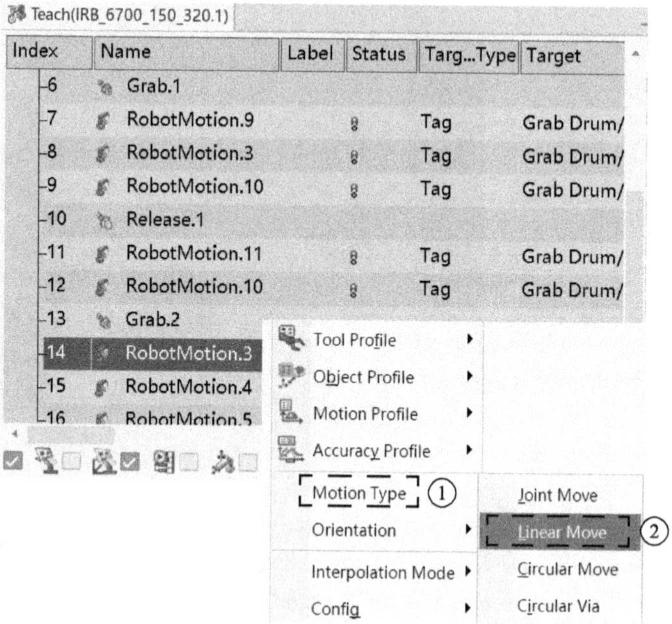

图 12-94 修改 RobotMotion.3 动作属性

Step27：重复 Step13，修改 RobotMotion.4 位置，将其 X、Y、Z 的位置设置为 3023mm、1633mm、940mm，角度设置为 90deg、0deg、90deg，如图 12-95 所示。

Step28：重复 Step17，在 RobotMotion.4 后新建动作 RobotMotion.12，设置其 X、Y、Z 的位置为 3023mm、1609mm、630mm，角度为 90deg、0deg、90deg，如图 12-96 所示。

Step29：重复 Step21，创建释放动作 Release.2，如图 12-97 所示。

Step30：松开工业机器人夹爪。勾选 Teach 对话框左下角的“ ”按钮，弹出 Jog 对话框→将“Command.1”调整为 30mm、“Command.2”调整为 20mm→单击浮框的“ ”按钮，创建 RobotMotion.13 动作，如图 12-98 所示。

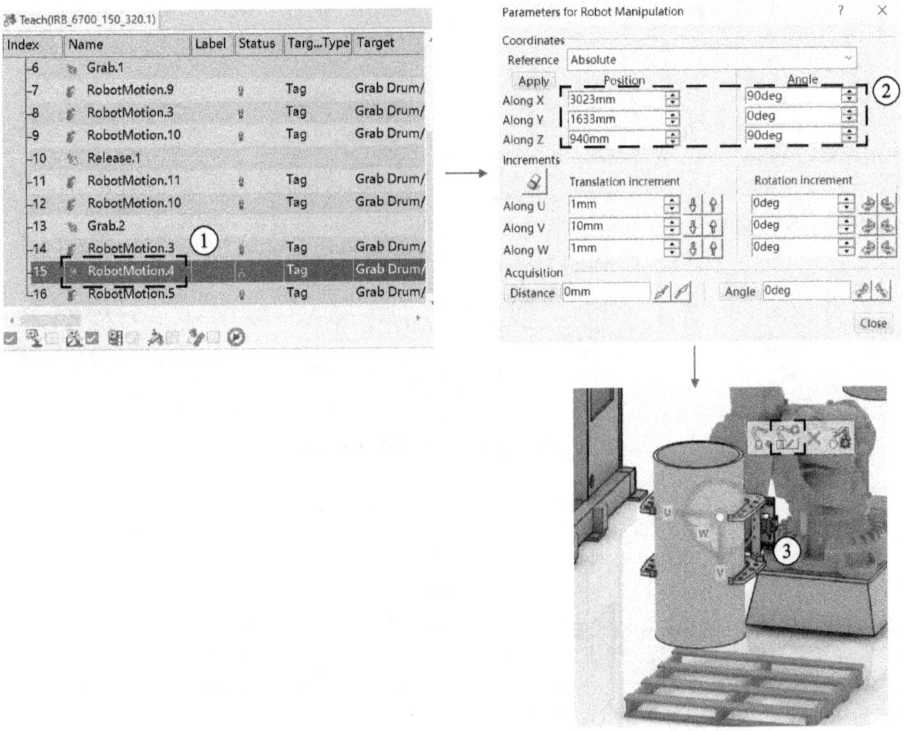


图 12-95　修改 RobotMotion.4 动作

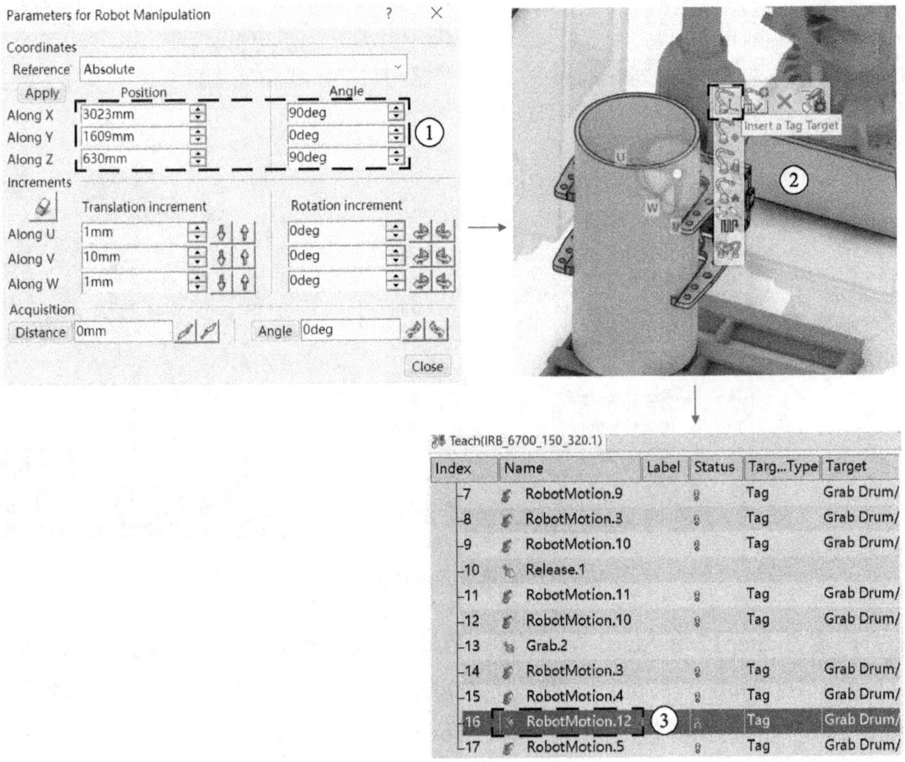


图 12-96　新增动作 RobotMotion.12

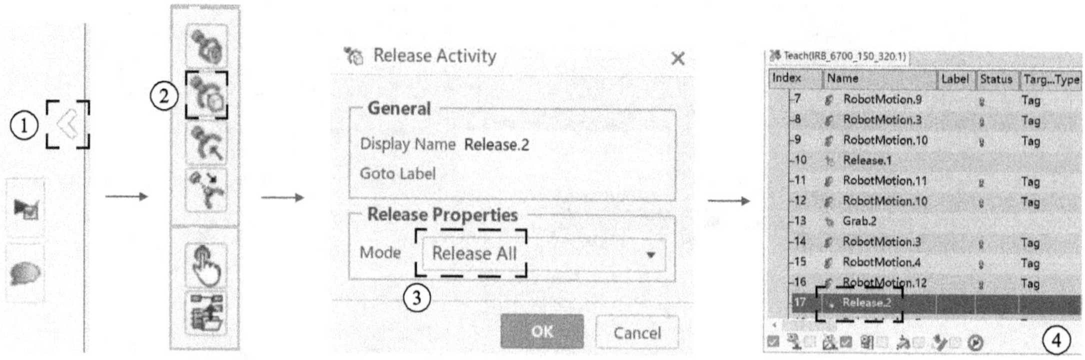


图 12-97 创建释放动作 Release.2

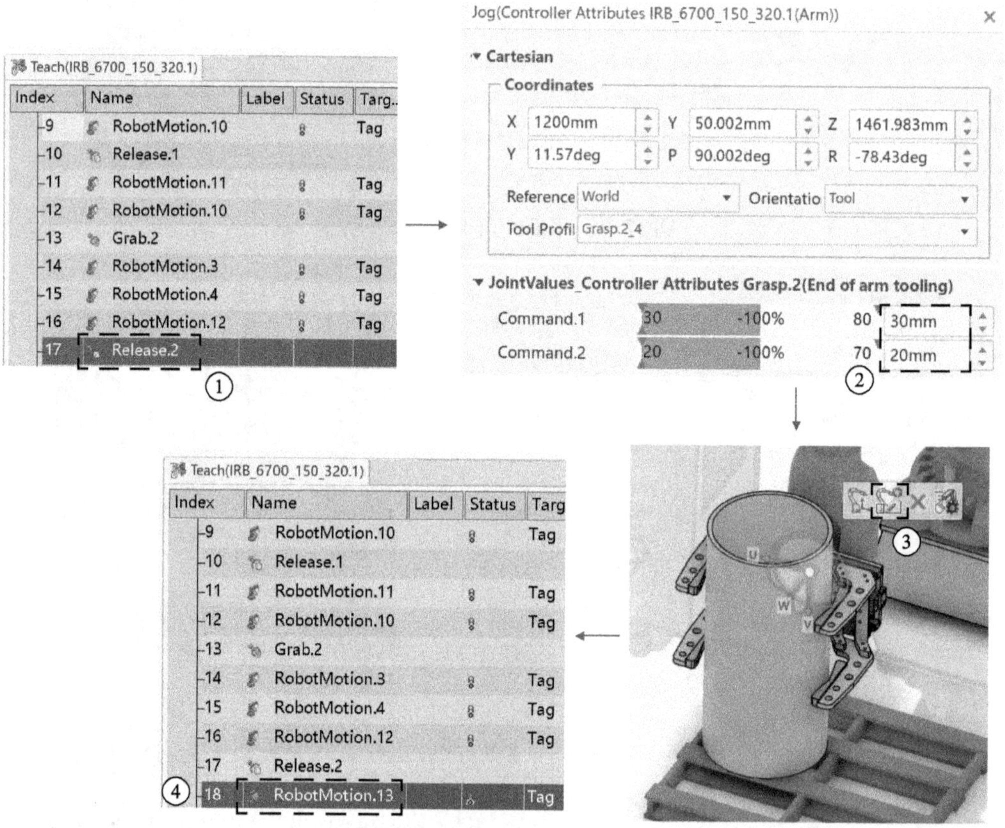


图 12-98 创建 RobotMotion.13 动作

Step31：重复 Step17 和 Step12，新增一个动作 RobotMotion.14，设置其 X、Y、Z 的位置为 3023mm、1609mm、1826mm，角度为 90deg、0deg、90deg，如图 12-99 所示；同时，将 RobotMotion.14 的动作属性改为“Linear Move”，如图 12-100 所示。

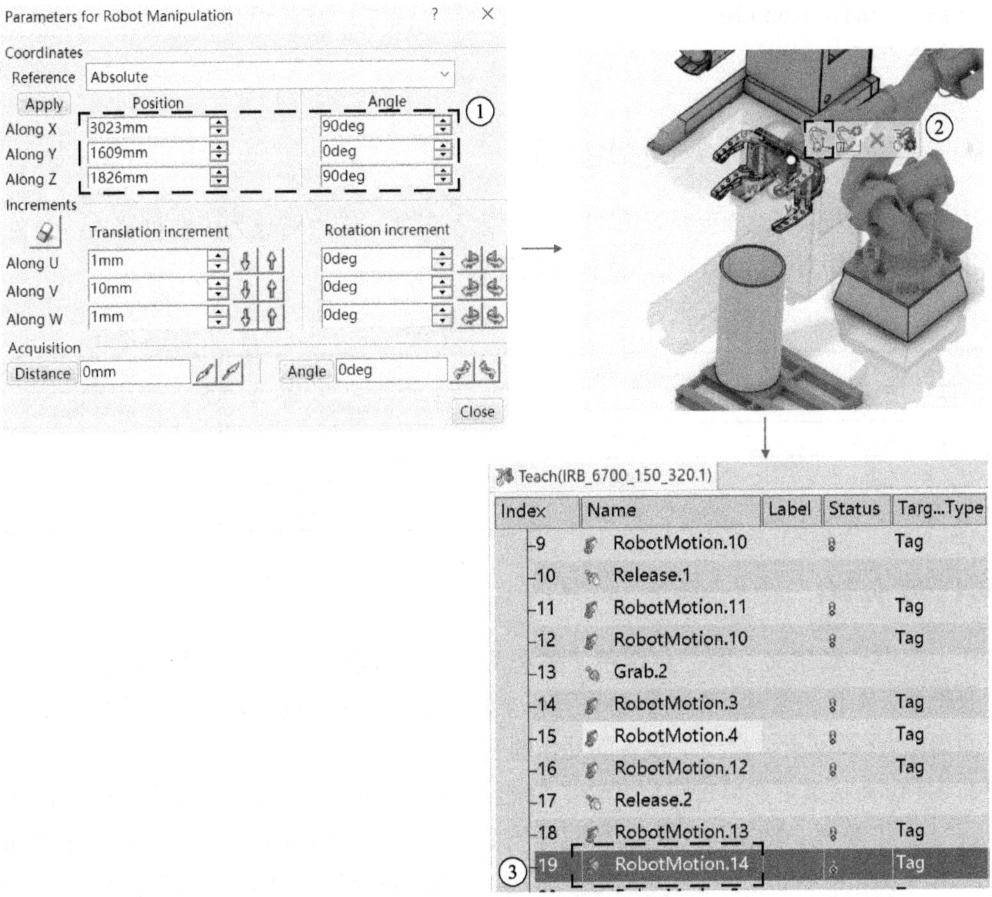


图 12-99　创建 RobotMotion.14 动作

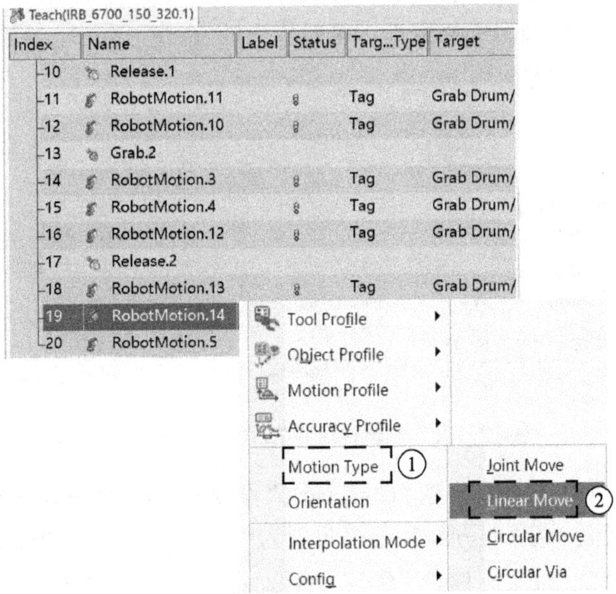


图 12-100　修改 RobotMotion.14 动作属性

最后一个动作 RobotMotion.5 工业机器人回到定义主位置，无须进行修改，此时完成大套筒的加工任务。

## 12.9 工业机器人任务高级编程

本节中将定义 4 个 IO 变量，其中两个为输入变量，作用对象为工业机器人；另外两个为输出变量，作用对象为传送带。具体参数见表 12-1。

表 12-1 IO 明细表

| 名　称 | 输入 / 输出 | 作 用 对 象 | 变 量 类 型 |
|---|---|---|---|
| Conveyor_1 | Out | Chuliao | Boolean |
| Conveyor_2 | Out | Chuliao | Boolean |
| Robot_1 | Input | Electric control cabinet | Boolean |
| Robot_2 | Input | Electric control cabinet | Boolean |

### 12.9.1 定义 IO

在上节中已经定义了两个传送带任务和两个工业机器人任务。在实际产品加工中，通过工业机器人和传送带相互配合、协同操作来减少生产节拍。需要对传送带资源和工业机器人资源增加 IO 控制点，来控制设备间动作的配合。

在 3D 仿真状态下，单击沉浸式浏览器的“Sequencing”选项卡→选择“Electric control cabinet”使其高亮→在底部单击“”按钮，弹出“Global IO”对话框→将“Display Name”设置为“Robot_1”，“Type 类型”设置为“Boolean”，“Direction”设置为“Input”，保持默认的“Default Value”值“false”→单击“OK”关闭对话框，如图 12-101 所示。选中 Electric control cabinet 资源，可以在“Resource”选项组的 IO 选项中查看设置的 IO 名称、方向和类型。右击资源，选择属性，可对定义的 IO 进行修改。用同样的方法定义另一个 IO，名称为 Robot_2，方向为 In，类型为 Boolean。

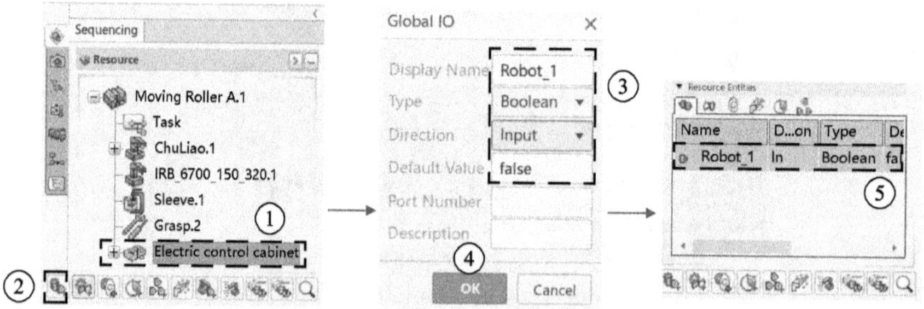


图 12-101 创建传送带 IO（Grab Drum_1）

在 3D 仿真状态下，选中传送带“ChuLiao.1”资源使其高亮→在底部选择“”按钮，弹出“Global IO”对话框→将“Display Name”设置为“Conveyor_1”，“Type”设置为“Boolean”，“Direction”设置为“Output”→单击“OK”关闭对话框，如图 12-102 所示。用同样的方法定义另一个 IO，名称为 Conveyor_2，方向为 Out，类型为 Boolean。

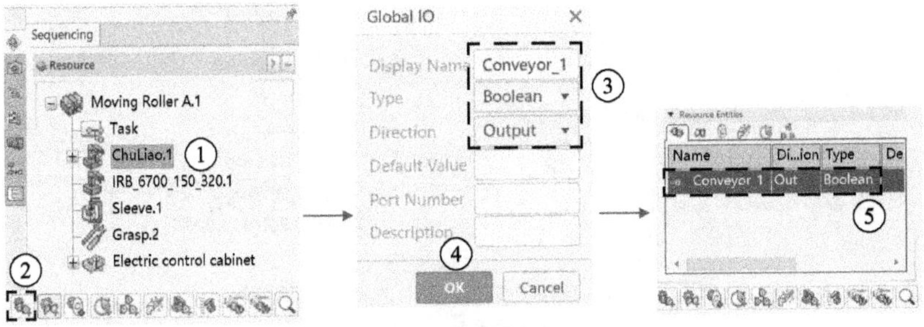

图 12-102　创建 IO（Conveyor_1）

### 12.9.2　添加指派

指派指令用于发送输出信号。一般指派指令的信号连接输入信号，改变输入信号的状态值。添加指派步骤如下：

Step1：在 3D 仿真环境下单击“Programming”→单击“Teach”→选择“ChuLiao.1”下的“Conveyor_1”任务，如图 12-103 中①、②所示。

Step2：单击右侧逻辑编辑器的指派“(x)=”按钮，弹出“Assignment”对话框。在该对话框中定义该动作的名称，并改变 IO 的状态。这里“Entity”选择“Conveyor_1(ChuLiao.1)”，将“Value”值更改为“true”，单击“OK”确定后在 Release.1 动作下多了一条指令，如图 12-103 中③～⑥所示。

**注意**：区分大小写，如果有错误单击“OK”按钮后任务会标红显示。

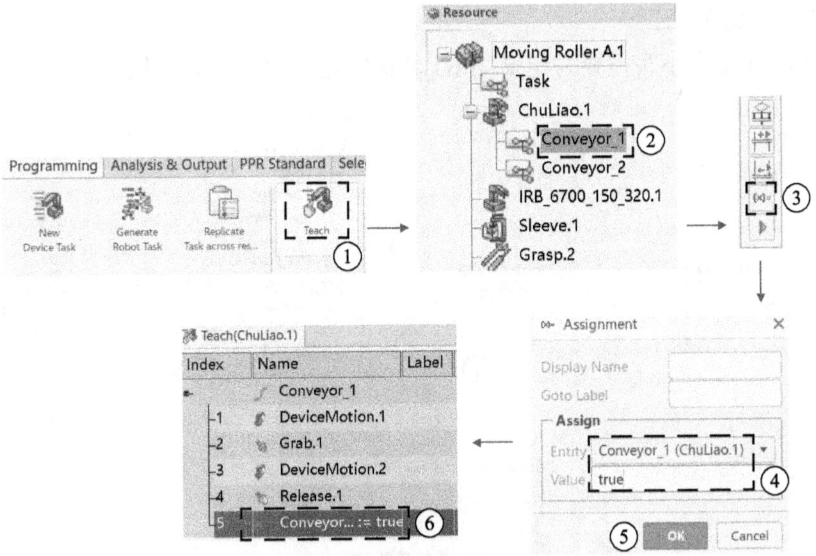

图 12-103　Conveyor_1 添加指派命令

Step3：重复 Step1 和 Step2，给 Conveyor_2 添加一条分派指派指令。设置“Entity”为“Conveyor_2（ChuLiao.1）”，“Value”为“true”，如图 12-104 所示。

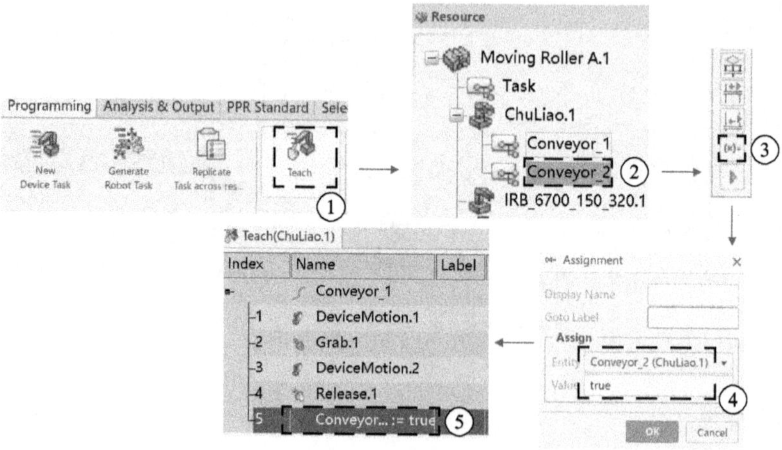

图 12-104 Conveyor_2 添加指派命令

## 12.9.3 添加等待

等待指令用于接收输出信号，一般与输入信号配合使用。下面给工业机器人 IRB_6700_150_320.1 添加等待指令。具体步骤如下：

Step1：单击“Programming”→“Teach”，选择“Grab Drum_1”任务，如图 12-105 ①、②中所示。

Step2：单击右侧逻辑编辑器的等待“🕒”按钮，弹出“Wait”对话框。在对话框中定义指令名称、输入判断条件和延迟时间。这里在“Condition”中输入条件 Robot_1=true，如图 12-105 中③~⑤所示。

**注意**：Robot_1 大小写需要与定义的 IO 名称完全一致，不然会报错。

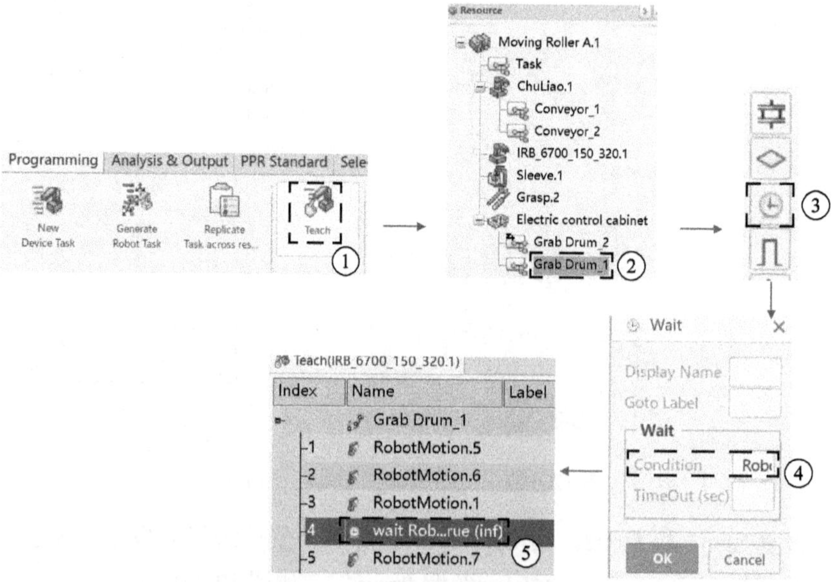

图 12-105 Grab Drum_1 添加等待命令

Step3：重复 Step1 和 Step2，给 IO Robot_2 添加等待命令，在“Condition”中输入条件 Robot_2=true，如图 12-106 所示。

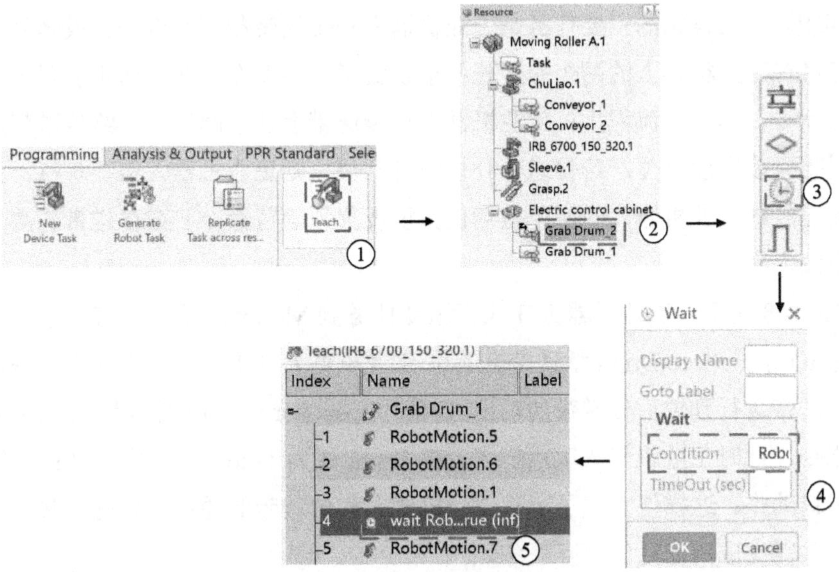


图 12-106　Grab Drum_2 添加等待命令

Step4：在 RobotMotion.11 后面添加一个等待指令，等待 20s 模拟矫圆机工作流程。单击“Programming”→“Teach”，选择“Grab Drum_2”，单击等待“⏲”按钮，在“Wait”对话框的“Condition”中输入条件 Robot_2=false，单击“OK”，在 RobotMotion.11 动作下多了一条等待指令，如图 12-107 所示。

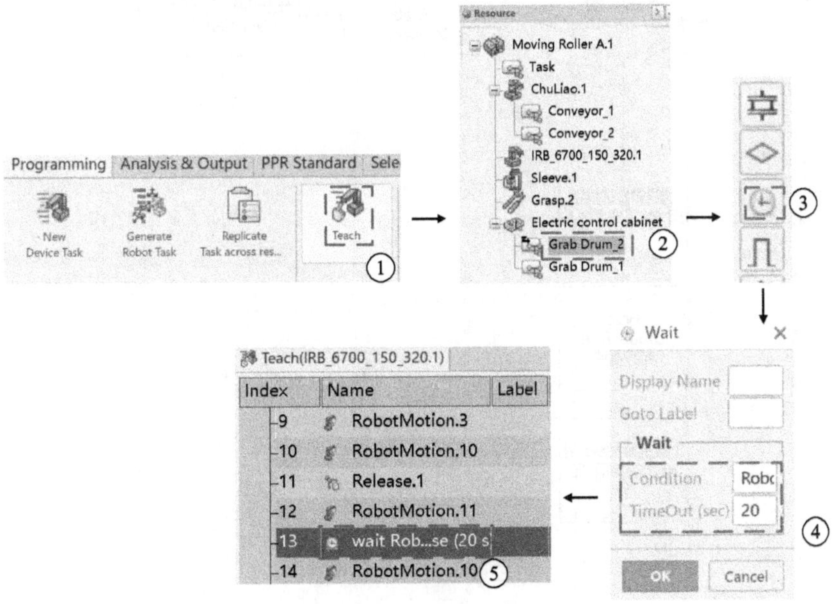


图 12-107　添加等待矫圆命令

### 12.9.4 创建 IO 映射

创建 IO 映射，即把不同设备的运动关系连接起来，使得工作站间的设备可以既相互配合又各司其职。此工作站的主要任务是工业机器人和传送带相互配合，完成套筒上下料的过程。目前已经在工业机器人的两个搬运任务里设置了等待命令，在传送带的两个上料任务里设置了指派命令，其执行流程为：工业机器人从传送带上抓取圆筒后，给传送带发送任务命令，让传送带同步向前补位，若传送带补位没有到位，则工业机器人需要等待，直至传送带到位。目前已经在工业机器人的两个搬运任务里设置了等待命令，在传送带的两个上料任务里设置了指派命令。

如图 12-108 所示，工业机器人在执行运动任务到 Motion.1 后，会有一个等待指令，此时等待指令 IO 信号 Grab Drum 默认是 False，工业机器人处于等待命令状态，等待传送带运行到位，传送带运行到位后传送带的输出 IO 信号 Coneyor 给工业机器人 IO 信号 Grab Drum 发送一条指令，此时工业机器人 IO 信号 Grab Drum 变为 True，等待指令结束，继续工业机器人的上下料动作。这样便完成了一次工业机器人和传送带的通信。总任务共抓取一大一小两个套筒，共需完成两次通信交互任务。

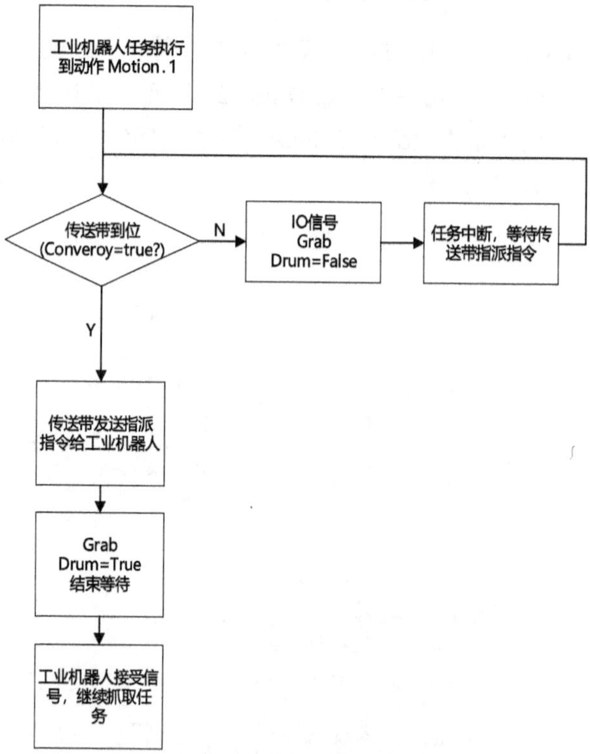


图 12-108 IO 映射逻辑图

在软件中的具体设置步骤如下：

Step1：在 3D 仿真环境下右击“Moving Roller A.1”，选择“Open IO Mapping Editor”，如图 12-109 中①所示。

Step2：在编辑对话框中，单击“Mapping”下的“Standard Mapping”，分别单击“Conveyor1”和“Robot_1”，在两个信号口间形成一条连线，在这个信号逻辑图中，红色箭头表示信号输入口，蓝色箭头表示信号输出口，如图 12-109 中②～⑤所示。

Step3：重复 Step2 的方法，连接“Conveyor2”和“Robot_2”，如图 12-109 所示，此时两个简单的映射连接完成。

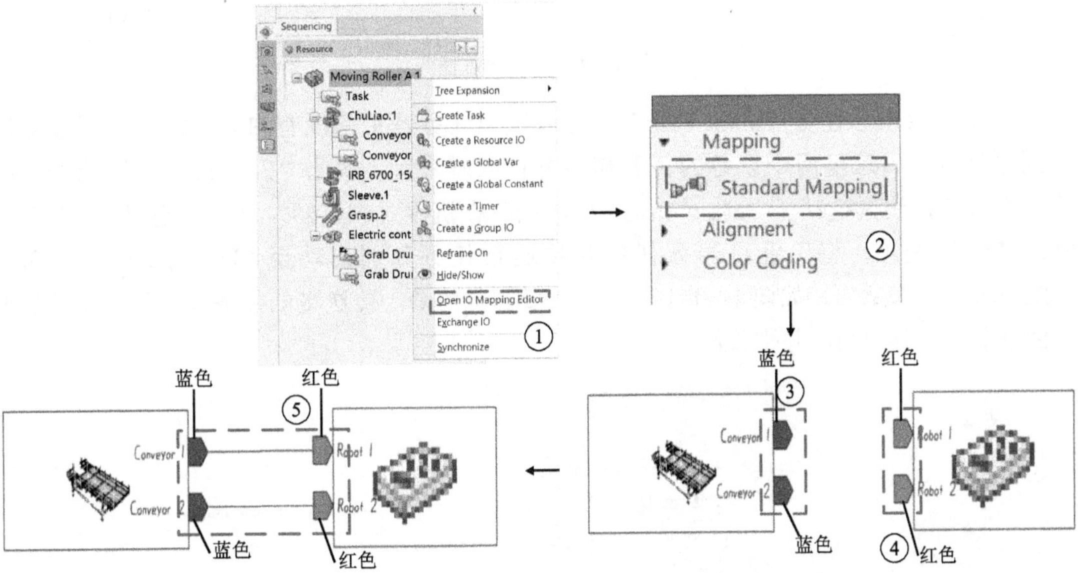


图 12-109　创建 IO 映射

## 12.9.5　创建码垛工作站仿真总成任务

在这个工作站里，一次建立了 4 个子任务，包括工业机器人的两个任务（Grab Drum_1、Grab Drum_2）和传送带的两个任务（Conveyor_1、Conveyor_2），且这几个任务间的 IO 关系已经完成定义，接下来需要把这几个子任务组合起来，共同搭建套筒上下料的组合动作。具体步骤如下：

Step1：在顶层“Moving Roller A.1”制造单元下建立一个总任务节点。单击“Sequencing”选项卡→“Moving Roller A.1”制造单元→“Create Task”，在弹出的“Task”对话框中，将“Display Name”改为“Main Task”，“Type”选择“Service”，单击“OK”按钮，完成总任务节点定义，如图 12-110 中①～④所示。

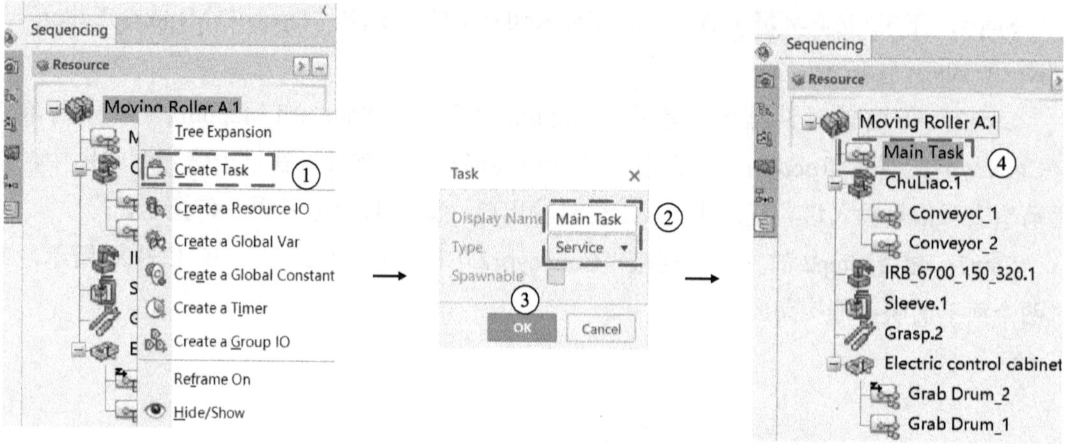


图 12-110 创建总任务

Step2：双击总任务“Main Task”，可以发现任务是空的没有内容，需要将子任务添加到总任务里。这里两个设备的任务需要并行同时进行，单击“Sequential”选项卡中的“ ”按钮，将其拖动至“Main Task”中，同时在沉浸式浏览器左下方出现“Usable in：Main Task”选项，将工业机器人任务和传送带任务分别拖动至“Usable in：Main Task（Service）”对话框，如图 12-111 所示。需要注意的是，传送带的任务在一列，工业机器人的任务在另外一列，并排放置。

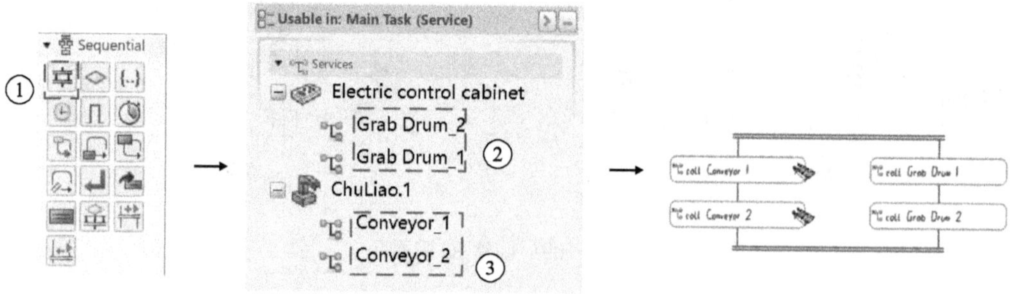


图 12-111 编辑总任务

## 12.10 仿真分析与输出

### 12.10.1 可达性检测

工业机器人可达性检测可以及时发现工业机器人潜在的设计问题。单击“Setup”→“Reach”，选择“Sequencing”→“IRB_6700_150_320.1”，弹出“Reach”对话框。在“Reach”对话框中显示工业机器人的所有任务，可以发现当前的状态是未计算，单击“Session”的“ ”可以选择是否要计算该任务，如果不需要则单击“Session”的“ ”，此时会变成“×”，可达性不计算该任务。勾选两个抓取任务，在浮框单击计算“ ”按钮，开始可达性分析计算，如图 12-112 所示。

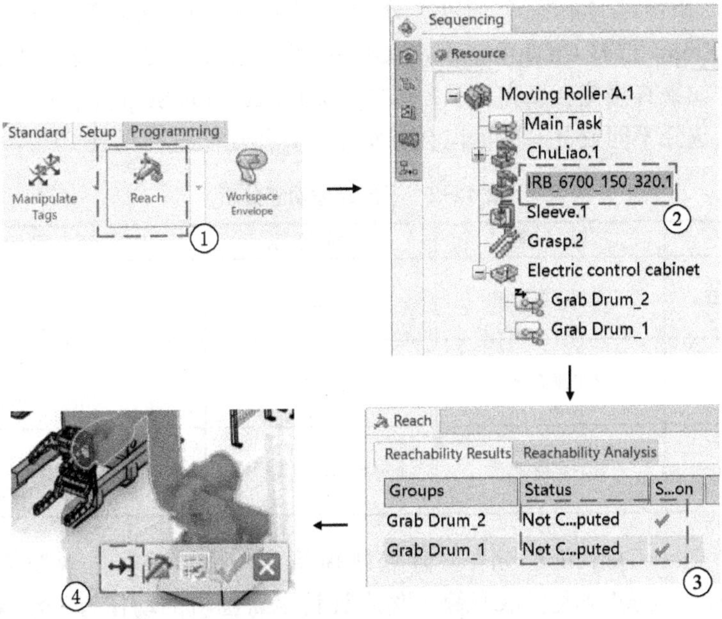


图 12-112　可达性检测

可达性分析检测共有六种状态，分别为 Reachable、Not Reachable、Partially Reachable、Clash、Out of Limit、Not Computed。如图 12-113 所示，可以发现两个任务 Grab Drum_1、Grab Drum_2 的状态都是 Reachable，若显示计算结果为 Out of Limit，选中一个任务，单击“Reachability Analysis”选项卡可以具体分析该任务究竟是哪一个动作不可达，直接单击“Reach”对话框左下角“ ”按钮可直接对不可达动作进行重新示教，同时也可调整 Motion Type、Tool Profile、Config 等参数。调整完成后可以重新进行可达性分析计算。

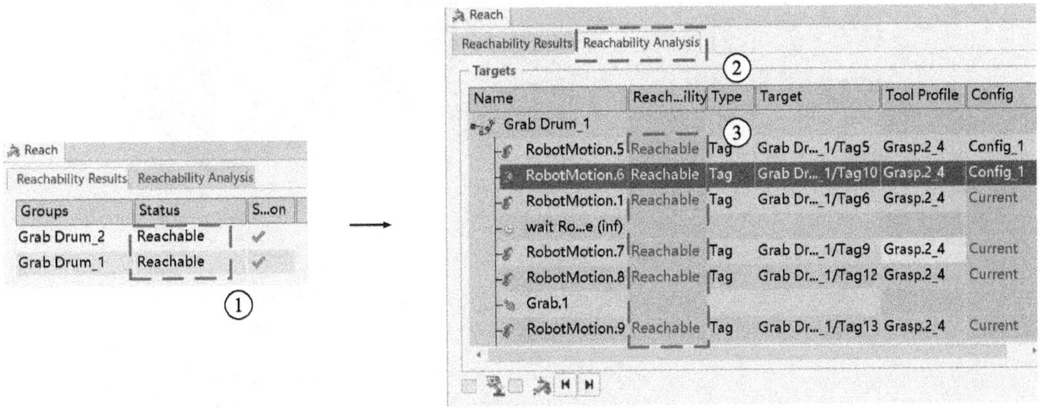


图 12-113　可达性分析

## 12.10.2　干涉检查

详细的干涉检查有单独的仿真模块，在 Robot Simulation 中内置了一个简单的干涉检查功能。在 3D 仿真模块打开沉浸式浏览器，选择“Probes”选项卡→单击“Dynamic

Clash”→右击，快捷菜单有三个选项，分别是 Clash Detection Off、Clash Detection On、Clash Detection Stop，选择 Clash Detection Off 关闭碰撞检测；选择 Clash Detection On 开启碰撞检测，同时如果有碰撞会高亮显示；选择 Clash Detection Stop 开启碰撞检测，同时干涉时仿真会停止。选择不同设置，图标也会有变化，具体功能说明见表 12-2。

表 12-2　干涉碰撞功能分析

| 选　项 | 说　明 | 碰撞显示 | 图　标 |
|---|---|---|---|
| Clash Detection Off | 关闭碰撞检测 | 不显示 |  |
| Clash Detection On | 开启碰撞检测 | 高亮显示 |  |
| Clash Detection Stop | 开启碰撞检测 | 高亮显示、仿真暂停 |  |

这里选择“Clash Detection On”，开启碰撞检测。播放仿真发现在第二个抓取任务 Grab Drum_2 中，工业机器人抓取套筒大角度旋转至矫圆机的动作有干涉现象，打开 Grab Drum_2 任务发现需要在 RobotMotion.9 后面增加一个途径点以防止干涉。

双击操作区域 TCP 罗盘，弹出调整罗盘对话框，将 X、Y、Z 的位置设置为 3023mm、1609mm、1826mm，角度设置为 90deg、0deg、90deg，单击“Apply”，发现工业机器人的姿态发生变化，单击浮框的“”按钮，新增一个途经点 RobotMotion.15，如图 12-114 所示。

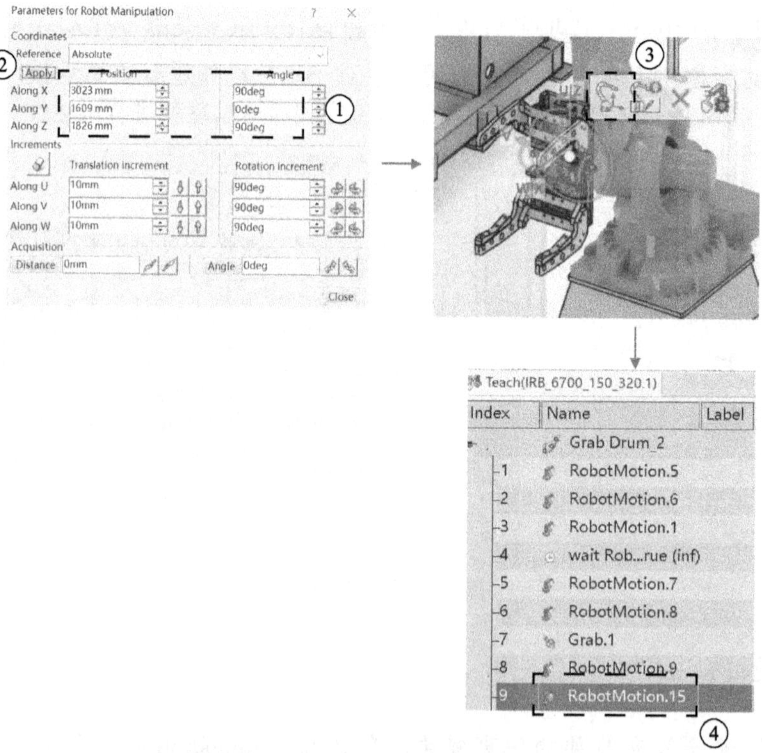


图 12-114　增加途经点 RobotMotion.15

### 12.10.3　播放仿真

播放仿真动画有两种方式，第一种针对单个任务，在示教时可以对布置的动作进行仿真播放，主要针对的是单个任务的连续动作的播放，观察单个任务设置的示教动作是否满足要求。以播放 Grab Drum_1 为例，单击“Programming”→“Teach”，选择沉浸式浏览器的“Sequecing”选项卡下的“Electric control cabinet”资源→“Grab Drum_1”任务，打开 Teach 控制面板，同时弹出“Play Simulation”对话框，如图 12-115 所示。

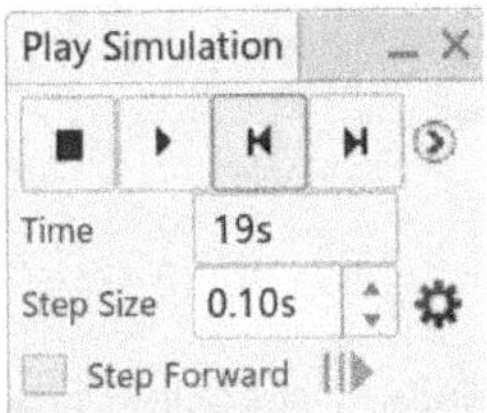


图 12-115　单任务仿真播放

在实际智能工厂运行时，多台设备同时配合，当需要播放整个工作站的仿真任务时，需要用 3D 罗盘来播放仿真任务。单击总成任务“Main Task”使其高亮→单击 3D 罗盘按钮，底部弹出播放按钮，如图 12-116、图 12-117 所示。

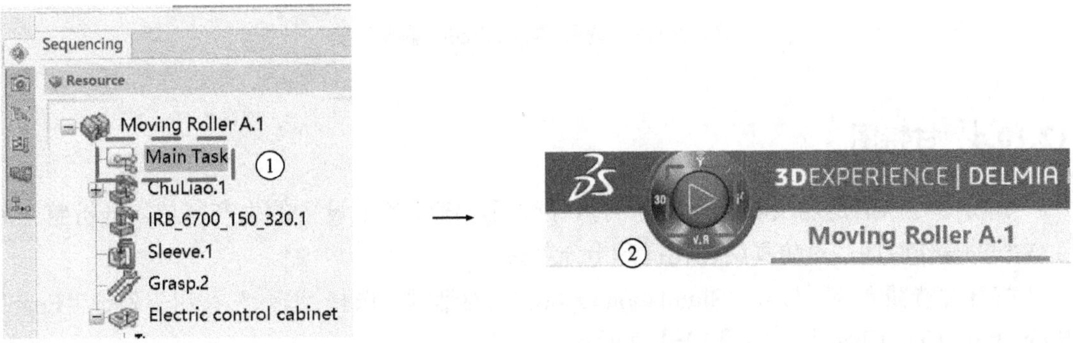


图 12-116　总成任务仿真播放

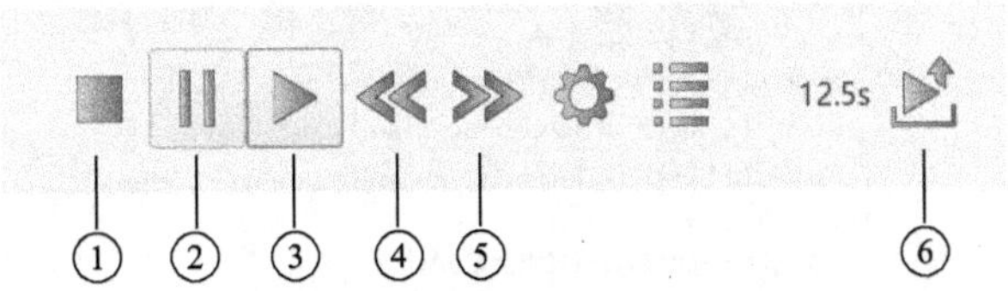


图 12-117　总成任务仿真播放窗口

①—停止并回放　②—暂停播放　③—播放　④—放慢仿真速度，支持 16 倍慢放
⑤—加快仿真时间，支持 16 倍快进　⑥—关闭仿真

**注意**：运动仿真的播放需要安装 Visual Studio 及其编译环境，当仿真播放失败，需要查看首选项设置。依次单击“Preferences”→“Legacy Preferences”→“Infrastructure”→“DELMIA Infrastructure”→“Compiler”，勾选“Visual Studio2013（12.0）”，调用 Visual

Studio 编译环境，如图 12-118 所示。

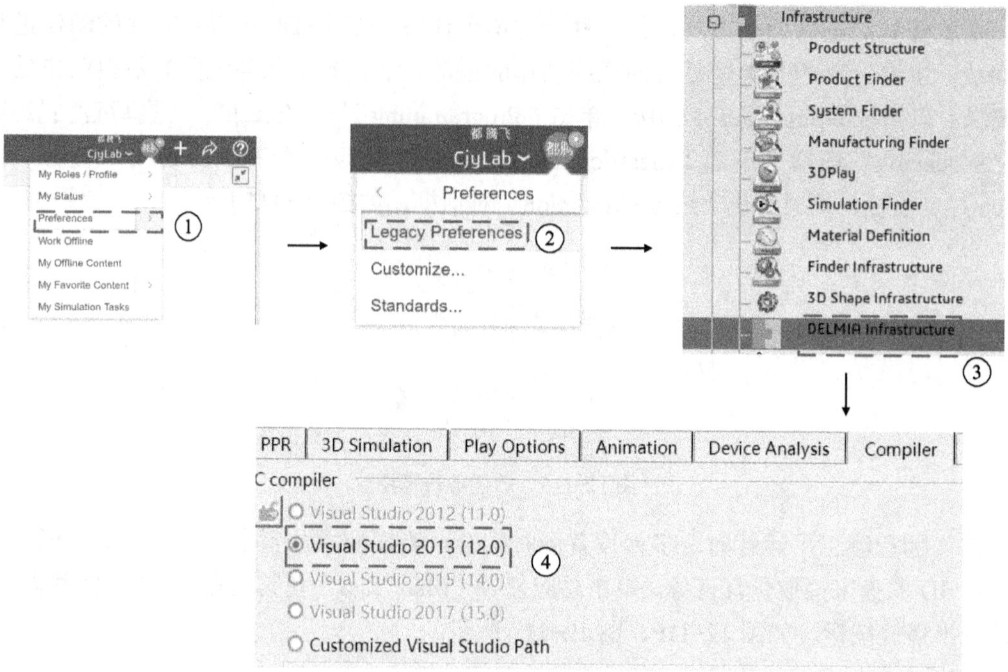


图 12-118 调用 Visual Studio 编译环境

## 12.10.4 甘特图

甘特图可以清楚地反映各个动作的执行时间，统计各个设备的生产节拍，分析整个加工过程的操作时间，对仿真的优化提升十分重要。

打开甘特图命令：打开“Simulation Options”对话框，选择“ ”按钮→勾选“Enable Simulation Time Chart”，如图 12-119 所示。

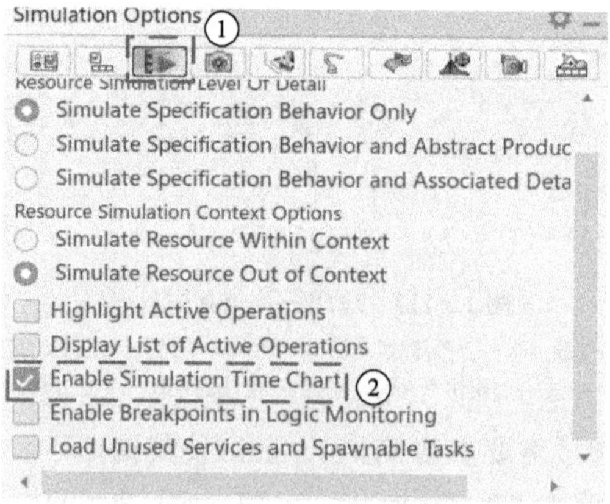


图 12-119 勾选甘特图命令

播放 Main Task，弹出“Simulation Tool”对话框，选择“Show”→“Hide Time Chart”，打开甘特图。可以勾选显示内容，选择各个任务的持续时间、开始时间和结束时间，查看各个任务间的关系，这里可以分析得出总任务的生产节拍为 56.22s，其中 Conveyor_1 任务 5.51s，Conveyor_2 任务 10.22s，Grab Drum_1 任务 16.29s，Grab Drum_2 占了 39.93s，是一个瓶颈，究其原因是工业机器人需要等待 20s 至矫圆机矫圆完成，如图 12-120 所示。在实际生产过程中，可以再增加一台矫圆机缩短工艺节拍，提高生产效率。

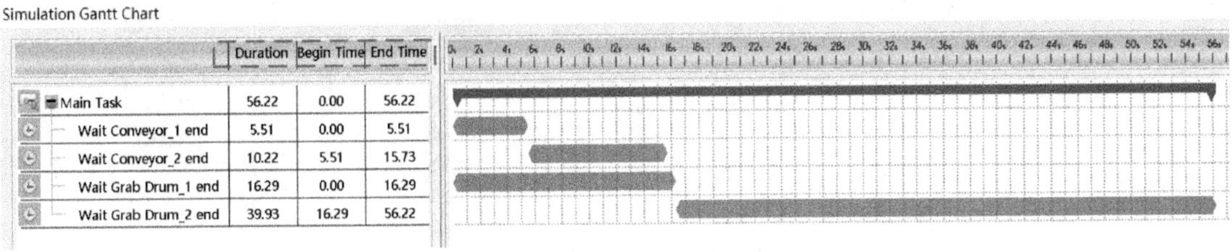


| | Duration | Begin Time | End Time |
|---|---|---|---|
| Main Task | 56.22 | 0.00 | 56.22 |
| Wait Conveyor_1 end | 5.51 | 0.00 | 5.51 |
| Wait Conveyor_2 end | 10.22 | 5.51 | 15.73 |
| Wait Grab Drum_1 end | 16.29 | 0.00 | 16.29 |
| Wait Grab Drum_2 end | 39.93 | 16.29 | 56.22 |

图 12-120　总任务甘特图分析

若要分析工业机器人每一个动作占用时间，需要仿真运行子任务，如运行 Grab Drum_2 任务，各个动作的开始时间、结束时间、持续时间都有详细的显示，便于统计分析发现问题，如图 12-121 所示。

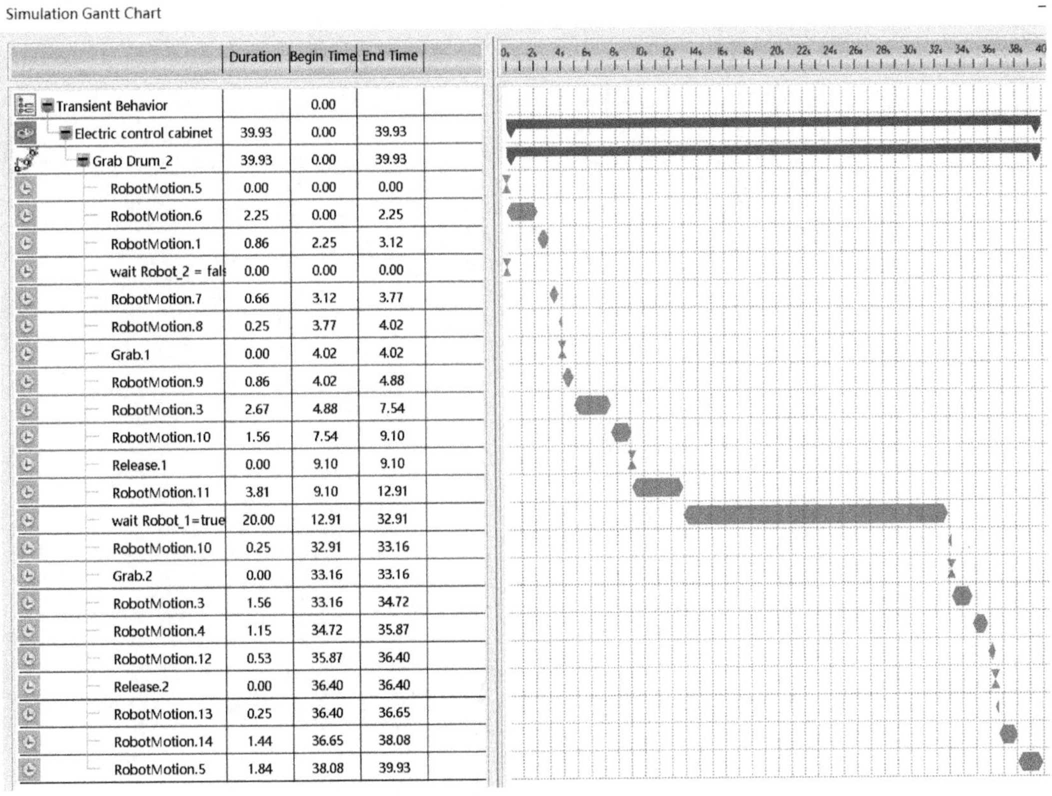


| | Duration | Begin Time | End Time |
|---|---|---|---|
| Transient Behavior | | 0.00 | |
| Electric control cabinet | 39.93 | 0.00 | 39.93 |
| Grab Drum_2 | 39.93 | 0.00 | 39.93 |
| RobotMotion.5 | 0.00 | 0.00 | 0.00 |
| RobotMotion.6 | 2.25 | 0.00 | 2.25 |
| RobotMotion.1 | 0.86 | 2.25 | 3.12 |
| wait Robot_2 = fal | 0.00 | 0.00 | 0.00 |
| RobotMotion.7 | 0.66 | 3.12 | 3.77 |
| RobotMotion.8 | 0.25 | 3.77 | 4.02 |
| Grab.1 | 0.00 | 4.02 | 4.02 |
| RobotMotion.9 | 0.86 | 4.02 | 4.88 |
| RobotMotion.3 | 2.67 | 4.88 | 7.54 |
| RobotMotion.10 | 1.56 | 7.54 | 9.10 |
| Release.1 | 0.00 | 9.10 | 9.10 |
| RobotMotion.11 | 3.81 | 9.10 | 12.91 |
| wait Robot_1=true | 20.00 | 12.91 | 32.91 |
| RobotMotion.10 | 0.25 | 32.91 | 33.16 |
| Grab.2 | 0.00 | 33.16 | 33.16 |
| RobotMotion.3 | 1.56 | 33.16 | 34.72 |
| RobotMotion.4 | 1.15 | 34.72 | 35.87 |
| RobotMotion.12 | 0.53 | 35.87 | 36.40 |
| Release.2 | 0.00 | 36.40 | 36.40 |
| RobotMotion.13 | 0.25 | 36.40 | 36.65 |
| RobotMotion.14 | 1.44 | 36.65 | 38.08 |
| RobotMotion.5 | 1.84 | 38.08 | 39.93 |

图 12-121　Grab Drum_2 甘特图分析

### 12.10.5 仿真结果输出

将仿真结果输出，单击“Simulation Options”→“ ”按钮，勾选“Record Movie”→单击 Set Up“ ”按钮，选择“VFW Codec”→“全帧（非压缩的）”完成设置，如图 12-122 所示。

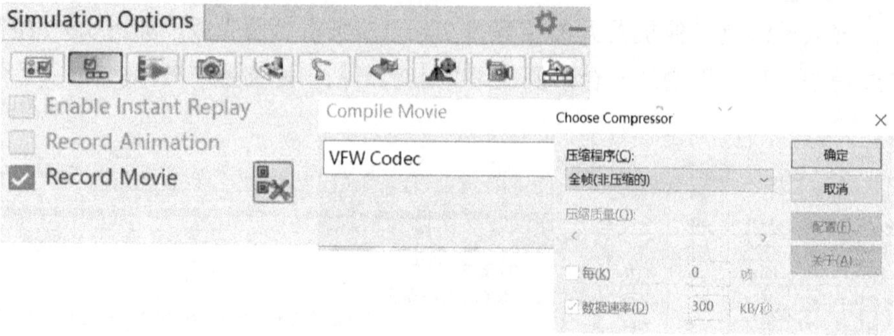


图 12-122 仿真结果输出

# 第 13 章　上下料机器人离线编程

在上一章中，针对一个矫圆的工业机器人上下料工作站，已经进行了示教，调整了工业机器人的动作姿态，防止工业机器人运动时的干涉情况，同时模拟计算了工业机器人上下料的节拍时间，输出了仿真结果。工业机器人仿真技术的作用还远不止如此，在 3DEXPERIENCE 平台上，通过离线编程技术，可以快速将软件中示教的工业机器人点位、工业机器人动作转化成实际工业机器人可以识别的代码程序，从而通过工业机器人仿真技术来真实地指导工业机器人的示教与调试。在本章中将延续工业机器人上下料的案例，讨论如何通过 3DEXPERIENCE 仿真平台生成工业机器人可以识别的代码程序。

无论是在国内市场还是国际市场，ABB、FAUNC、KUKA、YASKAWA 的工业机器人凭着较好的稳定性、创新性、通用性占据着大量市场份额，四家的工业机器人各有特色。

ABB 是一家总部在瑞士的跨国公司，是业内公认的工业机器人技术的开拓者和领导者。擅长汽车、重型机械、能源、自动化等领域。

KUKA 公司最早于 1898 年由 Johann Josef Keller 和 Jakob Knappich 在德国巴伐利亚州的奥格斯堡建立，现今 KUKA 专注于向工业生产过程提供先进的自动化解决方案。

FAUNC 公司创建于 1956 年，被称为当今世界数控系统科研、设计、制造、销售实力最强大的企业，具备前瞻性的日本技术专家预见到 3C 时代的到来，并组建了科研队伍。凭借着技术沉淀，造就了 FANUC 在精度上的优势。由于日本的数控机床以及精密设备具有较高的加工精度，所加工的工业机器人零部件的精度和质量较高，且价格相对低廉，使得 FAUNC 成为四大家族中性价比较高的工业机器人品牌。

YASKAWA 传承了近百年的电气电机技术，其 AC 伺服和变频器市场份额稳居世界第一。1977 年，YASKAWA 研发出日本首台全电气式产业用工业机器人 MOTOMAN。YASKAWA 工业机器人最大的特点是负载大，稳定性高，在满负载、满速度运行的过程中不会报警，甚至能够过载运行。因此，YASKAWA 在重负载的工业机器人应用领域应用最广。

四大家族工业机器人经过多年的发展，都有自己明显的特点与应用领域，同时在工业机器人仿真领域，都有自己的仿真软件和工业机器人示教语言。如表 13-1 所示，不同品牌的工业机器人使用的工业机器人代码不同，离线编程输出代码时怎么解决这个问题？在 3DEXPERIENCE 仿真平台为了适配多品牌的工业机器人，给出了转换器的解决方案。通过转换器可以将 3DEXPERIENCE 示教完成的动作输出为不同品牌工业机器人可以识别的代码程序，大大减少了现场调试所需要的时间。

示教任务中的标记点显示为 X、Y、Z 坐标。诸如搬运活动和 IO 信号等活动可以从工业机器人任务转换为离线程序。这些活动的属性也可以转换成程序。

工业机器人执行任务时，可下载工业机器人运动，电弧和点焊操作，抓取 / 释放指令，IO 和变量赋值，等待和脉冲指令，运行的任务指令，转到标记说明，If（条件）、For 和 While 循环指令，返回和断开指令，注释，定时器指令，宏指令（仅适用于 FANUC 和 MOTOMAN 工业机器人）等活动。

表 13-1 工业机器人编程语言

| 工业机器人名称 | 编 程 语 言 | 仿 真 软 件 |
|---|---|---|
| ABB | RAPID | ROBOTSTUDIO |
| KUKA | KRL | KUKASIMPRO |
| YASKAWA | INFORM | MotoSimEG-VRC |
| FAUNC | Karel | ROBOGUIDE |

## 13.1 标记点的导出

离线编程需要用到 Robot Programming App，进入 Robot Programming App 的步骤如图 13-1 所示。

Step1：在 3D 罗盘中，单击 My Simulation Apps 的“V+R”，如图 13-1 中①所示。

Step2：展开“My Roles/Profile”（我的角色 / 配置文件），单击“Robotics Offline Programmer”（离线编程工程师）角色，如图 13-1 中②所示。

Step3：在“V+R My Simulation Apps”（我的仿真应用程序）下选择“Robot Programming” App，进入模块，如图 13-1 中③所示。

Step4：在分析和输出部分，单击创建工业机器人程序图标，如图 13-1 中④所示。

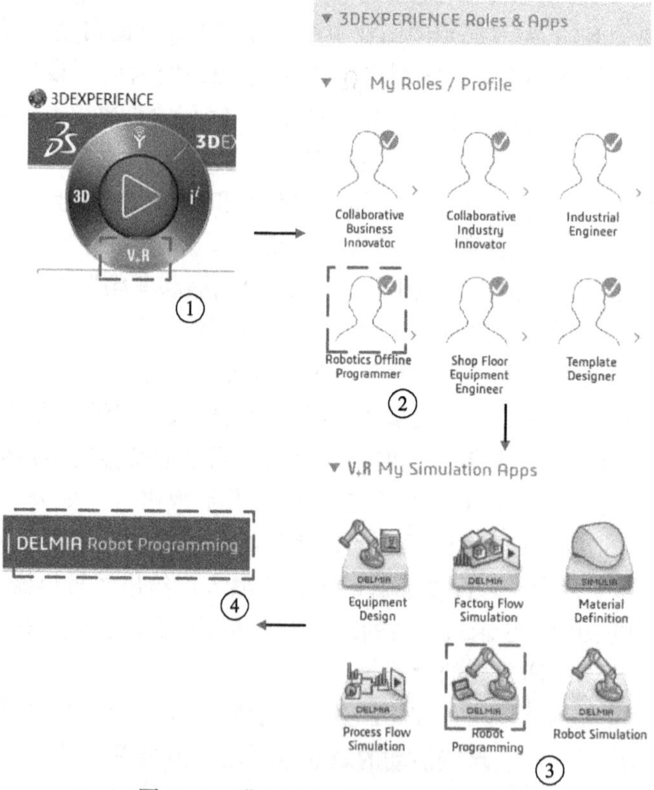


图 13-1 进入 Robot Programming App

标记点的导出方便工业机器人的快速定位，工业机器人示教时只需将实际的工业机器人坐标原点与仿真中的原点坐标系校准重合即可快速确定示教点位。

工业机器人标记点的导出步骤如下：

Step1：单击“Analysis & Output”→单击“Export TagGroup…”→在沉浸式浏览器的序列选项卡选择需要导出的工业机器人资源“IRB_6700_150_320.1”，如图13-2中①～③所示。

Step2：在“Export Tag Groups”对话框中，选择输出文件的路径，将文件名设置为Robot Tag，文件格式选.xls，如图13-2中④、⑤所示。

Step3：在“Behavior”选项卡选择需要导出的“Grab Drum_2”标记组，单击“OK”按钮确定，如图13-2中⑥、⑦所示。

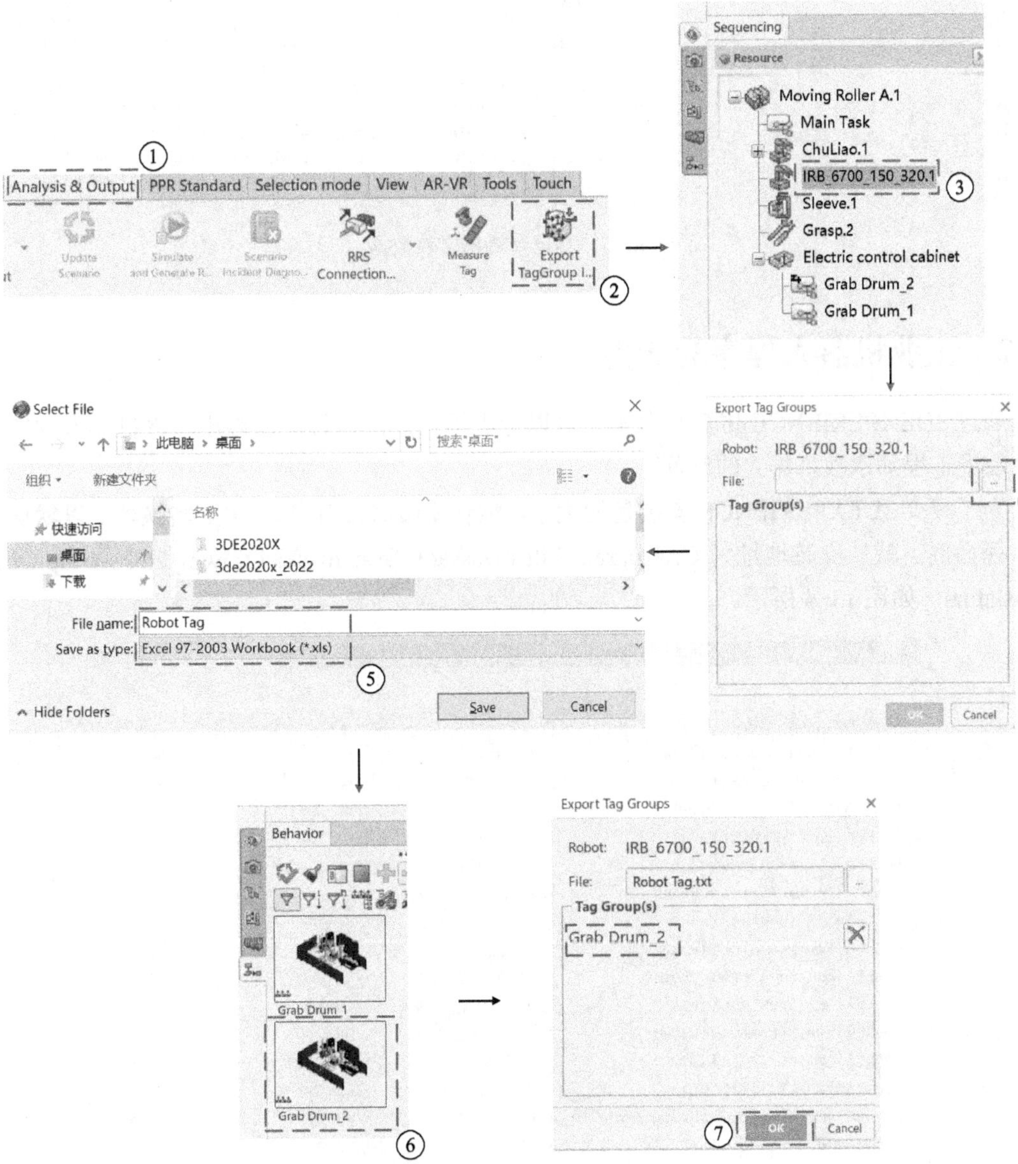


图13-2　标记点导出设置

Step4：如图 13-3 所示，打开标记点的导出文件查看相关信息，数据文件包含标记点的名称以及标记点的位置信息。工业机器人通过三点或者五点对坐标来校正全局坐标系的原点，算出变换矩阵后所有后续标记点就有实际的参考意义了。

| TagGroup Name : | Grab Drum_2 | Reference : | Global | | | | | |
|---|---|---|---|---|---|---|---|---|
| Tag Prefix | Tag Index | Tag Suffix | X(mm) | Y(mm) | Z(mm) | Yaw(deg) | Pitch(deg) | Roll(deg) |
| Tag | 1 | | 1773.907505 | 3397.758301 | 855.93927 | -90 | -90 | 0 |
| Tag | 2 | | 3547.23584 | 1946.038086 | 110 | 0 | 0 | 0 |
| Tag | 3 | | 2303.999628 | 50.000593 | 1461.991671 | 17.268779 | 90.001229 | -72.731214 |
| Tag | 4 | | 3547.23584 | 1946.038086 | 110 | 0 | 0 | 0 |
| Tag | 5 | | 3869.359948 | 1932.8479 | 2534.945894 | 0.023882 | 94.30881 | 0.02395 |
| Tag | 6 | | 1799.999732 | 3269.99648 | 889.995255 | -90.065014 | 89.467334 | -0.06501 |
| Tag | 7 | | 1844.499284 | -399.676406 | 1469.990514 | 89.996794 | -89.665364 | 90.003208 |
| Tag | 8 | | 3497 | 1946 | 1229 | 90.000305 | 0 | 90.000004 |
| Tag | 9 | | 1800.324407 | 3639.985696 | 889.976171 | -90.225515 | 89.379422 | -0.225496 |
| Tag | 10 | | 1797.463548 | 3190.097299 | 1580.023615 | 0 | 89.992372 | 88.17528 |
| Tag | 11 | | 3297.996831 | 2236.999275 | 939.994139 | -90.000596 | -0.000065 | -90.000007 |
| Tag | 12 | | 1800.215999 | 3639.982731 | 899.969204 | -90.25388 | 89.379432 | -0.253858 |
| Tag | 13 | | 1792.999993 | 3640.019264 | 1579.91535 | -90.338988 | 89.379456 | -0.338957 |
| Tag | 14 | | 1200.000202 | 50.001042 | 1461.991664 | 10.342682 | 90.001489 | -79.657308 |
| Tag | 15 | | 1200.000404 | 50.001633 | 1461.983328 | 11.570404 | 90.001794 | -78.429585 |
| Tag | 16 | | 3297.990116 | 2236.99774 | 489.990149 | -90.001191 | -0.000195 | -90.000011 |
| Tag | 17 | | 3297.985174 | 2236.99661 | 489.985223 | -90.001191 | -0.000195 | -90.000011 |
| Tag | 18 | | 3297.997378 | 2236.9994 | 1059.993861 | -90.001489 | -0.000261 | -90.000013 |
| Tag | 19 | | 3297.985174 | 2236.99661 | 489.985223 | -90.001191 | -0.000195 | -90.000011 |

图 13-3　标记点输出文件数据

## 13.2　工业机器人程序的导出

通过 3DEXPERIENCE 仿真平台不仅可以导出标记点，而且可以导出示教机器人程序，减少现场工程师示教机器人的时间。

为了减少 3DEXPERIENCE 安装包的大小，默认安装时没有导入 OLP 转换器。以默认安装路径为例，默认安装地址为 C:\Program Files\Dassault Systemes\B422\win_b64\startup\OLP\Translators，如图 13-4 所示。

C:\Program Files\Dassault Systemes\B422\win_b64\startup\OLP\Translators

| 名称 | 修改日期 | 类型 | 大小 |
|---|---|---|---|
| DownloaderTools | 2020/6/24/周三 10: | 文件夹 | |
| DELMIA Daihen Translator.3dxml | 2019/7/31/周三 2:23 | 3DXML 文件 | 640 KB |
| DELMIA DENSO Translator.3dxml | 2020/6/18/周四 21: | 3DXML 文件 | 268 KB |
| DELMIA Duerr Translator.3dxml | 2020/7/2/周四 22:17 | 3DXML 文件 | 228 KB |
| DELMIA Fanuc Translator.3dxml | 2020/5/20/周三 0:24 | 3DXML 文件 | 654 KB |
| DELMIA Kawasaki Translator.3dxml | 2020/4/30/周四 23: | 3DXML 文件 | 481 KB |
| DELMIA Kobelco Translator.3dxml | 2020/4/30/周四 22: | 3DXML 文件 | 134 KB |
| DELMIA Kuka Translator.3dxml | 2020/4/30/周四 22: | 3DXML 文件 | 389 KB |
| DELMIA Mitsubishi Translator.3dxml | 2020/4/2/周四 21:17 | 3DXML 文件 | 172 KB |
| DELMIA Motoman Translator.3dxml | 2020/5/19/周二 2:12 | 3DXML 文件 | 784 KB |
| DELMIA Nachi Translator.3dxml | 2020/6/25/周四 4:35 | 3DXML 文件 | 227 KB |
| DELMIA Panasonic Translator.3dxml | 2020/7/2/周四 22:16 | 3DXML 文件 | 185 KB |
| DELMIA Rapid Translator.3dxml | 2020/7/2/周四 22:18 | 3DXML 文件 | 504 KB |
| DELMIA Staubli Translator.3dxml | 2020/4/30/周四 23: | 3DXML 文件 | 163 KB |
| DELMIA UniversalRobots Translator.3dxml | 2020/5/1/周五 2:11 | 3DXML 文件 | 407 KB |
| DELMIA XML Translator.3dxml | 2020/3/2/周一 23:39 | 3DXML 文件 | 266 KB |

图 13-4　OLP 文件地址

仿真使用的工业机器人是 ABB IRB_6400，其编程语言是 RAPID 语言，因此导入 DELMIA Rapid Translator.3dxml。其他 OLP 转换文件也可以按照需求依次导入。

单击“Import…”→选择目标目录下的“DELMIA Rapid Translator.3dxml”→单击“Open”→单击“OK”，如图 13-5 所示。

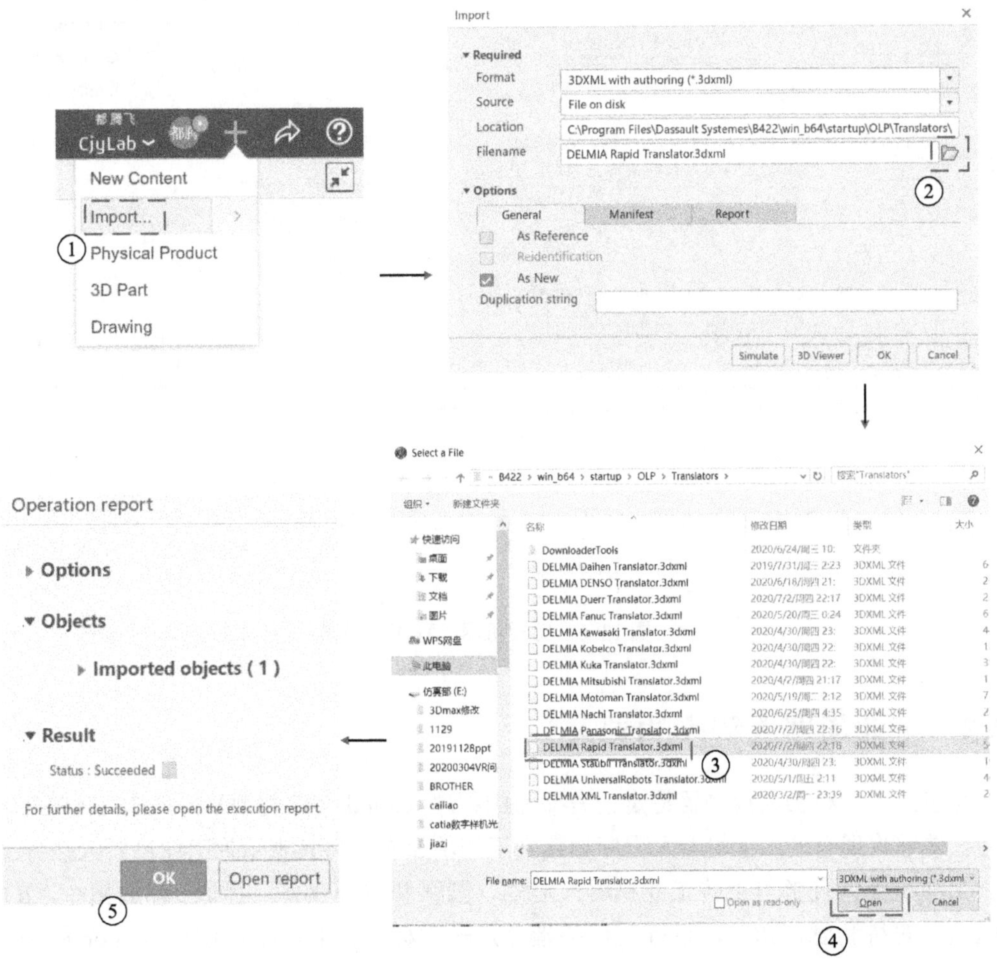


图 13-5　导入 Rapid 文件

单击“Analysis & Output”→单击“Create Robot Program”→选择工业机器人“IRB_6700_150_320.1”，弹出“Create Industrial Robot Program”对话框，在可用项目列表中，选择工业机器人任务，并单击单个水平箭头将其包含在选定项目列表中，这里选择“Grab Drum_1”和“Grab Drum_2”，单击“Next”生成工业机器人程序，选择合适的保存路径和文件名称，单击“Save”按钮保存，输出文件后缀名为 .mod 格式的文件，如图 13-6 所示。

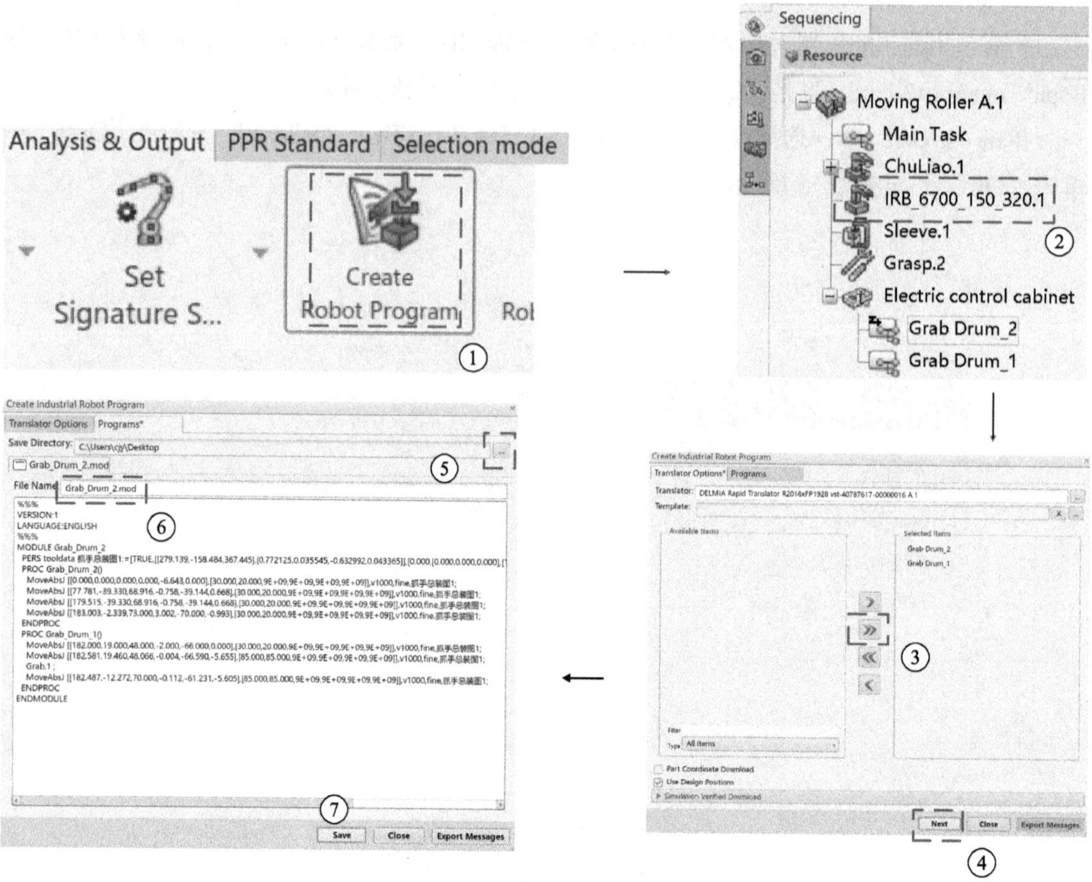


图 13-6 工业机器人程序的导出

## 13.3 工业机器人程序的导入

可以用工业机器人控制器特定语言编写的程序（.mod 文件类型）导入 3DEXPERIENCE 平台，能够将现有的工业机器人程序加载到工作单元中，将其表示为工业机器人任务。

工业机器人任务可上传工业机器人运动，圆弧和点焊操作，抓取 / 释放指令，IO 和变量赋值，等待和脉冲指令，运行的任务指令，转到标记说明，If（条件）、For 和 While 循环指令，返回和断开说明，注释，定时器指令等活动。

将 mod 文件进行导入，步骤如图 13-7 所示。

Step1：在“Analysis & Output”下单击“Import Robot Program”→选择工业机器人资源“IRB_6700_150_320.1”，如图 13-7 中①、②所示。

Step2：在“Import Industrial Robot Program”对话框中，选择需要导入的 mod 文件，软件将自动识别 mod 文件中可识别的任务，如图 13-7 中③所示。

Step3：单击“ › ”按钮，将可选任务添加至选定任务→单击“Next”，选择“Attach Object Frames”为“wobj0”→单击“Next”，在界面显示即将导入的工业机器人任务，如图 13-7 中④～⑨所示。

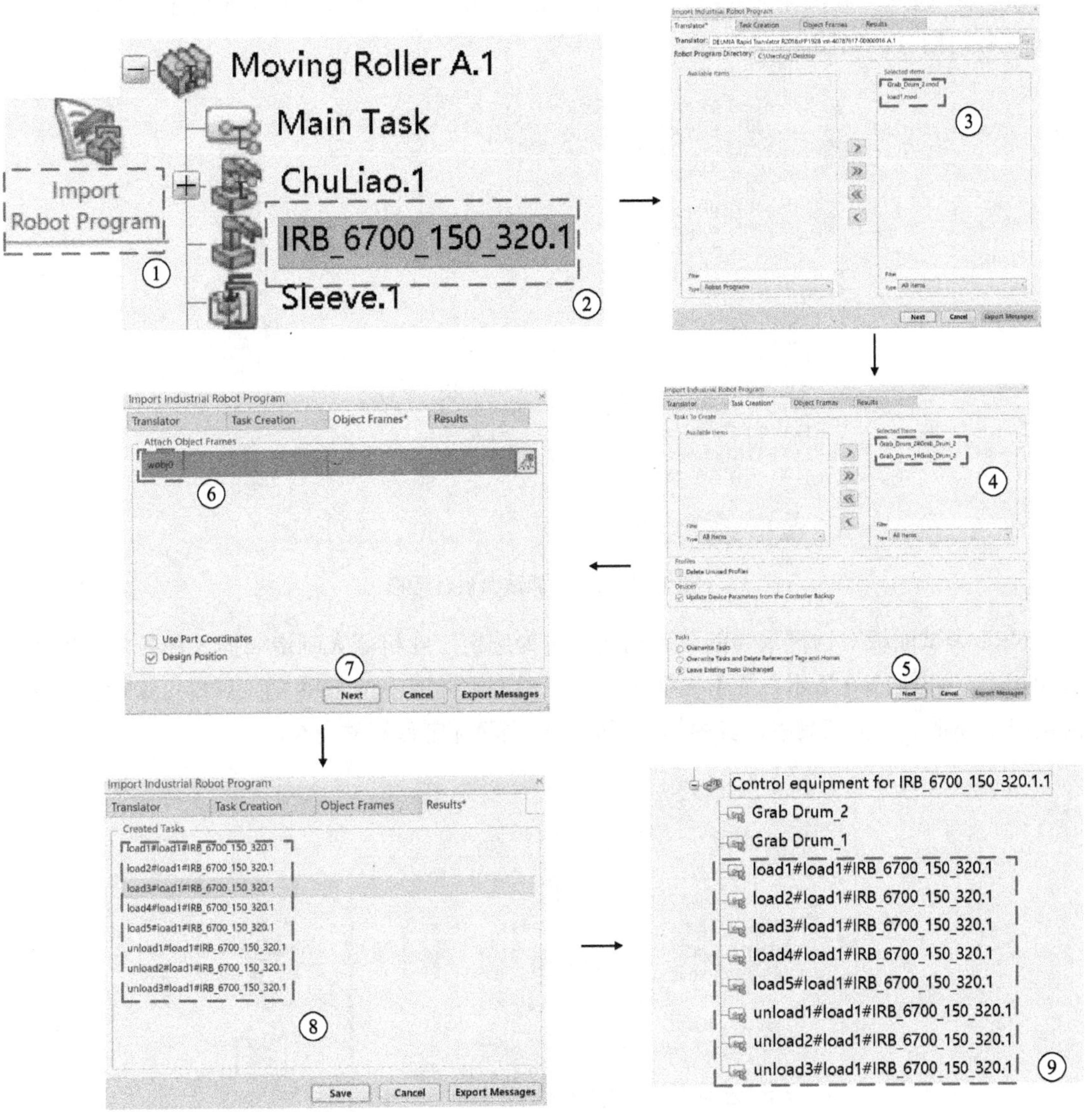


图 13-7　工业机器人程序的导入

## 13.4　用工业机器人母语示教工业机器人

NRL 教导命令允许工程师以工业机器人母语（NRL）查看和编辑工业机器人程序。NRL 教导命令允许在创建诸如工业机器人任务之类的实体时，在其主对话框中查看 NRL 语法。显示的 NRL 程序类似于创建工业机器人程序命令生成的程序。

转换程序是用 VB.NET 编写的，并作为宏库存储在数据库中，可以通过编辑转换器宏库将自己的命令添加到 NRL 教导接口。具体步骤说明如下：

Step1：从操作栏的编程部分中单击 NRL 调试，系统将提示选择设备或任务。

Step2：选择工业机器人任务，将显示 NRL 调试面板对话框，并用本地工业机器人语言显示任务的指令，如图 13-8 所示。

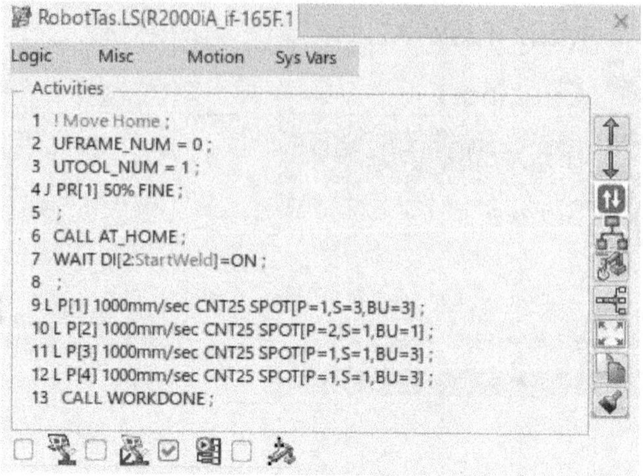


图 13-8 NRL 调试面板对话框

NRL 调试面板对话框顶端的菜单列出了可为选定工业机器人制造商插入任务之中的所有可用指令，如图 13-9 所示。置于尖括号“< >”中的所有字段在指令插入后均可编辑。此外，还会显示编辑上下文工具栏，其中提供了修改和删除选定目标的命令。

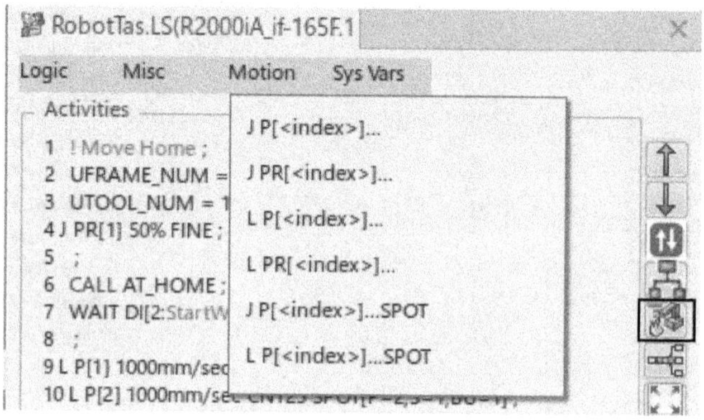


图 13-9 NRL 指令调节

**注意**：单击“ ”按钮，可以在 NRL 视图（显示本地指令）与标称视图（显示工业机器人动作）之间切换。

Step3：从菜单工具栏中选择一项指令。选定指令会附加到活动列表中，其字段可编辑，如图 13-10 所示。

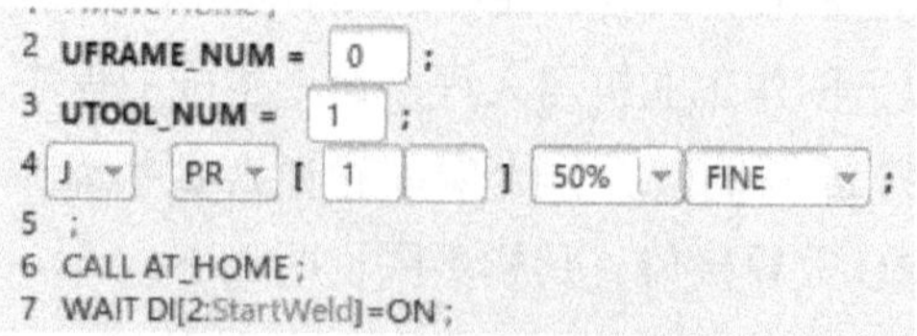


图 13-10 编辑 NRL 指令

Step4：根据需要编辑字段。使用“↑”和“↓”按钮将指令移到活动列表中的适当行。

编辑字段后，指令下方会出现确定和取消按钮。单击“确定”按钮可应用编辑后的字段，单击“取消”按钮，还原所做的任何更改。也可以选择活动列表中的现有指令，工业机器人将移动到选定的目标，选定指令的所有字段均可编辑。

## 13.5 真实工业机器人仿真

真实工业机器人仿真（RRS）允许工程师在进行工业机器人运动轨迹和周期时间模拟时有更高的准确性，工程师可以通过工业机器人控制器仿真（RCS）模块与工业机器人厂商专有的运动规划软件进行交互，目前达索3DEXPERIENCE平台与ABB公司已经展开了全面合作，因此在适配性上，ABB工业机器人具有更高的兼容性和稳定性。

真实工业机器人仿真为仿真系统提供了精确的工业机器人周期时间估计和运动轨迹。RRS接口与工业机器人厂商的控制器软件连接，可以获得准确的运动配置文件（各轴速度加速度控制、旋转限制、精确度控制等）作为仿真工业机器人执行其任务。

RRS允许工程师准确验证工业机器人的运动行为，将实际工业机器人控制器的运动软件以标准化的方式集成到工业机器人，如图13-11所示。

在工作单元仿真中，进行RRS连接可做以下几个方面的分析：

1）与本机工业机器人控制器软件集成。

2）为循环时间分析和碰撞检测提供精确的运动规划。

3）支持多个工业机器人和资源的并行仿真，如定位设备和人体模型。

4）支持有外部轴的工业机器人。

5）利用RCS-Based的逆运动学，提供精确的可达性研究。

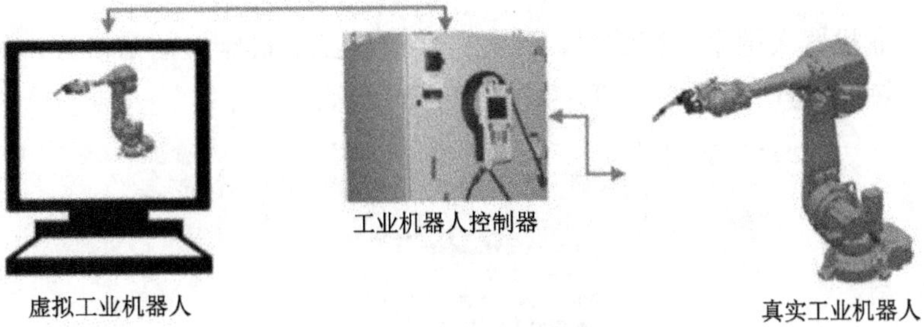


图13-11 RRS

利用RCS-Based的逆运动学，可以分析工业机器人运动的精确可达性。

对于连接到支持逆运动学的RCS模块的设备，先使用逆运动学（如推动、教导、到达、自动放置等），然后使用基于RCS的逆运动学进行操作。利用RCS进行逆运动学计算，证明围绕工业机器人位置和运动极限点的可达性分析的准确性。

RRS与本机工业机器人控制器软件集成。它与供应商提供用于物理工业机器人的控制器软件的同一工业机器人通信。这在虚拟工业机器人仿真和真实工业机器人运动之间提供了更高的精度。

目前真实工业机器人仿真支持的部分 RCS 模块有 ABB S4C/S4C PLUS/IRC5、COMAU C3G/C4G、DUERR ECO RC2、FANUC RJ3-iA/RJ3-iB/R-30iA。

RRS 为周期时间分析和碰撞检测提供精确的运动规划。工程师可以精确地模拟工业机器人的运动，并解决工业机器人与各种生产要素之间的任何冲突。

RRS 支持复杂工作单元中多个工业机器人的并行仿真，包括其他资源，如定位设备和人体模型。这允许检测和解决多个工业机器人和各种生产元素之间的任何潜在冲突。

RRS 支持带有外部轴的工业机器人。它支持标准的四轴、六轴工业机器人和带有外部轴的工业机器人系统，包括臂端工具和工业机器人上轨系统。

在“Analysis & Output”选项卡单击“RRS Connect”，可以执行查看工业机器人图章、加载和保存 RCS 数据、RRS 调试、显示 RRS 参数和显示控制器属性等 RRS 操作，如图 13-12 所示。

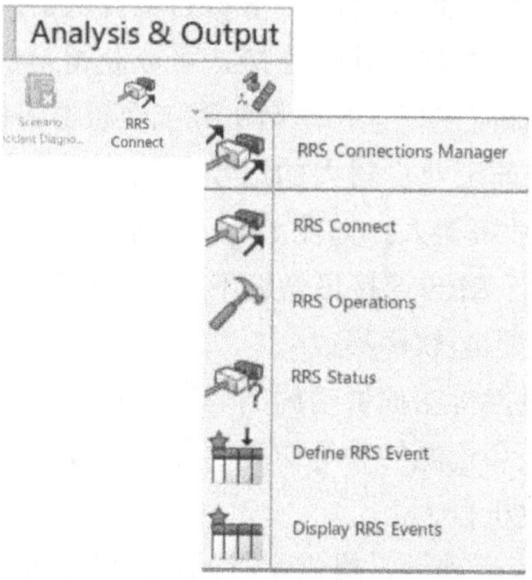


图 13-12 RRS 功能窗口

1）查看工业机器人图章。在这里，工程师将查看工业机器人图章参数，包括 RCS 控制器、软件、机械手字符串和版本号等，如图 13-13 所示。

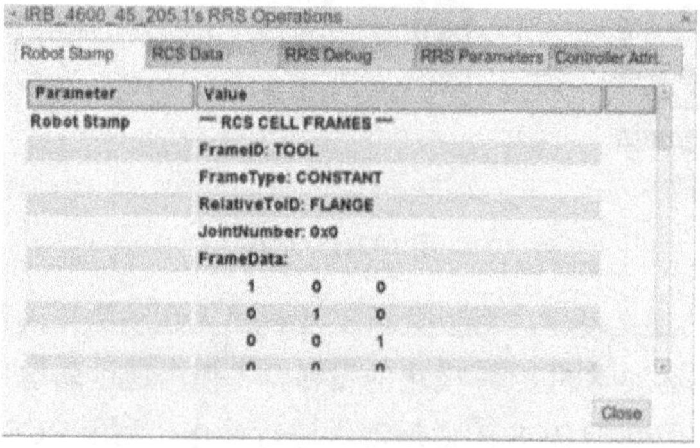


图 13-13 查看工业机器人图章

2）加载和保存 RCS 数据。在这里，工程师将创建一个操作来加载和保存 RCS 数据。此操作指示 RCS 模块在服务器主机（RCS）上的指定位置加载和保存 RCS 模块数据文件，如图 13-14 所示。

3）RRS 调试。在这里，将使用 RRS 调试函数来启用 / 禁用 RRS-I 调试日志生成，如图 13-15 所示。

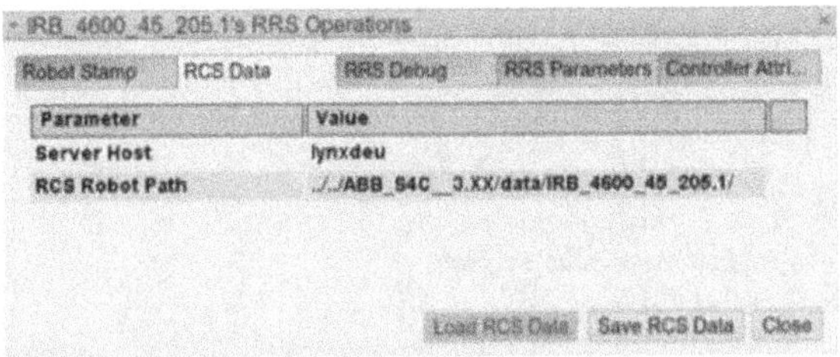


图 13-14 加载和保存 RCS 数据

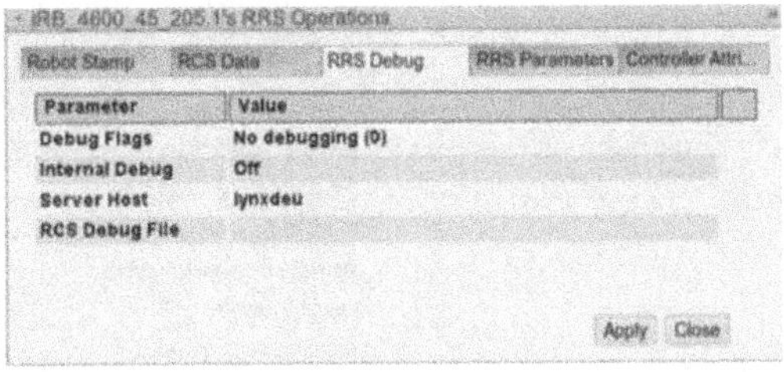


图 13-15 RRS 调试

4）显示 RRS 参数。在这里，将显示各种 RRS 参数，如各种 RRS 参数的当前设置（包括 RRS 连接参数），如图 13-16 所示。

5）显示控制器属性。在这里，将显示特定于 RRS 控制器的属性。这些属性可以是 RCS 模块支持的选定控制器属性的子集，如图 13-17 所示。

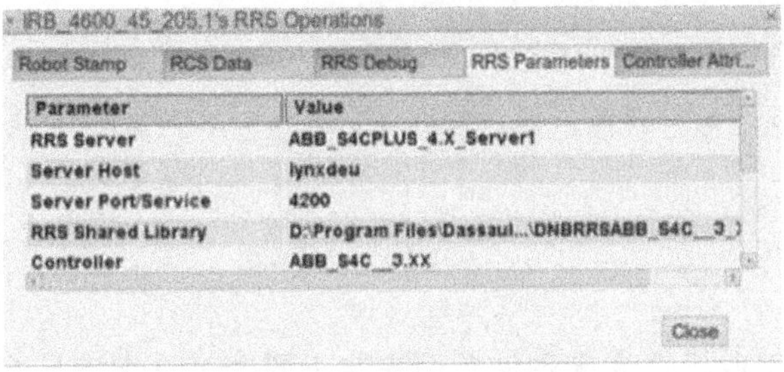


图 13-16 显示 RRS 参数

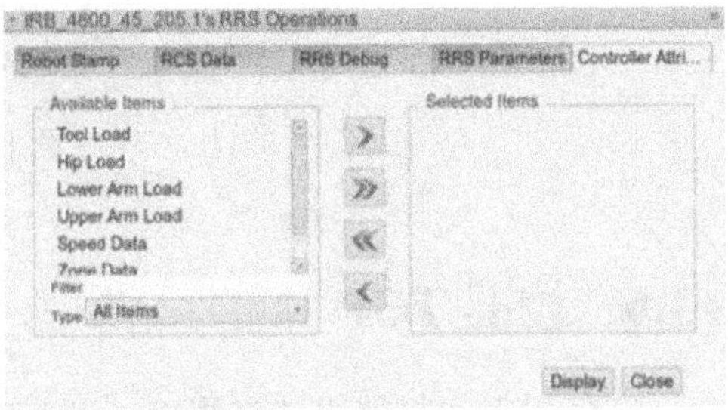


图 13-17 控制器属性

连接 RRS 并执行操作，具体步骤如下：

Step1：在“Analysis & Output”选项卡中单击“RRS Connect...”（RRS 连接），选择“RRS Connect”，如图 13-18 所示。

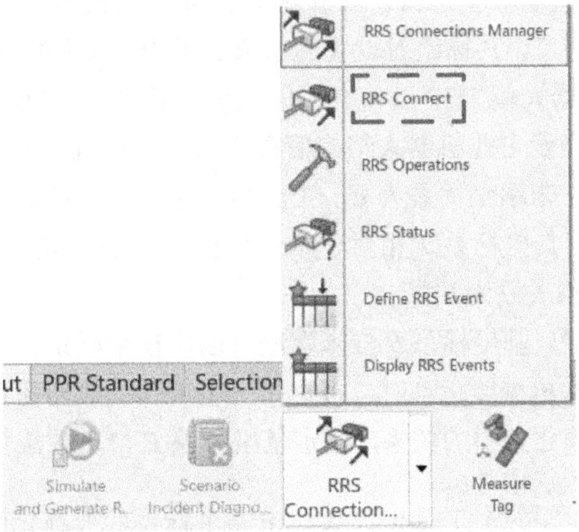


图 13-18 RRS 连接

Step2：在 RRS 服务器选择对话框中，从列表中选择适当的 RRS 服务器并单击“确认”按钮。消息报告窗口将显示关于 RRS 连接的详细信息，如图 13-19 所示。

IRB_4600_45_205.1's RRS Properties

| Parameter | Value |
| --- | --- |
| Robot Number | 1 |
| Server Host | lynxdeu |
| RCS Home Directory | ../../ |
| RCS Data Home Directory | ../../ |
| Relative Robot Path | ABB_S4C__3.XX/data/IRB_4600_45_205.1/ |
| Manipulator | 140_DC1->S4CPLUS_4.X |
| Initialization Debug | Off |

图 13-19　RRS 连接详情

Step3：单击 RRS 状态“RRS Status”按钮，RRS 状态对话框显示连接到工业机器人 RRS 服务器的详细信息，如图 13-20 所示。单击 RRS 操作“RRS Operations”按钮将详细显示工业机器人图章、RSC 数据、RRS 调试、RRS 参数、控制器的属性等内容。

RRS Status

| Device | RRS Server | Server Host | Port |
| --- | --- | --- | --- |
| IRB_4600_45_205.1 | ABB_S4CPLUS_4.X_Server1 | lynxdeu | 4200 |

图 13-20　RRS 状态

## 13.6　校准 TCP

在使用工业机器人的过程中，经常在工业机器人末端法兰面安装不同的工具来满足实际生产需求。为了准确控制工具运动的位置与姿态，需要对工具所在坐标系进行标定。

常见的 TCP 标定法有外部基准法和自标定法。外部基准法系统复杂且造价昂贵，同时标定精度很大程度依赖于外部基准精度，若外部基准发生偏移，则对 TCP 标定的影响很大，因此在现场进行工业机器人 TCP 标定校准时很少使用外部基准法。

自标定法分为接触式和非接触式。非接触式需要工业机器人配置摄像头或者激光测距装置。接触式方法应用最广，其标定对设备的需求量最少，典型的方法有四点法、六点法等。四点法需要控制工业机器人使 TCP 以 4 个不同的姿态移动到空间的某一固定参考点，然后利用工业机器人关节转角及工业机器人结构信息来结算工业机器人 TCP 的坐标位置。

定义基坐标系为 $B$，末端坐标系为 $E$，工具坐标系为 $T$。末端坐标系 $E$ 相对于基坐标系 $B$ 的变换关系为$\boldsymbol{T}_{\text{end}}^{\text{base}}$，工具坐标系 $T$ 相对于末端坐标系 $E$ 的变换关系为$\boldsymbol{T}_{\text{tool}}^{\text{end}}$，工具坐标系 $T$ 相对于基坐标系 $B$ 的变换关系为$\boldsymbol{T}_{\text{tool}}^{\text{base}}$。

对于工业机器人来说，基坐标系 $B$ 与末端法兰面所在坐标系 $E$ 之间的关系在制作工业机器人时已经设定好，每次机械臂运动时，根据每一个关节的旋转扭角的变化，进而计算出各个关节的坐标系变换。简化其中的关系，假定基坐标系 $B$ 与末端法兰面所在坐标系 $E$ 之间的变换矩阵为$\boldsymbol{T}_{\text{end}}^{\text{base}}=\begin{pmatrix} R_{\text{end}}^{\text{tool}} & P_{\text{end}}^{\text{base}} \\ 0 & 1 \end{pmatrix}$，工具坐标系与末端坐标系的变换矩阵为$\boldsymbol{T}_{\text{tool}}^{\text{end}}=\begin{pmatrix} R_{\text{tool}}^{\text{end}} & P_{\text{tool}}^{\text{end}} \\ 0 & 1 \end{pmatrix}$，

三种坐标系有如下关系：

$$T_{\text{tool}}^{\text{base}} = T_{\text{end}}^{\text{base}} T_{\text{tool}}^{\text{end}} \tag{13-1}$$

由于工具与工业机器人末端法兰面的位置关系固定不变，其标定过程是标定工业机器人工具所在坐标系 $T$ 与工业机器人末端坐标系 $E$ 的关系，用矩阵 $\boldsymbol{T}_{\text{tool}}^{\text{end}}$ 表示，其表征的是工具坐标系相对于工业机器人末端坐标系的位置关系，标定类型与手眼标定类似。由于 $\boldsymbol{T}_{\text{tool}}^{\text{end}} = \begin{pmatrix} R_{\text{tool}}^{\text{end}} & P_{\text{tool}}^{\text{end}} \\ 0 & 1 \end{pmatrix}$，那么标定过程可以分为两个部分，一是工具中心点位置（TCP）$P_{\text{tool}}^{\text{end}}$ 标定，二是工具坐标系姿态标定（TCF）$R_{\text{tool}}^{\text{end}}$。

### 13.6.1　工具中心点位置（TCP）标定

工业机器人工具枪尖围绕一个固定点多次变换姿态旋转，每次旋转记录 $\boldsymbol{T}_{\text{end}}^{\text{base}}$，计算得到 $\boldsymbol{T}_{\text{tool}}^{\text{end}}$。

对于第 $i$ 次姿态变换，有公式：

$$\boldsymbol{T}_{\text{tool}}^{\text{base}} i = \boldsymbol{T}_{\text{end}}^{\text{base}} i \, \boldsymbol{T}_{\text{tool}}^{\text{end}}$$

上述公式可以写成

$$\begin{pmatrix} R_{\text{tool}}^{\text{base}} i & P_{\text{tool}}^{\text{base}} i \\ 0 & 1 \end{pmatrix} = \begin{pmatrix} R_{\text{end}}^{\text{base}} i & P_{\text{end}}^{\text{base}} i \\ 0 & 1 \end{pmatrix} \begin{pmatrix} R_{\text{tool}}^{\text{end}} i & P_{\text{tool}}^{\text{end}} i \\ 0 & 1 \end{pmatrix}$$

取矩阵最后一列写出等式

$$\boldsymbol{R}_{\text{end}}^{\text{base}} i \, \boldsymbol{P}_{\text{tool}}^{\text{end}} i + \boldsymbol{P}_{\text{end}}^{\text{base}} i = \boldsymbol{P}_{\text{tool}}^{\text{base}} i$$

第 $N$ 阶为

$$R_{\text{end}}^{\text{base}}(n-1) P_{\text{tool}}^{\text{end}} + P_{\text{end}}^{\text{base}}(n-1) = R_{\text{end}}^{\text{base}}(n) P_{\text{tool}}^{\text{end}} + P_{\text{end}}^{\text{base}}(n)$$

式中，$R_{\text{end}}^{\text{base}}$ 与 $P_{\text{end}}^{\text{base}}$ 已知，求 $P_{\text{tool}}^{\text{end}}$，可用极大似然估计法求得。

### 13.6.2　工具坐标系姿态（TCF）标定

工具坐标系姿态比较好标定，工具坐标系 $T$ 的零点在枪尖末端，一旦位置确定后，姿态可以是任意的，有无数种，就看选择哪种比较方便了。目前接触到两种简单的标定姿态：

1）工具坐标系姿态直接使用工业机器人末端 $E$ 的姿态，这样两者之间只有平移关系。

2）工具坐标系姿态直接使用工业机器人基座 $B$ 的姿态，同样两者之间只有平移关系。

平移过程中，TCF 的姿态保持不变，取第一个姿态标定点为位置点 1，工业机器人从位置点 1 出发，沿 +X 方向移动一定距离得到位置点 2；工业机器人从位置点 1 出发，沿 +Z 方向移动一定距离得到位置点 3。

由于 3 个标定点中的 TCF 姿态不变，所以 $R_{\text{end}\ i=1,2,3}^{\text{base}}$ 均相等，$P_{\text{tool}}^{\text{end}}$ 保持不变，可得工具坐标系 $T$ 的 $x$ 轴轴向向量 $X$：

$$X=P_{\mathrm{end}\ i=2}^{\mathrm{base}}-P_{\mathrm{end}\ i=1}^{\mathrm{base}}$$

同理可得工具坐标系 $T$ 的 $z$ 轴轴向向量 $Z$：

$$Z=P_{\mathrm{end}\ i=3}^{\mathrm{base}}-P_{\mathrm{end}\ i=1}^{\mathrm{base}}$$

由右手定则得工具坐标系 $T$ 的 $y$ 轴轴向向量 $Y$：

$$Y=Z\,X$$

进一步保证坐标系适量的正交性，重新计算 $Z$：

$$Z=X\,Y$$

单位化上述向量得 $X'$、$Y'$、$Z'$，得到工具坐标系 $T$ 相对于基坐标系 $B$ 的姿态$\boldsymbol{R}_{\mathrm{tool}}^{\mathrm{base}}$，且

$$\boldsymbol{R}_{\mathrm{tool}}^{\mathrm{base}}=[X'Y'Z']$$

末端坐标系 $E$ 旋转矩阵为$\boldsymbol{R}_{\mathrm{end}}^{\mathrm{base}}$，有：

$$\boldsymbol{R}_{\mathrm{end}}^{\mathrm{base}}\boldsymbol{R}_{\mathrm{tool}}^{\mathrm{end}}=\boldsymbol{R}_{\mathrm{tool}}^{\mathrm{base}}$$

由上式得到工具坐标系的旋转矩阵$\boldsymbol{R}_{\mathrm{tool}}^{\mathrm{end}}$：

$$\boldsymbol{R}_{\mathrm{tool}}^{\mathrm{end}}=\boldsymbol{R}_{\mathrm{end}}^{\mathrm{base}^{-1}}\boldsymbol{R}_{\mathrm{tool}}^{\mathrm{base}}$$

### 13.6.3 TCP 仿真软件标定

校准功能允许识别位置不准确的来源，并修改仿真模型坐标位置以匹配真实世界。这种修正允许将在 3DEXPERIENCE 中开发的通用仿真下载到不同的工作单元中，这些工作单元在名义上是相同的，但在其部件和设备的位置、工具偏移量和工业机器人特征点上略有不同。

TCP 校准方法是在多点测量的基础上调整工业机器人的工具配置文件。工程师可以通过选择一个工业机器人资源和一个表示上载安装板位置的标记组来校准工具点。假设标记组是在工业机器人的安装板（0，0，0）处生成，同时将抓手移动到工业机器人手腕不同方向的空间定点上。可以为抓手指定参数近似值。指定的参数必须在实际的工具仪表的几厘米内。

校准 TCP 点时，有几个重要参数：

1）Translate X、Translate Y、Translate Z（平移 X、平移 Y、平移 Z）：有 Free（自由）和 Fixed（固定）指定需要校准的工具框架组件。

2）Estmated Noise Measurement（估算噪声指标）：它指定了校准实验期间位置测量不确定度的估计。

根据选择，调整工业机器人的工具配置文件，试图使工具尖从每个不同的腕关节方向移动到空间中的同一点进行标定。

校准工具点后，显示如下结果：

1）迭代次数：为数值识别方法所需迭代次数。

2）拟合点个数：是最小二乘拟合过程中使用的点个数。

3）均方根拟合误差：是将工具配置文件调整到最佳拟合后，各点的均方根拟合误差。

4）最大不确定性：是待识别参数拟合的最大不确定性，较大的不确定性值表明实验观测策略是不正确的，即使 RMS 拟合误差较小。

校准工具点，在“Analysis & Output”选项卡单击“Tool Point Calibration”（工具点校准）按钮，选择要为其调整工具点的工业机器人，如图 13-21 所示。

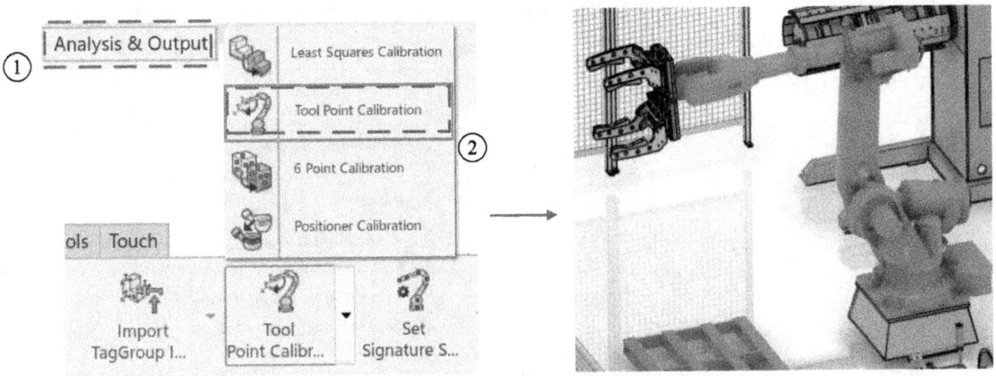


图 13-21　TCP 校准 1

在行为沉浸式浏览器中，选择表示用于计算真实 TCP 模拟点的标记组，如选择标记组 Grab Drum_1，将显示工具点校准对话框。如果有多个配置文件，选择所需的工具配置文件，如图 13-22 所示。

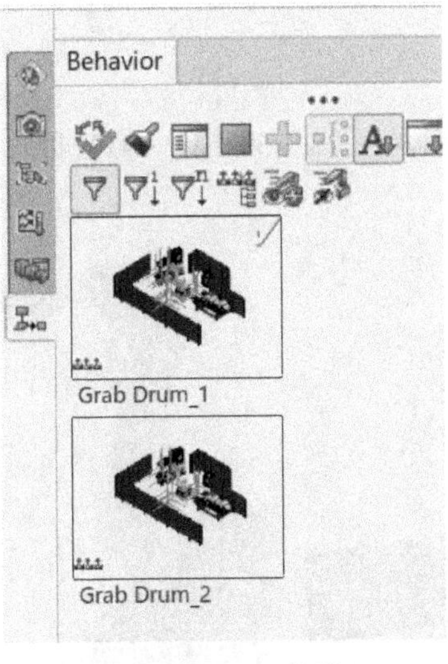


图 13-22　TCP 校准 2

指定要调整的“Tool Profile”。选择平移 X、平移 Y 和平移 Z 为自由或固定。除非已知工业机器人与轴或平面对齐，否则在校准期间必须将 X、Y、Z 参数全部指定为自由参数。X、Y、Z、Yaw、Pitch、Roll 由物理世界真实工业机器人 TCP 校准得到的偏差值输入得到。

指定估算噪声指标值，测量噪声是噪声估计的一个数量级，例如 0.1mm 或 1.0mm，如图 13-23 所示。

单击“Apply”按钮，校准结果显示在“Results”（结果）选项卡中，如图 13-24 所示。

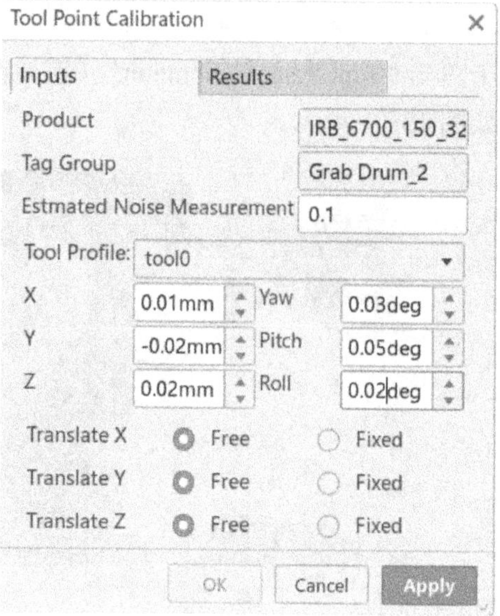


图 13-23 TCP 校准（输入选项卡）

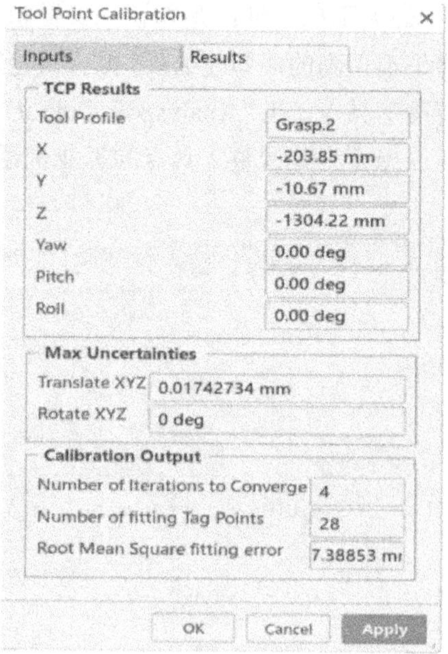


图 13-24 TCP 校准（输出选项卡）

**注意**：如果均方根（RMS）拟合误差很大，那么校准可能有问题，应该再次进行校准测量，测量更多的点。

### 13.6.4 六点法校准

六点法校准如图 13-25 所示。图 13-25 中①～④说明如下：

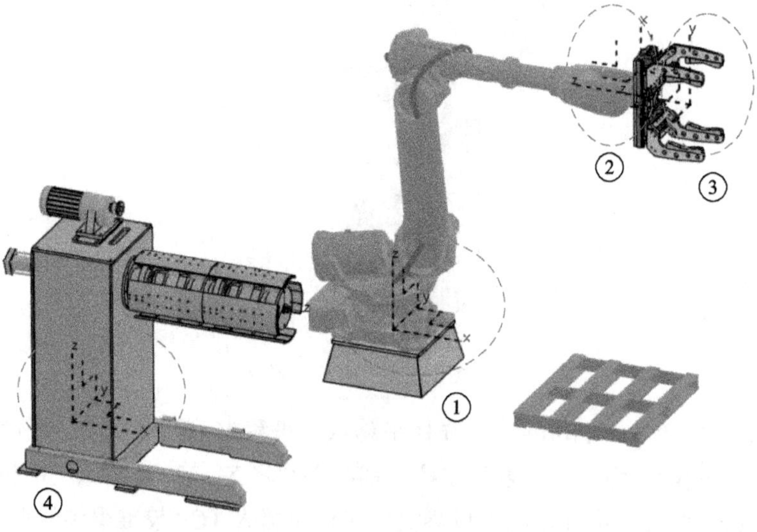


图 13-25 六点法校准

① 表示工业机器人本体坐标系，原点在工业机器人一轴的底座中心，也有部分工业机器人将自身原点定义在一轴中心。

② 表示工业机器人原始工具坐标系，即所谓 $TCP_0$，原点在六轴法兰盘的中心，其绝对位置会跟随六轴法兰盘移动。

③ 表示工具坐标系，需要注意的是工具坐标系在绝对空间内是可以移动的，但与六轴法兰盘保持相对静止。

④ 表示工件坐标系，每种工件的定义位置不一，一般取比较好固定坐标轴的位置。

所谓 TCP，实际上是工具坐标系相对于工业机器人原始工具坐标系 X、Y、Z 的位移和 Rx、Ry、Rz 的旋转角度，实际调试中可以用六点法标定。

所谓用户坐标系，实际上是工件坐标系相对于工业机器人本体坐标系 X、Y、Z 的位移和 Rx、Ry、Rz 的旋转角度，可以用激光跟踪仪采用三点法标定。

所谓离线程序（离线轨迹）是定义了工业机器人处于每个轨迹点时，工具坐标系相对于工件坐标系 X、Y、Z 的位移和 Rx、Ry、Rz 的旋转角度。

仿真环境中所得的 TCP 和 UserFrame 都是理论值，实际工业机器人安装必然会有误差，所以只需要用标定方法求得两种坐标系的实际值，写入离线程序即可，因为在离线程序的任意一个轨迹点，工具相对于工件的位置是不会改变的。

标定过程一般为：

Step1：用激光跟踪仪在夹具上建立工件坐标系。

Step2：工业机器人用 $UserFrame_0$ 和 $TCP_0$ 做 3 个轨迹点，得到 3 组坐标（这 3 个点的坐标是工业机器人原始工具坐标系相对于工业机器人本体坐标系的位置）。

Step3：用激光跟踪仪标定 3 个轨迹点，这 3 个轨迹点是工业机器人原始工具坐标系相对于工件坐标系的位置（同样得到 3 组坐标）。

Step4：根据得到的 6 组坐标，用线性代数解得工件坐标系相对于工业机器人本体坐标系的位置。

Step5：将矫正得到的数值输入仿真软件中修改各个坐标系的初始位置，使得虚拟世界与真实世界保持一致。